住房城乡建设部土建类学科专业"十三五"规划教材配套用书

"十二五"普通高等教育本科国家级规划教材配套用书

高校土木工程专业指导委员会规划推荐教材配套用书

混凝土结构学习指导（第三版）

东南大学

天津大学　编

同济大学

中国建筑工业出版社

图书在版编目（CIP）数据

混凝土结构学习指导/东南大学，天津大学，同济大学编.
—3版. —北京：中国建筑工业出版社，2020.6
住房城乡建设部土建类学科专业"十三五"规划教材配
套用书 "十二五"普通高等教育本科国家级规划教材配套
用书 高校土木工程专业指导委员会规划推荐教材配套用书
ISBN 978-7-112-25173-5

Ⅰ. ①混… Ⅱ. ①东… ②天… ③同… Ⅲ. ①混凝
土结构-高等学校-教学参考资料 Ⅳ. ①TU37

中国版本图书馆 CIP 数据核字（2020）第 086845 号

本书由东南大学、天津大学、同济大学合编，编写人员全部为参加住房城乡
建设部土建类学科专业"十三五"规划教材配套用书、"十二五"普通高等教育本
科国家级规划教材、教育部普通高等教育精品教材《混凝土结构》（上、中、下）
（第七版）的编者。本书主要内容包括混凝土结构设计原理、混凝土结构与砌体结
构设计、混凝土公路桥设计各章辅导、习题和参考答案。在各章辅导和习题中，
每章内容均与第七版教材对应，分为内容的分析与总结、重点讲解与难点分析、
思考题、计算题及解题指导。
本书配套主教材《混凝土结构》（上、中、下）（第七版）既可供学生学习混
凝土结构课程时参考，也可供讲授混凝土结构的任课老师参考，同时，还可供参
加硕士、博士研究生考试的考生使用。
本书在使用过程中有任何意见和建议，请与我社教材分社（jiangongkejian@
163.com）联系。

责任编辑：仕　帅　吉万旺　王　跃
责任校对：党　蕾

住房城乡建设部土建类学科专业"十三五"规划教材配套用书
"十二五"普通高等教育本科国家级规划教材配套用书
高校土木工程专业指导委员会规划推荐教材配套用书
混凝土结构学习指导（第三版）
东南大学
天津大学　编
同济大学
*
中国建筑工业出版社出版、发行（北京海淀三里河路9号）
各地新华书店、建筑书店经销
北京红光制版公司制版
北京市密东印刷有限公司印刷
*
开本：787毫米×1092毫米　1/16　印张：27¼　字数：675千字
2020年7月第三版　　2020年7月第十二次印刷
定价：68.00元
ISBN 978-7-112-25173-5
（35797）

第 三 版 前 言

《混凝土结构学习指导》（第二版）于 2018 年 8 月正式出版发行，实现了与主教材《混凝土结构》（上、中、下册）的配套使用，获得了读者们的极大认可。

《建筑结构可靠性设计统一标准》GB 50068—2018 已于 2019 年 4 月 1 日正式施行。为此，本次修订主要考虑以下 3 点：（1）新增了结构耐久性极限状态的概念；（2）提高了建筑结构相关作用的分项系数，并对相关例题、习题的计算进行了修正；（3）对本书使用过程中发现的问题进行了修正。

在修订过程中，邓扬副教授、卢嘉茗研究生参与了相关工作，在此表示衷心感谢。

敬请读者继续提出指正意见，以期更好地服务于学生和读者。

编者

2019 年 8 月

第 二 版 前 言

《混凝土结构》（上、中、下册）是由东南大学、天津大学、同济大学共同主编的教材，历经长期地持续改进和完善，至2016年4月已出了第六版。

《混凝土结构学习辅导与习题精解》则是由东南大学、天津大学、同济大学合编的配套学习辅导书，于2006年9月出版。

《混凝土结构》（上、中、下册）包括上册——混凝土结构设计原理（第1～9章）、中册——混凝土结构与砌体结构设计（第10～15章）、下册——混凝土公路桥设计（第16～20章）。编写一本从学生学习出发、满足学生需求的配套的《混凝土结构学习指导》（以下简称"学习指导"），一直是编者的夙愿。为此，来自东南大学、同济大学、天津大学的《混凝土结构》（上、中、下册）教材编写者和中国建筑工业出版社的领导和编辑，于2017年7月汇聚南京，就"学习指导"编写的定位、内容、范式、深度和进度进行了认真研讨，形成了以下基本共识：

1. "学习指导"是《混凝土结构》（上、中、下册）教材的配套学习书，包含了上、中、下册的全部内容，且各章与教材目录保持一致，读者可将此书与教材配套使用。

2. "学习指导"的知识结构，从全书看是完整的，从各章看又是各自独立的，这样方便读者独立地、有针对性地使用该书。

3. "学习指导"包括：（1）各章内容的分析和总结；（2）重点讲解和难点分析；（3）思考题（包括问答题、选择题、判断题、填空题）及其解答；（4）计算题及解题指导。

4. "学习指导"是在课程学习基础上的再学习、再凝练、再思考，以期达到掌握基本知识并举一反三、融会贯通的学习目的。

各章编者如下：第1、2、3章（王铁成、赵海龙）；第4章（顾蕙若、李杰）；第5、6章（李砚波、赵海龙）；第7章（康谷贻、赵海龙）；第8章（李爱群、黄镇）；第9章（颜德姮、李杰）；第10章（王铁成、赵海龙）；第11章（邱洪兴）；第12章（李爱群、黄镇）；第13、14章（张建荣）；第15章（李爱群、周广东）；第16章（熊文）；第17章（吴文清）；第18章（熊文）；第19章（吴文清、陈亮）；第20章（吴文清）。全书由李爱群教授主编。

在编写过程中，傅乐宣老师、黄镇副教授参与了会务和组织工作，叶见曙教授参与了第16～20章的组织和审核工作，吴宜峰博士承担了部分手稿的录入、编辑和校核工作，在此深表谢忱。

鉴于编者的水平和时间，不到、不尽和错误之处，敬请读者反馈和指正。

编者

2018年4月

第 一 版 前 言

这本《混凝土结构学习辅导与习题精解》是应许多兄弟院校任课老师的要求和中国建筑工业出版社的建议编写的，以期对学好混凝土结构课程有所帮助。

全书分为三部分。第一部分综述和第三部分疑难问题解答是由东南大学程文瀼编写的。第二部分各章辅导和习题是按我们编写的普通高等教育"十五"国家级规划教材、面向 21 世纪课程教材《混凝土结构》上册和中册中的每一章编写的（除砌体结构外）。编写时，对每一章都进行了内容的分析和总结；重点讲解和难点分析，并给出了练习题和复习思考题以及练习题的参考答案。在第二部分中，第 1～3 章由天津大学王铁成编写；第 4、6、7、8、9、12 章由东南大学程文瀼编写；第 5 章由同济大学顾蕙若编写；第 10 章由同济大学颜德姮、高莲娣编写；第 11 章由东南大学邱洪兴编写；第 13～15 章由同济大学张建荣编写。考虑到毕业设计的需要，增加了框架抗震设计方面的内容。

同时，傅乐宣老师，博士研究生苏毅、江卫国、韩金生、程远兵、彭飞、罗青儿等也参加了编写。

在编写过程中，曾得到中国建筑科学研究院白生翔研究员、天津大学康谷贻教授、清华大学叶列平教授、北京工业大学曹万林教授、西安建筑科技大学梁兴文教授、哈尔滨工业大学邹超英教授和原长庆教授、北京建筑工程学院阎兴华教授、河海大学刘瑞教授和章定国教授、南京航空航天大学黄东升教授和南昌大学熊进刚博士等的指导和帮助，在此表示衷心感谢。

限于我们的水平，对编写教学辅导书又缺乏经验，书中有不妥之处，请大家批评指正。顺便说一下，受教育部和建设部的委托，我们将继续编写普通高等教育"十一五"国家级规划教材，面向 21 世纪课程教材《混凝土结构》。这次编写将切实贯彻少而精的原则，突出在本书第一部分中讲的 5 处重点章、节；4 处难点章、节和 12 处要求深刻理解或熟练掌握的内容。我们真诚地希望大家多提宝贵意见。

目　　录

第1章 绪 论

1.1 内容的分析和总结

本章主要讲述了混凝土结构的一般含义、结构中配置钢筋的作用和要求以及钢筋混凝土结构的优缺点。另外，介绍了混凝土结构的发展和应用前景，阐述了本课程的特点和学习本课程应注意的问题。

1.1.1 学习的目的和要求

1. 学习目的

通过对本章的学习，主要理解钢筋混凝土中配筋的作用和对配筋的基本要求，了解钢筋混凝土结构的优缺点，理解钢筋和混凝土共同工作的机理，了解混凝土结构的发展状况和学习本课程应该注意的问题。

2. 学习要求

1）理解配筋的主要作用及对配筋的基本要求。

2）了解结构或构件脆性破坏类型和延性破坏类型。

3）了解钢筋混凝土结构的主要优缺点及其发展简况。

4）掌握本课程的主要内容、任务和学习方法。

1.1.2 重 点 和 难 点

上述学习要求中，其中1）、4）既是重点又是难点。

1.1.3 内容组成及总结

1. 内容组成

1）混凝土结构的一般概念

（1）混凝土结构的定义和分类；

（2）钢筋混凝土结构中配筋的作用和要求；

（3）钢筋混凝土结构的优缺点。

2）混凝土结构的应用和发展前景

3）学习本课程的方法

2. 内容总结

钢筋混凝土结构利用钢筋抗拉性能强和混凝土抗压性能强的特点，以满足工程结构的需要。本章讲述钢筋混凝土结构总体概念的同时，还有一个重要的概念，即结构或构件的破坏类型。凡破坏时没有明显预兆，突然破坏的属于脆性破坏类型，脆性破坏是很危险的，是工程中不允许或不希望发生的。凡破坏时有明显预兆，不是突然破坏的属于延性破坏类型，是工程上所希望的。

1.2 重点讲解与难点分析

1. 混凝土中受力钢筋的作用

混凝土内配置受力钢筋的主要目的是提高结构或构件的承载能力和抗变形能力。配置受力钢筋要满足两个条件：必要条件是变形一致，共同受力；充分条件是钢筋位置和数量正确。

由于钢筋和混凝土的温度膨胀系数接近，为满足必要条件提供了可能。另外，在设计与施工中必须做到两点：①钢筋与混凝土有可靠的粘结；②钢筋端部有足够的锚固长度。这样就满足了构成钢筋混凝土的必要条件。

2. 学习本课程，要注意培养对多种因素作用进行综合分析的能力

混凝土结构课程要解决的不仅是材料的强度和变形的计算问题，而且还有结构和构件的设计，如结构方案、结构选型、材料选择和配筋构造等。

3. 本课程有很强的实践性

一方面要通过课堂学习、习题、作业来掌握结构或构件设计所必需的理论知识，通过课程设计和毕业设计等实践性教学环节，学习运用这些知识来正确地进行结构或构件设计，解决工程中的技术问题；另一方面，要通过参观实际工程了解实际工程的结构布置、配筋构造、预应力的施工工艺等，以积累感性知识，增加工程经验。

1.3 思 考 题

1.3.1 问 答 题

1-1 什么是钢筋混凝土结构？钢筋的主要作用和要求是什么？

1-2 钢筋混凝土结构主要有哪些优点和缺点？

1-3 结构有哪些功能要求？简述承载能力极限状态、正常使用极限状态和耐久性极限状态的概念。

1-4 本课程主要包括哪些内容？学习本课程要注意哪些问题？

1-5 素混凝土梁和钢筋混凝土梁破坏时各有哪些特点？钢筋和混凝土是如何共同工作的？

1-6 怎样理解配筋能提高结构或构件的变形能力？

1.3.2 选 择 题

1-7 与素混凝土梁相比，钢筋混凝土梁承载能力_____。

A. 相同   B. 提高很多   C. 有所提高

1-8 与素混凝土梁相比，钢筋混凝土梁抗开裂的能力_____。

A. 提高不多   B. 提高许多   C. 完全相同

1-9 钢筋混凝土在正常使用荷载下_____。

A. 通常是带裂缝工作的

B. 一旦出现裂缝，裂缝贯通全截面

C. 一旦出现裂缝，沿全长混凝土与钢筋混凝土间的粘结力丧失

1.3.3 填 空 题

1-10 在混凝土中配置受力钢筋的主要作用是提高结构或构件的_____和_____。

1-11 结构或构件的破坏类型有_____与_____。

第 2 章　混凝土结构材料的物理力学性能

2.1　内容的分析和总结

本章包括钢筋及混凝土的物理力学性能、钢筋和混凝土的粘结三部分内容。介绍钢筋的化学成分、种类、等级和形式，钢筋的力学性能指标和钢筋混凝土结构对钢筋的要求；混凝土的组成部分、强度等级、强度指标和强度测试的影响因素，混凝土的受力和变形性能，混凝土的疲劳强度；钢筋和混凝土结合的粘结能力组成及影响因素。

2.1.1　学习的目的和要求

1. 学习目的

通过对本章的学习，了解钢筋的强度、变形、级别和品种，混凝土结构对钢筋性能的要求，理解单轴和复合受力状态下混凝土的强度，混凝土的变形性能；熟悉掌握钢筋与混凝土共同工作原理。

2. 学习要求

1）了解钢筋的强度和变形、钢筋的成分、级别和品种，混凝土结构对钢筋性能的要求。

2）掌握钢筋的应力-应变关系曲线的特点和数学模型，分清双直线模型、三折线模型和双斜线模型所代表的钢筋性能特点。

3）了解单轴受力状态下混凝土强度的标准检验方法，混凝土强度和强度等级。

4）掌握混凝土在一次短期加荷时的变形性能，混凝土处于三向受压的变形特点。

5）理解混凝土在重复荷载作用下的变形性能。

6）理解混凝土的弹性模量、徐变和收缩性能。

7）掌握钢筋和混凝土的粘结性能。

2.1.2　重 点 和 难 点

上述 2）、4）、5）、6）、7）是重点，2）、4）、6）是难点。

2.1.3　内容组成及总结

1. 内容组成

1）钢筋

(1) 品种与级别：四个品种，热轧钢筋有四个级别；

(2) 力学性能：屈服强度，条件屈服强度；

(3) 对钢筋性能的要求：强度、塑性、可焊性、粘结。

　　2）混凝土

　　（1）强度：立方体抗压强度 $f_{cu,k}$、轴心抗压强度 f_c、轴心抗拉强度 f_t 以及它们各自的标准试验方法，复合应力下混凝土强度的概念。

　　（2）单轴受压的应力-应变曲线、弹性模量、徐变、收缩。

　　3）粘结

　　（1）粘结力的组成：胶结力、摩擦力、机械咬合力。

　　（2）保证可靠粘结的构造措施：锚固长度、弯钩、搭接长度。

　　2. 内容总结

　　混凝土结构是由钢筋、混凝土两种受力性能不同的材料组成的。为了掌握混凝土结构的受力特征、计算原理和设计方法，必须了解钢筋和混凝土各自的力学性能和两者共同工作的机理，同时注意规范对钢筋的级别和强度、混凝土的强度等级的规定。

2.2　重点讲解和难点分析

　　1. 混凝土的强度

　　混凝土的抗压强度是混凝土力学性能中最主要的指标，以抗压强度标准值作为混凝土抗压强度分级的标准，也是施工过程中控制混凝土质量的主要依据。此外，混凝土的其他力学性能，如抗拉强度、弹性模量等也都与混凝土抗压强度有内在联系，建立了它们之间的关系，就可以通过抗压强度推断出混凝土其他力学性能。

　　混凝土的抗拉强度是混凝土的基本强度指标之一。通常混凝土的抗拉强度很低，只有抗压强度的 $1/18 \sim 1/8$，并且不与抗压强度成比例增大。钢筋混凝土的抗裂性、抗剪、抗扭承载力等均与混凝土的抗拉强度有关。影响混凝土抗拉的因素很多，要实现均匀拉伸非常困难，了解混凝土抗拉强度的试验方法要注意这些影响因素。

　　各种单向受力时的混凝土强度指标必须以统一规定的标准试验方法为依据，这些都是在学习中要掌握的内容。

　　2. 材料强度、荷载、内力的标准值、设计值、试验值

　　标准值和设计值都不是真值，只有试验值才是真值。例如，受弯构件正截面弯矩设计值 M 是根据结构的计算简图和荷载设计值用力学方法计算得到的荷载效应，而正截面受弯承载力 M_u 则是根据正截面承载力计算的假定、材料强度设计值和正截面受弯承载力计算简图等计算得到的截面抗力。虽然 M、M_u 的计算都有一定的科学根据，但并不是真实的值，它们都是供设计计算用的，故称为设计值，属于理论值的范畴。

　　M_{0u} 是通过在试件上施加荷载而得到的正截面受弯承载力试验值，是事实上发生的真实的值。

　　试验值是衡量理论值正确与否的依据。两者的关系是试验值为分母，理论值为分子，即 M_u/M_{0u}。对于承载力，一般要求严些，理论值与试验值之比在 $1.0 \sim 1.05$ 之间为好；对于变形、裂缝，两者的比值在 $0.9 \sim 0.95$ 之间为好。

　　M_{0u} 也可称为极限弯矩或最大弯矩，但有的文献把它称为破坏弯矩，那就不妥了。因为达到 M_{0u} 时截面还没有破坏，过了 M_{0u} 之后，截面的受弯承载力将有所下降，直到最后压区混凝土被压碎，截面破坏。破坏时的破坏弯矩一般为 $(0.8 \sim 0.9) M_{0u}$。

那么，正截面受弯承载力设计值 M_u 是指 M_{0u} 还是指破坏弯矩呢？回答是指 M_{0u}，即达到 M_{0u} 时称为Ⅲ$_a$，而不是截面破坏时称为Ⅲ$_a$。可认为 M_{0u} 称为极限弯矩，此时的受压区边缘混凝土的压应变为极限压应变 ε_{cu}，对应的截面应力状态为Ⅲ$_a$状态。

3. 混凝土在荷载作用下的变形性能

混凝土的变形分为荷载变形和体积变形两大类。前者包括一次短期加载作用下的变形、长期荷载作用下的变形以及重复荷载作用下的变形；后者则是由于混凝土收缩产生变形或温度变化产生的变形等。

对混凝土在一次短期荷载作用下的变形性能，要注意混凝土受压时的应力-应变关系，变形的主要阶段及特点和形成机理。混凝土受压时的应力-应变关系反映了各个受力阶段混凝土内部的变化及破坏的机理，是研究钢筋混凝土结构极限强度理论的重要依据。

混凝土受压应力-应变关系的数学模型，主要注意规范规定的应力-应变关系模型及其在实际设计中的应用。

4. 钢筋与混凝土的粘结

混凝土结构中，混凝土与钢筋的粘结通常指两类问题：一是沿钢筋长度，钢筋与周围混凝土的粘结；二是钢筋端部与混凝土的锚固。粘结和锚固是钢筋与混凝土变形一致、共同受力的保证。粘结力主要由胶结力、摩擦力与机械咬合力三部分组成。变形钢筋的粘结力主要是机械咬合力。

影响钢筋粘结力的主要因素有混凝土强度、锚固强度、保护层相对厚度、钢筋间距、锚筋外形特征、箍筋或横向钢筋设置、混凝土浇筑及锚固钢筋的侧向受力情况等。

钢筋和混凝土之间粘结锚固能力的优劣直接影响着结构构件的安全可靠，在设计时必须予以足够的重视，要考虑上述影响粘结强度的因素，扬长避短，采取合理措施，保证钢筋和混凝土不发生粘结破坏或剪切"刮犁式"破坏。

2.3　思　考　题

2.3.1　问　答　题

2-1　混凝土的立方体抗压强度标准值 $f_{cu,k}$、轴心抗压强度标准值 f_{ck} 和抗拉强度标准值 f_{tk} 分别是如何确定的？为什么 f_{ck} 低于 $f_{cu,k}$？f_{tk} 与 $f_{cu,k}$ 有何关系？f_{ck} 与 $f_{cu,k}$ 有何关系？

2-2　混凝土的强度等级是根据什么确定的？《混凝土结构设计规范》GB 50010—2010（2015 年版）规定的混凝土强度等级有哪些？什么样的混凝土强度等级属于高强混凝土范畴？

2-3　某方形钢筋混凝土短柱浇筑后发现混凝土强度不足，根据约束混凝土原理如何加固该柱？

2-4　单向受力状态下，混凝土的强度与哪些因素有关？混凝土轴心受压应力-应变曲线有何特点？常用的表示应力-应变关系的数学模型有哪几种？

2-5　混凝土的变形模量和弹性模量是怎样确定的？

2-6 什么是混凝土的疲劳破坏？疲劳破坏时应力-应变曲线有何特点？

2-7 什么是混凝土的徐变？徐变对混凝土构件有何影响？通常认为影响徐变的主要因素有哪些？如何减小徐变？

2-8 混凝土收缩对钢筋混凝土构件有何影响？收缩与哪些因素有关？如何减小收缩？

2-9 软钢和硬钢的应力-应变曲线有何不同？两者的强度取值有何不同？《混凝土结构设计规范》GB 50010—2010（2015 年版）中将热轧钢筋按强度分为几级？钢筋的应力-应变曲线有哪些数学模型？

2-10 国产普通钢筋有哪几个强度等级？牌号 HRB400 钢筋是指什么钢筋，它的抗拉、抗压强度设计值是多少？

2-11 钢筋混凝土结构对钢筋的性能有哪些要求？

2-12 光圆钢筋与混凝土的粘结作用是由哪几部分组成的，变形钢筋的粘结机理与光圆钢筋的有什么不同？光圆钢筋和变形钢筋的 $\tau-s$ 关系曲线各是怎样的？

2-13 受拉钢筋的基本锚固长度是指什么？它是怎样确定的？受拉钢筋的锚固长度是怎样计算的？

2-14 解释钢筋的物理力学性能术语：比例极限、屈服点、流幅、强化阶段、时效硬化、极限强度、残余变形、延伸率。

2-15 什么是钢筋的冷加工性能？钢筋的冷加工的方法有哪两种？冷加工后的钢筋的力学性能有何变化？

2-16 影响钢筋混凝土粘结力的主要因素有哪些？为保证钢筋和混凝土之间有足够的粘结力要采用哪些措施？

2.3.2 选 择 题

2-17 《混凝土结构设计规范》GB 50010—2010（2015 版）中混凝土强度的基本代表值是_____。

A. 立方体抗压强度标准值　　　　　B. 立方体抗压强度设计值

C. 轴心抗压强度标准值　　　　　　D. 轴心抗压强度设计值

2-18 混凝土各种强度指标就其数值的大小比较，有_____。

A. $f_{cu,k}>f_t>f_c>f_{t,k}$　　　B. $f_c>f_{cu,k}>f_t>f_{t,k}$

C. $f_{cu,k}>f_c>f_{t,k}>f_t$　　　D. $f_{cu,k}>f_c>f_t>f_{t,k}$

2-19 混凝土立方体标准试件的边长是_____。

A. 50mm　　　　　　　　　　　　B. 100mm

C. 150mm　　　　　　　　　　　　D. 200mm

2-20 混凝土强度的基本指标是_____。

A. 立方体抗压强度标准值　　　　　B. 轴心抗压强度设计值

C. 轴心抗压强度标准值　　　　　　D. 立方体抗压强度平均值

2-21 混凝土强度等级由立方体抗压试验后的_____。

A. 平均值 μ 确定　　　　　　　　B. $\mu-2\sigma$ 确定

C. $\mu-1.645\sigma$ 确定　　　　　　D. $\mu+1.645\sigma$ 确定

2-22 混凝土强度等级是由立方体抗压强度试验值按下述原则确定的_____。

A. 取平均值 μ_f，超值保证率 50%

B. 取 $\mu_f - 1.645\sigma_f$，超值保证率 95%

C. 取 $\mu_f - 2\sigma_f$，超值保证率 97.72%

D. 取 $\mu_f - \sigma_f$，超值保证率 84.13%

2-23　采用非标准试块时，测得混凝土立方体抗压强度，换算为标准立方体抗压强度，应乘以的换算系数为_____。

A. 边长 200mm 立方块的抗压强度取 0.95

B. 边长为 100mm 立方块的抗压强度取 1.05

C. 边长为 100mm 立方块劈拉强度取 0.90

D. 边长为 100mm 立方块的抗压强度取 0.95，若作劈拉强度时取 0.85

2-24　混凝土的受压破坏_____。

A. 取决于骨料抗压强度　　　　　　　　B. 取决于砂浆抗压强度

C. 是裂缝累计并贯通造成的　　　　　　D. 是粗骨料和砂浆强度已耗尽造成的

2-25　一般来说，混凝土内部最薄弱的环节是_____。

A. 水泥石的抗拉强度　　　　　　　　　B. 砂浆的抗拉强度

C. 砂浆与骨料接触面的粘结　　　　　　D. 水泥石与骨料接触面的粘结

2-26　混凝土双向受力时，强度变化规律为_____。

A. 双向受压，强度降低　　　　　　　　B. 双向受拉，强度提高

C. 一拉一压，强度降低　　　　　　　　D. 一压一拉，强度提高

2-27　混凝土在复杂应力状态下强度降低的是_____。

A. 三向受压　　　　　　　　　　　　　B. 两向受压

C. 一拉一压　　　　　　　　　　　　　D. 两向受拉

2-28　在其他条件相同的情况下，同一混凝土试块在双向受压状态下所测得的抗压强度极限比单向受压状态下所测得的抗压强度极限值高的主要原因是_____。

A. 双向受压时的外压力比单向受压时多

B. 双向受压时混凝土的横向变形受约束

C. 双向受压时的纵向压缩变形比单向受压时小

D. 双向受压时的外压力比单向受压时小

2-29　混凝土的侧向约束压应力提高了混凝土的_____。

A. 抗压强度　　　　　　　　　　　　　B. 延性

C. 抗拉强度　　　　　　　　　　　　　D. 抗压强度和延性

2-30　配有螺旋钢筋的混凝土圆柱体试件的抗压强度高于轴心抗压强度的原因是螺旋钢筋_____。

A. 参与了混凝土的受压工作　　　　　　B. 约束了混凝土的横向变形

C. 使混凝土不出现细微裂缝　　　　　　D. 承受了剪力

2-31　柱受轴向压力的同时又受水平剪力，此时受压混凝土的抗剪强度_____。

A. 随轴向压力增加而增大

B. 抗剪强度随轴压力增加而先增大后减小，当达到 f_c 时，抗剪强度为 0

C. 随轴压力增加，抗剪强度减小，但混凝土抗压强度不变

D. 随轴压力增加而减小

2-32 当截面上同时作用有剪应力和正应力时_____。

A. 剪应力降低了混凝土的抗拉强度，但提高了其抗压强度

B. 剪应力提高了混凝土的抗拉强度和抗压强度

C. 不太高的压应力可提高混凝土的抗剪强度

D. 不太高的拉应力可提高混凝土的抗剪强度

2-33 混凝土极限压应变 ε_u 大致为_____。

A. $(3\sim3.5)\times10^{-3}$ B. $(3\sim3.5)\times10^{-4}$

C. $(1\sim1.5)\times10^{-3}$ D. $(1\sim1.5)\times10^{-4}$

2-34 ν 为混凝土受压时的弹性系数，当应力增大时_____。

A. ν 减小 B. $\nu\approx1$

C. $\nu=0$ D. ν 不变

2-35 混凝土强度等级越高，则 $\sigma\text{-}\varepsilon$ 曲线的下降段_____。

A. 越平缓 B. 越陡峭

C. 变化不断 D. 两者无关

2-36 混凝土一次短期加载时的压应力-应变曲线，下列叙述正确地是_____。

A. 上升段是一条直线

B. 下降段只能在强度不大的试验机上测出

C. 混凝土强度高时，曲线的峰值点附近曲率较小

D. 混凝土压应力达到最大时，并不立即破坏

2-37 对不同强度等级的混凝土试块，在相同的条件下进行抗压试验所测得的应力应变曲线可以看出_____。

A. 曲线的峰值越高，下降段越陡，延性越好

B. 曲线的峰值越低，下降段越缓，延性越好

C. 曲线的峰值越高，混凝土的极限压应变越大

D. 曲线的峰值点越低，混凝土的极限压应变越小

2-38 混凝土弹性模量的基本测定方法是_____。

A. 在很小的应力（$\sigma_c\leq0.4f_c$）下做重复的加载卸载试验所测得

B. 在很大的应力（$\sigma_c>0.5f_c$）下做重复的加载卸载试验所测得

C. 应力 $\sigma_c=0\sim0.5f_c$ 时重复加载 10 次，$\sigma_c=0.5f_c$ 时所测得的变形值作为确定混凝土弹性模量的依据

D. 在任意点的应力下做重复加载卸载试验所测得

2-39 混凝土的割线模量 E'_c 与弹性模量 E_c 的关系为 $E'_c=\nu E_c$，在压应力-应变变化曲线的上升段时_____。

A. $\nu>1$ B. $\nu<1$

C. $\nu=1$ D. $\nu=0$

2-40 混凝土在持续不变的压力长期作用下，随时间延续而增长的变形称为_____。

A. 应力松弛 B. 收缩变形

C. 干缩 D. 徐变

2-41　混凝土的徐变是指_____。

A. 加载后的瞬时应变

B. 试件卸载时瞬时所恢复的应变

C. 在荷载的长期作用下，随荷载作用时间增长而增长的应变

D. 不可恢复的残余应变

2-42　在钢筋混凝土轴心受压构件中混凝土的徐变引起的应力变化是_____。

A. 钢筋应力增大，混凝土应力减小　　　B. 混凝土应力增大，钢筋应力减小

C. 钢筋应力减小，混凝土应力减小　　　D. 混凝土应力增大，钢筋应力增大

2-43　混凝土的水灰比越大，水泥用量越多，则徐变及收缩值_____。

A. 增大　　　　　　　　　　　　　　　B. 减少

C. 基本不变　　　　　　　　　　　　　D. 不受影响

2-44　混凝土的徐变，下列叙述不正确的是_____。

A. 徐变是在长期不变荷载作用下，混凝土的变形随时间的延长而增长的现象

B. 持续应力的大小对徐变有重要影响

C. 徐变对结构的影响，多数情况下是不利的

D. 水灰比和水泥用量越大，徐变越小

2-45　减小混凝土徐变的措施是_____。

A. 加大水泥用量，提高养护时的温度和湿度

B. 加大骨料用量，提高养护时的温度，降低养护时的湿度

C. 延迟加载时的龄期，降低养护时的湿度和温度

D. 减小水泥用量，提高养护时的温度和湿度

2-46　混凝土徐变及其持续应力大小的关系是_____。

A. 当应力较大（$\sigma_c \geqslant 0.4 f_c$）时，应力与徐变呈线性关系，为非线性徐变

B. 当应力较大（$\sigma_c > 0.4 f_c$）时，徐变与应力不成正比，为非线性徐变

C. 不论应力值多发，徐变均与应力呈线性关系，且徐变收敛

D. 徐变与持续应力大小无关

2-47　在混凝土的内部结构中，使混凝土具有塑性变形性质的是_____。

A. 砂石骨料　　　　　　　　　　　　　B. 水泥结晶体

C. 水泥胶体中未硬化的凝胶体　　　　　D. 空隙

2-48　碳素钢的含碳量越高，则其_____。

A. 强度越高，延性越高　　　　　　　　B. 强度越低，延性越高

C. 强度越高，延性越低　　　　　　　　D. 强度越低，延性越低

2-49　对于无明显屈服点的钢筋，其强度标准值取值的依据是_____。

A. 最大应变对应的应力　　　　　　　　B. 极限抗拉强度

C. 0.9 倍极限强度　　　　　　　　　　D. 条件屈服强度

2-50　钢筋的力学性能指标包括：极限抗拉强度、屈服点、伸长率、冷弯性能，其中检验塑性的指标是_____。

A. 极限抗拉强度　　　　　　　　　　　B. 极限抗拉强度和伸长率

C. 伸长率　　　　　　　　　　　　　　D. 伸长率和冷弯性能

2-51　钢筋混凝土结构对钢筋性能的要求不包括_____。

A. 强度　　　　　　　　　　　　　B. 塑性

C. 与混凝土的粘结力　　　　　　　D. 耐火性

2-52　带肋钢筋与混凝土间的粘结能力_____。

A. 比光圆钢筋略有提高　　　　　　B. 取决于钢筋的直径大小

C. 主要是钢筋表面凸出的肋的作用　D. 取决于钢筋用量

2-53　在钢筋与混凝土之间的粘结力测定方法中，拔出试验所测得的粘结强度与压入试验相比较_____。

A. 拔出试验小于压入试验

B. 拔出试验大于压入试验

C. 拔出试验与压入试验所测得粘结强度相同

D. 不确定

2-54　钢筋混凝土梁的混凝土保护层厚度是指_____。

A. 外排纵筋的外表面至混凝土外表面的距离

B. 箍筋的外表面至混凝土外表面的距离

C. 外排纵筋的内表面至混凝土外表面的距离

D. 箍筋的内表面至混凝土外表面的距离

2.3.3　判　断　题

2-55　《混凝土结构设计规范》GB 50010—2010（2015 年版）中混凝土强度等级为立方体的抗压强度标准值，而不是其设计强度。（　　）

2-56　标准试件在标准条件下测得的具有 95% 保证率的立方体的抗压强度称为混凝土的立方体抗压强度标准值。（　　）

2-57　混凝土强度等级由轴心抗压强度确定。（　　）

2-58　混凝土的强度等级由轴心抗压强度标准值确定。（　　）

2-59　混凝土立方体试块尺寸越大，量测的抗压强度越高。（　　）

2-60　一般来说，低强度混凝土受压时的脆性比高强度混凝土小些。（　　）

2-61　用直接拉伸试验和劈裂试验所得到的混凝土抗拉强度值相同。（　　）

2-62　混凝土双向受压时强度低于单向受压时强度。（　　）

2-63　混凝土试件处于横向受压约束状态，可以提高它的纵向抗压强度。（　　）

2-64　在正常情况下，混凝土强度随时间不断增长。（　　）

2-65　由于塑性变形的发展，混凝土的变形模量随变形的增大而增大。（　　）

2-66　混凝土的变形模量是指：

a. 应力与塑性应变的比值 ·················· （　　）

b. 应力应变曲线切线的斜率 $d\sigma/d\varepsilon$ ·········· （　　）

c. 应力应变曲线原点切线的斜率 ············ （　　）

d. 应力与总应变的比值 ·················· （　　）

2-67　混凝土的弹性系数是：

a. 塑性应变与总应变的比值 ·············· （　　）

　　　　b. 弹性应变与塑性应变的比值 ……………………………………（　　）

　　　　c. 弹性应变与总应变的比值 ………………………………………（　　）

　　　　d. 变形模量与弹性模量的比值 ……………………………………（　　）

2-68　混凝土在不变压力长期作用下，其应变不会随时间而增长。（　　）

2-69　混凝土的徐变是指在荷载作用前的养护过程中混凝土的收缩变形现象。（　　）

2-70　加载时混凝土试件的龄期越长，徐变越大。（　　）

2-71　水灰比越大，混凝土的徐变和收缩也越大。（　　）

2-72　所谓线性徐变是指：

　　　　a. 徐变与荷载持续时间 t 呈线性关系 …………………………（　　）

　　　　b. 徐变系数与初应力为线性关系 …………………………………（　　）

　　　　c. 徐变变形与初应力为线性关系 …………………………………（　　）

　　　　d. 瞬时变形与徐变变形之和与初应力呈线性关系 ………………（　　）

2-73　混凝土收缩与水泥用量有关，水泥用量越高，收缩越小。（　　）

2-74　高强度钢筋的极限拉伸应变比低强度钢筋大。（　　）

2-75　无明显屈服极限的钢筋，一般称为软钢。（　　）

2-76　对无明显屈服极限的钢筋用 $\sigma_{0.2}$ 作为屈服强度。（　　）

2-77　对有明显流幅的钢筋，其极限抗拉强度作为设计时取值的依据。（　　）

2-78　对有明显流幅的钢筋的屈服强度对应于其应力应变曲线的上屈服点。（　　）

2-79　钢筋经冷拉时效后，其屈服强度提高，塑性降低。（　　）

2-80　冷拉钢筋可以提高屈服强度，但脆性增大。（　　）

2-81　钢筋冷拉后屈服强度提高，冷拔时塑性性能降低。（　　）

2-82　对钢筋冷拉可提高其抗拉强度和延性。（　　）

2-83　粘结应力实际上也就是钢筋与混凝土接触面上的剪应力。（　　）

2-84　钢筋与混凝土的粘结是两种材料形成整体共同工作的基本前提。（　　）

2-85　由于钢筋与混凝土粘结应力的存在，使得构件中钢筋应力和应变沿钢筋长度发生变化。（　　）

2-86　光圆钢筋的粘结应力就是钢筋与混凝土接触面上的剪应力。（　　）

2-87　光圆钢筋的粘结强度主要是摩擦力和机械咬合力的组合。（　　）

2-88　一般情况下梁上部钢筋的粘结强度高于其下部钢筋。（　　）

2-89　当侧向约束压应力不太高时，其存在可有效地提高钢筋的粘结强度。（　　）

2-90　混凝土保护层是从受力钢筋侧边算起的。（　　）

2-91　如图 2-1 所示，对称配筋钢筋混凝土构件，其支座间距离 l 固定不变，由于混凝土的收缩：

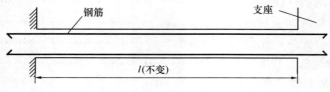

图 2-1　判断题 2-91 的图

　　　　a. 因为 l 不变，混凝土与钢筋均不产生应力 ……………………… （　　）

　　　　b. 构件中混凝土产生拉应力，钢筋中产生压应力 ……………… （　　）

　　　　c. 混凝土中应力等于零，钢筋产生拉应力 ………………………… （　　）

　　　　d. 混凝土中产生拉应力，钢筋中无应力 …………………………… （　　）

　2-92　受弯构件如图 2-2 所示，请判断：

　　　　a. 裂缝出现前沿纵筋全长上均有粘结应力 τ，以构件中点 C 为最大 …（　　）

　　　　b. 裂缝出现前，仅构件的 AB 段及 DE 段有粘结应力 τ ………………（　　）

　　　　c. 裂缝出现后，除裂缝截面以外，沿钢筋全长上均存在粘结应力 τ …（　　）

　　　　d. 裂缝出现后，沿钢筋全长上粘结均已破坏 ………………………… （　　）

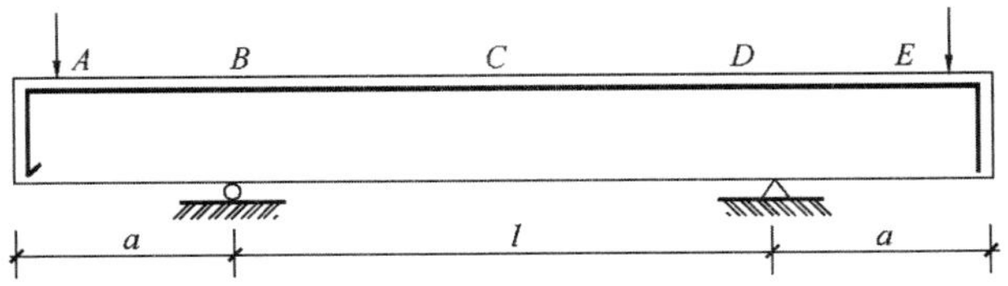

图 2-2　练习题 2-92 的图

2.3.4　填　空　题

　2-93　混凝土的强度指标通过试验测出的有：（1）_____；（2）_____；
（3）_____。

　2-94　混凝土强度 f_c、$f_{cu,k}$、f_t 的数值，按照由大到小的排列顺序应该是_____。

　2-95　混凝土的强度等级越高，抗压强度越_____，延性越_____。

　2-96　预应力混凝土结构的混凝土强度不宜低于_____。

　2-97　混凝土在一向受压、另一向受拉的双向应力状态下，其抗压强度和抗拉强度都
会_____。

　2-98　由于剪应力存在，混凝土的抗压强度要_____单向抗压强度。

　2-99　当混凝土的压应力 $\sigma_c \leqslant 0.3f_c$ 时，可近似地把混凝土看作_____材料，其应
力和应变大致呈线性关系。

　2-100　普通强度混凝土均匀受压时，对应于 σ_0 的压应变约为_____，最大压应变
约为_____。

　2-101　混凝土弹性模量是应力应变曲线_____切线的斜率。

　2-102　混凝土受压变形模量的三种表示方法是：（1）_____；（2）_____；
（3）_____。

　2-103　设计计算时，《混凝土结构设计规范》GB 50010—2010（2015 年版）规定，
受拉时混凝土弹性模量与受压时混凝土弹性模量采用_____的数值。

　2-104　混凝土的徐变是指在压力不变的条件下，其应变随_____而持续增长的变
形现象。

　2-105　混凝土在长期不变荷载下将产生_____变形，混凝土随水分蒸发将产生
_____变形。

2-106   工地检验无明显流幅钢筋的力学性能是否合格的指标是：（1）_____；（2）_____；（3）_____。

2-107   工地检验有明显流幅钢筋的力学性能是否合格的指标是：（1）_____；（2）_____；（3）_____；（4）_____。

2-108   当钢筋混凝土构件收缩受到内部钢筋约束时，会在钢筋中产生_____应力，混凝土中产生_____应力。

2-109   HPB300、HRB335、HRB400 级钢筋的强度标准值以其_____作为强度取值的依据。

2-110   钢筋与混凝土的粘结力主要由_____、_____、_____三部分组成。

2-111   变形钢筋的粘结力除胶结力和摩擦力外，最主要的是_____。

第 3 章　受弯构件正截面受弯承载力

3.1　内容的分析和总结

本章是本课程上册《混凝土结构设计原理》中最重要的一章，这是因为：①适筋梁正截面受弯的三个受力阶段具有普遍意义，它揭示了混凝土结构的基本属性；②从学习匀质弹性材料的《材料力学》到学习钢筋混凝土材料的《混凝土结构》，在基本概念、计算方法和构造等方面都需要有一个转变过程，在这个转变过程中，本章起着关键性的作用；③对以后各章，例如偏压、偏拉乃至砌体结构的学习有着重要影响；④本章的内容在实际工作中是最基本的也是最常遇到的"基本功"。

3.1.1　学习的目的和要求

1）深入理解适筋梁正截面受弯的三个受力阶段，配筋率对梁正截面受弯破坏形态的影响以及正截面受弯承载力计算的截面内力计算简图。

2）熟练掌握单筋矩形、双筋矩形和 T 形截面受弯构件的正截面受弯承载力计算方法，包括截面设计与复核的方法及适用条件的验算。

3）掌握梁、板的主要构造规定。

3.1.2　重点和难点

上述目的和要求 1）、2）是本章的重点，其中 1）又是本章的难点。

3.1.3　内容组成及总结

1. 内容组成

本章主要内容及其相互关系大致如图 3-1 所示。

可见中心内容是截面内力的计算图形及其适用条件。这个中心内容当然很重要，但如果对它提两个问题，即为什么这样？如何应用？就会知道：在此之前讲的试验、分析和理论是必须搞得很清楚的，在此之后讲的正截面受弯承载力的计算方法是必须熟练掌握的。这也正是本章的两个重点。

2. 内容总结

1）把匀质弹性材料梁正截面强度计算的习惯概念，转变为钢筋混凝土梁正截面受弯承载力计算的新概念是本章的重要任务之一。

表 3-1 简要地对比了这两种梁正截面受弯承载力性能的对比。

顺便说一下，把"材料力学"中的术语"正截面强度"等再用到结构设计中来是不妥当的。因为"强度"主要是对材料而言的；对结构构件的截面应称为"承载力"，即能承

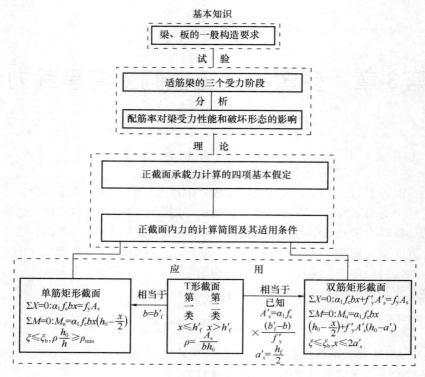

图 3-1 本章主要内容

受多大的内力，如弯矩、轴向力、剪力、扭矩等。对整个结构而言，则称其为承载能力。

匀质弹性材料梁与适筋梁正截面受弯承载力性能的对比　　　　表 3-1

		匀质弹性材料梁	适筋梁
	相似点	符合平截面假定	平均应变基本符合平截面假定，把平截面假定作为计算手段
	本质区别	单一的匀质弹性材料	钢筋与混凝土是两种性能不同的弹塑性材料
不同点	应力与应变关系	服从胡克定律	受拉混凝土、受压混凝土及钢筋都有各自的应力-应变关系
	工作过程	始终按同一规律工作	分为 Ⅰ、Ⅱ、Ⅲ 三个不同的受力阶段
	应力分布	始终是直线，最大正应力始终在边缘	应力分布情况是不断改变的，开裂时最大拉应力不在受拉区外边缘；破坏时最大压应力也不在受压区外边缘
	中和轴	始终在截面重心处	随荷载的增大，不断上移，受压区高度不断减小
	截面抗弯刚度	是常数 EI	是变值，随弯矩的增大而变小
	截面抵抗矩系数	是常数，矩形截面等于 $\frac{1}{6}$	是变数，随 ξ 而变化：$\alpha_s = \xi(1 - 0.5\xi)$
	正截面破坏准则	$\sigma_{\max} = [\sigma]$	受拉钢筋先屈服，而后受压区边缘达到混凝土抗弯时的极限压应变值

2）配筋率 ρ 是截面上纵向受拉钢筋截面面积与有效截面面积（T 形截面指肋部有效面积 bh_0）之间的相对比值，$\rho = A_s/bh_0$。单筋截面的相对受压区高度 ξ 是混凝土受压区高度 x 与截面有效高度 h_0 之间的相对比值。单筋矩形截面 $\xi = \dfrac{\rho f_y}{\alpha_1 f_c}$，双筋矩形截面 $\xi = \dfrac{\rho f_y}{\alpha_1 f_c} - \dfrac{\rho' f'_y}{\alpha_1 f_c}$。$\rho$ 或 ξ 的大小对适筋梁的受力性能有很大影响。

3）适筋梁的普遍定义是：$\xi \leqslant \xi_b$ 且 $\rho \dfrac{h_0}{h} \geqslant \rho_{\min}$。$\xi > \xi_b$ 的梁，称为超筋梁，$\rho \dfrac{h_0}{h} < \rho_{\min}$ 的梁，称为少筋梁。超筋梁和少筋梁的破坏属于脆性破坏类型，在工业与民用建筑中是不允许采用的。相对界限受压区高度 ξ_b 是根据平截面假定、产生界限破坏时的应变条件而求得的。此应变条件是：受压区边缘混凝土的极限压应变 $\varepsilon_{cu} = 0.0033$，受拉区纵向受拉钢筋合力点处的拉应变为 $\dfrac{f_y}{E_s}$，两者同时发生。

4）单筋截面的内力计算简图是这样的：纵向受拉钢筋达到抗拉强度设计值 f_y，给出拉力 $f_y A_s$；受压区混凝土达到弯曲抗压强度设计值 $\alpha_1 f_c$，给出压力 $\alpha_1 f_c bx$（单筋矩形截面）或 $\alpha_1 f_c b'_f x$（第一类 T 形截面）或 $\alpha_1 f_c (b'_f - b)h'_f + \alpha_1 f_c bx$（第二类 T 形截面）。双筋截面时，在受压区再增加纵向受压钢筋提供的压力 $f'_y A'_s$。正截面受弯承载力的两个基本计算公式就是根据这个内力计算简图的平衡条件 $\sum X = 0$ 和 $\sum M = 0$ 列出的。这两个基本计算公式应满足两个适用条件：单筋截面，$\xi \leqslant \xi_b$ 和 $\rho \dfrac{h_0}{h} \geqslant \rho_{\min}$；双筋截面，$\xi \leqslant \xi_b$ 和 $x \geqslant 2a'_s$。

5）正截面受弯承载力的计算分截面设计和截面复核两类问题。对于单筋矩形截面，这两类问题都有两个未知数，截面设计时是 x 和 A_s，截面复核时是 x 和 M_u，它们可以由联解两个基本计算公式求得。

双筋矩形截面的截面设计分 A'_s 未知和 A'_s 已知两种情况。A'_s 未知时有三个未知数 x、A_s 和 A'_s，这时可补充条件 $x = \xi_b h_0$ 进行求解。A'_s 已知时，因受压钢筋的受弯承载力 $M_{u2} = f'_y A'_s (h_0 - a'_s)$ 及对应的受拉钢筋面积 $A_{s2} = \dfrac{f'_y A'_s}{f_y}$ 是已知的，所以只有两个未知数 x 和 A_{s1}，可按 $M_{u1} = M - M_{u2}$ 的单筋矩形截面求出 x 和 A_{s1}，最后 $A_s = A_{s1} + A_{s2}$。单筋 T 形截面分两类，计算时应首先判别属于哪一类。第一类按宽度为 b'_f 的单筋矩形截面计算，第二类相当于双筋截面中 A'_s 和 a'_s 为已知的情况，$A'_s = \dfrac{\alpha_1 f_c (b'_f - b)h'_f}{f_y}$，$a'_s = \dfrac{h'_f}{2}$。

6）学习本章时，应注意以下符号意义的区别：

M——截面的弯矩设计值，它是根据荷载的设计值通过力学的内力计算得到的，截面设计时，M 是已知值；

M_u——正截面的受弯承载力设计值（极限抵抗弯矩设计值）；

M_u^0——正截面的受弯承载力试验值（极限抵抗弯矩试验值），由试验得到；

x^0——混凝土受压区高度的试验值，可简称受压区的"试验高度"；

x_c——按四项基本假定确定的受压区高度，可简称为受压区的"理论高度"或"压应变高度"；

x——正截面应力计算图形中的混凝土受压区高度，可简称受压区的"计算高度"。

在受弯构件正截面受弯承载力计算中，取 $x = \beta_1 x_c$。

7）希望能记住以下基本数据：

$$\varepsilon_0 \geqslant 0.002, \quad \varepsilon_{cu} \leqslant 0.0033$$

C20 级混凝土：$f_c = 9.6\text{N/mm}^2$；C30 级混凝土：$f_c = 14.3\text{N/mm}^2$

HPB300 级钢筋：$f_y = f'_y = 270\text{N/mm}^2$，$\xi_b = 0.576$

$$\alpha_{s,\max} = 0.410, \quad M_{\max} = 0.410 \alpha_1 f_c b h_0^2$$

HRB335 级钢筋：$f_y = f'_y = 300\text{N/mm}^2$，$\xi_b = 0.550$

$$\alpha_{s,\max} = 0.399, \quad M_{\max} = 0.399 \alpha_1 f_c b h_0^2$$

HRB400 级钢筋：$f_y = f'_y = 360\text{N/mm}^2$，$\xi_b = 0.518$

$$\alpha_{s,\max} = 0.384, \quad M_{\max} = 0.384 \alpha_1 f_c b h_0^2$$

受弯构件纵向受拉钢筋的最小配筋率 $\rho_{\min}$ 取 0.2% 和 $0.45 f_t / f_y$ 两者中的较大值。截面设计时可取截面有效高度：

$$h_0 = h - 45\text{mm（一层钢筋）}$$

$$h_0 = h - 70\text{mm（两层钢筋）}$$

梁内下部钢筋的净距不小于 25mm 和钢筋最大直径 d，上部钢筋的净距不小于 30mm 和 $1.5d$。

8）计算中要注意的问题：

（1）计算时要检查适用条件；

（2）选配钢筋后要按构造要求考虑如何设置，如果一层放不下，就需要改为两层甚至三层，当实际的 $h_0 = h - a_s$ 与原来假定的 h_0 值相差较大时，就应重新计算；

（3）双筋截面已知 A'_s 时，注意 $A_s = A_{s1} + A_{s2}$，$A_{s1} = \dfrac{\alpha_1 f_c b x}{f_y}$，$A_{s2} = \dfrac{f'_y A'_s}{f_y}$，此时 $x \neq \xi_b h_0$，所以 A_{s1} 应按单筋截面承受 $M_{u1} = M - M_{u2}$ 来计算；

（4）书写算式时，一般先写材料的强度设计值，再写截面尺寸和面积等，例如 $f_y A_s$、$\alpha_1 f_c (b'_f - b) h'_f \left(h_0 - \dfrac{h'_f}{2} \right)$；

（5）做习题时，要注意单位和有效数字，例如 $M = 30\text{kN} \cdot \text{m}$，在计算时应写为 $30 \times 10^6 \text{N} \cdot \text{mm}$。

3.2　重点讲解与难点分析

3.2.1　适筋梁正截面受弯的三个受力阶段

这既是本章的重点，也是本章的难点。

适筋梁正截面受弯的三个受力阶段不仅是适筋梁正截面受弯的属性，也是钢筋混凝土结构和构件的普遍属性。因此这里讲的三个受力阶段的内容对以后的学习和工程应用都有普遍意义。下面分三个方面讲述。

1. 三个受力阶段的名称、特点、划分和弯矩—曲率（M^0-φ^0）曲线图

适筋梁正截面受弯从开始受力到最终破坏的全过程中，经历了三个受力阶段：第Ⅰ阶

段称为未裂阶段，第Ⅱ阶段称为裂缝阶段，第Ⅲ阶段称为破坏阶段。

未裂阶段的特点是混凝土没有开裂，整截面工作；应变与应力都比较小；弯矩-截面曲率大致为直线，斜率比较大。

裂缝阶段的特点是受拉区混凝土产生垂直裂缝，并不断发展；在裂缝截面处，受拉区大部分混凝土退出工作，拉力由纵向受拉钢筋承担，但没有屈服；弯矩-截面曲率是曲线关系，其斜率明显降低。

破坏阶段的特点是破坏开始于纵向受拉钢筋屈服，其承受的拉力保持为常值；裂缝截面处，受拉区绝大部分混凝土已退出工作，受压混凝土压应力曲线比较丰满；当受压区边缘压应变值到混凝土压应变的极限值 ε_{cu}^0 时，混凝土被压碎，梁截面破坏；弯矩-截面曲率是接近水平的曲线，其斜率很小。

不要死记这些特点，应从以下四个方面来综合理解：①主要特点是什么（没有开裂、已开裂、纵向受拉钢筋屈服）；②纵向受拉钢筋怎么样；③裂缝截面处的受拉区混凝土怎么样，受压区混凝土又怎么样；④M^0-φ^0曲线怎么样。

这里要注意三点：①在讲受拉区大部分或绝大部分混凝土退出工作的时候，必须说明是指裂缝截面处；②破坏开始于纵向受拉钢筋屈服中的用语"破坏开始于"是特别重要的，不能遗漏；③"当受压区边缘的压应变达到混凝土压应变的极限值 ε_{cu}^0 时，混凝土被压碎，截面破坏"，这是正确的；如果把它说成"当受压区边缘的应力达到混凝土的抗压强度，混凝土就被压碎，截面破坏"那就是严重的概念性错误。要注意，现在出版的个别书籍中，还有这种错误说法，不要跟着错。

有的书籍或论文把第Ⅰ阶段称为弹性阶段，这是不严格的，因为在第Ⅰ阶段后期，受拉区混凝土已进入弹塑性阶段，所以还是把第Ⅰ阶段称为未裂阶段为好。这三个受力阶段是由两个特征点来划分的：第一个特征点是混凝土开裂，它是第Ⅱ阶段的起点，是划分Ⅰ、Ⅱ阶段的"分水岭"；第二个特征点是纵向受拉钢筋屈服，它是第Ⅲ阶段的起始点，是划分Ⅱ、Ⅲ阶段的"分水岭"。弯矩-曲率（M^0-φ^0）图必须动手画几遍，光看不动手是不行的。需要注意以下三点：①在开裂点处对应的弯矩是 M_{cr}^0；②纵向受拉钢筋屈服点处对应的弯矩值是 M_y^0，它不是最大值；③截面曲率 φ^0 的单位是"1/mm"。

有的书上给出的是弯矩-挠度（M^0-f^0）图，它的优点是比较直观，缺点是挠度给出的是梁的变形而不是正截面的变形。考虑到这里研究的是正截面，所以本教材用的是 M^0-φ^0图。在弯矩作用下，相邻正截面将产生相对转动，这种相对转动是用截面平均曲率来度量的。由平截面假定知，截面曲率就是变形前、后截面的转角，它等于受压区边缘混凝土的压应变值 ε_c 与纵向受拉钢筋的拉应变值 ε_s 之和除以截面有效高度 h_0，即 $\varphi = \dfrac{\varepsilon_c + \varepsilon_s}{h_0}$，$\varepsilon_c$ 和 ε_s 都是无量纲的，h_0 的单位是"mm"，所以截面曲率 φ 或 φ^0 的单位是"1/mm"。

截面曲率与转角是不同的，截面曲率是指单位长度上的转角，而转角是指给定长度范围内所有截面产生转动的总和。所以截面曲率是指单个截面而言，转角是指某一范围内的截面总共转动了多少，它的单位是弧度。

为什么在 M^0-φ^0 图上的开裂处有一个小水平段呢？这是因为受拉区开裂处的混凝土退出工作，把它原来所承担的那一部分拉力，突然转嫁给纵向受拉钢筋，使它的应力与应变突然增大的缘故（也即截面曲率突然增大）。这个知识对于做钢筋混凝土结构或构件试验是很有用的。在试验中，往往很难用肉眼找到第一条裂缝，因此常把荷载-变形图上的转折点判断为开裂点，即把使变形（包括挠度或水平位移、转角等）突然增加的那个荷载定为开裂荷载。

2. 各受力阶段的应力与应变

在试验中，由于量测技术上的限制，只能得到量测标距范围内的平均应变。在三个受力阶段中，平均应变沿梁高都近似地按直线变化，这就是平截面假定的实验基础。

在三个受力阶段，确定受压区混凝土压应力图形以及受拉区混凝土拉应力图形，是建立在以下认识基础上的：①混凝土弯曲受压的应力-应变曲线可近似地认为与单轴向受压的应力-应变曲线相同；②由于应变沿截面高度是直线变化的，所以受压区混凝土应力图形的形态与单轴向受压时应力-应变曲线图形类似；③混凝土弯曲受拉的应力-应变曲线也可近似认为与混凝土单轴向受压的应力-应变曲线相同，故受拉区混凝土拉应力图形的发展情况也与单轴向受压时应力-应变曲线图形的发展情况相同。

画应力图形或应变图形时，还要注意：①在画I_a阶段应变图形时，受拉区边缘的拉应变极限值ε_{tu}^0一定要写上；同样，在画III_a阶段应变图形时，受压区边缘的压应变极限值ε_{cu}^0也一定要写清楚。②受压区混凝土的压应力图形是这样的：I阶段为直线；II、III阶段为没有下降段的曲线，最大压应力在受压区边缘；只有III_a阶段才是有下降段的曲线，最大压应力不在受压区边缘，而是在离边缘不远的内侧纤维处。③受拉区混凝土的拉应力图形是这样的：I阶段可画成直线或没有下降段的曲线；I_a阶段是有下降段的曲线，最大拉应力在离边缘不远的内侧纤维处；II、III、III_a阶段中，在中和轴附近剩下的受拉区拉应力图形应与I_a阶段的相同，即有下降段，只是受拉区的高度愈来愈小。

希望同学们按上述注意事项，动手把三个受力阶段的截面应变图和应力图画几遍（注意，有的书上，由于作者一时粗心，把个别的应力图或应变图画错了，不要跟着错）。有了上面的知识，就可理解纵向受拉钢筋屈服时，截面所承担的弯矩M_y^0为何不是最大值。当略去受拉区混凝土承担的拉力后，纵向受拉钢筋的屈服使它承担的总拉力值不变，由力的平衡条件知，受压区混凝土承担的总压力也不变；截面的抵抗力矩等于力乘内力臂，下面就来研究内力臂。纵向受拉钢筋屈服后，使截面曲率骤增，中和轴上移，受压区高度缩小，致使混凝土承担的合压力向外移动，故内力臂增大；同时，受压区混凝土的压应力图形也逐渐发展成完整的上升段，当受压区边缘的压应力值为最大时，压应力的合力点离截面边缘的距离为最小，即内力臂最大，截面所承担的弯矩为最大值。所以在钢筋混凝土梁的正截面受弯承载力试验中，当纵向受拉钢筋屈服之后，还要增加少量荷载才能使截面破坏。

3. 三个受力阶段的应用

I_a阶段是验算受弯构件正截面抗裂的依据；II阶段是验算受弯构件变形（挠度）和垂直裂缝宽度的依据；III_a阶段是计算受弯构件正截面受弯承载力的依据。另外，下面一个概念也是重要的：处于正常使用中的钢筋混凝土受弯构件，它的受拉区是有垂直裂缝的，正截面处于第II阶段。也就是说，钢筋混凝土受弯构件通常是带裂缝工作的。因此，在工程中碰到梁或板上有垂直裂缝时应做调查研究，如果这些裂缝是由受弯引起的，裂缝宽度不大，满足规范要求，而裂缝又不再发展，那么就应认为是正常的。

3.2.2 配筋率对梁正截面受弯性能的影响

1. 纵向受拉钢筋配筋百分率

与混凝土中的水灰比相仿，在钢筋混凝土结构中也有钢筋与混凝土的"配合比"问题，例如这里讲的纵向受拉钢筋配筋百分率以及下章讲的箍筋配筋百分率等。

纵向受拉钢筋配筋百分率是指纵向受拉钢筋截面面积与混凝土有效截面面积两者相比的百分值，符号为 ρ。它对受弯构件正截面的受弯性能（包括破坏形态等）起着决定性的作用。$\rho \frac{h_0}{h} < \rho_{\min}$ 为少筋梁，$\rho_{\min} \cdot \frac{h}{h_0} \leqslant \rho \leqslant \rho_{\max}$ 为适筋梁，$\rho > \rho_{\max}$ 为超筋梁。

2. 纵向受拉钢筋配筋率对正截面受弯破坏形态的影响

可以从下面的多项选择题中来理解这个问题。下列说法中正确的是：

A. 受弯构件正截面受弯破坏形态有适筋破坏形态、少筋破坏形态、超筋破坏形态三种。适筋破坏形态属于延性破坏类型，少筋破坏形态与超筋破坏形态都属于脆性破坏类型。

B. 少筋破坏形态的特点是"一裂就坏"，破坏是突然的，因此少筋梁不能用于工业与民用建筑、桥梁中，也不能用于水利工程中。

C. 少筋梁的正截面受弯承载力 M_{u}^0 小于开裂弯矩 M_{cr}^0。少筋梁一旦开裂，受拉钢筋立即屈服并迅速经历整个流幅而进入强化阶段。梁破坏时，裂缝往往只有一条，裂缝宽度常大于 1.5mm，且裂缝延伸很长。

D. 适筋破坏形态与超筋破坏形态的相同点是，最终都因受压区边缘混凝土达到其极限压应变值 $\varepsilon_{\mathrm{cu}}^0$ 而被压碎，使截面丧失承载力；不同的是破坏的起因不同，适筋破坏形态是由于纵向受拉钢筋受拉屈服而引起的，超筋破坏则是由于受压区边缘混凝土达到压应变极限值 $\varepsilon_{\mathrm{cu}}^0$ 而引起的。

以上多项选择题中，A、C、D 项是正确的，B 项是错误的（B 项中前面部分是正确的，但不能用于水利工程中的认识是错误的，因为水利工程中的构件尺寸往往相当大，为了经济，是允许采用少筋混凝土结构的）。

3. 纵向受拉钢筋配筋率对正截面受弯承载力和变形性能的影响

在适筋梁范围内，ρ 大，承载力大，开裂弯矩稍大，截面抗弯刚度大，变形小，但破坏阶段的能力 $(\varphi_{\mathrm{u}} - \varphi_{\mathrm{y}})/\varphi_{\mathrm{y}}$ 小，即延性系数小，参见图 3-2。注意，图中 ρ 大的 M^0-φ^0 曲线在开裂时的水平段比较小，这是因为这时有比较多的钢筋来承担由混凝土开裂而转嫁来的拉力的缘故。

4. 配筋系数 ξ

其实，用相对受压区高度 ξ 来作为衡量受弯构件正截面受弯性能的指标将更合适。因为 $\xi = \frac{f_{\mathrm{y}}}{\alpha_1 f_{\mathrm{c}}} \cdot \rho$，可见 ξ 不仅表达了钢筋与混凝土两者面积的比值，而且还考虑了两种材料主要力

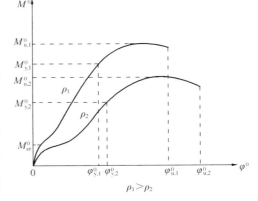

图 3-2 受拉钢筋配筋率对 M^0-φ^0 图的影响

学性能指标的比值，所以也称 ξ 为配筋系数。例如，在调幅法中提出应满足 $0.1 \leqslant \xi \leqslant 0.35$ 的要求。

3.2.3   受弯构件正截面受弯承载力的计算方法

这是本章的重点，是要求熟练掌握的基本功，也是各类考试中必考的内容（包括单筋矩形双筋矩形、T 形截面的受弯承载力计算等）。为了实现这个目标，希望学生们多做一些习题，不仅要做正确，而且要熟练。以下讲四个方面的意见，供参考。

1. 正截面受弯承载力的估算方法

这是一个基本概念，在实际工作中以及在做计算题时对把握答案的正确性等方面很有用。正截面受弯承载力就是 $\mathrm{III_a}$ 阶段截面材料所能提供的抵抗弯矩，它等于纵向受拉钢筋承担的拉力 $f_y A_s$ 与内力臂 z 的乘积：$M_u = f_y A_s \cdot z$。给定钢筋的级别后，f_y 值就是已知的，问题的焦点是怎么知道内力臂 z 的值。对单筋矩形截面，要得到 z 的准确值，就需要先求出 x 值，再按 $z = h_0 - \dfrac{x}{2}$ 求得 z 值，比较麻烦。

当估算正截面受弯承载力时，可近似取：

单筋矩形截面：
$$\begin{cases} z \approx 0.87 h_0 \text{（梁）} & (3\text{-}1) \\ z \approx 0.9 h_0 \text{（板）} & (3\text{-}2) \end{cases}$$

第一类 T 形截面：
$$z \approx h_0 - \frac{h'_f}{2} \qquad (3\text{-}3)$$

因此，当进行截面设计时，可令 $M = M_u$，于是：

单筋矩形截面：
$$\begin{cases} A_s \approx \dfrac{M}{0.87 f_y h_0} \text{（梁）} & (3\text{-}4) \\[3mm] A_s \approx \dfrac{M}{0.9 f_y h_0} \text{（板）} & (3\text{-}5) \end{cases}$$

第一类 T 形截面：
$$A_s \approx \frac{M}{f_y \left(h_0 - \dfrac{h'_f}{2} \right)} \qquad (3\text{-}6)$$

当进行截面复核时：

单筋矩形截面：
$$\begin{cases} M_u \approx 0.87 f_y A_s h_0 \text{（梁）} & (3\text{-}7) \\ M_u \approx 0.9 f_y A_s h_0 \text{（板）} & (3\text{-}8) \end{cases}$$

第一类 T 形截面：
$$M_u \approx f_y A_s \left(h_0 - \frac{h'_f}{2} \right) \qquad (3\text{-}9)$$

对双筋矩形截面梁，可适当把 z 值提高一点，例如取 $z \approx 0.9 h_0$；对第二类 T 形截面，则可取比 $\left(h_0 - \dfrac{h'_f}{2} \right)$ 稍小一点的值。

2. 正截面受弯承载力的限制条件

上限条件：
$$\rho \leqslant \rho_{max} \text{ 或 } M_u \leqslant M_{u,max}$$

下限条件：
$$\rho \frac{h_0}{h} \geqslant \rho_{min} \text{ 或} \frac{A_s}{bh}(\%) \geqslant \rho_{min}$$

上限条件说明：截面尺寸、材料确定后，截面所能提供的最大承载力 $M_{u,max}$ 是确定的，也就是只能提供这么多抵抗弯矩，这也是一个基本概念。

单筋矩形截面：

$$M_{u,max} = \alpha_{s,max}\alpha_1 f_c b h_0^2 \tag{3-10}$$

第二类 T 形截面：

$$M_{u,max} = \alpha_{s,max}\alpha_1 f_c b h_0^2 + \alpha_1 f_c (b_f' - b) h_f' \cdot \left(h_0 - \frac{h_f'}{2}\right) \tag{3-11}$$

这里，$\alpha_{s,max} = \xi_b(1-0.5\xi_b)$，称为截面最大抵抗矩系数，$\xi_b$ 称为界限相对受压区高度。ξ_b 是由平截面假定和 $x = \beta_1 x_c$ 确定的。HPB300 级钢筋 $\xi_b = 0.576$，$\alpha_{s,max} = 0.410$；HRB335 级钢筋 $\xi_b = 0.550$，$\alpha_{s,max} = 0.399$；HRB400 级钢筋 $\xi_b = 0.518$，$\alpha_{s,max} = 0.384$；这些数字是要求记住的。

如果 $M_{u,max} < M$，就需要采取措施来满足 $M_u \geq M$ 的要求，这时可以采用双筋。最常用也是最有效的方法是加大截面高度或提高钢筋级别，即提高 f_y 值，见下述。下限条件中的最小配筋率 ρ_{min} 在理论上应该这样确定：按钢筋混凝土受弯构件正截面受弯承载力计算方法算得的受弯承载力，与按不配钢筋的素混凝土受弯构件正截面受弯承载力计算方法算得的受弯承载力相等（注：这两种计算方法是不同的，后一种计算方法教材中没有讲）。当然，《混凝土结构设计规范》GB 50010—2010（2015 年版）在确定 ρ_{min} 时还考虑到其他的一些因素。

这里要注意，素混凝土受弯构件正截面承载力是用截面高度 h 表达的，所以 $\rho_{min} = \frac{A_{s,min}}{bh}(\%)$，而钢筋混凝土受弯构件的纵向受拉钢筋配筋率用截面有效高度 h_0 表达的，$\rho = \frac{A_s}{bh_0}(\%)$，所以下限条件应是 $\rho \cdot \frac{h_0}{h} \leq \rho_{min}$。而现在许多教科书上都写成 $\rho \leq \rho_{min}$，这是错误的。

由上述确定 ρ_{min} 的理论依据可知，对于 T 形截面，它的配筋率应采用 $\rho = \frac{A_s}{bh_0}(\%)$，即用肋宽 b 而不是用受压翼缘宽度 b_f'，同时要满足 $\rho \cdot \frac{h_0}{h} \leq \rho_{min}$。

3. 正截面受弯承载力的影响因素

以单筋矩形截面为例，其受弯承载力：

$$M_u = f_y A_s z, \quad z = h_0 - \frac{x}{2} \tag{3-12}$$

$$x = \frac{f_y A_s}{\alpha_1 f_c b} \tag{3-13}$$

分析上述计算公式可知：

（1）f_y、A_s 大致与 M_u 呈正比例关系，即影响最大；

（2）h_0 也大致与 M_u 呈正比例关系，故影响也较大；

（3）$\alpha_1 f_c$ 与 b 是通过 x 来对 M_u 产生影响的，而且这种影响是通过 $\left(h_0 - \frac{x}{2}\right)$ 来产生的，即用减小 x 值的办法来增大内力臂 $z = h - \frac{x}{2}$ 的效果是不明显的。

总之，用提高混凝土强度等级或加大梁宽来提高正截面受弯承载力的效果是不明显的，这也就是为什么在钢筋混凝土楼、屋盖中，混凝土强度等级一般宜取为 C20～C30 而不采用高强度混凝土的原因。同时，在楼、屋盖中采用C30以上混凝土，楼板往往会产生收缩裂缝。

当钢筋等级确定后，提高正截面受弯承载力通常是用加大梁高或纵向受拉钢筋截面面积的办法来得到的。在《混凝土构设计规范》GB 50010—2010（2015年版）中，建议纵向受力钢筋主要采用HRB400级钢筋。

4. 正截面受弯承载力计算时的注意事项

1）单筋矩形截面受弯承载力的计算是基础，应反复练习，熟练掌握。

2）由题意判断是属于截面设计还是属于截面复核。若是截面设计，应令$M=M_u$进行计算；若是截面复核，目的是求M_u，检查是否$M\leqslant M_u$，但其中心问题是求x（包括偏心受压构件、偏心受拉构件正截面承载力的复核也是这样），一定要把x值求出来。

3）单筋矩形截面的截面设计分三个步骤进行：

（1）假设a_s值，得h_0先要假定梁内纵向受拉钢筋的层数。一层时$a_s=45$mm；二层时$a_s=65\sim70$mm，由此得$h_0=h-a_s$（注：对于板，可假设$a_s=20$mm）。

（2）求纵向受拉钢筋：

先算出截面抵抗矩系数$\alpha_s=\dfrac{M}{\alpha_1 f_c b h_0^2}$，然后直接由$\alpha_s$算出$\xi$和$\gamma_s$，即：

$$\xi=1-\sqrt{1-2\alpha_s} \tag{3-14}$$

$$\gamma_s=0.5(1+\sqrt{1-2\alpha_s})\text{ 或 }\gamma_s=1-0.5\xi \tag{3-15}$$

这些公式要记住。由此算出：

$$A_s=\dfrac{M}{f_y\gamma_s h_0} \tag{3-16}$$

根据求得的A_s值来选择纵向受拉钢筋，并确定其在截面上的布置。如果前面假设纵向受拉钢筋只有一层，取$a_s=45$mm，而现在一层放不下，要放两层，那就要按钢筋实际的布置情况，求出纵向受拉钢筋的重心到截面受拉边缘的真实距离a_s后，重新计算。重新计算最好按截面复核来进行，即求出$x=\dfrac{f_y A_s}{\alpha_1 f_c b h_0}$，$M_u=f_y A_s\left(h_0-\dfrac{x}{2}\right)$。

（3）验算适用条件

① 验算$\xi\leqslant\xi_b$利用前面计算的值来进行；

② 验算$\rho\dfrac{h_0}{h}\geqslant\rho_{min}$，受弯构件的$\rho_{min}$取0.2%和$0.45f_t/f_y$中的较大值。

4）单筋矩形截面受弯承载力计算中常犯的错误有以下四种：

（1）搞错单位，计算受阻。计算中的单位一律采用"mm"和"N/mm²"。由于弯矩的单位是"kN·m"，所以在计算α_s时，应把弯矩值乘10^6，而在用计算器时，因存储位数有限，要把10^6约去，详见下面的计算例题。

（2）选择与布置钢筋有误。一种错误是实际配置的钢筋截面面积与计算所得的A_s相差太大，不满足大致是±5%的要求。另一种错误是选择了市场上没有的钢筋直径，如11、13mm等，或者选用了两种以上的钢筋直径。第三种错误是钢筋的布置不符合构造要求，例如梁宽$b=250$mm，把梁底部钢筋3Φ22+2Φ20放在一层，因为按构造要求，梁宽至少是$3\times22+2\times20+6\times25=256$mm。当梁截面承受负弯矩时（连续梁或悬臂梁支座截面），就更应注意，因为钢筋放在梁顶，钢筋净距不是 25mm，而是 30mm 与 $1.5d$ 两者中的较大值。

当原先假定钢筋为一层，而实际为两层时，由于实际的 a_s 比原先的大，h_0 要减小，所以选择的钢筋截面面积应比求得的 A_s 值大一些；相反，如果钢筋由两层改为一层，则所选择的钢筋截面面积应比求得的 A_s 值小一些。

（3）验算适用条件时，错误地用了计算求得的 A_s 值，而不是用实际选用的 A_s 值，特别是在验算第二个适用条件 $\rho \dfrac{h_0}{h} \geqslant \rho_{\min}$ 时，往往产生这种错误（注：$\rho \dfrac{h_0}{h} = \dfrac{A_s}{bh}(\%)$）。

（4）心中无数，不会自我检查。一般说来，计算中要把住三道关口：第一道关口是 α_s 值。α_s 的物理意义是正截面抵抗矩系数，它可与《材料力学》中的 $1/6$ 相比较，另外 $\alpha_{s,\max} = 0.410$（HPB300 级钢筋），$\alpha_{s,\max} = 0.399$（HRB335 级钢筋），因此，当 α_s 值过大或过小时，就应检查计算是否有误。第二道关口是由 α_s 算得的 ξ 值应不大于 ξ_b，否则不是超筋就是算错了。第三道关口是由 γ_s 求得的 A_s 值要与前面讲的用估算方法求得的值大体上一致（估算可用心算）。

5）双筋矩形截面受弯承载力计算中应注意的事项：

（1）有两个基本出发点：一是受压钢筋屈服，$f_y = f'_y$（对 HPB300、HRB335、HRB400 级钢筋）；二是它的承载力等于单筋的 M_{u1} 与受压钢筋承担的 M_{u2} 相加，即 $M_u = M_{u1} + M_{u2}$。

（2）要验算的适用条件有两个：一是 $x \geqslant 2a'_s$ 或 $z \leqslant h_0 - a'_s$，以保证受压钢筋离中和轴不至于过近，而使它的压应变过小，应力不能达到 f'_y；二是 $x \leqslant \xi_b h_0$，即 $\rho_1 \leqslant \rho_b$，以保证不是超筋破坏形态。

（3）截面设计分为 A'_s 未知与已知两种情况。不论哪种情况，第一步都要先计算 α_s 值，当 $\alpha_s > \alpha_{s,\max}$ 时，才按双筋截面进行设计。

A'_s 为未知时，第二步是充分发挥混凝土的作用，令 $\rho_1 = \rho_b$，求 $M_{u1} = \alpha_{s,\max} \alpha_1 f_c b h_0^2$，$A_{s1} = \dfrac{\xi_b \alpha_1 f_c b h_0}{f_y}$；第三步是由 $M_{u2} = M - M_{u1}$，求出 $A_{s2} = A'_s = \dfrac{M_{u2}}{f'_y(h_0 - a'_s)}$；第四步是求出 $A_s = A_{s1} + A_{s2}$；第五步是选用纵向受压钢筋、纵向受拉钢筋。在这种情况下，两个适用条件是自动满足的，不需要验算。

A'_s 为已知时，第二步先假定 $x \geqslant 2a'_s$，即 $\sigma'_s = f'_y$ 以及 a'_s 值，求出 $M_{u2} = f'_y A'_s (h_0 - a'_s)$；第三步是求出 $M_{u1} = M - M_{u2}$ 后，按单筋矩形截面求出 A_{s1}；第四步是验算两个适用条件，如果满足，则进行第五步求 $A_s = A_{s1} + A_{s2}$，并选择与布置纵向受拉钢筋。如果第四步不满足适用条件 1（$x < 2a'_s$），这时可近似取 $x = 2a'_s$，直接得 $A_s = \dfrac{M}{f_y(h_0 - a'_s)}$。如果第四步不满足适用条件 2（$\xi > \xi_b$），这说明所给的 A'_s 不够，应按 A'_s 为未知的情况，重新计算。

双筋矩形截面受弯承载力的复核是比较简单的，先求出 $M_{u2} = f_y A'_s(h_0 - a'_s)$，再求出 $A_{s1} = A_s - A'_s$，然后按有 A_{s1} 的单筋矩形截面求出 M_{u1}，最后得出 $M_u = M_{u1} + M_{u2}$。

6）T 形截面受弯承载力计算中要注意的问题：

（1）翼缘在受压区的才是 T 形截面，例如现浇楼主、次梁中正弯矩区段内的正截面。

翼缘在受拉区的不是 T 形截面而是矩形截面，例如现浇楼盖中负弯矩区段内的正截面。

（2）T 形截面分为两类：计算中和轴在翼缘中通过的（$x \leq h'_f$）为第一类；计算中和轴在肋部通过的（$x > h'_f$）为第二类。所以 T 形截面计算时的第一步就是要判别它属于哪一类。截面设计时，用 $M \leq \alpha_1 f_c b'_f h'_f \left(h_0 - \dfrac{h'_f}{2}\right)$ 来判别，截面复核时，用 $\alpha_1 f_c b'_f h'_f \leq f_y A_s$ 来判别，满足的为第一类，否则是第二类。

（3）第一类 T 形截面的计算按截面宽度为 b'_f 的矩形截面进行；第二类 T 形截面按 A'_s 为已知的双筋矩形截面进行，这时的 $A'_s = \dfrac{\alpha_1 f_c (b'_f - b) h'_f}{f'_y}$，$a'_s = h'_f / 2$。

（4）适用条件也有两个：① $x \leq \xi_b h_0$，这对第一类 T 形截面通常是满足的，但对第二类 T 形截面则不一定满足；② $\rho \dfrac{h_0}{h} \geq \rho_{min}$，这对第二类 T 形截面通常是满足的，但对第一类 T 形截面则不一定满足。正如前面讲过的，这时的 ρ 应按 b 计算而不应按 b'_f 计算。

3.3　思　考　题

3.3.1　问　答　题

3-1　混凝土弯曲受压时的极限压应变 ε_{cu} 取为多少？

3-2　什么叫"界限破坏"？"界限破坏"时的 ε_s 和 ε_{cu} 各等于多少？

3-3　适筋梁的受弯全过程经历了哪几个阶段？各阶段的主要特点是什么？与计算或验算有何联系？

3-4　正截面承载力计算的基本假定有哪些？单筋矩形截面受弯构件的正截面受弯承载力计算简图是怎样的？它是怎样得到的？

3-5　什么叫少筋梁、适筋梁和超筋梁？在建筑工程中为什么应避免采用少筋梁和超筋梁？

3-6　什么是纵向受拉钢筋的配筋率？它对梁的正截面受弯的破坏形态和承载力有何影响？ξ 的物理意义是什么？ξ_b 是怎样求得的？

3-7　单筋矩形截面梁的正截面受弯承载力的计算分为哪两类问题，计算步骤各是怎样的，其最大值 $M_{u,max}$ 与哪些因素有关？

3-8　双筋矩形截面受弯构件中，受压钢筋的抗压强度设计值是如何确定的？

3-9　在什么情况下可采用双筋截面梁，双筋梁的基本计算公式为什么要有适用条件 $x \geq 2a'_s$？

3-10　T 形截面梁的受弯承载力计算公式与单筋矩形截面及双筋矩形截面梁的受弯承载力计算公式有何异同点？

3-11　在正截面受弯承载力计算中，对于混凝土强度等级小于 C50 的构件和混凝土强度等级不小于 C50 的构件，其计算有什么区别？

3-12　已知单筋矩形截面梁，$b \times h = 250\text{mm} \times 600\text{mm}$，承受弯矩设计值 $M = 360\text{kN} \cdot$ m，$f_c = 14.3\text{N/mm}^2$，$f_y = 360\text{N/mm}^2$，环境类别为一类，你能很快估算出纵向受拉钢筋

截面面积 A_s 吗?

3-13 双筋矩形截面梁比单筋矩形截面梁多一个未知数 A'_s,一般采用什么方法解决?

3-14 已知截面尺寸和受压钢筋面积时,求双筋矩形截面受拉钢筋面积有哪两种解法?

3-15 何谓双向受弯构件? 双向受弯构件正截面受弯承载力计算与单向受弯构件的主要区别是什么?

3-16 什么是混凝土受弯构件的延性? 其截面延性用什么来度量?

3-17 为什么要有延性要求?

3-18 受压钢筋在梁中起什么作用?

3-19 画出双筋矩形截面梁正截面承载力计算时的计算简图,写出基本平衡方程和适用条件,说明适用条件的意义。

3-20 T 形梁的翼缘计算宽度为什么是有限的? 怎样判别 T 形截面的类型?

3.3.2 选 择 题

3-21 钢筋混凝土梁的混凝土保护层厚度的定义是指下列的_____项。

A. 箍筋外表面到截面边缘的最小垂直距离

B. 箍筋重心到截面边缘的最小垂直距离

C. 纵向受力钢筋外表面到截面边缘的最小垂直距离

D. 纵向受力钢筋的重心到截面边缘的最小垂直距离

3-22 正常使用下的混凝土受弯构件正截面受弯是处于下列的_____项。

A. 处于第 I 工作阶段,即没有裂缝

B. 处于第 II 工作阶段,即带裂缝工作

C. 处于第 III 工作阶段,即纵向受拉钢筋已屈服

D. 处于 I_a 受力状态,即将裂未裂

3-23 界限相对受压区高度 ξ_b 是根据下列的_____项确定的。

① 平截面假定

② 平截面假定、纵向受拉钢筋应变 $\varepsilon_s = f_y/E_s$

③ 受压区边缘混凝土压应变极限值 ε_{cu}

④ 假定受压区高度的计算值 x 与压应变高度 x_c 的关系为 $x = \beta_1 x_c$

A. ①④   B. ②③

C. ①②③   D. ①②③④

3-24 从受弯构件正截面受弯承载力的观点来看,确定是矩形截面还是 T 形截面的根据是下列的_____项。

A. 截面受压区的形状   B. 截面受拉区的形状

C. 截面的实际形状   D. 截面的钢筋用量

3-25 正截面受弯承载力计算中,不考虑受拉区混凝土的作用是因为下列_____项。

A. 受拉区混凝土已全部开裂

B. 受拉区混凝土所承担的拉力比纵向受拉钢筋的拉力 $f_y A_s$ 小得多

C. 受拉区混凝土靠近中和轴,内力臂小

D. 上述 B 和 C

3-26　关于提高单筋矩形截面受弯承载力的有效方法，下列的_____项是正确的。

A. 提高纵向受拉钢筋的钢筋级别，即提高 f_y

B. 加大截面的高度

C. 加大截面的宽度

D. 提高混凝土的强度等级

3-27　下列说法中，_____项是正确的。

A. M—正截面弯矩标准值

B. M_u—正截面受弯承载力试验值

C. 当 $M \leqslant M_u$ 时，能绝对保证正截面不发生受弯破坏

D. 当 $M \leqslant M_u$ 时，还有正截面发生受弯破坏的可能，但其概率已小到允许的程度

3-28　下列几种说法中，_____项是正确的。

A. 少筋梁正截面受弯破坏的特点是"一裂就坏"，裂缝有很多条，细而密

B. 适筋梁正截面受弯破坏开始于纵向受拉钢筋屈服，导致受压区高度减小，当受压区混凝土压应力达到其弯曲抗压强度时，截面破坏

C. 适筋梁正截面受弯破坏开始于纵向受拉钢筋屈服，当受压区边缘的压应变达到混凝土压应变的极限值时，混凝土被压碎，截面破坏

D. 超筋梁正截面受弯破坏是由于受压区边缘的压应变达到了混凝土压应变的极限值，混凝土被压碎而造成的，破坏时纵向受拉钢筋没有屈服

3-29　下列几种说法，_____项是不正确的。

A. 梁底部纵向受力钢筋水平方向的净距不应小于 d，也不小于 25mm；梁顶部纵向受力钢筋水平方向的净距不得小于 $1.5d$，也不小于 30mm，这里 d 为纵向受力钢筋的直径

B. 梁底部纵向受力钢筋设置两层时，钢筋的竖向净距不应小于钢筋直径，也不应小于 30mm，这里 d 为纵向受力钢筋直径

C. 当梁的底部钢筋多于两层时，从第三层起，钢筋的中距应比下面两层的中距增大一倍

D. 箍筋的外表面到截面边缘的垂直距离，称为混凝土保护层厚度

3-30　环境类别为一类，混凝土强度等级为 C30，以下_____项的纵向受力钢筋的混凝土保护层最小厚度是正确的。

A. 板 10mm，梁 25mm，柱 30mm　　　B. 板 15mm，梁 30mm，柱 35mm

C. 板 15mm，梁 20mm，柱 20mm　　　D. 板 15mm，梁 20mm，柱 25mm

3.3.3　判　断　题

3-31　适筋梁正截面受弯的全过程分为三个工作阶段，即未裂阶段、裂缝阶段和破坏阶段。（　　）

3-32　凡正截面受弯时，由于受压区边缘的压应变达到混凝土极限压应变值，使混凝土压碎而产生破坏的梁，都称为超筋梁。（　　）

3-33　适筋梁正截面受弯破坏时，最大压应力不在受压区边缘而是在受压区边缘的内

侧处。（　　）

3-34　"受拉区混凝土一裂就坏"是少筋梁的破坏特点。（　　）

3-35　受弯构件正截面受弯承载力计算的四个基本假定，不仅适合于受弯构件也适合于各种混凝土构件的正截面承载力计算。（　　）

3-36　适筋梁正截面受弯破坏的标志是，混凝土的极限压应变达到 ε_{cu} 或者受拉钢筋的极限拉应变达到 0.01，即这两个极限应变中只要具备其中的一个，就标志适筋梁正截面受弯达到了承载能力极限状态。（　　）

3-37　混凝土构件正截面承载力计算中，受压区混凝土的理论压应力图形与基本假定中给出的混凝土压应力-应变曲线图形，两者是相似的，有的是相同的。（　　）

3-38　有一矩形截面适筋梁，截面宽度 $b=200$mm，底部配置一层 4 Φ 22 的受力钢筋，顶部配置 4 Φ 20 的受力钢筋，这样配置受力钢筋是符合构造规定的。（　　）

3-39　对于材料和尺寸都相同的单筋矩形截面适筋梁，它的正截面受弯承载力和破坏阶段的变形能力都随纵向受拉钢筋配筋百分率的增大而提高。（　　）

3-40　强度等级不大于 C50 的混凝土，其受压区等效矩形应力图系数 $\alpha_1=1$，$\beta_1=0.8$。（　　）

3-41　有一单筋矩形截面板，$b=1000$mm，$h=120$mm，混凝土保护层厚度 15mm，混凝土强度等级为 C30，采用 HRB335 级钢筋，承受弯矩设计值 $M=21$kN·m，则其纵向受拉钢筋截面面积的估算值大致为 750mm²。（　　）

3-42　有一单筋矩形截面梁，$b=250$mm，$h=600$mm，采用 HRB400 级钢筋，承受弯矩设计值 $M=200$kN·m，对其纵向受拉钢筋截面面积的估算值大致为 1150mm²。（　　）

3-43　在计算第二类 T 形截面受弯承载力截面设计题时，可以把它看作为已知受压钢筋的双筋截面，这时的 $A'_s = \dfrac{1}{f'_y} \cdot \alpha_1 f_c (b'_f - b) h'_f$，$a'_s = h'_f/2$。（　　）

3.4　计算题及解题指导

3.4.1　例　题　精　解

【例题 3-1】已知一简支板，板厚 100mm，板宽 1000mm，承受弯矩设计值 $M=6.02$kN·m，环境类别为一类，采用 C30 混凝土，$f_c=14.3$N/mm²，$f_t=1.43$N/mm²，HPB300 级钢筋 $f_y=270$N/mm²。

求：纵向受力钢筋和分布钢筋。

【解】环境类别为一类，C30 混凝土时，板的混凝土保护层最小厚度为 15mm，设纵筋直径 10mm，故：

$$a_s = 20\text{mm}, \quad h_0 = 100 - 20 = 80\text{mm}$$

$$\alpha_s = \frac{M}{\alpha_1 f_c b h_0^2} = \frac{6.02 \times 10^6}{1 \times 14.3 \times 1000 \times 80^2} = 0.066$$

$$\xi = 1 - \sqrt{1 - 2\alpha_s} = 1 - \sqrt{1 - 2 \times 0.066} = 0.068$$

$$\gamma_s = 0.5(1+\sqrt{1-2\alpha_s}) = 0.966$$

$$A_s = \frac{M}{f_y\gamma_s h_0} = \frac{6.02 \times 10^6}{270 \times 0.966 \times 80} = 289\text{mm}^2$$

选用纵向受力钢筋Φ 8@170，$A_s = 296\text{mm}^2$。垂直于纵向受拉钢筋应放置分布钢筋，按构造要求，其截面面积不小于 $0.15\% bh = 0.15\% \times 1000 \times 100 = 150\text{mm}^2$，选用Φ 6@180，截面面积为 157mm^2。

验算适用条件：

（1）$\xi = 0.068 < 0.576$，满足；

（2）$\rho = \dfrac{296}{1000 \times 80} = 0.37\% > \rho_{\min}\dfrac{h}{h_0} = 0.45\dfrac{f_t h}{f_y h_0} = 0.45 \times \dfrac{1.43}{270} \times \dfrac{100}{80} = 0.298\%$，

同时 $\rho > 0.2\% \dfrac{h}{h_0} = 0.2\% \dfrac{100}{80} = 0.25\%$，满足。

【提示】①板的受压区高度 x 一般是比较小的，本题 $x = \xi h_0 = 0.068 \times 80 = 5.44\text{mm}$，所以对于板，近似取内力臂系数 $\gamma_s \approx 0.9$ 是可以的。②考虑到商品混凝土的收缩比较大，所以规范要求分布钢筋的配筋率不宜小于该方向截面面积的 0.15%，间距不宜大于 250mm，直径不宜小于 6mm。

【例题 3-2】已知矩形混凝土截面梁 $b \times h = 300\text{mm} \times 700\text{mm}$，环境类别为一类，弯矩设计值 $M = 330\text{kN} \cdot \text{m}$，混凝土强度等级为 C30，$f_c = 14.3\text{N/mm}^2$，$f_t = 1.43\text{N/mm}^2$，钢筋采用 HRB400 级，$f_y = 360\text{N/mm}^2$。

求：纵向受拉钢筋。

【解】环境类别为一类，混凝土为 C30 时，梁的混凝土保护层最小厚度为 20mm，故 $a_s = 45\text{mm}$，$h_0 = 700 - 45 = 655\text{mm}$。

$$\alpha_s = \frac{M}{\alpha_1 f_c b h_0^2} = \frac{330 \times 10^6}{1 \times 14.3 \times 300 \times 655^2} = 0.179$$

$$\xi = 1 - \sqrt{1-2\alpha_s} = 1 - \sqrt{1-2 \times 0.179} = 0.199$$

$$\gamma_s = 0.5(1+\sqrt{1-2\alpha_s}) = 0.5 \times (1+\sqrt{1-2 \times 0.179}) = 0.901$$

$$A_s = \frac{M}{f_y\gamma_s h_0} = \frac{330 \times 10^6}{360 \times 0.901 \times 655} = 1553\text{mm}^2$$

采用 5 Φ 20，$A_s = 1570\text{mm}^2$。

验算适用条件：

（1）$\xi = 0.199 < 0.518$，满足；

（2）$\rho = \dfrac{1570}{300 \times 655} = 0.79\% > \rho_{\min}\dfrac{h}{h_0} = 0.45\dfrac{f_t h}{f_y h_0} = 0.45 \times \dfrac{1.43}{360} \times \dfrac{700}{655} = 0.19\%$，

同时 $\rho > 0.2\% \dfrac{h}{h_0} = 0.2\% \times \dfrac{700}{655} = 0.21\%$，满足。

【提示】①选择钢筋时，要算一下是否能放一排，本题 $5 \times 20 + 4 \times 25 + 2 \times (20+8) = 256\text{mm}$，能放下。②验算适用条件时，要用实际采用的钢筋截面面积。③如果只改变混凝土为 C25，$f_c = 11.9\text{N/mm}^2$，则 $\gamma_s = 0.877$，$A_s = 1596\text{mm}^2$；如果只改变截面宽度为 250mm，则 $\gamma_s = 0.877$，$A_s = 1596\text{mm}^2$。如果只改变截面高度为 600mm，则 $\gamma_s = 0.869$，$A_s = 1901\text{mm}^2$。可见对正截面影响最大的是钢筋强度和截面高度，而混凝土强度等级、

截面宽度的影响不是很大的。④本题也可以用估算方法检查计算结果是否准确：设 $\gamma_s = 0.9$，则 $A_s = \dfrac{M}{f_y \gamma_s h_0} = 330 \times 10^6 / 0.9 \times 360 \times 655 = 1555 \text{mm}^2$，说明计算结果是对的。
⑤这种题必须做得很熟练，既正确又快速。

【例题 3-3】已知一矩形截面梁，环境类别为一类，梁宽 $b = 200\text{mm}$，承受弯矩设计值 $M = 110\text{kN} \cdot \text{m}$，采用 C30 混凝土，$f_c = 14.3 \text{N/mm}^2$，HRB400 级钢筋，$f_y = 360 \text{N/mm}^2$。

求：截面高度 h 和纵向受拉钢筋。

【解】

1. 求截面高度

$$M_u = f_y A_s \left(h_0 - \frac{x}{2} \right) \quad M_u = \rho f_y b h_0^2 (1 - 0.5\xi)$$

令 $M = M_u$，$h_0 = \dfrac{1}{\sqrt{1-0.5\xi}} \sqrt{\dfrac{M}{\rho f_y b}} \approx (1.05 \sim 1.1) \sqrt{\dfrac{M}{\rho f_y b}}$

梁的经济配筋百分率为 $0.5\% \sim 1.6\%$，现假定为 $\rho = 1.0\%$，则：

$$h_0 = 1.1 \times \sqrt{\frac{110 \times 10^6}{1.0\% \times 360 \times 200}} = 430\text{mm}$$

C30 混凝土，环境类别为一类时的混凝土最小保护层厚度为 20mm，故取 $a_s = 40\text{mm}$，因此 $h = h_0 + a_s = 430 + 40 = 470\text{mm}$，现取梁截面高度 $h = 500\text{mm}$。

2. 选择纵向受拉钢筋

$$\alpha_s = \frac{M}{\alpha_1 f_c b h_0^2} = \frac{110 \times 10^6}{1 \times 14.3 \times 200 \times 460^2} = 0.182$$

$$\xi = 1 - \sqrt{1 - 2\alpha_s} = 1 - \sqrt{1 - 2 \times 0.182} = 0.203$$

$$\gamma_s = 0.5(1 + \sqrt{1 - 2\alpha_s}) = 0.5 \times (1 + \sqrt{1 - 2 \times 0.182}) = 0.899$$

$$A_s = \frac{M}{f_y \gamma_s h_0} = \frac{110 \times 10^6}{360 \times 0.899 \times 460} = 739\text{mm}^2$$

采用 3 $\underline{\Phi}$ 18，$A_s = 763\text{mm}^2$。

3. 验算适用条件

(1) $\xi = 0.203 < 0.518$，满足；

(2) $\rho = \dfrac{763}{200 \times 460} = 0.83\% > 0.45 \dfrac{f_t h}{f_y h_0} = 0.45 \times \dfrac{1.43}{360} \times \dfrac{500}{460} = 0.194\%$，同时 $\rho > 0.2\% \dfrac{h}{h_0} = 0.2\% \times \dfrac{500}{460} = 0.217\%$，满足。

【提示】①从上例和本例可知梁的正截面承载力一般是 $100 \sim 500 \text{ kN} \cdot \text{m}$。②工程设计中，梁截面的高度往往按"高跨比"来确定，主梁为 $1/15 \sim 1/10$，次梁为 $1/18 \sim 1/12$，见第 11 章。

【例题 3-4】已知单筋矩形截面梁，$b \times h = 250\text{mm} \times 700\text{mm}$，环境类别为一类，混凝土强度等级为 C25，$f_c = 11.9 \text{N/mm}^2$，钢筋采用 5 $\underline{\Phi}$ 22，$f_y = 360 \text{N/mm}^2$，$A_s = 1900\text{mm}^2$。

求：该截面能否承受弯矩设计值 $M = 300\text{kN} \cdot \text{m}$？

【解】这是单筋矩形截面的截面复核题。

1. 求 a_s 和 h_0

判别 5ϕ22 能否放在一层。混凝土保护层最小厚度为 20mm，则：

$$5 \times 22 + 4 \times 25 + 2 \times (20 + 8) = 266\text{mm} > b = 250\text{mm}$$

改放两层，第一层 3ϕ22，第二层 2ϕ22：

$$a_s = \frac{3 \times (20 + 11 + 8) + 2 \times (20 + 8 + 22 + 25 + 11)}{5} = 57.8\text{mm}$$

$$h_0 = 700 - 57.8 = 642.2\text{mm}$$

2. 求 x

$$x = \frac{f_y A_s}{\alpha_1 f_c b} = \frac{360 \times 1900}{1 \times 11.9 \times 250} = 230\text{mm}$$

3. 求 $M = M_u$

$$M = M_u = f_y A_s \left(h_0 - \frac{x}{2} \right) = 360 \times 1900 \times \left(642.2 - \frac{230}{2} \right) = 360.6\text{kN} \cdot \text{m} > 300\text{kN} \cdot$$

m，安全。

【提示】 ①本题的关键是求 a_s，在截面复核题中的 a_s 是要按实际配筋情况算出来的，不能像截面设计那样假定 a_s。例如，2 ϕ 22 + 2 ϕ 25 放在一排时，$a_s = \frac{760 \times (20 + 11 + 8) + 982 \times (20 + 12.5 + 8)}{760 + 982} = 39.85\text{mm}$。②在结构设计中，不论是混凝土结构，还是钢结构，轴向力 N 和剪力 V 的单位是"kN"，弯矩 M 的单位是"kN·m"。

【例题 3-5】 已知二 b 类环境下的矩形截面梁，$b \times h = 200\text{mm} \times 450\text{mm}$，弯矩设计值 $M = 220\text{kN} \cdot \text{m}$，混凝土强度等级为 C30，$f_c = 14.3\text{N/mm}^2$，采用 HRB400 级钢筋 $f_y = f_y' = 360\text{N/mm}^2$。

求：纵向钢筋。

【解】

1. 判断是单筋还是双筋（因梁高小，M 大）

设 $a_s = 45\text{mm}$，$h_0 = 450 - 45 = 405\text{mm}$，故 $M_{u,\max} = \alpha_{s,\max} \cdot \alpha_1 f_c b h_0^2 = 0.384 \times 1 \times 14.3 \times 200 \times 405^2 = 180.14\text{kN} \cdot \text{m} < M = 220\text{kN} \cdot \text{m}$，故应按双筋截面设计。

2. 求 A_s' 和 A_s

设 $\xi = \xi_b = 0.518$，$a_s = 45\text{mm}$

$$A_s' = \frac{M - \alpha_{s,\max} \alpha_1 f_c b h_0^2}{f_y'(h_0 - a_s')} = \frac{(220 - 180.14) \times 10^6}{360 \times (405 - 45)} = 308\text{mm}^2$$

$$A_s = \frac{\alpha_1 f_c \xi_b b h_0}{f_y} + A_s' \cdot \frac{f_y'}{f_y} = \frac{1 \times 14.3 \times 0.518 \times 200 \times 405}{360} + 308 \times \frac{360}{360} = 1975\text{mm}^2$$

选用纵向受拉钢筋 4ϕ25，$A_s = 1964\text{mm}^2$，误差 $\frac{1964 - 1975}{1975} = -0.56\%$，在 -5% 以内，可以。

选用纵向受压钢筋 2ϕ14，$A_s' = 308\text{mm}^2$。

【例题 3-6】 已知双筋矩形截面 $b \times h = 200\text{mm} \times 400\text{mm}$，纵向受压钢筋 3$\phi$18，$A_s' = 763\text{mm}^2$，$f_y' = 360\text{N/mm}^2$，环境类别为一类，混凝土强度等级为 C25，$f_c = 11.9\text{N/mm}^2$，纵向受拉钢筋采用 HRB400 级钢筋，截面的弯矩设计值 $M = 170\text{kN} \cdot \text{m}$。

求：纵向受拉钢筋。

【解】

1. 求 M_{u1}

假设纵向受压钢筋应力达到 f'_y，$a'_s=20+8+9=37\text{mm}$，$a_s=70\text{mm}$，$h_0=400-70=330\text{mm}$，

$$M_{u1} = f'_y A'_s (h_0 - a'_s) = 360 \times 763 \times (330 - 37) = 80.48\text{kN} \cdot \text{m}$$

2. 求 M_{u2}、A_{s2}

$$M_{u2} = M_u - M_{u1} = 170 - 80.48 = 89.52\text{kN} \cdot \text{m}$$

$$\alpha_s = \frac{M_{u2}}{\alpha_1 f_c b h_0^2} = \frac{89.52 \times 10^6}{1 \times 14.3 \times 200 \times 330^2} = 0.287$$

$$\xi = 1 - \sqrt{1 - 2\alpha_s} = 1 - \sqrt{1 - 2 \times 0.287} = 0.347 < \xi_b = 0.518, \text{可以。}$$

$$\gamma_s = 0.5(1 + \sqrt{1 - 2\alpha_s}) = 0.5 \times (1 + \sqrt{1 - 2 \times 0.287}) = 0.826$$

$$A_{s2} = \frac{M_{u2}}{f_y \gamma_s h_0} = \frac{89.52 \times 10^6}{360 \times 0.826 \times 330} = 912\text{mm}^2$$

3. 求纵向受拉钢筋

$$A_s = A_{s1} + A_{s2} = A'_s \cdot \frac{f'_y}{f_y} + A_{s2} = 763 \times \frac{360}{360} + 912 = 1675 \text{ mm}^2$$

选用 7 Φ 18，$A_s=1781\text{mm}^2$，分两层放置，第一层 4 Φ 18，第二层 3 Φ 18。

【提示】如果 $\xi > \xi_b$，则要增加纵向受压钢筋，使 M_{u2} 减小；或者加大截面尺寸，总之，必须满足 $\xi \leqslant \xi_b$。

【例题 3-7】已知双筋矩形截面 $b \times h = 200\text{mm} \times 500\text{mm}$，环境类别为一类，混凝土强度等级为 C25，$f_c=11.9\text{N/mm}^2$，$f_t=1.27\text{N/mm}^2$，受压钢筋 2 Φ 16，$A'_s=402\text{mm}^2$，$f'_y=360\text{N/mm}^2$，纵向受拉钢筋也采用 HRB400 级钢筋，$f_y=360\text{N/mm}^2$，截面的弯矩设计值 $M=50\text{kN} \cdot \text{m}$。

求：纵向受拉钢筋。

【解】这是已知 A'_s 的双筋矩形截面的截面设计题。

1. 求 M_{u1}

$a'_s=20+8+8=36\text{mm}$，设 $a_s=40\text{mm}$，$h_0=500-40=460\text{mm}$，假设纵向受压钢筋屈服，则 $M_{u1} = f'_y A'_s (h_0 - a'_s) = 360 \times 402 \times (460 - 36) = 61.36\text{kN} \cdot \text{m} > M = 50\text{kN} \cdot \text{m}$，说明纵向受压钢筋可能不屈服。

2. 不考虑 A'_s 求 x

$$\alpha_s = \frac{M}{\alpha_1 f_c b h_0^2} = \frac{50 \times 10^6}{1 \times 11.9 \times 200 \times 460^2} = 0.099$$

$$\xi = 1 - \sqrt{1 - 2\alpha_s} = 1 - \sqrt{1 - 2 \times 0.099} = 0.104$$

$x = 0.102 \times 465 = 47.43\text{mm} < 2a'_s = 2 \times 33\text{mm} = 66\text{mm}$，不符合适用条件 $x \geqslant 2a'_s$，A_s 直接按对 A'_s 取矩求得。

3. 求 A_s

$$A_s = \frac{M}{f_y(h_0 - a'_s)} = \frac{50 \times 10^6}{360 \times (460 - 36)} = 328 \text{ mm}^2$$

选用 2 $\underline{\Phi}$ 16，$A_s = 402\text{mm}^2$。

4. 验算是否满足最小配筋率

$\rho = \dfrac{402}{200 \times 460} = 0.437\% > 0.45 \dfrac{f_t}{f_y} \dfrac{h}{h_0} = 0.45 \times \dfrac{1.27}{360} \times \dfrac{500}{460} = 0.173\%$，同时 $\rho > \rho_{\min}$

$\dfrac{h}{h_0} = 0.2 \times \dfrac{500}{460}\% = 0.217\%$，可以。

【提示】在【例题 3-3】的点评中说过，钢筋混凝土梁的正截面受弯承载力一般是 100 ～500kN·m，而本题的 M 只有 50kN·m，可以预见 A_s 是比较小的，宜设 $a_s = 40\text{mm}$。

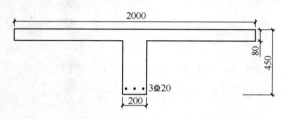

图 3-3　例题 3-8 的次梁截面

【例题 3-8】已知环境类别为一类的现浇楼盖中，有如图 3-3 所示的次梁正截面，承受弯矩设计值 $M = 115\ \text{kN·m}$，混凝土强度等级为 C30，$f_c = 14.3\text{N/mm}^2$，$f_t = 1.43\text{N/mm}^2$，钢筋采用 HRB400 级，$f_y = 360\text{N/mm}^2$。

求：纵向受拉钢筋。

【解】这是 T 形截面的截面设计题。

1. 判别 T 形截面的类型

设受拉钢筋为一层，$a_s = 45\text{mm}$，$h_0 = 450 - 45 = 405\text{mm}$，故：

$$\alpha_1 f_c b_f' h_f' \left(h_0 - \dfrac{h_f'}{2}\right) = 1 \times 14.3 \times 2000 \times 80 \times (405 - 40) = 835\text{kN·m} > M = 115\text{kN·m}$$

因此属于第一类 T 形截面，按宽度为 b_f' 的单筋矩形截面设计。

2. 求纵向受拉钢筋

$$\alpha_s = \dfrac{M}{\alpha_1 f_c b_f' h_0^2} = \dfrac{115 \times 10^6}{1 \times 14.3 \times 2000 \times 405^2} = 0.025$$

$$\xi = 1 - \sqrt{1 - 2\alpha_s} = 1 - \sqrt{1 - 2 \times 0.025} = 0.025 < \xi_b = 0.518，满足。$$

$$\gamma_s = 0.5(1 + \sqrt{1 - 2\alpha_s}) = 0.5 \times (1 + \sqrt{1 - 2 \times 0.025}) = 0.987$$

$$A_s = \dfrac{M}{f_y \gamma_s h_0} = \dfrac{115 \times 10^6}{360 \times 0.987 \times 405} = 799\ \text{mm}^2$$

3. 验算适用条件

ξ 已满足。

$\rho = \dfrac{A_s}{bh_0} = \dfrac{804}{200 \times 405} = 0.999\% > 0.45 \dfrac{f_t}{f_y} \dfrac{h}{h_0} = 0.45 \times \dfrac{1.43}{360} \times \dfrac{450}{405} = 0.199\%$，同时

也大于 $\rho_{\min} \dfrac{h}{h_0} = 0.2 \times \dfrac{450}{405}\% = 0.22\%$，满足。

【提示】①第一类 T 形截面的受压区高度是很小的；②第一类 T 形截面主要是指现浇楼盖中正弯矩区段内的主梁或次梁，见第 11 章楼盖；③纵向受拉钢筋可近似地取内力臂 $z = h_0 - h_f'/2$ 来估算，即 $A_s = M/f_y(h_0 - h_f'/2) = 115 \times 10^5/[300 \times (415 - 40)] = 1022$ mm^2。

【例题 3-9】 已知一单筋 T 形截面，如图 3-4 所示，弯矩设计值 $M = 600\text{kN} \cdot \text{m}$，混凝土强度等级为 C30，$f_c = 14.3\text{N/mm}^2$，钢筋采用 HRB400 级，$f_y = 360\text{N/mm}^2$。环境类别为一类。

求：纵向受拉钢筋。

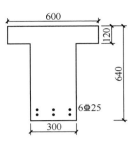

图 3-4 例题 3-9 的图

【解】 这是单筋 T 形截面的截面选择题。

1. 判别 T 形截面的类型

因 M 比较大，估计纵向受拉钢筋放两层，故设 $a_s = 70\text{mm}$，$h_0 = 700 - 70 = 630\text{mm}$。

$\alpha_1 f_c b'_f h'_f (h_0 - h'_f/2) = 1 \times 14.3 \times 600 \times 120 \times (630 - 120/2) = 586.87\text{kN} \cdot \text{m} < M = 600\text{kN}$，

故是第二类 T 形截面。

2. 求 A_{s1} 与 M_{u1}

与挑出翼缘相对应的纵向受拉钢筋：

$$A_{s1} = \frac{\alpha_1 f_c (b'_f - b) h'_f}{f_y} = \frac{1 \times 14.3 \times (600 - 300) \times 120}{360} = 1430\text{mm}^2$$

挑出翼缘承担的弯矩：

$$M_{u1} = \alpha_1 f_c (b'_f - b) h'_f \cdot (h_0 - h'_f/2) = A_{s1}(h_0 - h'_f/2)$$
$$= 1430 \times 360 \times (630 - 60) = 293.44\text{kN} \cdot \text{m}$$

3. 求 M_{u2} 与 A_{s2}

由梁的肋部承担的弯矩。令 $M = M_u$，则：

$$M_{u2} = M_u - M_{u1} = M - M_{u1} = 600 - 293.44 = 306.56\text{kN} \cdot \text{m}$$

承担 M_{u2} 所需的纵向受拉钢筋：

$$\alpha_s = \frac{M_{u2}}{\alpha_1 f_c b h_0^2} = \frac{306.56 \times 10^6}{1 \times 14.3 \times 300 \times 630^2} = 0.180$$

$$\xi = 1 - \sqrt{1 - 2\alpha_s} = 1 - \sqrt{1 - 2 \times 0.180} = 0.20 < \xi_b = 0.518,\text{满足。}$$

$$\gamma_s = 0.5(1 + \sqrt{1 - 2\alpha_s}) = 0.5 \times (1 + \sqrt{1 - 2 \times 0.180}) = 0.900$$

$$A_{s2} = \frac{M_{u2}}{f_y \gamma_s h_0} = \frac{306.56 \times 10^6}{360 \times 0.900 \times 630} = 1502\text{mm}^2$$

4. 求 A_s

$$A_s = A_{s1} + A_{s2} = 1430 + 1502 = 2932\ \text{mm}^2$$

采用 6 ⊕ 25，$A_s = 2965\text{mm}^2$，实际的 $a_s \approx 66\text{mm}$，与假定的 $a_s = 70\text{mm}$ 大致相同，计算有效。

5. 验算适用条件

$\xi = 0.2$ 已满足 $\xi < \xi_b = 0.518$ 的适用条件。

$\rho = \dfrac{2945}{360 \times 630} = 1.3\% > 0.45\dfrac{f_t}{f_y}\dfrac{h}{h_0} = 0.45 \times \dfrac{1.43}{360} \times \dfrac{700}{630} = 0.20\%$，同时也大于 $\rho_{\min}\dfrac{h}{h_0}$

$= 0.2 \times \dfrac{700}{640}\% = 0.22\%$，满足。

【提示】 在做第二类 T 形截面的截面设计题时，最容易产生错误的是把 $\alpha_1 f_c b'_f h'_f (h_0 -$

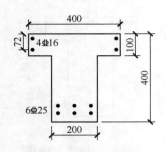

图 3-5   例题 3-10 的图

$h'_f/2)$当作 M_{u1}，用 $M_{u2}=M-\alpha_1 f_c b'_f h'_f(h_0-h'_f/2)$来求 A_{s2}，例如在本例题中就是用 $M_{u2}=600-586.88=13.12\text{kN}\cdot\text{m}$ 来求 A_{s2}。其错误是把第二类 T 形截面看作是水平的矩形截面 $b'_f h'_f$与下面的肋部矩形截面 $b\times(h_0-h'_f)$两者的合成；正确的应该是看作挑出的翼缘部分$(b'_f-b)h'_f$与肋部 bh 两者的合成。

【例题 3-10】已知一 T 形截面，截面尺寸及纵向钢筋如图 3-5 所示，环境类别为一类，混凝土强度等级为 C30。

求：该截面的受弯承载力。

【解】

1. 求 x，判别 T 形截面的类型

假定 A_s 和 A'_s 都屈服，则：

$$x=\frac{f_y A_s-f'_y A'_s-\alpha_1 f_c(b'_f-b_f)h'_f}{\alpha_1 f_c b}=\frac{360\times2945-360\times804-1\times14.3\times(400-200)\times100}{1\times14.3\times200}$$

$=169.5\text{mm}>h'_f=100\text{mm}$，属第二类 T 形截面。

2. 求第二层受压钢筋的压应变和压应力

受压钢筋有两层，第一层受压钢筋 2Φ16 能受压屈服，但第二层受压钢筋 2Φ16 是否受压屈服则需要计算其压应变才能确定。第二层受压钢筋中心到受压区边缘的距离 $a=100-20-8=72\text{mm}$，受压区的高度 $x_c=x/\beta_1=\dfrac{169.5}{0.8}=211.88\text{mm}$，因此第二层钢筋的压应变为：

$$\varepsilon'_s=\frac{a}{x_c}\cdot\varepsilon_{cu}=\frac{72}{211.88}\times0.0033=0.00112$$

$\sigma'_s=\varepsilon'_s E_s=0.00112\times2.0\times10^5=224\text{N/mm}^2<f'_y=360\text{N/mm}^2$，即第二层受压钢筋没有受压屈服，故要重新求 x。

3. 重新求 x

$$x=\frac{360\times2945-360\times402-224\times402-1\times14.3\times(400-200)\times100}{1\times14.3\times200}=188.61\text{mm}$$

4. 求受弯承载力 M_u

$$a_s=\frac{(20+8+25/2)+(20+8+25+25+25/2)}{2}=65.5\text{mm},$$

$$h_0=h-a_s=400-65.5=334.5\text{mm}$$

$$M_u=\alpha_1 f_c(b'_f-b)h'_f\cdot(h_0-h'_f/2)+\alpha_1 f_c bx(h_0-x/2)$$
$$+f'_y A'_s/2\times(h_0-28)+\sigma'_s A'_s/2\times(h_0-72)$$
$$=1\times14.3\times(400-200)\times100\times(334.5-100/2)+1\times14.3\times200$$
$$\times188.61\times(334.5-188.61/2)+360\times402\times(334.5-28)$$
$$+224\times402\times(334.5-72)$$
$$=278.93\text{kN}\cdot\text{m}$$

【提示】$x_c=x/\beta_1$，x_c 是截面应变图中的受压区高度，即中和轴高度，也就是截面受压区理论压应力图中的受压区高度；而 x 是把理论压应力图形等效成矩形图形后的受压区高度。在计算截面上某一纤维处的应变时，要用 x_c 而不是用 x。

3.4.2 习 题

【习题3-1】已知单筋矩形截面梁的 $b \times h = 200\text{mm} \times 500\text{mm}$，承受弯矩设计值 $M = 260\text{kN} \cdot \text{m}$，采用混凝土强度等级 C30，采用 HRB400 钢筋，环境类别为一类，求所需纵向受拉钢筋的截面面积和配筋。

【习题3-2】已知单筋矩形截面简支梁，梁的截面尺寸 $b \times h = 200\text{mm} \times 450\text{mm}$，弯矩设计值 $M = 145\text{kN} \cdot \text{m}$，采用混凝土强度等级 C40，HRB400 钢筋，环境类别为二类 a。试求所需纵向受拉钢筋的截面面积。

【习题3-3】图 3-6 为钢筋混凝土雨篷的悬臂板，已知雨篷板根部截面（100mm×100mm×1000mm）承受负弯矩设计值 $M = 30\text{kN} \cdot \text{m}$，板采用 C30 的混凝土和 HRB400 钢筋，环境类别为二类 b，求纵向受拉钢筋。

【习题3-4】已知梁的截面尺寸 $b \times h = 200\text{mm} \times 450\text{mm}$，混凝土强度等级为 C30，配有 4 根直径 16mm 的 HRB400 钢筋（$A_s = 804\text{mm}^2$），环境类别为一类。若承受弯矩设计值 $M = 100\text{kN} \cdot \text{m}$，试验算此梁正截面受弯承载力是否安全。

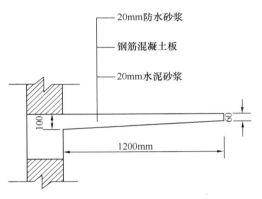

图 3-6 习题 3-3 中的图

【习题3-5】已知一双筋矩形截面梁，$b \times h = 200\text{mm} \times 500\text{mm}$，混凝土的强度等级为 C25，采用 HRB400 钢筋，截面弯矩设计值为 $M = 260\text{kN} \cdot \text{m}$，环境类别为一类，试求纵向受拉钢筋和纵向受压钢筋截面面积。

【习题3-6】T 形截面梁，$b'_f = 550\text{mm}$，$b = 250\text{mm}$，$h = 750\text{mm}$，$h'_f = 100\text{mm}$，承受弯矩设计值 $M = 500\text{kN} \cdot \text{m}$，选用混凝土强度等级为 C40 和 HRB400 级钢筋，见图 3-7，环境类别为二类 a。试求纵向受力钢筋截面面积 A_s。若选用混凝土强度等级为 C60，钢筋同上，试求纵向受力钢筋截面面积，并将两种情况进行对比。

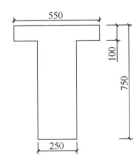

图 3-7 习题 3-6 中的图

【习题3-7】已知 T 形截面梁的尺寸为 $b = 200\text{mm}$，$h = 500\text{mm}$，$b'_f = 400\text{mm}$，$h'_f = 80\text{mm}$，混凝土强度等级为 C30，采用 HRB400 级钢筋，环境类别为一类，承受弯矩设计值 $M = 300\text{kN} \cdot \text{m}$，求该截面所需的纵向受拉钢筋。

【习题3-8】已知一 T 形梁的截面尺寸为 $b = 300\text{mm}$，$h = 700\text{mm}$，$b'_f = 600\text{mm}$，$h'_f = 120\text{mm}$，梁底纵向受拉钢筋为 8 Φ 22（$A_s = 3041\text{mm}^2$），混凝土强度等级为 C30，环境类别为一类，承受弯矩设计值 $M = 600\text{kN} \cdot \text{m}$，试复核此截面是否安全？

【习题3-9】已知处于一类环境的钢筋混凝土简支板，板厚 $h = 80\text{mm}$，受拉钢筋合力作用点至板底的距离 $a_s = 25\text{mm}$，板的跨中设计弯矩值 $M = 5400\text{N} \cdot \text{m}$，混凝土的强度等级为 C25，采用 HRB400 级钢筋，试求受拉钢筋的面积 A_s 并配筋。

【习题3-10】已知某矩形截面钢筋混凝土简支梁，弯矩设计值为 98kN·m，混凝土强度等级为 C25，采用 HRB400 级钢筋，该梁处于一类环境，试按正截面受弯承载力确定梁的截面和配筋。

【习题 3-11】某梁处于一类环境，跨中截面的最大弯矩设计值（已计入梁自重）$M = 200 \text{kN} \cdot \text{m}$，混凝土强度等级为 C25（$f_c = 11.9 \text{N/mm}^2$），采用 HRB400 级钢筋（$f_y = 360 \text{N/mm}^2$），若将梁设计成矩形截面，求该梁截面尺寸和所需受拉钢筋截面面积。

【习题 3-12】已知钢筋混凝土矩形截面梁的截面尺寸为 $b \times h = 200 \text{mm} \times 450 \text{mm}$，混凝土的强度等级为 C30，采用 HRB400 级钢筋 4 Φ 16（$A_s = 804 \text{mm}^2$），该梁处于一类环境，试求该梁所能承受的极限弯矩值 M_u。

【习题 3-13】已知矩形截面梁的截面尺寸 $b \times h = 200 \text{mm} \times 450 \text{mm}$，设计弯矩值为 250kN · m，混凝土的强度等级为 C25，采用 HRB400 级钢筋，该梁处于一类环境，不改变截面尺寸和混凝土的强度等级，求纵向受力钢筋。

【习题 3-14】梁截面尺寸为 $b \times h = 250 \text{mm} \times 500 \text{mm}$，跨中最大弯矩 $M = 230 \text{kN} \cdot \text{m}$，混凝土强度等级为 C30（$f_c = 14.3 \text{N/mm}^2$），采用 HRB400 级钢筋（$f_y = f'_y = 360 \text{N/mm}^2$），受压区已配置 2 Φ 20 的受压钢筋（$A'_s = 628 \text{mm}^2$），该梁处于一类环境，求截面所需配置的受拉钢筋面积 A_s。

【习题 3-15】梁截面尺寸为 $b \times h = 250 \text{mm} \times 500 \text{mm}$，该梁处于一类环境，跨中最大弯距 $M = 450 \text{kN} \cdot \text{m}$，混凝土强度等级为 C25（$f_c = 11.9 \text{N/mm}^2$），采用 HRB400 级钢筋（$f_y = f'_y = 360 \text{N/mm}^2$），受压区已配置 2 Φ 20 的受压钢筋（$A'_s = 628 \text{mm}^2$），求截面所需受力钢筋。

【习题 3-16】已知矩形梁的截面尺寸为 $b \times h = 200 \text{mm} \times 500 \text{mm}$，弯矩设计值为 $M = 216 \text{kN} \cdot \text{m}$，混凝土的强度等级为 C25，该梁处于一类环境，已配置 HRB400 级受拉钢筋 6 Φ 20，试复核该梁是否安全，若不安全，则重新设计，但不改变截面尺寸和混凝土的强度等级（提示：按双排筋，取 $a_s = 70 \text{mm}$）。

【习题 3-17】某 T 形截面梁的截面尺寸为 $b = 200 \text{mm}$，$h = 500 \text{mm}$，$b'_f = 500 \text{mm}$，$h'_f = 100 \text{mm}$，混凝土的强度等级为 C25，采用 HRB400 级钢筋，该梁处于一类环境。

（1）当承受弯矩设计值 $M = 200 \text{kN} \cdot \text{m}$ 时，求受拉钢筋的面积。

（2）当承受弯矩设计值 $M = 260 \text{kN} \cdot \text{m}$ 时，求受拉钢筋的面积。

第4章 受弯构件的斜截面承载力

4.1 内容的分析和总结

钢筋混凝土受弯构件有可能在弯矩 M 和剪力 V 共同作用的区段内，发生沿着与梁轴线成斜交的斜裂缝截面的受剪破坏或受弯破坏。因此，受弯构件除了要保证正截面受弯承载力外，还应保证斜截面的受剪和受弯承载力。在工程设计中，斜截面受剪承载力一般是由计算和构造来满足，斜截面受弯承载力则主要通过对纵向钢筋的弯起、锚固、截断以及箍筋的间距等构造要求来满足的。

4.1.1 学习的目的和要求

1）了解斜裂缝的出现及其类别。
2）明确剪跨比的概念。
3）理解斜截面受剪破坏的三种主要形态。
4）了解钢筋混凝土简支梁受剪破坏的机理。
5）了解影响斜截面受剪承载力的主要因素。
6）熟练掌握斜截面受剪承载力的计算方法及使用条件的验算。
7）掌握正截面受弯承载力图的绘制方法，熟悉纵向钢筋的弯起、锚固、截断及箍筋间距的主要构造要求，并能在设计中加以应用。

4.1.2 重点和难点

上述要求中 2）、3）、5）、6）、7）是本章的重点，其中 7）又是本章的难点。

4.1.3 内容组成及总结

1. 内容组成

本章主要内容如图 4-1 所示。

2. 内容总结

1）斜裂缝有腹剪斜裂缝和弯剪斜裂缝两类。腹剪斜裂缝中间宽两头细，呈枣核形，常见于薄腹梁中。弯剪斜裂缝上细下宽，是最常见的。

2）剪跨比 λ 是本章中一个重要概念，它对梁的斜截面受剪破坏形态和斜截面受剪承载力有着极为重要的影响。

广义剪跨比 $\lambda = \dfrac{M}{V \cdot h_0}$，对于承受集中荷载的简支梁 $\lambda = \dfrac{M}{V \cdot h_0} = \dfrac{a}{h_0}$，称为计算剪跨

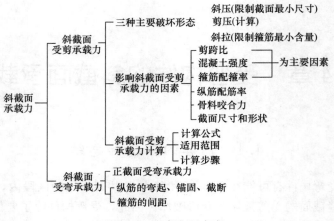

图 4-1　本章主要内容

比，即剪跨 a 与梁截面有效高度 h_0 的比值，对于连续梁 $\lambda = \dfrac{M}{V \cdot h_0} = \dfrac{a}{h_0} = \dfrac{1}{1 + \left| \dfrac{M^-}{M^+} \right|}$，其

值小于计算剪跨比 $\dfrac{a}{h_0}$，M^- 为支座负弯矩，M^+ 为跨中正弯矩。

剪跨比 λ 反映了截面上弯矩与剪力的相对比值，因而也反映了梁内截面上弯曲正应力 σ 与剪应力 τ 的相对比值。

3）斜截面受剪破坏形态主要有三种：斜压破坏、剪压破坏、斜拉破坏。

对于无腹筋梁，$\lambda < 1$ 时，发生斜压破坏；$1 \leqslant \lambda \leqslant 3$ 时，发生剪压破坏；$\lambda > 3$ 时，发生斜拉破坏。

这三种破坏形态都属于脆性破坏类型，其中斜拉破坏的承载力最小，脆性最大；斜压破坏的承载力最大，脆性也大；剪压破坏的承载力次之，脆性稍小些。

有腹筋梁的破坏形态，除了与剪跨比 λ 有关外，还与箍筋的配筋率有关。对于有腹筋梁来说，只要截面尺寸合适，箍筋配置数量和间距适当，剪压破坏是斜截面受剪破坏中最常见的一种破坏形态。

4）保证斜截面受剪承载力的方法是：①通过斜截面受剪承载力的计算并配置适量的腹筋来防止剪压破坏；②通过限制最小截面尺寸来防止斜压破坏；③限制箍筋的最小配箍率和箍筋的最大间距来防止斜拉破坏。

注意，规定受弯构件的截面限制条件，其目的首先是防止发生斜压破坏，其次是限制在使用阶段的斜裂缝宽度，同时也是斜截面受剪破坏的箍筋的最大配筋率条件。

5）简支梁斜截面受剪机理的结构模型主要有三种：带拉杆的梳状拱模型、拱形桁架模型、桁架模型。

6）有腹筋梁发生剪压破坏时，其受剪承载力计算公式由三部分组成，$V_u = V_c + V_s + V_{sb}$，其中 $V_c + V_s$ 是混凝土和箍筋共同承担的受剪承载力，对于均布荷载下矩形、T 形和 I 形截面的梁，$V_c + V_s = 0.7 f_t b h_0 + f_{yv} \cdot \dfrac{A_{sv}}{s} \cdot h_0$；对于以承受集中荷载为主的矩形、T 形和 I 形截面的独立梁，$V_c + V_s = \dfrac{1.75}{\lambda + 1} f_t b h_0 + f_{yv} \cdot \dfrac{A_{sv}}{s} \cdot h_0$。其中 V_c 一项（$0.7 f_t b h_0$ 或

$\frac{1.75}{\lambda+1}f_t b h_0$）来源于无腹筋梁的混凝土受剪承载力，但并非是有腹筋梁中混凝土能提供的全部受剪承载力，实际上，由于箍筋的有利影响，有腹筋梁中混凝土的受剪承载力要高于V_c，但由于目前还很难准确地将有腹筋梁中混凝土和箍筋各自承担的受剪承载力分开表达，故以$V_{cs}=V_c+V_s$合项来表示有腹筋梁中混凝土和箍筋共同承担的受剪承载力，也就是说，在$f_{yv}\cdot\frac{A_{sv}}{s}\cdot h_0$中包含了有腹筋梁中混凝土能承担的一部分剪力。计算公式中$V_{sb}=0.8f_y A_{sb}\sin\alpha$是弯起钢筋的受剪承载力。

这里，顺便说明两个问题：

（1）为什么在V_{cs}中不明确表达什么是属于混凝土的，什么是属于箍筋的呢？这是因为有腹筋梁的斜截面承载力是以无腹筋梁的试验结果为依据的，所以有腹筋梁的斜截面受剪承载力采用了叠加的表达方式，即在无腹筋梁斜截面受剪承载力的基础上再增加箍筋的贡献。

（2）无腹筋梁的斜截面受剪承载力为什么用f_t而不用f_c来表达？这是因为无腹筋梁斜截面受剪承载力是随混凝土强度等级的提高而增大的，如果用f_c来表达的话，在高强度混凝土范围内，f_c随混凝土强度等级的提高而增大得太快，偏于不安全；虽然f_t随混凝土强度等级的提高也增大，但从C20到C80的过程中，f_t的增大一直比较缓和，所以用f_t来反映无腹筋梁斜截面受剪承载力是比较妥当的。

7）斜截面受剪承载力的计算，有截面设计和截面复核两种情况。

截面设计时，腹筋的配置可以仅配箍筋，也可以箍筋和弯起筋同时配置。当仅配箍筋时，可直接由承载力计算公式计算出箍筋用量。当箍筋和弯起筋同时配置时，有两种情况：一是选择的箍筋数量还不能满足承载力要求，则应按$V_{sb}=V-V_{cs}$来补充计算弯起钢筋；二是已配有弯起钢筋，不足的部分由箍筋和混凝土来承担，则按$V_{cs}=V-V_{sb}$来计算所需箍筋。

截面复核时，腹筋都是已知的，可由承载力计算公式直接计算V_u，要求$V\leqslant V_u$。

计算截面一般选在剪力最大的支座边缘处、弯起钢筋弯起点处、箍筋数量和间距改变处以及腹板宽度改变处等关键部位。

8）斜截面受弯承载力通常是依靠梁内纵筋的弯起、锚固、截断以及箍筋的间距等构造措施来保证的。纵筋的弯起与截断位置一般由绘制正截面受弯承载力图确定。正截面受弯承载力图反映了沿梁长各正截面受弯承载力的设计值，即截面的抵抗弯矩（截面抗力）的变化情况。

4.2　重点讲解与难点分析

4.2.1　斜截面受剪的主要破坏形态

1）斜截面可能会发生两种破坏：斜截面受剪破坏与斜截面受弯破坏。其中，斜截面受剪破坏主要有三种破坏形态：斜压破坏、剪压破坏和斜拉破坏。

注意，以下的说法是错误的："斜截面破坏有三种主要形态，即斜压破坏、剪压破坏和斜拉破坏"。这不是粗心错，而是概念问题。

2）无腹筋梁的斜截面受剪承载力试验表明：$\lambda<1$ 时产生斜压破坏，$1\leqslant\lambda\leqslant3$ 时产生剪压破坏，$\lambda>3$ 时产生斜拉破坏。有腹筋梁的斜截面承载力试验表明，$\lambda>3$ 时，如果配置适量的箍筋，能把斜拉破坏转变为剪压破坏；但是，$\lambda<1$ 时，箍筋不能把斜压破坏转变为剪压破坏，除非加大截面或提高混凝土强度等级。

3）试验表明，剪压破坏的过程大致是这样的：①在弯剪区段内，截面下边缘处的主拉应力是水平向的，并且拉应变比较大，所以，首先出现的是长度比较短的垂直裂缝；②随着荷载的增大，垂直裂缝穿过受拉钢筋后就改变了方向，成为伸向集中荷载作用点的斜裂缝，这时斜裂缝会有几条；③当荷载加大到一定程度时，不再出现新的斜裂缝，而后在这些斜裂缝中会形成一条主要的斜裂缝，称为"临界斜裂缝"，通常临界斜裂缝是由最早出现的那条斜裂缝发展而成的；④临界斜裂缝出现以后，荷载还可增加一些，当与临界斜裂缝相交的多数箍筋受拉屈服时，斜裂缝迅速张开并伸向梁顶的加载板处，使剪压区进一步缩小；⑤最后，剪压区的混凝土在剪应力与压应力的共同作用下破坏，梁也失去承载能力。所以把这种破坏形态称为剪压破坏。

4.2.2　斜截面受剪承载力的计算

1. 计算公式的应用

斜截面受剪承载力设计值 $V_u=V_{cs}+V_{sb}$，$V_{sb}=0.8f_yA_{sb}\sin\alpha$ 是弯起钢筋的受剪承载力，V_{cs} 是混凝土和箍筋的受剪承载力，V_{cs} 的公式有两套，一套是 $V_{cs}=0.7f_tbh_0+f_{yv}\cdot\dfrac{A_{sv}}{s}\cdot h_0$，另一套是 $V_{cs}=\dfrac{1.75}{\lambda+1}f_tbh_0+f_{yv}\cdot\dfrac{A_{sv}}{s}\cdot h_0$。前面一套公式对应于矩形、T 形和 I 形截面受均布荷载的一般受弯构件；后面一套公式对应于矩形、T 形和 I 形截面以受集中荷载为主的独立梁。所谓"独立梁"是指没有和楼板整浇在一起的梁，例如吊车梁，因此现浇楼（屋）盖中的梁都不是独立梁。受集中荷载为主是指该梁承受多种荷载时，其中集中荷载对支座截面或节点边缘所产生的剪力占剪力值的 75% 以上的情况。由于集中荷载为主时，剪跨比的影响明显，故在混凝土一项中引入了剪跨比这一参数，以 $\dfrac{1.75}{\lambda+1}$ 代替了前一套公式中的系数 0.7。$\lambda=\dfrac{a}{h_0}$ 的取值范围在 1.5～3 之间，所以 $\dfrac{1.75}{\lambda+1}$ 在 0.7～0.44 之间，说明受集中荷载为主的梁的受剪承载力小于受均布荷载的梁的受剪承载力。

在进行斜截面受剪承载力计算之前，必须要先判断该梁受何种荷载为主，然后确定采用哪一套计算公式。在我国工程中，除吊车梁等少数构件外，大多数情况都不是"集中荷载为主的独立梁"。

2. 适用条件的验算

斜截面受剪承载力计算公式只适用于剪压破坏形态。对于斜压和斜拉这两种破坏形态，则通过限制最小截面尺寸和限制箍筋的最小配筋率来防止，也就是计算公式要有两个适用条件。

1）为避免斜压破坏形态的出现，要求截面尺寸应满足：

当 $\dfrac{h_w}{b}\leqslant4$ 时，$V\leqslant0.25\beta_cf_cbh_0$；

当 $\dfrac{h_w}{b} \geqslant 6$ 时，$V \leqslant 0.2\beta_c f_c b h_0$；

当 $4 < \dfrac{h_w}{b} < 6$ 时，按直线内插法取用，即 $V \leqslant (0.35 - 0.25\dfrac{h_w}{b})\beta_c f_c b h_0$。

这一适用条件实际上也是对箍筋最大用量的限制，因为截面尺寸过小，箍筋的配置必然过多。

2）为避免斜拉破坏形态的出现，要求箍筋的配筋率不应小于 $\rho_{svmin} = 0.24\dfrac{f_t}{f_{yv}}$，因为箍筋太少，当斜裂缝一出现，箍筋就立即屈服，而不能阻止裂缝的开展，从而导致出现斜拉破坏形态。

3. 斜截面受剪承载力计算的几点说明

1）与正截面受弯承载力计算一样，斜截面受剪承载力计算也包括截面设计和截面复核两个内容，都要求 $V \leqslant V_u$，V 是构件斜截面上的最大剪力设计值，V_u 是构件斜截面的受剪承载力设计值。截面设计时，V 一般是已知的或通过内力计算求得，解题时可令 $V_u = V$，然后通过 V 的计算公式来选配箍筋和弯起钢筋。截面复核时，可根据已知条件直接求 V_u。

无论是截面设计还是截面复核，均应先检查是否满足截面尺寸限制条件，如不满足，则应加大截面尺寸或提高混凝土强度等级，待满足以后再进行计算。

2）当 $V > 0.7f_t b h_0$ 时，说明必须通过计算来确定箍筋的用量。箍筋的配置数量应满足箍筋的最小配筋率的要求，同时其直径和间距也要满足箍筋的最大间距和最小直径的构造要求。

3）当 $V \leqslant 0.7f_t b h_0$ 或 $V \leqslant \dfrac{1.75}{\lambda+1}f_t b h_0$ 时，说明不需要由计算来配置箍筋，这从表面上看就是混凝土一项已可抵抗剪力设计值，但不需要计算箍筋并不意味着梁内不需要配置箍筋，因为，影响斜截面受剪承载力的因素不止公式中能考虑的几项，另外，温度收缩、不均匀沉降、计算简图与实际结构之间的差异都会使计算存在一定的误差，同时，还考虑到无腹筋梁若一旦发生受剪破坏，它的脆性性质更具有较大的危险性，因此，除对普通的板不需配置箍筋外，对按计算不需箍筋的梁也应配置适当的箍筋。《混凝土结构设计规范》GB 50010—2010（2015 年版）规定：当截面高度 $h > 300$mm 时，应沿梁全长设置箍筋；当截面高度 $h = 150 \sim 300$mm 时，可仅在构件端部各 1/4 跨度范围内设置箍筋，但当构件中部 $\dfrac{1}{2}$ 跨度范围内有几种荷载作用时，则应沿梁全长设置箍筋；仅当截面高度 $h < 150$mm 时，才可不设箍筋。配置的箍筋也应满足箍筋的最小配筋率、最小直径和最大间距的要求。

4.2.3　纵向钢筋的弯起和截断

这是本章的重点和难点，下面讲 5 个问题。

1. 梁的正截面承载力图

1）定义。梁的弯矩图（M 图）是由荷载对所有正截面产生的弯矩的总体，是一种荷载效应；梁的正截面受弯承载力图（M_u 图）则是由梁的各个正截面内纵向钢筋与混凝土提供的抵抗弯矩的总体，是一种抗力。正截面受弯承载力图也称"材料抵抗弯矩图"或简称"材料图"。

2）要求。梁内纵向受拉钢筋通常有两种，一种是放在梁的底部抵抗正弯矩的正钢筋，另一种是放在梁顶部抵抗负弯矩的负钢筋。沿梁长，弯矩图和剪力图是变化的，为了节约钢材，同时为了保证斜截面受剪承载力，正钢筋和负钢筋是要弯起和截断的。这样，就需要画出正截面承载力图，即 M_u 图，要求"M_u 图包住 M 图"。

3）画法。有 3 个要点：①i 号钢筋所提供的正截面受弯承载力可近似地按它的截面面积 A_{si} 与总的钢筋截面面积 A_s 的比值乘以正截面受弯承载力来求得，即 $M_{ui} = M_u \dfrac{A_{si}}{A_s}$；②把 i 号钢筋弯起时，在弯起点处它提供的正截面受弯承载力为 M_{ui}，在与梁中和轴相交处它提供的正截面受弯承载力将为零，两点间用斜直线相连，为方便，中和轴可取在梁的半高处；③把 i 号钢筋截断时，过了不再需要它的理论截断点以后，它就不再提供正截面受弯承载力了。

画 M_u 图的工作量是比较大的，所以工程设计人员对一般的梁往往是凭经验和简化方法来弯起和截断纵向钢筋的，对那些跨度大、荷载大、特别重要的梁才画其 M_u 图。

2. 不截断正钢筋的理由

① 梁的正弯矩图形范围比较大，且通常比较平缓，没有负弯矩那样陡；②受拉钢筋截断后最好锚固在受压区，而梁底几乎没有受压区；③在简支端可弯起一些正钢筋用于斜截面受剪并可承担由于部分嵌固作用而产生的负弯矩；在连续梁的内支座处也可弯起一些正钢筋，既可用做支座处斜截面的受剪钢筋又能充当支座处正截面承担负弯矩的纵向受拉钢筋，一举两得；另一方面，梁底伸入支座的正钢筋数量要求不少于总的正钢筋的 1/4，且不少于 2 根；这样，弯起后剩下的正钢筋已经不多，没有截断的必要了。

3. 斜截面的弯矩设计值

这是解决难点的关键。

斜截面承受的弯矩设计值就是斜截面末端剪压区处正截面的弯矩设计值。在连续梁中，简支端的斜截面起始端在支座内边缘 A 处，末端剪压区在 B 处，所以斜截面的弯矩设计值等于 M_B。在内支座处，梁承受的是负弯矩，前面讲过，弯剪斜裂缝是由垂直裂缝发展延伸而成的，所以斜裂缝应该开始于离支座一定距离处的梁的顶面向下延伸至集中力作用点处。注意，这里的集中力就是内支座的竖向反力，因而斜截面的末端就在内支座边缘，所以斜截面的弯矩设计值就等于内支座边缘处的正截面负弯矩设计值 $M_{B'}$。

4. 纵向钢筋的弯起

原则是正截面受弯承载力与斜截面受弯承载力等强。这就是说，纵向钢筋弯起时不仅要保证正截面受弯承载力，也要同时保证斜截面受弯承载力。为此，就要求纵向钢筋必须伸出被正截面受弯承载力所充分利用的截面以外不小于 $h_0/2$ 处才能弯起，已达到"等强"。也就是说，"正截面不要它了，但斜截面还要它"，所以必须伸过一段距离后才能弯起。如果不满足这个要求，则在正截面受弯承载力计算中就不能计入它的作用，只在斜截面受剪承载力计算中考虑它的受剪作用。因而对于正钢筋的弯起，就要注意两种情况：①在离内支座边缘不小于 $h_0/2$ 处弯起，则在内支座边缘处的正截面受弯承载力及该处斜截面受剪承载力计算中都能把此弯上去的钢筋计入；②相反，当在小于 $h_0/2$ 处就弯起的话，在内支座边缘处的正截面受弯承载力计算中就不能把它计入，只在斜截面受剪承载力计算中才考虑它的作用。

此外，纵筋弯起时还要满足其他一些构造要求，主要是：①弯筋终点的位置；②弯筋端部的锚固；③不能用浮筋。

5. 纵筋的截断

只限于负钢筋。

1）负钢筋为什么能截断

① 连续梁或框架梁其负弯矩图的特点是支座截面的负弯矩值很大，但衰减很快，所以负钢筋除了弯起（弯下）以外，还有截断的必要；②在梁跨长的中部往往只有正弯矩没有负弯矩，这就为要求负钢筋截断后锚固在受压区创造了条件。

2）截断点要满足 3 个要求

① 应延伸至按正截面受弯承载力不需要该钢筋的截面，即理论截断点以外不小于 L_1 处截断，这是因为始于理论截断点处的斜截面，前面讲过它所承受的负弯矩不是理论截断点处的负弯矩，而是斜截面末端处的比较大的负弯矩，所以必须伸出一段距离后才能保证正截面与斜截面两者受弯承载力等强。这一伸出的距离，称为延伸长度。②从该钢筋强度被充分利用截面伸出的长度应满足不小于 L_2 的要求，其理由与上述弯起钢筋的相同，也是为了保证斜截面的受弯承载力。③如果按上述①、②的规定确定的截断点仍位于负弯矩受拉区内，则应伸至理论截断点以外 L_1' 处；同时从该钢筋强度充分利用截面伸出的长度不应小于 L_2'。可以理解到：$L_1 < L_1' < L_2 < L_2'$。按规定：$V \leqslant 0.7 f_t b h_0$ 时，$L_1 \geqslant 20d$，$L_2 \geqslant 1.2 l_a$；$V > 0.7 f_t b h_0$ 时，$L_1 \geqslant h_0$ 且 $\geqslant 20d$，$L_2 \geqslant 1.2 l_a + h_0$；另外，$L_1' \geqslant 1.3 h_0$ 且 $\geqslant 20d$，$L_2' \geqslant 1.2 l_a + 1.7 h_0$。这些具体数值不要求强记。

顺便说一下，在剪力作用较大的悬臂梁内，因梁全长受负弯矩作用，临界斜裂缝的倾角明显减小，因此不宜截断负钢筋，而宜按弯矩图分批向下弯折，锚固于梁的下边受压区，但必须保证至少要有两根钢筋伸至梁端并向下弯折不小于 $12d$。

4.3 思 考 题

4.3.1 问 答 题

4-1 试述剪跨比的概念及其对无腹筋梁斜截面受剪破坏形态的影响。

4-2 梁的斜裂缝是怎样形成的？它发生在梁的什么区段内？

4-3 斜裂缝有几种类型？有何特点？

4-4 试述梁斜截面受剪破坏的三种形态及其破坏特征。

4-5 试述简支梁斜截面受剪机理的力学模型。

4-6 影响斜截面受剪性能的主要因素有哪些？

4-7 在设计中采用什么措施来防止梁的斜压和斜拉破坏？

4-8 写出矩形、T 形、I 形梁斜截面受剪承载力计算公式。

4-9 计算梁斜截面受剪承载力时应取哪些计算截面？

4-10 试述梁斜截面受剪承载力计算的步骤。

4-11   为了保证梁斜截面受弯承载力，对纵筋的弯起、锚固、截断以及箍筋的间距，有哪些主要的构造要求？

4-12   梁中正钢筋为什么不能截断只能弯起？负钢筋截断时为什么要满足伸出长度和延伸长度的要求？

4-13   钢筋混凝土受弯构件的斜截面破坏发生在构件的什么区段内？

4-14   剪跨比的物理含义是什么？它对梁的斜截面受剪破坏形态和斜截面受剪承载力有何影响？

4-15   影响梁的斜截面受剪承载力的主要因素是什么？

4-16   设计中如何防止梁斜截面受剪破坏的三种形态？

4-17   有腹筋梁发生剪压破坏时，其受剪承载力计算公式由哪几项组成？其中 V_c 一项（$0.7f_t bh_0$ 或 $\dfrac{1.75}{\lambda+1}f_t bh_0$）是否就是有腹筋梁中混凝土所提供的全部受剪承载力？

4-18   钢筋混凝土梁受剪承载力计算时，计算截面一般选择在哪些部位？

4-19   钢筋混凝土梁的斜截面受弯承载力是依靠哪些构造措施来保证的？

4-20   什么是材料抵抗弯矩图？应如何绘制？绘制材料抵抗弯矩图是为了什么？

4-21   在材料抵抗弯矩图上指出什么是钢筋充分利用截面和不需要截面。

4-22   对梁内弯起钢筋的弯起点的位置作何规定？为什么？

4-23   钢筋的锚固长度公式是如何建立的？

4-24   为什么负弯矩钢筋不能在它的不需要点处截断？

4.3.2   选　择　题

4-25   无腹筋梁斜截面的破坏形态主要有斜压破坏、剪压破坏和斜拉破坏三种，这三种破坏的性质是_____。

A. 都属于脆性破坏类型

B. 剪压破坏时延性破坏类型，其他为脆性破坏类型

C. 均为延性破坏类型

4-26   条件相同的无腹筋梁，发生斜压、剪压和斜拉三种破坏形态时，梁的斜截面承载力的大致关系是_____。

A. 斜压＞斜拉＞剪压   B. 剪压＞斜拉＞斜压

C. 剪压＞斜压＞斜拉   D. 斜压＞剪压＞斜拉

4-27   钢筋混凝土受弯构件，当计算截面上所承受的剪力设计值 $V \leqslant 0.7f_t bh_0$ 时，该构件_____。

A. 不需配置箍筋

B. 只要按构造要求配置箍筋

C. 应按理论计算配置箍筋

4-28   进行斜截面设计时，当计算截面上的剪力设计值 $V > 0.25\beta_c f_c bh_0$ 时，一般_____。

A. 应加大截面或提高混凝土的强度等级后，再计算腹筋

B. 直接应用有关计算公式配置腹筋

C. 按构造要求选配箍筋

4-29　限制箍筋最大间距的目的主要是_____。

A. 控制箍筋的配筋率

B. 保证箍筋和斜裂缝相交

C. 保证箍筋的直径不至于太大

4-30　为了保证斜截面的受弯承载力，弯起钢筋起点和其充分利用截面之间的距离必须_____。

A. 大于等于 $h_0/3$ B. 小于 $h_0/3$

C. 大于等于 $h_0/2$ D. 小于 $h_0/2$

4-31　正截面受弯承载力包住设计弯矩图，就可保证_____。

A. 斜截面受剪承载力

B. 斜截面受弯承载力

C. 正截面受弯承载力

D. 正截面受弯承载力和斜截面受弯承载力

4-32　在设计中要防止受弯构件发生斜截面受弯破坏，一般通过_____。

A. 一定的构造要求来解决   B. 计算解决

C. 加密箍筋来解决   D. 设置弯起钢筋来解决

4-33　当 $V > 0.7 f_t b h_0$ 时，连续梁中间支座负弯矩纵筋的截断，应伸出按正截面受弯承载力其不需要该钢筋的截面以外一段长度后才能截断，这段延伸长度应不小于____。

A. $20d$ B. h_0

C. h_0 且不小于 $20d$

4-34　当 $V > 0.7 f_t b h_0$ 时，连续梁中间支座负弯矩纵筋的截面，应伸出按计算充分利用截面以外一段长度后才能截断，这段延伸长度应不小于_____。

A. $1.2 l_a$ B. $1.2 l_a + h_0$

C. h_0

4.3.3　判　断　题

4-35　钢筋混凝土梁的斜截面破坏全是由剪力引起的。（　　　）

4-36　剪跨比 $1 \leqslant \lambda \leqslant 3$ 的无腹筋梁为剪压破坏。（　　　）

4-37　箍筋对梁斜裂缝的出现影响很大。（　　　）

4-38　薄腹梁的腹板中往往会出现弯剪斜裂缝。（　　　）

4-39　防止了梁的斜截面剪压破坏，也就防止了斜截面受剪破坏。（　　　）

4-40　箍筋对提高斜压破坏梁的受剪承载力作用不大。（　　　）

4-41　控制梁中箍筋的最小配筋率，是为了防止梁的斜拉破坏。（　　　）

4-42　只要正截面受弯承载力图能包住弯矩图，那么，该梁的正截面受弯承载力和斜截面受弯承载力都能满足。（　　　）

4-43　钢筋混凝土受弯构件的斜截面受剪承载力计算公式是针对其斜截面受剪的剪压破坏形态的。（　　　）

4-44　为了防止梁的斜压破坏，要求受剪截面必须符合 $V > 0.25 \beta_c f_c b h_0$ 的条

件。（　　）

4-45　剪跨比 λ 对有腹筋梁受剪承载力的影响比对无腹筋梁的要小。（　　）

4-46　对有腹筋梁，虽然剪跨比 $\lambda > 3$，但只要配有足够的箍筋，也可能不会发生斜拉破坏。（　　）

4-47　虽然箍筋与弯起钢筋都能提高梁的斜截面受剪承载力，但设计时应优先考虑配置箍筋。（　　）

4.4　计算题及解题指导

4.4.1　例　题　精　解

【例题 4-1】一钢筋混凝土矩形截面简支梁，截面尺寸、搁置情况见图 4-2，该梁承受均布荷载设计值 60kN/m（包括自重）。混凝土强度等级为 C30（$f_t = 1.43\text{N/mm}^2$，$f_c = 1.43\text{N/mm}^2$），箍筋为热轧 HPB300 级钢筋（$f_{yv} = 270\text{N/mm}^2$），纵筋为热轧 HRB400 级钢筋（$f_y = 360\text{N/mm}^2$）。梁按正截面受弯要求已配置纵向钢筋 3 Φ 25，试确定箍筋的数量。

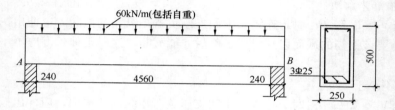

图 4-2　例题 4-1 图

【解】

1. 求剪力设计值

支座边缘处截面剪力的设计值：

$$V = \frac{1}{2}ql_0 = \frac{1}{2} \times 60 \times 4.56 = 136.8\text{kN}$$

2. 验算截面尺寸

$$h_w = h_0 = 465\text{mm}$$

$$\frac{h_w}{b} = \frac{465}{250} = 1.86 < 4，属厚腹梁。$$

按式 $V \leqslant 0.25\beta_c f_c b h_0$ 验算，混凝土强度等级为 C30，小于 C50，即 $f_{cu,k} = 30\text{N/mm}^2 < 50\text{N/mm}^2$，故取 $\beta_c = 1$。

$0.25\beta_c f_c b h_0 = 0.25 \times 1 \times 14.3 \times 250 \times 465 = 415.6\text{kN} > V(= 136.8\text{kN})$，截面符合要求。

3. 验算是否需要计算配置箍筋

$0.7 f_t b h_0 = 0.7 \times 1.43 \times 250 \times 465 = 116.37\text{kN} < V(= 136.8\text{kN})$，故需要进行配筋计算。

4. 只配箍筋而不用弯起钢筋

按公式 $V \leqslant 0.7 f_t b h_0 + f_{yv} \cdot \dfrac{n \cdot A_{sv1}}{s} \cdot h_0$ 计算

$$\frac{n \cdot A_{sv1}}{s} = \frac{V - 0.7 f_t b h_0}{f_{yv} \cdot h_0} = \frac{(136.8 - 116.37) \times 10^3}{270 \times 465} = 0.163$$

选用Φ6@200。

$$\frac{n \cdot A_{sv1}}{s} = \frac{2 \times 28.3}{200} = 0.283 > 0.163，可以。$$

箍筋的配筋率 $\rho_{sv} = \dfrac{n \cdot A_{sv1}}{b \cdot s} = \dfrac{2 \times 28.3}{250 \times 200} = 0.11\%$

箍筋的最小配筋率 $\rho_{svmin} = 0.24 \dfrac{f_t}{f_{yv}} = 0.24 \times \dfrac{1.43}{270} = 0.127\% > \rho_{sv}$

不满足要求，改选Φ6@150。

但按构造要求，箍筋直径还不应小于 $d/4$，本题纵筋为 3 Φ 25，$d = 25$mm，$d/4 = 6.25$mm，则Φ6 直径不满足要求，故还应改配，选配Φ8@200（200mm 为 $V > 0.7 f_t b h_0$ 时，500mm 梁高的箍筋最大间距）。

$$\frac{n \cdot A_{sv1}}{s} = \frac{2 \times 50.3}{200} = 0.503 > 0.163$$

$$\rho_{sv} = \frac{n \cdot A_{sv1}}{b \cdot s} = \frac{2 \times 50.3}{250 \times 200} = 0.2\% > \rho_{sv,min}(= 0.127\%)，可以。$$

【例题 4-2】一钢筋混凝土矩形截面简支的独立梁，跨度 6m，截面尺寸 $b = 250$mm，$h = 600$mm，荷载如图 4-3 所示，采用 C30 混凝土，箍筋用热轧 HRB335 级钢筋，纵筋由正截面受弯承载力计算，配置 HRB400 级钢筋 4 Φ 20，试确定箍筋和弯起筋的数量。

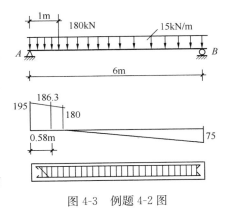

图 4-3　例题 4-2 图

【解】

1. 计算支座剪力设计值

$$V_A = \frac{1}{2} \times 15 \times 6 + 180 \times \frac{5}{6} = 45 + 150 = 195\text{kN}$$

$$V_B = \frac{1}{2} \times 15 \times 6 + 180 \times \frac{1}{6} = 45 + 30 = 75\text{kN}$$

故 A 支座处，集中荷载产生的剪力设计值与总剪力设计值之比 $\dfrac{150}{195} = 0.769 > 75\%$；

B 支座处，集中荷载产生的剪力设计值与总剪力设计值之比 $\dfrac{30}{75} = 40\%$。

2. 验算截面尺寸

取 $h_0 = 600 - 35 = 565$mm

$h_w = h_0 = 565$，$\dfrac{h_w}{b} = \dfrac{565}{250} = 2.26 < 4$，属厚腹梁。

用 $V \leqslant 0.25 \beta_c f_c b h_0$ 公式验算。

混凝土强度等级 C30 < C50，$\beta_c = 1$

$$0.25\beta_c f_c bh_0 = 0.25 \times 1 \times 14.3 \times 250 \times 565 = 504.97\text{kN} > V_A(195\text{kN})$$

截面尺寸满足要求。

3. 确定箍筋

$$0.7 f_t bh_0 = 0.7 \times 1.43 \times 250 \times 565 = 141.39\text{kN} > V_B(75\text{kN})$$

可先根据箍筋最小直径和最大间距构造要求来选配箍筋，选用Φ6@200。

$$\rho_{sv} = \frac{n \cdot A_{sv1}}{bs} = \frac{2 \times 28.3}{250 \times 200} = 0.113\%$$

$\rho_{svmin} = 0.24\dfrac{f_t}{f_{yv}} = 0.24 \times \dfrac{1.43}{300} = 0.1144\% > \rho_{sv}$，不满足要求，改配Φ6@150。

$$\rho_{sv} = \frac{2 \times 28.3}{250 \times 150} = 0.151\% > \rho_{svmin}$$，满足要求。

4. 计算弯起钢筋

因 A 支座处集中力产生的剪力值与总剪力的比值大于75%，故应按

$$V \leqslant \frac{1.75}{\lambda+1} f_t bh_0 + f_{yv} \cdot \frac{n \cdot A_{sv1}}{s} \cdot h_0 + 0.8 f_y \cdot A_{sb} \cdot \sin\alpha \text{ 公式计算。}$$

$$\lambda = \frac{a}{h_0} = \frac{1000}{565} = 1.77$$

已配箍筋Φ6@150，则：

$$V_{cs} = \frac{1.75}{1.77+1} \times 1.43 \times 250 \times 565 + 300 \times \frac{2 \times 28.5}{150} \times 565$$

$$= 127.61 + 64.41 = 192\text{kN}$$

$$V_{sb} = V - V_{cs} = 195 - 192 = 3\text{kN}$$

因梁已配 4Φ20 纵筋，利用 1Φ20 弯起，弯起角 $\alpha = 45°$。

$$0.8 f_y A_{sb}\sin\alpha = 0.8 \times 360 \times 314.2 \times \frac{\sqrt{2}}{2} = 63.98\text{kN} > V_{sb}$$，满足要求。

设弯起钢筋的弯终点离支座内边缘为50mm，则弯起点离支座内边缘的距离为：50＋600－25－25－20＝580mm。

该处的剪力值 $V = 195 - 15 \times 0.58 = 186.3\text{kN} < V_{cs}(192\text{kN})$，可不再弯起钢筋。

集中力作用点处截面应是钢筋充分利用截面，弯起点离钢筋的充分利用截面距离为

$1000 - 580 = 420\text{mm} > \dfrac{h_0}{2}(283\text{mm})$，说明钢筋弯起后满足斜截面受弯承载力要求。

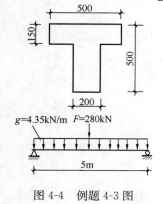

图 4-4 例题 4-3 图

【例题 4-3】 已知一 T 形截面简支的独立梁，截面尺寸如图 4-4 所示，计算跨度 $l_0 = 5\text{m}$，跨中受集中活荷载标准值 $F_k = 200\text{kN}$，混凝土强度为 C30，箍筋为 HRB335 级钢筋，选配 Φ8@100，问斜截面受剪承载力是否满足要求？

【解】 此题是截面复核题

1. 计算支座剪力设计值

梁自重引起的均布荷载标准值 g_k：

$g_k = (0.5 \times 0.15 + 0.2 \times 0.35) \times 25 = 3.625\text{kN/m}$

设计值： $g = 1.3 \times 3.625 = 4.71\text{kN/m}$

活载设计值：$F = 1.5 \times 200 = 300\text{kN}$

支座剪力设计值为:

$$V = \frac{1}{2}gl_0 + \frac{1}{2}F$$

$$= \frac{1}{2} \times 4.71 \times 5 + \frac{1}{2} \times 300 = 11.775 + 150 = 161.775\text{kN}$$

2. 验算截面尺寸

$$h_w = h_0 - h_f = 465 - 150 = 315\text{mm}, \ b = 200\text{mm}$$

$$\frac{h_w}{b} = \frac{315}{200} = 1.575 < 4, \text{属厚腹梁}.$$

C30<C50,取 $\beta_c = 1$

$0.25\beta_c f_c b h_0 = 0.25 \times 1 \times 14.3 \times 200 \times 465 = 332.5\text{kN} > V(161.775\text{kN})$,截面尺寸满足要求。

3. 计算受剪承载力 V_u

此题集中荷载在支座处的剪力占总剪力值 $\frac{150}{161.775} = 92.7\% > 75\%$,应按 $\frac{1.75}{\lambda+1}f_t b h_0$ $+ f_{yv} \cdot \frac{n \cdot A_{sv1}}{s}h_0$ 公式验算。

$$\lambda = \frac{a}{h_0} = \frac{2500}{465} = 5.376 > 3, \text{取} \lambda = 3$$

$$V_u = V_{cs} = \frac{1.75}{\lambda+1}f_t b h_0 + f_{yv} \cdot \frac{n \cdot A_{sv1}}{s}h_0$$

$$= \frac{1.75}{3+1} \times 1.43 \times 200 \times 465 + 300 \times \frac{2 \times 50.3}{100} \times 465$$

$$= 58.18 + 140.34 = 198.52\text{kN} > V(161.775\text{kN})$$

斜截面受剪承载力满足要求。

【例题 4-4】受均布荷载作用的外伸梁,见图 4-5,截面尺寸 $b=250\text{mm}$, $h=600\text{mm}$,混凝土强度等级为 C30,纵向受力钢筋采用热轧 HRB400 级钢筋,箍筋采用热轧 HRB335 级钢筋,要求对该梁进行配筋计算并布置钢筋。

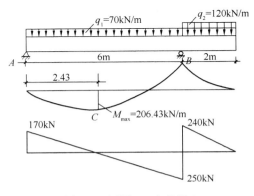

图 4-5 例题 4-4 中的图 1

1. 内力计算

简支跨度为 $l_1 = 6\text{m}$,外伸梁跨度为 $l_2 = 2\text{m}$,则:

$$R_A = \frac{\frac{1}{2}q_1 l_1^2 - \frac{1}{2}q_2 l_2^2}{l_1} = \frac{\frac{1}{2}\times 70 \times 6^2 - \frac{1}{2}\times 120 \times 2^2}{6} = \frac{1260-240}{6} = 170\text{kN}$$

$$R_B = \frac{\frac{1}{2}q_1 l_1^2 + q_2 l_2\left(l_1 + \frac{l_2}{2}\right)}{l_1} = \frac{\frac{1}{2}\times 70 \times 6^2 - 120 \times 2 \times (6+1)}{6}$$

$$= \frac{1260+1680}{6} = 490\text{kN}$$

AB 跨中最大的正弯矩应在剪力为零处，设该处距离 A 支座为 x，则：

$$R_A - q_1 x = 0 \qquad x = \frac{R_A}{q_1} = \frac{170}{70} = 2.43\text{m}$$

$$M_{max} = R_A x - \frac{1}{2}q_1 x^2 = 170 \times 2.43 - \frac{1}{2}\times 70 \times 2.43^2$$

$$= 413.1 - 206.67 = 206.43\text{kN}\cdot\text{m}$$

B 支座负弯矩 $M_B = \frac{1}{2}q_2 \cdot l_2^2 = \frac{1}{2}\times 120 \times 2^2 = 240\text{kN}\cdot\text{m}$

梁的设计弯矩图及剪力图见图 4-5。

2. 正截面受弯配筋计算

C30 混凝土：$f_c = 14.3\text{N}/\text{mm}^2$，$f_t = 1.43\text{N}/\text{mm}^2$，$\alpha_1 = 1.0$，$\beta_c = 1$。

HRB400 级钢筋：$f_y = 360\text{N}/\text{mm}^2$，HRB335 级钢筋：$f_{yv} = 300\text{N}/\text{mm}^2$，$h_0 = h - a_s = 600 - 35 = 565\text{mm}$。

跨中及支座截面配筋计算见表 4-1。

跨中及支座截面配筋　　　　　　表 4-1

截　　面	跨中截面 C	支座截面 B
弯矩设计值（kN·m）	206.43	240
$\alpha_s = \dfrac{M}{\alpha_1 f_c b h_0^2}$	0.181	0.21
$\gamma_c = 0.5(1+\sqrt{1-2\alpha_s})$	0.899	0.881
$A_s = \dfrac{M}{f_y \gamma_s \cdot h_0}$（mm²）	1129	1339
实配（mm²）	4 ⏀ 20（1256mm²）	2 ⏀ 20+2 ⏀ 22（1388mm²）

3. 受剪配筋计算

验算截面尺寸：$\frac{h_w}{b} = \frac{565}{250} = 2.26 < 4$

$0.25\beta_c f_c b h_0 = 0.25 \times 1 \times 14.3 \times 250 \times 565 = 504.97\text{kN} > V_{max}(=250\text{kN})$ 截面满足要求。

各支座处受剪配筋计算见表 4-2。

各支座处受剪配筋 表 4-2

计 算 截 面	A 支座	B 支座左侧	B 支座右侧
V (kN)	170	250	240
$0.7f_t bh_0$ (kN)	141.39	141.39	141.39
箍筋$\phi 6@150$ ($\rho_{sv} = 0.151\% >$ $\rho_{svmin}(= 0.114\%))$ $V_{cs} = 0.7f_t bh_0 + f_{yv} \cdot$ $\dfrac{A_{sv}}{s} \cdot h_0$ (kN)	205.36	205.36	205.36
弯起钢筋 $A_{sb} = \dfrac{V - V_{cs}}{0.8 f_y \sin 45°}$ (mm^2)	因 $V_{cs} > V$（205.36＞170） 不需要弯起钢筋， 可适当放置	219.24 1 ϕ 20（314.2 mm^2）	170.12 1 ϕ 20（314.2 mm^2）
弯起点处剪力（kN）	 $170 - 70 \times 0.73 = 118.9$kN $< V_{cs}$ 不必再弯起钢筋	 $250 - 70 \times 0.83 = 191.9$kN $< V_{cs}$ 不必再弯起钢筋	 $240 - 120 \times 0.83 = 140.4$kN $< V_{cs}$ 不必再弯起钢筋

4. 抵抗弯矩图及钢筋布置

选择配筋时，应考虑到跨中正钢筋与支座负钢筋及弯起钢筋三者之间的协调，AB 跨选配 4 ϕ 20 钢筋，边上两根钢筋必须通长伸进支座，还有中间两根钢筋可以弯起。尽管从受剪承载力来看，A 支座可不弯起钢筋，B 支座也只需 1 ϕ 20 弯起，但考虑所弯起两根对抵抗支座负弯矩有利，故在 B 支座的左侧可前后分别弯起 2 ϕ 20，再加上另配的 2 ϕ 22 钢筋，B 支座的负弯矩钢筋总量为 2 ϕ 20＋2 ϕ 22。

弯起段的水平投影长度为 $600 - 25 - 25 - 20 = 530$mm。

钢筋的锚固长度 $l_a = \alpha \cdot \dfrac{f_y}{f_t} \cdot d$，HRB400 级钢筋为带肋钢筋，钢筋外形系数 $\alpha = 0.14$。

$$l_a = 0.14 \times \frac{360}{1.43}d = 35d$$

下面分段叙述图 4-6 的正截面承载力图的绘制。

跨中实配 4 ϕ 20，$A_s = 1256$ mm^2。

正截面受弯承载力设计值 $M_u = f_y A_s (h_0 - \dfrac{f_y A_s}{2\alpha f_c b})$

$M_u = 360 \times 1256 \times (565 - \dfrac{360 \times 1256}{2 \times 1 \times 14.3 \times 250}) = 226.88$kN $\cdot$ m ＞ 弯矩设计值 $M =$

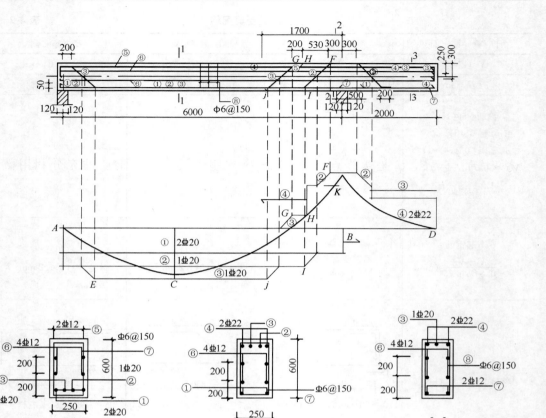

图 4-6　例题 4-4 中的图 2

206.43kN・m，故 M_u 图的外包水平线在 M 图的外边。

支座需配 2 Φ 20＋2 Φ 22，$A_s = 1388$ mm^2

$$M_u = 360 \times 1388 \times (565 - \frac{360 \times 1388}{2 \times 1 \times 14.3 \times 250}) = 247.4\text{kN・m，略大于支座弯矩设计}$$

值 $M = 240$kN・m。

2 Φ 20，$A_s = 628$ mm^2；2 Φ 22，$A_s = 760$ mm^2；它们各自承担的受弯承载力：

$$M_{u20} = \frac{628}{1388} \times 247.4 = 111.94\text{kN・m}$$

$$M_{u22} = \frac{760}{1388} \times 247.4 = 135.46\text{kN・m}$$

1）AC 段

① 号钢筋 2 Φ 20 和②号钢筋 1 Φ 20 伸入 A 支座，A 支座为简支端，l_{as} 取 12d（$V >$ 0.7$f_t bh_0$，带肋钢筋）。

$$l_{as} = 12 \times 20 = 240\text{mm}$$

A 支座宽 240mm，钢筋在离外边缘 25mm 处向上弯起 50mm，锚固长度为 240－25＋50＝265mm＞l_{as}，可以。

③ 号钢筋 1 Φ 20 按构造弯起，弯起点 E 离充分利用截面 C 处距离符合大于 $\frac{h_0}{2}$ 要求。

2）CB 正弯矩段

① 号钢筋 2Φ20 伸入 B 支座，B 支座可视为连续端，①号钢筋进入受压区，锚固长度取 $0.7l_a = 0.7 \times 35 \times 20 = 490$mm，取 500mm 后截断。

② 号钢筋 1Φ20 和③号钢筋 1Φ20 先后弯起，弯起点 I、J 离各自充分利用截面距离均大于 $h_0/2$，符合斜截面受弯承载力要求。

3）CB 负弯矩段

在负弯矩段内，②号钢筋 1Φ20 和③号钢筋 1Φ20，它们的弯起点分别为 F、G（对正弯矩段而言，F、G 是弯终点），F 点离 B 支座中线（②号钢筋的充分利用截面处）300mm $> \dfrac{h_0}{2}$，G 点离开③号钢筋的充分利用截面 H 的距离也大于 $h_0/2$，均满足斜截面受弯承载力要求。

③ 号钢筋的弯起点 G 离②号钢筋的弯终点 I 为 200mm $< S_{max}$，满足要求。

CB 段的负弯矩先由③号钢筋弯起承担，然后另配④号钢筋 2Φ22 来负担，最后再由②号钢筋来补充。由于 B 支座左侧 $V > 0.7f_tbh_0$，所以，④号钢筋实际断点应满足两个要求：①离充分利用截面 K 以外 $1.2l_a + h_0 = 1.2 \times 35 \times 22 + 565 = 1489$mm；②从不需要该钢筋截面 H 以外 h_0 及 20d，现取断点离 K 截面 1500mm，从图上可量得 K 截面离 B 支座中心为 200mm，则断点离 B 支座中心为 1700mm，量得断点离 H 截面均大于 $h_0 = 565$mm 及 $20d = 20 \times 22 = 440$mm。

4）BD 负弯矩段

② 号钢筋伸过 B 支座 300mm 以后下弯，下弯后水平段长度为 $10d = 10 \times 20 = 200$mm。

③ 号钢筋伸至悬臂端下弯 $12d = 12 \times 20 = 240$mm，取 250mm。

④ 号钢筋伸至悬臂端下弯 $12d = 12 \times 22 = 264$mm，取 300mm。

图 4-6 为梁的配筋图和正截面受弯承载力图。

4.4.2 习 题

【习题 4-1】钢筋混凝土简支梁，截面尺寸为 $b \times h = 200$mm$\times 500$mm，$a_s = 40$mm，混凝土强度等级为 C30，剪力设计值 $V = 140$kN，箍筋为 HPB300，环境类别为一类，求所需受剪箍筋。

【习题 4-2】梁截面尺寸同上题，但 $V = 62$kN 及 $V = 280$kN，应如何处理？

【习题 4-3】如图 4-7 所示简支梁，截面尺寸为 $b \times h = 200$mm$\times 400$mm，混凝土强度

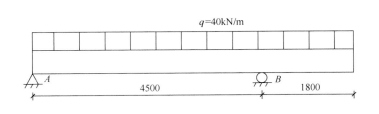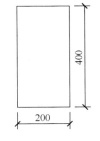

图 4-7 习题 4-3 图

等级为 C30，均布荷载设计值 $q=40kN/m$，环境类别为一类，求截面 A、B 左和 B 右受剪钢筋。

【习题 4-4】如图 4-8 所示钢筋混凝土梁，混凝土强度等级为 C30，均布荷载设计值 $q=50kN/m$，环境类别为一类，试求：

（1）不设弯起钢筋时的受剪箍筋；

（2）利用现有纵筋为弯起钢筋，求所需箍筋；

（3）当箍筋为 Φ 8@200 时，弯起钢筋应为多少？

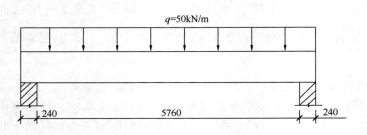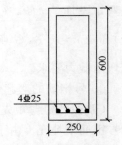

图 4-8　习题 4-4 图

【习题 4-5】如图 4-9 所示钢筋混凝土梁，混凝土强度等级为 C30，荷载设计值为两个集中力 $F=100kN$，环境类别为一类，纵向受拉钢筋采用 HRB400，箍筋采用 HRB335，试求：

（1）所需纵向受拉钢筋；

（2）受剪箍筋；

（3）利用受拉纵筋为弯起钢筋时，所需箍筋。

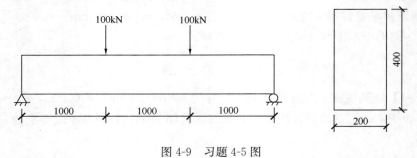

图 4-9　习题 4-5 图

【习题 4-6】如图 4-10 所示钢筋混凝土梁，混凝土强度等级为 C30，环境类别为一类，求受剪箍筋。

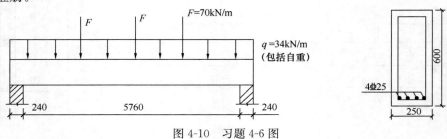

图 4-10　习题 4-6 图

【习题 4-7】 如图 4-11 所示钢筋混凝土梁，混凝土强度等级为 C30，纵向受拉钢筋采用 HRB400，箍筋采用 HPB300，环境类别为一类，试求此梁所能承受的最大荷载设计值 F，此时该梁为正截面破坏还是斜截面破坏？

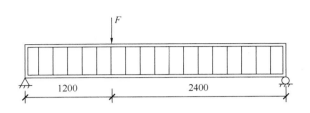
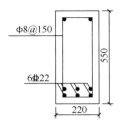

图 4-11 习题 4-7 图

【习题 4-8】 如图 4-12 所示钢筋混凝土梁，求此梁所能承受的最大荷载设计值 F。混凝土强度等级为 C30，环境类别为一类，忽略梁的自重，梁底纵向受拉钢筋为 3⏀25 并认为该梁正截面受弯承载力已足够。

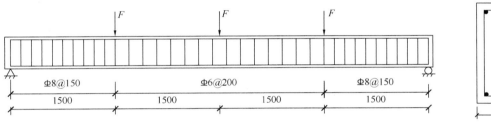
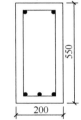

图 4-12 习题 4-8 图

【习题 4-9】 一矩形截面简支梁，梁跨 6m，承受均布荷载，其设计值（包括自重）$q = 60$kN/m；截面尺寸：$b = 200$mm，$h = 600$mm，混凝土强度等级为 C30，箍筋用 HRB335 级钢筋，纵筋用 HRB400 级钢筋，选配 2⏀28＋1⏀25。试求：

（1）仅配箍筋，箍筋的直径和间距；

（2）把纵筋 1⏀25 弯起，所需的箍筋直径和间距。

【习题 4-10】 一矩形截面简支梁，梁跨 5m，受集中荷载设计值 $F = 200$kN，荷载位置距左支座 2m，距右支座 3m，不计梁自重，梁截面尺寸 $b = 200$mm，$h = 450$mm，混凝土强度等级为 C20，箍筋用 HPB300 级箍筋，求箍筋的直径和间距。

【习题 4-11】 习题 4-10 梁截面尺寸改为 $b = 250$mm，$h = 500$mm，要求考虑梁的自重，其他已知条件均同上题，请选配箍筋。

【习题 4-12】 如图 4-13 所示为一简支梁，承受均布荷载设计值 $q = 90$kN/m（包括自

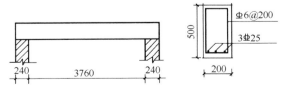

图 4-13 习题 4-12 图

重），混凝土强度等级为 C30，问此梁是否安全?

【习题 4-13】一 T 形截面简支梁，截面尺寸、荷载及支承情况如图 4-14 所示，混凝土强度等级为 C30，箍筋用 HRB335 级钢筋，纵筋用 HRB400 级钢筋，试求：

（1）仅配箍筋，箍筋的直径及间距；

（2）配 Φ8@150 箍筋，所需的弯起钢筋。

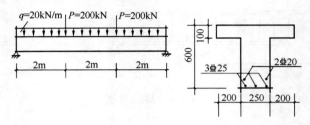

图 4-14   习题 4-13 中的图

【习题 4-14】承受均布荷载的悬臂梁，跨度 $l=3\text{m}$，埋入墙身内 4m，梁截面尺寸 $b=200\text{mm}$，$h=600\text{mm}$，均布荷载设计值 $q=60\text{kN/m}$（包括自重），见图 4-15，混凝土强度等级为 C30，纵向受力筋用 HRB400 级钢筋，箍筋用 HRB335 级钢筋，试求：

（1）梁所需配置的纵筋、箍筋及弯起钢筋；

（2）正截面受弯承载力图及钢筋布置图。

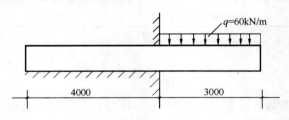

图 4-15   习题 4-14 中的图

第5章 受压构件的截面承载力

5.1 内容的分析和总结

受压构件有轴心受压和偏心受压两种。在工程中，轴心受压构件是很少的，排架柱和框架柱是最常见的偏心受压构件。

5.1.1 学习的目的和要求

1）理解轴心受压短柱和长柱的受力特点，理解螺旋筋柱的受力性能，特别是"间接配筋"的概念，掌握轴心受压构件正截面受压承载力的计算方法。

2）深入理解偏心受压构件正截面的两种破坏形态及其判别方法。

3）熟练掌握矩形截面偏心受压构件受压承载力的计算方法。

4）掌握受压构件的主要构造要求。

5）理解 N_u-M_u 关系曲线的意义和特点。

6）了解双偏心受压构件正截面承载力的计算方法；了解偏心受压构件斜截面受剪承载力的计算方法。

5.1.2 重 点 和 难 点

以上学习要求 2）、3）是本章的重点，其中矩形截面偏心受压构件正截面受压承载力的计算方法也是本章的难点。

5.1.3 内容组成及总结

1. 内容组成

本章的主要内容如图 5-1 所示。

2. 内容总结

1）根据长细比的大小，柱可分为长柱和短柱两类。轴心受压短柱在短期加载和长期加载的受力过程中，截面上混凝土与钢筋的应力比值是不断变化的，截面应力发生重分布。轴心受压长柱在加载后将产生侧向变形，从而加大了初始偏心距，产生附加弯矩，使长柱最终在弯矩和轴力共同作用下发生破坏。其受压承载力比相应短柱的受压承载力低，降低程度用稳定系数 φ 反映。当柱的长细比更大时，还可能发生失稳破坏。

2）对于普通箍筋柱，箍筋的主要作用是防止纵筋压曲，并与纵筋构成骨架。对于螺旋筋柱，螺旋箍筋的主要作用是约束截面核心混凝土，使截面核心混凝土处于三向受压状态，提高核心混凝土的强度和变形能力，从而提高螺旋筋柱的受压承载力和变形能力，这

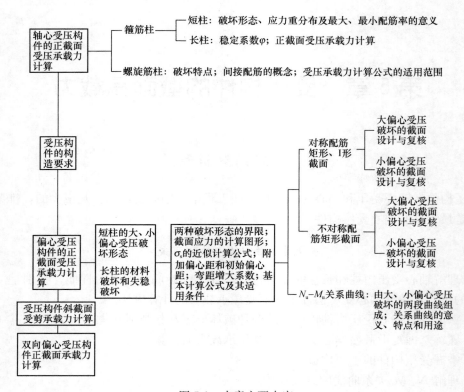

图 5-1   本章主要内容

种作用也称"套箍作用"。

3）偏心受压构件正截面有大偏心受压和小偏心受压两种破坏形态。大偏心受压破坏与双筋梁的正截面适筋受弯破坏类似，属延性破坏类型。小偏心受压破坏属脆性破坏类型。偏心受压构件正截面承载力计算采用的基本假定与受弯构件相同，因此区分两种破坏形态的界限相对受压区高度系数 ξ_b 是与受弯构件相同的。

4）偏心受压构件轴向压力的偏心距，应考虑附加值：即附加偏心距 e_a，这主要是考虑荷载作用位置的不定性、混凝土质量的不均匀性以及施工偏差等因素对轴向压力偏心距的影响。

5）矩形截面非对称配筋偏心受压构件截面设计，当 $e_i > 0.3h_0$ 时，可先按大偏心受压进行计算，如果计算得到的 $x \le x_b = \xi_b h_0$，说明确是大偏心受压，否则应按小偏心受压重新计算；当 $e_i \le 0.3h_0$ 时，则可判定为小偏心受压破坏。

6）矩形截面非对称配筋大偏心受压构件的截面设计方法与 A_s' 未知的双筋矩形截面受弯构件的相同。矩形截面非对称配筋小偏心受压构件截面设计时，令 A_s 为已知，$A_s = \rho_{min} bh$，当求出的 $\xi > h/h_0$ 时，可取 $x = h$，$\sigma_s = f_y'$；当 $N > f_c bh$ 时，应验算反向破坏，防止 A_s 过小。

7）矩形截面对称配筋偏心受压构件截面设计，对于大偏心受压，可直接求出 x；对于小偏心受压可近似假定 $\xi(1-0.5\xi) = 0.43$，直接求出 ξ，从而求出 $A_s = A_s'$。

8）与受弯构件一样，截面承载力复核时一定要求出 x，有两种情况：①已知 N 求

M，这时，有两种算法，第一种是假定 $\sigma_y = f_y$，用 $\Sigma X = 0$，求出 x，$x \leqslant x_b$，说明是大偏心受压，否则是小偏心受压；第二种是假定 $x = x_b$，求出 N_{ub}，如果 $N \leqslant N_{ub}$，按大偏心受压求 x，否则按小偏心受压求 x。②已知 e_0 求 N，这时对 N 作用点列出力矩平衡方程求 x。

9）对于偏心受压构件，无论是截面设计题还是截面复核题，是大偏心受压还是小偏心受压，除了在弯矩作用平面内依照偏心受压计算外，都要验算垂直于弯矩作用平面的轴向受压承载力，此时在考虑稳定系数 φ 时，应取 b 为截面高度。

10）我国建筑工程中 I 字形截面受压构件已经很少使用。

11）N_u-M_u 相关曲线是对已知截面而言的，否则是画不出相关曲线的。注意：①曲线的一段是小偏心受压的，另一段是大偏心受压的；②这些曲线的界限破坏点在一条水平线上；③曲线的大偏心受压段是以弯矩 M 为主导的，轴向压力的存在对 M 是有利的，而曲线的小偏心受压段则是以轴向力 N 为主导的，弯矩 M 的存在对 N 是不利的。

12）偏心受压构件同时承受较大剪力时，除应进行正截面承载力计算外，还应进行斜截面受剪承载力计算。轴向压力不过大时，它对斜截面受剪是有利的。

5.2 重点讲解与难点分析

5.2.1 偏心受压构件正截面破坏形态及其判别方法

1. 两种破坏形态的定义

大偏心受压破坏形态的定义：截面进入破坏阶段时，离轴向力较远一侧的纵向钢筋受拉屈服，截面产生较大的转动，当截面受压区边缘的混凝土压应变达到其极限值后，混凝土被压碎，截面破坏。小偏心受压破坏形态的定义：截面进入破坏阶段后，离轴向力较远一侧的纵向钢筋或者受拉或者受压，但始终不屈服，截面转动较小，当截面受压区边缘的混凝土压应变达到其极限值后，混凝土被压碎，截面破坏。可见，两种破坏形态的相同点，是截面最终破坏都是由于受压区边缘混凝土被压碎而产生的，并且离轴向力较近一侧的钢筋都受压屈服；两种破坏形态的不同点，是截面破坏的起因不同，大偏心受压破坏形态的起因是离轴向力较远一侧的钢筋受拉屈服，而小偏心受压破坏形态的破坏起因是截面受压区边缘混凝土压应变接近其极限值，所以称大偏心受压破坏为"受拉破坏"，称小偏心受压破坏形态为"受压破坏"；两种破坏形态的根本区别，是大偏心受压破坏时，远离轴向力的纵向钢筋受拉屈服，截面破坏时有明显的预兆，属于延性破坏类型；而小偏心受压破坏时，远离轴向力的纵向钢筋不屈服，可能受拉也可能受压，钢筋应力是未知的，截面破坏时没有明显预兆，属于脆性破坏类型。当离轴向力较远一侧的纵向钢筋受拉屈服与受压区边缘混凝土达到其极限压应变值两者同时发生时，称为界限破坏。界限破坏也属于大偏心受压破坏形态。

2. 两种破坏形态的工程意义

与适筋梁相仿，大偏心受压破坏时，截面有较大的转动，延性好；而小偏心受压破坏形态则与超筋梁相仿，截面转动很小，破坏是脆性的。所以在设计地震区的框架柱时，就要求框架柱是属于大偏心受压破坏形态的，从而规定了柱的截面尺寸要满足轴压比限值的要求。在理论上，轴压比限值就是从偏心受压构件的界限破坏形态推导出来的。

3. 两种破坏形态的判别

$x \leqslant \xi_b h_0$ 时，属大偏心受压破坏；

$x > \xi_b h_0$ 时，属小偏心受压破坏。

但是，当是非对称配筋截面设计时，A_s、A_s' 还不知道，求不出 x，怎么办呢？为此，现在来研究大、小偏心受压破坏形态的计算偏心距界限问题。

图 5-2 示出了矩形截面偏心受压构件界限破坏时的截面内力计算简图，图中 $e_{i,min}$ 为界限计算偏心距，当 $e_i \geqslant e_{i,min}$ 时，可能产生大偏心受压破坏形态；当 $e_i \leqslant e_{i,min}$ 时，可能会产生小偏心受压破坏形态。

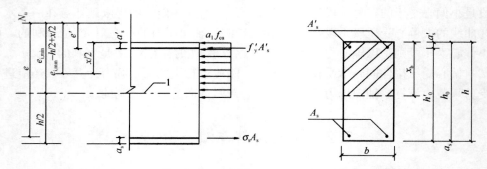

图 5-2 矩形截面偏心受压构件界限破坏内力计算简图

1—截面重心轴，$h_0' = h - a_s'$，$e = e_{i,min} + h/2 - a_s$，$e' = e_{i,min} - h/2 + a_s'$

现在来求 $e_{i,min}$：

1）判别大小偏压的相对界限偏心距 e_{0b}/h_0

设 $x = x_b$ 时为界限情况，取 $x_b = \xi_b h_0$，代入大偏心受压的计算公式，并取 $a_s = a_s'$，可得界限破坏时的轴力 N_b 和弯矩 M_b：

$$N_b = \alpha_1 f_c b \xi_b h_0 + f_y' A_s' - f_y A_s$$

$$M_b = 0.5 [\alpha_1 f_c b \xi_b h_0 (2h_0 - \xi_b h_0) + (f_y' A_s' + f_y A_s)(h_0 - a_s)]$$

$$\frac{e_{0b}}{h_0} = \frac{M_b}{N_b h_0} = \frac{0.5[\alpha_1 f_c b \xi_b h_0 (2h_0 - \xi_b h_0) + (f_y' A_s' + f_y A_s)(h_0 - a_s)]}{(\alpha_1 f_c b \xi_b h_0 + f_y' A_s' - f_y A_s) h_0}$$

对于给定截面尺寸、材料强度以及截面配筋 A_s 和 A_s'，界限相对偏心距 e_{0b}/h_0 为定值。这时，当偏心距 $e_0 \geqslant e_{0b}$ 时，为大偏心受压情况；当偏心距 $e_0 < e_{0b}$ 时，为小偏心受压情况。

2）考虑 A_s 和 A_s' 分别取最小配筋率时的情况

当截面尺寸和材料强度给定时，界限相对偏心距 e_{0b}/h_0 随 A_s 和 A_s' 的减小而减小。当 A_s 和 A_s' 分别取最小配筋率时，可得 e_{0b} 的最小值，即 $e_{0b,min}/h_0$（表 5-1）。受压构件一侧纵向钢筋最小配筋率为 0.002。近似取 $h = 1.05h_0$，$a_s = 0.05h_0$，代入上式可得。

最小相对界限偏心距 $e_{0b,min}/h_0$ 表 5-1

混凝土强度	C20	C30	C40	C50	C60	C70	C80
400MPa 级	0.411	0.363	0.343	0.335	0.341	0.348	0.355

混凝土强度	C20	C30	C40	C50	C60	C70	C80
500MPa 级	0.471	0.410	0.378	0.362	0.366	0.371	0.378

综合考虑不同强度的钢筋和混凝土强度等级，设计计算时，当偏心距 $M/N + e_a \leqslant e_{i,min} = 0.3h_0$ 时，按照小偏心受压计算；当偏心距 $M/N + e_a \leqslant e_{i,min} = 0.3h_0$ 时，先按大偏心受压计算，计算出 A_s 和 A'_s 后再计算 x，用 $x \leqslant x_b$ 检验原假定的大偏心受压是否准确，如不正确，则为小偏心受压。

5.2.2 矩形截面偏心受压构件正截面承载力计算

1. 三个立足点

1）截面内力计算简图

要做到"心中有图"。包括 4 个内力和 9 个距离，如图 5-3 所示。

4 个内力：N_u、$C = \alpha_1 f_c bx$、$\sigma_s A_s$（或 $f_y A_s$）、$f'_y A'_s$。

9 个距离：①N_u 至截面形心的距离，即计算偏心距 e_i；②N_u 至 A_s 的距离 $e = e_i + h/2 - a_s$；③N_u 至 A'_s 的距离 $e' = \pm(e_i - h/2 + a'_s)$，$N_u$ 在 A'_s 外侧时用正号，在 A'_s 内侧时用负号；④N_u 至 C 的距离 $\pm(e_i - h/2 + x/2)$，N_u 在 A'_s 外侧时用正号，N_u 在 A'_s 内侧时用负号；⑤C 至 A_s 的距离 $h_0 - x/2$；⑥C 至 A'_s 的距离 $x/2 - a'_s$；⑦A_s 至 A'_s 的距离 $h_0 - a'_s$；⑧A_s 至截面远边的距离 h_0。

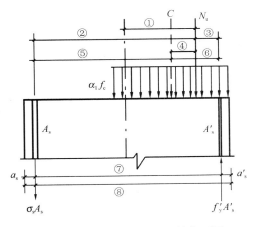

图 5-3 矩形截面非对称配筋截面图
内力计算简图

2）计算偏心距 e_i

除截面复核中未知 e_0 的情况以外，其他情况都是要首先求出 e_i 才能往下计算。所以计算 e_i 时要谨慎，不要算错。在截面复核题中，当 N 是未知时，怎样求 $\zeta_c = 0.5 f_c A/N$？可先假设 $\zeta_c = 1.0$，或者采用经验公式 $\zeta_c = 0.2 + 2.7 \dfrac{e_i}{h_0}$，当 $\geqslant 1.0$ 时，取 $\zeta_c = 1.0$。求出 N_u 之后，令 $N = N_u$ 再来求 ζ_c。

3）平衡方程

平衡方程有 2 个，一个是力的平衡方程 $\sum X = 0$；另一个是力矩平衡方程，可以有三种表达方式，即对 A_s 取矩 $\sum M_{A_s} = 0$；对 A'_s 取矩 $\sum M_{A'_s} = 0$；对 N_u 作用点取矩 $\sum M_{N_u} = 0$。

$\sum X = 0$，一般用于求 x 时。$\sum M_{A_s} = 0$，用于求 A'_s 时；$\sum M_{A'_s} = 0$，用于求 A_s 时；$\sum M_{N_u} = 0$，用于截面复核的 e_0，轴力 N 未知时求 x。

2. 补充条件和对策

未知数不仅包括 A_s、A'_s、σ_s、x，还包括 e_0。只有对称配筋大偏心受压截面设计时，未知数仅 2 个，其他情况的未知数至少是 3 个，但平衡方程式只有 2 个，所以必须补充条件并给出解题的对策。在表 5-2 中给出了分析和对策，供参考。

矩形截面偏心受压构件正截面承载力计算的分析和对策　　　　表 5-2

配筋	题型	破坏形态或情况	未知数	补充条件或对策	注意事项
非对称配筋	截面设计	大偏压	A_s、A'_s、x	令 $\xi=\xi_b$	$x<2a'_s$ 时，对 A'_s 取矩，求出 A_s；$x>x_b$ 时，可加大截面或增加 A'_s，或把 A'_s 作为未知
			A_s、A'_s、x 已知	令 $M_{u2}=Ne-f'_yA'_s\ (h_0-a'_s)$ $\alpha_s=\dfrac{M_{u2}}{\alpha_1 f_c bh_0^2}$，求出 x	
		小偏压	A_s、A'_s、x、σ_s	$\sigma_s=\dfrac{\xi-\beta_1}{\xi_b-\beta_1}f_y$ 令 $A_s=\rho_{min}bh$ 用 $\sum M_{A'_s}=0$，求 ξ	$\xi>h/h_0$ 且 $\xi>\xi_{cy}$ 时，ξ 取 h/h_0 与 ξ_{cy} 两者中的小值
	截面复核	e_0 未知，N 已知	e_i、x、σ_s	令 $x=\xi_b h_0$ 求 N_{ub}，或假定是大偏压，直接求 x	$N\leqslant N_{ub}$ 或 $x\leqslant x_b$ 时，按大偏压求 x；$N>N_{ub}$ 或 $x>x_b$ 时，按小偏压求 x，都用 $\sum X=0$ 来求 x，求出 x 后再求 e
		e_0 已知，N 未知	N、x、σ_s	令 $\sigma_s=f_y$，$\sum M_{N_u}=0$，求 ξ	$\xi>\xi_b$ 时，改用 σ_s 公式，用 $\sum M_{N_u}=0$，重求 ξ，再用 $\sum X=0$，求出 N_u
对称配筋	截面设计	大偏压	$A_s=A'_s$、x	直接求 x	$x<2a'_s$ 时，对 A'_s 取矩，求出 $A_s=A'_s$
		小偏压	$A_s=A'_s$、x、σ_s	取 $\xi(1-0.5\xi)=0.43$，得 ξ 的近似公式	要求满足 $\xi\leqslant\xi_{cy}$ $\xi_{cy}=2\beta_1-\xi_b$
	截面复核	大偏压	同非对称配筋	同非对称配筋	同非对称配筋
		小偏压	同非对称配筋	同非对称配筋	同非对称配筋

注：截面复核题中当 N 未知时，按 $\zeta_c=0.2+2.7\dfrac{e_i}{h_0}$ 计算。

3. 注意事项

1) 小偏心受压时，虽然 σ_s 可以是受拉的也可以是受压的，但由于补充条件 $\sigma_s=(\xi-\beta_1)/(\xi_b-\beta_1)$ 规定了正号表示受拉，负号表示受压，因此基本方程式中的 σ_s 必须与补充条件相一致，即假定 σ_s 是受拉的，例如 $N=\alpha_1 f_c bx+f'_yA'_s-\sigma_sA_s$。否则，把 σ_s 假定为受压的，则变成 $N=\alpha_1 f_c bx+f'_yA'_s+\sigma_sA_s$，那就乱套了，除非把补充条件改为 $\sigma_s=(\xi-\beta_1)$

$(\beta_1 - \xi_b)$。原因如下：①$x > h$ 是没有物理意义的，x 的上限值是截面高度 h；②采用补充条件 $\sigma_s = (\xi - \beta_1) / (\xi_b - \beta_1)$ 是有限制的，要求满足 $-f'_y \leqslant \sigma_s \leqslant f_y$，而与 $\sigma_s = -f'_y$ 相对应的相对受压区高度 $\xi_{cy} = 2\beta_1 - \xi_b$，所以 x 最大只能取为 $x_{cy} = \xi_{cy} h_0$。因为一般 $a_s = 40\text{mm}$，所以在混凝土强度等级不大于 C50 条件下，对于采用 HRB335 级钢筋，$\xi_{cy} = 2 \times 0.8 - 0.55 = 1.05$；截面高度不大于 600mm 以及采用 HRB400 级钢筋，$\xi_{cy} = 2 \times 0.8 - 0.518 = 1.08$；截面高度不大于 500mm 时，都是 $\xi_{cy} h_0 < h$。这时，x 应取为 $\xi_{cy} h_0$ 而不是取 $x = h$。

求 A'_s 时，要注意不能用 $\Sigma X = 0$，而要用 $\Sigma M_{A_s} = 0$，因为取 $x = \xi_{cy} h$ 或 $x = h$ 后，与它对应的 A_s 已经不再是 $\rho_{min} bh$ 了。所以情况已改变为 A_s 是未知，而 x 倒是已知的了。这样，就要用不出现 A_s 而出现 x 的 $\Sigma M_{A_s} = 0$ 来求 A'_s。

另外，这时候求 A'_s 的方程式 $\Sigma X = 0$ 是很敏感的，如果用 $x = x_{cy}$ 或 $x = h$，$\sigma'_s = -f'_y$，$A_s = \rho_{min} bh$ 代入的话，A'_s 将会是负值或其他错误的结果。

2）当 $\xi > h / h_0$ 时，不能简单地取 $x = h$，x 应该取 h 和 $\xi_{cy} h_0$ 两者中的小值，$\xi_{cy} = 2\beta_1 - \xi_b$。

3）对称配筋时用 $x = N / \alpha_1 f_c b$ 来判定破坏形态，而用 $e_i > 0.3 h_0$ 和 $e_i \leqslant 0.3 h_0$ 来初判破坏形态只是对于非对称配筋，不能用于对称配筋。

4）按轴心受压复核垂直于弯矩作用平面的承载力时，要用 l_0 / b 而不是 l_0 / h。

5.3 思 考 题

5.3.1 问 答 题

5-1 轴心受压普通箍筋短柱与长柱的破坏形态有何不同？轴心受压长柱的稳定系数 φ 是如何确定的？

5-2 轴心受压普通箍筋柱与螺旋箍筋柱的正截面受压承载力计算有何不同？

5-3 受压构件的纵向钢筋与箍筋有哪些主要的构造要求？

5-4 长柱的正截面受压破坏与短柱的破坏有何异同？什么是偏心受压构件的 $P\text{-}\delta$ 二阶效应？

5-5 在什么情况下要考虑 $P\text{-}\delta$ 效应？

5-6 怎样区分大、小偏心受压破坏的界限？

5-7 矩形截面非对称配筋大偏心受压构件正截面受压承载力的计算简图和计算公式是怎样的？

5-8 写出矩形截面非对称配筋小偏心受压构件正截面受压承载力的基本计算公式。

5-9 怎样进行非对称配筋矩形截面大偏心受压构件和小偏心受压构件正截面受压承载力的截面设计？

5-10 矩形截面对称配筋偏心受压构件大、小偏心受压破坏的界限如何区分？

5-11 怎样进行矩形截面对称配筋大偏心受压构件和小偏心受压构件正截面承载力的截面设计？

5-12 什么是偏心受压构件正截面承载力 $N_u - M_u$ 的相关曲线？

5-13 怎样计算偏心受压构件的斜截面受剪承载力？

5-14 混凝土的抗压性能好，为什么在混凝土受压柱中还要配置一定数量的纵向钢筋？这些纵向钢筋对轴心受压柱起什么作用？

5-15   为什么在受压构件中采用高强度混凝土比在受弯构件中采用高强度混凝土更有效？

5-16   螺旋箍筋轴心受压柱计算公式中为什么没有 φ 值？

5-17   受弯构件和偏心受压构件正截面应力和应变分布有何相同和不同之处？

5-18   附加偏心矩 e_a 的物理意义是什么？

5-19   轴向压力对偏心受压构件斜截面受剪承载力计算有何影响？

5-20   为什么受压构件中的纵向钢筋不宜采用强度很高的钢筋？

5.3.2   选 择 题

5-21   在钢筋混凝土轴心受压构件中，由混凝土徐变引起的塑性应力重分布现象与纵向钢筋配筋百分率 ρ 的关系是_____。

A. ρ 越大，塑性应力重分布现象越明显

B. ρ 越小，塑性应力重分布现象越明显

C. 塑性应力重分布现象与 ρ 无关

5-22   对于轴心受压短柱，在长期荷载作用下，由于混凝土发生徐变，使得____。

A. 混凝土压应力增大，钢筋压应力减小

B. 混凝土压应力减小，钢筋压应力增大

C. 混凝土压应力增大，钢筋拉应力增大

D. 混凝土压应力减小，钢筋拉应力减小

5-23   螺旋箍筋柱核心截面的直径 d_{cor} 是按_____确定的。

A. 螺旋箍筋的内表面   B. 螺旋箍筋的外表面

C. 螺旋箍筋的形心   D. 受压钢筋的形心

5-24   柱的 $\frac{l_0}{b}$ 或 $\frac{l_0}{d}$ 或 $\frac{l_0}{h}$ 中，l_0 为_____。

A. 柱的总长度

B. 楼层的层高

C. 视柱两端约束情况而定的柱的计算长度

D. 偏心受力方向上下支承点之间柱的长度

5-25   某一钢筋混凝土柱，在（N_{1u}、M_{1u}）与（N_{2u}、M_{2u}）作用下都发生大偏心受压破坏，且 $N_{1u} > N_{2u}$，则 M_{1u} 与 M_{2u} 的关系是_____。

A. $M_{1u} > M_{2u}$ B. $M_{1u} = M_{2u}$ C. $M_{1u} < M_{2u}$ D. 两者无关

5-26   某一钢筋混凝土柱，在（N_{1u}、M_{1u}）与（N_{2u}、M_{2u}）作用下都发生小偏心受压破坏，且 $N_{1u} > N_{2u}$，则 M_{1u} 与 M_{2u} 的关系是_____。

A. $M_{1u} > M_{2u}$ B. $M_{1u} = M_{2u}$ C. $M_{1u} < M_{2u}$ D. 两者无关

5-27   对于矩形截面偏心受压构件，当 $e_i > 0.3h_0$ 时，可初判为大偏心受压，当 $e_i \leqslant 0.3h_0$ 时，可初判为小偏心受压，这种初判方法主要用于_____。

A. 非对称配筋和对称配筋截面设计时

B. 非对称配筋截面设计时

C. 对称配筋截面设计时

D. 截面复核时

5-28 以下_____种情况的矩形截面偏心受压构件的正截面承载力计算与双筋矩形截面受弯构件正截面受弯承载力计算是相似的。

A. 非对称配筋大偏心受压截面设计时

B. 非对称配筋小偏心受压截面设计时

C. 大偏心受压截面复核时

D. 小偏心受压截面复核时

5-29 大偏心受压破坏形态与小偏心受压破坏形态的根本区别是_____。

A. 受压区边缘纤维的压应变是否达到混凝土的极限压应变值

B. 离轴向力较远一侧的纵向钢筋 A_s 是否受拉屈服

C. 离轴向力较近一侧的纵向钢筋 A_s 是否受压屈服

D. 离轴向力较远一侧的纵向钢筋 A_s 是否受拉

5.3.3 判 断 题

5-30 轴心受压构件中，采用强度很高的高强钢筋是经济的。（ ）

5-31 采用强度等级高的混凝土，在受压构件中比在受弯构件中更加有效。（ ）

5-32 螺旋筋柱与普通箍筋柱相比，承载能力有所提高，变形能力却没有提高。（ ）

5-33 对于大偏心受压构件可以不考虑附加偏心距 e_a 的影响。（ ）

5-34 对于 $l_c/h \leqslant 8$ 的短柱，可以不考虑弯矩增大系数，取 $\eta_{ns}=1.0$。（ ）

5-35 对于截面、材料、配筋及 e_0/h_0 等因素都相同，但 l_c/h 不同的两个偏心受压构件，l_c/h 大的正截面受压承载力大。（ ）

5-36 偏心受压构件正截面的相对界限受压区高度 ξ_b 与受弯构件正截面的相对界限受压区高度 ξ_b 是相同的。（ ）

5-37 对于长柱，不论是大偏心受压破坏，还是小偏心受压破坏，都要考虑弯矩增大系数 η_{ns}。（ ）

5-38 当 $e_i \leqslant 0.3h_0$ 时，可初步判定为小偏心受压破坏形态。（ ）

5-39 当 $e_i > 0.3h_0$ 时，可以初步判定为大偏心受压破坏形态。（ ）

5-40 当 $x \leqslant x_b$ 时，必为大偏心受压；当 $x > x_b$ 时，必为小偏心受压。（ ）

5-41 小偏心受压构件的 σ_s 是未知的，可以是拉应力也可以是压应力，因此在截面内力的平衡方程式中，例如在 $\sum X=0$ 中，可以取为拉应力，即 $N_u=\alpha_1 f_c bx+f'_y A'_s-\sigma_s A_s$，也可以取为压应力，即 $N_u=\alpha_1 f_c bx+f'_y A'_s+\sigma_s A_s$。（ ）

5-42 轴心受压构件正截面承载力的计算公式应是 $N_u=0.9\varphi(\alpha_1 f_c A+f'_y A'_s)$，而不是 $N_u=0.9\varphi(f_c A+f'_y A'_s)$。（ ）

5-43 不论是大偏心受压还是小偏心受压，不论是截面设计还是截面复核都必须验算垂直弯矩作用平面的承载力。（ ）

5-44 受压构件纵向受力钢筋（HRB400 级配筋）的最小配筋百分率，对全部纵向钢筋是 0.55%；对一侧纵向钢筋是 0.2%。（ ）

5.4 计算题及解题指导

5.4.1 例 题 精 解

【例题 5-1】 已知一轴心受压柱，截面尺寸为 $400mm \times 400mm$，$l_0 = 6.5m$ 轴心压力设计值 $N = 2780kN$，混凝土强度等级为 C40，$f_c = 19.1N/mm^2$，纵向钢筋为 HRB400 级，$f'_y = 360N/mm^2$。

求：配置纵向钢筋。

【解】 这是轴心受压的截面设计题。纵向钢筋由正截面受压承载力计算确定，箍筋由构造要求确定。

1. 确定纵筋

令 $N = N_u$，则 $N = 0.9\varphi (f_c A + f'_y A'_s)$

$\dfrac{l_0}{b} = \dfrac{6500}{400} = 16.25$ ，查表得稳定系数 $\varphi = 0.86$

假定纵筋配筋率 $\rho' < 3\%$，则 A 按 $400mm \times 400mm$ 计算，故

$$A'_s = \left(\frac{N}{0.9\varphi} - f_c A\right) / f'_y = \left(\frac{2780 \times 10^3}{0.9 \times 0.86} - 400 \times 400 \times 19.1\right) / 360 = 1488 \ mm^2$$

选用 4 ⊈ 22，$A'_s = 1520mm^2$，误差 $\dfrac{1520 - 1488}{1488} = 2.15\% < 5\%$，可以。

实际纵筋配筋率 $\rho' = \dfrac{A'_s}{bh} = \dfrac{1520}{400 \times 400} = 0.95\% < 3\%$，因此原假定纵筋配筋率小于 3% 是对的，计算有效。

验算纵筋最小配筋率 $\rho' = 0.95\% > \rho'_{min} = 0.6\%$，满足要求。

验算每一侧纵筋最小配筋率 $\rho' = \dfrac{0.95\%}{2} = 0.475\% > 0.2\%$，满足要求。

2. 确定箍筋用量

选用 Φ 6@300 的箍筋，满足构造要求中有关箍筋直径和间距的要求。

【提示】 本题看似简单，但容易漏项得不到满分，许多教材中都有这个问题。①要验算 $\rho' < 3\%$，如果 $\rho' \geqslant 3\%$，应该在 A 中扣去钢筋的截面面积；②不要忘记验算纵筋最小配筋率，包括全部纵筋与一侧纵筋两个内容；③验算 ρ' 时都必须用实际采用的纵筋截面面积，不能用计算值。

【例题 5-2】 已知一轴心受压螺旋筋圆柱，直径 $d = 400mm$，$l_0 = 4.4m$，混凝土保护层厚度 30mm，承受轴心压力设计值 $N = 3000kN$，混凝土强度等级为 C40，$f_c = 19.1N/mm^2$，纵筋采用 HRB400 级钢筋，$f'_y = 360N/mm^2$，螺旋筋采用 HPB300 级钢筋 $f_y = 270N/mm^2$。

求：柱的截面钢筋。

【解】 这是螺旋筋柱的截面设计题，因纵筋和螺旋筋都未知，可先假定纵筋再来求螺旋筋。

1. 验算螺旋筋是否起间接配筋的作用

$\dfrac{l_0}{b} = \dfrac{4400}{400} = 11 < 12$，说明螺旋筋能起间接配筋的作用。

2. 选用纵筋

假定全部纵筋配筋率 $\rho' = 2\% \begin{cases} > \rho'_{min} = 0.6\% \\ < \rho_{max} = 5\% \end{cases}$

则 $A'_s = \rho'A = 0.02 \times \dfrac{3.14 \times 400^2}{4} = 2512 \, mm^2$

选用 7 Φ 22，$A'_s = 2661 mm^2$。

3. 计算螺旋筋用量

令 $N = N_u$，则受压承载力公式为：

$$N = f_c A_{cor} + f'_y A'_s + 2 A_{ss0} f_y$$

核心混凝土直径 $d_{cor} = d - 2 \times 30 - 10 \times 2 = 400 - 60 - 20 = 320 mm$

核心混凝土面积 $A_{cor} = \dfrac{\pi}{4} d_{cor}^2 = \dfrac{3.14}{4} \times 320^2 = 80384 \, mm^2$

将数据代入计算公式，得：

$$3000 \times 10^3 = 19.1 \times 80384 + 360 \times 2661 + 2A_{ss0} \times 270$$

$$A_{ss0} = 938 \, mm^2 > A'_s \times 25\% = 2661 \times 0.25 = 665 \, mm^2$$

故螺旋筋的换算面积 A_{ss0} 大于全部纵筋截面面积的 25%，可以考虑螺旋筋的间接配筋作用。

设螺旋筋直径为 Φ 8，$A_{ss1} = 50.3 \, mm^2$，则其间距：

$$s = \dfrac{\pi d_{cor} A_{ss1}}{A_{ss0}} = \dfrac{3.14 \times 340 \times 50.3}{938} = 57 mm$$

取 $s = 50 mm$，满足大于 $40 mm$，小于 $80 mm$，且小于 $\dfrac{d_{cor}}{5} = \dfrac{320}{5} = 64 mm$ 的构造要求。

4. 比较螺旋筋柱与普通箍筋柱的正截面受压承载力

1）螺旋筋柱

实际的螺旋筋换算面积：

$$A_{ss0} = \dfrac{\pi d_{cor} A_{ss1}}{s} = \dfrac{3.14 \times 320 \times 50.3}{50} = 1011 \, mm^2$$

故

$$N_u = f_c A_{cor} + f'_y A'_s + 2 f_y A_{ss0} = 19.1 \times 80384 + 360 \times 2661 + 2 \times 270 \times 1011$$

$$= 3039.23 kN$$

2）普通箍筋柱

$$\dfrac{l_0}{d} = \dfrac{4400}{400} = 11, \quad \varphi = 0.94$$

$$N_u = 0.9\varphi(f_c A + f'_y A'_s)$$

$$= 0.9 \times 0.94 \times \left(19.1 \times \dfrac{3.14 \times 400^2}{4} + 360 \times 2661 \right) = 2839.95 kN$$

螺旋筋柱与普通箍筋柱两者承载力相差的百分率：

$\dfrac{3039.23 - 2839.95}{2839.95} = 7.02\% < 50\%$，符合要求

故该螺旋筋柱配置纵筋 7 Φ 22，螺旋筋 Φ 8@50。

【提示】本题要注意三点：①先假定纵筋，再求螺旋筋，并且先设螺旋筋的直径，再

求它的间距；②核心混凝土的直径是指扣去保护层厚度后剩下的直径；③计及螺旋钢筋的间接配筋作用，必须满足三个条件：$l_0/d < 12$，$A_{ss0} > 0.25A'_s$，螺旋筋柱的承载力不大于普通箍筋柱承载力的 50%。

【例题 5-3】 某钢筋混凝土矩形截面偏心受压柱，截面尺寸 $b \times h = 400\text{mm} \times 500\text{mm}$，$a_s = a'_s = 40\text{mm}$，计算长度 $l_c = l_0 = 4.5\text{m}$。采用 C40 级混凝土和 HRB400 级纵向受力钢筋。该柱承受轴向力设计值 $N = 1000\text{kN}$，柱端截面弯矩设计值 $M_1 = 600\text{kN} \cdot \text{m}$，$M_2 = 600\text{kN} \cdot \text{m}$，柱按单曲率弯曲。试计算所需纵向受力钢筋截面面积 A_s 与 A'_s。

【解】 此题为偏心受压构件的典型截面设计类问题，计算所需纵向受拉钢筋截面面积 A_s 与 A'_s，首先根据题目已知信息，查表确定所需用到的材料设计参数和计算参数。

经查表确定：$\alpha_1 = 1.0$，$\xi_b = 0.518$；$f_c = 19.1\text{N/mm}^2$；$f_y = f'_y = 360\text{N/mm}^2$；$\rho_{\text{min}单侧} = 0.2\%$；$\rho_{\text{min}} = 0.55\%$。

1. 判断是否考虑 $P\text{-}\delta$ 二阶效应

$$i = \sqrt{\frac{I}{A}} = \sqrt{\frac{h^2}{12}} = \sqrt{\frac{500^2}{12}} = 144.3\text{mm}$$

$$\frac{M_1}{M_2} = \frac{600}{600} = 1 > 0.9$$

$$\frac{N}{f_c A} = \frac{1000 \times 10^3}{19.1 \times 400 \times 500} = 0.26 < 0.9$$

$$\frac{l_c}{i} = \frac{4.5 \times 10^3}{144.3} = 31.2 > 34 - 12\left(\frac{M_1}{M_2}\right) = 34 - 12 = 22$$

需考虑 $P\text{-}\delta$ 二阶效应的影响。

2. 计算弯矩设计值

$$h_0 = h - a_s = 500 - 40 = 460\text{mm}$$

$$e_a = \max\left\{20, \frac{h}{30}\right\} = \max\left\{20, \frac{500}{30}\right\} = 20\text{mm}$$

$$C_m = 0.7 + 0.3\frac{M_1}{M_2} = 1.0$$

$$\zeta_c = \frac{0.5 f_c A}{N} = \frac{0.5 \times 19.1 \times 400 \times 500}{1000 \times 10^3} = 1.91 > 1，取 \zeta_c = 1$$

$$\eta_{ns} = 1 + \frac{1}{1300\dfrac{\left(\dfrac{M_2}{N} + e_a\right)}{h_0}}\left(\frac{l_c}{h}\right)^2 \zeta_c$$

$$= 1 + \frac{1}{1300 \times \dfrac{(600000/1000 + 20)}{460}}\left(\frac{4500}{500}\right)^2 \times 1 = 1.05$$

$$C_m \eta_{ns} = 1.05 > 1$$

$$M = C_m \eta_{ns} M_2 = 1.05 \times 600 = 630\text{kN} \cdot \text{m}$$

3. 判断偏心受压构件的类型

$$e_0 = \frac{M}{N} = \frac{630}{1000} = 0.63\text{m} = 630\text{mm}$$

$$e_i = e_0 + e_a = 630 + 20 = 650\text{mm} > 0.3h_0 = 0.3 \times 460 = 138\text{mm}$$

按大偏心受压构件计算。

4. 计算受拉钢筋 A_s 和受压钢筋 A'_s

取 $\xi = \xi_b = 0.518$

$$e = e_i + \frac{h}{2} - a_s = 650 + \frac{500}{2} - 40 = 860\text{mm}$$

$$A'_s = \frac{Ne - \alpha_1 f_c b h_0^2 \xi_b (1 - 0.5\xi_b)}{f'_y (h_0 - a'_s)}$$

$$= \frac{1000 \times 10^3 \times 860 - 1.0 \times 19.1 \times 400 \times 460^2 \times 0.518 \times (1 - 0.5 \times 0.518)}{360(460 - 40)}$$

$$= 1584\ \text{mm}^2$$

$$A_s = \frac{\alpha_1 f_c b h_0 \xi_b - N}{f_y} + A'_s \frac{f'_y}{f_y}$$

$$= \frac{1.0 \times 19.1 \times 400 \times 460 \times 0.518 - 1000 \times 10^3}{360} + 1584 \times \frac{360}{360}$$

$$= 3863\ \text{mm}^2$$

5. 配置受拉钢筋 A_s 和受压钢筋 A'_s

受拉钢筋 A_s 选用 3 Φ 32+3 Φ 25，

$A_s = 2413 + 1473 = 3886\text{mm}^2 > \rho_{\min单侧} bh = 0.2\% \times 400 \times 500 = 400\text{mm}^2$

受压钢筋 A'_s 选用 4 Φ 25，

$A'_s = 1964\text{mm}^2 > \rho_{\min单侧} bh = 0.2\% \times 400 \times 500 = 400\ \text{mm}^2$

$A_s + A'_s = 3886 + 1964 = 5850\ \text{mm}^2 > \rho_{\min} bh = 0.55\% \times 400 \times 500 = 1100\ \text{mm}^2$ 配筋率满足要求。

6. 验算适用条件

$$x = \frac{N + f_y A_s - f'_y A'_s}{\alpha_1 f_c b}$$

$$= \frac{1000 \times 10^3 + 360 \times 3886 - 360 \times 1964}{1.0 \times 19.1 \times 400}$$

$$= 221\text{mm}$$

$$x > 2a'_s = 2 \times 40 = 80\text{mm}$$

$$x < \xi_b h_0 = 0.518 \times 460 = 238\text{mm}$$

满足适用条件。

7. 验算垂直于弯矩作用平面的受压承载力

$\frac{l_0}{b} = \frac{4500}{400} = 11.25$，查表得 $\varphi = 0.96125$，由于 $\rho = \frac{A_s + A'_s}{bh} = \frac{5850}{400 \times 500} = 2.93\% < 3\%$

$$N_u = 0.9\varphi(f_c A + f'_y A'_s)$$

$$= 0.9 \times 0.96125 \times (19.1 \times 400 \times 500 + 360 \times 5850)$$

$$= 5126.7\text{kN} > N = 1000\text{kN}$$

垂直于弯矩作用平面的受压承载力满足要求。

【提示】①注意不考虑二阶效应的判断条件是：弯矩比、轴压比和长细比同时不大于规定限值，若任意一个条件不满足则必须考虑二阶效应，此题也可只计算弯矩比或长细比来判断。②注意：当无法确定混凝土相对受压区高度 ξ 时，大小偏心受压构件类型判断可以按相对偏心距来考虑，当 $\dfrac{e_i}{h_0} \leqslant 0.3$ 属于小偏心受压，$\dfrac{e_i}{h_0} > 0.3$ 可能是大偏心受压，也可能是小偏心受压，可先按大偏心受压，计算完成后根据受力钢筋截面面积代入受力平衡条件验算 ξ。③不管是截面设计还是截面复核类问题，不管是大偏心受压还是小偏心受压类型的构件，均应验算垂直于弯矩作用平面的受压承载力；验算按轴心受压承载力计算公式进行，注意长细比应为 $\dfrac{l_0}{b}$，而不是 $\dfrac{l_c}{h}$。

【例题 5-4】 某钢筋混凝土矩形截面偏心受压柱，截面尺寸 $b \times h = 400\text{mm} \times 500\text{mm}$，$a_s = a_s' = 40\text{mm}$，计算长度 $l_c = l_0 = 4.5\text{m}$。采用 C40 级混凝土和 HRB400 级纵向受力钢筋。该柱承受轴向力设计值 $N = 1000\text{kN}$，柱端截面弯矩设计值 $M_1 = 600\text{kN} \cdot \text{m}$，$M_2 = 600\text{kN} \cdot \text{m}$，该柱按单曲率弯曲。试按对称配筋计算所需纵向受力钢筋截面面积 A_s 与 A_s'。

【解】 此题为偏心受压构件的典型截面设计类问题，计算所需纵向受拉钢筋截面面积 A_s 与 A_s'，首先根据题干已知信息，查表确定所需用到的材料设计参数和计算参数。

1. 需考虑 $P\text{-}\delta$ 二阶效应的影响，同【例题 5-3】

2. 弯矩设计值 $M = 630\text{kN} \cdot \text{m}$，同【例题 5-3】。

3. 判断偏心受压构件的类型

$$x = \frac{N}{\alpha_1 f_c b} = \frac{1000 \times 10^3}{1.0 \times 19.1 \times 400} = 130.9\text{mm} < \xi_b h_0 = 0.518 \times 460 = 238.3\text{mm}$$

$$x > 2a_s' = 2 \times 40 = 80\text{mm}$$

大偏心受压构件，满足大偏心受压计算公式的适用条件。

4. 计算受拉受压钢筋

$$e_0 = \frac{M}{N} = \frac{630}{1000} = 0.63\text{m} = 630\text{mm}$$

$$e_i = e_0 + e_a = 630 + 20 = 650\text{mm}$$

$$e = e_i + \frac{h}{2} - a_s = 650 + \frac{500}{2} - 40 = 860\text{mm}$$

$$A_s = A_s' = \frac{Ne - \alpha_1 f_c b x \left(h_0 - \dfrac{x}{2}\right)}{f_y'(h_0 - a_s')}$$

$$= \frac{1000 \times 10^3 \times 860 - 1.0 \times 19.1 \times 400 \times 130.9 \times \left(460 - \dfrac{130.9}{2}\right)}{360(460 - 40)}$$

$$= 3078\text{mm}^2$$

5. 配置钢筋，验算最小配筋率

单侧钢筋选用 5 Φ 28，

$A_s = A_s' = 2413 + 1473 = 3079\text{mm}^2 > \rho_{\min 单侧} bh = 0.2\% \times 400 \times 500 = 400\text{mm}^2$

$A_s + A_s' = 3079 + 3079 = 6158\text{mm}^2 > \rho_{\min} bh = 0.55\% \times 400 \times 500 = 1100\text{mm}^2$

配筋率满足要求。

6. 验算垂直于弯矩作用平面的受压承载力

$$\frac{l_0}{b} = \frac{4500}{400} = 11.25,查表得\varphi = 0.96125,由于\rho = \frac{A_s + A'_s}{bh} = \frac{6158}{400 \times 500} = 3.1\% > 3\%$$

$$N_u = 0.9\varphi(f_c A + f'_y A'_s)$$
$$= 0.9 \times 0.96125 \times (19.1 \times (400 \times 500 - 6158) + 360 \times 6158)$$
$$= 5120.9kN > N = 1000kN$$

垂直于弯矩作用平面的受压承载力满足要求。

【提示】①此题为对称配筋偏心受压构件，大小偏心受压构件类型判断可以直接计算 x，在通过与 $\xi_b h_0$ 比较判断。②此题与上题比较可知，相同条件下，采用对称配筋方案的计算配筋面积要多一些，此题 $A_s + A'_s = 3078 + 3078 = 6156mm^2$，上一题 $A_s + A'_s = 3863 + 1584 = 5447mm^2$，对称配筋与不对称配筋相比，计算总钢筋面积增加约 18.5%。

【例题 5-5】 某钢筋混凝土矩形截面偏心受压柱，截面尺寸 $b \times h = 400mm \times 500mm$，$a_s = a'_s = 40mm$，计算长度 $l_c = l_0 = 3.3m$。偏心方向的截面回转半径 $i = 144.3mm$。采用 C35 级混凝土（$f_c = 16.7N/mm^2$）和 HRB400 级纵向受力钢筋（$f_y = f'_y = 360N/mm^2$）。该柱承受轴向力设计值 $N = 800kN$，柱端截面弯矩设计值 $M_1 = 420kN \cdot m$，$M_2 = 550kN \cdot m$，该柱按单曲率弯曲。试按对称配筋计算所需纵向受力钢筋截面面积 A_s 与 A'_s（不验算垂直于弯矩作用平面的受压承载力，不需给出配筋方案）。

【解】

经查表确定：$\alpha_1 = 1.0$，$\xi_b = 0.518$；$\rho_{min单侧} = 0.2\%$；$\rho_{min} = 0.55\%$。

1. 判断是否考虑 P-δ 二阶效应

$$\frac{M_1}{M_2} = \frac{420}{550} = 0.76 < 0.9$$

$$\frac{N}{f_c A} = \frac{800 \times 10^3}{16.7 \times 400 \times 500} = 0.24 < 0.9$$

$$\frac{l_c}{i} = \frac{3.3 \times 10^3}{144.3} = 22.9 < 34 - 12(\frac{M_1}{M_2}) = 34 - 12 \times 0.76 = 24.9$$

不需要考虑 P-δ 二阶效应的影响，取 $M = M_2 = 550kN \cdot m$。

2. 判断偏心受压构件的类型

$$h_0 = h - a_s = 500 - 40 = 460mm$$

$$x = \frac{N}{\alpha_1 f_c b} = \frac{800 \times 10^3}{1.0 \times 16.7 \times 400} = 119.8mm < \xi_b h_0 = 0.518 \times 460 = 238.3mm$$

按大偏心受压构件计算。

$$x = 119.8mm > 2a'_s = 2 \times 40mm = 80mm$$

3. 计算受拉受压钢筋

$$e_0 = \frac{M}{N} = \frac{550}{800} = 0.6875m = 687.5mm$$

$$e_a = \max\left\{20, \frac{h}{30}\right\} = \max\left\{20, \frac{500}{30}\right\} = 20mm$$

$$e_i = e_0 + e_a = 687.5 + 20 = 707.5mm$$

$$e = e_i + \frac{h}{2} - a_s = 707.5 + \frac{500}{2} - 40 = 917.5mm$$

$$A_s = A'_s = \frac{Ne - \alpha_1 f_c bx \left(h_0 - \dfrac{x}{2}\right)}{f'_y (h_0 - a'_s)}$$

$$= \frac{1000 \times 10^3 \times 917.5 - 1.0 \times 16.7 \times 400 \times 119.8 \times \left(460 - \dfrac{119.8}{2}\right)}{360 \times (460 - 40)}$$

$$= 2737 \ \text{mm}^2$$

4. 验算最小配筋率

$A_s + A'_s = 2737 + 2737 = 5474 \text{mm}^2 > \rho_{\min} bh = 0.55\% \times 400 \times 500 = 1100 \text{mm}^2$

配筋率满足要求。

【提示】此题为不考虑二阶效应的对称配筋偏心受压构件截面设计问题，应注意以下问题：弯矩比、轴压比和长细比同时不大于规定限值，若任意一个条件不满足则必须考虑二阶效应，按照 $C_m - \eta_{ns}$ 方法计算 $C_m \eta_{ns}$。

【例题 5-6】某钢筋混凝土矩形截面偏心受压柱，截面尺寸 $b \times h = 400\text{mm} \times 600\text{mm}$，$a_s = a'_s = 45\text{mm}$，计算长度 $l_c = l_0 = 3.0\text{m}$。采用 C35 级混凝土（$f_c = 16.7\text{N/mm}^2$）和 HRB400 级纵向受力钢筋（$f_y = f'_y = 360\text{N/mm}^2$）。该柱承受轴向力设计值 $N = 5280\text{kN}$，柱端截面弯矩设计值 $M_1 = 22.5\text{kN} \cdot \text{m}$，$M_2 = 24.2\text{kN} \cdot \text{m}$，柱按单曲率弯曲。试计算所需纵向受力钢筋截面面积 A_s 和 A'_s。

【解】 1. 判断是否考虑 $P\text{-}\delta$ 二阶效应

由于 $\dfrac{M_1}{M_2} = \dfrac{22.5}{24.2} = 0.93 > 0.9$，

应考虑杆件自身挠曲变形的影响。

2. 判断偏心受压构件的类型

$$e_a = \max\left\{20, \frac{h}{30}\right\} = \max\left\{20, \frac{600}{30}\right\} = 20\text{mm}$$

$$h_0 = h - a_s = 600 - 45 = 555\text{mm}$$

$$\zeta_c = \frac{0.5 f_c A}{N} = \frac{0.5 \times 16.7 \times 400 \times 600}{5280 \times 10^3} = 0.38 < 1，符合要求。$$

$$C_m = 0.7 + 0.3 \frac{M_1}{M_2} = 0.7 + 0.3 \times \frac{22.5}{24.2} = 0.979$$

$$\eta_{ns} = 1 + \frac{1}{1300 \dfrac{\left(\dfrac{M_2}{N} + e_a\right)}{h_0}} \left(\frac{l_c}{h}\right)^2 \zeta_c$$

$$= 1 + \frac{1}{1300 \times \dfrac{(24.2 \times 10^3 / 5280 + 20)}{555}} \left(\frac{3}{0.6}\right)^2 \times 0.38 = 1.165$$

$$C_m \eta_{ns} = 0.979 \times 1.165 = 1.141 > 1.0$$

$$e_i = \frac{M}{N} + e_a = \frac{C_m \eta_{ns} M_2}{N} + e_a = \frac{1.141 \times 24.2}{5.28} + 20 = 25.23\text{mm}$$

$$e' = h/2 - e_i - a'_s = 600/2 - 25.23 - 45 = 229.77\text{mm}$$

$$e = e_i + h/2 - a_s = 25.23 + 600/2 - 45 = 280.23\text{mm}$$

$e_i = 25.23\text{mm} < 0.3h_0 = 0.3 \times 555 = 166.5\text{mm}$，为小偏心受压。

3. 计算受拉受压钢筋

取 $\beta_1 = 0.8$ 并假定 $A_s = \rho_{\min} bh = 0.002 \times 400 \times 600 = 480\text{mm}^2$，用此 A_s 和 $\sigma_s = \dfrac{\xi - \beta_1}{\xi_b - \beta_1} f_y$，代入力矩平衡方程 $Ne' = \alpha_1 f_c bx \left(\dfrac{x}{2} - a'_s\right) - \sigma_s A_s (h_0 - a'_s)$ 求解关于 x 的二次方程，进而得到 $\xi = 1.125 > h/h_0 = 1.081$。

因此，取 $x = h$，$\sigma_s = -f'_y = -360\text{N/mm}^2$。

由式 $Ne = \alpha_1 f_c bx \left(h_0 - \dfrac{x}{2}\right) + f'_y A'_s (h_0 - a'_s)$ 求得：

$$A'_s = \frac{Ne - \alpha_1 f_c bh \left(h_0 - \dfrac{h}{2}\right)}{f'_y (h_0 - a'_s)}$$

$$= \frac{5.28 \times 10^6 \times 280.23 - 1.0 \times 16.7 \times 400 \times 600 \times \left(555 - \dfrac{600}{2}\right)}{360(555 - 45)}$$

$$= 2492 \text{ mm}^2$$

再由式 $N = \alpha_1 f_c bh + f'_y A'_s - f'_y A_s$，求得：

$$A_s = \frac{N - \alpha_1 f_c bh - f'_y A'_s}{f'_y}$$

$$= \frac{5.28 \times 10^6 - 1.0 \times 16.7 \times 400 \times 600 - 360 \times 2492}{360}$$

$$= 1041\text{mm}^2$$

尚应用式 $N\left[\dfrac{h}{2} - a'_s - (e_0 - e_a)\right] \leqslant \alpha_1 f_c bh \left(h'_0 - \dfrac{h}{2}\right) + f'_y A_s (h'_0 - a_s)$ 验算 A_s 值：

$$A_s = \frac{N\left[\dfrac{h}{2} - a'_s - (e_0 - e_a)\right] - \alpha_1 f_c bh \left(h'_0 - \dfrac{h}{2}\right)}{f'_y (h'_0 - a_s)}$$

$$= \frac{5.28 \times 10^6 \times \left[0.5 \times 600 - 45 - \left(\dfrac{1.141 \times 24.2}{5.28} - 20\right)\right] - 1.0 \times 16.7 \times 400 \times 600 \times (555 - 600/2)}{360 \times (555 - 45)}$$

$$= 2191\text{mm}^2$$

为了防止在 A_s 钢筋的一侧压坏，最后配筋为：

A_s 选用 2 ⊕ 32 + 2 ⊕ 25，$A_s = 2591\text{mm}^2$；A'_s 选用 4 ⊕ 28，$A'_s = 2463\text{mm}^2$；

A_s 和 A'_s 均大于 $\rho_{\min}' bh = 0.002 \times 400 \times 600 = 480\text{mm}$。

4. 验算垂直于弯矩作用方向的轴向受压承载力

由 $\dfrac{l_0}{b} = \dfrac{3000}{400} = 7.5$，查表得 $\varphi = 1$

$$N_u = 0.9\varphi[f_c A + f'_y (A_s + A'_s)]$$
$$= 0.9 \times [16.7 \times 400 \times 600 + 360 \times (2591 + 2463)]$$
$$= 5.24 \times 10^6 \text{N}$$

该值略小于 $5.28 \times 10^6 \text{N}$，但相差小于 1%，可认为验算结果安全。

【提示】此题为考虑二阶效应的不对称配筋小偏心受压构件截面设计问题，应注意以下问题：①小偏心受压直接根据 $e_i < 0.3h_0$ 判断，无需验算；②小偏心受压构件设计计算中基本方程有两个，计算中未知数有三个：x、A_s 和 A_s'，计算中先假定 A_s 按最小配筋，计算 x，根据 x 取值分段讨论并判断远侧钢筋的受力状态，进而确定 σ_s 应力值并计算 A_s'。

【例题 5-7】钢筋混凝土矩形截面偏心受压柱，截面尺寸 $b \times h = 400\text{mm} \times 700\text{mm}$，$a_s = a_s' = 45\text{mm}$，计算长度 $l_c = l_0 = 3.3\text{m}$。采用 C40 级混凝土（$f_c = 19.1\text{N/mm}^2$）和 HRB400 级纵向受力钢筋（$f_y = f_y' = 360\text{N/mm}^2$）。该柱承受轴向力设计值 $N = 3500\text{kN}$，柱端截面弯矩设计值 $M_1 = 330\text{kN} \cdot \text{m}$，$M_2 = 350\text{kN} \cdot \text{m}$，柱按单曲率弯曲。试计算对称配筋所需纵向受力钢筋截面面积 A_s 和 A_s'。

【解】1. 判断是否考虑 $P\text{-}\delta$ 二阶效应

由于 $\dfrac{M_1}{M_2} = \dfrac{330}{350} = 0.943 > 0.9$，应考虑杆件自身挠曲变形的影响。

2. 判断偏心受压构件的类型

$$x = \frac{N}{\alpha_1 f_c b} = \frac{350 \times 10^4}{1.0 \times 19.1 \times 400} = 458\text{mm} > x_b = 0.518 \times 655 = 339.39\text{mm}$$

属于小偏心受压。

3. 计算参数 C_m、η_{ns} 和 e_i

$$h_0 = h - a_s = 700 - 45 = 655\text{mm}$$

$$e_a = \max\left\{20, \frac{h}{30}\right\} = \max\left\{20, \frac{700}{30}\right\} = 23.33\text{mm}$$

$$C_m = 0.7 + 0.3\frac{M_1}{M_2} = 0.7 + 0.3 \times \frac{330}{350} = 0.983$$

$$\zeta_c = \frac{0.5 f_c A}{N} = \frac{0.5 \times 19.1 \times 400 \times 700}{3500 \times 10^3} = 0.764 < 1，符合要求$$

$$\eta_{ns} = 1 + \frac{1}{1300\dfrac{\left(\dfrac{M_2}{N} + e_a\right)}{h_0}}\left(\frac{l_c}{h}\right)^2 \zeta_c$$

$$= 1 + \frac{1}{1300 \times \dfrac{(350 \times 10^3/3500 + 23.33)}{655}} \times 4.71^2 \times 0.764 = 1.069$$

$$C_m \eta_{ns} = 0.983 \times 1.069 = 1.051 > 1.0$$

$$e_i = \frac{M}{N} + e_a = \frac{C_m \eta_{ns} M_2}{N} + e_a = \frac{1.051 \times 350}{3.5} + 23.33 = 128.43\text{mm}$$

$$e = e_i + h/2 - a_s = 128.43 + 700/2 - 35 = 443.43\text{mm}$$

4. 按简化计算方法（近似公式法）计算 ξ

$$\xi = \frac{N - \xi_b \alpha_1 f_c b h_0}{\dfrac{Ne - 0.43\alpha_1 f_c b h_0^2}{(\beta_1 - \xi_b)(h_0 - a_s')} + \alpha_1 f_c b h_0} + \xi_b$$

$$= \frac{3500000 - 0.518 \times 1.0 \times 19.1 \times 400 \times 655}{\dfrac{3500000 \times 443.43 - 0.43 \times 1.0 \times 19.1 \times 400 \times 655^2}{(0.8 - 0.518)(655 - 45)} + 1.0 \times 19.1 \times 400 \times 655} + 0.518$$

$$= 0.674$$

5. 计算纵向受力钢筋截面面积 A_s 和 A'_s，并验算构造要求

$$x = \xi h_0 = 0.674 \times 655 = 441.5\text{mm}$$

$$A_s = A'_s = \frac{Ne - \alpha_1 f_c bx\left(h_0 - \dfrac{x}{2}\right)}{f'_y(h_0 - a'_s)}$$

$$= \frac{3500000 \times 443.43 - 1.0 \times 19.1 \times 400 \times 441.5 \times \left(655 - \dfrac{441.5}{2}\right)}{360 \times (655 - 45)}$$

$$= 397\text{mm}^2 < \rho_{\min}'bh = 560\text{mm}^2$$

取 $A'_s = A_s = 560\text{mm}^2$ 配筋。同时满足整体配筋率不小于 0.55% 的要求，每边选用 $2\,\underline{\Phi}\,14 + 2\,\underline{\Phi}\,18$，$A'_s = A_s = 817\text{mm}^2$。

6. 验算垂直于弯矩作用方向的承载能力

由 $\dfrac{l_0}{b} = \dfrac{3300}{400} = 8.25$，查表得 $\varphi = 0.998$，

$$N_u = 0.9\varphi[f_c A + f'_y(A_s + A'_s)]$$

$$= 0.9 \times 0.998 \times [19.1 \times 400 \times 700 + 360 \times (817 + 817)]$$

$$= 5331930\text{N} > 3500000\text{N}，验算结果安全。$$

【提示】此题为考虑二阶效应的对称配筋小偏心受压构件截面设计问题，应注意以下问题：①对称配筋可以直接根据 x 判断偏心受压构件类型；②小偏心受压构件设计中计算 A_s 和 A'_s，需要求解关于 x 的三次方程十分不便，可采用简化计算公式法近似计算；③对称配筋小偏心受压构件截面设计不需要验算反向破坏。

5.4.2 习 题

【习题 5-1】已知某多层四跨现浇框架结构的第二层内柱，按轴心受压柱设计，轴向压力设计值 $N = 1100\text{kN}$，楼层高 $H = 6\text{m}$，混凝土强度等级为 C30，采用 HRB400 级钢筋，柱截面尺寸为 $350\text{mm} \times 350\text{mm}$。求所需纵筋面积。

【习题 5-2】已知圆形截面现浇钢筋混凝土轴心受压柱，直径不超过 350mm，承受轴向压力设计值 $N = 2900\text{kN}$，计算长度 $l_0 = 4\text{m}$，混凝土强度等级为 C40，柱中纵筋采用 HRB400 级钢筋，箍筋采用 HPB300 级钢筋。试设计该柱截面。

【习题 5-3】已知偏心受压柱的轴向力设计值 $N = 800\text{kN}$，杆端弯矩设计值 $M_1 = 0.6M_2$，$M_2 = 160\text{kN} \cdot \text{m}$，截面尺寸 $b = 300\text{mm}$，$h = 500\text{mm}$，$a_s = a'_s = 40\text{mm}$；混凝土强度等级为 C30，采用 HRB400 级钢筋；计算长度 $l_c = l_0 = 2.8\text{m}$。求钢筋截面面积 A'_s 及 A_s。

【习题 5-4】已知柱的轴向力设计值 $N = 550\text{kN}$，杆端弯矩设计值 $M_1 = -M_2$，$M = 450\text{kN} \cdot \text{m}$；截面尺寸 $b = 300\text{mm}$，$h = 600\text{mm}$，$a_s = a'_s = 40\text{mm}$；混凝土强度等级为 C35，采用 HRB400 级钢筋，计算长度 $l_c = l_0 = 3.0\text{m}$。求钢筋截面面积 A'_s 及 A_s。

【习题 5-5】已知荷载作用下偏心受压构件的轴向力设计值 $N = 3170\text{kN}$，杆端弯矩设计值 $M_1 = M_2 = 83.6\text{kN} \cdot \text{m}$，截面尺寸 $b = 400\text{mm}$，$h = 600\text{mm}$，$a_s = a'_s = 45\text{mm}$；混凝土强度等级为 C40，采用 HRB400 级钢筋；计算长度 $l_c = l_0 = 3.0\text{m}$。求钢筋截面面积 A'_s 及 A_s。

【习题 5-6】已知轴向力设计值 $N = 7500$kN，杆端弯矩设计值 $M_1 = 0.9M_2$，$M_2 = 1800$kN·m，截面尺寸 $b = 800$mm，$h = 1000$mm，$a_s = a_s' = 40$mm；混凝土强度等级为 C40，采用 HRB400 级钢筋；计算长度 $l_c = l_0 = 6$m。采用对称配筋 $A_s' = A_s$。求钢筋截面面积。

【习题 5-7】已知柱承受轴向力设计值 $N = 3100$kN，杆端弯矩设计值 $M_1 = 0.95M_2$，$M_2 = 85$kN·m；截面尺寸 $b = 400$mm，$h = 600$mm，$a_s = a_s' = 40$mm；混凝土强度等级为 C40，采用 HRB400 级钢筋，配有 $A_s' = 1964$mm²（4 ⊈ 25），$A_s = 603$mm²（3 ⊈ 16），计算长度 $l_c = l_0 = 6$m。试复核截面是否安全。

【习题 5-8】已知某单层工业厂房的 I 形截面边柱，下柱高 5.7m，柱截面控制内力设计值 $N = 870$kN，杆端弯矩设计值 $M_1 = 0.95M_2$，$M_2 = 420$kN·m；截面尺寸 $b = 80$mm，$h = 700$mm，$b_f = b_f' = 350$mm，$h_f = h_f' = 112$mm，$a_s = a_s' = 40$mm；混凝土强度等级为 C40，采用 HRB400 级钢筋；对称配筋。求钢筋截面面积。

【习题 5-9】框架结构的中间柱，截面尺寸为 350×350mm，已配有 4 ⊈ 20 的 HRB400 级纵向钢筋，$l_0 = 3.2$m，混凝土强度等级为 C30，求该柱能负担的轴向压力 N。

【习题 5-10】底层现浇钢筋混凝土圆形柱承受轴向压力 $N = 5550$kN，从基础顶面到二层楼面的高度为 5.5m，混凝土强度等级为 C30（$f_c = 14.3$N/mm²），纵筋采用 HRB400 级钢筋，箍筋采用 HPB300 级钢筋，柱直径为 500mm，试为该柱配筋。

【习题 5-11】钢筋混凝土柱，截面尺寸 300mm×500mm，该柱处于一类环境，取 $a_s = a_s' = 50$mm，计算长度 $l_c = l_0 = 3.9$m，混凝土强度等级为 C25，受力纵筋为 HRB400 级，其控制截面的轴向压力设计值为 $N = 305$kN，弯矩设计值为 $M_1 = M_2 = 280$kN·m。

（1）当采用非对称配筋时，试计算 A_s 和 A_s'；

（2）若受压钢筋配置 4 ⊈ 18，计算 A_s。

【习题 5-12】处于一类环境的钢筋混凝土偏心受压构件，截面尺寸 400mm×500mm，计算长度 $l_c = l_0 = 6.8$m，混凝土强度等级为 C30，受力钢筋采用 HRB400 级，其控制截面的轴向压力设计值 $N = 410$kN，弯矩设计值 $M_1 = 150$kN·m，$M_2 = 165$kN·m，取 $a_s = a_s' = 45$mm，试计算钢筋 A_s 和 A_s'。

【习题 5-13】已知柱的截面尺寸为 300mm×600mm，取 $a_s = a_s' = 45$mm，混凝土的强度等级为 C25（$f_c = 11.9$N/mm²），采用 HRB400 钢筋（$f_y = f_y' = 360$N/mm²），柱的计算长度 $l_c = l_0 = 7.2$m，承受的轴力 $N = 561$kN，弯矩 $M_1 = M_2 = 460$kN·m，求所需纵向受力钢筋面积 A_s、A_s'。

【习题 5-14】偏心受压构件，截面尺寸 250mm×550mm，构件处于一类环境，取 $a_s = a_s' = 50$mm，计算长度 $l_c = l_0 = 5$m，混凝土强度等级为 C30，受力钢筋采用 HRB400 级，其控制截面设计轴向压力 $N = 1582$kN，设计弯矩 $M_1 = 80$kN·m，$M_2 = 98.3$kN·m，试计算所需钢筋 A_s、A_s'。

【习题 5-15】处于一类环境的钢筋混凝土偏心受压构件，截面尺寸 400mm×500mm，计算长度 $l_c = l_0 = 6.8$m，混凝土强度等级用 C30，受力钢筋为 HRB400，其控制截面的轴向压力设计值 $N = 410$kN，弯矩设计值 $M_1 = 150$kN·m，$M_2 = 165$kN·m，取 $a_s = a_s' = 45$mm，对称配筋，试计算所需钢筋 $A_s = A_s'$。

【习题 5-16】对称工字形截面柱，柱计算长度 $l_c = l_0 = 4.5$m，$b_f = b_f' = 400$mm，$b = $

100mm，$h_f = h'_f = 100$mm，$h = 600$mm，该柱处于一类环境，取 $a_s = a'_s = 45$mm，混凝土强度等级为 C25，采用 HRB400 级钢筋，承受设计轴向压力 $N = 700$kN，计算弯矩 $M_1 = M_2 = 400$kN·m，试按对称配筋计算钢筋截面面积。

【习题 5-17】某多层现浇框架，底层柱的截面尺寸为 400mm×400mm，承受的轴向力 $N = 2000$kN，楼层高 $H = 5.5$m，混凝土强度等级为 C30（$f_c = 14.3$N/mm^2），配有 4 ⚈ 20 的 HRB400 级纵向受力钢筋（$f'_y = 360$N/mm^2，$A'_s = 1256$mm^2），试复核此柱的承载力是否足够。

【习题 5-18】对称配筋的偏心受压短柱，截面尺寸 800mm×1000mm，承受轴力设计值 $N = 8000$kN，弯矩设计值 $M_1 = M_2 = 2000$kN·m，混凝土的强度等级为 C30（$f_c = 14.3$N/mm^2），采用 HRB400 钢筋做纵向受力钢筋（$f_y = 360$N/mm^2，$f'_y = 360$N/mm^2），不考虑二阶弯矩的影响，求所需钢筋面积 A_s 和 A'_s。

第6章 受拉构件的截面承载力

6.1 内容的分析和总结

受拉构件有轴心受拉和偏心受拉两种。在工程中，轴心受拉构件是很少的。

6.1.1 学习的目的和要求

1）了解轴心受拉构件正截面破坏特征，掌握其承载力的计算方法。

2）理解偏心受拉构件正截面破坏的两种形态及其判别方法，掌握其正截面承载力的计算方法。

3）了解偏心受拉构件的主要构造要求。

4）了解偏心受拉构件斜截面受剪承载力的计算方法。

6.1.2 重点和难点

本章内容比较简单，上述学习要求1）和2）是本章的重点，其中矩形截面大偏心受拉构件的正截面承载力计算是本章的难点。

6.1.3 内容组成及总结

1）内容组成。本章主要内容如图6-1所示。

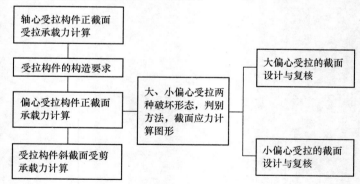

图 6-1 本章主要内容图示

2）内容总结。偏心受拉构件按纵向拉力 N 作用位置的不同分为大偏心受拉和小偏心受拉两种情况。当纵向拉力作用位置在两侧纵筋之外，即 $e_0 \geqslant h_2 - a_s$ 时，为大偏心受拉；当纵向拉力作用位置在两侧纵筋之间，即 $e_0 < h_2 - a_s$ 时，为小偏心受拉。在偏心受拉构件中，离纵向拉力 N 较近的钢筋为 A_s，离 N 较远的钢筋为 A_s'。

3）进行大偏心受拉破坏正截面承载力计算时，对 A_s 取抗拉屈服强度 f_y，对 A_s' 取抗

压屈服强度 f'_y，受压区混凝土的压应力合力为 $\alpha_1 f_c bx$，受压区高度应符合 $x < x_b$ 的条件，计算中考虑受压钢筋时，还要符合 $x \geqslant 2a'_s$ 的条件。进行小偏心受拉破坏正截面承载力计算时，对 A_s 和 A'_s 均取抗拉强度设计值 f_y，不考虑混凝土的抗拉作用。偏心受拉构件正截面承载力计算的方法和步骤应结合具体实例学习。

4) 轴心受拉构件和偏心受拉构件受拉纵筋的最小配筋百分率 ρ_{min} 都为 0.2% 和 $0.45 f_t / f_y$ 中的较大值。偏心受拉构件的受压钢筋的最小配筋百分率，应按受压构件一侧纵向钢筋考虑。

5) 偏心受拉构件如果同时承受较大的剪力，则除应进行正截面承载力计算外，还应进行斜截面受剪承载力计算，考虑纵向拉力对斜截面受剪承载力的不利影响。

6.2　重点讲解与难点分析

6.2.1　轴心受拉构件正截面破坏特征及承载力计算

试验研究表明，轴心受拉构件受力的全过程按混凝土开裂和钢筋屈服这两个特征点可划分为三个工作阶段，即未裂阶段、裂缝阶段和破坏阶段。

从加载到混凝土开裂前，属于第一阶段。这一阶段，钢筋和混凝土共同承受拉力，且应力与应变大致成正比，拉力 N 和截面平均拉应变 ε_t 之间基本上呈线性关系，构件基本处于弹性工作阶段。

混凝土开裂到钢筋屈服前为第二阶段。当截面拉应变 ε_t 达到混凝土的极限拉应变值时，首先在截面最薄弱处产生第一条垂直裂缝，随着荷载的增加，先后在一些截面上出现垂直裂缝。在开裂截面，混凝土不再承受拉力，所有拉力均由受拉钢筋来承担，在相同拉力增量下，截面平均拉应变增量加大。

钢筋屈服到截面破坏为第三阶段。当钢筋受拉应力达到屈服强度时，受拉钢筋屈服，裂缝宽度迅速扩大，构件达到承载能力极限状态，发生破坏。

轴心受拉构件破坏时，裂缝已贯通了整个截面，开裂截面处混凝土不承受拉力，所有拉力均由受拉纵筋承担，且受拉纵筋应力达到屈服强度，则：

$$N_u = f_y A_s \tag{6-1}$$

式中　N_u——轴心受拉构件正截面受拉承载力设计值；

f_y、A_s——受拉纵筋的抗拉强度设计值及截面面积。

6.2.2　偏心受拉构件正截面破坏的两种形态及其承载力计算

这是本章的重点，其中矩形截面大偏心受拉构件正截面承载力计算是本章的难点。

1) 大、小偏心受拉破坏的概念与特征

偏心受拉构件按轴向拉力 N 作用位置的不同，可以分为以下两种情况：

(1) 当纵向拉力 N 作用在钢筋 A_s 合力点与钢筋 A'_s 合力点之外，即 $e_0 \geqslant h/2 - a_s$ 时，称为大偏心受拉。在这种情形下，离轴向力 N 较近一侧的混凝土受拉，横向开裂；另一侧的混凝土受压，横向裂缝不会贯通整个截面。大偏心受拉破坏时，离轴向力 N 较近一侧的受拉纵筋应力达到抗拉屈服强度，离纵向力 N 较远一侧的受压纵筋应力达到抗压屈服强度，受压边缘混凝土达到极限压应变值被压碎。

（2）当轴向拉力作用在钢筋 A_s 合力点与钢筋 A_s' 合力点之间，即 $e_0 < h/2 - a_s$ 时，称为小偏心受拉。在这种情形下，截面基本上全部受拉，没有受压区，在临近破坏时，横向裂缝可贯通整个截面。开裂面上拉力完全由纵筋承担，不考虑混凝土的抗拉作用。如果采用对称配筋，破坏时，离轴向力 N 较近一侧的受拉纵筋 A_s 达到抗拉屈服强度，离轴向力 N 较远一侧的受拉纵筋 A_s' 达不到抗拉屈服强度。

2）大、小偏心受拉破坏正截面承载力计算

偏心受拉构件与偏心受压构件在正截面承载力计算上既有相同之处，又有不同之处。学习时应注意联系和借鉴偏心受压构件的计算方法，同时也要注意它们之间的差别。以下讲述三个方面的意见，供读者参考：

（1）偏心受拉构件与偏心受压构件正截面承载力计算上的 3 个不同点

① 破坏形态判别标准不同。大、小偏心受拉破坏是根据纵向拉力 N 的作用位置来区分的，即当 $e_0 \geqslant h/2 - a_s$ 时为大偏拉，$e_0 < h/2 - a_s$ 时为小偏拉。而大、小偏心受压破坏是根据截面混凝土受压区高度 x 来判别的，即 $x \leqslant x_b$ 时为大偏心受压破坏，$x > x_b$ 时为小偏心受压破坏。

② 纵向钢筋的名称不同。偏心受拉构件中，离纵向拉力 N 较近一侧的钢筋称为 A_s，离 N 较远一侧的钢筋称为 A_s'，这与偏心受压构件正好相反。偏心受压构件中，离纵向压力 N 较近一侧的钢筋称为 A_s'，离纵向压力 N 较远一侧的钢筋称为 A_s。

③ e_a 和 η_{ns} 的影响不同。偏心受拉构件正截面承载力计算时，不考虑附加偏心距 e_a 和弯矩增大系数 η_{ns} 的影响，而在偏心受压构件正截面承载力计算时，要考虑 e_a 和 η_{ns} 的影响。

（2）熟练掌握截面应力计算图形

对于大偏心受拉破坏来说，截面计算简图上有四个内力：偏心拉力 N_u，受压区混凝土的合力 $\alpha_1 f_c bx$，靠近 N_u 一侧的纵筋 A_s 的拉力 $f_y A_s$，远离 N_u 一侧的纵筋 A_s' 的压力 $f_y' A_s'$。

对于小偏心受拉破坏，截面计算简图上只有三个内力：偏心拉力 N_u，靠近 N_u 一侧的纵筋 A_s 的拉力 $f_y A_s$，距 N_u 较远一侧的纵筋 A_s' 的拉力 $f_y A_s'$（注意：是 $f_y A_s'$ 而不是 $f_y' A_s'$，因纵筋 A_s' 是受拉的，如果写成 $f_y' A_s'$，则是概念上的错误），忽略了裂缝截面处混凝土的抗拉作用。

（3）计算方法和 f_y 的取值

无论是大偏心受拉破坏还是小偏心受拉破坏，独立的平衡方程只有两个，因此基本计算公式只有两个。应用于解题时，列哪两个平衡方程，应根据截面设计和截面复核的具体已知条件来确定。其原则是：如果需要消除哪个力，就对这个力取力矩平衡方程。这与偏心受压构件正截面承载力计算相同。

① 非对称配筋大偏心受拉构件

计算方法与非对称配筋大偏心受压构件相同。

A_s' 未知时，令 $x = x_b$，求出：

$$A_s' = \frac{Ne - \alpha_{s,max} \cdot \alpha_1 f_c b h_0^2}{f_y'(h_0 - a_s')} \tag{6-2}$$

从而求出：

$$A_s = \frac{\alpha_1 f_c b \xi_b h_0 + N}{f_y} + \frac{f_y'}{f_y} A_s' \tag{6-3}$$

A'_s已知时，$M_{u2} = Ne - f'_y A'_s (h_0 - a'_s)$，再求出 $\alpha_s = M_{u2}/\alpha_1 f_c bh_0^2$，按此求得 x。如果 $x \leqslant x_b$，且 $x \geqslant 2a_s$，则得：

$$A_s = \frac{\alpha_1 f_c bx + N}{f_y} + \frac{f'_y}{f_y} A'_s \tag{6-4}$$

如果 $x > x_b$，则应加大截面或增加 A'_s；如果 $x < 2a'_s$，则对 A'_s 取矩，求出：

$$A_s = \frac{Ne'}{f_y (h_0 - a'_s)}, e' = e_0 + \frac{h}{2} - a'_s \tag{6-5}$$

注意，这时还必须令 $A'_s = 0$，求出另外一个 A_s 值。$\alpha_s = \dfrac{Ne}{\alpha_1 f_c bh_0^2}$，从而求出 $\gamma_s = \dfrac{1 + \sqrt{1 - 2\alpha_s}}{2}$，于是得在式（6-5）和式（6-6）求得的两个 A_s 值中取小值。

$$A_s = \frac{Ne}{f_y \gamma_s h_0} \tag{6-6}$$

② 对称配筋大偏心受拉构件

由力的平衡方程式知，x 必定为负值。这时要计算两个 A_s 值，一个是按 $x = 2a'_s$，由式（6-5）求得；另一个是令 $A'_s = 0$ 的单筋截面来求得 A_s。最后在这两个 A_s 值中取较小值进行配筋。

③ 小偏心受拉构件

对 A'_s 取矩，求出 A_s；对 A_s 取矩，求出 A'_s。对称配筋时：

$$A'_s = A_s = \frac{Ne'}{f_y (h_0 - a'_s)}, \quad e' = e_0 + \frac{h}{2} - a'_s \tag{6-7}$$

6.3　思　考　题

6.3.1　问　答　题

6-1　当轴心受拉构件的受拉钢筋强度不同时，怎样计算其正截面的承载力？

6-2　怎样区别偏心受拉构件所属的类型？

6-3　怎样计算小偏心受拉构件的正截面承载力？

6-4　大偏心受拉构件的正截面承载力计算中，x_b 为什么取与受弯构件相同？

6-5　偏心受拉和偏心受压杆件斜截面承载力计算公式有何不同？为什么？

6-6　简述轴心受拉构件正截面承载力计算方法。

6-7　钢筋混凝土偏心受拉构件分为大偏心受拉和小偏心受拉，它们的破坏特征有何不同？大、小偏心受拉构件的区分与哪些因素有关？

6.3.2　选　择　题

6-8　矩形截面大、小偏心受拉构件是按下述_____来判别的。

A. $e_0 > h/2 - a_s$ 的为大偏心受拉构件，$e_0 \leqslant h/2 - a_s$ 的为小偏心受拉构件

B. $(e_0 + e_a) > h/2 - a_s$ 的为大偏心受拉构件，$(e_0 + e_a) \leqslant h/2 - a_s$ 的为小偏心受拉构件，这里 e_a 为附加偏心距

C. $\eta_{ns} e_0 > h/2 - a_s$ 的为大偏心受拉构件，$\eta e_0 \leqslant h/2 - a_s$ 的为小偏心受拉构件，这里 η_{ns}

为弯矩增大系数

6-9   矩形截面小偏心受拉构件正截面受拉承载力设计题中，以下_____项是求 A_s 和 A'_s 的正确方法。

A. 用 $\Sigma M_{A'_s} = 0$，来求 A_s，即 $A_s = \dfrac{Ne'}{f_y(h_0 - a'_s)}$，$e' = e_0 + \dfrac{h}{2} + a'_s$；用 $\Sigma M_{A_s} = 0$ 来

求 A'_s，$A'_s = \dfrac{Ne}{f'_y(h_0 - a_s)}$，$e = \dfrac{h}{2} - e_0 + a_s$

B. 用 $\Sigma M_{A'_s} = 0$，来求 A_s，即 $A_s = \dfrac{Ne'}{f_y(h_0 - a'_s)}$，$e' = e_0 + \dfrac{h}{2} - a'_s$；用 $\Sigma M_{A_s} = 0$ 来

求 A'_s，$A'_s = \dfrac{Ne}{f'_y(h_0 - a_s)}$，$e = \dfrac{h}{2} - e_0 - a_s$

6-10   在矩形截面大偏心受拉构件的正截面承载力设计计算中，用以下_____项的方法来求 A_s 和 A'_s 是正确和全面的。

A. 第一步是令 $\xi = \xi_b$，求出 $A'_s = \dfrac{Ne - \alpha_{s,\max}\alpha_1 f_c bh_0^2}{f'_y(h_0 - a'_s)}$；第二步是已知 A'_s，求出 $\alpha_s =$

$\dfrac{Ne - f'_y A'_s(h_0 - a'_s)}{\alpha_1 f_c bh_0^2}$，然后求出 ξ 和 γ_s，$A_s = \dfrac{Ne - f'_y A'_s(h_0 - a'_s)}{f_y \gamma_s h_0}$

B. 以上 A 项的计算方法是对的，但最后求 A_s 的公式是错的，应该是 $A_s = \dfrac{N + \alpha_1 f_c bx + f'_y A'_s}{f_y}$

C. 以上 B 项的计算方法，只有在 $x = \xi h_0 \geqslant 2a'_s$ 时，才是正确的。如果 $x < 2a'_s$ 时，应从以下两个 A_s 值中取小值。一个是 $A_s = \dfrac{Ne'}{f_y(h_0 - a'_s)}$，$e' = e_0 + \dfrac{h}{2} - a'_s$；另一个是

令 $A'_s = 0$，由 $\alpha_s = \dfrac{Ne}{\alpha_1 f_c bh_0^2}$，求出 ξ 和 γ_s，再求出 $A_s = \dfrac{Ne}{f_y \gamma_s h_0}$ 或 $A_s = \dfrac{N + \alpha_1 f_c bx}{f_y}$

6.3.3　判　断　题

6-11   混凝土强度等级对轴心受拉构件正截面受拉承载力没有影响。（　　）

6-12   当 $e_0 = \dfrac{M}{N} > \dfrac{h}{2} - a_s$ 时，为大偏心受拉构件；当 $e_0 = \dfrac{M}{N} \leqslant \dfrac{h}{2} - a_s$ 时，为小偏心受拉构件。（　　）

6-13   矩形截面大、小偏心受拉构件中，离纵向拉力较近一侧的纵向钢筋称为 A_s，离纵向拉力较远一侧的纵向钢筋称为 A'_s。（　　）

6-14   大偏心受拉构件正截面受拉破坏时，混凝土开裂后不会裂通，离纵向力较远一侧有受压区，否则对拉力 N_u 作用点取矩将得不到平衡。（　　）

6-15   矩形截面小偏心受拉构件，其正截面上均是拉应力，A_s 侧的拉应力最大。（　　）

6-16   轴心受拉构件全部纵向钢筋的最小配筋百分率和偏心受拉构件一侧的受拉钢筋的最小配筋百分率都是取 0.2% 和 $(45f_t/f_y)\%$ 中的较大值。（　　）

6-17   大偏心受拉，已知 A'_s 时，可由 $\alpha_s = [Ne - f'_y A'_s(h_0 - a'_s)]/\alpha_1 f_c bh_0^2$，求出 $\xi =$

$1-\sqrt{1-2\alpha_s}$，$x=\xi h_0$。（　　）

6-18 大偏心受拉，已知 A_s'，且求出 $x<2a_s'$ 后，应由 $\Sigma M_{A_s'}=0$ 求出 A_s，即 $A_s=Ne'/f_y(h_0-a_s')$。（　　）

6-19 大偏心受拉，已知 A_s'，且求出 $x<2a_s'$ 后，也可以由 $\Sigma X=0$，求出 A_s，即 $A_s=(N+\alpha_1 f_c bx+f_y'A_s')/f_y$。（　　）

6-20 大偏心受拉，已知 A_s'，求出的 $x<2a_s'$，这时应按下述两种方法分别求出 A_s，然后取其中的较小值。第一种方法是 $A_s=Ne'/f_y(h_0-a_s')$，第二种方法是令 $A_s'=0$，由 $\Sigma M_{A_s}=0$，求出 A_s。（　　）

6.4 计算题及解题指导

6.4.1 例 题 精 解

【例题 6-1】已知某屋架下弦，截面 $b\times h=220\text{mm}\times150\text{mm}$，承受轴心拉力设计值 $N=240\text{kN}$，环境类别为一类，混凝土强度等级为 C30，$f_t=1.43\text{N/mm}^2$，钢筋为 HRB400 级，$f_y=360\text{N/mm}^2$，求截面配筋。

【解】令 $N=N_u$，$A_s=\dfrac{N}{f_y}=\dfrac{240\times10^3}{360}=667\text{mm}^2>2\times0.45\dfrac{f_t}{f_y}bh=0.9\times\dfrac{1.43}{360}\times220\times150=118\text{mm}^2$，且 $A_s>2\times0.2\%bh=0.4\%\times220\times150=132\text{mm}^2$

采用 4 ⊕ 16，$A_s=804\text{mm}^2$。

【提示】我国规范规定，轴心受拉构件和偏心受拉构件中任一侧的纵向受拉钢筋，其最小配筋百分率是与受弯构件中的纵向受拉钢筋最小配筋百分率相同的，都是取 $0.2\%A$ 和 $0.45f_t/f_y$ 中的较大值。这里 A 是全截面面积。

【例题 6-2】已知某水池壁厚 $h=250\text{mm}$，每米长度上的轴向拉力设计值 $N=400\text{kN}$，弯矩设计值 $M=25\text{kN}\cdot\text{m}$，混凝土强度等级为 C30，$f_c=14.3\text{N/mm}^2$，$f_t=1.43\text{N/mm}^2$，环境类别为二类 a，采用 HRB400 级钢筋，$f_y=f_y'=360\text{N/mm}^2$，求每米长度上的钢筋 A_s 和 A_s'。

【解】

1. 计算 e_0，判别大、小偏心受拉破坏形态

因为环境类别是二类 a，故池壁受力钢筋的混凝土保护层最小厚度是 25mm，故取 $a_s=a_s'=45\text{mm}$。

$$e_0=\frac{M}{N}=\frac{25\times10^6}{400\times10^3}=62.5\text{mm}<\frac{h}{2}-a_s'=\frac{250}{2}-45=80\text{mm}$$

故属小偏心受拉破坏。

2. 计算 A_s 和 A_s'

$$e'=e_0+\frac{h}{2}-a_s'=62.5+125-45=142.5\text{mm}$$

$$e=\frac{h}{2}-e_0-a_s=125-62.5-45=17.5\text{mm}$$

$$A_s = \frac{Ne'}{f_y(h_0 - a'_s)} = \frac{400 \times 10^3 \times 142.5}{360 \times (205 - 45)} = 990 \text{mm}^2 > \begin{cases} 0.2\% \times 1000 \times 250 = 500 \text{mm}^2 \\ 0.45 \times \dfrac{1.43}{360} \times 1000 \times 250 = 447 \text{mm}^2 \end{cases}$$

$$A'_s = \frac{Ne}{f'_y(h_0 - a'_s)} = \frac{400 \times 10^3 \times 17.5}{360(205 - 45)} = 122 \text{mm}^2 < 447 \text{mm}^2$$

故 A'_s 取为 447mm^2。

3. 选配钢筋

A_s：$\Phi 14@150$，$A_s = \dfrac{1000}{150} \times 153.9 = 1026 \text{mm}^2$

A'_s：$\Phi 12@240$，$A'_s = \dfrac{1000}{240} \times 113.1 = 471 \text{mm}^2$

【提示】 小偏心受拉时，用 $\sum M_{A_s} = 0$，求 A'_s；用 $\sum M_{A'_s} = 0$，求 A_s。这时要注意两点：一是不要把 e 和 e' 搞错了，二是要验算最小配筋百分率，特别是对 A'_s。

【例题 6-3】 已知条件同【例题 6-2】，但 $N = 320 \text{kN}$，$M = 90 \text{kN} \cdot \text{m}$，求每米长度上的钢筋 A_s 和 A'_s。

【解】

1. 计算 e_0，判别大、小偏心受拉破坏形态

$$e_0 = \frac{M}{N} = \frac{90 \times 10^6}{320 \times 10^3} = 281.25 \text{mm} < \frac{h}{2} - a'_s = \frac{250}{2} - 45 = 80 \text{mm}$$

故属大偏心受压破坏形态。

2. 求 A'_s

令 $x = x_b$，由 $\sum M_{A_s} = 0, e = e_0 - \dfrac{h}{2} + a_s = 281.25 - 125 + 45 = 201.25 \text{mm}$，得

$$A'_s = \frac{Ne - \alpha_{s,max}\alpha_1 f_c b h_0^2}{f'_y(h_0 - a'_s)} = \frac{320 \times 10^3 \times 201.25 - 0.384 \times 1 \times 14.3 \times 1000 \times 205^2}{360 \times (205 - 45)}$$

< 0，为负值。

故 A'_s 按最小配筋百分率取值，由【例题 6-1】知，$A'_s = 536 \text{mm}^2$，选用 $\Phi 12@ 200 \text{mm}$，$A'_s = 565 \text{mm}^2$。

3. 考虑 A'_s，求 A_s

$$\sum M_{A_s} = 0, Ne = \alpha_1 f_c b x \left(h_0 - \frac{x}{2}\right) + f'_y A'_s(h_0 - a'_s)$$

$$Ne - f'_y A'_s(h_0 - a'_s) = 320 \times 10^3 \times 201.25 - 360 \times 565 \times (205 - 45) = 31.86 \text{kN} \cdot \text{m}$$

$$\alpha_s = \frac{Ne - f'_y A'_s(h_0 - a'_s)}{\alpha_1 f_c b h_0^2} = \frac{31.86 \times 10^6}{1 \times 14.3 \times 1000 \times 205^2} = 0.053$$

$$\xi = 1 - \sqrt{1 - 2\alpha_s} = 1 - \sqrt{1 - 2 \times 0.053} = 0.054$$

$$x = 0.054 \times 205 = 11.07 \text{mm} < 2a'_s = 2 \times 45 = 90 \text{mm}$$

近似取 $x = 2a'_s = 90 \text{mm}$，故对 A'_s 取矩，得：

$$A_s = \frac{Ne'}{f_y(h_0 - a'_s)} = \frac{320 \times 10^3 \times (281.25 + 125 - 45)}{360 \times (205 - 45)} = 2007 \text{mm}^2$$

4. 不考虑 A'_s，即取 $A'_s = 0$，求 A_s

由 $\sum M_{A_s} = 0$，$\alpha_1 f_c b h_0^2 \xi(1 - 0.5\xi) - Ne = 0$

令 $\alpha_s = \xi(1-0.5\xi)$，故有：

$$\alpha_s = \frac{Ne}{\alpha_1 f_c b h_0^2} = \frac{320 \times 10^3 \times (281.25-125+45)}{1 \times 14.3 \times 1000 \times 205^2} = 0.1072$$

$$\gamma_s = 0.5(1+\sqrt{1-2\alpha_s}) = 0.5 \times (1+\sqrt{1-2\times0.1072}) = 0.943$$

$$\xi = 1-\sqrt{1-2\alpha_s} = 1-\sqrt{1-2\times0.1072} = 0.1137$$

$$x = \xi h_0 = 0.1137 \times 205 = 23.31\text{mm}$$

$$A_s = \frac{N\left(e_0+\frac{h}{2}-\frac{x}{2}\right)}{f_y \gamma_s h_0} = \frac{320 \times 10^3 \times (281.25+125-23.31\times0.5)}{360 \times 0.943 \times 205} = 1814\text{mm}^2$$

5. 选配钢筋

在 $A_s = 2007\text{mm}^2$ 和 $A_s = 1814\text{mm}^2$ 中取小的值，故 $A_s = 1814\text{mm}^2$。选用 $\Phi 14@80\text{mm}$，$A_s = 1924\text{mm}^2$。

【提示】①已知 A_s'，求 A_s 的另一种做法是解 x 的二次方程式，$Ne = \alpha_1 f_c b x (h_0-x/2) + f_y' A_s'(h_0-a_s')$，在不少教科书上是这样做的，但比较麻烦；故建议用本例题的方法来做：$\alpha_s = (Ne-f_y'A_s'(h_0-a_s'))/\alpha_1 f_c b h_0^2$；②本例题最容易发生错误的是，当求出 $x<2a_s'$ 后，用 $\sum X=0$，即用 $N-f_y A_s + f_y' A_s' + \alpha_1 f_c b x = 0$ 来求 A_s，因为这时的 A_s' 达不到 f_y'，所以这个方程式不成立，因此正确的做法是用 $A_s = Ne'/f_y(h_0-a_s')$ 来求 A_s；③本例题另一个容易错误的是，取 $A_s'=0$ 时，应用 $\alpha_s = Ne/\alpha_1 f_c b h_0^2$ 而不是用 $\alpha_s = Ne_0/\alpha_1 f_c b h_0^2$。

【例题 6-4】已知一矩形截面偏心受拉构件，$b \times h = 250\text{mm} \times 400\text{mm}$，$a_s = a_s' = 40\text{mm}$，承受轴向拉力设计值 $N=65\text{kN}$，弯矩设计值 $M=234\text{kN}\cdot\text{m}$，混凝土强度等级为 C25，$f_c=11.9\text{ N/mm}^2$，$f_t=1.27\text{N/mm}^2$，采用 HRB400 级钢筋 $f_y = f_y' = 360\text{N/mm}^2$，求 A_s' 和 A_s。

【解】

1. 计算 e_0，判别大、小偏心受拉破坏形态

$$e_0 = \frac{M}{N} = \frac{234\times10^6}{65\times10^3} = 3600\text{mm} > \frac{h}{2}-a_s = 200-40 = 160\text{mm}$$

故是大偏心受拉破坏形态。

$$e = e_0 - \frac{h}{2} + a_s = 3600-200+40 = 3440\text{mm}$$

$$e' = e_0 + \frac{h}{2} - a_s' = 3600+200-40 = 3760\text{mm}$$

2. 求 A_s'

$$A_s' = \frac{Ne-\alpha_{s,\max}\alpha_1 f_c b h_0^2}{f_y'(h_0-a_s')} = \frac{65\times10^3\times3440-0.384\times1\times11.9\times250\times360^2}{360\times(360-40)}$$

$$= 656\text{mm}^2 > \begin{cases} 0.45 \times \frac{1.27}{360} \times 250 \times 400 = 159\text{mm}^2 \\ 0.002 \times 250 \times 400 = 200\text{mm}^2 \end{cases}$$

采用 $2\Phi22$，$A_s'=760\text{mm}^2$。

3. 已知 $A_s'=760\text{mm}^2$，求 A_s

$$\alpha_s = \frac{Ne-f_y'A_s'(h_0-a_s')}{\alpha_1 f_c b h_0^2} = \frac{65\times10^3\times3440-360\times760\times(360-40)}{1\times11.9\times250\times360^2} = 0.353$$

$$\xi = 1 - \sqrt{1 - 2\alpha_s} = 1 - \sqrt{1 - 2 \times 0.353} = 0.458 < \xi_b = 0.518$$

$$A_s = \frac{N + \alpha_1 f_c b \xi h_0 + f'_y A'_s}{f_y} = \frac{65 \times 10^3 + 1 \times 11.9 \times 250 \times 360 \times 0.458 + 360 \times 760}{360}$$

$= 2303 \text{mm}^2$ 采用 4 Φ 25 + 2 Φ 22，$A_s = 2724 \text{mm}^2$。

【提示】本题容易错误的是用 $A_s = Ne' / f_y \gamma_s h_0 + (f'_y / f_y) A'_s$ 或者用 $A_s = [Ne - f'_y A'_s (h_0 - a'_s)] / f_y \gamma_s h_0$ 来求 A_s。

6.4.2　习　　题

【习题 6-1】已知某构件承受轴向拉力设计值 $N = 600 \text{kN}$，弯矩 $M = 540 \text{kN} \cdot \text{m}$，混凝土强度等级为 C30，采用 HRB400 级钢筋。柱截面尺寸为 $b = 300 \text{mm}$，$h = 450 \text{mm}$，$a_s = a'_s = 45 \text{mm}$。求所需纵筋面积。

【习题 6-2】钢筋混凝土屋架下弦杆，承受最大的轴心拉力设计值 $N = 260 \text{kN}$，截面尺寸 $b \times h = 200 \text{mm} \times 140 \text{mm}$，混凝土强度等级为 C25，采用 HRB400 级钢筋，试设计此轴心受拉构件。

【习题 6-3】一偏心受拉构件，截面承受纵向拉力 $N = 600 \text{kN}$，弯矩 $M = 70 \text{kN} \cdot \text{m}$，截面尺寸 $b \times h = 300 \text{mm} \times 400 \text{mm}$，构件处于一类环境，取 $a_s = a'_s = 50 \text{mm}$，混凝土强度等级为 C25，钢筋为 HRB400 钢筋，求所需钢筋面积 A_s 和 A'_s。

【习题 6-4】某涵洞截面 $h = 900 \text{mm}$，在内水压及洞外土压力等荷载作用下，截面单位宽度上的内力 $N = 500 \text{kN}$，$M = 420 \text{kN} \cdot \text{m}$，采用混凝土强度等级为 C25，采用 HPB300 级钢筋，取 $a_s = a'_s = 70 \text{mm}$，试求截面配筋。

第7章 受扭构件扭曲截面承载力

7.1 内容的分析和总结

吊车梁、雨篷梁、平面曲梁或折梁、现浇框架边梁、螺旋楼梯等结构构件，在荷载作用下截面上除有弯矩和剪力作用外，还有扭矩作用。本章就是讲述承受扭矩的钢筋混凝土构件（包括纯扭、剪扭、弯剪扭构件）的承载力。

7.1.1 学习的目的和要求

1）理解钢筋混凝土纯扭构件的受力特点及破坏形态。

2）理解变角空间桁架机理。

3）掌握矩形截面纯扭、弯扭构件的截面计算方法，掌握受扭构件配筋的主要构造要求。剪扭构件和弯剪扭构件中箍筋的计算方法也应注意。

7.1.2 重点和难点

上述学习要求均是本章重点内容，其中2）还是难点。

7.1.3 内容组成及总结

1. 内容组成

本章主要内容如图 7-1 所示。

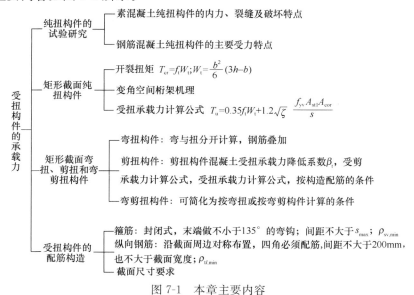

图 7-1 本章主要内容

2. 内容总结

1）根据抗扭钢筋配置数量，钢筋混凝土纯扭构件主要分超筋、部分超筋、适筋和少筋四种破坏形态。配筋适当的矩形截面钢筋混凝土纯扭构件，裂缝始于截面长边中点附近且与纵轴线约呈 45°角，此后形成螺旋形裂缝，如图 7-2 所示。随着扭矩的增大，纵筋、箍筋达到屈服，混凝土被压碎而破坏，这与适筋受弯构件正截面受弯破坏类似，属延性破坏类型。

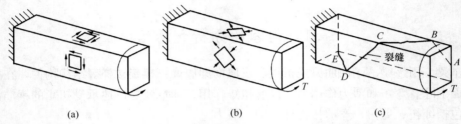

(a)　　　　　　　　　　(b)　　　　　　　　　　(c)

图 7-2　纯扭构件开裂前的剪应力、主应力及螺旋形裂缝
(a) 剪应力；(b) 主应力；(c) 螺旋形裂缝

2）受扭钢筋包括受扭纵筋和受扭箍筋，两者缺一不可，且配置数量须相互匹配，否则不能充分发挥两者的抗扭作用。

3）变角空间桁架机理是各种钢筋混凝土纯扭构件受扭承载力计算理论的重要一种。根据这一理论得到的矩形截面纯扭构件受扭承载力计算公式为 $T_u = 2A_{cor} \dfrac{f_y A_{stl}}{s} \sqrt{\zeta}$，这一公式未考虑混凝土的抗扭作用，且与试验结果不符。《混凝土结构设计规范》GB 50010—2010（2015 年版）根据变角空间桁架机理并结合大量试验数据进行统计回归，得出了受扭承载力计算的经验公式：$T_u = 0.35 f_t W_t + 1.2 \sqrt{\zeta} \dfrac{f_{yv} A_{stl}}{s} A_{cor}$。

4）弯扭、剪扭和弯剪扭构件的承载力计算的理论基础与纯扭构件是相同的，纵筋截面面积由受弯和受扭承载力所需钢筋面积叠加，箍筋截面面积由受剪和受扭承载力所需箍筋面积叠加。受弯所需纵筋按第 3 章正截面受弯承载力计算公式计算，受剪和受扭承载力公式中混凝土承担的部分则考虑了剪扭构件混凝土受扭承载力降低系数 β_t。

5）工程中受扭构件应避免设计成超筋和少筋构件，因此受扭构件还应满足截面尺寸限制条件以避免"超筋"，同时，纵筋及箍筋也须不小于最小配筋率要求，以避免"少筋"。

6）说明几个符号的意义：A_{stl} 和 ρ_{tl} 分别表示受扭构件受扭承载力所需要的纵向钢筋截面面积和配筋率，与受弯构件正截面受弯承载力所需要的纵向受拉钢筋截面面积 A_s 和配筋率 ρ 相比较，下角码多了 tl，角码 t 表示"受扭"，l 表示"纵向"；A_{stl} 在受扭承载力计算公式中表示受扭承载力所需要的单肢箍筋面积。

7.2　重点讲解与难点分析

7.2.1　钢筋混凝土纯扭构件的受力特点和破坏形态

这是本章的重点。

1. 矩形截面素混凝土纯扭构件的受力特点

在扭矩作用下，矩形截面素混凝土构件中将产生剪应力 τ，剪应力 τ 又引起斜向的主拉应力 σ_t，τ 与 σ_t 的大小相等。由于截面长边中点处剪应力 τ 最大，此处的主拉应力 σ_t 也最大，因此首先在构件长边侧面的中点附近出现一条斜裂缝，见图 7-3（a）。该条斜裂缝与构件纵轴线大致成 45°，并迅速

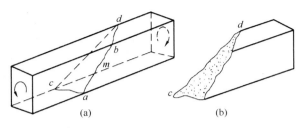

图 7-3　素混凝土纯扭构件的破坏面

向两相邻边延伸，到达两相邻边 b、a 后，在顶面和底面继续沿大约 45°方向延伸到 d、c 点，形成三面开裂、一面受压的受力状态，最后在受压面 d、c 两点连线上的混凝土被压碎而发生受扭破坏，破坏前无预兆，属明显的脆性破坏。破坏面是空间扭曲面，如图 7-3（b）所示。

2. 受扭钢筋的形式

在混凝土受扭构件中，配置适当的受扭钢筋，当混凝土开裂后，可由钢筋继续承担拉应力，这对于提高构件的受扭承载力和变形能力有很大的作用。根据弹性分析结果，扭矩在构件中产生的主拉应力的方向与构件纵轴线呈 45°角。因此，理论上，受扭钢筋的最佳形式是做成与构件纵轴线呈 45°角的螺旋筋，其方向与混凝土中主拉应力方向平行。但是，这种配筋方式施工较复杂，并且当扭矩改变方向时会完全失去作用，因而实际工程中通常是沿构件纵轴方向布置封闭的抗扭箍筋以及沿构件周边均匀对称地布置抗扭纵筋，以共同组成抗扭钢筋骨架。这种抗扭箍筋和抗扭纵筋必须同时设置，缺一不可，并且在配筋数量上相互匹配，否则不能充分发挥其抗扭作用。

3. 钢筋混凝土纯扭构件的受力特点和破坏形态

对配置抗扭箍筋及抗扭纵筋的矩形截面纯扭构件，裂缝产生的情形与素混凝土构件基本相似，但其破坏形态则与抗扭钢筋的配筋量有关，主要有以下四种：

1）适筋破坏。混凝土开裂前，抗扭箍筋和抗扭纵筋的应力很小，随着扭矩的增加，在构件的三个侧面上逐渐形成许多斜裂缝。这些斜裂缝断断续续，前后交错，大体相互平行。在开裂截面，混凝土原来承受的拉应力转移给穿越裂缝的箍筋和纵筋，使穿越裂缝的箍筋和纵筋应力逐渐增大。当与某条斜裂缝相交的箍筋和纵筋的应力达到抗拉屈服强度时，这条斜裂缝会迅速加宽并向两个相邻面延伸，直到最后形成三面开裂、一面受压的空间扭曲破坏面，整个破坏过程与适筋梁正截面受弯破坏过程类似，破坏前有较明显的预兆，破坏具有一定的延性。

2）部分超筋破坏。若抗扭纵筋配置过多或抗扭箍筋配置过多，则在破坏时，配置数量相对较少的抗扭钢筋可以屈服，而配置数量相对较多的抗扭钢筋达不到屈服，破坏前有一定的预兆，但延性不如适筋破坏好。

3）超筋破坏。当抗扭纵筋和抗扭箍筋两者同时配置过多时，则在破坏时抗扭纵筋和抗扭箍筋都达不到屈服强度，破坏前没有预兆，属脆性破坏。

4）少筋破坏。当抗扭纵筋和抗扭箍筋两者都配置过少，或其中之一配置过少时，混凝土一旦开裂，构件急速破坏。破坏时的扭矩与开裂时的扭矩接近，与素混凝土纯扭构件

破坏类似，破坏前没有任何预兆，属脆性破坏。

应该注意，工程中应避免将受扭构件设计成超筋构件和少筋构件，应尽可能设计成适筋构件，部分超筋构件在工程中也是可以采用的，但经济性不好。

4. 钢筋混凝土纯扭构件开裂扭矩的计算

试验研究表明，钢筋混凝土纯扭构件在开裂前，抗扭纵筋和抗扭箍筋的应力都很低，抗扭纵筋和抗扭箍筋的存在对开裂扭矩的影响很小，因此在计算钢筋混凝土纯扭构件的开裂扭矩时，可以忽略抗扭纵筋和抗扭箍筋的作用，也就是按素混凝土纯扭构件计算。由于素混凝土纯扭构件一裂即坏，开裂扭矩近似等于破坏扭矩（极限扭矩），这样，钢筋混凝土纯扭构件的开裂扭矩可以近似按素混凝土纯扭构件的极限扭矩计算。我们知道，混凝土既非弹性材料，又非理想塑性材料，因而素混凝土纯扭构件截面的极限应力状态介于弹性应力状态和塑性应力状态之间。与试验实测的开裂扭矩相比，把混凝土按弹性材料计算，所得的开裂扭矩值偏低；而把混凝土按理想塑性材料计算，所得的开裂扭矩值又偏高。一个简便而又接近实际的办法是近似采用理想塑性材料的计算结果，但对混凝土抗拉强度适当予以折减，折减系数为 0.7。因此，钢筋混凝土纯扭构件的开裂扭矩为：

$$T_{cr} = 0.7 f_t W_t \tag{7-1}$$

式中 W_t——截面抗扭塑性抵抗矩，对矩形截面，$W_t = \dfrac{b^2}{6}(3h - b)$。

7.2.2   钢筋混凝土纯扭构件的破坏机理——变角空间桁架机理

这是本章的重点，又是本章的难点。

我们首先了解一下钢筋混凝土纯扭构件的受力特点。矩形截面钢筋混凝土纯扭构件在扭矩作用下，斜裂缝首先在截面长边中点附近出现。随着扭矩的增加，斜裂缝向其他两个侧面延伸，因而在构件的三个侧面上逐渐形成许多斜裂缝。这些斜裂缝断断续续，前后不齐，大体相互平行，如图 7-4 所示。与斜裂缝相交的纵筋和箍筋均处于受拉状态，斜裂缝之间的混凝土处于受压状态，压应力基本是沿斜裂缝方向。

试验研究和理论分析表明，矩形实心截面钢筋混凝土纯扭构件的受扭承载力与同样外形尺寸、同样材料强度和配筋数量的空心的箱形截面钢筋混凝土纯扭构件的受扭承载力近似相等。也就是说，在斜裂缝充分发展且受扭纵筋和受扭箍筋的应力达到或接近屈服强度时，截面核心混凝土基本上退出工作，对抗扭基本不起作用。如果设想把矩

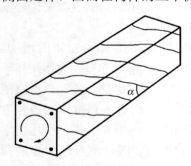

图 7-4   纯扭构件的裂缝形式

形截面中核心部分的混凝土挖去，即忽略截面核心混凝土的抗扭作用，则截面变为如图7-5 所示的箱形截面。箱形截面的四个侧壁中，每一个侧壁的受力情况都可以看成是一个平面桁架：受扭纵筋相当于受拉弦杆，受扭箍筋相当于受拉腹杆，斜裂缝之间的混凝土相当于受压斜腹杆，它与构件纵轴线的夹角为 α。这样，整杆件就可以看成是一个空间桁架，如图 7-6（a）所示。值得注意的是，混凝土受压斜腹杆与构件纵轴线的夹角 α 并不是一个定值，它与受扭纵筋和受扭箍筋的配置数量有关，大约在 $30°\sim60°$ 之间变化，变角空

间桁架的名称就是这样得到的。

从图 7-6（a）中任取一个侧壁（例如右侧壁）来分析，见图 7-6（b）。取斜裂缝以上部分为截离体（阴影部分），作用在截离体上有三个力：抗扭纵筋的拉力 N_{stl}、抗扭箍筋的拉力 N_{sv}、混凝土斜压杆压应力的合力 C，N_{stl}、N_{sv} 和 C 构成平衡力系，如图 7-6（c）所示。可见，抗扭纵筋和抗扭箍筋对变角空间桁架机理来说是不可缺少的，缺少任一个都不能形成变角空间桁架以抵抗扭矩。也就是说，抗扭纵筋和抗

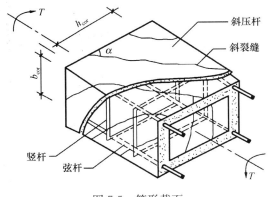

图 7-5 箱形截面

扭箍筋必须同时配置才能起抗扭作用，仅配其中的一种是不能起抵抗扭矩作用的，并且只有这两种钢筋配置数量合适时，才能充分发挥各自的作用。

受压斜腹杆与构件纵轴线的夹角 α 的大小与受扭纵筋和受扭箍筋的配置数量有关。由图 7-6（c）知，$\cot\alpha = \dfrac{N_{stl}}{N_{sv}}$，假定构件破坏时，受扭纵筋和受扭箍筋均能达到其抗拉屈服强度，则 $N_{stl} = f_y A_{stl}\dfrac{h_{cor}}{u_{cor}}$，$N_{sv} = f_{yv}A_{st1}\dfrac{h_{cor}\cot\alpha}{s}$，因此有 $\cot\alpha = \sqrt{\dfrac{f_y A_{stl}s}{f_{yv}A_{st1}u_{cor}}}$，令 $\zeta = \dfrac{f_y A_{stl}s}{f_{yv}A_{st1}u_{cor}}$，所以 $\cot\alpha = \sqrt{\zeta}$。可见，抗扭纵筋与抗扭箍筋的配筋强度比 ζ 不同的话，混凝土受压斜腹杆的倾角 α 便不同。当 ζ 大时 α 反而小，ζ 小时 α 反而大，但 α 的大小并不是可以取任何值的，α 一般在 30°～60°之间变化。当抗扭纵筋配置数量过多时，ζ 很大，计算

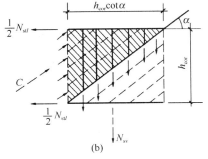

(b)

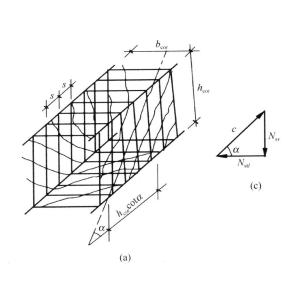

(a)

(c)

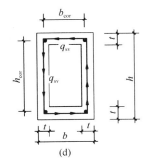

(d)

图 7-6 变角空间桁架

所得的 α 很小，但受扭破坏时实际的 α 却不会这么小，因为在纵筋达到抗拉屈服强度以前，受压的混凝土斜腹杆已被压坏了，构件已经发生了部分超筋破坏（抗扭纵筋超筋）。同样，当抗扭箍筋配置数量过多时，ζ 很小，计算所得的 α 很大，但受扭破坏时实际的 α 并不会那么大，因为在箍筋达到抗拉屈服强度前，受压混凝土斜腹杆已被压坏，构件发生了部分超筋破坏（抗扭箍筋超筋）。因此抗扭纵筋和抗扭箍筋的配置数量必须合适，否则，破坏时配置过多的那种钢筋的抗拉强度便不能充分发挥出来。一般要求 $0.6 \leqslant \zeta \leqslant 1.7$，工程设计时通常取 $\zeta = 1.0 \sim 1.3$。

7.2.3 矩形截面钢筋混凝土受扭构件承载力计算

这是本章的重点。

受扭构件扭曲面承载力计算包括矩形截面纯扭、弯扭、剪扭和弯剪扭构件的承载力计算。学习这部分内容应结合具体的例题，尽管公式较多，但还是比较有规律的，学习时应掌握每个公式的应用前提，并结合有关构造要求深入理解。以下讲述两个方面的意见，供读者参考。

1. 矩形截面纯扭构件受扭承载力计算

根据变角空间桁架理论得到的矩形截面纯扭构件的受扭承载力计算公式为：

$$T_u = 2A_{cor} \frac{f_y A_{stl}}{s} \sqrt{\zeta} \tag{7-2}$$

按式（7-2）计算的结果与试验实测结果之间存在着较大的差异：在配箍率较低时，计算值一般小于实测值；在配筋率较高时，计算值一般大于实测值。式（7-2）未能考虑开裂后混凝土所能够承担的一部分扭矩，这是造成与试验结果不符的原因。钢筋混凝土纯扭构件的试验结果表明，构件的受扭承载力由混凝土的受扭承载力 T_c 和抗扭钢筋的受扭承载力 T_s 两部分构成，即：

$$T_u = T_c + T_s \tag{7-3}$$

《混凝土结构设计规范》GB 50010—2010（2015 年版）从变角空间桁架机理出发，结合大量的试验实测数据进行统计回归，得到了受扭承载力计算的经验公式：

$$T_u = 0.35 f_t W_t + 1.2 \sqrt{\zeta} \frac{A_{stl} f_{yv}}{s} A_{cor} \tag{7-4}$$

式（7-4）中，第一项 $0.35 f_t W_t$ 表示开裂后混凝土的受扭承载力（注意：这里的混凝土受扭承载力是指斜裂缝间混凝土所起的抗扭作用，而并不包括截面核心混凝土，因截面核心混凝土已退出工作），第二项表示抗扭纵筋和抗扭箍筋的受扭承载力，即变角空间桁架所起的抗扭作用。

式（7-4）中，$A_{cor} = b_{cor} h_{cor}$，$b_{cor}$、$h_{cor}$ 分别取箍筋内边所围混凝土截面的宽度和高度。ζ 是抗扭纵筋与抗扭箍筋的配筋强度比，按下式计算：

$$\zeta = \frac{f_y A_{stl} \cdot s}{f_{yv} A_{st1} \cdot u_{cor}} \tag{7-5}$$

并要求 $0.6 \leqslant \zeta \leqslant 1.7$。

当 $\zeta > 1.7$ 时，应取 $\zeta = 1.7$。因为，当 $0.6 \leqslant \zeta \leqslant 1.7$ 时候，表明抗扭纵筋和抗扭箍筋

的配置数量合适，受扭破坏时，抗扭纵、箍筋都能达到其抗拉屈服强度。

2. 矩形截面剪扭构件的受剪承载力和受扭承载力

扭矩的存在将降低剪扭构件的受剪承载力，而剪力的存在也将降低剪扭构件的受扭承载力。这种降低主要是由混凝土的受剪、受扭能力降低而引起的，因此降低的情况与剪扭构件混凝土受扭承载力降低系数 β_t 有关。

剪扭构件的受剪承载力：

$$V_u = 0.7(1.5 - \beta_t)f_t b h_0 + f_{yv}\frac{A_{sv}}{s}h_0 \tag{7-6}$$

剪扭构件的受扭承载力：

$$T_u = 0.35\beta_t f_t W_t + 1.2\sqrt{\zeta}f_{yv}\frac{A_{st1}A_{cor}}{s} \tag{7-7}$$

$$\beta_t = \frac{1.5}{1 + 0.5\dfrac{VW_t}{Tbh_0}} \tag{7-8}$$

式中 β_t——截面抗扭塑性抵抗矩，当 $\beta_t < 0.5$ 时，取 $\beta_t = 0.5$；当 $\beta_t > 1.0$ 时，取 $\beta_t = 1.0$。

7.2.4 弯扭、弯剪扭构件截面的配筋计算方法和构造要求

1. 配筋计算方法

弯扭、弯剪扭构件统称为受扭构件。对于弯扭构件，我国《混凝土结构设计规范》GB 50010—2010（2015 年版）采用按弯矩和扭矩分别计算各自所需的纵筋和箍筋，然后将相应的钢筋截面面积叠加的计算方法。对于弯剪扭构件，我国《混凝土结构设计规范》GB 50010—2010（2015 年版）也采用配筋叠加的计算方法，即按受弯构件计算纵向钢筋截面面积，按剪扭构件的受扭承载力计算受扭所需的纵向钢筋和箍筋，再按剪扭构件的受剪承载力计算受剪所需的箍筋，然后在相应位置上把三者叠加。

2. 构造要求

1）受扭纵筋

截面四角必须设置，其余沿截面周边均匀对称布置，间距不应大于 200mm 和梁的截面宽度。弯剪扭构件受扭纵向受力钢筋的最小配筋率取为：

$$\rho_{stl,min} = \frac{A_{stl,min}}{bh} = 0.6\sqrt{\frac{T}{Vb}} \cdot \frac{f_t}{f_y} \tag{7-9}$$

式中，当 $\dfrac{T}{Vb} > 2$ 时，取 $\dfrac{T}{Vb} = 2$。

2）受扭箍筋

必须做成封闭式，末端应做成 135°弯钩，弯钩端头平直段长度不应小于 $10d$，d 为箍筋直径。受扭箍筋应沿截面周边布置，当采用复合箍筋时，位于截面内部的箍筋不应计入。弯剪扭构件中，受剪扭的箍筋配筋率不应小于 $0.28f_t/f_y$，即：

$$\rho_{sv} = \frac{nA_{sv1}}{bs} \geqslant 0.28\frac{f_t}{f_y} \tag{7-10}$$

3）截面尺寸

截面尺寸应符合以下要求，以保证破坏时混凝土不首先被压碎：

$$\frac{V}{bh_0} + \frac{T}{0.8W_t} \leqslant 0.25\beta_c f_c \tag{7-11}$$

式中　β_c——混凝土强度影响系数，见第 4 章。

当截面尺寸符合以下要求时，可不进行剪扭承载力计算，而按构造要求配筋。

$$\frac{V}{bh_0} + \frac{T}{0.8W_t} \leqslant 0.7 f_t \tag{7-12}$$

7.3 思 考 题

7.3.1 问 答 题

7-1　按变角度空间桁架模型计算扭曲截面承载力的基本思路是什么，有什么基本假设，有几个主要计算公式？

7-2　简述钢筋混凝土纯扭和剪扭构件的扭曲截面承载力的计算步骤。

7-3　纵向钢筋与箍筋的配筋强度比 ζ 的含义是什么？起什么作用？有什么限制？

7-4　在钢筋混凝土构件纯扭实验中，有少筋破坏、适筋破坏、超筋破坏和部分超筋破坏，它们各有什么特点？在受扭计算中如何避免少筋破坏和超筋破坏？

7-5　在剪扭构件承载力计算中如符合下列条件，说明了什么？

$$\frac{V}{bh_0} + \frac{T}{W_t} > 0.7 f_t \text{ 和 } \frac{V}{bh_0} + \frac{T}{0.8W_t} \geqslant 0.25\beta_c f_c$$

7-6　为满足受扭构件受扭承载力计算和构造规定要求，配置受扭纵筋及箍筋应当注意哪些问题？

7-7　我国《混凝土结构设计规范》GB 50010—2010（2015 年版）中受扭构件计算公式中的 β_t 的物理意义是什么？其表达式表示了什么关系？此表达式的取值考虑了哪些因素？

7-8　实际工程中哪些构件中有扭矩作用？什么是平衡扭转？什么是协调扭转？

7-9　矩形截面纯扭构件的裂缝和同一构件的剪切裂缝有哪些相同点和不同点？

7-10　当 $h/b < 6$ 时，纯扭构件控制 $T \leqslant 0.25 f_c W_t$ 的目的是什么？试说明 T 形截面纯扭构件的计算方法。

7-11　构件同时受剪力和扭矩的作用，受剪承载力是否要降低？为什么？

7-12　钢筋混凝土构件是如何抵抗外扭矩作用的？抗扭纵筋的配置有何要求？其与抗弯纵筋的布置有何不同？

7-13　从受力分析看，抗扭箍筋和抗剪箍筋有何不同？

7.3.2 选 择 题

7-14　矩形截面纯扭构件中，最大剪应力发生在_____。

A. 短边中点 　　　　　B. 长边中点

C. 角部 　　　　　　　D. 截面中心

7-15　受扭裂缝的特点是_____。

A. 与构件轴线大致呈 45°的断断续续的螺旋形裂缝

B. 与构件轴线大致呈 45°的连续的螺旋形裂缝

C. 与构件轴线大致呈 45°的斜裂缝

7-16　受扭构件的配筋方式可为_____。

A. 仅配置受扭箍筋

B. 仅配置受扭纵筋

C. 配置受扭箍筋及受扭纵筋

7-17　对钢筋混凝土纯扭构件,其受扭的纵向钢筋与箍筋的配筋强度比值 ζ 应符合_____的要求。

A. <0.5 　　　　　　　B. >1.7

C. $0.6 \leqslant \zeta \leqslant 1.7$

7-18　b、h 分别为矩形截面受扭构件的截面短边尺寸、长边尺寸,则截面的塑性抵抗矩 W_t 应按下列_____计算。

A. $W_t = \dfrac{b^2}{6}(3b - h)$

B. $W_t = \dfrac{b^2}{6}(3h - b)$

C. $W_t = \dfrac{h^2}{6}(3b - h)$

7-19　受扭构件的破坏形态与受扭纵筋和受扭箍筋配筋率的大小有关,大致可分为_____。

A. 适筋破坏、超筋破坏和少筋破坏三类

B. 适筋破坏、部分超筋破坏、超筋破坏和少筋破坏四类

C. 适筋破坏、超筋破坏、部分少筋破坏和少筋破坏四类

7.3.3 判 断 题

7-20　构件因受扭而产生的裂缝,总体上呈螺旋形,与构件轴线的夹角大致为 45°,螺旋形裂缝是连续贯通的。(　　　)

7-21　受扭构件扭曲截面承载力计算中,$\sqrt{\zeta}$ 是变角空间桁架模型中混凝土斜压杆与构件纵轴线夹角 α 的余切,即 $\sqrt{\zeta} = \cot\alpha$。(　　　)

7-22　受扭构件扭曲截面承载力计算中,系数 ζ 是受扭的纵向钢筋与箍筋的配筋强度比值,$\zeta = f_y A_{stl} s / f_{yv} A_{sv1} u_{cor}$,$\zeta$ 应满足大于 1.7 的要求。(　　　)

7-23　A_{stl} 是指受扭计算中取对称布置的全部纵向非预应力钢筋截面面积;A_{sv1} 是指受扭计算中沿截面周边配置的箍筋单肢截面面积。(　　　)

7-24　素混凝土纯扭构件的开裂扭矩与破坏扭矩基本相等。(　　　)

7-25　受扭钢筋对钢筋混凝土纯扭构件开裂扭矩的影响很大。(　　　)

7-26   受扭钢筋的配筋量对钢筋混凝土纯扭构件的破坏形态有很大的影响。（   ）

7-27   对受扭起作用的钢筋主要是箍筋，纵筋对受扭基本没有作用。（   ）

7-28   箍筋和纵筋对受扭都是有作用的，因此在受扭构件的扭曲截面承载力计算中，可以既设置受扭箍筋又设置受扭纵筋，也可以只设置受扭箍筋而不设置受扭纵筋，或者可以不设置受扭箍筋只设置受扭纵筋。（   ）

7-29   变角空间桁架模型中没有考虑截面核心混凝土的作用。（   ）

7-30   我国《混凝土结构设计规范》GB 50010—2010（2015 年版）和变角空间桁架模型中都考虑了混凝土的抗扭作用。（   ）

7-31   弯剪扭构件的承载力配筋计算中，纵筋是由受弯承载力及受扭承载力所需相应纵筋叠加而得，这与弯扭构件的承载力计算结果是相同的。（   ）

7-32 β_t 称为一般剪扭构件混凝土受扭承载力降低系数，$(1.5-\beta_t)$ 可称为一般剪扭构件混凝土受剪承载力降低系数。（   ）

7-33   受扭纵向钢筋的布置要求是，沿截面周边均匀对称配置，间距不应大于 200mm，截面四角必须设置。（   ）

7.4   计算题及解题指导

7.4.1   例题精解

【例题 7-1】已知一承受分布荷载的矩形截面框架边梁，$b\times h=400\text{mm}\times500\text{mm}$，支座截面的负弯矩设计值 $M=200\text{kN}\cdot\text{m}$，剪力设计值 $V=150\text{kN}$，扭矩设计值 $T=60\text{kN}\cdot\text{m}$，环境类别为一类，混凝土强度等级为 C30，$f_c=14.3\text{N/mm}^2$，$f_t=1.43\text{N/mm}^2$，纵向钢筋采用 HRB400，$f_y=360\text{N/mm}^2$，箍筋采用 HPB300 级钢筋，$f_{yv}=270\text{N/mm}^2$，求此梁截面的纵向钢筋和箍筋。

【解】

1. 验算截面尺寸

取 $a_s=45\text{mm}$，$h_0=455\text{mm}$

截面受扭塑性抵抗矩 $W_t=\dfrac{b^2}{6}(3h-b)=\dfrac{400^2}{6}\times(3\times500-400)=29.33\times10^6\text{mm}^3$

$\dfrac{V}{bh_0}+\dfrac{T}{0.8W_t}=\dfrac{150\times10^3}{400\times455}+\dfrac{60\times10^6}{0.8\times29.33\times10^6}=3.38\text{N/mm}^2<0.25\beta_c f_c=0.25\times$

$1\times14.3=3.58\text{N/mm}^2$，截面尺寸符合要求。

2. 受弯承载力所需的纵向钢筋 $A_{s,M}$

$$\alpha_s=\frac{M}{\alpha_1 f_c bh_0^2}=\frac{200\times10^6}{1\times14.3\times400\times455^2}=0.169<\alpha_{s,max}=0.384,可以。$$

$$\gamma_s=0.5(1+\sqrt{1-2\alpha_s})=0.5\times(1+\sqrt{1-2\times0.169})=0.907$$

$$A_{s,M}=\frac{M}{f_y\gamma_s h_0}=\frac{200\times10^6}{360\times0.907\times455}$$

$$=1346\text{mm}^2>0.45\frac{f_t}{f_y}bh=0.45\times\frac{1.43}{360}\times400\times500$$

$$= 358\text{mm}^2, \text{也大于} \ 0.2\%bh = 0.2\% \times 400 \times 500$$

$$= 400\text{mm}^2, \text{可以}.$$

3. 按剪扭构件计算配筋

1）验算是否可按构造配置受扭和受剪钢筋

$$\frac{V}{bh_0} + \frac{T}{W_t} = \frac{150 \times 10^3}{400 \times 455} + \frac{60 \times 10^6}{29.33 \times 10^6} = 2.87\text{N/mm}^2 > 0.7f_t = 0.7 \times 1.43 =$$

1.00N/mm^2，故不能按构造配筋，应按计算配筋。

2）计算剪扭构件混凝土受扭承载力降低系数

$$\beta_t = \frac{1.5}{1 + 0.5\dfrac{VW_t}{Tbh_0}} = \frac{1.5}{1 + 0.5 \times \dfrac{150 \times 10^3 \times 29.33 \times 10^6}{60 \times 10^6 \times 400 \times 455}} = 1.25 > 1.0, \text{故取}\ \beta_t = 1.0.$$

3）计算受剪所需的箍筋 $A_{\text{sv1,V}}/s$

采用双肢箍筋，$n=2$：

$$\frac{A_{\text{sv1,V}}}{s} = \frac{V - 0.7 \times (1.5 - \beta_t)f_t bh_0}{nf_{yv}h_0} = \frac{150 \times 10^3 - 0.7 \times (1.5 - 1) \times 1.43 \times 400 \times 455}{2 \times 270 \times 455}$$

$$= 0.24\text{mm}^2/\text{mm}$$

4）计算受扭所需的箍筋 $A_{\text{sv1,T}}/s$ 和纵筋 $A_{\text{st}l}$

设受扭纵向钢筋与箍筋的配筋强度比值 $\zeta = 1.2$。混凝土保护层厚度 $c = 20\text{mm}$，$b_{\text{cor}} = 400 - 2c - 2d_{\text{箍筋}} = 348\text{mm}$，$h_{\text{cor}} = 500 - 2c - 2d_{\text{箍筋}} = 448\text{mm}$。

受扭箍筋：

$$\frac{A_{\text{sv1,T}}}{s} = \frac{T - 0.35\beta_t f_t W_t}{1.2\sqrt{\zeta}f_{yv}A_{\text{cor}}} = \frac{60 \times 10^6 - 0.35 \times 1 \times 1.43 \times 29.33 \times 10^6}{1.2 \times \sqrt{1.2} \times 270 \times 348 \times 448} = 0.819\text{mm}^2/\text{mm}$$

受扭纵筋：

$$A_{\text{st}l} = \zeta\frac{f_{yv}}{f_y}u_{\text{cor}}\frac{A_{\text{st}l,\text{T}}}{s} = 1.2 \times \frac{270}{360} \times 2 \times (348 + 448) \times 0.819 = 1173\text{mm}^2$$

受扭纵筋最小配筋率：

$$\frac{T}{Vb} = \frac{60 \times 10^6}{150 \times 10^3 \times 400} = 1 < 2, \text{故}$$

$$\rho_{\text{st}l,\text{min}} = 0.6\sqrt{\frac{T}{Vb}} \cdot \frac{f_t}{f_y} = 0.6 \times 1 \times \frac{1.43}{360} = 0.00238$$

$$A_{\text{st}l} = 1168\text{mm}^2 > \rho_{\text{st}l,\text{min}}bh = 0.00238 \times 400 \times 500 = 476\text{mm}^2, \text{可以}.$$

4. 验算最小配箍率及截面配筋

最小配箍率 $\rho_{sv} = \dfrac{2\left(\dfrac{A_{\text{sv1,V}} + A_{\text{sv1,T}}}{s}\right)}{b} = \dfrac{2 \times (0.24 + 0.819)}{400} = 0.0053 > 0.0019$，满足

最小配箍率要求。

采用双肢箍筋 $\Phi 8$，$A_{\text{sv1}} = 50.3\text{mm}^2$，则

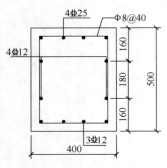

图 7-7　例题 7-1 中的图

$$s = \frac{A_{sv1}}{A_{sv1,T} + A_{sv1,V}} = \frac{50.3}{0.24 + 0.811} = 48\text{mm}，采用 s = 40\text{mm}。$$

选择纵向受扭钢筋，按照沿周边均匀布置，角筋必须有间距不大于 200mm 的要求，考虑梁顶面和底面各为 3 Φ 12，梁侧边各 2 Φ 12，共 10 Φ 12，$A_{stl} = 1131\text{mm}^2$，略小于计算值，两者误差不超过 5%，满足要求。

选择梁顶承受负弯矩及受扭的纵向钢筋：抗扭需要的钢筋为 3 Φ 12，面积 339mm²，受弯纵筋面积 $A_{s,M} = 1346\text{mm}^2$，合计 1685mm²，故采用 4 Φ 25，面积 1964mm²。梁截面配筋如图 7-7 所示。

【提示】工程中遇到的受扭构件大多为弯剪扭构件，本例题是比较典型的一种，请注意三点：①计算方法是弯加剪扭；②计算分四个步骤，即截面尺寸验算，受弯承载力计算，受剪扭承载力计算，配筋构造；③难点是剪扭，分四方面：是否按构造配筋；计算 β_t 值；计算 $A_{sv1,T}$；计算 A_{stl}，同时 $A_{sv1,T}$ 和 A_{stl} 都必须分别满足相应的最小配筋率的要求。本例题思路和步骤清晰紧凑，望读者多看几遍。

7.4.2　习　　题

【习题 7-1】有一钢筋混凝土矩形截面受纯扭构件，已知截面尺寸为 $b \times h = 300\text{mm} \times 500\text{mm}$，配有 4 根直径为 16mm 的 HRB400 级纵向钢筋。箍筋为直径 8mm 的 HPB300 级钢筋，间距为 100mm。混凝土强度等级为 C30，试求该构件扭曲截面的受扭承载力。

【习题 7-2】雨篷剖面见图 7-8。雨篷板上承受均布荷载（已包括板的自身重力）$q = 3.6\text{kN/m}^2$（设计值），在雨篷自由端沿板宽方向每米承受活荷载 $q = 1.4\text{kN/m}$（设计值）。雨篷梁截面尺寸 240mm × 240mm，计算跨度 2.5m。采用混凝土强度等级为 C30，箍筋采用 HPB300 级钢筋，纵筋采用 HRB400 级钢筋，环境类别为二类 a。经计

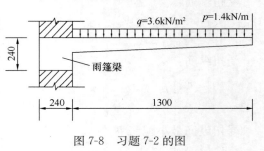

图 7-8　习题 7-2 的图

算知：雨篷梁弯矩设计值 $M = 14\text{kN} \cdot \text{m}$，剪力设计值 $V = 16\text{kN}$，试确定雨篷梁端的扭矩设计值并进行配筋。

【习题 7-3】有一钢筋混凝土弯扭构件，截面尺寸为 $b \times h = 200\text{mm} \times 400\text{mm}$，弯矩设计值为 $M = 70\text{kN} \cdot \text{m}$，扭矩设计值为 $T = 12\text{kN} \cdot \text{m}$，采用 C30 混凝土，箍筋用 HPB300 级钢筋，纵向钢筋用 HRB400 级钢筋，试计算其配筋。

【习题 7-4】矩形截面悬臂梁，$b = 250\text{mm}$，$h = 500\text{mm}$，混凝土强度等级为 C25，纵向受力筋采用 HRB400 级钢筋，箍筋采用 HPB300 级钢筋，该梁在悬臂支座截面处承受弯、剪、扭共同作用，弯矩设计值 $M = 105.6\text{kN} \cdot \text{m}$，剪力设计值 $V = 120.4\text{kN}$，扭矩设计值 $T = 8.15\text{kN} \cdot \text{m}$，试计算该梁的配筋，并画出截面配筋图。

【习题 7-5】均布荷载作用下矩形截面钢筋混凝土构件，截面尺寸 $b = 250\text{mm}$，$h = 450\text{mm}$，承受弯、剪、扭共同作用，弯矩设计值 $M = 5.6 \times 10^4\text{N} \cdot \text{m}$，剪力设计值 $V = 7.9$

$\times 10^4 \mathrm{N}$，扭矩设计值 $T = 0.8 \times 10^4 \mathrm{N \cdot m}$，混凝土强度等级为 C25 级，纵向受力钢筋为 HRB400 钢筋，箍筋采用 HPB300 级钢筋，试计算所需纵向钢筋和箍筋的面积。

【习题 7-6】均布荷载下的矩形截面构件，截面尺寸为 $b \times h = 200\mathrm{mm} \times 450\mathrm{mm}$，承受弯、剪、扭共同作用，弯矩设计值 $M = 5.5 \times 10^4 \mathrm{N \cdot m}$，剪力设计值 $V = 7.5 \times 10^4 \mathrm{N}$，扭矩设计值 $T = 0.75 \times 10^4 \mathrm{N \cdot m}$，混凝土强度等级为 C30，纵筋采用 HRB400，箍筋采用 HPB300 级钢筋，试计算所需纵向钢筋和箍筋的面积。

第8章 钢筋混凝土构件的变形、裂缝及混凝土结构的耐久性

8.1 内容的分析和总结

8.1.1 学习的目的和要求

1）进一步理解钢筋混凝土受弯构件在使用阶段的性能，进行挠度与裂缝宽度验算的必要性，以及在荷载、材料强度的取值方面与进行承载力计算时有什么不同。

2）理解钢筋混凝土构件截面弯曲刚度的定义、基本表达式、主要影响因素以及裂缝间钢筋应变不均匀系数 ψ 的物理意义。

3）掌握简支梁、板的挠度验算方法。

4）对裂缝出现和开展的机理、平均裂缝间距、平均裂缝宽度的计算原理以及影响裂缝开展宽度的主要因素等有一定的了解。

5）掌握轴心受拉构件和受弯构件裂缝宽度的验算方法。

6）对混凝土构件的截面延性和受弯构件的截面曲率延性系数有一定的了解。

7）对混凝土结构耐久性的概念、主要影响因素、混凝土的碳化、钢筋的锈蚀以及耐久性设计有一定的了解。

学习本章时，重要的是要搞清一些概念和原理，而对一些公式，例如截面弯曲刚度和裂缝最大宽度的计算公式以及一些系数的计算公式是不要求背的，但对这些系数的物理意义是要知道的。

8.1.2 重 点 和 难 点

上述学习要求 2）、3）、5）是重点，4）是难点。重点 2）与难点 4）将在下面的重点讲解与难点分析中讲述，重点 3）、5）将在下面结合例题来讲述。

8.1.3 内容组成及总结

1. 内容组成

本章主要内容如图 8-1 所示。

2. 内容总结

1）变形与裂缝宽度验算是为了满足正常使用极限状态的要求。它以第 II 工作阶段为依据，验算时要用到荷载的标准值和活荷载的准永久值以及材料强度的标准值，同时因为变形与裂缝宽度都是随时间而增大的，故在验算时还要考虑荷载短期效应组合与荷载长期效应组合等问题。

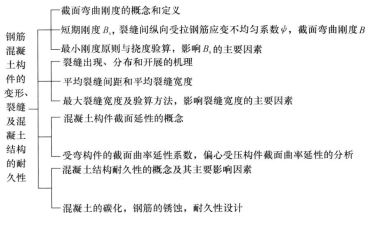

图 8-1　本章主要内容

2）截面弯曲刚度是指截面抵抗弯曲变形的能力，即产生单位曲率需要施加多大的弯矩。混凝土受弯构件的 $M-\varphi$ 是曲线变化的。为了便于手算，截面弯曲刚度定义为从加载开始直到弯矩达到 $(0.5\sim0.7)M_u$ 的过程中，产生单位曲率需施加弯矩的平均值，它的量纲是"N·mm²"。

3）裂缝间纵向受拉钢筋应变不均匀系数 ψ 等于裂缝间钢筋的平均应变值与裂缝处钢筋应变值之比，$\psi = \varepsilon_{sm}/\varepsilon_s$。$\psi$ 体现了正常使用阶段中，受拉区裂缝间混凝土参加工作的程度：ψ 小，参加工作的程度大；ψ 大，参加工作的程度小，$0.2 \leqslant \psi \leqslant 1.0$。

4）受弯构件垂直裂缝宽度是指受弯构件侧表面上，受拉区所有纵向受拉钢筋重心水平线处的裂缝宽度。在短期荷载下，裂缝平均宽度 w_m，等于在裂缝平均间距 l_{cr} 的长度内，钢筋与混凝土两者伸长的差值。

5）为了方便挠度验算，在构件的同号弯矩区段内的截面弯曲刚度近似地以其最小值为准。当截面情况相同时，取弯矩值（绝对值）最大的那个截面的弯曲刚度作为该区段内所有截面的弯曲刚度，这就是"最小刚度原则"。

6）加大截面高度是提高截面弯曲刚度的最有效方法，因此，当梁、板截面的高度满足一定的跨高比后，可以省去挠度验算。减小纵向受拉钢筋直径，采用变形钢筋是减小垂直裂缝宽度的经济而有效的方法。

7）截面延性是指截面在破坏阶段的变形能力，用延性系数表示。受弯构件的截面曲率延性系数等于截面达到最大承载力，截面边缘混凝土压应变达到 ε_{cu} 时的截面曲率与钢筋开始屈服时的截面曲率的比值，即 $\mu_\varphi = \varphi_u/\varphi_y$。

8）轴压比 $n = N/f_cA$ 是影响偏心受压构件截面曲率延性系数的主要因素，箍筋的配筋率对截面曲率延性系数的影响也较大。

9）混凝土结构的耐久性是指在设计使用年限内，在正常维护条件下应能保持其使用功能，而不需要进行大修、加固的性能。混凝土结构的耐久性问题主要表现为混凝土的碳化、钢筋锈蚀和钢筋与混凝土之间粘结锚固作用的削弱三个方面。

10）混凝土的碳化是指大气中的 CO_2 不断向混凝土孔隙中渗透，使混凝土碱度（pH）值不断降低的现象。

11）钢筋的锈蚀机理是，当钢筋表面氧化膜被破坏后，会在钢筋表面形成无数的微型腐蚀电池，从而产生电化学腐蚀。

12）保证混凝土结构耐久性的主要技术措施包括结构设计的技术措施、对混凝土材料的要求、对施工的要求、对混凝土保护层最小厚度的要求四个方面。

8.2   重点讲解与难点分析

8.2.1   截面弯曲刚度的定义

受弯的弹性杆件，它的线刚度是 EI/l，它的截面弯曲刚度是 EI，本章所讲的是截面弯曲刚度而不是线刚度，这是首先要搞清楚的。

截面弯曲刚度是指使截面产生单位转动，即曲率 $\varphi=1$ 时，需施加的弯矩，故 $B=M/\varphi$。

钢筋混凝土是非弹性材料，正截面受弯从开始到破坏的全过程中 $M-\varphi$ 不是直线，而是曲线。曲线上每一点处的切线刚度 $\mathrm{d}M/\mathrm{d}\varphi$ 是不断变化的。考虑到给出的截面弯曲刚度主要是供手算挠度用的，所以就采取平均刚度的办法，即从开始受力到某一弯矩值 M 这个时段内，刚度的总平均值 $B=M/\varphi$。其中：φ 是与 M 相对应的截面曲率值，也就是弯矩由零至 M 的过程中，截面的转动量。

变形、裂缝验算是对正常使用极限状态而言的，即 $M-\varphi$ 的时段应该在第 Ⅱ 工作阶段，其弯矩值相当于截面受弯承载力的 $50\%\sim70\%$，上述的某一弯矩值 $M=(0.5\sim0.7)M_{\mathrm{u}}$。所以钢筋混凝土构件截面弯曲刚度的定义是：弯矩由零增加到 $(0.5\sim0.7)M_{\mathrm{u}}$ 的过程中，刚度的总平均值。在 $M-\varphi$ 曲线图上，就是指在 $(0.5\sim0.7)M_{\mathrm{u}}$ 区段内，曲线上的任一点到坐标原点所连割线的斜率 $B=\tan\alpha=M/\varphi$，α 是割线与水平轴线的夹角。在 $(0.5\sim0.7)M_{\mathrm{u}}$ 的区段里，截面弯曲刚度是随弯矩值而变的。弯矩值小，α 大，截面弯曲刚度大；弯矩值大（即靠近第 Ⅲ 阶段），α 小，截面弯曲刚度小。

在学习时宜抓住三点：①截面弯曲刚度等于使截面产生单位曲率需施加的弯矩，$B=M/\varphi$，量纲是 "N·mm^2"，这是它的一般定义。②因为 $M-\varphi$ 是曲线，所以我国《混凝土结构设计规范》GB 50010—2010（2015 年版）把截面弯曲刚度定义为：在 $M-\varphi$ 曲线的 $(0.5\sim0.7)M_{\mathrm{u}}$ 区段内任一点处割线的斜率。这是它的特殊定义。它代表的是弯矩从零增加到 $(0.5\sim0.7)M_{\mathrm{u}}$ 中某一弯矩值的过程中，截面弯曲刚度的平均值。

8.2.2   截面弯曲刚度的基本表达式及主要影响因素

短期刚度的表达式是：

$$B_{\mathrm{s}}=\frac{M_{\mathrm{k}}}{\varphi} \tag{8-1}$$

$$\varphi=\frac{\varepsilon_{\mathrm{sm}}+\varepsilon_{\mathrm{cm}}}{h_0} \tag{8-2}$$

式中 M_{k}——按荷载短期效应组合计算而得的弯矩值，也就是不考虑荷载分项系数，对永久荷载与可变荷载都应采用它们的标准值进行计算所得到的弯矩值；

φ——纯弯区段内，截面曲率的平均值；

ε_{sm}、ε_{cm}——分别为纵向受拉钢筋平均拉应变、受压区边缘混凝土压应变的平均值。

要注意，在正截面承载力计算中，只针对裂缝截面来计算，这里却要考虑包括裂缝截面在内的整个区段，所以要用平均值，但它们可以用裂缝截面处的应变来表达。设纵向受拉钢筋应变不均匀系数为 ψ，受压区边缘混凝土压应变的不均匀系数为 ψ_c，则：

$$\varepsilon_{sm} = \psi \varepsilon_s = \psi \frac{\sigma_s}{E_s} \tag{8-3}$$

$$\varepsilon_{cm} = \psi_c \frac{\sigma_{ck}}{\nu E_c} \tag{8-4}$$

近似取：

$$\sigma_s = \frac{M_k}{0.87 A_s h_0} \tag{8-5}$$

$$\psi_c \frac{\sigma_{ck}}{\nu E_c} = \frac{M_k}{\zeta b h_0^2} \cdot \frac{1}{E_c} \tag{8-6}$$

并令：

$$\alpha_E = \frac{E_s}{E_c}, \quad \rho = \frac{A_s}{b h_0}$$

近似取：

$$\frac{\alpha_E \rho}{\zeta} = 0.2 + \frac{6 \alpha_E \rho}{1 + 3.5 \gamma'_f} \tag{8-7}$$

把式（8-3）～式（8-7）代入式（8-2）中，得：

$$B_s = \frac{E_s A_s h_0^2}{1.15 \psi + 0.2 + \frac{6 \alpha_E \rho}{1 + 3.5 \gamma'_f}} \tag{8-8}$$

验算挠度时，用的是考虑荷载效应长期作用影响的截面刚度 B，它是由 B_s 表达的。采用荷载标准组合时：

$$B = \frac{M_k}{M_q(\theta - 1) + M_k} B_s \tag{8-9a}$$

采用荷载准永久组合时：

$$B = \frac{B_s}{\theta} \tag{8-9b}$$

式中　θ——长期荷载作用下的挠度增大系数，有受压钢筋时，θ 小些；

M_q——按荷载准永久组合计算得的弯矩，取计算区域内的最大弯矩值。

由上可知：①在短期刚度中，$(0.5 \sim 0.7) M_u$ 是通过永久荷载和可变荷载都取标准值并且应力、应变都是按第Ⅱ工作阶段来体现的。②纯弯区段内，各截面的曲率是用它们的平均值来计算的。③B_s、B 的计算公式都是用纵向受拉钢筋来表达的，看起来很繁琐，但计算起来反而比把钢筋换算成混凝土的换算截面要方便。④最主要的影响因素是截面高度（即有效高度 h_0）。截面受拉区或受压区有翼缘时，对短期刚度 B_s 都是有利的，这分别体现在 ψ 与 γ'_f 中。⑤截面弯曲刚度随弯矩而变化的情况，体现在 ψ 值随纵向受拉钢筋应力 σ_s 的增大而增大的计算中，见下述。

8.2.3 ψ 的物理意义

正截面承载力是以第Ⅲa阶段为依据的，所以不考虑受拉区混凝土对承载力的影响；变形、裂缝宽度验算是以第Ⅱ阶段为依据的，必须考虑受拉区混凝土的作用，这种作用是由纵向受拉钢筋应变不均匀系数 ψ 来体现的。在第Ⅱ阶段，裂缝截面处纵向受拉钢筋的应变 $\varepsilon_s = \sigma_s/E_s$，而在裂缝之间的各个截面，纵向受拉钢筋是与受拉区的一部分混凝土共同承担拉力的，致使纵向受拉钢筋应变减小。离裂缝截面远一些的地方，应变减小得多些。这样就使得在纯弯区段内，纵向受拉钢筋的拉应变值在各截面处是不均匀的，裂缝截面处最大，以后逐渐减小。为了得到截面曲率的平均值，就取纵向受拉钢筋应变的平均值，并用裂缝截面处的应变 ε_s 来表达，即得 $\psi\varepsilon_s$，故称 ψ 为裂缝间纵向受拉钢筋应变不均匀系数，必定有 $\psi \leqslant 1.0$。可见，ψ 反映了裂缝间受拉混凝土参加工作的程度，这就是 ψ 的物理意义。ψ 小，说明工作程度大。随着荷载的增大，ε_{sm} 向 ε_s 接近，ψ 增大。当钢筋接近屈服时，ψ 趋向于1。ψ 的计算公式如下：

$$\psi = 1.1 - \frac{0.65 f_{tk}}{\rho_{te}\sigma_s} \tag{8-10}$$

式中 σ_s——按荷载准永久组合计算的钢筋混凝土构件纵向受拉普通钢筋应力或按标准组合计算的预应力混凝土构件纵向受拉钢筋等效应力，可按式（8-5）计算。

M_k 大，σ_s 大，ψ 也大，而 B_s 则小，这就表明截面弯曲刚度是随弯矩而变的。试验研究表明，ψ 应在 $0.2 \sim 1.0$ 的范围内取值。

由 ψ 的物理意义，可以对钢筋混凝土结构的品性有进一步的认识：从变形、裂缝的角度来看，受拉区的混凝土还是有作用的。

8.2.4 裂缝出现和开展的机理

用轴心受拉构件来说明。当达到开裂荷载 N_{cr} 时，在一个或几个最薄弱的截面处，混凝土的拉应变达到了极限值时就开裂，图8-2（a）中所示的①号裂缝就是第一批裂缝中的一条。①号裂缝一产生，张紧的混凝土就像剪断的橡皮筋一样向①号裂缝两侧回缩，使混凝土与钢筋之间产生了相对滑移，在一定程度上混凝土松弛了，张紧度降低。但是，钢筋与混凝土之间是有粘结的，所以混凝土的回缩不是自由的，它遭到了钢筋的阻挡，使得回缩只局限于①号裂缝附近某一长度 ac 以内，而这个长度以外的混凝土则没有受到①号裂缝的影响，仍然处于原来的张紧状态，有可能开裂，所以称 a 处为有可能开裂的截面，称 ac 为放松段。

当荷载增大到 $N_{k1} = N_{cr} + \Delta N$ 时，在张紧区段内的薄弱处就出现第二批裂缝，例如图8-2（b）中所示的②号裂缝，混凝土再向②号裂缝的两侧回缩，就放松了 bd 段的混凝土。另一方面，①号裂缝附近的放松段 ac 的混凝土也得到了某种程度的张紧，使得有可能开裂的截面 c 退到 c'，即放松段的长度由 ac 缩短为 ac'。显然，这时 $c'd$ 段的混凝土仍处于有可能开裂的张紧状态。

当荷载再增大到 $N_{k2} = N_{k1} + \Delta N$ 时，在 $c'd$ 段内的某薄弱处又出现如图8-2（c）所示

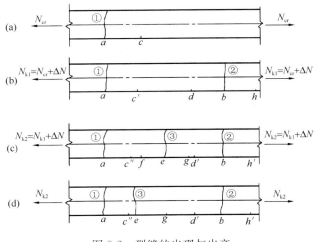

图 8-2　裂缝的出现与出齐

的③号裂缝。混凝土又向③号裂缝的两侧回缩，放松了 ef 和 eg 段的混凝土。放松段 ac' 缩短为 ac''，bd 减短为 bd'。这时仍处于张紧状态的混凝土是 $c''f$ 段和 gd' 段，在这两个区段内还可能再开裂。但是，如果③号裂缝离 c'' 截面很近的话，如图 8-2（d）所示，那么①号裂缝与③号裂缝之间再出现新裂缝的可能性就比较小，也就是说裂缝间距在该区段内基本上得到了稳定。其他区段也是同理。通常把裂缝间距（裂缝条数）的稳定称为裂缝出齐。裂缝出齐后，裂缝条数不再增加，裂缝宽度则继续增大。

因此，裂缝出现和开展的机理是：开裂，回缩放松，再开裂再放松，直至裂缝出齐。

8.2.5　裂缝的平均间距

由于材料的不均匀性，所以裂缝在哪里产生是随机的，于是裂缝间距也是离散的，有大有小。但是统计与分析表明，裂缝的平均间距却是有规律的，这是因为研究的是平均间距（即大量相同构件中裂缝间距的平均值），故可假定材料是理想匀质的。这样，当产生①号裂缝后，如图 8-2（a）所示，ac 段的混凝土得到了放松，c 截面及右侧的混凝土都处于可能开裂的张紧状态下，而材料是理想匀质的，所以第 2 条裂缝应该就在 c 截面处产生。于是长度 ac 就是裂缝的平均间距 l_{cr}。取 ac 段的钢筋为隔离体，如图 8-3 所示，由平衡条件得：

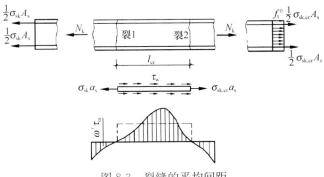

图 8-3　裂缝的平均间距

$$\sigma_{s} \cdot a_{s} - \sigma_{s,cr} a_{s} = \omega' \tau_{\omega} \pi d l_{cr} \tag{8-11}$$

式中　$\omega' \tau_{\omega}$——粘结应力的平均值；

　　　a_{s}——1 根纵向钢筋的截面面积；

　　　σ_{s}——N_{k} 作用下裂缝截面处钢筋的应力；

　　　$\sigma_{s,cr}$——N_{k} 作用下即将开裂的截面处钢筋的应力。

因为：
$$\sigma_{s} = \frac{N_{k}}{n a_{s}} \text{ 及 } \frac{\sigma_{s,cr} A_{s}}{n} = \frac{N_{k} - f_{t}^{0} A_{te}}{n}$$

代入式 (8-11) 得：
$$l_{cr} = \frac{0.25 f_{t}^{0}}{\omega' \tau_{\omega}} \cdot \frac{d}{\rho_{te}} \tag{8-12}$$

式中　n——纵向钢筋（直径 d 相同）的根数；

　　　A_{te}——开裂后的有效受拉混凝土的面积；对轴心受拉构件，A_{te} 为构件截面面积；对受弯、偏心受拉和偏心受压构件，$A_{te} = 0.5bh + (b_{f} - b)h_{f}$；

　　　ρ_{te}——开裂后，纵向受拉钢筋的有效配筋率（当 $\rho_{te} < 0.008$ 时，取 $\rho_{te} = 0.008$）。

试验表明，$\omega' \tau_{\omega}$ 与 f_{t}^{0} 成正比，所以由式 (8-11) 可知，l_{cr} 与混凝土强度等级无关，试验也证明了这一点。试验还表明，裂缝平均间距还与混凝土保护层厚度 c 有关，所以《混凝土结构设计规范》GB 50010—2010（2015 年版）采用的裂缝平均间距的一般表达式为：

$$l_{cr} = k_{2} c + k_{1} \frac{d}{\rho_{te}}$$

8.2.6　裂缝宽度的定义、表达式和计算公式

1）裂缝宽度的定义

同一条裂缝在构件表面上各处的宽度是不一样的，沿着裂缝的深度，其宽度也是不同的。我国《混凝土结构设计规范》GB 50010—2010（2015 年版）对裂缝宽度的定义是：在受弯构件或偏心受力构件的表面上，受拉区所有纵向受拉钢筋重心线水平处的裂缝宽度，记为 ω。有些国家考虑到美观或检验要求，则把裂缝宽度定义为板底或梁底的裂缝宽度，记为 ω_{b}。$\omega_{b} > \omega$，两者的关系可粗略地由平截面假定来估计：$\omega_{b} = \frac{h - x}{h_{0} - x}\omega$，设 $x = 0.35h_{0}$，则 $\omega_{b} = (1 + 1.5\frac{a_{s}}{h_{0}})\omega$。各条裂缝在上述定义点的宽度是很分散的。通常，最大裂缝宽度 ω_{max} 可用平均裂缝宽度 ω_{m} 来表示，即 $\omega_{max} = \tau \omega_{m}$，$\tau$ 是裂缝宽度放大系数。

2）裂缝宽度的计算公式

考虑到荷载长期作用下裂缝宽度要增大，可再乘以长期作用影响的扩大系数 τ_{l}，则荷载长期作用下，最大裂缝宽度的表达式是：

$$\omega_{max} = \alpha_{cr} \psi \frac{\sigma_{s}}{E_{s}} \left(1.9 c_{s} + 0.08 \frac{d_{eq}}{\rho_{te}} \right) \tag{8-13}$$

式中　α_{cr}——与构件受力特征有关的系数；对钢筋混凝土轴心受拉构件，取 $\alpha_{cr} = 2.7$；对偏心受拉构件，取 $\alpha_{cr} = 2.4$；对受弯和偏心受压构件，取 $\alpha_{cr} = 1.9$；

　　　d_{eq}——受拉纵向钢筋的等效直径（mm）；$d_{eq} = \sum n_{i} d_{i}^{2} / \sum n_{i} \nu_{i} d_{i}$。

8.3 思 考 题

8.3.1 问 答 题

8-1 对钢筋混凝土结构构件，为什么要验算其变形和裂缝宽度？

8-2 匀质弹性材料杆件的截面弯曲刚度、线弯曲刚度是怎样定义的？我国规范对钢筋混凝土构件的截面弯曲刚度又是怎样定义的？

8-3 怎样理解钢筋混凝土梁截面弯曲刚度是变数？随着弯矩的增大，截面弯曲刚度是增大还是减小，为什么？这在刚度计算公式中是怎样体现的？

8-4 荷载长期作用下，截面弯曲刚度降低的主要原因是什么？我国规范是怎样考虑这一影响对短期刚度 B_s 进行修正的？

8-5 什么是"最小刚度原则"，连续梁的跨中挠度是怎样计算的？

8-6 裂缝间纵向钢筋应变不均匀系数 ψ 的物理意义是什么？计算 ψ 时为什么要用 ρ_{te} 而不用 ρ？

8-7 混凝土拉应变的极限值大致是 1.5×10^{-1}，则混凝土开裂时，受拉钢筋的拉应力大致是多少？

8-8 我国规范对钢筋混凝土受弯构件垂直裂缝宽度是怎样定义的？

8-9 第一条裂缝出现后，沿构件长度受拉钢筋和受拉混凝土的应力与裂缝出现前相比发生了什么变化？粘结应力的分布是怎样的？裂缝出齐是指什么？

8-10 平均裂缝宽度是怎样确定的？在确定最大裂缝宽度时，主要考虑了哪些因素？

8-11 提高受弯构件的截面弯曲刚度以及减小裂缝宽度比较有效的措施各是什么？

8-12 在实际工程中，当发现梁上或板上有裂缝时，应如何正确对待？

8-13 什么是钢筋混凝土构件的截面延性？如何确定受弯构件的截面曲率延性系数？研究延性有何重要意义？

8-14 什么是混凝土结构的耐久性？什么是混凝土的碳化？钢筋锈蚀的机理是什么？

8-15 提高混凝土结构件耐久性的主要技术措施有哪些？

8-16 按公式计算的裂缝最大宽度是随混凝土保护层厚度的加大而加宽的，那为什么说加大混凝土保护层厚度能提高耐久性？

8.3.2 选 择 题

8-17 我国《混凝土结构设计规范》GB 50010—2010（2015 年版）中定义的截面弯曲刚度是指下述中的_____项。

A. M-ϕ 曲线上任一点处切线的斜率

B. M-ϕ 曲线上任一点处割线的斜率

C. M-ϕ 曲线上的 $(0.5 \sim 0.7) M_u$ 区段内任一点处割线的斜率

D. M-ϕ 曲线上的 $(0.5 \sim 0.7) M_u$ 区段内任一点处切线的斜率

8-18 钢筋混凝土梁的受拉区边缘达到下述情况_____时，受拉区开始出现裂缝。

A. 达到混凝土实际的抗拉强度

B. 达到混凝土抗拉强度的标准值

C. 达到混凝土抗拉强度的设计值

D. 达到混凝土弯曲时的拉应变极限值

8-19 以下四种说法中，_____种说法是正确的。

A. 在变形、裂缝宽度验算中，对永久荷载和可变荷载（活荷载）都取它们的标准值

B. 在变形验算中，对永久荷载和可变荷载都取它们的标准值

C. 变形验算时，对短期刚度 B_s 应取永久荷载的标准值和活荷载的标准值；对截面弯曲刚度 B，永久荷载取其标准值，活荷载则取其准永久值

D. 活荷载的准永久值等于其准永久值系数 φ_q 乘其标准值，即 $\varphi_q q_k$

8-20 有 A、B 两根情况相同的简支梁，且都是适筋梁，A 梁的纵向受拉钢筋为 4 Φ 16，B 梁的纵向受拉钢筋为 2 Φ 16，在以下四种说法中，_____种说法是正确的。

A. 与 B 梁相比，A 梁的正截面受弯承载力大，截面弯曲刚度大，变形大，在使用阶段的裂缝宽度小

B. 与 B 梁相比，A 梁的正截面受弯承载力大，截面弯曲刚度大，变形小，在使用阶段的裂缝宽度大

C. 与 B 梁相比，A 梁的正截面受弯承载力大，截面弯曲刚度大，变形小，在使用阶段的裂缝宽度与 B 梁的相同

D. 与 B 梁相比，A 梁的正截面受弯承载力大，截面弯曲刚度大，变形小，在使用阶段的裂缝平均间距计算值两者不同，但 A 梁的裂缝宽度小些

8-21 以下四种说法中_____种说法是正确的。

A. 正截面承载力是以 III_a 阶段为依据的，所以不考虑受拉混凝土对承载力的影响；变形、裂缝宽度验算是以第 II 阶段为依据的，必须考虑受拉混凝土的作用，这种作用是由纵向受拉钢筋应变不均匀系数 ψ 来体现的

B. ψ 反映了裂缝间受拉混凝土参加工作的程度，ψ 小，说明工作程度小，ψ 大，说明工作程度大

C. 截面弯曲刚度是随弯矩的增大而减小的，这主要体现在 ψ 的计算公式中，M_k 大，σ_s 大，故 ψ 大，所以 B_s、B 小

D. 受弯构件的裂缝宽度是随弯矩的增大而增大的，因为这时不仅受拉混凝土参加工作的程度小（ψ 大）而且纵向受拉钢筋的拉应力 σ_s 也增大了

8-22 受弯构件的截面曲率延性系数 β_ϕ 等于最大承载力时的截面曲率 ϕ_u 与纵向受拉钢筋开始屈服时的截面曲率 φ_y 两者的比值，即 $\beta_\phi = \phi_u / \phi_y$。以下所述的规律，_____项是正确的。

A. 纵向受拉钢筋配筋百分率 ρ 增大，β_ϕ 减小

B. 纵向受压钢筋配筋百分率 ρ' 增大，β_ϕ 减小

C. 混凝土极限压应变值 ε_{cu} 增大，β_ϕ 增大

D. 提高混凝土强度等级或降低钢筋屈服强度，β_ϕ 减小

8-23 对于混凝土结构耐久性的定义，以下_____项的说法是正确的。

A. 混凝土结构的耐久性是指在设计使用年限内，结构和构件在正常维护条件下应能保持其使用功能，而不需要进行大修加固的性能

B. 混凝土结构的耐久性是指在设计使用年限内，结构和构件在正常维护条件下应能保持其使用功能，而不需要进行维修加固的性能

8.3.3 判 断 题

8-24 在钢筋混凝土结构中，对各类构件都必须进行承载力的计算，但变形和裂缝宽度只要求对某些结构构件进行验算。（ ）

8-25 变形及裂缝宽度验算时，采用荷载标准值、荷载准永久值和材料强度的标准值。（ ）

8-26 验算变形及裂缝宽度时，应按荷载效应的标准组合值并考虑长期作用的影响。（ ）

8-27 我国《混凝土结构设计规范》GB 50010——2010（2015 年版）对截面弯曲刚度的定义是：在 M-φ 曲线上（0.5～0.7）M_u^0 区段内，曲线上的任一点与坐标原点 O 相连的割线斜率 $\tan \alpha$。（ ）

8-28 从耐久性的观点来看，通常认为裂缝细而密比裂缝粗而稀的情况要差。（ ）

8-29 我国《混凝土结构设计规范》GB 50010——2010（2015 年版）所定义的梁的裂缝宽度是指梁底面处的裂缝宽度。（ ）

8-30 钢筋混凝土受弯构件挠度的最主要影响因素是跨高比。（ ）

8-31 混凝土构件的截面延性是指截面在破坏阶段的变形能力，它是抗震性能的一个重要指标。（ ）

8-32 混凝土结构应根据使用环境类别和设计使用年限进行耐久性设计。（ ）

8-33 大气中的二氧化碳与混凝土中的碱性物质发生反应，使混凝土的 pH 值降低的现象，称为混凝土的碳化。（ ）

8-34 混凝土中钢筋锈蚀的机理为电化学腐蚀。混凝土中的碱性物质 $Ca(OH)_2$ 使混凝土内的钢筋表面形成氧化膜，它能有效地保护钢筋，防止钢筋锈蚀。（ ）

8-35 我国《混凝土结构设计规范》GB 50010—2010（2015 年版）所规定的变形和裂缝宽度验算方法属于"平均刚度和平均裂缝宽度理论"范畴。（ ）

8.3.4 填 空 题

8-36 混凝土构件裂缝开展宽度及变形验算属于_____极限状态的设计要求，验算时材料强度采用_____。

8-37 _____是提高钢筋混凝土受弯构件刚度的最有效措施。

8-38 钢筋混凝土构件的平均裂缝间距随混凝土保护层厚度的增大而_____。用带肋变形钢筋时的平均裂缝间距比用光面钢筋时的平均裂缝间距_____。（大、小）

8-39 钢筋混凝土受弯构件挠度计算中采用的最小刚度原则是指在_____弯矩范围内，假定其刚度为常数，并按截面处的_____刚度进行计算。

8-40 结构构件正常使用极限状态的要求主要是指在各种作用下_____和_____不超过规定的限值。

8-41 裂缝间纵向受拉钢筋应变的_____是指裂缝间钢筋平均应变与裂缝截面钢筋应变之比，反映了裂缝间_____参与工作的程度。

8.4 计算题及解题指导

8.4.1 例 题 精 解

【例题 8-1】已知某图书馆的书库有一矩形截面简支梁，$b \times h = 250\text{mm} \times 600\text{mm}$，计算跨度 $l_0 = 6.0\text{m}$，梁承受包括自重在内的线均布恒荷载标准值 $q_k = 16\text{kN/m}$，线均布活荷载标准值 $q_k = 12\text{kN/m}$，活荷载准永久值系数 $\psi_q = 0.8$，混凝土强度等级为 C25，$f_{tk} = 1.78\text{N/mm}^2$，$E_c = 2.8 \times 10^4 \text{N/mm}^2$，纵向受拉钢筋为 3 Φ 20，$A_s = 941\text{mm}^2$，$E_s = 2.0 \times 10^5 \text{N/mm}^2$，梁的允许挠度 $f_{\lim}/l_0 = \dfrac{l_0}{200}$。试验算此梁的挠度是否满足要求。

【解】

1. 求 M_k、M_q

线均布恒荷载标准值产生的跨中最大弯矩：

$$M_{gk} = \frac{1}{8} g_k l_0^2 = \frac{1}{8} \times 16 \times 6^2 = 72\text{kN} \cdot \text{m}$$

线均布活荷载标准值产生的跨中最大弯矩：

$$M_{qk} = \frac{1}{8} q_k l_0^2 = \frac{1}{8} \times 12 \times 6^2 = 54\text{kN} \cdot \text{m}$$

线均布活荷载准永久值产生的跨中最大弯矩：

$$\psi_q M_{qk} = 0.8 \times 54 = 43.2\text{kN} \cdot \text{m}$$

故：

$$M_k = M_{gk} + M_{qk} = 72 + 54 = 126\text{kN} \cdot \text{m}$$

$$M_q = M_{gk} + \psi M_{qk} = 72 + 43.2 = 115.2\text{kN} \cdot \text{m}$$

2. 求短期刚度 B_s

$$h_0 = h - a_s = 600 - 35 = 565\text{mm}$$

$$\sigma_s = \frac{M_k}{0.87 h_0 A_s} = \frac{126 \times 10^6}{0.87 \times 565 \times 941} = 272.4\text{N/mm}^2$$

$$\rho_{te} = \frac{A_s}{0.5bh} = \frac{941}{0.5 \times 250 \times 600} = 0.01255$$

$$\psi = 1.1 - \frac{0.65 f_{tk}}{\rho_{te} \sigma_s} = 1.1 - \frac{0.65 \times 1.78}{0.01255 \times 272.4} = 0.762$$

此值大于 0.2 且小于 1.0，故取 $\psi = 0.762$ 进行计算。

$$\alpha_E = \frac{E_s}{E_c} = \frac{2.0 \times 10^6}{2.8 \times 10^5} = 7.14$$

$$\rho = \frac{A_s}{bh_0} = \frac{941}{250 \times 565} = 0.00666$$

$\gamma_f' = 0$ 故 $B_s = \dfrac{A_s E_s h_0^2}{1.15\psi + 0.2 + \dfrac{6\alpha_E \rho}{1 + 3.5\gamma_f'}} = \dfrac{941 \times 2.0 \times 10^5 \times 565^2}{1.15 \times 0.762 + 0.2 + \dfrac{6 \times 7.14 \times 0.00666}{1 + 3.5 \times 0}}$

$$= 4412.27 \times 10^{10} \text{N} \cdot \text{mm}^2$$

3. 求截面弯曲刚度 B

因 $\rho'=0$，故 $\theta=2$。

$$B = \frac{M_k}{M_q(\theta-1)+M_k} \cdot B_s = \frac{126}{115.2\times(2-1)+126} \times 4412.27\times 10^{10}$$

$$= 2304.92\times 10^{10}\,\mathrm{N\cdot mm^2}$$

4. 验算梁跨度中点的挠度

$$f = \frac{5}{384} \cdot \frac{(g_k+q_k)l_0^4}{B} = \frac{5}{384}\times\frac{(16+12)\times 6^4\times 10^{12}}{2304.92\times 10^{10}} = 20.5\,\mathrm{mm}$$

$$\frac{f}{l_0} = \frac{20.5}{6000} = \frac{1}{292.68} < f_{\lim}/l_0 = \frac{1}{200}，满足要求。$$

【提示】①在钢筋混凝土结构的构件和截面计算中，术语"计算"与"验算"是不同的。"计算"是指承载能力或承载力而言的，此时要用荷载的设计值、内力的设计值以及材料强度的设计值。"验算"主要是指变形、裂缝而言的，此时要用荷载的标准值、内力的标准值以及材料强度的标准值。②变形验算一般有 4 个步骤：内力、B_s、B 和 f/l_0。③在求 B_s 和 f 时特别要注意单位的换算。

【例题 8-2】已知某屋架下弦杆截面 $b\times h = 220\mathrm{mm}\times 180\mathrm{mm}$，纵向受拉钢筋 4 Φ 16，$A_s=804\mathrm{mm}^2$，混凝土强度等级为 C30，$f_{tk}=2.01\mathrm{N/mm^2}$，混凝土保护层厚度 $c=25\mathrm{mm}$，在荷载效应的标准组合下，此下弦杆的轴向拉力 $N_k=135\mathrm{kN}$，最大裂缝宽度限值 $\omega_{\lim}=0.2\mathrm{mm}$，试验算裂缝宽度是否满足要求。

【解】

因是轴心受拉构件，$\rho_{te}=\rho$，$\alpha_{cr}=2.7$，HRB335 级钢筋为带肋钢筋，其相对粘结特性系数 $\nu_i=1.0$，故 $d_{eq}=d$。

$$\rho_{te}=\rho=\frac{A_s}{bh}=\frac{804}{220\times 180}=0.0203$$

$$\sigma_s=\frac{N_k}{A_s}=\frac{135\times 10^3}{804}=167.91\,\mathrm{N/mm^2}$$

$$\psi=1.1-\frac{0.65f_{tk}}{\rho_{te}\sigma_s}=1.1-\frac{0.65\times 2.01}{0.0203\times 167.91}=0.717$$

此值大于 0.2，小于 1.0，故取 $\psi=0.717$ 进行计算。

最大裂缝宽度：

$$\omega_{\max}=\alpha_{cr}\psi\frac{\sigma_s}{E_s}\left(1.9c_s+0.08d\frac{d_{eq}}{\rho_{te}}\right)$$

$$=2.7\times 0.717\times\frac{167.91}{2.0\times 10^5}\times\left(1.9\times 25+0.08\times\frac{16}{0.0203}\right)$$

$$=0.18\mathrm{mm}<\omega_{\lim}=0.2\mathrm{mm}，满足要求。$$

【提示】裂缝宽度的验算并不难，问题是要把一些系数的概念和取值搞清楚，另外要特别注意单位的换算。

【例题 8-3】有一短期加载的单筋矩形截面简支试验梁，跨度 $l_0=3\mathrm{m}$，在跨度的三分点处各施加一个相等的集中荷载 F_0，梁截面 $b\times h=150\mathrm{mm}\times 300\mathrm{mm}$，纵向受拉钢筋 2 Φ 16，$h_0=267$，当加载至 $F_0=25\mathrm{kN}$ 时，在纯弯区段的 750mm 长度内测得纵向受拉钢筋的总伸长为 1.05mm，受压区边缘混凝土的总压缩变形为 0.49mm，求该试验梁纯弯区段的短期截面弯曲刚度试验值。

【解】

1. 求截面弯矩试验值

$$M_0 = F_0 \times \frac{l_0}{3} = 25 \times \frac{3}{3} = 25 \text{kN} \cdot \text{m}$$

2. 求平均曲率试验值 φ_m^0

$$\varepsilon_{sm} = \frac{1.03}{750} = 1.37 \times 10^{-3}$$

$$\varepsilon_{cm} = \frac{0.49}{750} = 0.65 \times 10^{-3}$$

$$\varphi_m^0 = \frac{\varepsilon_{sm} + \varepsilon_{cm}}{h_0} = \frac{(1.37 + 0.65) \times 10^{-3}}{267} = 0.756 \times 10^{-5} / \text{mm}$$

3. 求短期截面弯曲刚度试验值

$$B_s^0 = \frac{M_0}{\varphi_m^0} = \frac{25 \times 10^6}{0.756 \times 10^{-5}} = 330.69 \times 10^{10} \text{N} \cdot \text{mm}^2$$

【提示】①上角码 0 表示是试验值，下角码 m 表示是平均值（mean value）。②截面平均曲率和截面弯曲刚度都是按它们各自的定义来求得的：截面平均曲率等于单位长度上的转角（转角以弧度计，所以是没有单位的）；截面弯曲刚度等于产生单位曲率需要加多大的弯矩，所以其单位是 "N · mm^2"，这与材料力学中 EI 的单位是相同的。

【例题 8-4】某教学楼的双面走廊的两端简支走道板，板宽 $b = 600 \text{mm}$，板厚 $h = 100 \text{mm}$，计算跨度 $l_0 = 2.2 \text{m}$，活荷载标准值 $q_k = 2.5 \text{kN/m}^2$，准永久值系数 $\psi_q = 0.5$，混凝土强度等级为 C25，$f_c = 11.9 \text{N/mm}^2$，$f_t = 1.27 \text{N/mm}^2$，$f_{tk} = 1.78 \text{N/mm}^2$，$E_c = 2.8 \times 10^4 \text{N/mm}^2$，采用 HPB235 级钢筋，$f_y = 210 \text{N/mm}^2$，$E_s = 2.1 \times 10^5 \text{N/mm}^2$，混凝土保护层厚度 $c = 15 \text{mm}$，挠度允许值 $f_{lim}/l_0 = 1/200$，最大裂缝宽度限值 $\omega_{lim} = 0.3 \text{mm}$，试配置纵向受拉钢筋，并验算挠度和裂缝宽度。

【解】

1. 求荷载及荷载效应

1）求线恒荷载标准值 g_k

每平方米恒荷载标准值：

20mm 水泥砂浆面层 $20 \times 0.02 = 0.40 \text{kN/m}^2$

100mm 厚钢筋混凝土板 $25 \times 0.10 = 2.50 \text{kN/m}^2$

12mm 板底抹灰 $16 \times 0.012 = 0.19 \text{kN/m}^2$

合计总重 3.09kN/m^2。

$$g_k = 3.09 \times 0.6 = 1.854 \text{kN/m}$$

2）求线均布活荷载标准值及准永久值

$$q_k = 2.5 \times 0.6 = 1.5 \text{kN/m}, \quad \psi_q q_k = 0.5 \times 1.5 = 0.75 \text{kN/m}$$

3）求跨度中点的弯矩

弯矩设计值：

$$M = \frac{1}{8}(1.3 g_k + 1.5 q_k) l_0^2 = \frac{1}{8}(1.3 \times 1.854 + 1.5 \times 1.5) \times 2.2^2 = 2.82 \text{kN} \cdot \text{m}$$

弯矩的标准组合值：

$$M_k = \frac{1}{8}(g_k + q_k)l_0^2 = \frac{1}{8}(1.854 + 1.5) \times 2.2^2 = 2.029 \text{kN} \cdot \text{m}$$

弯矩的准永久组合值：

$$M_q = \frac{1}{8}(g_k + \psi_k q_k)l_0^2 = \frac{1}{8}(1.854 + 0.75) \times 2.2^2 = 1.575 \text{kN} \cdot \text{m}$$

2. 正截面受弯承载力计算及配置纵向受拉钢筋

$$a_s = c + 5 = 15 + 5 = 20 \text{mm}, \quad h_0 = 100 - 20 = 80 \text{mm}$$

$$\alpha_s = \frac{M}{\alpha_1 f_c b h_0^2} = \frac{2.82 \times 10^6}{1 \times 11.9 \times 600 \times 80^2} = 0.062$$

$$\zeta = 1 - \sqrt{1 - 2\alpha_s} = 1 - \sqrt{1 - 2 \times 0.062} = 0.064 < \xi_b = 0.614，满足要求。$$

$$\gamma_s = 0.5(1 + \sqrt{1 - 2\alpha_s}) = 0.5(1 + \sqrt{1 - 2 \times 0.062}) = 0.968$$

$$A_s = \frac{M}{f_y \gamma_s h_0} = \frac{2.82 \times 10^6}{210 \times 0.968 \times 80} = 173.41 \text{ mm}^2$$

采用 4 Φ 8，$A_s = 201 \text{mm}^2$。

$$\frac{A_s}{bh} = \frac{201}{600 \times 100} = 0.335\% > 0.15\%，也大于 45 \times \frac{1.27}{210}\% = 0.27\%。$$

3. 验算挠度

$$\rho = \frac{A_s}{bh_0} = \frac{201}{600 \times 80} = 0.419\%$$

$$\rho_{te} = \frac{A_s}{0.5bh} = \frac{201}{0.5 \times 600 \times 100} = 0.0067 < 0.01，取 \rho_{te} = 0.01$$

$$\alpha_E = \frac{E_s}{E_c} = \frac{2.1 \times 10^5}{2.8 \times 10^4} = 7.5$$

$$\sigma_s = \frac{M_k}{0.87 A_s h_0} = \frac{2.029 \times 10^6}{0.87 \times 201 \times 80} = 145 \text{N/mm}^2$$

$$\psi = 1.1 - \frac{0.65 f_{tk}}{\rho_{te} \sigma_s} = 1.1 - \frac{0.65 \times 1.78}{0.01 \times 145} = 0.302 > 0.2 且 < 1.0，故取 \psi = 0.302 进$$

行计算。因受压区没有翼缘，故 $\gamma_f' = 0$，没有受压钢筋，故 $\theta = 2$。

$$B_s = \frac{A_s E_s h_0^2}{1.15\psi + 0.2 + \frac{6\alpha_E \rho}{1 + 3.5\gamma_f'}} = \frac{201 \times 2.1 \times 10^5 \times 80^2}{1.15 \times 0.302 + 0.2 + 6 \times 7.5 \times 0.00419}$$

$$= 36.71 \times 10^{10} \text{N} \cdot \text{mm}^2$$

$$B = \frac{M_k}{M_q(\theta - 1) + M_k} \cdot B_s = \frac{2.029}{1.575 \times (2-1) + 2.029} \times 36.71 \times 10^{10} = 20.67 \times 10^{10} \text{N} \cdot \text{mm}^2$$

$$f = \frac{5}{384} \cdot \frac{(g_k + q_k)l_0^4}{B} = \frac{5}{384} \times \frac{(1.854 + 1.5) \times 2.2^4 \times 10^{12}}{20.67 \times 10^{10}} = 4.95 \text{mm}$$

$$\frac{f}{l_0} = \frac{4.95}{2200} = \frac{1}{444} < f_{lim}/l_0 = \frac{1}{250}，满足要求。$$

4. 验算裂缝宽度

受弯构件的受力特征系数 $\alpha_{cr} = 1.9$，光面钢筋的相对粘结特性系数 $v_i = 0.7$。$c = 15 \text{mm} < 20 \text{mm}$，故取 $c = 20 \text{mm}$ 进行计算。

纵向受拉钢筋的等效直径：

$$d_{eq} = \frac{\sum n_i d_i^2}{\sum n_i v_i d_i} = \frac{2 \times 8^2 + 2 \times 6.5^2}{2 \times 0.7 \times 8 + 2 \times 0.7 \times 6.5} = 10.47 \text{mm}$$

裂缝最大宽度：

$$\omega_{max} = \alpha_{cr}\psi\frac{\sigma_s}{E_s}\left(1.9c_s + 0.08\frac{d_{eq}}{\rho_{te}}\right)$$

$$= 1.9 \times 0.302 \times \frac{145}{2.1 \times 10^5} \times \left(1.9 \times 20 + 0.08 \times \frac{10.47}{0.01}\right)$$

$$= 0.048\text{mm} < \omega_{lim} = 0.3\text{mm}，满足要求。$$

【提示】 这是综合性的应用题，是比较重要的，主要考察综合应用能力，特别是计算步骤和计算方法。至于刚度和最大裂缝宽度的计算公式最好记住，且公式中的一些系数的意义和取值是应该知道的。

【例题 8-5】 一矩形简支梁承受均布荷载，混凝土强度等级为 C30，计算跨度 $l_0 = 4\text{m}$，活荷载标准值 $q_k = 10\text{kN/m}$，准永久系数 $\phi_q = 0.5$，钢筋为 HRB400 级。环境类别为一类，安全等级为二级。试进行梁的截面设计，并验算梁的挠度。如混凝土强度等级改为 C40，其他条件不变，重新计算并将结果进行对比分析。

【解】

1. 根据跨度，初步选定截面尺寸为 250mm×450mm

可得恒载 $g_k = 25 \times 0.25 \times 0.45 = 2.8125\text{kN/m}$

活荷载 $q_k = 10\text{kN/m}$

$$M = \frac{1}{8}ql_0^2 = \frac{1}{8} \times (1.3 \times 2.8125 + 1.5 \times 10) \times 4^2 = 37.313\text{kN} \cdot \text{m}$$

设梁的最小保护层厚度 $a = 35\text{mm}$，则 $h_0 = 450 - 35 = 415\text{mm}$。

由混凝土和钢筋等级查表，得 $f_c = 14.3\text{N/mm}^2$；$f_y = 360\text{N/mm}^2$；$f_t = 1.43\text{N/mm}^2$

$$\alpha_1 = 1.0;\ \beta_1 = 0.8;\ \xi_b = 0.55$$

$$\alpha_s = \frac{M}{\alpha_1 f_c b h_0^2} = \frac{37.313 \times 10^6}{1.0 \times 14.3 \times 250 \times 415^2} = 0.0605$$

$$\xi = 1 - \sqrt{1 - 2\alpha_s} = 0.0625 < \xi_b$$

$$\gamma_s = 0.5 \times (1 + \sqrt{1 - 2\alpha_s}) = 0.969$$

故 $A_s = \dfrac{M}{f_y \gamma_s h_0} = \dfrac{37.313 \times 10^6}{360 \times 0.969 \times 415} = 257.7\text{mm}^2$，选用 $A_s = 603\text{mm}^2$（3 ⏾ 16）

$0.45\dfrac{f_t}{f_y}A = 0.45 \times \dfrac{1.43}{360} \times 250 \times 450 = 201\text{mm}^2 < 603\text{mm}^2$，满足要求。

改用 C40 混凝土，配筋不变，计算其承载力。

$$f_c = 19.1\text{N/mm}^2,\ \xi = \frac{f_y A_s}{\alpha_1 f_c b h_0} = \frac{360 \times 603}{1.0 \times 19.1 \times 250 \times 415} = 0.11$$

$$M_u = \alpha_1 f_c b h_0^2 \xi(1 - 0.5\xi)$$

$$= 1.0 \times 19.1 \times 250 \times 415^2 \times 0.11 \times (1 - 0.5 \times 0.11)$$

$$= 85.5\text{kN} \cdot \text{m}$$

2. 进行抗裂验算

$$M_k = \frac{1}{8}(g_k + q_k)l_0^2 = \frac{1}{8} \times (2.8125 + 10) \times 4^2 = 25.625\text{kN} \cdot \text{m}$$

$$M_q = \frac{1}{8}(g_k + 0.5q_k)l_0^2 = \frac{1}{8} \times (2.8125 + 5) \times 4^2 = 15.625\text{kN} \cdot \text{m}$$

对于 C30 混凝土：$E_c = 3.0 \times 10^4\text{N/mm}^2$；$E_s = 2.0 \times 10^5\text{N/mm}^2$；$f_{tk} = 2.01\text{N/mm}^2$。

$$\alpha_E\rho = \frac{E_s}{E_c}\frac{A_s}{bh_0} = \frac{2.0 \times 10^5}{3.0 \times 10^4} \times \frac{603}{250 \times 415} = 0.0387$$

$$\rho_{te} = \frac{A_s}{A_{te}} = \frac{603}{0.5 \times 250 \times 450} = 0.01072$$

$$\sigma_s = \frac{M_k}{\eta h_0 A_s} = \frac{25.625 \times 10^6}{0.87 \times 415 \times 603} = 117.7\text{N/mm}^2$$

$$\psi = 1.1 - 0.65\frac{f_{tk}}{\rho_{te}\sigma_s} = 1.1 - 0.65 \times \frac{2.01}{0.01072 \times 117.7} = 0.0645，取 \psi = 0.2。$$

$$B_s = \frac{E_s A_s h_0^2}{1.15\psi + 0.2 + 6\alpha_E\rho} = \frac{200 \times 10^3 \times 603 \times 415^2}{1.15 \times 0.2 + 0.2 + 6 \times 0.0387} = 3.137 \times 10^{13}\text{N} \cdot \text{mm}^2$$

$$B = \frac{M_k}{M_q(\theta - 1) + M_k}B_s = \frac{25.625}{15.625 + 25.625} \times 3.137 \times 10^{13} = 1.95 \times 10^{13}\text{N} \cdot \text{mm}^2$$

$$f = \frac{5}{48}\frac{M_k}{B}l_0^2 = \frac{5}{48} \times \frac{25.625 \times 10^6 \times 4000^2}{1.95 \times 10^{13}} = 2.19 < \frac{1}{200}l_0 = 20\text{mm}，满足要求。$$

对于 C40 混凝土：$E_c = 3.25 \times 10^4\text{N/mm}^2$；$E_s = 2.0 \times 10^5\text{N/mm}^2$；$f_{tk} = 2.4\text{N/mm}^2$。

$$\alpha_E\rho = \frac{E_s}{E_c}\frac{A_s}{bh_0} = \frac{2.0 \times 10^5}{3.25 \times 10^4}\frac{603}{250 \times 415} = 0.0358$$

$$\rho_{te} = \frac{A_s}{A_{te}} = \frac{603}{0.5 \times 250 \times 450} = 0.01072$$

$$\sigma_s = \frac{M_k}{\eta h_0 A_s} = \frac{25.625 \times 10^6}{0.87 \times 415 \times 603} = 117.7\text{N/mm}^2$$

$$\psi = 1.1 - 0.65\frac{f_{tk}}{\rho_{te}\sigma_s} = 1.1 - 0.65 \times \frac{2.40}{0.01072 \times 117.7} < 0，取 \psi = 0.2。$$

$$B_s = \frac{E_s A_s h_0^2}{1.15\psi + 0.2 + 6\alpha_E\rho} = \frac{200 \times 10^3 \times 603 \times 415^2}{1.15 \times 0.2 + 0.2 + 6 \times 0.0358} = 3.221 \times 10^{13}\text{N} \cdot \text{mm}^2$$

$$B = \frac{M_k}{M_q(\theta - 1) + M_k} \times B_s = \frac{25.625}{15.625 + 25.625} \times 3.221 \times 10^{13} = 2.001 \times 10^{13}\text{N} \cdot \text{mm}^2$$

$$f = \frac{5}{48}\frac{M_k}{B}l_0^2 = \frac{5}{48} \times \frac{25.625 \times 10^6 \times 4000^2}{2.001 \times 10^{13}} = 2.134 < \frac{1}{200}l_0 = 20\text{mm}，满足要求。$$

【提示】从以上算例可以看出，当截面尺寸及配筋不变时，混凝土强度等级提高，其极限承载力和计算挠度变化不大，换句话说，如果挠度验算不满足，通过提高混凝土强度等级的方法效果不明显。

8.4.2 习　　题

【习题 8-1】某钢筋混凝土屋架下弦，$b \times h = 200\text{mm} \times 200\text{mm}$，按荷载效应准永久组合的轴向拉力 $N_q = 130\text{kN}$，有 4 根 HRB400 直径 14mm 的受拉钢筋，混凝土强度等级为

C30，保护厚度 $c=20$mm，箍筋直径 6mm，$w_{lim}=0.2$mm。求：验算裂缝宽度是否满足？当不满足时如何处理？

【习题 8-2】T 形截面简支梁，$l_0=6$m，$b'_f=600$mm，$b=200$mm，$h'_f=60$mm，$h=500$mm，采用 C30 强度等级混凝土，HRB335 级钢筋，承受均布线荷载：

永久荷载：5.0kN/m；

可变荷载：3.5kN/m；准永久值系数 $\psi_{q1}=0.4$；

雪荷载：0.8kN/m；准永久值系数 $\psi_{q2}=0.2$。

求：（1）正截面受弯承载力所要求的纵向受拉钢筋面积，并选用钢筋直径（在 18～22mm 之间选择）。

（2）验算挠度是否小于 $f_{lim}=l_0/250$？

（3）验算裂缝宽度是否小于 $w_{lim}=0.3$mm?

【习题 8-3】倒 T 形截面简支梁，$l_0=6$m，$b_f=600$mm，$b=200$mm，$h_f=60$mm，$h=500$mm，其他条件同【习题 8-2】。求：

（1）正截面受弯承载力所要求的纵向受拉钢筋面积，并选配钢筋直径（在 18～22mm 之间选择）。

（2）验算挠度是否满足 $f\leqslant f_{lim}=l_0/250$?

（3）验算裂缝宽度是否满足 $w_{max}\leqslant w_{lim}=0.3$mm?

（4）与【习题 8-2】比较，提出分析意见。

【习题 8-4】矩形截面偏心受拉构件的截面尺寸 $b\times h=160$mm×200mm，配置 4 Φ 16 钢筋（$A_s=804$mm^2），箍筋直径为 6mm，混凝土强度等级为 C30，混凝土保护层厚度为 20mm，按荷载效应的准永久组合的轴向拉力值 $N_q=140$kN，偏心距 $e_0=30$mm，$w_{lim}=0.3$mm，试验算最大裂缝宽度是否符合要求。

【习题 8-5】有一钢筋混凝土单筋矩形截面简支梁，$b\times h=200$mm×450mm，计算跨度 $l_0=5.2$m，承受均布永久荷载标准值 $g_k=5$kN/m（包括梁自重在内），均布可变荷载标准值 $q_k=10$kN/m，准永久值系数 $\psi_q=0.5$。采用 C30 级混凝土，$f_c=14.3$N/mm^2，$f_t=1.43$N/mm^2，$f_{tk}=2.01$N/mm^2，$E_c=3.0\times10^4$N/mm^2，采用 HRB335 级钢筋，配置纵向受拉钢筋 3 Φ 16，$A_s=603$mm^2，$E_s=2.0\times10^5$N/mm^2，$f_{lim}/l_0=1/250$，试验算梁的跨中最大挠度是否满足要求。

【习题 8-6】某单筋矩形截面简支梁，$b\times h=200$mm×500mm，计算跨度 $l_0=6$m，跨中弯矩标准组合值 $M_k=110$kN·m，混凝土强度等级为 C25，$f_{tk}=1.78$N/mm^2，采用 HRB335 级钢筋，配置钢筋 2 Φ 20＋2 Φ 16，$A_s=1030$mm^2，混凝土保护层厚度 $c=25$mm，$w_{lim}=0.3$mm，试验算最大裂缝宽度是否满足要求。

【习题 8-7】一简支梁截面尺寸为 200mm×500mm，计算跨度 $l_0=5.0$m，C25 混凝土，HRB400 钢筋，按正截面计算配置 4 Φ 18（$A_s=1017$mm^2）钢筋，$a_s=35$mm。已知作用在梁上的恒荷载标准值 $g_k=10$kN/m（含自重），活荷载标准值 $q_k=8$kN/m，准永久值系数 $\psi_q=0.4$，梁的允许挠度值为 $[f]=l_0/200$，试验算该梁的挠度。

第9章 预应力混凝土构件

9.1 内容的分析和总结

9.1.1 学习的目的和要求

1. 学习目的

预应力混凝土构件是指结构构件在使用前，通过人为的预加外力，使构件截面混凝土在使用前预先受到压应力，这样可抵消或减小外荷载产生的拉应力，从而使受拉区混凝土不开裂，推迟裂缝的出现或减小裂缝的宽度，提高构件的刚度。预应力混凝土构件与钢筋混凝土构件相比，具有结构使用性能好、自重减轻、节约材料等综合经济指标，已成为土木工程中广泛应用的主要承重结构构件。读者必须掌握预应力混凝土构件的受力特征、材料性能、施工工艺、配筋计算、构造要求等方面的基本概念及轴心受拉构件的计算方法，以达到能正确应用原理，提高解决工程实际问题的能力。

2. 学习要求

1）掌握预应力混凝土的概念、设计原理及对材料性能的要求。了解预应力混凝土施加预应力的方法。

2）掌握张拉控制应力的定义和取值。

3）熟悉预应力损失的内容、物理意义，掌握预应力损失值的计算方法和预应力损失值的组合。

4）掌握先张法与后张法预应力混凝土轴心受拉构件在施工阶段和使用阶段的应力变化和分析。

5）掌握先张法与后张法预应力混凝土轴心受拉构件在施工阶段的验算方法和使用阶段的计算方法。

6）理解后张法预应力混凝土受弯构件在施工阶段的验算方法和使用阶段的计算方法。

7）了解预应力混凝土构件的构造要求。

8）了解部分预应力混凝土与无粘结预应力混凝土的基本概念。

9.1.2 重点和难点

上述学习要求 1）、2）、4）、5）、6）是重点，4）、5）、6）是难点。难点将在下一节分析中讲述。

9.1.3 内容组成及总结

本章重点介绍有粘结预应力混凝土构件设计的基本原理、张拉方法、预应力材料、预应力损失、预应力构件的计算和构造要求等内容。阐明了先张法和后张法预应力混凝土轴心受拉构件及预应力混凝土受弯构件从张拉预应力筋、施加外荷载直到构件破坏的各受力阶段（包括使用阶段和施工阶段）截面上混凝土及预应力筋的应力状态、应力分析和计算方法。

1. 设计计算前提

1) 预应力混凝土构件在计算前，首先需确定下列主要参数：

(1) 预应力筋的钢种、等级，混凝土的强度等级及张拉方法，锚具类别。

(2) 张拉控制应力值。

(3) 截面的几何特征：换算截面面积、净截面面积、截面重心、截面惯性矩和截面面积矩及预应力筋的合力点至换算截面重心的距离等参数。

2) 计算各项预应力损失值及混凝土预压应力值等。

2. 具体计算的内容

1) 使用阶段

(1) 承载力计算。预应力混凝土轴心受拉构件的正截面受拉承载力计算或受弯构件的正截面受弯承载力及斜截面受剪承载力的计算。

(2) 裂缝控制验算。裂缝控制等级为一级、二级的预应力混凝土构件，对轴心受拉构件，按抗裂要求进行正截面抗裂度验算；对受弯构件，按抗裂要求进行正截面及斜截面的抗裂度验算。

裂缝控制等级为三级的预应力混凝土构件，对轴心受拉构件进行裂缝宽度的验算；对受弯构件进行正截面裂缝宽度的验算及斜截面应力验算。

(3) 对预应力混凝土受弯构件尚需进行构件的挠度验算。

2) 施工阶段

(1) 预应力混凝土构件在制作、运输和吊装过程中，进行构件截面边缘混凝土最大受拉及受压法向应力的验算。

(2) 后张法预应力混凝土构件端部锚固区的局部承压验算。

9.2   重点讲解与难点分析

9.2.1   预应力混凝土轴心受拉构件

预应力混凝土轴心受拉构件是预应力混凝土构件中比较简单的一种受力构件，学生必须重点掌握先张法与后张法预应力混凝土轴心受拉构件从张拉预应力、施加外荷载直到构件破坏的各受力阶段截面上应力状态和应力分析的全过程，它是掌握预应力混凝土设计原理的核心内容，是本章的难点和重点。通过对先张法与后张法预应力混凝土轴心受拉构件各阶段应力变化的比较，可加深理解预应力混凝土构件的受力特征并掌握有关的计算方法。

在预应力混凝土构件的承载力和抗裂等计算中，常用到从施工阶段进入到使用阶段过程中的各种应力值，其中最主要的是：混凝土的法向应力 σ_{Pc}，预应力筋的有效预应力 σ_{Pe} 及混凝土法向应力为零（即预应力筋合力点处的混凝土法向应力为零）时的预应力筋应力

σ_{P0} 等。这些应力可分别根据先张法或后张法的施工程序，由预应力筋的张拉控制应力 σ_{con} 及相应阶段的预应力损失值，按不同构件，由截面上力的平衡条件求得。

必须注意，先张法和后张法的承载力计算公式、抗裂度和裂缝最大宽度验算的公式，其形式都相同，但式中各自的 $\sigma_{Pc\parallel}$ 计算是不相同的。

下面对一些具体问题进行讨论：

1. 预应力混凝土的特点及预压应力值的控制

混凝土的抗拉强度很低，极易开裂，开裂后构件的刚度大幅下降，而预应力混凝土构件，是在其受外荷载之前，人为地对截面施加预压应力，因而可推迟构件裂缝的出现，提高构件的抗裂度和刚度，克服钢筋混凝土易开裂的主要缺点，并且由于使用了高强度材料，能取得节约材料、减轻自重的效果。对混凝土施加的预压应力愈大，截面的抗裂性能愈好，但控制要恰当，否则由于混凝土预压应力值过大，会导致混凝土产生非线性徐变。对受弯构件，易使截面预拉区开裂。对预压应力值大小的合理控制，可通过对截面进行的应力验算得到确认。

2. 先张法和后张法预应力混凝土构件的传力特点

预应力混凝土构件的施工方法主要有先张法和后张法两种。先张法是在长线台座（或钢模）上张拉钢筋，然后浇捣混凝土，依靠钢筋与混凝土之间的粘结力，将钢筋弹性回缩的压力传递给混凝土。后张法是先浇捣混凝土，然后以结硬后的混凝土构件作为台座张拉钢筋，依靠工作锚具来传递钢筋回缩对混凝土产生的预压力。

3. 先张法夹具和后张法锚具的特点

先张法中应用的锚具一般称为夹具，是在张拉端夹住钢筋进行张拉以及在两端临时固定钢筋用的工具式锚具，可以重复使用。后张法的锚具，是永远留存在混凝土构件上，起着传递预应力的作用，称为工作锚具。

4. 先张和后张施工方法的选择

采用先张法施加预应力，生产工序少，工艺简单。由于夹具可重复利用，生产成本低，适用于工厂化成批生产的中、小型构件和标准构件，但需要较大场地作台座，一次性投资费用较大。后张法利用构件本身作为台座，构件可在施工现场制作，但锚具不能重复使用，耗钢量大，成本较高，适用于运输不便的大型预应力构件或非标准构件。

5. 预应力混凝土构件需采用高强度材料

预应力混凝土构件，如采用一般强度的钢筋，由于有预应力损失，将起不到在构件截面上产生预压应力的效果，而采用高强度材料，在施工阶段，混凝土始终处于高压应力状态。而预应力筋从张拉钢筋开始，直至破坏的全过程中，也始终处于高拉应力状态，这样高强度钢筋的受拉和高强度混凝土的受压性能均得以充分利用。

6. 张拉控制应力 σ_{con} 限值，为何采用钢筋强度标准值 f_{ptk}

不论先张法还是后张法，在施加预应力的过程中，由于张拉预应力筋是在施工阶段进行的，张拉预应力筋是对钢筋又一次进行质量的检验，所以张拉控制应力 σ_{con} 的限值，是由钢筋强度的标准值确定，而与钢筋的极限抗拉强度的大小无关。

7. 预应力损失值的采用

预应力构件从施加预应力开始，由于混凝土和钢材的性能特征以及施工工艺上的原因，σ_{con} 会逐步下降，这种应力降低的现象称为预应力损失。影响预应力损失的因素很多，要精确计算是十分困难的，过高或过低估计预应力损失值，均会对结构的使用性能产生不利的影响。

为简化计算，《混凝土结构设计规范》GB 50010—2010（2015 年版）（以下简称《规范》）规定，采用分别计算各种因素产生的预应力损失值进行叠加，来确定总预应力损失值。应尽量采取措施，减少预应力的损失，以保证混凝土能获得较高的有效预压应力 σ_{PcII}。

预应力损失是分批产生的，因此，应根据计算需要，考虑相应阶段所产生的预应力损失值，通常以混凝土预压时间为界限，将预应力损失分为两批，即混凝土预压前（第一批）完成的损失 σ_{lI}；混凝土预压后（第二批）完成的损失 σ_{lII}。

8. 换算截面 A_0 和净截面面积 A_n 的应用

预应力混凝土构件施工阶段时：先张法构件在预压前（放松预应力筋前），混凝土与预应力筋已有粘结作用，在预压过程中，预应力筋和混凝土共同承受预压力，产生相同的变形，因而，采用换算截面 A_0 计算混凝土的预压力，即采用将全部预应力筋和非预应力钢筋统一换算成混凝土的截面面积，即 $A_0 = A_c + \alpha_E A_s + \alpha_E A_P$。对于后张法构件，由于构件在预压前，混凝土与预应力筋无粘结作用，在张拉或预压过程中，仅由混凝土和非预应力钢筋承受预压力，因而，采用净截面面积 A_n 计算混凝土的预压力，即 $A_n = A_c + \alpha_E A_s$。

预应力混凝土构件使用阶段时：不论先张法或后张法，混凝土与预应力筋均已产生粘结，共同承受外力，因而，均采用换算截面 A_0 进行计算。

9. 预应力轴心受拉构件中 ρ 和 ρ' 的取值

在求混凝土收缩、徐变预应力损失 σ_{l5} 和 σ'_{l5} 时，其中对 ρ 和 ρ' 的计算，对于对称配置 A_P 和 A_s 的轴心受拉构件，应按全部预应力筋和非预应力钢筋面积的一半进行计算。即先张法 $\rho = \rho' = (A_P + A_s)/2A_0$；后张法 $\rho = \rho' = (A_P + A_s)/2A_n$。

10. 非预应力钢筋的作用及其应力的取值

为防止施工阶段因混凝土收缩和温差引起预拉区的裂缝，承担预拉区的拉应力，防止构件在制作、堆放、运输、吊装时出现裂缝或减小裂缝宽度，在预应力混凝土构件中往往配置非预应力钢筋，对混凝土预压变形起约束作用，使混凝土的收缩和徐变减小，相应地减小预应力筋因收缩和徐变引起的预应力损失。但当非预应力钢筋配置较多时，混凝土的收缩和徐变，将使非预应力钢筋产生压应力，从而对混凝土产生附加的拉应力，使混凝土的预压应力减小，影响了构件的抗裂性能。为此，在计算中，应考虑非预应力钢筋对构件抗裂的不利影响。为简化计算，非预应力钢筋中产生的压应力，可近似假定等于混凝土收缩和徐变引起的预应力损失值 σ_{l5} 和 σ'_{l5}。

11. 为什么后张法构件的有效预压应力 σ_{PcII} 比先张法 σ_{PcII} 大

在施工阶段，先张法和后张法 σ_{PcI}、σ_{PcII} 的计算公式的形式基本相似，但预应力损失值 σ_l 的计算值不同，同时先张法用 A_0（$A_0 = A_c + \alpha_E A_s + \alpha_E A_P$）；后张法用 A_n（$A_n = A_c + \alpha_E A_s$），由于 $A_0 > A_n$，若控制应力 σ_{con}、材料强度、截面尺寸、钢种、预应力损失值均相等，则后张法构件的有效预应力 σ_{PcII} 比先张法大。

12. 先张法预应力混凝土构件中传递长度 l_{tr} 的物理概念

预应力筋的锚固长度是指使钢筋充分发挥其抗拉强度所需的钢筋最短的埋入长度。计算先张法预应力混凝土构件端部锚固区正截面和斜截面受弯承载力时，锚固长度范围内的预应力筋抗拉强度设计值，一般情况，取在锚固起点处为零，锚固终点处为 f_{Py}，两点之间按线性内插法确定。《规范》规定，当采用骤然放松预应力筋的施工工艺时，先张法预应力筋锚固长度 l_a，对光面预应力钢丝应从距构件端部 $0.25l_{tr}$ 处开始计算。此处 l_{tr} 为预应力混凝土的传递长度。

这是因为先张法预应力混凝土构件放张或切断预应力筋时，需要经过一段必要的长度才能通过钢筋与混凝土之间的粘结力，将预压应力全部传递给混凝土，这段长度称为预应力混凝土的传递长度 l_{tr}，在传递长度 l_{tr} 范围内，预应力筋的应力是变化的，预应力筋的实际应力，可近似地认为按线性规律增长，在构件的端部为零。实测表明，预应力筋和混凝土中的预压应力只有经过传递长度 l_{tr} 后才能保持稳定不变，在传递长度 l_{tr} 末端为有效预应力 σ_{Pe}。当采用骤然放松预应力筋的施工工艺时，锚固端可能局部受损，而影响应力的传递，因此，设计时，l_{tr} 的起点应从距构件端部 $0.25l_{tr}$ 处开始计算。

13. 为什么预应力混凝土轴心受拉构件不能提高构件的承载力

当混凝土和钢筋的强度及截面尺寸相同时，钢筋混凝土轴心受拉构件和预应力混凝土轴心受拉构件相比，两者的承载力是相同的，因为钢筋混凝土构件中混凝土的抗拉强度低，开裂荷载很小，钢筋应力也很低，但由开裂到破坏，在裂缝截面处，不论是钢筋混凝土还是预应力混凝土构件截面上的轴向拉力全部由钢筋承担，因而与截面是否施加预应力无关。

9.2.2 预应力混凝土受弯构件

在掌握了预应力混凝土轴心受拉构件的学习要求后，便不难理解预应力混凝土受弯构件的设计原理和方法，与前者相比，后者的计算特点是，在截面上的预加力一般为偏心作用。因此，学习预应力混凝土受弯构件的计算方法，首先必须理解受弯构件截面在偏心预加力作用下，施工阶段和使用阶段截面上预应力筋、非预应力钢筋及混凝土应力变化的过程，其中要求对应力 σ_{peI} (σ'_{peI})、σ_{peII} (σ'_{peII})、σ_{po} (σ'_{po})、σ_{PcI} (σ'_{PcI}) 及 σ_{PcII} (σ'_{PcII}) 会正确应用公式进行具体计算。下面对一些具体问题进行阐述。

1. 混凝土应力计算公式 $\sigma_{Pc} = \dfrac{N_P}{A_n} + \dfrac{N_P \cdot e_{Pn}}{I_n} y_n$ 的应用

公式 $\sigma_{Pc} = \dfrac{N_P}{A_n} + \dfrac{N_P \cdot e_{Pn}}{I_n} y_n$ 可用于求算在偏心力 N_P 作用下构件截面上任一部位混凝土应力值的大小。应用时应注意式中的 N_P 和 y_n 必须根据构件所处的不同受力阶段及所需计算混凝土在截面中的不同部位，分别给以相对应的不同数值，例如，在后张法施工阶段中"完成第一批损失"的受力阶段是指受弯构件经过张拉并锚固完成了锚具变形、钢筋内缩（σ_{l1}）及孔道摩擦（σ_{l2}）损失后的状态，此时受拉区预应力筋中的拉应力 σ_{peI} 应比张拉控制应力 σ_{con} 减少了第一批损失值 $\sigma_{lI}(\sigma_{lI} = \sigma_{l1} + \sigma_{l2})$，即 $\sigma_{peI} = \sigma_{con} - \sigma_{lI}$，因此，此时截面上的张拉力大小应为 $N_{PI} = \sigma_{PeI} \cdot A_P = (\sigma_{con} - \sigma_{lI})A_P$。而在偏心 N_{PI} 作用下，截面下边缘混凝土压应力 σ_{PcI} 的计算公式可由材料力学公式直接写出，即 $\sigma_{PcI} = \dfrac{N_{PI}}{A_n} + \dfrac{N_{PI} \cdot e_{Pn}}{I_n} y_n$，式中的 e_{Pn} 是指截面上预应力筋合力作用点到截面形心轴的距离，而此时 y_n 是指截面的下边缘到截面形心轴的距离。当完成第二批损失，包括钢筋应力松弛及混凝土收缩徐变损失 $\sigma_{lII} = \sigma_{l4} + \sigma_{l5}$ 后，预应力筋中的拉应力继续减小，即 $\sigma_{peII} = \sigma_{con} - \sigma_{lI} - \sigma_{lII} = \sigma_{con} - \sigma_l$，此时，

截面上的预拉力为 $N_{PII} = (\sigma_{con} - \sigma_l)A_P$，相应地，截面下边缘混凝土的压应力也进一步降低为：

$$\sigma_{PcII} = \frac{N_{PII}}{A_n} + \frac{N_{PII} \cdot e_{Pn}}{I_n}y_n, \text{ 而 } N_{PII} < N_{PI} < \sigma_{con} \cdot A_P$$

对于在截面受压区还配置了预应力筋（A'_P）的情况，则可按同理写出 σ'_{PeI}、σ'_{PcI} 及 σ'_{PeII}、σ'_{PcII} 的计算公式，具体运用可见【例题 9-4】。

2. 预应力筋数量的估算

通常可以根据正截面抗裂控制的要求来估算有效预压力的大小 N_P。在使用弯矩 M 的作用下，截面受拉边缘的拉应力 σ_t 按下式计算：

$$\sigma_t = \frac{M}{W} - \left(\frac{N_P}{A} + \frac{N_P e_P}{W}\right) \leqslant [\sigma_t] \tag{9-1}$$

$$N_P = \frac{\dfrac{M}{W} - [\sigma_t]}{\dfrac{1}{A} + \dfrac{e_P}{W}} \tag{9-2}$$

式中 W——对应于受拉边缘的截面弹性抵抗矩；

M、$[\sigma_t]$——分别为根据不同的裂缝控制要求所采用荷载效应不同组合下产生的弯矩及允许拉应力值；对一级——严格要求不出现裂缝的构件，M 为在荷载标准组合下所得的截面弯矩，此时应取 $[\sigma_t] = 0$，具体运用见【例题 9-4】；对二级—— 一般要求不出现裂缝的构件，则要求对在荷载标准组合下的 M，应取 $[\sigma_t] = f_{tk}$。

预应力筋的数量亦可运用荷载平衡法进行估算，即根据需要平衡的荷载大小 q 和由所布置预应力筋在截面上的位置而得出的跨中截面预压应力合力的偏心 e_P 来估算所需要的有效预压力值 N_P：

$$N_P = \frac{1}{8} \cdot \frac{ql^2}{e_P} \tag{9-3}$$

3. 后张法 σ_{P0} 及 σ'_{P0} 的计算

σ_{P0} 及 σ'_{P0} 分别为当受拉区及受压区预应力筋合力点处混凝土法向应力等于零时，受拉区及受压区预应力筋的压力值。σ_{P0} 及 σ'_{P0} 在计算 ξ_b 及正截面受弯承载力的计算公式中均需应用，对其物理含义必须理解。现以 σ_{PcPII} 代表截面上受拉区预应力筋合力点处混凝土的预压应力，则随使用荷载的增大，σ_{PcPII} 随之逐步减小，当 $\sigma_{PcPII} = 0$ 时，显然，相应预应力筋受到的拉应力将由原来的 $(\sigma_{con} - \sigma_l)$ 增大了 $\alpha_E\sigma_{PcPII}$，α_E 为预应力筋的弹性模量与混凝土弹性模量之比，由此可写出 σ_{P0} 的计算公式为：

$$\sigma_{P0} = \sigma_{con} - \sigma_l + \alpha_E \cdot \sigma_{PcPII} \tag{9-4}$$

为简化计算，可用 σ_{PcII}（截面受拉边缘处混凝土的预压应力）替代式中的 σ_{PcPII}，即：

$$\sigma_{P0} = \sigma_{con} - \sigma_l + \alpha_E\sigma_{PcII}$$

同理，可得出：

$$\sigma'_{P0} = \sigma_{con} - \sigma_l + \alpha_E \cdot \sigma'_{PcPII} \approx \sigma_{con} - \sigma_l + \alpha_E \cdot \sigma'_{PcII}$$

4. 界限破坏时截面的相对受压区高度 ξ_b

预应力混凝土受弯构件，当正截面受拉区预应力纵向受拉钢筋屈服与受压区混凝土破坏同时发生时的相对界限受压区高度 ξ_b 按下式计算：

$$\xi_b = \frac{\beta_1}{1 + \frac{0.002}{\varepsilon_{cu}} + \frac{f_{py} - \sigma_{Po}}{E_s \varepsilon_{cu}}} \tag{9-5}$$

式（9-5）系由平截面假定推导而得，它与采用无屈服点钢筋的钢筋混凝土受弯构件 ξ_b 计算公式的差异在于分母中的第三项，即钢筋混凝土构件为 $\frac{f_y}{E_s \varepsilon_{cu}}$ 而预应力混凝土构件为 $\frac{f_{py} - \sigma_{Po}}{E_s \varepsilon_{cu}}$，这主要表达了预应力混凝土受弯构件截面的受力特征，即在建立界限破坏时平截面假定的几何关系中，以假想的全截面消压状态作为构件的起始受力状态，则受拉区预应力钢筋中的应力是由 σ_{Po}（受拉区预应力钢筋合力点处混凝土预压应力为零时，预应力筋中的应力）逐渐增大到 f_{py}，相应的应变由 $\varepsilon_{Po} = \frac{\sigma_{Po}}{E_P}$ 增大到 $\varepsilon_{py} = \frac{f_{Py}}{E_P}$，因此实际的应变增量为 $\frac{f_{Py} - \sigma_{Po}}{E_P}$。

5. 受压区预应力筋应力 （σ'_{Pe}）的计算

在后张法预应力混凝土受弯构件施工阶段完成、使用荷载作用之前，构件截面上受压区预应力筋中的应力为 $\sigma'_{Pe\mathrm{II}}$，而在受压区预应力筋重心处混凝土的预压应力为 $\sigma'_{PcP\mathrm{II}}$。当荷载增大至构件破坏时，该处混凝土的压应变随之由 $\varepsilon_c = \frac{\sigma'_{PcP\mathrm{II}}}{E_c}$ 增大至混凝土的极限压应变 ε_{cu}，即混凝土压应变的增量为 $\left(\varepsilon_{cu} - \frac{\sigma'_{PcP\mathrm{II}}}{E_c}\right)$，由于钢筋与混凝土的变形相协调，受压区预应力筋的拉应力要随之减小 $\left(\varepsilon_{cu} - \frac{\sigma'_{PcP\mathrm{II}}}{E_c}\right)E_P$，因此，构件破坏时，受压区预应力筋中的应力值应为：

$$\sigma'_{Pe} = \sigma'_{Pe\mathrm{II}} - \left(\varepsilon_{cu} - \frac{\sigma'_{PcP\mathrm{II}}}{E_c}\right)E_P = \sigma'_{Pe\mathrm{II}} - f'_{Py} + \alpha_E \sigma'_{PcP\mathrm{II}}$$
$$= \sigma'_{con} - \sigma'_l - f'_{Py} + \alpha_E \sigma'_{PcP\mathrm{II}} = \sigma'_{Po} - f'_{Py} \tag{9-6}$$

9.3 思 考 题

9.3.1 问 答 题

9-1 什么是预应力混凝土构件？它与钢筋混凝土构件相比，有何优点与缺点？

9-2 为什么钢筋混凝土构件不能有效地利用高强度钢筋和高强度混凝土？预应力混凝土构件对高强度钢筋和高强度混凝土有哪些要求？

9-3 试比较预应力混凝土构件两种主要施工方法的特点及其应用范围？

9-4 哪些构件宜优先采用预应力混凝土？

9-5 预应力混凝土构件中的锚具或夹具起什么作用？锚具或夹具应具备哪些要求？

9-6 什么是预应力混凝土的张拉控制应力？为什么不能定得太高，也不能定得太低？

9-7 在确定张拉控制应力时，一般将先张法预应力混凝土的张拉控制应力取得比后张法略高，为什么？

9-8　预应力损失有哪几项？分别阐述其产生的原因及减少各项预应力损失的措施。

9-9　什么是第一批和第二批预应力损失值？先张法和后张法对各项预应力筋损失值是如何进行组合的？

9-10　分别阐述先张法及后张法预应力轴心受拉构件在施工阶段和使用阶段构件截面上主要应力值的计算公式。

9-11　预应力混凝土构件计算中的换算截面面积 A_0 和净截面面积 A_n 是如何计算的？试分述其在先张法和后张法施工阶段及使用阶段计算过程中的运用。

9-12　如果预应力控制应力 σ_{con} 及预应力损失值 σ_l 等条件均相同，当加载至截面上混凝土预压应力 $\sigma_{pc}=0$，先张法和后张法构件中的预应力筋的应力值 σ_{p0} 是否相同？哪个大？

9-13　试阐述预应力混凝土轴心受拉构件裂缝宽度计算公式中，钢筋应力计算公式 $\sigma_s = \dfrac{N_k - N_{po}}{A_P + A_s}$ 的物理意义。

9-14　什么是先张法中预应力筋的预应力传递长度 l_{tr}？如何进行计算？

9-15　为什么对预应力混凝土构件的端部锚固区需进行局部受压验算？设计时应满足什么要求？在确定 β_l 时，为何 A_b 和 A_l 不扣除孔道面积？

9-16　预应力混凝土受弯构件正截面的界限相对受压区高度 ξ_b 与钢筋混凝土受弯构件正截面界限相对受压区高度 ξ_b 是否相同？试加以说明。

9-17　预应力混凝土受弯构件在受压区配置预应力筋 A'_p 有什么作用？其对构件的正截面受弯承载力有何影响？

9-18　比较预应力混凝土及钢筋混凝土受弯构件在变形计算中的异同。

9-19　为什么预应力混凝土构件中一般需放置适量的非预应力钢筋？

9-20　为什么预应力混凝土构件可提高构件的抗裂度，但不能提高构件的承载力？

9-21　预应力混凝土构件的主要构造要求有哪些？

9.3.2　选　择　题

9-22　施加预应力的目的是＿＿＿＿。

A. 提高构件的承载力　　　　　　　　B. 提高构件的抗裂度及刚度

C. 提高构件的承载力和抗裂度　　　　D. 对构件强度进行检验

9-23　受力及截面条件相同的钢筋混凝土轴心受拉构件和预应力混凝土轴心受拉构件相比较＿＿＿＿。

A. 后者的抗裂度和刚度大于前者

B. 后者的承载力大于前者

C. 后者的承载力和抗裂度、刚度均大于前者

D. 两者的承载力、抗裂度和刚度相等

9-24　张拉（或放松）预应力筋时，构件的混凝土立方体抗压强度不应低于设计混凝土强度等级值的＿＿＿＿。

A. 70%　　　　　　B. 75%　　　　　　C. 80%　　　　　　D. 100%

9-25　先张法和后张法预应力混凝土构件两者相比，下述论点＿＿＿＿不正确。

A. 先张法工艺简单，只需临时性锚具

B. 先张法适用工厂预制的中、小型构件，后张法适用施工现场制作的大、中型构件

C. 后张法需有台座或钢模张拉钢筋

D. 先张法一般常采用直线钢筋作为预应力筋

9-26 预应力筋的张拉控制应力 σ_{con}，先张法比后张法取值略高的原因是_____。

A. 后张法在张拉钢筋时，混凝土同时产生弹性压缩，张拉设备上所显示的经换算得出的张拉控制应力为已扣除混凝土弹性压缩后的钢筋应力

B. 先张法临时锚具的变形损失大

C. 先张法的混凝土收缩、徐变较后张法大

D. 先张法有温差损失，后张法无此项损失

9-27 为了保证获得必要的预应力效果，避免将张拉控制应力 σ_{con} 定得过小，规范规定，对预应力消除应力钢丝、钢绞线、中强度预应力钢丝的张拉控制应力 σ_{con} 的最低限值不应小于_____。

A. $0.3f_{ptk}$ B. $0.4f_{ptk}$ C. $0.5f_{ptk}$ D. $0.6f_{ptk}$

9-28 如采用预应力筋的 f_{ptk} 相同，控制应力 σ_{con} 均取上限值，下列论述_____不正确。

A. 消除应力钢丝、钢绞线的 σ_{con} 比中强度预应力钢丝小

B. 消除应力钢丝、钢绞线的 σ_{con} 比中强度预应力钢丝大

C. 消除应力钢丝、钢绞线的 σ_{con} 取值相等

D. 消除应力钢丝、钢绞线、预应力螺纹钢筋的 σ_{con} 均不应小于 $0.4f_{ptk}$

9-29 当截面尺寸、配筋、材料强度等级、σ_{con} 及 σ_l 相同时，先张法、后张法预应力轴心受拉构件，预应力筋中的应力 σ_{PeII} _____。

A. 两者相等   B. 先张法大于后张法

C. 先张法小于后张法   D. 应视具体情况判断

9-30 预应力混凝土锚具变形和钢筋内缩预应力损失值 $\sigma_{l1} = aE_s/L$，其中 a 是指_____。

A. 固定端锚具变形和钢筋内缩值

B. 张拉端锚具变形和钢筋内缩值

C. 固定端和张拉端锚具变形和钢筋内缩值之和

D. 固定端和张拉端锚具变形和钢筋内缩值之差

9-31 减少锚具变形和钢筋内缩预应力损失的措施，下列_____是不正确的。

A. 选择变形小的锚具   B. 尽量减少垫板和螺帽数

C. 选择较长的台座   D. 采用超张拉

9-32 为减少混凝土加热养护时受张拉的预应力筋与承受拉力的设备之间温差引起的预应力损失 σ_{l3} 的措施，下列_____是正确的。

A. 增加台座长度和加强锚固

B. 提高混凝土强度等级或采用更高强度的预应力筋

C. 采用二次升温养护或在钢模上张拉预应力筋

D. 采用超张拉

9-33　以下有关预应力筋的应力松弛，_____项是不正确的。

A. 张拉控制应力 σ_{con} 值高，应力松弛大

B. 张拉控制应力 σ_{con} 值高，应力松弛小

C. 预应力钢丝的应力松弛损失值与钢丝的初始应力值和极限强度有关

D. 钢筋的应力松弛开始发展快，以后发展缓慢

9-34　钢筋的应力松弛是指钢筋受力后_____。

A. 钢筋应力保持不变的条件下，其应变会随时间的增长而逐渐增大的现象

B. 钢筋应力保持不变的条件下，其应变会随时间的增长而逐渐降低的现象

C. 钢筋长度保持不变的条件下，钢筋的应力会随时间的增长而逐渐增大的现象

D. 钢筋长度保持不变的条件下，钢筋的应力会随时间的增长而逐渐降低的现象

9-35　后张法预应力混凝土轴心受拉构件，混凝土在受预压前产生的第一批预应力损失 $\sigma_{l\mathrm{I}}$ 和第二批预应力损失 $\sigma_{l\mathrm{II}}$ 分别为_____。

A. $\sigma_{l\mathrm{I}}=\sigma_{l1}+\sigma_{l2}+\sigma_{l3}$；　　　　$\sigma_{l\mathrm{II}}=\sigma_{l4}+\sigma_{l5}$

B. $\sigma_{l\mathrm{I}}=\sigma_{l1}+\sigma_{l2}$；　　　　$\sigma_{l\mathrm{II}}=\sigma_{l4}+\sigma_{l5}+\sigma_{l6}$

C. $\sigma_{l\mathrm{I}}=\sigma_{l1}+\sigma_{l3}+\sigma_{l4}$；　　　　$\sigma_{l\mathrm{II}}=\sigma_{l5}$

D. $\sigma_{l\mathrm{I}}=\sigma_{l1}+\sigma_{l2}+\sigma_{l4}$；　　　　$\sigma_{l\mathrm{II}}=\sigma_{l5}+\sigma_{l6}$

9-36　先张法预应力混凝土轴心受拉构件，混凝土在受预压前产生的第一批预应力损失 $\sigma_{l\mathrm{I}}$ 和预压后产生第二批预应力损失 $\sigma_{l\mathrm{II}}$ 分别为_____。

A. $\sigma_{l\mathrm{I}}=\sigma_{l1}+\sigma_{l2}+\sigma_{l3}$；　　　　$\sigma_{l\mathrm{II}}=\sigma_{l4}+\sigma_{l5}$

B. $\sigma_{l\mathrm{I}}=\sigma_{l1}+\sigma_{l2}$；　　　　$\sigma_{l\mathrm{II}}=\sigma_{l3}+\sigma_{l4}+\sigma_{l5}$

C. $\sigma_{l\mathrm{I}}=\sigma_{l1}+\sigma_{l2}+\sigma_{l3}+\sigma_{l4}$；　　　　$\sigma_{l\mathrm{II}}=\sigma_{l5}$

D. $\sigma_{l\mathrm{I}}=\sigma_{l1}+\sigma_{l2}+\sigma_{l4}$；　　　　$\sigma_{l\mathrm{II}}=\sigma_{l5}+\sigma_{l6}$

9-37　先张法预应力混凝土轴心受拉构件在施工阶段，完成第二批损失后，预应力筋的拉应力 $\sigma_{\mathrm{Pe\,II}}$ 和非预应力钢筋应力 $\sigma_{\mathrm{s\,II}}$ 的值等于_____。

A. $\sigma_{\mathrm{Pe\,II}}=\sigma_{con}-\sigma_l$；　　　　$\sigma_{\mathrm{s\,II}}=\alpha_E\sigma_{\mathrm{Pc\,II}}+\sigma_{l5}$

B. $\sigma_{\mathrm{Pe\,II}}=\sigma_{con}-\sigma_l$；　　　　$\sigma_{\mathrm{s\,II}}=\alpha_E\sigma_{\mathrm{Pc\,II}}-\sigma_{l5}$

C. $\sigma_{\mathrm{Pe\,II}}=\sigma_{con}-\sigma_l+\alpha_E\sigma_{\mathrm{Pc\,II}}$；　　$\sigma_{\mathrm{s\,II}}=\alpha_E\sigma_{\mathrm{Pc\,II}}-\sigma_{l5}$

D. $\sigma_{\mathrm{Pe\,II}}=\sigma_{con}-\sigma_l-\alpha_E\sigma_{\mathrm{Pc\,II}}$；　　$\sigma_{\mathrm{s\,II}}=\alpha_E\sigma_{\mathrm{Pc\,II}}+\sigma_{l5}$

9-38　先张法预应力混凝土轴心受拉构件在施工阶段，完成第二批损失后，混凝土所获得的有效预压应力值 $\sigma_{\mathrm{Pc\,II}}$ 等于_____。

A. $\sigma_{\mathrm{Pc\,II}}=(\sigma_{con}-\sigma_l)A_P/A_0$

B. $\sigma_{\mathrm{Pc\,II}}=[(\sigma_{con}-\sigma_l)A_P-\sigma_{l5}A_s]/A_0$

C. $\sigma_{\mathrm{Pc\,II}}=[(\sigma_{con}-\sigma_l)A_P+\sigma_{l5}A_s]/A_0$

D. $\sigma_{\mathrm{Pc\,II}}=(\sigma_{con}-\sigma_l)A_P/A_n$

9-39　先张法预应力混凝土轴心受拉构件，当截面处于消压状态时，这时预应力筋的拉应力 σ_{P0} 的值为_____。

A. $\sigma_{con}-\sigma_l$　　　　　　　　　B. $\sigma_{con}-\sigma_l+\alpha_E\sigma_{\mathrm{Pc\,II}}$

C. $\sigma_{con}-\sigma_l-\alpha_E\sigma_{\mathrm{Pc\,II}}$　　　　　D. 0

9-40　预应力混凝土轴心受拉构件当混凝土法向应力等于零时（截面处于消压状态），

全部纵向预应力筋和非预应力钢筋的合力 N_0 等于_____。

  A. 先张法 $N_0 = (\sigma_{con} - \sigma_l)A_P - \sigma_{l5}A_s$，后张法 $N_0 = (\sigma_{con} - \sigma_l + \alpha_E\sigma_{PcII})A_P - \sigma_{l5}A_s$

  B. 先张法 $N_0 = (\sigma_{con} - \sigma_l + \alpha_E\sigma_{PcII})A_P - \sigma_{l5}A_s$，后张法 $N_0 = (\sigma_{con} - \sigma_l)A_P - \sigma_{l5}A_s$

  C. 先张法和后张法均为 $N_0 = (\sigma_{con} - \sigma_l)A_P - \sigma_{l5}A_s$

  D. 先张法 $N_0 = (\sigma_{con} - \sigma_l)A_0$，后张法 $N_0 = (\sigma_{con} - \sigma_l)A_n$

  9-41　先张法预应力混凝土轴心受拉构件的开裂荷载 N_{cr} 为_____。

  A. $(\sigma_{PcII} - f_{tk})A_0$　　　　　　　　B. $\sigma_{PcII}A_0$

  C. $f_{tk}A_0$　　　　　　　　　　　　D. $(\sigma_{PcII} + f_{tk})A_0$

  9-42　后张法预应力混凝土轴心受拉构件在施工阶段，完成第二批损失后，预应力筋的拉应力 σ_{PeII} 及非预应力钢筋的应力 σ_{sII} 的值等于_____。

  A. $\sigma_{PeII} = \sigma_{con} - \sigma_l$　　　　　　　　$\sigma_{sII} = \alpha_E\sigma_{PcII}$

  B. $\sigma_{PeII} = \sigma_{con} - \sigma_l - \alpha_E\sigma_{PcII}$　　　$\sigma_{sII} = \alpha_E\sigma_{PcII}$

  C. $\sigma_{PeII} = \sigma_{con} - \sigma_l$　　　　　　　　$\sigma_{sII} = \alpha_E\sigma_{PcII} + \sigma_{l5}$

  D. $\sigma_{PeII} = \sigma_{con} - \sigma_l + \alpha_E\sigma_{PcII}$　　　$\sigma_{sII} = \alpha_E\sigma_{PcII} - \sigma_{l5}$

  9-43　后张法预应力混凝土轴心受拉构件在施工阶段，完成第二批损失后，混凝土所获得的有效预压力 σ_{PcII} 等于_____。

  A. $\sigma_{PcII} = (\sigma_{con} - \sigma_l)A_P/A_0$

  B. $\sigma_{PcII} = [(\sigma_{con} - \sigma_l)A_P - \sigma_{l5}A_s]/A_0$

  C. $\sigma_{PcII} = [(\sigma_{con} - \sigma_l)A_P - \sigma_{l5}A_s]/A_n$

  D. $\sigma_{PcII} = [(\sigma_{con} - \sigma_l)A_P + \sigma_{l5}A_s]/A_n$

  9-44　后张法预应力混凝土轴心受拉构件，当截面处于消压状态时，这时预应力筋的拉应力 σ_{P0} 的值为_____。

  A. $\sigma_{con} - \sigma_l$　　　　　　　　　　B. $\sigma_{con} - \sigma_l + \alpha_E\sigma_{PcII}$

  C. $\sigma_{con} - \sigma_l - \alpha_E\sigma_{PcII}$　　　　　D. 0

  9-45　截面尺寸、配筋、材料强度等级、σ_{con}、σ_l 等条件相同的先张法及后张法预应力轴心受拉构件的预应力筋的有效预应力 σ_{PeII}，下列_____是正确的。

  A. 先张法的 σ_{PeII} 比后张法多 $\alpha_E\sigma_{PcII}$

  B. 先张法的 σ_{PeII} 比后张法少 $\alpha_E\sigma_{PcII}$

  C. 先张法和后张法的 σ_{PeII} 相等

  D. 先张法的 σ_{PeII} 比后张法的少 $\alpha_E\sigma_{PcI}$

  9-46　后张法预应力混凝土轴心受拉构件的开裂荷载 N_{cr} 为_____。

  A. $(\sigma_{PcII} - f_{tk})A_0$　　　　　　　　B. $\sigma_{PcII}A_0$

  C. $f_{tk}A_0$　　　　　　　　　　　　D. $(\sigma_{PcII} + f_{tk})A_0$

  9-47　轴心受拉构件张拉（或放松）预应力筋时，混凝土的预压应力应符合 $\sigma_{cc} \leqslant 0.8f'_{ck}$，其中 σ_{cc} 等于_____。

  A. 先张法 $(\sigma_{con} - \sigma_l)A_P/A_0$，后张法 $(\sigma_{con} - \sigma_l)A_P/A_n$

  B. 先张法 $\sigma_{con}A_P/A_0$，后张法 $(\sigma_{con} - \sigma_l)A_P/A_0$

  C. 先张法 $(\sigma_{con} - \sigma_{lI})A_P/A_0$，后张法 $\sigma_{con}A_P/A_0$

  D. 先张法 $(\sigma_{con} - \sigma_{lI})A_P/A_0$，后张法 $\sigma_{con}A_P/A_n$

9-48 后张法预应力混凝土构件端部锚固区局部承压验算时，局部受压面上作用的局部荷载或局部压力设计值 F_l 的取值为_____。

A. $1.2(\sigma_{con}-\sigma_{l2})A_P$ B. $(\sigma_{con}-\sigma_{l2})A_P$

C. $\sigma_{con}A_P$ D. $1.2\sigma_{con}A_P$

9-49 对一般要求不出现裂缝的预应力构件在荷载标准组合下，混凝土受拉边缘应力应符合下列_____项的规定。

A. $\sigma_{ck}-\sigma_{Pe\,II}\leqslant 0$

B. $\sigma_{ck}-\sigma_{Pc\,II}\leqslant f_{tk}$

C. $\sigma_{ck}-\sigma_{Pc\,II}\leqslant 0$

D. $\sigma_{ck}-\sigma_{Pc\,II}> 0$

9-50 使用阶段允许开裂的三级预应力轴心受拉构件其最大裂缝宽度 w_{max} 的计算公式中，纵向受拉钢筋的等效应力 σ_{sk} 的计算公式为_____。

A. $(N_K-N_{P0})/A_P+A_S$ B. $(N_K+N_{P0})/A_P+A_S$

C. $(N_K-N_{P0})/A_0$ D. N_K/A_0

9-51 在一类环境下的预应力混凝土屋架、托架、双向板体系等，其最大裂缝宽度 w_{max} 的限值为_____。

A. 0.4mm B. 0.3mm C. 0.2mm D. 不允许有裂缝

9-52 使用阶段允许开裂的三级预应力轴心受拉构件，其最大裂缝宽度 w_{max} 的计算公式中，裂缝间纵向受拉钢筋应变不均匀系数 ψ 取值的范围为_____。

A. 0.1～1.2 B. 0.3～0.8 C. 0.2～1.0 D. 0.4～1.0

9-53 对构件的纵向钢筋施加预拉力后，在下列论述中_____是不正确的。

A. 可提高构件斜截面受剪承载力

B. 可提高构件正截面受弯承载力

C. 可提高剪扭构件的受剪承载力和受扭承载力

D. 可提高构件的受冲切承载力

9-54 预应力混凝土构件，当采用中强度预应力钢丝，超张拉，张拉控制应力 $\sigma_{con}=735\text{N}/\text{mm}^2$，$f_{ptk}=1470\text{N}/\text{mm}^2$，则预应力筋的应力松弛 σ_{l4} 值为_____。

A. $36.75\text{N}/\text{mm}^2$ B. 0 C. $22.05\text{N}/\text{mm}^2$ D. $58.8\text{N}/\text{mm}^2$

9-55 后张法预应力混凝土受弯构件在计算混凝土收缩、徐变引起的预应力损失（σ_{l5}、σ'_{l5}）计算公式中，计算 σ_{Pc} 及 σ'_{Pc} 时，应考虑的预应力损失项为_____。

A. σ_{l1} B. $\sigma_{l1}+\sigma_{l2}+\sigma_{l4}$

C. $\sigma_{l1}+\sigma_{l2}+\sigma_{l3}+\sigma_{l4}$ D. $\sigma_{l1}+\sigma_{l2}$

9-56 后张法预应力混凝土受弯构件，当使用荷载的作用大小恰使截面受拉区预应力筋合力点处的混凝土预压应力减少至零时，此时受拉区预应力筋在合力点处的应力计算公式为_____。

A. $\sigma_{Po}=\sigma_{con}-\sigma_{l\,II}+\alpha_E\sigma_{Pc\,II}$ B. $\sigma_{Po}=\sigma_{con}-\sigma_{l\,I}+\alpha_E\sigma_{PcI}$

C. $\sigma_{Po}=\sigma_{con}-\sigma_l+\alpha_E\sigma_{Pc\,II}$ D. $\sigma_{Po}=\sigma_{con}-\sigma_l-\alpha_E\sigma_{Pc\,II}$

9-57 对施工阶段预拉区允许出现拉应力的后张法预应力混凝土受弯构件，预拉区纵向钢筋的配筋率不应小于_____。

A. $0.0015\left(\dfrac{A'_s+A'_p}{A}\right)$

B. $0.0015\left(\dfrac{A'_s}{A}\right)$

C. $0.002\left(\dfrac{A'_s+A'_p}{A}\right)$

D. $0.0015\left(\dfrac{A'_s+A'_p}{A}\right)\sim 0.002\left(\dfrac{A'_s+A'_p}{A}\right)$ 之间

9.3.3 判 断 题

9-58　对截面、钢材和混凝土材性等条件相同的钢筋混凝土轴心受拉构件和预应力混凝土轴心受拉构件，两者的抗裂度是相等的。（　　）

9-59　对构件合理施加预应力，可提高构件的刚度和抗裂度，并能延迟裂缝的出现。（　　）

9-60　采用钢绞线、钢丝、预应力螺纹钢筋作预应力筋的构件，混凝土强度等级不应低于C30。（　　）

9-61　提高混凝土构件的抗裂度，主要取决于钢筋的预拉应力值，而要建立较高的预应力值，就必须采用较高强度等级的钢筋和混凝土。（　　）

9-62　预应力筋中张拉控制应力 σ_{con} 愈大，钢筋的应力松弛损失值愈大。（　　）

9-63　后张法有粘结预应力混凝土构件，是先在构件中预留孔道，待预应力筋张拉完毕锚固后，用压力灌浆将预留孔填实。后张法无粘结预应力混凝土构件的预应力筋需要涂以沥青、油脂或其他润滑防锈材料，不需要在构件中留空、穿束和灌浆。（　　）

9-64　后张法施工的预应力混凝土构件，其预应力是通过钢筋与混凝土之间的粘结力来传递的。（　　）

9-65　对于先张法和后张法的预应力混凝土构件，若张拉控制应力 σ_{con} 和预应力损失值 σ_l 相同时，则后张法所建立的钢筋有效预应力比先张法的大。（　　）

9-66　张拉控制应力 σ_{con} 的限值，应考虑钢筋种类及预应力筋张拉方法等因素，并按钢筋强度的设计值确定。（　　）

9-67　混凝土的徐变是指混凝土受力后，在应力保持不变的条件下，其应变会随时间的增长而逐渐增大的现象。（　　）

9-68　超张拉是指张拉值超过预应力筋的张拉控制应力值 σ_{con}，而不是指张拉控制应力值 σ_{con} 超过预应力筋的强度标准值。（　　）

9-69　如 σ_{Pc} 和 f'_{cu} 的值相等时，由混凝土收缩、徐变引起的预应力损失值 σ_{l5}，后张法的比先张法的大。（　　）

9-70　对预应力筋进行超张拉，则可以减小预应力筋的温差损失。（　　）

9-71　预应力混凝土构件计算中，要求先张法预应力的总损失值不应小于 $100N/mm^2$。（　　）

9-72　由混凝土收缩和徐变引起的预应力损失值 σ_{l5} 计算公式中的 σ_{Pc}/f'_{cu} 值不得大于0.5，主要是考虑 $\sigma_{Pc}/f'_{cu}>0.5$ 时，混凝土会发生非线性徐变致使混凝土徐变引起的预应力损失将大幅度增加。（　　）

9-73　预应力螺纹钢筋的应力松弛比消除应力钢丝、钢绞线的大。（　　）

9-74　对一般要求不出现裂缝的预应力轴心受拉构件，在荷载标准组合下，允许存在拉应力，但要求拉应力的大小不大于 f_{tk}。（　　）

9-75　对严格要求不出现裂缝的预应力混凝土轴心受拉构件，应满足在荷载的准永久组合下，$\sigma_{cq} - \sigma_{Pc} \leqslant 0$。（　　）

9-76　对环境类别为二 a 类，使用阶段允许开裂的预应力混凝土轴心受拉构件，其最大裂缝宽度 w_{max} 应小于 0.2mm。（　　）

9-77　预应力混凝土受弯构件的抗裂弯矩比钢筋混凝土受弯构件的抗裂弯矩大，其增大值为 $\sigma_{PcII} \cdot W_o$。（　　）

9-78　预应力对受弯构件的受剪承载力起到有利作用，因为预压应力能阻滞斜裂缝的出现和开展，增加混凝土剪压区的高度，从而提高混凝土剪压区所承担的剪力。（　　）

9-79　对预应力混凝土连续梁和允许出现裂缝的预应力混凝土简支梁，施加预应力所提高的受剪承载力设计值可统一考虑为 $V_P = 0.05 N_{P0}$。（　　）

9-80　在预应力混凝土受弯构件挠度计算中，应考虑预应力长期作用对构件反拱值增大的影响，并在计算中按扣除全部预应力损失后的情况考虑。（　　）

9-81　后张法预应力混凝土现浇梁中，预应力钢丝束、钢绞线束的预留孔道在水平方向的净间距不宜小于 1.5 倍的孔道外径，且不应小于粗骨料粒径的 1.25 倍，在竖直方向的净间距不应小于孔道外径。（　　）

9-82　对后张法预应力混凝土现浇梁，从孔道外壁至构件边缘的净间距，通常在梁底不宜小于 50mm，梁侧不宜小于 40mm。（　　）

9.4　计算题及解题指导

9.4.1　例　题　精　解

【例题 9-1】24m 后张法预应力混凝土拉杆，如图 9-1 所示。混凝土采用 C60（$E_c = 3.60 \times 10^4 \text{N/mm}^2$），截面 280mm×180mm，每个孔道布置 4 束 $\Phi^s 1 \times 7$，公称直径 $d = 12.7\text{mm}$（$A_P = 789.6 \text{mm}^2$）普通松弛钢绞线，$f_{ptk} = 1860\text{N/mm}^2$，非预应力钢筋采用 HRB335（$f_y = 300\text{N/mm}^2$），4 Φ 12（$A_s = 452 \text{mm}^2$），采用后张法一端张拉钢筋，张拉控制应力 $\sigma_{con} = 0.75 f_{ptk}$，孔道直径为 45mm，采用夹片式锚具，钢管抽芯成型，混凝土强度达到设计强度的 80% 时施加预应力。

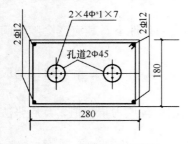

图 9-1　例题 9-1 中的图

求：（1）净截面面积 A_n；换算截面面积 A_0。

（2）预应力的总损失值为多少？

【解】1. 求净截面面积 A_n、换算截面面积 A_0

预应力 $\alpha_{E1} = E_{s1}/E_c = 1.95 \times 10^5 / 3.60 \times 10^4 = 5.42$

非预应力 $\alpha_{E2} = E_{s2}/E_c = 2.0 \times 10^5 / 3.60 \times 10^4 = 5.56$

$A_n = A_c + \alpha_{E2} A_s = 280 \times 180 - 2 \times \pi/4 \times 45^2 - 452 + 5.56 \times 452 = 49280 \text{mm}^2$

$$A_0 = A_n + a_{E1}A_P = 49280 + 5.42 \times 789.6 = 53560 \text{mm}^2$$

张拉控制应力 $\sigma_{con} = 0.75 f_{ptk} = 0.75 \times 1860 = 1395 \text{N/mm}^2$

2. 计算第一批预应力损失

1) 锚具变形和预应力筋内缩的损失 σ_{l1}

夹片式锚具变形和钢筋内缩值，$a = 5 \text{mm}$，构件长 24m。

$$\sigma_{l1} = (a/L)E_{s1} = (5/24000) \times 1.95 \times 10^5 \text{N/mm}^2 = 40.63 \text{N/mm}^2$$

2) 孔道摩擦损失 σ_{l2}

$$\sigma_{l2} = \sigma_{con}(\mu\theta + kx) = 1395 \times (0 + 0.0014 \times 24) = 46.87 \text{mm}^2$$

第一批预应力损失 $\sigma_{l1} = \sigma_{l1} + \sigma_{l2} = 40.63 + 46.87 = 87.5 \text{mm}^2$

3. 计算第二批预应力损失

1) 预应力筋的应力松弛损失 σ_{l4}

普通松弛

$$\sigma_{l4} = 0.4(\sigma_{con}/f_{ptk} - 0.5)\sigma_{con} = 0.4 \times (1395/1860 - 0.5) \times 1395 = 139.5 \text{mm}^2$$

2) 混凝土收缩和徐变损失 σ_{l5}

$$\sigma_{Pc I} = (\sigma_{con} - \sigma_{l1})A_P/A_n = (1395 - 87.5) \times 789.6/49280 = 20.95 \text{N/mm}^2$$

$$f'_{cu} = 0.8 \times 60 = 48 \text{N/mm}^2 \text{；} \sigma_{Pc I}/f'_{cu} = 20.95/48 = 0.44 < 0.5$$

$$\rho = (A_P + A_s)/(2A_n) = (789.6 + 452)/(2 \times 49280) = 0.013$$

$$\sigma_{l5} = (55 + 300\sigma_{Pc}/f'_{cu})/(1 + 15\rho)$$
$$= (55 + 300 \times 0.44)/(1 + 15 \times 0.013)$$
$$= 156.49 \text{N/mm}^2$$

第二批预应力损失：$\sigma_{l II} = \sigma_{l4} + \sigma_{l5} = 139.5 + 156.49 = 296 \text{N/mm}^2$

4. 预应力总损失

$$\sigma_l = \sigma_{l1} + \sigma_{l II} = 87.5 + 296 = 383.5 \text{N/mm}^2 > 80 \text{N/mm}^2$$

【例题 9-2】 截面尺寸、配筋及材料强度同【例题 9-1】。该构件处于一类环境下。永久荷载标准值 $N_{Gk} = 650 \text{kN}$，可变荷载标准值 $N_{Qk} = 200 \text{kN}$，为允许出现裂缝的构件，其最大裂缝宽度 w_{max} 为多少？

【解】 1. 计算混凝土有效预压应力 $\sigma_{Pc II}$

$$\sigma_{Pc II} = [(\sigma_{con} - \sigma_l)A_P - \sigma_{l5}A_s]/A_n$$
$$= [(1395 - 383.5) \times 789.6 - 156.49 \times 452]/49280$$
$$= 14.77 \text{N/mm}^2$$

2. 换算截面面积

$A_0 = 53560 \text{mm}^2$（见【例题 9-1】）。

3. 计算最大裂缝宽度 w_{max}

1) 纵向钢筋的等效拉应力

$$\sigma_{P0} = \sigma_{con} - \sigma_l + \alpha_{E1}\sigma_{Pc II} = 1395 - 383.5 + 5.42 \times 14.77 = 1092 \text{N/mm}^2$$

$$N_{P0} = \sigma_{P0} \times A_P - \sigma_{l5} \times A_s = 1092 \times 789.6 - 156.49 \times 452 = 791.51 \times 10^3 \text{kN}$$

$$\sigma_{sk} = (N_k - N_{p0})/(A_p + A_s) = (850 - 791.51) \times 10^3/(789.6 + 452) = 47.11 \text{N/mm}^2$$

2) 裂缝间纵向受拉钢筋应变不均匀系数

$$A_{te} = 280 \times 180 = 50400 \text{mm}^2$$

$$\rho_{\text{te}} = (A_P + A_s)/A_{\text{te}} = (789.6 + 452)/50400 = 0.025$$

$$\psi = 1.1 - [(0.65 \times f_{\text{tk}})/\rho_{\text{te}}\sigma_{\text{sk}}]$$

$$= 1.1 - [(0.65 \times 2.85)/(0.025 \times 47.11)] = -0.47 < 0.2, \text{取} \psi = 0.2。$$

3）最大裂缝宽度

$$d_{\text{eq}} = d/\nu_i = 12.7/0.5 = 25.4\text{mm}$$

$$w_{\max} = a_{\text{cr}}\psi \frac{\sigma_s}{E_s}\left(1.9c_s + 0.08\frac{d_{\text{ep}}}{\rho_{\text{te}}}\right)$$

$$= 2.2 \times 0.2 \times (47.11/1.95 \times 10^5) \times [1.9 \times 20 + (0.08 \times 25.4)/0.025]$$

$$= 0.013\text{mm} < 0.2\text{mm}, \text{满足要求。}$$

【**例题 9-3**】试对某 21m 预应力混凝土屋架的下弦杆，如图 9-2 所示，进行使用阶段的承载力和抗裂度验算，以及施工阶段放松预应力筋时的承载力验算。设计条件见表 9-1。

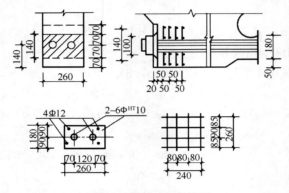

图 9-2　例题 9-3 中的图

设计条件　　　　　　　　　　　　　　　　　　　　　　　　　　　　表 9-1

材料	混凝土	预应力筋	非预应力钢筋
等级	C40	消除应力钢丝（螺旋肋）	HRB400
截面面积（mm²）	260×180 孔道 $2\phi 50$	两束，每束 $7\phi^H 9, A_p = 890$	$4\Phi 12$ $A_s = 452$
材料强度 （N/mm²）	$f_{\text{ck}} = 26.8 \quad f_c = 19.1$ $f_{\text{tk}} = 2.39 \quad f_t = 1.71$	$f_{\text{ptk}} = 1470$ $f_{\text{py}} = 1040$	$f_{\text{yk}} = 400$ $f_y = 360$
弹性模量（N/mm²）	3.25×10^4	2.05×10^5	2.0×10^5
张拉工艺	后张法，一端一次张拉，采用夹片式锚具（有顶压），孔道为预埋钢管		
张拉控制应力 σ_{con}	$\sigma_{\text{con}} = 0.65 f_{\text{ptk}} = 0.65 \times 1470 = 956\text{N/mm}^2$		
张拉时混凝土强度	$f'_{\text{cu}} = 40\text{N/mm}^2$		
下弦杆内力	永久荷载标准值产生的轴向拉力 $N_{\text{Gk}} = 550\text{kN}$ 可变荷载标准值产生的轴向拉力 $N_{\text{qk}} = 160\text{kN}$ 可变荷载准永久值系数为 0.4		
结构重要性系数	$\gamma_0 = 1.1$，环境类别为二 a 类，裂缝控制等级为二级		

【解】

1. 使用阶段承载力计算

$$N = 1.3N_{Gk} + 1.5N_{Qk} = 1.3 \times 550 + 1.5 \times 160 = 955kN$$

$$< f_{Py}A_P + f_{Py}A_s = 1040 \times 890 + 360 \times 452 = 1088kN，满足要求。$$

2. 使用阶段抗裂度验算

1）截面几何特征

预应力 $a_{E1} = E_{s1}/E_c = 2.05 \times 10^5/(3.25 \times 10^4) = 6.31$

非预应力 $a_{E2} = E_{s2}/E_c = 2.0 \times 10^5/(3.25 \times 10^4) = 6.15$

$$A_n = A_c + a_{E2}A_s = 260 \times 180 - 2 \times \pi/4 \times 50^2 - 452 + 6.15 \times 452 = 45201mm^2$$

$$A_0 = A_n + a_{E1}A_P = 45201 + 6.31 \times 890 = 50817mm^2$$

2）预应力损失

（1）计算第一批预应力损失

① 锚具变形和钢筋内缩的损失 σ_{l1}

采用夹片式锚具，其变形和钢筋内缩值 $a = 5mm$，构件长 21m。

$$\sigma_{l1} = (a/L)E_s = (5/21000) \times 2.05 \times 10^5 N/mm^2 = 48.81N/mm^2$$

② 孔道摩擦损失 σ_{l2}

$$\sigma_{l2} = \sigma_{con}(\mu\theta + kx) = 956 \times (0 + 0.001 \times 21) = 20.08mm^2$$

第一批预应力损失 $\sigma_{lI} = \sigma_{l1} + \sigma_{l2} = 48.81 + 20.08 = 68.89 \ mm^2$

（2）计算第二批预应力损失

① 预应力筋的应力松弛损失 σ_{l4}

普通松弛

$$\sigma_{l4} = 0.4\left(\frac{\sigma_{con}}{f_{ptk}} - 0.5\right)\sigma_{con} = 0.4 \times \left(\frac{956}{1470} - 0.5\right) \times 956 = 57.49N/mm^2$$

② 混凝土收缩和徐变损失 σ_{l5}

$$\sigma_{PcI} = (\sigma_{con} - \sigma_{l1})A_P/A_n = (956 - 68.89) \times 890/45201 = 17.47N/mm^2$$

$$f'_{cu} = 0.8 \times 60 = 48N/mm^2 \qquad \sigma_{PcI}/f'_{cu} = 17.47/40 = 0.44$$

$$\rho = (A_p + A_s)/(2A_n) = (890 + 452)/(2 \times 45201) = 0.015$$

$$\sigma_{l5} = (55 + 300\sigma_{Pc}/f'_{cu})/(1 + 15\rho)$$

$$= (55 + 300 \times 0.44)/(1 + 15 \times 0.015) = 152.65N/mm^2$$

第二批损失：$\sigma_{lII} = \sigma_{l4} + \sigma_{l5} = 57.49 + 152.65 = 210.14N/mm^2$

总损失：$\sigma_l = \sigma_{lI} + \sigma_{lII} = 68.89 + 210.14 = 279.03N/mm^2 > 80N/mm^2$

3）正截面抗裂度试验算

（1）混凝土有效预压应力

$$\sigma_{PII} = \sigma_{con} - \sigma_l = 956 - 279.03 = 676.97N/mm^2$$

$$N_{PII} = \sigma_{PII}A_P - \sigma_{l5}A_s = 676.97 \times 890 - 152.65 \times 452 = 533505N/mm^2$$

$$\sigma_{PcII} = \frac{(\sigma_{con} - \sigma_l)A_P - \sigma_{l5}A_s}{A_n} = 533505/45201 = 11.8N/mm^2$$

（2）在荷载标准组合下

$$\sigma_{ck} = N_k/A_0 = (550+160)\times 10^3/50817 = 13.97\text{N/mm}^2$$

$\sigma_{ck} - \sigma_{PcII} = 13.97 - 11.8 = 2.17\text{N/mm}^2 < f_{tk} = 2.39\text{N/mm}^2$，满足要求。

（3）在荷载准永久组合下

$$\sigma_{cq} = N_q/A_0 = (550+0.5\times 160)\times 10^3/50817 = 12.4\text{N/mm}^2$$

$\sigma_{cq} - \sigma_{PcII} = 12.4 - 11.8 = 0.6\text{N/mm}^2 < f_{tk} = 2.39\text{N/mm}^2$，满足要求。

4）施工阶段验算

按张拉端考虑：

$$\sigma_{ce} = \sigma_{con}A_P/A_n = 956\times 890/45201$$
$$= 18.82\text{N/mm}^2 < 0.8f'_{ck} = 0.8\times 26.8 = 21.44\text{N/mm}^2，满足要求。$$

5）锚具下局部受压验算

（1）计算参数

采用夹片式锚具，直径为100mm，垫板厚20mm。

锚具下混凝土局部受压面积 A_l 可按压力 F_l 从锚具边缘在垫板中按45°扩散的面积计算。为简化计算，在计算混凝土局部受压面积 A_l 时，近似可按图9-2两实线所围的面积代替两个圆面积：

$$A_l = 260\times(100+2\times 20) = 36400\text{mm}$$

锚具下混凝土局部受压底面积：$A_b = 260\times(140+2\times 70) = 72800\text{mm}$

混凝土局部受压净面积：$A_{ln} = 36400 - 2\times\pi/4\times 50^2 = 32473\text{mm}$

$$\beta_l = \sqrt{\frac{A_b}{A_l}} = \sqrt{\frac{72800}{36400}} = 1.41$$

（2）局部受压区截面尺寸验算

$$F_l = 1.2\sigma_{con}A_P = 1.2\times 956\times 890 = 1021008\text{N} = 1021\text{kN}$$

$< 1.35\beta_c\beta_l f_c A_{ln} = 1.35\times 1\times 1.41\times 19.1\times 32473 = 1180616\text{N} = 1181\text{kN}$，满足要求。

（3）局部受压承载力计算

间接网片采用4片焊接网片，间距 $s = 50\text{mm}$，$l_1 = 240\text{mm}$，$l_2 = 260\text{mm}$

$A_{cor} = 240\times 260 = 62400\text{mm} < A_b = 72800\text{mm}$，$A_{cor} > A_l = 36400\text{mm}$

$$\beta_{cor} = \sqrt{\frac{A_{cor}}{A_l}} = \sqrt{\frac{62400}{36400}} = 1.31$$

$\rho_V = (nA_{s1}l_1 + nA_{s2}l_2)/(A_{cor}s) = (4\times 50.3\times 240 + 4\times 50.3\times 260)/(62400\times 50)$

$= 0.032$

$0.9(\beta_c\beta_l f_c + 2a\rho_V\beta_{cor}f_y)A_{ln}$

$= 0.9(1.0\times 1.41\times 19.1 + 2\times 1.0\times 0.032\times 1.31\times 360)\times 32473$

$= 1664\times 10^3\text{N} = 1664\text{kN} > F_l = 1021\text{kN}$，满足要求。

【例题9-4】某15m跨有粘结后张预应力混凝土T形截面楼面梁，支承按简支考虑，横截面尺寸如图9-3所示。荷载作用下的跨中最大弯矩值和支座受剪控制截面的剪力值分别为：

跨中 $M_k = 1364\text{kN·m}$（标准值），其中自重引起的 $M_{Gk} = 351.56\text{kN·m}$；$M = 1839.4\text{kN·m}$（设计值）；支座 $V_K = 363.8\text{kN}$（标准值）；$V = 490.5\text{kN}$（设计值）。混凝土

采用 C40 级；预应力筋采用 1×7 Φ^s（公称直径 15.2mm，公称截面面积 140mm²）低松弛钢绞线，$f_{ptk} = 1860\text{N}/\text{mm}^2$，张拉控制应力取 $\sigma_{con} = 0.75 f_{ptk} = 1395\text{N}/\text{mm}^2$，$f_{py} = 1320\text{N}/\text{mm}^2$。非预应力钢筋采用 HRB400，$f_{yk} = 400\text{N}/\text{mm}^2$，$f_y = 360\text{N}/\text{mm}^2$。裂缝控制按一级要求验算。要求计算（或验算）该梁的正截面承载力，正截面抗裂、斜截面抗裂及斜截面受剪承载力。

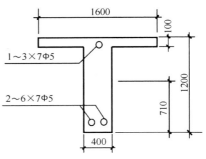

图 9-3 例题 9-4 中的图

【解】

1. 梁截面几何特征（先按毛截面计算 A、I 和 W）

截面面积：$A = 400 \times 1200 + (1600 - 400) \times 100 = 6 \times 10^5 \text{ mm}^2$

截面形心轴至底边的距离：

$$y = \frac{400 \times 1200 \times 600 + (1600 - 400) \times 100 \times 1150}{6 \times 10^5} = 710\text{mm}$$

截面惯性矩：

$$I = \frac{400 \times 1200^3}{12} + (400 \times 1200) \times (710 - 600)^2$$
$$+ \frac{1200 \times 100^3}{12} + (1200 \times 100)(490 - 50)^2 = 8.67 \times 10^{10} \text{ mm}^4$$

截面底边缘弹性抵抗矩：$W = \dfrac{I}{y} = \dfrac{8.67 \times 10^{10}}{710} = 1.22 \times 10^8 \text{ mm}^3$

2. 预应力筋用量估计

设 $A'_P = \dfrac{1}{5} A_P$，$a_P = 90\text{mm}$，$a'_P = 80\text{mm}$，

则跨中截面预应力筋合力中心至截面底边缘的距离可近似按下式计算：

$$\frac{A_P \times 90 + A'_P (1200 - 80)}{A_P + A'_P} = \frac{90 + \dfrac{1}{5} \times 1120}{\dfrac{6}{5}} = 261.67\text{mm}$$

故预应力筋合力点的偏心距为：$e_p = 710 - 261.67 = 448.33\text{mm}$（近似值）

按正截面抗裂控制要求估计有效预压力 $N_{P\text{II}}$：

在使用弯矩 M 作用下，截面受拉边缘的拉应力 $\sigma = \dfrac{M}{W} = \sigma_{pc\text{II}} + \sigma_{tk}$，令 $\sigma_{tk} = 0$（按一级裂缝控制要求）则有：

$$\frac{M}{W} = \frac{N_{P\text{II}}}{A} + \frac{N_{P\text{II}} e_p}{I} y$$

$$N_{P\text{II}} = \frac{\dfrac{M}{W}}{\dfrac{1}{A} + \dfrac{e_p}{W}} = \frac{\dfrac{1364 \times 10^6}{1.22 \times 10^8}}{\dfrac{1}{6 \times 10^5} + \dfrac{448.33}{1.22 \times 10^8}} = 2094 \times 10^3 \text{N} = 2094\text{kN}$$

设预应力筋的总损失为 $\sigma_l = 0.2\sigma_{con}$，则估算的总预应力筋截面积为：

$$A_P + A'_P = \frac{N_{P\text{II}}}{\sigma_{con} - 0.2\sigma_{con}} = \frac{2094 \times 10^3}{0.8 \times 1395} = 1876.34 \text{ mm}^2$$

$$A_P = \frac{5}{6}(A_P + A'_P) = \frac{5}{6} \times 1876.34 = 1563.62 \text{ mm}^2$$

$$A'_P = \frac{1}{6}(A_P + A'_P) = \frac{1}{6} \times 1876.34 = 312.72 \text{ mm}^2$$

$$A_P \text{ 根数} = \frac{1563.62}{140} = 11.17，选用 2 束 6 \Phi^s 15.2 = 1680 \text{mm}^2$$

$$A'_P \text{ 根数} = \frac{312.72}{140} = 2.23，选用 1 束 3 \Phi^s 15.2 = 420 \text{mm}^2$$

采用夹片式锚具（无顶压），预留孔道采用预埋金属波纹管，$6\Phi^s 15.2$ 钢绞线束的预留孔道直径为 70mm，$3\Phi^s 15.2$ 钢绞线束的预留孔道直径为 45mm，预应力筋布置为，梁底部采用 2 束抛物线形预应力筋，其矢高为 $e_0 = 710 - 90 = 620$mm，梁顶部采用 1 束直线预应力筋（梁宽 $= 400$mm $> 40 + 70 + (1.5 \times 70) + 70 + 40 = 325$mm，端部垫板尺寸，对 $6\Phi^s 15.2$ 为 210mm$\times$210mm，对 $3\Phi^s 15.2$ 为 135mm$\times$135mm）。

3. 正截面承载力计算（确定非预应力钢筋用量）

混凝土 C40　　$f_c = 19.1\text{N/mm}^2$，$f_t = 1.71\text{N/mm}^2$

钢绞线　　　$f_{py} = 1320\text{N/mm}^2$，$f'_{py} = 390\text{N/mm}^2$

HRB400　$f_y = 360\text{N/mm}^2$，$f'_y = 360\text{N/mm}^2$

取 $a_P = 90$mm，$a'_P = 80$mm，$h_0 = 1200 - 90 = 1110$mm。

由 ξ_b 计算公式得：

$$\xi_b = \frac{\beta_1}{1 + \dfrac{0.002}{\varepsilon_{cu}} + \dfrac{f_{py} - \sigma_{Po}}{E_s \varepsilon_{cu}}}$$

其中，$\beta_1 = 0.8$，$\varepsilon_{cu} = 0.0033$

$$\sigma_{Po} = (\sigma_{con} - \sigma_l) + \alpha_E \sigma_{Pc\text{II}}$$

近似取 $\sigma_{Po} = \sigma'_{Po} = \sigma_{con} - \sigma_l = \sigma_{con} - 0.2\sigma_{con} = 0.8\sigma_{con} = 0.8 \times 1395 = 1116\text{N/mm}^2$

$$\xi_b = \frac{0.8}{1 + \dfrac{0.002}{0.0033} + \dfrac{1320 - 1116}{1.95 \times 10^5 \times 0.0033}} = 0.416$$

类同非预应力混凝土 T 形截面受弯构件，先鉴别 T 形截面类型：

$$\alpha_1 f_c b'_f h'_f (h_0 - 0.5h'_f) - (\sigma'_{Po} - f'_{Py})A'_P (h_0 - a'_P)$$

$$= 1.0 \times 19.1 \times 1600 \times 100 \times (1110 - 50) - (1116 - 390) \times 420 \times (1110 - 80)$$

$$= 2925.29 \times 10^6 \text{N} \cdot \text{mm} > M = 1839.4 \times 10^6 \text{N} \cdot \text{mm}，属第一类 T 形截面。$$

$$x = \frac{f_{Py}A_P + (\sigma_{Po} - f'_{Py})A'_P}{\alpha_1 f_c b'_f} = \frac{1320 \times 1680 + (1116 - 390) \times 420}{1.0 \times 19.1 \times 1600}$$

$$= 82.54\text{mm} < \xi_b h_0 = 0.416 \times 1110 = 461.76\text{mm}$$

计算受拉区非预应力钢筋用量：

$$A_s = \frac{\alpha_1 f_c b \cdot x - f_{Py}A_P - (\sigma'_{Po} - f'_{Py})A'_P}{f_y}$$

$$= \frac{1.0 \times 19.1 \times 1600 \times 82.54 - 1320 \times 1680 - (1116 - 390) \times 420}{300} < 0$$

按构造要求在受拉区配置非预应力钢筋 4 $\boldsymbol{\Phi}$ 25（$A_s = 1964mm^2$），预拉区非预应力钢筋参考构造要求 $A'_s = 20\%A = 0.002 \times 6 \times 10^5 = 1200mm^2$，选用 8 $\boldsymbol{\Phi}$ 14（$A_s = 1231mm^2$）。

4. 预应力损失

由于孔道面积和非预应力钢筋面积所占全截面面积的比例很小，故以下计算仍采用上述毛截面的几何特征。

1）张拉端锚具变形和钢筋内缩（σ_{l1}）

设内缩值为：$a = 6mm$

曲线预应力筋（一端张拉）张拉端与跨中截面之间曲线部分的切线夹角为：

$$\theta = \frac{4e_0}{l} = \frac{4 \times 620}{15000} = 0.165 \text{rad}(9.45°)$$

曲率半径：$r_c = \dfrac{l^2}{8e_0} = \dfrac{15^2}{8 \times 0.62} = 45.36\text{m}$

波纹管摩擦系数：$k = 0.0015$，$\mu = 0.25$

内缩产生的反向摩擦影响长度按下式计算：

$$l_f = \sqrt{\frac{aE_s}{1000\sigma_{con}(\mu/r_c + k)}} = \sqrt{\frac{6 \times 1.95 \times 10^5}{1000 \times 1395(0.25/45.36 + 0.0015)}} = 10.95\text{m}$$

跨中截面（$x = 7.5\text{m}$）的内缩损失值为：

$$\sigma_{l1} = 2\sigma_{con}l_f\left(\frac{\mu}{r_c} + k\right)\left(1 - \frac{x}{l_f}\right) = 2 \times 1395 \times 10.95\left(\frac{0.25}{45.36} + 0.0015\right)\left(1 - \frac{7.5}{10.95}\right)$$
$$= 67.36\text{N/mm}^2$$

直线预应力筋（一端张拉）的内缩损失值为：

$$\sigma_{l1} = \frac{a}{l}E_p = \frac{6}{15000} \times 1.95 \times 10^5 = 78\text{N/mm}^2$$

2）摩擦损失（σ_{l2}）

$(kx + \mu\theta) = 0.0015 \times 7.5 + 0.25 \times 0.165 = 0.053 < 0.3$，可按下列近似公式计算。

曲线预应力筋：

$$\sigma_{l2} = (kx + \mu\theta)\sigma_{con} = (0.0015 \times 7.5 + 0.25 \times 0.165) \times 1395 = 73.24\text{N/mm}^2$$

直线预应力筋 $\sigma_{l2} = (kx)\sigma_{con} = 0.0015 \times 7.5 \times 1395 = 15.69\text{N/mm}^2$

因此，完成第一批损失（σ_{l1}）为：

曲线预应力筋：$\sigma_{l1} = \sigma_{l1} + \sigma_{l2} = 67.36 + 73.24 = 140.6\text{N/mm}^2$

直线预应力筋：$\sigma_{l1} = \sigma_{l1} + \sigma_{l2} = 78 + 15.69 = 93.69\text{N/mm}^2$

3）预应力筋应力松弛损失（σ_{l4}）

$$\sigma_{l4} = 0.2\left(\frac{\sigma_{con}}{f_{ptk}} - 0.575\right) = 0.2 \times \left(\frac{1395}{1860} - 0.575\right) \times 1395 = 48.83\text{N/mm}^2$$

4）混凝土收缩徐变损失（σ_{l5}）

此时，预应力损失值仅考虑混凝土预压前（第一批）的损失，且取 $\sigma_{l5} = \sigma'_{l5} = 0$，扣除第一批损失后的预应力筋的合力为：

$$N_{PI} = 2 \times 6 \times 140 \times (1395 - 140.6) + 3 \times 140 \times (1395 - 93.69) = 2653.94\text{kN}$$

A_p 至截面形心的距离：$y_P = 710 - 90 = 620\text{mm}$

A'_p 至截面形心的距离：$y'_P = 1200 - 710 - 80 = 410\text{mm}$

$$\rho = \frac{A_P + A_s}{A} = \frac{1680 + 1964}{6 \times 10^5} = 0.0061$$

$$\rho' = \frac{A'_P + A'_s}{A} = \frac{420 + 1231}{6 \times 10^5} = 0.0028$$

$$\sigma_{Pc\,I} = \frac{N_{PI}}{A} + \frac{N_{PI}e_P}{I}y_P - \frac{M_G}{I}y_P$$

$$= \frac{2653.94 \times 10^3}{6 \times 10^5} + \frac{2653.94 \times 10^3 \times 448.33}{8.67 \times 10^{10}} \times 620 - \frac{351.56 \times 10^6}{8.67 \times 10^{10}} \times 620$$

$$= 10.42 \text{N/mm}^2 < 0.5 f'_{cu} = 0.5 \times 40 = 20 \text{N/mm}^2$$

$$\sigma'_{Pc\,I} = \frac{N_{PI}}{A} - \frac{N_{PI}e_P}{I}y'_P + \frac{M_G}{I}y'_P$$

$$= \frac{2653.94 \times 10^3}{6 \times 10^5} - \frac{2653.94 \times 10^3 \times 448.33}{8.67 \times 10^{10}} \times 410 + \frac{351.56 \times 10^6}{8.67 \times 10^{10}} \times 410$$

$$= 0.46 \text{N/mm}^2 < 0.5 f'_{cu} = 0.5 \times 40 = 20 \text{N/mm}^2$$

$$\sigma_{l5} = \frac{55 + 300\dfrac{\sigma_{Pc}}{f'_{cu}}}{1 + 15\rho} = \frac{55 + 300 \times \dfrac{10.42}{40}}{1 + 15 \times 0.0061} = 121.99 \text{N/mm}^2$$

$$\sigma'_{l5} = \frac{55 + 300\dfrac{\sigma'_{Pc}}{f'_{cu}}}{1 + 15\rho'} = \frac{55 + 300 \times \dfrac{0.46}{40}}{1 + 15 \times 0.0028} = 56.09 \text{N/mm}^2$$

总预应力损失（σ_l）为：

受拉区曲线预应力筋：$\sigma_l = 140.6 + 48.83 + 121.99 = 311.42 \text{N/mm}^2$

受压区直线预应力筋：$\sigma_l = 93.69 + 48.83 + 50.69 = 198.61 \text{N/mm}^2$

5. 正截面抗裂验算

跨中截面的总有效预压力为：

$$N_P = 12 \times 140 \times (1395 - 311.42) + 3 \times 140 \times (1395 - 198.61) = 2322.9 \text{kN}$$

按实际的预应力筋应力和截面积计算 e_P：

$$\sigma_{Pe} = 1395 - 311.42 = 1083.58 \text{N/mm}^2$$

$$\sigma'_{Pe} = 1395 - 198.61 = 1196.39 \text{N/mm}^2$$

$$e_P = \frac{\sigma_{Pe}A_P y_P - \sigma'_{Pe}A'_P y'_P}{\sigma_{Pe}A_P + \sigma'_{Pe}A'_P} = \frac{1083.58 \times 1680 \times 620 - 1196.39 \times 420 \times 410}{1083.58 \times 1680 + 1196.39 \times 420}$$

$$= 397.19 \text{mm}$$

$$\sigma_{Pc} = \frac{N_P}{A} + \frac{N_P e_P}{W} = \frac{2322.9 \times 10^3}{6 \times 10^5} + \frac{2322.9 \times 10^3 \times 397.19}{1.22 \times 10^8} = 11.43 \text{N/mm}^2$$

$$\sigma_{ck} = \frac{M_K}{W} = \frac{1364 \times 10^6}{1.22 \times 10^8} = 11.18 \text{N/mm}^2 < \sigma_{Pc}$$

$$= 11.43 \text{N/mm}^2，满足一级裂缝控制的要求。$$

6. 斜截面抗裂验算

1）截面形心处的斜截面抗裂验算

控制截面离梁端距离为 800mm。

$$\theta = 0.165 \times \frac{7500 - 800}{7500} = 0.147 \text{rad}(8.42°) = \alpha_P$$

$$\sin 8.42° = 0.146$$

2）计算剪力控制截面的预应力损失

(1) σ_{l1}

曲线筋：$\sigma_{l1} = 2\sigma_{con} l_f \left(\dfrac{\mu}{r_c} + k \right)\left(1 - \dfrac{x}{l_f}\right)$

$$= 2 \times 1395 \times 10.95 \times \left(\dfrac{0.25}{45.36} + 0.0015\right) \times \left(1 - \dfrac{0.8}{10.95}\right)$$

$$= 198.24 \text{N/mm}^2$$

直线筋：$\sigma_{l1} = 78 \text{N/mm}^2$

(2) σ_{l2}

$$(kx + \mu\theta) = (0.0015 \times 0.8 + 0.25 \times 0.147) = 0.038 < 0.3$$

曲线筋：$\sigma_{l2} = (kx + \mu\theta)\sigma_{con} = 0.038 \times 1395 = 53.01 \text{N/mm}^2$

直线筋：$\sigma_{l2} = (kx)\sigma_{con} = 0.0012 \times 1395 = 1.67 \text{N/mm}^2$

第一批损失：

曲线筋：$\sigma_{lI} = \sigma_{l1} + \sigma_{l2} = 198.24 + 53.01 = 251.25 \text{N/mm}^2$

直线筋：$\sigma_{lI} = \sigma_{l1} + \sigma_{l2} = 78 + 1.67 = 79.67 \text{N/mm}^2$

(3) σ_{l4}——同跨中截面

$$\sigma_{l4} = 48.83 \text{N/mm}^2$$

(4) σ_{l5}

$$N_{PI} = 2 \times 6 \times 140 \times (1395 - 251.25) + 3 \times 140 \times (1395 - 79.67)$$

$$= 2473.94 \times 10^3 \text{N}$$

$$\sigma_{PcI} = \dfrac{N_{PI}}{A} + \dfrac{N_{PI} e_P}{I} y_P - \dfrac{M_G}{I} y_P$$

$$= \dfrac{2473.94 \times 10^3}{6 \times 10^5} + \dfrac{2473.94 \times 10^3 \times 448.33}{8.67 \times 10^{10}} \times 620 - \dfrac{351.56 \times 10^6}{8.67 \times 10^{10}} \times 620$$

$$= 9.54 \text{N/mm}^2 < 0.5 f'_{cu} = 20 \text{N/mm}^2$$

$$\sigma'_{PcI} = \dfrac{N_{PI}}{A} - \dfrac{N_{PI} e_P}{I} y'_P + \dfrac{M_G}{I} y'_P$$

$$= \dfrac{2473.94 \times 10^3}{6 \times 10^5} - \dfrac{2473.94 \times 10^3 \times 448.33}{8.67 \times 10^{10}} \times 410 + \dfrac{351.56 \times 10^6}{8.67 \times 10^{10}} \times 410$$

$$= 0.54 \text{N/mm}^2 < 0.5 f'_{cu} = 20 \text{N/mm}^2$$

$$\sigma_{l5} = \dfrac{55 + 300 \dfrac{\sigma_{PcI}}{f'_{cu}}}{1 + 15\rho} = \dfrac{55 + 300 \times \dfrac{9.54}{40}}{1 + 15 \times 0.0061} = 115.94 \text{N/mm}^2$$

$$\sigma'_{l5} = \dfrac{55 + 300 \dfrac{\sigma'_{PcI}}{f'_{cu}}}{1 + 15\rho'} = \dfrac{55 + 300 \times \dfrac{0.54}{40}}{1 + 15 \times 0.0028} = 56.67 \text{N/mm}^2$$

总预应力损失 σ_l：

受拉区曲线筋：$\sigma_l = 251.25 + 48.83 + 115.94 = 416.02 \text{N/mm}^2$

受压区直线筋：$\sigma_l = 79.67 + 48.83 + 56.67 = 185.17 \text{N/mm}^2$

剪力控制截面的总有效预压力为：

$N_P = 2 \times 6 \times 140 \times (1395 - 416.02) + 3 \times 140 \times (1395 - 185.17) = 2152.82 \times 10^3 \text{N}$

预压力在剪力控制截面形心处产生的预压应力为：

$$\sigma_{Pc} = \frac{N_P}{A} = \frac{2152.82 \times 10^3}{6 \times 10^5} = 3.59 \text{N/mm}^2$$

对截面形心的面积矩为：

$$s_o = 1600 \times 100 \times (1200 - 710 - 50) + 400 \times (1200 - 710 - 100) \times \frac{(1200 - 710 - 100)}{2}$$

$$= 10.08 \times 10^7 \text{mm}^3$$

$$\tau = \frac{(V_k - \sum \sigma_{Pe} A_{Pb} \sin \alpha_P) s}{bI}$$

$$= \frac{[363.8 \times 10^3 - (1395 - 416.02) \times 2 \times 6 \times 140 \times 0.146] \times 10.08 \times 10^7}{400 \times 8.67 \times 10^{10}}$$

$$= 0.359 \text{mm}^3$$

$$\left.\begin{array}{r}\sigma_{TP}\\\sigma_{CP}\end{array}\right\} = \frac{\sigma_x}{2} \pm \sqrt{\left(\frac{\sigma_x}{2}\right)^2 + \tau^2} = \frac{-3.59}{2} \pm \sqrt{\left(\frac{3.59}{2}\right)^2 + (0.359)^2}$$

$$= 0.04 \text{N/mm}^2 < 0.85 f_{tk} = 2.03 \text{N/mm}^2;$$

$$-3.63 \text{N/mm}^2 < 0.6 f_{ck} = 16.08 \text{N/mm}^2$$

腹板与上翼缘交界处斜截面受剪抗裂度验算（略）

7. 斜截面受剪承载力计算

剪力设计值 $V = 490.5 \text{kN}$。

$$N_P = 2152.82 \text{kN} < 0.3 f_c A = 0.3 \times 19.1 \times 6 \times 10^5 = 3438 \text{kN}$$

不考虑非预应力钢筋的影响，近似可取 $N_{Po} = N_P = 2152.82 \text{kN}$。

$$V \leqslant 0.7 f_t b h_0 + 1.25 f_{yv} \frac{A_{sv}}{s} h_0 + 0.05 N_{Po} + 0.8 f_{Py} A_{Pb} \sin \alpha_P$$

$$\frac{A_{sv}}{s} \geqslant \frac{V - 0.7 f_t b h_0 - 0.05 N_{Po} - 0.8 f_{Py} A_{Pb} \sin \alpha_P}{1.25 f_{yv} h_0}$$

$$= \frac{490.5 \times 10^3 - 0.7 \times 1.71 \times 400 \times (1200 - 90) - 0.05 \times 2152.82 \times 10^3 - 0.8 \times 1320 \times 12 \times 140 \times 0.146}{1.25 \times 300 \times (1200 - 90)}$$

< 0，按构造配置箍筋。

选用 Φ10 双肢箍，箍筋间距 150mm $\left(\dfrac{A_s}{s} = \dfrac{157}{150} = 1.05\right)$。

9.4.2　习　　题

【习题 9-1】某预应力混凝土轴心受拉构件，长 24m，混凝土截面面积 $A = 40000 \text{mm}^2$，选用混凝土强度等级 C60，中强度预应力螺旋肋钢丝 $10 \Phi^{HM} 7$，见图 9-4，先张法施工，$\sigma_{con} = 0.7 f_{ptk} = 0.7 \times 970 = 679 \text{N/mm}^2$，在 100m 台座上张拉，端头采用墩头锚具固定预应力筋，并考虑蒸汽养护时台座与预应力筋之间的温差 $\Delta t = 20℃$，混凝土达到强度设计值的 80% 时放松钢筋。锚具变形和预应力筋内缩值 $\alpha_1 = 1$，试计算各项预应力损失值。

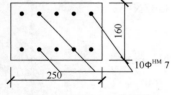

图 9-4　习题 9-1 中的图

【习题 9-2】试对某 18m 预应力混凝土屋架的下弦进行使用阶段的承载力计算和抗裂度验算，以及施工阶段放松预应力筋时的承载力验算。设计条件见表 9-2。

设计条件   表 9-2

材料	混凝土	预应力筋	普通钢筋
等级	C50	钢绞线	HRB400
截面	250mm×250mm 孔道2ϕ50	由承载力计算确定	4 ⌀ 12
张拉工艺	后张法，一端张拉，采用夹片式锚具（有顶压）孔道为预埋钢管		
张拉控制应力	$\sigma_{con}=0.7f_{ptk}$		
张拉时混凝土强度（N/mm²）	$f'_{cu}=50$		
下弦杆内力	永久荷载标准值产生的轴向拉力 $N_k=300kN$ 可变荷载标准值产生的轴向拉力 $N_k=150kN$ 可变荷载准永久值系数为 0.5		
结构重要性系数	$\gamma_0=1.1$		

【习题 9-3】试对图 9-5 所示后张法预应力混凝土屋架下弦杆锚具进行局部受压验算，混凝土强度等级为 C60，预应力筋采用消除应力光面（$f_{ptk}=1570kN/mm^2$）钢丝，7 ⌀P5 两束，张拉控制应力 $\sigma_{con}=0.75f_{ptk}$。用夹片式锚具进行锚固，锚具直径为 100mm，锚具下垫板厚 20mm，端部横向钢筋采用 4 片 Φ8 焊接网片，间距为 50mm。

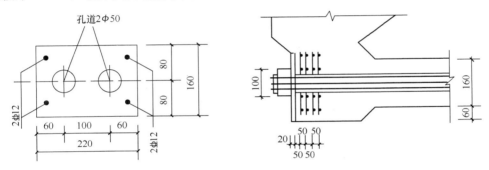

图 9-5 习题 9-3 中的图

【习题 9-4】某 24m 预应力混凝土轴心受拉构件，截面尺寸 240mm×200mm，先张法直线一端张拉，消除应力钢丝 8 ⌀H5（$A_P=157mm^2$，$E_s=2.05\times10^5 N/mm^2$）。采用钢丝束墩头锚具（锚具变形和钢筋内缩值 $\alpha=1$），张拉控制应力 $\sigma_{con}=0.75f_{ptk}=0.75\times1570=1178N/mm^2$，混凝土采用 C50（$E_c=3.45\times10^4 N/mm^2$），混凝土加热养护时，受张拉的钢筋与承受拉力的设备之间的温差为 20℃。混凝土达到 80% 设计强度时，放松预应力钢筋。

试求：各预应力损失及总预应力损失值。

【习题 9-5】一预应力混凝土先张法轴拉构件，截面尺寸 280mm×220mm，$\sigma_{con}=0.7\times1270=889N/mm^2$，预应力总损失值 $\sigma_l=150.67N/mm^2$，混凝土采用 C60（$f_{tk}=2.85N/mm^2$），预应力筋采用中强度预应力钢丝 12 ⌀HM7，$A_p=461.76mm^2$，永久荷载作用下的内力标准值 $N_{Gk}=200kN$，可变荷载作用下的内力标准值 $N_{Qk}=80kN$。

试求：（1）开裂荷载 N_{cr} 是多少？

（2）验算使用阶段承载力是否满足要求？（$\gamma_0=1.0$）

【习题 9-6】某 15m 跨有粘结后张预应力混凝土 T 形截面楼面梁，截面尺寸、材料、荷载等条件均同【例题 9-4】。现要求仅在截面受拉区配置预应力筋，试计算（或验算）该梁的正截面承载力，正截面抗裂、斜截面抗裂以及斜截面受剪承载力。

第10章 混凝土结构设计的一般原则和方法

10.1 内容的分析和总结

本章主要讲述了以近似概率理论为基础的极限状态设计方法的相关基本知识，包括建筑结构的功能要求，结构可靠度、失效概率和可靠指标，承载能力和正常使用两种极限状态的意义和实用设计表达式。

10.1.1 学习的目的和要求

1. 学习目的

通过本章的学习，使学生了解建筑结构的功能要求、极限状态和概率极限状态设计方法的基本概念；理解结构的可靠度和可靠指标；掌握承载能力极限状态和正常使用极限状态实用设计表达式；理解作用和作用效应、结构重要性系数。

2. 学习要求

1）了解建筑结构的功能要求，极限状态和概率极限状态设计方法的基本概念。

2）理解结构的可靠度和可靠指标。

3）掌握承载能力极限状态和正常使用极限状态实用设计表达式。

4）理解荷载和材料的分项系数，荷载和材料强度的标准值和设计值。

10.1.2 重 点 和 难 点

上述2）、3）、4）既是重点又是难点。

10.1.3 内容组成及总结

1. 内容组成

1）极限状态

（1）结构上的作用；

（2）功能要求；

（3）两类极限状态；

（4）极限状态方程。

2）近似概率极限状态设计法

（1）结构的可靠度；

（2）可靠指标和失效概率。

3）两类极限状态的实用设计表达式

（1）两类分项系数：荷载分项系数、材料分项系数；

（2）一个结构重要性系数；

（3）两类极限状态的设计表达式：结构构件承载能力极限状态设计表达式，结构构件正常使用极限状态的验算表达式。

2. 内容总结

1）本章讲述了与建筑结构设计有关的基本知识。其中，我国采用的设计方法是以近似概率理论为基础的极限状态设计法，包括：①评判结构是否失效的两类极限状态；②建立在近似概率理论基础上的结构的可靠度。

2）注意结构设计使用年限及荷载设计基准期的规定，荷载和材料分项系数的概念。

10.2 重点讲解与难点分析

10.2.1 结构上的作用

使结构产生内力和变形的原因称为"作用"，作用有直接作用和间接作用之分。荷载是直接作用，混凝土的收缩、温度变化、基础沉降、地震等是间接作用。荷载分永久荷载、可变荷载和偶然荷载。

10.2.2 结构功能的极限状态

极限状态是结构开始失效的标志。结构的极限状态分为与结构安全性相对应的承载能力极限状态、与结构适用性相对应的正常使用极限状态和与结构耐久性相对应的耐久性极限状态。例如，用 S 表示荷载效应，用 R 表示结构或构件的抗力，构件的每一个截面满足 $S \leqslant R$ 时，才认为构件是可靠的，否则认为是失效的。结构的功能函数 $Z = R - S$，当 $Z = R - S > 0$ 时，结构处于可靠状态；当 $Z = R - S < 0$ 时，结构处于失效（破坏）状态；当 $Z = R - S = 0$ 时，结构达到极限状态，结构处于可靠状态和失效状态的分界处，超过这一界限，结构就不能满足设计规定的某一功能要求。

10.2.3 可靠度和可靠度指标

结构设计的目的就是用最经济的方法设计出足够安全可靠的结构。在近似概率理论基础上，用可靠指标 β 进行结构设计和可靠度校核，可以较全面地考虑可靠度影响因素的客观变异性，使结构满足预期的要求。

10.2.4 近似概率极限状态设计

极限状态设计为避免直接进行概率计算，将影响结构安全的因素作为随机变量，应用概率方法进行分析，采用荷载和材料强度的标准值及相应的"分项系数"来表示的方式。分项系数按照目标可靠指标 $[\beta]$，经过可靠度分析反算确定，可靠指标 β 隐含在分项系数中。

10.2.5 正常使用极限状态设计表达式

正常使用极限状态设计主要是验算构件的变形和抗裂度或裂缝宽度。

可变荷载有四种代表值，即标准值、组合值、准永久值和频遇值。其中标准值为基本代表值，组合值、准永久值和频遇值可由基本代表值乘以相应的系数得到。

按荷载的标准组合时，荷载效应的计算：

$$S_k = C_G G_k + C_{Q1} Q_{1k} + \sum_{i=2}^{n} \Psi_{ci} C_{Qi} Q_{ik} \tag{10-1}$$

按荷载的准永久组合时，荷载效应的计算：

$$S_k = C_G G_k + \sum_{i=1}^{n} \Psi_{qi} C_{Qi} Q_{ik} \tag{10-2}$$

按荷载的频遇组合时，荷载效应的计算：

$$S_k = C_G G_k + \Psi_{f1} C_{Q1} Q_{1k} + \sum_{i=2}^{n} \Psi_{qi} C_{Qi} Q_{ik} \tag{10-3}$$

标准组合主要用于当一个极限状态被超越时将产生严重的永久性损害的情况；而准永久组合主要用于当长期效应是决定性因素的情况；频遇组合主要用于当一个极限状态被超越时将产生局部损害、较大变形或短暂振动的情况。

10.3　思　考　题

10.3.1　问　答　题

10-1　试简要说明工程设计的过程和要求。

10-2　试分析不同结构体系的荷载传力途径，水平结构体系和竖向结构体系分别有哪些作用？

10-3　简述荷载的分类。

10-4　说明有哪些荷载代表值及其意义？在设计中如何采用不同荷载代表值？

10-5　在混凝土结构设计中需要考虑哪些非荷载作用？

10-6　风振系数的物理意义是什么？与哪些因素有关？为什么在高而柔的结构中才需要计算？

10-7　计算雪荷载的目的是什么？雪荷载应如何考虑？

10-8　什么是保证率？什么叫结构的可靠度和可靠指标？我国《建筑结构可靠度设计统一标准》GB 50068—2018 对结构可靠度是如何定义的？

10-9　建筑结构应满足哪些功能要求？建筑结构安全等级是按什么原则划分的？结构的设计使用年限如何确定？结构超过其设计使用年限是否意味着不能再使用？为什么？

10-10　什么是结构的极限状态？结构的极限状态分为几类，其含义各是什么？

10-11　"作用"和"荷载"的区别？

10-12　什么是结构的功能函数？功能函数 $Z>0$、$Z<0$ 和 $Z=0$ 时各表示结构处于什么样的状态？

10-13　什么是结构的可靠概率 p_s 和失效概率 p_f？什么是目标可靠指标？可靠指标与结构失效概率有何定性关系？怎样确定可靠指标？为什么说我国规范采用的极限状态设计法是近似概率设计方法？其主要特点是什么？

10-14　我国《建筑结构可靠性设计统一标准》GB 50068—2018 规定的当作用与作用效应按线性关系考虑时承载力极限状态设计表达式采用何种形式？说明式中各符号的物理意义及荷载效应基本组合的取值原则。式中可靠指标体现在何处？

10-15　什么是荷载标准值？什么是可变荷载的频遇值和准永久值？什么是荷载的组合值？对正常使用极限状态验算，为什么要区分荷载的标准组合和荷载的准永久组合？如何考虑荷载的标准组合和荷载的准永久组合？

10-16　混凝土强度标准值是按什么原则确定的？混凝土材料分项系数和强度设计值是如何确定的？

10-17　钢筋的强度设计值和标准值是如何确定的？分别说明钢筋和混凝土的强度标准值、平均值及设计值之间的关系？

10-18　影响结构可靠性的因素有哪些？结构构件的抗力与哪些因素有关？

10-19　正态分布概率密度曲线有哪些数字特征？这些数字特征各表示什么意义？正态分布概率密度曲线有何特点？

10-20　结构的功能要求有哪些？结构超过极限状态会产生什么后果？

10.3.2　选　择　题

10-21　结构在使用期间不随时间而变化的荷载称为＿＿＿＿＿＿。

A. 永久荷载　　　　　　　　B. 可变荷载
C. 偶然荷载　　　　　　　　D. A 和 C

10-22　承载能力极限状态是指＿＿＿＿＿＿。

A. 裂缝宽度超过规范限值
B. 挠度超过规范限值
C. 结构或构件被视为刚体而失去平衡
D. 预应力的构件中混凝土的拉应力超过规范限值

10-23　在结构设计使用期内不一定出现，一旦出现，其值很大且持续时间很短的作用，称为＿＿＿＿＿＿。

A. 固定作用　　　　　　　　B. 动态作用
C. 静态作用　　　　　　　　D. 偶然作用

10-24　承载能力极限状态下结构处于失效状态时，其功能函数＿＿＿＿＿＿。

A. 大于零　　　　　　　　　B. 等于零
C. 小于零　　　　　　　　　D. 以上都不是

10-25　我国现行的建筑结构方面的设计规范是以＿＿＿＿＿＿为基础的。

A. 半概率　　　　　　　　　B. 全概率
C. 近似概率　　　　　　　　D. 部分概率

10-26　结构在规定时间内、在规定条件下完成预定功能的概率称为＿＿＿＿＿＿。

A. 安全度　　　　　　　　　B. 可靠度
C. 可靠性　　　　　　　　　D. 安全性

10-27　混凝土结构可靠性分析的基本原则是＿＿＿＿＿＿。

A. 分项系数，不计 p_f

B. 用分项系数和结构重要性系数，不计 p_f

C. 用 β，不计 p_f

D. 用 β 表示 p_f，并在形式上采用分项系数和结构重要性系数代替 β

10-28 混凝土结构的目标可靠指标要求为 3.7（脆性破坏）和 3.2（延性破坏）时，结构的安全等级属于_____。

A. 一级，重要建筑　　　　　　B. 二级，重要结构

C. 二级，一般建筑　　　　　　D. 三级，次要建筑

10-29 结构使用年限超过设计使用年限后_____。

A. 结构立即丧失其功能　　　　B. 可靠度减小

C. 不失效，且可靠度不变　　　D. 结构的失效概率不变

10-30 结构可靠指标_____。

A. 随结构抗力的离散性的增大而增大

B. 随结构抗力的离散性的增大而减小

C. 随结构抗力的均值的增大而减小

D. 随作用效应均值的增大而增大

10-31 下列荷载分项系数，不正确的叙述是_____。

A. γ_G 为永久荷载分项系数

B. γ_Q 为可变荷载分项系数

C. γ_G 不分场合均取 1.3

D. γ_Q 一般取 1.4；对楼面结构，当活载标准值不小于 4kN/m^2 时取 1.3

10-32 材料强度的设计值现行规范规定为_____。

A. 材料强度的平均值

B. 材料强度的标准值

C. 材料强度的标准值除以材料分项系数

D. 材料强度的平均值减去 3 倍标准差

10-33 建筑结构按承载能力极限状态设计时，计算式中采用的材料强度值应是_____。

A. 材料强度的平均值　　　　　B. 材料强度的设计值

C. 材料强度的标准值　　　　　D. 材料强度的极限变形值

10-34 建筑结构按承载能力极限状态设计时，计算式中荷载值应是_____。

A. 荷载的平均值　　　　　　　B. 荷载的设计值

C. 荷载的标准值　　　　　　　D. 荷载的准永久值

10-35 以下使结构进入承载能力极限状态的是_____。

A. 结构的一部分出现倾覆　　　B. 梁出现过大的挠度

C. 梁出现裂缝　　　　　　　　D. 钢筋生锈

10-36 钢筋混凝土结构按正常使用极限状态验算时，计算公式中的材料强度值应是_____。

A. 材料强度的平均值　　　　　B. 材料强度的标准值

C. 材料强度的设计值　　　　　D. 材料强度的极限压应变值

10-37　进行结构正常使用极限状态验算时，对荷载的长期效应组合采用

$$S_{\mathrm{L}} = C_G G_{\mathrm{k}} + \sum_{i=1}^{n} \Psi_{q i} C_{Q i} Q_{i k}$$

下列叙述不正确的是_____。
A. G_{k}、$Q_{i k}$均为标准值
B. $\Psi_{q i}$为可变荷载的准永久值系数
C. $Q_{i k}$包括了整个设计使用年限内出现时间很短的荷载
D. 住宅楼面可变荷载的 $\Psi_{q i} = 0.4$

10-38　关于正态分布，以下说法正确的是_____。
A. 两个参数并不能唯一确定一个正态分布
B. 标准正态分布的密度函数只有一个
C. 正态分布的概率密度函数曲线不对称
D. 正态分布的概率分布函数曲线有对称性

10.3.3　判　断　题

10-39　偶然作用发生的概率很小，持续的时间较短，对结构造成的损害也相当小。（　　）

10-40　对于使用条件不允许出现裂缝的钢筋混凝土构件，只需要进行抗裂验算，可不进行承载力计算。（　　）

10-41　按极限状态设计，应满足式 $R-S \leqslant 0$。（　　）

10-42　影响结构抗力的主要因素应是荷载效应。（　　）

10-43　β越大，失效概率p_{f}越小，结构越可靠。（　　）

10-44　安全等级相同时，属延性破坏的构件$[\beta]$值比脆性破坏的$[\beta]$值大。（　　）

10-45　建筑结构安全等级为三级时，β值可相应减小。（　　）

10-46　三种极限状态的β值相同。（　　）

10-47　结构安全等级相同时，延性破坏的目标可靠指标小于脆性破坏的目标可靠指标。（　　）

10-48　可变荷载的准永久组合时，可变荷载采用其准永久值。（　　）

10-49　可变荷载的准永久值大于可变荷载的标准值。（　　）

10-50　材料强度的标准值是结构设计时采用的材料性能基本代表值。（　　）

10-51　材料强度标准值与荷载标准值均等于 $\mu-1.645\sigma$，保证率均为95%。（　　）

10-52　材料强度的标准值大于材料强度的设计值。（　　）

10-53　材料强度分项系数一般都比荷载分项系数大些，因为前者的变异较大。（　　）

10-54　材料强度设计值比其标准值大，而荷载设计值比其标准值小。（　　）

10-55　正常使用极限状态下荷载效应组合时，荷载是取其设计值。（　　）

10-56　荷载的标准值大于荷载的设计值。（　　）

10.3.4　填　空　题

10-57　建筑结构的可靠性包括＿＿＿＿＿、＿＿＿＿＿和＿＿＿＿＿三项要求。

10-58　建筑结构的三种极限状态是：（1）＿＿＿＿＿；（2）＿＿＿＿＿；（3）＿＿＿＿＿。

10-59　对于正常使用极限状态，应根据不同的设计要求，分别按荷载的＿＿＿＿＿效应组合和＿＿＿＿＿效应组合进行计算。

10-60　结构上的作用按其产生的原因分为两种，即：（1）＿＿＿＿＿作用；（2）＿＿＿＿＿作用。

10-61　结构上的作用按其随时间的变异性，可分为：（1）＿＿＿＿＿作用；（2）＿＿＿＿＿作用；（3）＿＿＿＿＿作用。

10-62　钢筋混凝土结构构件按承载能力极限状态设计时的一般公式为 $\gamma_0 S_d \leqslant R_d$，式中 γ_0 为＿＿＿＿＿系数。

10-63　荷载的设计值可由荷载的标准值乘以对应的＿＿＿＿＿系数计算。

10-64　材料强度的设计值等于材料强度的标准值除以对应的＿＿＿＿＿系数。

第11章 楼　　盖

11.1　内容的分析和总结

楼盖是建筑物中的水平结构体系，一般由板和梁组成（在无梁楼盖中不设梁）。与单个构件（如梁、柱）的设计不同，它属于结构设计，有四个步骤：结构布置、结构分析、构件设计和施工图绘制。其中结构分析是本章重点讲解的内容，包括选取合理的计算模型、荷载计算、选用计算理论、内力计算等，必要时还有变形计算。构件设计包括截面设计和配筋构造两个方面。本章的特点是：要面对实际结构，而不再是比较理想化的单个构件；需要综合应用前面各章所讲的内容，将相关知识关联起来。

11.1.1　学习的目的和要求

通过本章的学习及相应的课程设计，使学生能够进行单向板肋梁楼盖和双向板肋梁楼盖等梁板结构完整的结构设计，并能绘制施工图。要求：

1）了解楼盖的常用类型和结构布置方法。

2）理解单向板肋梁楼盖中，板、次梁、主梁等计算模型的简化假定。

3）掌握楼面荷载的传递路线及板、次梁、主梁荷载的计算方法。

4）理解可变荷载最不利布置的概念，掌握连续梁支座最大弯矩、支座最大剪力、跨内最大弯矩的可变荷载最不利布置位置，并能绘制连续梁的弯矩、剪力内力包络图。

5）掌握塑性铰及塑性铰线的概念，理解钢筋混凝土塑性铰与理想铰的区别，了解影响塑性铰转动能力的影响因素。

6）了解连续梁内力重分布的过程，理解内力重分布的机理和影响内力重分布的因素。

7）掌握连续梁（板）按调幅法的内力计算方法。

8）掌握单向板肋梁楼盖中，板、次梁、主梁的主要配筋构造及原理。

9）借助表格能进行双向板按弹性理论的内力计算。

10）掌握双向板按塑性铰线法的计算方法。

11）掌握双向板按弹性理论设计的配筋构造和双向板支承梁的荷载计算方法。

12）了解无梁楼盖的受力特点和简化计算方法。

13）了解板的冲切破坏机理，理解抗冲切承载力计算公式。

14）了解柱帽的配筋构造要求。

15）掌握梁式楼梯和板式楼梯的结构布置、计算简图和配筋构造。

16）了解雨篷的受力特点。

11.1.2　重点和难点

单向板肋梁楼盖的设计是本章学习重点，上述 5)、6)、7)、10) 和 12) 是本章难点。

11.1.3　内容组成及总结

本章的主要内容可以根据结构设计步骤贯穿起来。

1. 方案设计

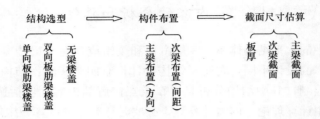

1) 结构选型

板的支承方式和支承条件决定了楼盖的荷载传递路线和受力特点，因而楼盖按板的类型进行划分。单向板肋梁楼盖、双向板肋梁楼盖和无梁楼盖是三种典型的楼盖形式。此外，当双向板两个方向的支承梁均为次梁时，习惯称为井式楼盖。密肋楼盖的受力性能介于井式楼盖和无梁楼盖之间。当双向板的支承梁非常密集、板的跨度非常小时，支承梁的刚度较小。此时，板的受力性能与支承梁刚度较大时将支承梁作为板的竖向不动支座的情况有很大不同。其受力性能更接近直接支承于柱子上的变厚度板。

2) 构件布置

构件布置就是要确定构件的位置，包括水平位置和竖向位置。其中水平位置通过纵、横向轴线表示，竖向位置用标高表示。标高有建筑标高和结构标高之分，建筑标高是指建筑物建造完毕后应有的标高，结构标高是指结构构件（楼板、梁顶）表面的标高。楼盖的结构布置包括主梁布置和次梁布置。直接支承在柱、墙等竖向承重构件上的梁称为主梁，支承在其他梁上的梁称为次梁。主梁的布置需要考虑结构的整体抗侧刚度。次梁的布置一是为了承受楼面较大的荷载，如墙体、设备等；二是为了减小板的跨度。

3) 截面尺寸估算

结构分析需要用到构件的几何特征，因而在截面设计前先要初步选定构件的截面尺寸。构件的截面尺寸一般根据刚度要求和工程经验估算。

2. 结构分析

1) 计算模型

计算模型包括结构形式、支座情况和计算长度（跨度）。

单向板肋梁楼盖中板、次梁、主梁以及双向板支承梁的计算模型均为连续梁；双向板的计算模型是单区格边支承薄板；井式楼盖支承梁的计算模型是交叉梁系。

连续梁的内支座都假定为没有竖向位移的铰支座；边支座根据边缘构件的情况，可以是铰支座或固定支座（如楼板与剪力墙整浇）。

连续梁某一跨的计算跨度应该取该跨两端支座处转动点之间的距离。所以，按弹性理论计算时，中间各跨取支承中心线之间的距离，习惯上所说的中到中的距离；按塑性理论计算时，由于塑性铰的出现，转动点在支承构件边，中间各跨取支承边到支承边之间的距离，即净跨。边跨端的转动点与搁置长度和构件的刚度有关。

计算模型是对实际结构进行简化假定后得到的，与实际受力情况存在一定差异。所以不能盲目使用这些模型，需要了解它们之间差异的大小和适用条件，对于差异比较大的情况，需要作调整，以减小误差。

2）荷载计算

板承受楼面的均布面荷载，包括永久荷载和可变荷载。单向板楼盖中的次梁除了承受本身的自重以及可能存在的墙体自重外，还承受板传来的均布线荷载；主梁除了承受本身的自重以及可能存在的墙体自重外，尚承受次梁传来的集中荷载。在计算板传给次梁、次梁传给主梁的荷载时，忽略构件的连续性，按简支构件考虑。所以，将板的面荷载乘以次梁间距即得到板传给次梁的均布线荷载；将次梁线荷载乘以主梁间距即得到次梁传给主梁的集中荷载。

计算双向板传给支承梁的荷载时假定塑性铰线上没有剪力。将板从塑性铰线处切开，根据竖向力平衡条件，铰线划分的板块范围内的荷载就是支承梁承受的荷载。短跨方向是三角形分布线荷载，长跨方向是梯形分布线荷载。

3）内力分析

连续梁的弹性内力可以用结构力学方法求得，对于等跨连续梁还可以查相关的图表。为了获得最不利的内力，需要考虑可变荷载的最不利布置。截面的最不利内力构成内力包络图，包括弯矩包络图和剪力包络图。

塑性计算理论是建立在钢筋混凝土结构存在塑性内力重分布这一事实基础上的。连续梁的塑性内力分析，工程上采用弯矩调幅法，即对结构按弹性理论所得的弯矩值和剪力值进行适当调整。

双向板的弹性内力分析需要弹性力学的理论基础。对于单区格矩形板，根据不同的支承情况已制成表格，可直接查用。多跨连续双向板的计算可近似借用单区格板的表格，但需要确定内支座的支承方式。计算支座最大弯矩时，近似按可变荷载满布考虑。在这种荷载布置下，支承构件的转动较小，近似认为固接于中间支承构件上。计算跨中最大弯矩时，可变荷载按棋盘式布置。这种荷载分布情况可以分成 $g+q/2$ 的满布荷载和 $\pm q/2$ 的间隔布置两种情况的叠加。对于前一种荷载分布情况，近似认为固接于中间支承构件上；对于后一种荷载分布情况，因支承构件的转动较大，近似认为铰接于中间支承构件上。

双向板的塑性内力分析采用塑性铰线法，计算步骤包括：假定板的破坏机构；利用虚功原理，建立外荷载与塑性铰线上弯矩之间的关系，从而求出各塑性铰线上的弯矩。

3. 构件设计

板、梁均属于受弯构件，控制内力是弯矩和剪力，一般需要进行正截面受弯承载力计算（教材第 3 章）和斜截面受剪承载力计算（教材第 4 章），承载力计算时，荷载效应采用基本组合值。由于一般的板抗剪承载力不起控制，所以板仅需要进行正截面受弯承载力计算。对于直接支承在柱上的板，还需要进行抗冲切承载力计算（教材第 11 章）。

梁、板构件的挠度验算和裂缝宽度验算（教材第 8 章）采用荷载效应的准永久组合值。

初学者往往重计算、轻构造。构造和计算都是保证结构满足功能要求的重要手段。构造是对计算的重要补充。每一个构造都和计算过程中简化、假定相联系。楼盖设计涉及的主要构造小结如下：

1）受弯构件的正截面受弯和斜截面受剪各有三种破坏形态，而承载力计算公式仅针对其中的一种破坏形态，另外两种破坏形态需要通过控制最小配筋率和最大配筋率来避免。其中箍筋的最大配筋率常用截面的最小尺寸限制条件来表示。

2）梁、板的纵向钢筋是根据最大弯矩截面的正截面受弯承载力计算确定的。当部分纵向钢筋弯起或截断时，有可能出现斜截面受弯破坏。为了避免发生斜截面受弯破坏，板、梁纵向钢筋的弯起或截断需要满足一定构造要求（教材第 4 章）。

3）混凝土收缩、温度变化等因素由于其复杂性，在计算中并不考虑，所以需要通过构造措施加以弥补。如在梁的两个侧面沿高度配置纵向构造钢筋；在温度、收缩应力较大的板区域内，未配筋表面布置温度收缩钢筋。

4）楼板周边受到支承构件的约束，存在负弯矩，而在计算简图中取为铰接，忽略了这种弯矩，需要沿支承周边配置上部构造钢筋。单向板长跨方向的弯矩在计算中也忽略了，通过沿支承梁长度方向的上部构造钢筋加以弥补。

4. 绘制施工图

图面的表达应做到正确、规范、简明和美观。正确是指无误地反映计算成果；规范是指符合制图标准，这样才能确保别人准确理解你的设计意图；简明要求不画蛇添足；美观包括布局、线条和标注。

楼盖施工图包括：楼盖平面布置图、板配筋图、梁配筋图及施工说明。其中平面布置图中应反映梁、柱（承重墙）的水平位置、楼层标高、梁的截面尺寸和板厚；配筋图中应包括构件的截面尺寸、各类受力筋和构造筋的形式、位置、直径和间距。施工说明表达无法用图来表示的设计意图。

11.2　重点讲解与难点分析

11.2.1　连续梁计算模型的简化假定

单向板肋梁楼盖中板的计算模型取为支承在次梁上的连续梁；次梁取为支承在主梁上

的连续梁；主梁在一定条件下也按支承在柱（或墙）上的连续梁计算。这是对实际情况进行简化假定后得到的，包括：

1）板、次梁、主梁在支座处没有竖向位移。这实际上忽略了次梁挠度对板的内力影响、主梁挠度对次梁的内力影响以及柱竖向位移对主梁内力的影响。柱的竖向位移主要由轴向变形引起，而轴向变形相对较小，因而引起的误差较小。主梁挠度将使次梁产生附加内力，相当于支座沉降对连续梁内力的影响。忽略这种影响将导致次梁跨中弯矩偏小、次梁支座弯矩和主梁跨中弯矩偏大。如要考虑这种影响，需将主梁和次梁作为交叉梁系，用结构力学的方法进行内力分析。可见，主、次梁分别取为连续梁模型是交叉梁系模型的一种近似。显然，主梁线刚度越大（与次梁线刚度相比），主梁的挠度就越小，近似引起的误差也就越小。如果主梁刚度趋向于无限大，就完全符合主、次梁计算模型。次梁挠度对板内力的影响类似。

2）次梁、主梁、柱（墙）分别作为板、次梁、主梁的支座可自由转动。这实际上忽略了次梁、主梁、柱（墙）在支承处分别对板、次梁、主梁弯曲转动的约束能力。在现浇楼盖中，次梁的抗扭刚度形成了对板弯曲转动的约束能力，主梁的抗扭刚度形成了对次梁弯曲转动的约束能力，柱的弯曲刚度形成了对主梁弯曲转动的约束能力。计算模型中忽略转动约束造成的误差，在永久荷载作用下比较小，在可变荷载的最不利布置下比较大。在实际计算中，对板和次梁采用增大永久荷载、相应减小可变荷载来弥补模型的误差。

柱子是由其弯曲刚度约束主梁的弯曲转动的。柱子对主梁弯曲转动的约束能力取决于主梁线刚度与柱子线刚度之比，当比值较大时，约束能力较弱。一般认为，当主梁的线刚度与柱子线刚度之比大于 5 时，可忽略这种影响，按连续梁模型计算主梁，否则应按梁、柱刚接的框架模型计算。可见，主梁的连续梁模型是框架模型的一种近似。

3）不考虑薄膜效应对板的影响。薄膜效应对板的影响有两个方面：一是板中轴向压力将提高板的受弯承载力（教材第 5 章）；二是板周边支承构件提供的水平推力将减少板在竖向荷载下的截面弯矩。为了利用这一有利作用，根据不同的支座约束情况，对板的计算弯矩可进行折减。

4）在确定次梁、主梁承受的荷载时，忽略板、次梁的连续性，按简支构件计算支座反力。当梁均匀布置、各区格板荷载相同时，所造成的误差比较小。由于板承受均布荷载，按简支构件计算的支座反力作为次梁承受的荷载，相当于相邻板跨各一半范围内的荷载传给次梁，这一范围称为负荷范围或从属面积。同理可确定主梁的负荷范围和柱的负荷范围。负荷范围的概念对方案设计阶段的结构估算非常重要。

11.2.2 连续梁的塑性内力重分布

1）内力重分布是钢筋混凝土超静定结构的客观事实。超静定结构不同部位的内力比值，即内力分布与构件的刚度有关。弹性分析是不考虑刚度随荷载变化的，因而按弹性理论，内力分布不会随荷载值的大小而改变。对于钢筋混凝土结构，第 3 章介绍过，随着裂缝的出现和发展，截面刚度将发生变化。刚度改变了，内力自然会出现与弹性状态不同的分布，即重新分布，这是一种客观现象。除了构件刚度变化会引起内力重分布外，塑性铰的出现引起的计算模型改变（以连续梁为例，当支座截面首先出现塑性铰后，后续荷载下的内力分析模型从连续梁变成了支座可以自由转动的简支梁），将导致截面内力关系发生更大的变化。前一种称为弹塑性内力重分布；后一种称为塑性内力重分布。

2) 钢筋混凝土塑性铰与理想塑性铰、理想铰的比较。在结构力学的塑性极限分析中介绍过塑性铰的概念。当某一截面出现塑性铰后，该截面的弯矩不能再增加，截面可自由转动，弯矩-曲率关系是一条水平线，这种铰称为理想塑性铰。理想塑性铰与力学中的无摩擦理想铰的区别在于：①理想铰不能承受弯矩，而塑性铰可以承受弯矩；②理想铰在两个方向都可产生无限的转动，而塑性铰是单向铰，仅能朝弯矩作用方向转动。

钢筋混凝土构件某一截面出现塑性铰后，截面的弯矩-曲率关系并不是一条水平线，随着曲率的增加，截面弯矩略有提高；塑性铰并不限于受拉钢筋首先屈服的那个截面，随着荷载的增加，有更多的相邻截面进入"屈服"，所以钢筋混凝土塑性铰则有一定的长度，而理想塑性铰集中于一点；此外，钢筋混凝土塑性铰的转动能力是有限的，主要与纵向钢筋的配筋率、钢筋品种和混凝土的极限压应变有关；理想塑性铰具有无限转动能力。

3) 充分的内力重分布是有条件的。在结构力学的极限荷载分析中，假定超静定结构先后出现足够数目的塑性铰，以致最后形成机动体系而破坏。这种情况称为充分的内力重分布，它有两个前提条件：一是塑性铰必须有足够的转动能力；二是在破坏机构形成前不能发生斜截面受剪破坏。如果有一个条件不满足，内力重分布就不充分。此外，在工程设计中还要考虑是否满足正常使用要求，如挠度、裂缝宽度是否过大。可见，在设计中要考虑内力重分布必须注意三个问题：保证塑性铰的转动能力、保证斜截面具有足够的受剪承载力和满足正常使用条件。

4) 考虑塑性内力重分布后如何进行设计。结构力学介绍过极限荷载计算的机构法和极限平衡法，这两种方法都是针对充分的内力重分布，并不完全适用钢筋混凝土结构。实用上采用弯矩调幅法考虑钢筋混凝土超静定结构的塑性内力重分布。在弹性内力的基础上，对弯矩和相应的剪力值进行调整，通过限制截面相对受压区高度、提高截面的受剪承载力和控制调幅值等措施来解决上面提到的三个问题，并通过限制使用的场合来进一步满足正常使用条件。

5) 考虑塑性内力重分布有以下优点：使内力分布更符合实际情况，从而更正确地估计结构的承载力、使用阶段的变形和混凝土结构的裂缝；在一定条件和范围内可以人为控制结构中的弯矩分布，给设计人员更多的自由，从而使设计得以简化；可以使结构在破坏时有较多的截面达到极限强度，从而充分发挥结构的潜力，有效地节约材料；可以克服支座钢筋拥挤现象、简化配筋构造、方便混凝土浇捣，从而提高施工效率和质量。

11.2.3　双向板内力分析的塑性铰线法

只有有限的几种形状规则、支座简单的薄板可得到弹性解析解。相比之下，塑性铰线法适用于任何形状、任何支承条件、任何荷载下板的内力分析。

1) 塑性铰线法基本假定有两个，也只需要两个：一是沿塑性铰线单位长度上的弯矩为常数，等于截面的受弯承载力；二是整块板仅考虑塑性铰线上的弯曲转动变形。有些参考书上还有第三个假定：塑性铰线上只有弯矩，没有剪力和扭矩。这一假定不是必须的。由于已经假定塑性铰线上只有弯曲转动变形，因而只有弯矩作内功，有无剪力和扭矩并不影响内功，也就不会影响结果。

对于各向同性板，不同方向单位长塑性铰线上的弯矩是相同的。对于钢筋混凝土板，

各向同性意味着双向配筋相同。图 11-1 所示的塑性铰
线，长度 l，与 x 轴的夹角为 α，假定 x 轴方向单位宽板
的受弯承载力为 m_x；y 轴方向单位宽板的受弯承载力为
m_y；塑性铰线范围内 x 方向的钢筋合力用 T_x 表示、y
方向的钢筋合力用 T_y 表示。近似取 x、y 两个方向的内力
臂均为 γh_0，则塑性铰线上的弯矩：

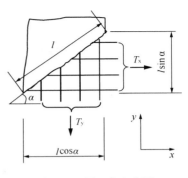

$$m_\alpha = (T_x\sin\alpha + T_y\cos\alpha)\gamma h_0$$

$$= \left(\frac{m_x l\sin\alpha}{\gamma h_0}\sin\alpha + \frac{m_y l\cos\alpha}{\gamma h_0}\cos\alpha\right)\gamma h_0$$

当 x、y 两个方向的配筋相同时，$m_x = m_y$。由上式可以
得到，$m_\alpha/l = m_x = m_y$。

图 11-1　任一方向塑性
铰线上的弯矩

　　2）问题的关键和难点是假定板的破坏机构，也就是要确定塑性铰线的位置。塑性
线的位置应满足以下四个条件：①对称结构具有对称的塑性铰线分布。②塑性铰线应满足
转动要求，即能够随被塑性铰线所分割的两相邻板块一起转动，因而必须通过相邻板块转
动轴的交点。③塑性铰线的数量应使整块板刚好成为一个几何可变体系，而没有多余铰
线。几何可变体系是塑性分析所定义的破坏状态，有多余塑性铰线则必然不是最小解。
④正塑性铰线出现在正弯矩区域，负塑性铰线则出现在负弯矩区域。

　　对于图 11-2（a）所示的柱支承板，首先找板块的转动轴。转动轴必须通过柱，但由于柱
属于点支承，所以转动轴的方向可以是任意的。由于该板具有三个对称轴，因而转动轴的确切
位置如图 11-2（b）所示。最后从转动轴两两交点分别引塑性铰线，如图 11-2（c）所示。

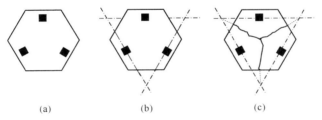

图 11-2　板破坏机构的确定步骤

（a）柱支承板；（b）转动轴位置；（c）塑性铰线位置

　　破坏机构不止一个时，需要研究各种破坏机构，比较后得到最小的承载力。当不同的
破坏机构可以用若干变量来描述时，可通过承载力对变量求导数的方法得到最小承载力。

　　3）塑性铰线法的理论依据是虚功原理。假定破坏机构有一个虚位移，外力所做功应
该等于内力所做功。由于仅考虑塑性铰线上的弯曲变形，而忽略板块的任何弹性变形，所
以内功等于各条塑性铰线上的弯矩向量与转角向量点乘的总和。内功的计算方法有两种，
一种是将弯矩向量与转角向量分别投影到选用的坐标系；另一种是将转角向量投影到弯矩
向量方向，即塑性铰线方向。此时需要根据两相邻板块的转角计算塑性铰线的转角。

11.2.4　无梁楼盖的荷载传递

　　学习无梁楼盖设计时，常常有这样的疑问：无论是经验系数法还是等代框架法，都是
按板面全部荷载在两个方向分别计算总弯矩，然后在柱上板带、跨中板带的支座截面和跨

中截面进行分配,这岂不是把荷载重复计算了?既然在一个方向考虑了所有的板面荷载,
另一个方向就不必再考虑了,两个方向的荷载总和等于全部荷载就可以了。

　　为了说明这一问题,回忆一下图 11-3(a)所示的双向板肋梁楼盖的荷载传递过程。
板面作用面荷载 p,由短跨方向的板带 B_1 和长跨方向的板带 B_2 共同分担。长跨方向板带
所承担的荷载将传递给短跨方向梁 L_1,梁 L_1 承担的荷载加上直接由短跨方向板带 B_1 承担
的荷载等于荷载总和;同样,由长跨方向梁 L_2 承担的荷载加上直接由长跨方向板带 B_2 承
担的荷载等于荷载总和。即必须满足下列静力条件:分别在两个方向,板和梁承担的荷载
总和等于总的荷载。对于单向板肋梁楼盖,同样满足这一静力条件。此时,板面荷载全部
由短跨方向的板带 B_1 传给长跨方向的梁 L_2,长跨方向板带 B_2 传给短跨方向梁 L_1 的荷载
为零。长跨方向板和梁承担的荷载等于板面荷载总和;同样,短跨方向板和梁承担的荷载
也等于板面荷载总和。

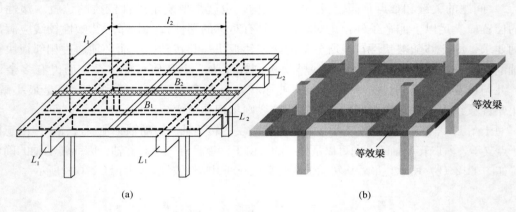

图 11-3　肋梁楼板与无梁楼板的比较
(a) 肋梁楼;(b) 无梁楼板

　　可见,对于肋梁楼盖,当把板和支承梁一起考虑时,每个方向承担的荷载总是所有的
板面荷载。

　　对于图 11-3(b)所示的无梁楼盖,存在类似双向板的情况,总荷载向两个方向传
递,所不同的是图 11-3(a)中梁的作用由两个方向柱中心线的板带,即柱上板带所替代。
柱中心线位置板带的加厚或增设柱帽并不改变这一静力条件。

　　无梁楼盖的板包含了肋梁楼盖中支承梁的作用,所以不能把无梁楼盖的板和肋梁楼盖
中的板进行简单比较。

11.3　思　考　题

11.3.1　问　答　题

11-1　现浇单向板肋梁楼盖中的主梁按连续梁进行内力分析的前提条件是什么?

11-2　计算板传给次梁的荷载时,可按次梁的负荷范围确定,隐含着什么假定?

11-3　为什么连续梁内力按弹性方法计算与按塑性方法计算时,梁计算跨度的取值是

不同的?

11-4 试比较钢筋混凝土塑性铰与结构力学中的理想铰和理想塑性铰的区别。

11-5 按考虑塑性内力重分布设计连续梁是否在任何情况下总是比按弹性方法设计节省钢筋?

11-6 试比较塑性内力重分布和应力重分布。

11-7 图 11-4 各图形中,哪些属于单向板、哪些属于双向板? 图中板边虚线代表简支边,短实线代表固定边,空白为自由边。

(a)   (b)   (c)   (d)

图 11-4 单向板与双向板的判别

(a) 对边简支正方形板;(b) 三边简支正方形板;(c) 单边固支矩形板;(d) 两相邻边简支三角形板

11-8 试确定图 11-5 所示板的塑性铰线,板边的支承表示方法与题 11-7 同。

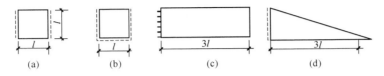

图 11-5 塑性铰线分布

11-9 为什么双向板支承梁计算板传来的荷载时,长跨方向梁是梯形分布,短跨方向梁是三角形分布? 如何将它们等效成均布线荷载?

11-10 如要计算由板面均布荷载经梁传给柱的集中荷载,也可以按从属面积计算吗? 是否与梁的布置有关?

11-11 影响塑性铰线转动能力的因素有哪些? 为什么要讨论塑性铰线的转动能力?

11-12 超静定结构出现充分的塑性内力重分布有哪些条件?

11-13 考虑塑性内力重分布进行设计有哪些优点? 有哪些限制?

11-14 连续双向板按弹性理论计算,如要考虑可变荷载的最不利布置,如何借用单区格双向板表格计算?

11-15 无梁楼盖经验系数法中的系数是如何确定的?

11-16 塑性铰线法有哪些基本假定?

11-17 梁式楼梯斜梁和踏步板的截面高度如何取?

11-18 单向板肋梁楼盖中,荷载的传递路线是怎样的?

11-19 单向板、次梁、主梁的常用跨度各是多大? 它们的高跨比各是多少?

11-20 什么是包络图? 什么是抗力图?

11-21 单向板中有哪些构造钢筋? 它们的作用和构造规定是怎样的?

11-22 跨内弯起的纵向钢筋在什么情况下可以计入支座截面的受弯承载力中,什么情况下不可以计入,为什么?

11-23 如何计算主梁支座截面的有效高度？

11-24 当梁的腹板高度 $h_w>450mm$ 时，在梁的肋部需要设置什么构造钢筋？起什么作用？

11-25 是否也能把无梁楼板上的竖向均布荷载 q 沿 x、y 方向分配为 q_x、q_y？

11.3.2 选 择 题

11-26 计算现浇单向板肋梁楼盖时，对板和次梁可采用折算荷载来计算，这是考虑到_____。

A. 在板的长跨方向也能传递一部分荷载   B. 塑性内力重分布的有利影响

C. 支座的弹性转动约束   D. 出现活载最不利布置的可能性较小

11-27 整浇肋梁楼盖中的单向板，中间区格内的弯矩可折减 20%，主要是考虑到_____。

A. 板内存在的拱作用

B. 板上荷载实际上也向长跨方向传递一部分

C. 板上活载满布的可能性较小

D. 板的安全度较高可进行挖潜

11-28 五等跨连续梁，为使第三跨跨中出现最大弯矩，可变荷载应布置在_____。

A. 1、2、5 跨   B. 1、2、4 跨

C. 1、3、5 跨   D. 2、4 跨

11-29 五等跨连续梁，为使边支座出现最大剪力，可变荷载应布置在_____。

A. 1、2、5 跨   B. 1、2、4 跨

C. 1、3、5 跨   D. 2、4 跨

11-30 钢筋混凝土超静定结构中存在塑性内力重分布是因为_____。

A. 混凝土的拉压性能不同   B. 结构由钢筋、混凝土两种材料组成

C. 各截面刚度不断变化，塑性铰的形成   D. 受拉混凝土不断退出工作

11-31 下列_____情况将出现不完全的塑性内力重分布。

A. 出现较多的塑性铰，形成机构   B. 截面相对受压区高度 $\xi\leqslant0.35$

C. 截面相对受压区高度 $\xi=\xi_b$ D. 斜截面有足够的受剪承载力

11-32 即使塑性铰具有足够的转动能力，弯矩调幅值也必须加以限制，主要是考虑到_____。

A. 力的平衡   B. 施工方便

C. 正常使用要求   D. 经济性

11-33 连续梁采用弯矩调幅法时，要求截面相对受压区高度 $\xi\leqslant0.35$，以保证_____。

A. 正常使用要求   B. 具有足够的承载力

C. 塑性铰的转动能力   D. 发生适筋破坏

11-34 次梁与主梁相交处，在主梁上设附加箍筋或吊筋，这是为了_____。

A. 补足因次梁通过而少放的箍筋

B. 考虑间接加载于主梁腹部将引起斜裂缝

C. 弥补主梁受剪承载力不足

D. 弥补次梁受剪承载力不足

11-35　整浇肋梁楼盖板嵌入墙内时，沿墙设板面附加筋是为了_____。

A. 承担未计及的负弯矩，减小跨中弯矩

B. 承担未计及的负弯矩，并减小裂缝宽度

C. 承担板上局部荷载

D. 加强板与墙的拉结

11-36　简支梁式楼梯，梁内将产生_____。

A. 弯矩和剪力　　　　　　　　B. 弯矩和轴力

C. 弯矩、剪力和扭矩　　　　　D. 弯矩、剪力和轴力

11-37　板内分布钢筋不仅可使主筋定位、分布局部荷载，还可_____。

A. 承担负弯矩　　　　　　　　B. 承受收缩及温度应力

C. 减小裂缝宽度　　　　　　　D. 增加主筋与混凝土的粘结

11-38　矩形简支双向板，板角在主弯矩作用下_____。

A. 板面和板底均产生环状裂缝

B. 均产生对角裂缝

C. 板面产生对角裂缝；板底产生环状裂缝

D. 板面产生环状裂缝；板底产生对角裂缝

11-39　按弹性理论，矩形简支双向板_____。

A. 角部支承反力最大　　　　　B. 长跨向最大弯矩位于中点

C. 角部扭矩最小　　　　　　　D. 短跨向最大弯矩位于中点

11-40　楼梯为斜置构件，主要承受可变荷载和永久荷载，其中_____。

A. 可变荷载和永久荷载均沿水平分布

B. 可变荷载和永久荷载均沿斜向分布

C. 可变荷载沿斜向分布；永久荷载沿水平分布

D. 可变荷载沿水平分布；永久荷载沿斜向分布

11-41　连续单向板的厚度一般不应小于_____。

A. $l_0/30$　　　　　　　　　　B. $l_0/35$

C. $l_0/40$　　　　　　　　　　D. $l_0/50$

11-42　连续单向板内跨的计算跨度_____。

A. 无论弹性计算方法还是塑性计算方法均采用净跨

B. 均采用支承中心间的距离

C. 弹性计算方法采用净跨

D. 塑性计算方法采用净跨

11-43　无梁楼盖可用经验系数法计算，_____。

A. 无论负弯矩还是正弯矩柱上板带分配的多一些

B. 跨中板带分配得多些

C. 负弯矩柱上板带分配得多些；正弯矩跨中板带分配得多些

D. 负弯矩跨中板带分配得多些；正弯矩柱上板带分配得多些

11-44 无梁楼盖按等代框架计算时，柱的计算高度对于楼层取_____。

A. 层高   B. 层高减去板厚

C. 层高减去柱帽高度   D. 层高减去 2/3 柱帽高度

11-45 板式楼梯和梁式楼梯踏步板配筋应满足_____。

A. 每级踏步不少于 1Φ6

B. 每级踏步不少于 2Φ6

C. 板式楼梯每级踏步不少于 1Φ6；梁式每级不少于 2Φ6

D. 板式楼梯每级踏步不少于 2Φ6；梁式每级不少于 1Φ6

11-46 无梁楼盖按等代框架计算竖向荷载作用下的内力时，等代框架梁的跨度取_____。

A. 柱轴线距离减柱宽   B. 柱轴线距离

C. 柱轴线距离减柱帽宽度   D. 柱轴线距离减 2/3 柱帽宽度

11-47 画端支座为铰支的连续梁弯矩包络图时，边跨和内跨_____。

A. 均有四个弯矩图形

B. 均有三个弯矩图形

C. 边跨有四个弯矩图；内跨有三个弯矩图

D. 边跨有三个弯矩图；内跨有四个弯矩图

11-48 画连续梁剪力包络图时，边跨和内跨画_____。

A. 四个剪力图形

B. 两个剪力图形

C. 边跨四个剪力图形；内跨三个剪力图形

D. 边跨三个剪力图形；内跨四个剪力图形

11-49 折梁内折角处的纵向钢筋应分开配置，分别锚入受压区，主要是考虑_____。

A. 施工方面   B. 避免纵筋产生应力集中

C. 以免该处纵筋合力将混凝土崩脱   D. 改善纵筋与混凝土的粘结性能

11.4 计算题及解题指导

11.4.1 例 题 精 解

【例题 11-1】 图 11-6（a）所示两跨连续梁，T 形截面，仅承受对称集中荷载 F。求：

（1）假定支座截面可承受的极限弯矩为 M_u，跨中截面可承受的极限弯矩为 $1.2M_u$。按充分的内力重分布考虑，该连续梁的极限荷载 F_u 为多少？

（2）如果该梁承受集中荷载设计值 $F=200$kN，计算跨度 $l=6$m；混凝土强度等级 C25，纵向钢筋采用 HRB500，环境类别一类；支座截面考虑调幅 20%。试分别计算支座截面和跨中截面所需的纵向钢筋面积。

（3）在上述的截面配筋下，按弹性理论，仅考虑正截面承载力时，该梁可以承受多大的集中荷载设计值?

【解】

1) 当发生充分的内力重分布时,可用结构力学的机构法计算极限荷载。图 11-6 (b) 是连续梁的破坏机构。设集中荷载作用处发生竖向虚位移 Δ,则跨中塑性铰的转角 $\theta_{中}=2\times\dfrac{\Delta}{l/2}=4\Delta/l$,支座截面塑性铰的转角 $\theta_{支}=4\Delta/l$。根据虚功原理,外力(集中荷载)所做功等于内力所做功(塑性铰):

$$2\times F_u \times \Delta = 2\times 1.2M_u \times 4\Delta/l + M_u \times 4\Delta/l$$

求得:

$$F_u = 6.8M_u/l$$

极限荷载也可以用极限平衡法求。图 11-6 (c) 是连续梁破坏时的极限弯矩分布,根据力矩平衡条件:

$$1.2M_u + M_u/2 = F_u l/4$$

求得:$F_u = 6.8M_u/l$。

2) 支座截面的弹性弯矩 $M_e = 0.188Fl = 0.188\times 200\times 6 = 225.6$kN·m。调幅系数 $\beta = 0.2$,调幅后的支座截面弯矩 $M_a = 225.6\times(1-0.2) = 180.48$kN·m;相应的跨中弯矩 $M_1 = Fl/4 - M_a/2 = 200\times 6/4 - 180.5/2 = 209.76$ kN·m。

C25 混凝土,$f_c = 11.9$MPa,$\alpha_1 = 1.0$;HRB500 钢筋,$f_y = 435$MPa。一类环境 C25 混凝土梁,最外层钢筋的混凝土保护层最小厚度 $c=20$;假定箍筋直径 6mm,纵筋放一层、直径 22mm,则截面有效高度 $h_0 = 500-20-6-22/2 = 461$mm。

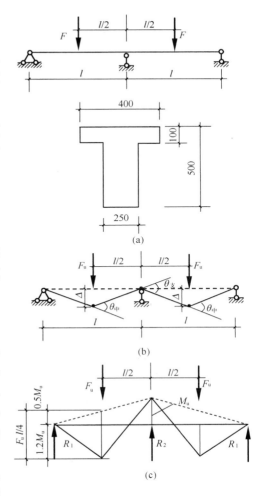

图 11-6 例题 11-1 插图
(a) 两跨连续梁;(b) 破坏机构;
(c) 极限弯矩分布

支座按矩形截面计算:

$$\alpha_s = \frac{M_a}{\alpha_1 f_c b h_0^2} = \frac{180.48\times 10^6}{1.0\times 14.3\times 250\times 461^2} = 0.2855 < \alpha_{smax} = 0.3659,\text{属适筋截面。}$$

$$\gamma = \frac{1}{2}(1+\sqrt{1-2\alpha_s}) = \frac{1}{2}(1+\sqrt{1-2\times 0.2855})$$

$$= 0.8275$$

$$A_s = \frac{M}{\gamma h_0 f_y} = \frac{180.48\times 10^6}{0.8275\times 461\times 435}$$

$$= 1087.6\text{mm}^2,\text{可选用 3 Φ 22}(A_s = 1140\text{mm}^2)。$$

跨中按 T 形截面计算,先判别 T 形梁类型。

$$\alpha_1 f_c b_{\rm f}' h_{\rm f}'(h_0 - h_{\rm f}'/2) = 1.0 \times 14.3 \times 400 \times 100 \times (461 - 100/2)$$
$$= 195.64 {\rm kN \cdot m} < M_1(209.76 {\rm kN \cdot m})$$

属第二类 T 形梁。

$$\alpha_{\rm s} = \frac{M - \alpha_1 f_c (b_{\rm f}' - b) h_{\rm f}'(h_0 - h_{\rm f}'/2)}{\alpha_1 f_c b h_0^2}$$

$$= \frac{209.76 \times 10^6 - 1.0 \times 14.3 \times (400 - 250) \times 100 \times (461 - 100/2)}{1.0 \times 14.3 \times 250 \times 461^2} = 0.2157$$

$$\xi = 1 - \sqrt{1 - 2\alpha_{\rm s}} = 1 - \sqrt{1 - 2 \times 0.2157} = 0.2460$$

$$A_{\rm s} = \frac{\alpha_1 f_c (b_{\rm f}' - b) h_{\rm f}' + \alpha_1 f_c b \xi h_0}{f_{\rm y}} = 1185 {\rm mm}^2,选用 3 \;\Phi\; 22(A_{\rm s} = 1140 {\rm mm}^2)。$$

3）当支座截面控制时，$0.188Fl = 180.48$，可求得 $F_1 = 160 {\rm kN}$；当跨中截面控制时，$0.156Fl = 209.76$，可求得 $F_2 = 224.10 {\rm kN}$。取两者较小值 $F = 160 {\rm kN}$。

【提示】上面 2）、3）两种情况配筋相同，但按弹性理论计算所能承受的荷载（160kN）小于按塑性理论算得的荷载（200kN）。这是因为跨中截面的潜力没有充分发挥。但不能由此就认为塑性设计一定比弹性设计节省钢筋。读者可自行按弹性理论计算在集中荷载 $F = 160 {\rm kN}$ 下，支座和跨中截面所需的纵向钢筋。可以发现，其中支座截面所需钢筋与塑性设计方法相同，但跨中截面所需钢筋比塑性设计方法少。本例没有考虑可变荷载最不利布置，当考虑可变荷载最不利布置时，支座截面最大弯矩和跨内截面最大弯矩并不是同时出现的，它们对应了不同的可变荷载不利布置。如果按弹性设计，则支座截面和跨中截面分别按支座最大弯矩和跨内最大弯矩进行配筋；而考虑塑性内力重分布将最大支座弯矩调整后，如果相应的跨中弯矩并没有超过最大的跨内弯矩，则支座截面的配筋可以减少，而跨中配筋不需要增加。在这种情况，与弹性设计方法相比可以节省钢筋。

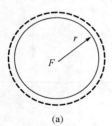

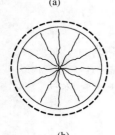

【例题 11-2】图 11-7 所示圆形板，四周简支，圆心受集中荷载。假定单位长塑性铰线可以承受的弯矩为 m，用塑性铰线法计算极限荷载 $F_{\rm u}$。

【解】

1）确定塑性铰线位置

圆形板可以看成无穷多边形，塑性铰线必须通过两相邻边的交点，故呈放射状，有无穷多条；因轴对称，铰线交于圆心，如图11-6（b）所示。

2）采用极坐标（R、θ）

取微元体 $d\alpha$，见图 11-7（c）。假定圆心位置发生向下虚位移 δ，该微元体包含的塑性铰线绕 R、θ 轴的转角（即铰线转角在坐标轴上的投影）分别为：

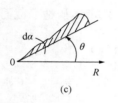

图 11-7　例题 11-2 插图
（a）周边简支圆形板；（b）塑性
铰线分布；（c）微元 $d\alpha$

$$\alpha_\theta = \frac{\delta}{r}; \alpha_R = 0$$

塑性铰线弯矩为铰线长度乘以单位长铰线可以承受的弯矩，

在坐标轴上的投影值分别为：

$$M_\theta = m \times r \times \mathrm{d}\alpha; M_R = m \times r \times \cos\alpha$$

3）列虚功方程。

外功：$W = F \cdot \delta$

内功：$U = \int_0^{2\pi} (M_\theta \cdot \alpha_\theta + M_R \cdot \alpha_R) \mathrm{d}\alpha = 2\pi m\delta$

令 $W = U$，得到极限荷载 $F_u = 2\pi m$。

【例题 11-3】图 11-8（a）所示异形板，三边简支，承受均布荷载。假定单位长塑性铰线可以承受的弯矩为 m，用塑性铰线法计算极限荷载 q_u。

【解】

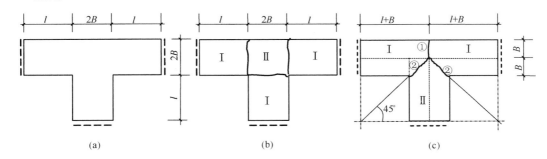

图 11-8 例题 11-3 中的图

（a）简支异形板；（b）塑性铰线模式一；（c）塑性铰线模式二

1）确定塑性铰线位置

该板有两种塑性铰线模式，分别见图 11-8（b）、（c）。其中第二种塑性铰线模式有 1 条竖向塑性铰线（编号为①）和 2 条斜向塑性铰线（编号为②）。

2）模式一的破坏荷载

计算内功时直接将塑性铰线上的弯矩乘以转角。3 条塑性铰线相同，塑性铰线上弯矩 $M = 2Bm$。假定中间板块发生向下的虚位移 δ，则铰线转角 $\theta = \delta/l$。

$$U = 3 \times 2Bm \times \delta/l = 6Bm\delta/l$$

外功按板块计算。共有 4 个板块，其中有 3 块相同，用 I 表示（图 11-8b），另 1 块用 II 表示。板块 I 绕支承边转动，板块 II 发生均匀下沉。板块 I 变形后形成的锥体体积为：$1/2 \times$ 板块面积 $\times$ 位移 δ；板块 II 变形后形成的立方体体积为：板块面积 $\times$ 位移 δ。外功：

$$W = 3 \times \frac{1}{2} \times 2B \times l \times \delta \times q + (2B)^2 \times \delta \times q$$

得到破坏荷载：

$$q_{1u} = \frac{6m}{3l^2 + 4Bl}$$

3）模式二的破坏荷载

假定塑性铰线交点发生向下的虚位移 δ。塑性铰线①上的弯矩 $M = mB$，转角 $\theta = 2\delta/(l+B)$；塑性铰线②上的弯矩 $M = \sqrt{2}Bm$，转角 $\theta = \sqrt{\left(\dfrac{\delta}{l+B}\right)^2 + \left(\dfrac{\delta}{l+B}\right)^2} = \sqrt{2}\delta/(l+B)$。

内功：

$$U = Bm \times \frac{2\delta}{l+B} + 2 \times \sqrt{2}Bm \times \frac{\sqrt{2}\delta}{l+B} = \frac{6Bm\delta}{l+B}$$

为了方便地计算板块变形后的锥体体积，将 3 块板块划分为 6 小块（图 11-8c 中用虚线分割），共两种，一种是矩形板块（有 2 小块），另一种是梯形板块（有 4 小块）。

计算梯形板块变形后的锥体体积时，需分成矩形和三角形（图 11-8c 中用点划线分割）。注意该三角形板的塑性铰线并不延伸到转动边，可分成两种变形的迭加：点划线处的均匀向下平移和绕点划线的转动。其中平移值为 $\frac{l\delta}{l+B}$；转动引起的顶点位移为 $\delta - \frac{l\delta}{l+B} = \frac{\delta B}{l+B}$。梯形小板块变形后的锥体体积：

$$V = \frac{1}{2} \times l \times B \times \frac{l\delta}{l+B} + \frac{B^2}{2} \times \frac{l\delta}{l+B} + \frac{1}{3} \times \frac{B^2}{2} \times \frac{\delta B}{l+B} = \frac{3l^2B + 3lB^2 + B^3}{6(l+B)}\delta$$

外功：

$$W = 4 \times \frac{3Bl^2 + 3B^2l + B^3}{6(l+B)}q\delta + 2 \times \frac{1}{2} \times B(l+B) \times q\delta = \frac{9Bl^2 + 12B^2l + 5B^3}{3(l+B)}q\delta$$

破坏荷载：

$$q_{2u} = \frac{6m}{3l^2 + 4Bl + 5B^2/3}$$

4）确定最小的破坏荷载

经比较，$q_{2u} < q_{1u}$。最后取 $q_u = \frac{6m}{3l^2 + 4Bl + 5B^2/3}$。

【例题 11-4】一钢筋混凝土楼板，板厚 80mm，采用 C20 混凝土，HPB300 钢筋。平面布置及配筋如图 11-9 (a) 所示，板底配有Φ8@200 双向钢筋，板面配有Φ8@150 双向钢筋，纵筋保护层厚度为 15mm。由于改造的需要，甲方希望将两侧的支承墙打掉，在中间增设一道梁和相应的柱（图 11-9b），而对楼板本身不作任何处理，改造前后楼面荷载没有变化。假定楼板的原设计满足规范要求，问该方案是否可行（仅考虑楼板部分）？

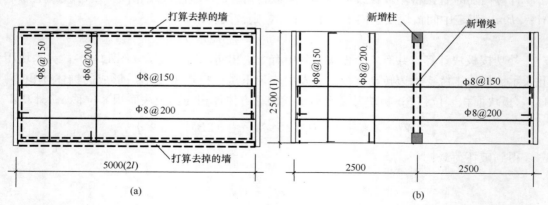

图 11-9　例题 11-4 插图
(a) 改造前；(b) 改造后

【解】本题属于工程应用题。因没有提供楼面的荷载设计值，可以分别用弹性理论和塑性理论分析改造后楼板可以承受的极限荷载值是否大于改造前楼板可以承受的极限荷载值。

1）计算楼板的承载力

承受正弯矩时：

受压区高度 $x = \dfrac{f_y A_s}{\alpha_1 f_c b} = \dfrac{270 \times 251}{1 \times 9.6 \times 1000} = 7.06\text{mm}$；

受弯承载力 $M_u = f_y A_s \left(h_0 - \dfrac{x}{2} \right) = 270 \times 251 \times (60 - 7.06/2) = 3.8270 \times 10^6 \text{N} \cdot \text{mm}$ $= 3.83\text{kN} \cdot \text{m}$

承受负弯矩时：

受压区高度 $x = \dfrac{270 \times 335}{1 \times 9.6 \times 1000} = 9.42\text{mm}$；

受弯承载力 $M'_u = 270 \times 335 \times (60 - 9.42/2) = 5.0 \times 10^6 \text{N} \cdot \text{mm} = 5.0\text{kN} \cdot \text{m}$

2）按弹性理论复核

改造前属双向板，短跨方向正弯矩承载力起控制作用，查教材附录7四边简支板弯矩系数表，弯矩系数为（$0.0965 + 0.2 \times 0.0174$）$= 0.1$，故楼板的极限荷载值：

$$q_u = \frac{M_u}{0.1 l^2} = \frac{3.83}{0.1 \times 2.5^2} = 6.12\text{kN/m}^2$$

改造后属两跨连续单向板，支座截面的弯矩系数为 0.125，跨中截面的弯矩系数为 0.0703，支座截面负弯矩承载力控制。楼板的极限荷载值：

$$q_u = \frac{5.0}{0.125 \times 2.5^2} = 6.40\text{kN/m}^2，大于改造前的极限荷载 6.12\text{kN/m}^2。$$

3）按塑性理论复核

改造前简支矩形双向板的极限荷载可以利用教材式（11-28）计算。取式中 $l_{01} = l$、$l_{02} = 2l$，$M_{1u} = l_{02} \times M_u = 2l \times M_u$、$M_{2u} = l_{01} \times M_u = l \times M_u$，$M'_{1u} = M''_{1u} = M'_{2u} = M''_{2u} = 0$，得到：

$$q_u = 14.4 \times 3.83/2.5^2 = 8.82\text{kN/m}^2$$

改造后 $M_u + M'_u/2 = q_u l^2/8$，求得：

$$q_u = (8 \times 3.83 + 4 \times 5.0)/2.5^2 = 8.85 \text{ kN/m}^2，大于改造前极限荷载。$$

按弹性理论和塑性理论，改造后楼板的极限荷载均大于改造前，所以该方案是可行的。

11.4.2 习　题

【习题 11-1】已知一两端固支的单跨矩形截面梁，其净跨为 6m，截面尺寸 $b \times h =$ 200mm×500mm，采用 C30 混凝土，支座截面配置了 3 Φ 16 钢筋，跨中截面配置了 2 Φ 16 钢筋。环境类别为一类，箍筋直径 6mm。

求：（1）支座截面出现塑性铰时，该梁承受的均布荷载 p_1；

（2）按考虑塑性内力重分布计算该梁的极限荷载 p_u；

（3）支座的调幅值 β。

【习题 11-2】一连续单向板，环境类别为一类，受力钢筋的配置如图 11-10 所示，采用 C30 混凝土，HRB400 钢筋，板厚为 120mm。试用塑性理论计算该板所能承受的极限均布荷载 p_u。

【习题 11-3】图 11-11 所示四边简支的正方形板，中间开一正方形洞。板双向具有相同的配筋，假定单位长塑性铰线所能承受的弯矩为 m。求该板所能承受的极限均布荷载 p_u。

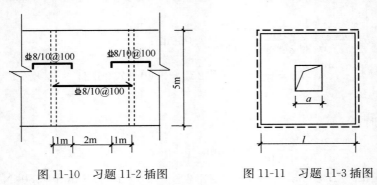

图 11-10　习题 11-2 插图　　　　　　图 11-11　习题 11-3 插图

【习题 11-4】图 11-12 所示两端固支 T 形截面梁，安全等级为二级，承受均布荷载。采用 C30 混凝土，HRB335 纵筋，HPB300 箍筋，$a'_s = a_s = 40\text{mm}$。

1）假定支座和跨中截面的极限抗弯承载力分别为 $M_{u2} = M_u$；$M_{u1} = 0.9M_u$。

（1）如果忽略塑性铰出现前的内力重分布（即认为塑性铰出现前是弹性分布），哪个截面先出现塑性铰？此时的荷载 q_1 是多少？

（2）如果发生充分的内力重分布，极限荷载 q_u 是多少？

2）已知永久荷载标准值 $g_k = 15\text{kN/m}$，可变荷载标准值 $q_k = 30\text{kN/m}$，准永久值系数 $\psi_q = 0.9$。用塑性理论设计，支座调幅 25%。

（1）求支座和跨中截面调幅后的弯矩。

（2）分别确定支座截面和跨中截面的配筋 A_{s2}、A_{s1}。

（3）截面配置了 Φ 8@150 双肢箍筋，试复核斜截面受剪承载力是否满足要求。

（4）$w_{\lim} = 0.3\text{mm}$，验算跨中截面的裂缝宽度是否满足要求。

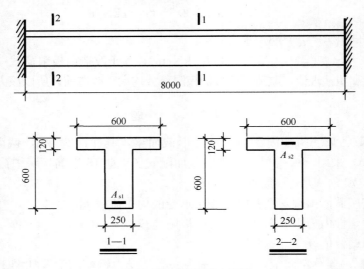

图 11-12　习题 11-4 插图

【习题 11-5】一四边简支在砖墙上的板如图 11-13 所示，承受均布荷载，双向配筋 Φ 8@200，板厚为 100mm，永久标准值 $g_k = 3.34\text{kN/m}^2$。经用塑性理论核算原设计刚好满足承载力要求。现打算破墙开店，拆除一侧的墙体（成为自由边），并通过改变楼面使用功能，使楼面均布可变荷载标准值 q_k 减少 4.5kN/m^2。已求得每米长塑性铰线所能承受的弯矩值 $m=5.18\text{kN}\cdot\text{m/m}$。试用塑性理论计算该墙拆除后板的承载力是否满足要求。

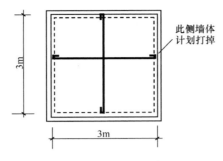

图 11-13　习题 11-5 插图

【习题 11-6】图 11-14 所示异形板，四边简支，承受均布荷载。假定单位长塑性铰线可以承受的弯矩为 m。

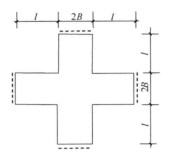

图 11-14　习题 11-6 插图

1）用塑性铰线法计算极限荷载 q_u。

2）如果用弹性方法进行分析，如何取简化计算简图？当 $B\rightarrow 0$ 时，对两种计算方法的结果进行比较。

第12章 单层厂房

前面讲过，一个房屋的上部结构分为水平结构体系与竖向结构体系两种结构体系。楼、屋盖属于水平结构体系，竖向结构体系主要有排架、框架、剪力墙、框架—剪力墙、筒体结构等类型。学习本章的重要性有以下四方面。第一，它是学习竖向结构体系的"排头兵"，并且在本课程中，只有单层厂房这一章比较完整地讲述了一个钢筋混凝土建筑物的结构组成和布置。第二，首先提出了用抗侧力构件的抗侧刚度来分配水平荷载的概念。第三，在本章中还讲述了风荷载、雪荷载、吊车荷载的计算方法以及内力组合的原理和方法，为以后的学习打下了基础。第四，在本章中还讲述了牛腿和柱下独立基础等构件的受力特点和设计方法。

12.1 内容的分析与总结

12.1.1 学习的目的和要求

1）了解单层厂房的结构形式、传力路线、围护墙与山墙的构造。

2）理解支撑的作用、种类和布置原则。

3）掌握用剪力分配法计算等高排架的方法，包括各项荷载的计算、内力分析和内力组合等。

4）掌握牛腿和偏心受压柱下独立基础的设计方法。

12.1.2 重点和难点

上述3）、4）是重点，其中内力组合是难点。

12.1.3 内容组成及总结

1. 内容组成

本章主要内容如图12-1所示。

2. 内容总结

1）单层厂房主要有铰接排架和刚架两种结构形式。钢筋混凝土刚架已少用，目前我国常用的是由钢屋架（钢屋面梁）与钢筋混凝土柱和基础所构成的铰接排架。

2）排架结构中，屋架（或屋面梁）、托架、柱、吊车梁和基础是主要承重构件。支撑虽然不是主要承重构件，但却是联系各种主要承重构件，并把它们构成整体的重要构件。支撑分屋盖支撑和柱间支撑两类，支撑的主要作用是：①保证结构构件的稳定与正常工作；②增强厂房的整体稳定和空间刚度；③把纵向风荷载、吊车纵向水平荷载以及水平地震作用等水平力传递到主要承重构件上去。

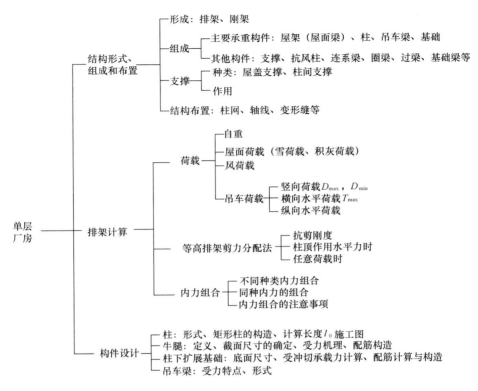

图 12-1　单层厂房的主要内容

3）目前，我国单层厂房的柱距大多采用 6m，跨度以 3m 为模数，如 12、15、18、21、27、30m 等。在有吊车的单层厂房中，吊车的吨位、跨度、吊车轨顶标高、吊车的工作制度等都对单层厂房的结构设计有很大影响，应予注意。

3. 排架内力分析步骤

1）确定计算单元和计算简图。根据厂房平、剖面图选取一榀中间横向排架，初选柱的形式和尺寸，画出计算简图。

2）荷载计算：确定计算单元范围内的屋面永久荷载、可变荷载（雪、积灰等）、风荷载；根据吊车规格及台数计算吊车荷载。注意竖向力在排架柱上的作用位置，不能忽视力的偏心影响。

3）在各种荷载作用下，分别进行排架内力分析。等高排架用剪力分配法，不等高排架可用力法。

4）进行柱控制截面的最不利内力组合。根据偏压构件（大、小偏压）特点和荷载效应组合原则列表进行。

4. 设计柱下独立基础的主要内容

1）根据地基承载力要求，确定基底尺寸。

2）根据受冲切承载力要求，确定基础高度。

3）根据受弯承载力要求，计算基础底板配筋。

4）注意满足有关尺寸、配筋等构造要求。

5. 牛腿

剪跨比 $a/h_0 \leqslant 1$ 的称为短牛腿，即牛腿。牛腿的计算简图是以纵向水平钢筋为拉杆、混凝土斜向压力带为压杆所构成的三角形桁架。牛腿的截面宽度与柱宽相同，牛腿的截面高度是由斜裂缝宽度的控制条件以及构造要求确定的。牛腿顶部的纵向水平受力钢筋的截面面积是由正截面受弯承载力计算确定的。牛腿的截面尺寸和配筋除满足计算要求外，还应满足规定的构造要求。

6. 抗剪刚度

使柱顶产生单位水平位移，需要在柱顶施加的水平力值，就是此柱子的抗剪刚度或称侧移刚度，它反映了柱子抵抗侧移的能力，这个概念是很重要的，尤其在多、高层建筑结构中。

7. 整体空间工作

单层厂房中，各榀横向排架（包括山墙）共同受力的功能称为单层厂房的整体空间工作。横向排架间连接得越可靠，受力的差别越大，例如在吊车荷载下，则整体空间工作越大；反之，则越小。

8. 单层厂房柱

单层厂房柱的类型主要有实腹矩形柱、工字形柱和双肢柱三种。当预制柱的截面高度 $h \leqslant 600\text{mm}$ 时，宜采用矩形截面柱，$h = 600 \sim 800\text{mm}$ 时，宜采用工字形柱或矩形柱。柱的截面尺寸除了应保证柱具有足够的承载能力外，还必须具有足够的刚度。单层厂房柱的设计内容一般包括确定柱的外形构造尺寸和截面尺寸；根据各控制截面的最不利内力组合进行截面设计；施工吊装运输阶段的承载力和裂缝宽度验算；与屋架、吊车梁等构件的连接构造和绘制施工图等，当有吊车时还需进行牛腿设计。

9. 吊车梁

在有吊车的单层厂房中，吊车梁也是厂房主要承重构件之一。吊车梁是直接承受吊车动力荷载的构件，因此它的受力特点与吊车荷载的特性有关，即吊车荷载是移动的重复荷载，有冲击和振动的动力作用，并且是偏心的。目前我国常用的吊车梁形式有钢筋混凝土、预应力混凝土等截面或变截面吊车梁以及组合式吊车梁。

12.2   重点讲解与难点分析

12.2.1   支   撑

1. 支撑的作用

单层厂房中的主要承重构件是屋架（或屋面梁）、柱、吊车梁和基础，支撑不是主要承重构件，造价也不高，但却是重要构件，起着联系各种主要承重构件并把它们构成整体的重要作用。具体讲，有三个主要作用：

1）保证结构构件的稳定和正常工作

屋架上弦是受压构件，既要防止它在屋架平面内压屈失稳，也要防止它出（屋架）平面的压屈失稳。它在屋架平面内的压屈长度大致等于节间的长度，问题不大，但它的出平面压屈长度很大，所以必要时应设置屋架上弦水平支撑来减小压屈长度，防止失稳。

2）增强厂房的整体稳定性和空间刚度

位于柱上的屋架（屋面梁）是容易倾覆的，必须用屋盖支撑体系把它连接起来，增强整体稳定性，并有一定的空间刚度。

3）传递纵向水平力

吊车纵向水平力是由吊车梁经过柱间支撑传给排架柱再传到基础上的；作用在山墙上的风荷载是经过抗风梁、抗风柱后，一部分向下直接传给基础，另一部分向上通过屋盖上弦水平支撑、屋盖垂直支撑和纵向水平系杆等传给柱间支撑后，经排架柱传给基础。

2. 支撑的种类和布置

20 世纪 60 年代，我国杭州半山钢铁厂的一个车间，由于支撑没有做好，屋架发生了像"多米诺骨牌"那样连续倒塌的工程事故。此后，我国颁布了一些技术规定，教材上介绍的是其要点，下面我们讲的是主要思路。

支撑分为屋盖支撑和柱间支撑两类。

屋盖支撑的布置思路是这样的：首先在屋架上弦水平面内布置上弦横向水平支撑和上弦纵向水平支撑，构成一个水平框，如果这个水平框的纵向长度太大，就沿纵向每隔一定距离再布置上弦横向水平支撑。同理，在屋架下弦水平面内也这样处理。屋盖水平支撑的这种布置方法是与多层混合结构房屋中圈梁的布置方法是相同的。然后在屋盖间设置屋盖垂直支撑和纵向水平系杆。当有天窗时，可同理设置天窗架的上弦水平支撑和天窗架间的垂直支撑。

柱间支撑的种类和布置比较简单，见教材。

12.2.2 用剪力分配法计算等高排架的物理概念

1）单层厂房柱的侧向刚度是指在柱顶作用多大的水平力时，才能使柱顶产生单位水平位移。这个水平力的值就是它的侧向刚度或叫抗侧刚度。有的同学用"在柱上作用任意荷载使柱顶产生单位水平位移"来定义柱的侧向刚度，那是错误的。因此，当柱上作用任意荷载时，必须用教材中讲的在柱顶虚加水平不动铰支座的方法，才能进行剪力分配。

2）如图 12-2（a）所示的单跨等高排架，A 柱上作用一个弯矩，B 柱的侧向刚度为无限大。这时，B 柱对 A 柱的作用就相当于在 A 柱顶加一个水平不动铰支座，"最大限度地

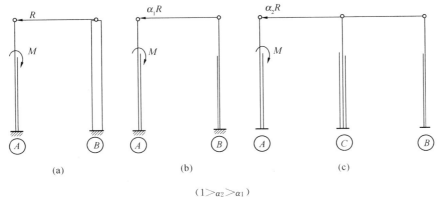

$(1>\alpha_2>\alpha_1)$

图 12-2 等高排架剪力分配的物理概念

（a）B 柱侧向刚度无限大；（b）B 柱侧向刚度不是无限大；（c）增加 C 柱

帮了 A 柱的忙"。设这个水平不动铰支座的反力为 R。当柱的侧向刚度不是无限大时，B 柱对 A 柱的作用就相当于在 A 柱顶加了一个水平弹性支座，见图 12-2（b），设其水平支座反力为 $\alpha_1 R$，显然 $\alpha_1 < 1$。如果再添加一根 C 柱，同理把 B 柱和 C 柱对 A 柱的作用也看作是在 A 柱顶加了另一个水平弹性支座，见图 12-2（c）。显然，这个水平弹性支座比前一个的要"硬"一些了，设其水平支座反力为 $\alpha_2 R$，则必定 $1 > \alpha_2 > \alpha_1$。可见，在等高排架中，不承载的排架柱对承载柱的作用，相当于在其柱顶加一个水平弹性支座。有了这个物理概念后，就不会把柱顶合成后的水平力搞错了。

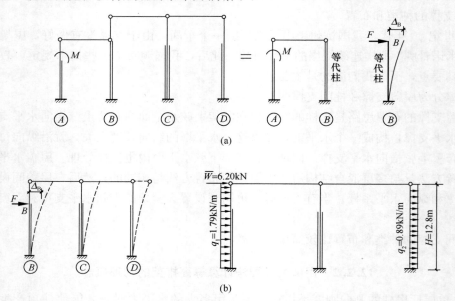

图 12-3　不等高多跨排架中等代柱的概念

3）东南大学丁大钧教授在 20 世纪 50 年代提出了不等高排架也用剪力分配法来做的论著，现简单介绍其思路。对图 12-3（a）的不等高排架，可把高跨部分用一根侧向刚度与它相等的等代柱来代替，这样就成了等高排架。这根等代柱的侧向刚度是这样求得的：在连接点 B 处作用一个水平力，使高跨部分在该处产生单位水平位移，如图 12-3（b）所示，这个水平力的值就是等代柱的侧向刚度。当然，具体做起来还是相当麻烦的。

12.2.3　内　力　组　合

1. 内力组合的原则

对建筑结构，当作用与作用效应按线性关系考虑时，其荷载效应组合的设计值为：

$$S_d = \sum_{i \geqslant 1} \gamma_{Gi} S_{GiR} + \gamma_P S_P + \gamma_{Q1} \gamma_{L1} S_{Q1k} + \sum_{j>1} \gamma_{Qj} \psi_{cj} \gamma_{Lj} S_{QjR} \tag{12-1}$$

2. N_u 与 M_u 的不利组合

图 12-4 是两个对称配筋偏心受压构件在材料和截面尺寸相同的情况下，N_u、M_u 和钢筋截面面积 A_{s1}、A_{s2} 的关系示意图，图中 $A_{s1} < A_{s2}$。由图可知：

（1）N_u 不变时，不论是大偏心受压还是小偏心受压，M_u 大的钢筋截面面积就大，见图中的 a、b 点及 c、d 点；

（2）M_u 不变时，小偏心受压的钢筋截面面积随轴向力 N_u 的增大而增加，见图中的 b、e 点；而大偏心受压的却相反，见图中的 e、f 点，N_u 小，$A_s = A'_s$ 大。

上述（1）是因为大、小偏心受压时，钢筋截面面积的表达式都是：

$$A_s = A'_s = \frac{N_u e - \alpha_1 f_c bx(h_0 - 0.5x)}{f'_y(h_0 - a'_s)}$$

（12-2）

N_u 不变，M_u 大，e 就大，x 不变或减小，故 $A_s = A'_s$ 大。也就是说，弯矩的存在或增大，总是不利的，因为如果没有弯矩就成轴心受压构件了。

对上述（2）的解释稍麻烦些。

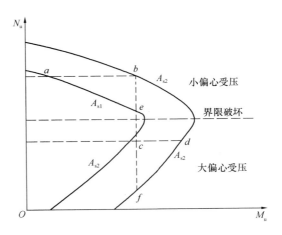

图 12-4 对称配筋矩形截面偏心受压构件内力组合值的评判

小偏心受压时，$N_u e = M_u + N(0.5h - a_s)$，$M_u$ 不变，$A_s = A'_s$ 是随 N_u 的增大而增大的，这时 x 虽然增大了，但 $x(h_0 - 0.5x)$ 增大得不多，所以 x 对减小钢筋截面面积的影响比不上 N_u 对增大钢筋截面面积的影响，故 $A_s = A'_s$ 增大。

大偏心受压时，由力的平衡条件得：

$$A_s = \frac{\alpha_1 f_c bx}{f_y} + A'_s - \frac{N_u}{f_y}$$

（12-3）

因为 $x = \dfrac{N_u}{\alpha_1 f_c b}$，当 M_u 不变时，减小 N_u 就是减小 x，而等式右边的第三项总是随 N_u 的增大而减小，所以 $A_s = A'_s$ 随 N_u 的减小而增大。对此可这样来理解，大偏心受压是以受弯为主的，轴向压力的存在或增大都会减小受拉区的拉应力和拉应变。也就是说，轴向压力对大偏心受压是有利的。

3. 补充的注意事项

1）为了避免出错，建议每一次组合都分为两部分：永久荷载效应＋1 个可变荷载效应；永久荷载效应＋0.9×（2 个或 2 个以上可变荷载效应）；然后把两者进行比较。

2）比较时，如果 N_u 差不多，而 M_u 相差大，则 M_u 大的那组内力不利；如果 M_u 差不多，而 N_u 相差大，这时就要算出 $x = N_u / \alpha_1 f_c b$，当 $x \leqslant x_b$ 时为大偏心受压，N_u 小的那组内力就是不利的；当 $x > x_b$ 时为小偏心受压，则 N_u 大的那组内力是不利的。

3）因为弯矩总是"有害"的，所以在以 $N_{u,max}$ 或 $N_{u,min}$ 为组合目标时，不要忘记把轴向压力为零，但弯矩、剪力不为零的弯矩值和剪力值组合进去，特别是由吊车横向水平荷载 T_{max} 和风荷载所产生的弯矩和剪力（因为"有 T 必有 D"，所以有时也要把 D_{max} 或 D_{min} 产生的弯矩和剪力组合进去）。

4）风荷载对柱底截面产生的弯矩和剪力往往是比较大的，组合时要多留意。

12.3　思　考　题

12.3.1　问　答　题

12-1　单层厂房有哪两种结构类型？单层厂房排架结构是由哪些构件组成的？其中哪些构件是主要承重构件？

12-2　单层厂房中的支撑分几类？支撑的主要作用是什么？

12-3　排架计算的主要目的是什么？简化排架计算的假定有哪些？排架柱下端是固定在基础顶面还是固定在地表面？为什么？

12-4　怎样把作用在排架柱上的竖向偏心荷载换算成竖向轴心荷载和弯矩，为什么要做这样的换算？

12-5　D_{max}、D_{min} 和 T_{max} 是怎样求得的？

12-6　基本风压和基本雪压各是怎样定义的？

12-7　用剪力分配法计算等高排架的基本原理是什么？单阶排架柱的抗剪刚度是怎样计算的？

12-8　排架柱控制截面上不同种类的内力该怎样组合，同一种内力（即荷载组合）又该怎样组合？

12-9　怎样根据 $N_u - M_u$ 相关曲线来评判对称配件矩形截面偏心受压构件内力的组合值？

12-10　什么是厂房的整体空间作用？产生这种整体空间工作的条件是什么？

12-11　牛腿的定义是什么？牛腿截面尺寸主要是根据什么要求来确定的？牛腿配筋的主要构造要求有哪些？

12-12　柱下扩展基础的设计步骤和要点是什么？计算基础钢筋时为什么要用地基土的净反力？

12.3.2　选　择　题

12-13　吊车的横向水平荷载作用在＿＿＿＿＿＿处。

A. 吊车梁顶面的水平处

B. 吊车轨顶水平处

C. 吊车梁底面，即牛腿顶面水平处

12-14　单层厂房的柱间支撑应布置在＿＿＿＿＿＿处。

A. 伸缩缝区段的中央或临近中央

B. 伸缩区段的两端

C. 分别从伸缩区段两端头算起的第二柱距内

12-15　单层厂房排架柱侧向刚度 D_0 的定义是＿＿＿＿＿＿。

A. 使柱顶产生单位水平位移需要在柱顶施加的水平力值

B. 在柱顶作用单位水平力使柱顶产生水平位移值

C. 在柱顶作用水平力，使柱底产生的转角值

12-16 有一对称配筋矩形截面单层厂房柱,由内力组合得到的某控制截面的三组内力如下,其中_____是最不利的内力组合。

A. $M=120$ kN·m,$N=340$kN

B. $M=-50$ kN·m,$N=330$kN

C. $M=80$ kN·m,$N=350$kN

12-17 与题 12-16 相同,_____是最不利的内力组合。

A. $M=96$kN·m,$N=120$kN

B. $M=102$kN·m,$N=240$kN

C. $M=100$kN·m,$N=200$kN

12-18 当单层工业厂房纵向排架柱列数_____时,纵向排架也需计算。

A. ≤8   B. ≤9   C. ≤7

12-19 有吊车厂房结构温度区段的纵向排架柱间支撑布置原则以下列_____项为正确做法。

A. 下柱支撑布置在中部,上柱支撑布置在中部及两端

B. 下柱支撑布置在两端,上柱支撑布置在中部

C. 下柱支撑布置在中部,上柱支撑布置在两端

12-20 单层厂房排架柱内力组合中可变荷载的下列特点,_____有误。

A. 吊车竖向荷载,每跨都有 D_{max} 在左、D_{min} 在右及 D_{min} 在左、D_{max} 在右两种情况;每次只选一种

B. 吊车横向水平荷载 T_{max} 同时作用在该跨左、右两柱,且有正、反两个方向

C. D_{max} 或 D_{min} 必有 T_{max},但有 T_{max} 不一定有 D_{max} 或 D_{min}

12.3.3 判 断 题

12-21 在有桥式吊车的厂房中,吊车梁也是主要承重构件。(   )

12-22 从排架计算的观点来看,柱顶标高不同,当受力后柱顶处倾斜横梁的长度变化很小的话,也认为是等高排架。(   )

12-23 如果没有特殊情况,排架计算中,一般应考虑两台吊车。(   )

12-24 排架计算中考虑多台吊车水平荷载作用时,对单跨或多跨厂房的每个排架,参与组合的吊车台数不应多于两台。(   )

12-25 基本风压应按《建筑结构荷载规范》GB 50009—2012 给出的数据采用,但不得小于0.2kN/m^2。(   )

12-26 均布风荷载作用下,单层厂房的空间作用比吊车荷载作用下的大。(   )

12-27 通常,由风荷载产生的排架柱底截面的弯矩是比较大的,应予注意。(   )

12-28 有一单跨铰接排架,当 A 柱上承受任意荷载,B 柱上不承受荷载时,B 柱上的弯矩图形总是直线。(   )。

12-29 牛腿的截面尺寸应根据斜裂缝控制条件和构造要求来确定。(   )

12-30 基础底板的受力钢筋应按地基净反力来计算。(   )

12-31 单层工业厂房的牛腿柱的牛腿主要发生斜压破坏。(   )

12-32 等高排架在任意荷载作用下都可采用剪力分配法进行计算。(   )

12-33　单层单跨的厂房参与组合的吊车台数最多考虑两台。（　　）

12-34　排架结构内力组合时，恒载在任何情况下都参与组合。（　　）

12-35　不等高排架在任意荷载作用下都可采用剪力分配法进行计算。（　　）

12.3.4　填　空　题

12-36　单层厂房支撑分为＿＿＿＿＿＿和＿＿＿＿＿＿两类。支撑的主要作用是：保证结构的＿＿＿＿＿＿；增强厂房的＿＿＿＿＿＿和＿＿＿＿＿＿；把吊车纵向水平荷载、纵向风荷载以及水平地震作用等传递到＿＿＿＿＿＿；保证在施工安装阶段结构的＿＿＿＿＿＿。

12-37　基本雪压是以当地＿＿＿＿＿＿统计所得＿＿＿＿＿＿年一遇最大积雪自重确定的。

12-38　基本风压是以当地比较空旷平坦地面上离地＿＿＿＿＿＿m高度处，统计所得的＿＿＿＿＿＿年一遇＿＿＿＿＿＿分钟平均最大风速为标准确定的。

12-39　位于牛腿顶面的水平纵向受拉钢筋是由＿＿＿＿＿＿和＿＿＿＿＿＿两部分组成的。

12-40　柱下独立基础板底的边长大于或等于＿＿＿＿＿＿m时，沿此方向的钢筋长度可减短10%，但宜交错布置。

12-41　预制柱插入基础杯口应有足够的深度，以使柱＿＿＿＿＿＿，同时这个深度还应满足＿＿＿＿＿＿和＿＿＿＿＿＿的要求。

12-42　钢筋混凝土排架结构单层厂房，当室内最大间距为＿＿＿＿＿＿，室外露天最大间距为＿＿＿＿＿＿时，需设伸缩缝。

12-43　屋架之间的支撑包括＿＿＿＿＿＿、＿＿＿＿＿＿、＿＿＿＿＿＿、＿＿＿＿＿＿。

12-44　厂房横向排架是由＿＿＿＿＿＿、＿＿＿＿＿＿、＿＿＿＿＿＿组成。

12-45　对于跨度在18m和18m以下的工业厂房，应采用＿＿＿＿＿＿的倍数；在18m以上，宜采用＿＿＿＿＿＿的倍数。

12.4　计算题及解题指导

12.4.1　例　题　精　解

【例题12-1】　某单层单跨厂房，跨度18m、柱距6m，内有两台10t的A4级ZQ1-62系列桥式吊车，试求该排架承受的吊车竖向荷载设计值D_{max}、D_{min}和横向水平荷载设计值T_{max}。

【解】　查教材附表12得：吊车宽$B=5.55m$，轮距$K=4.4m$，吊车总质量18.0t，最大轮压标准值$P_{max,k}=115kN$，$P_{min,k}=2.5t≈25kN$，小车总质量$m_2=2.1t$（双闸）。

由图12-5知，柱反力的影响线纵坐标：

$$y_2=1, y_1=\frac{1.6}{6}=0.267, y_4=\frac{0.45}{6}=0.075, y_3=\frac{4.85}{6}=0.808$$

$$\Sigma y_i=1+0.267+0.075+0.808=2.15$$

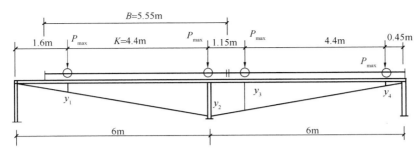

图 12-5 例题 12-1 计算简图

由教材表 12-1 知，多台吊车的荷载折减系数 $\beta = 0.9$，故：

$$D_{max} = \gamma_Q \beta P_{max,k} \sum y_i = 1.5 \times 0.9 \times 115 \times 2.15 = 333.79 \text{kN}$$

$$D_{min} = D_{max} \cdot \frac{P_{min,k}}{P_{max,k}} = 333.79 \times \frac{25}{115} = 72.56 \text{kN}$$

下面求 T_{max}：

$$G_{2,k} = m_2 g = 2.1 \times 10 = 21 \text{kN}, G_{3,k} = Q \cdot g = 10 \times 10 = 100 \text{kN}$$

$$\alpha = 0.12$$

$$T_k = \frac{1}{4} \cdot \alpha \beta (G_{2,k} + G_{3,k}) = \frac{1}{4} \times 0.12 \times 0.9 \times (21 + 100) = 3.267 \text{kN}$$

$$T_{max} = D_{max} \frac{T_k}{P_{max,k}} = 333.79 \times \frac{3.267}{115} = 9.48 \text{kN}$$

【提示】①由质量 m 产生的重力等于 mg，故质量 1t 产生的重力近似为 10kN；②两台吊车的相邻轮子间的距离等于 $B - K$；③柱反力的影响线为三角形，最大值在柱顶处，所以应把两台吊车相邻轮子中的一个放在柱顶处，由此求得柱子的最大反力值。

【例题 12-2】某金工车间的横剖面外形尺寸及风荷载体形系数如图 12-6 所示，基本风压值 $w_0 = 0.45 \text{kN/m}^2$。地面粗糙度类别为 B，排架计算宽度 B 为 6m，Ⓐ柱与Ⓑ柱相同，上、下柱截面尺寸分别为 400mm × 400mm 和 400mm×600mm，用剪力分配法计算风荷载设计值及排架内力设计值。

【解】1. 求均布风荷载设计值 q_1、q_2

风压高度变化系数 μ_z 按柱顶离室外天然地坪的高度 $11.50 + 0.30 = 11.80 \text{m}$ 取值。由教材表 12-2 知，离地面 10m 时，$\mu_z = 1.00$；离地面 15m 时，$\mu_z = 1.14$；用

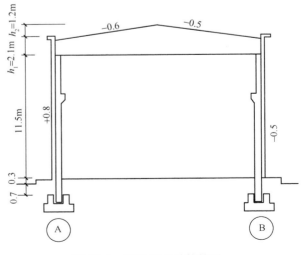

图 12-6 例题 12-2 计算简图

插入法得柱顶的风压高度变化系数为：

$$\mu_z = 1 + \frac{1.14 - 1.00}{15 - 10} \times (11.80 - 10) = 1.05$$

故：

$$q_1 = \gamma_Q \mu_s \mu_z \omega_0 B = 3.02 \text{kN/m} \qquad q_2 = \gamma_Q \mu_s \mu_z \omega_0 B = 1.89 \text{kN/m}$$

2. 求柱顶集中风荷载设计值 $\overline{W}$

风压高度系数按檐口离室外地坪的高度 11.8+2.1=13.9m 取值。用插入法得：

$$\mu_z = 1 + \frac{1.14 - 1.00}{15 - 10} \times (13.9 - 10) = 1.109$$

故 $\overline{W} = 10.43 \text{kN}$

3. 剪力分配系数

Ⓐ柱与Ⓑ柱相同，故剪力分配系数 $\eta_A = \eta_B = 0.5$。

4. 求 q_1、q_2 作用下的柱顶不动铰支座反力

1）计算参数 n 和 λ

上、下部柱截面惯性矩：

$$I_u = 2.13 \times 10^9 \text{ mm}^4 \qquad I_l = 7.2 \times 10^9 \text{ mm}^4$$

故 $n = \dfrac{I_u}{I_l} = 0.296$；$\lambda = \dfrac{H_u}{H} = 0.281$

2）计算柱顶不动铰支座反力

查教材附图 9-8 得，$C_{11} = 0.362$，则：

Ⓐ柱顶的不动铰支座反力为：$R_A = -C_{11} q_1 H = -14.00 \text{kN}$（←）

Ⓑ柱顶的不动铰支座反力为：$R_B = -C_{11} q_2 H = -8.76 \text{kN}$（←）

5. 求柱顶剪力

撤销附加的不动铰支座，在排架顶施加集中力 $-R_A$ 和 $-R_B$，并把它们与 $\overline{W}$ 相加后进行建立分配，得 $V_{A,2} = V_{B,2} = \eta_A (\overline{W} - R_A - R_B) = 16.595 \text{kN}$（→）。

把上述Ⓐ、Ⓑ柱分配到柱顶剪力 $V_{A,2} = V_{B,2}$ 分别与Ⓐ、Ⓑ柱顶不动铰支座反力相加，即得柱顶剪力：

$$V_A = V_{A,2} + R_A = 2.595 \text{kN}(\rightarrow) \qquad V_B = V_{B,2} + R_B = 7.835 \text{kN}(\rightarrow)$$

6. 求内力图

排架柱Ⓐ、Ⓑ的承受水平力的图及弯矩图、剪力图示于图 12-7。

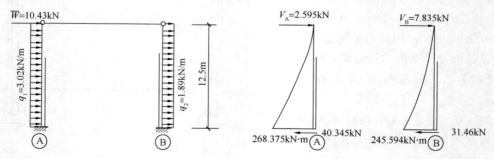

图 12-7 例题 12-2 中的排架内力图

【提示】①地面以下是没有 q_1、q_2 的，由于地面以下的柱子长度比较小，为方便和偏于安全，q_1、q_2 按柱全高考虑；②在求柱顶剪力时也可以把由 $\overline{W}$ 与 q_1、q_2 产生的柱顶剪力分开来计算；③第一步是加上柱顶不动铰支座求出 R_A、R_B，第二步是把（$\overline{W}-R_A-R_B$）分配给Ⓐ柱、Ⓑ柱，最后的柱顶剪力等于上述两步结果的叠加，即 $V_A=\eta_A(\overline{W}-R_A-R_B)+R_A$，$V_B=\eta_B(\overline{W}-R_A-R_B)+R_B$；④要注 R_A、R_B 的正负号，与 q_1、q_2 方向相反的为负号；⑤所求得的顶剪力是可以校核的，即 V_A+V_B 应等于 $\overline{W}$，本题为 $2.595+7.835=10.43=\overline{W}$，可见是做对了。

12.4.2　习　　题

【习题 12-1】已知两跨等高排架，柱高 $H=12.8\text{m}$，A、C 柱的 $n=\dfrac{I_u}{I_l}=0.109$，$\lambda=\dfrac{H_u}{H}=0.305$；$B$ 柱的 $n=0.281$，$\lambda=0.305$。求在图 12-8 所示风荷载作用下，排架柱的弯矩图。

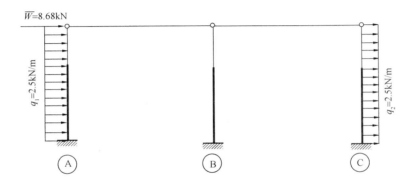

图 12-8　习题 12-1 的结构简图

【习题 12-2】某单层单跨厂房，跨度 18m，柱距 6m，内有两台 10t A6 级工作制吊车。试求该柱承受的吊车竖向荷载设计值 $D_{\max}$、$D_{\min}$ 和横向水平荷载设计值 $T_{\max}$。起重机有关资料如下：吊车跨度 $l_k=16.5\text{m}$，吊车宽 $B=5.44\text{m}$，轮距 $K=4.4\text{m}$，吊车总质量 18.23t，小车质量 3.684t，额定起重量 10t，最大轮压 $P_{\max,k}=104.7\text{kN}$。

【习题 12-3】试用剪力分配法求图 12-9 所示两跨排架在风荷载作用下各柱的内力。已知基本风压 $w_0=0.45\text{kN/m}^2$，15m 高度处 $\mu_z=1.14$（10m 高度处 $\mu_z=1.0$），体形系数 μ_s 示于图中。柱距 6m，$H_u=2.1\text{m}$。柱

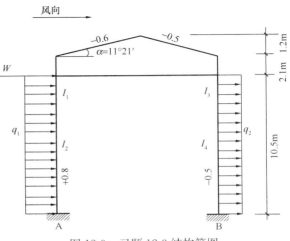

图 12-9　习题 12-3 结构简图

截面惯性矩：$I_1=2.13\times10^9\text{mm}^4$，$I_2=14.38\times10^9\text{mm}^4$，$I_3=7.2\times10^9\text{mm}^4$，$I_4=19.5\times10^9\text{mm}^4$。

【习题 12-4】图 12-10 所示排架，在 A、B 牛腿顶面作用有力矩 M_1 和 M_2。试求 A、B 内力。已知 $M_1=153.2\text{kN·m}$，$M_2=131\text{kN·m}$，柱截面惯性矩同习题 12-3。

【习题 12-5】图 12-11 所示柱牛腿，已知竖向力设计值 $F_v=324\text{kN}$，水平拉力设计值 $F_h=78\text{kN}$，采用 C20 混凝土和 HRB335 级钢筋。试计算牛腿的纵向受力钢筋（长度单位：mm），牛腿宽度 $b=400\text{mm}$。

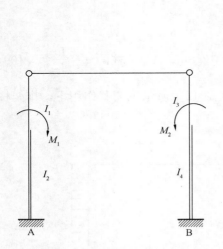

图 12-10　习题 12-4 结构简图

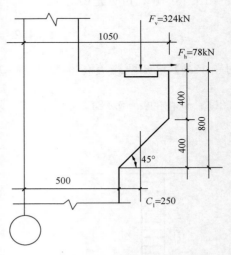

图 12-11　习题 12-5 示意图

【习题 12-6】某单层厂房现浇柱下独立锥形扩展基础，已知由柱传来基础顶面的轴向压力标准值 $N_k=920\text{kN}$，弯矩 $M_k=276\text{kN·m}$，剪力 $V_k=25\text{kN}$。柱截面尺寸 $b\times h=400\text{mm}\times600\text{mm}$，地基承载力特征值 $f=200\text{kN/m}^2$，基础埋深 1.5m。基础采用 C20 混凝土，HRB400 级钢筋。试设计此基础并绘出基础平面、剖面和配筋图。

第13章 多层框架结构

13.1 内容的分析与总结

钢筋混凝土框架结构是我国目前最常用的建筑结构形式。纵横布置的梁柱体系与楼盖共同组成一个空间结构，承受竖向荷载和水平作用。在结构设计中，一般把水平向的楼盖结构与竖向的框架结构分开考虑、分别计算。第11章已经介绍了楼盖结构的设计，本章主要介绍框架结构设计。为便于读者掌握基本的力学概念和基本的设计原理，本书仅介绍平面框架的手算分析法。

13.1.1 学习的目的和要求

1. 学习目的

通过本章的学习，能够根据多层框架结构布置特点画出计算简图，能用分层法、反弯点法和 D 值法进行内力与侧移计算；掌握多层框架的结构布置、内力组合及最不利内力、结构构件设计及框架节点的构造要求，了解结构设计原则，能够进行框架结构设计。

2. 学习要求

1) 了解框架结构布置的一般规定和要求。

2) 了解框架结构的分类形式，并通过比较知道它们的优缺点。

3) 通过比较框架结构不同承重方案，了解它们之间的异同。

4) 进行最不利内力组合时，要求能够理解控制截面和内力组合项选取的原理。

5) 熟练掌握竖向荷载作用下和水平荷载作用下的内力和侧移的近似计算方法，熟悉各种方法的前提及假定。

6) 了解框架结构构件设计要点。

7) 了解框架节点的构造要求和相应的设计原则。

13.1.2 重点和难点

上述4)、5) 是重点，也是本章的难点。

13.1.3 内容组成及总结

1. 框架结构布置

框架结构应在纵、横两个方向或多个斜交方向布置形成空间框架结构。单跨框架的耗能能力较弱，超静定次数较少，一旦柱子出现塑性铰，出现连续倒塌的可能性很大，所以不宜采用单跨框架。由于框架在纵、横两个方向都承受很大的水平力，因此应做成刚接框架结构，保证尽可能多次超静定。相应地，为了保证纵、横两方向都有足够的承载力和刚度，框架宜采用方形、圆形、多边形或接近方形的布置方案，使两个方向的刚度较为相近。框架梁、柱轴线宜在同一个竖向平面内，尽量避免梁布置在柱的一侧，防止产生过大的偏心弯矩。

2. 框架结构分类

混凝土框架结构按施工方法不同分为现浇式、装配式和装配整体式。现浇式框架结构容易实现梁柱钢筋的有效连接与可靠锚固，易于保证结构的整体性和抗震性能，缺点是现场施工的工作量大、工期长、需要大量的模板和脚手架。装配式框架结构的连接节点施工工艺复杂，处理不好就难以保证框架结构的整体性与抗震能力，但它的施工速度快、效率高，可实现标准化、工厂化和机械化生产。装配整体式框架兼有现浇式框架与装配式框架的优点，但是节点区现场浇筑混凝土施工有一定的湿作业工作量，工艺也比较复杂。

我国在20世纪70年代曾较多采用装配式和装配整体式钢筋混凝土框架结构，有效地达到了节约建筑材料的目的。但由于节点构造工艺简单，结构的抗震能力难以保障，在20世纪90年代普遍提高结构抗震标准以后，在缺乏对装配式混凝土结构抗震性能深入研究的情况下，简单地采取了限制的措施，导致装配式结构逐渐退出多高层房屋工程。在国际上，装配式一直作为建筑结构发展的方向之一得到研究和应用，如无粘结预应力装配式框架、混合连接装配式混凝土框架、装配整体式钢骨混凝土框架等。装配式结构有利于建筑工业化的发展，提高生产效率节约能源，发展绿色环保建筑，并且有利于提高和保证建筑工程质量。与现浇施工相比，装配式混凝土结构符合绿色施工的节地、节能、节材、节水等要求，减小现场建筑垃圾，降低施工现场噪声、扬尘、污水等对周围环境的影响。装配式施工可以连续、立体化交叉作业，提高工效。因此，我国近年来又提出要推进装配式建筑的发展，在房屋建筑中采用减震、隔震技术的装配式结构体系或其他新型装配式混合结构体系。

3. 框架结构承重方案

楼面竖向荷载是通过楼板、梁、柱传到基础的。根据建筑使用功能和结构的受力要求，楼盖梁板布置有一定的规律性，使得竖向荷载也是有规律性的向某一个方向的框架传递，这个竖立面上的框架就称之为承重框架。在手算设计的时代，实际为空间工作的框架结构首先要简化为平面框架，承重框架是结构设计的重点，需要根据所传递来的荷载详细分析其内力。而另外一个方向的框架因为不承受楼盖传来的竖向荷载，内力较小，设计计算可大为简化。

根据荷载传递路径的不同，承重框架的布置有横向框架承重、纵向框架承重和纵横向框架混合承重等几种。横向框架承重方案是在横向布置承重梁而纵向往往布置较小的连系梁，这种方案比较有利于房屋室内的采光和通风。纵向框架承重方案是在纵向布置框架承重梁，在横向布置连系梁，这种方案有利于设备管线的穿行，并可获得较高的室内净高，但是它的横向抗侧刚度较差，且进深尺寸受预制板长度的限制。当楼面有较大荷载或楼面有较大开洞时，一般采用纵横向框架混合承重方案，这种方案设计成双向梁柱抗侧力体系使框架结构具有很好的空间刚度和整体性。

当楼板为预制结构时，竖向荷载的传递方向根据预制楼板安装时的构造方式确定。当楼板为现浇时，竖向荷载的传递方向根据楼面梁的布置方式确定。事实上，所有的框架都是空间结构，只是楼面荷载向两个方向传递的大小不同而已，当然楼面荷载传递方向的大小变化会引起框架结构受力性能的量变到质变。

4. 框架结构计算简图

一般情况下，框架是一个空间受力体系。当采用有限元方法计算时，目前的结构分析软件大多直接按空间结构计算，确定计算简图时需要搞清主次结构之间的构造、荷载的传递路径、边界约束条件等。当采用手算方法时，只能将空间框架按主梁布置拆分成纵横两个方向的平面框架，同时把荷载也简化到相应的框架平面内。如果某一方向的平面框架间距相同、荷载相等、杆件截面尺寸一样，结构设计时可取其中的一榀为代表，否则应逐榀计算。

空间结构平面化后，实际为空间分布的荷载也要简化到相应的框架平面内。竖向荷载的简化可根据楼层梁系结构的布置确定。水平荷载的简化，当各榀抗侧力平面框架结构刚度一致且分布均匀、质量分布均衡时，可按照投影面积分配，否则应考虑各榀平面框架的空间协同工作。

5. 框架结构的内力计算

框架属于杆件体系，其内力和位移可运用结构力学方法进行求解。但手算的计算工作量很大，因而工程中常采用一些比较简单的近似方法，如竖向荷载作用下的分层计算法、水平荷载作用下的反弯点法和 D 值法进行分析和计算。

6. 框架的侧移计算及限值

控制框架的侧移包括两部分内容，一是控制框架顶部的最大侧移，二是控制层间相对侧移。顶部侧移过大将影响使用，层间相对侧移过大则会使填充墙出现裂缝，损坏内部装修。

7. 框架的内力组合及最不利内力

在外荷载作用下，内力一般沿杆件长度是变化的。但是为了便于施工，构件的配筋通常不完全和内力一样变化，而是分段配筋。设计时可根据内力图变化情况，选取若干个控制截面的内力做配筋计算。对高度不大的框架柱，一般只需计算上、下端两个截面的配筋。对于横梁，至少要计算两端及跨中这三个截面的配筋。

8. 框架结构构件设计要点

在抗震设计中，框架结构应遵循"强柱弱梁""强剪弱弯"和"强节点弱构件"的设计原则。这是框架结构抗震耗能对结构的延性要求所决定的。抗震设计原则中的"强柱弱梁"要求控制节点附近梁端的承载力设计值，使柱的受弯承载力高于梁的受弯承载力，这样就可以控制柱的破坏不致发生在梁破坏之前，破坏时形成延性较好的梁铰型机构；由于构件弯曲破坏多因钢筋屈服引起，是延性的，而斜截面的剪切破坏则往往因为混凝土抗力不足引起，带有一定的脆性性质。"强剪弱弯"要求设计时通过控制截面尺寸和配筋使剪切破坏不在弯曲破坏之前发生；由于连接框架梁、柱的节点受力比较复杂，且容易发生非延性破坏，从而引起更严重的后果，因此"强节点弱构件"要求设计时应使节点不在与其相连的梁端、柱端破坏之前失效。

13.2 重点讲解与难点分析

13.2.1 竖向荷载作用下的近似计算——分层计算法

多层多跨框架在竖向荷载作用下侧向位移较小，计算时可以忽略不计，而且每层梁的竖向荷载对其他各层杆件内力的影响也不大，因此，可采用分层的方法分别计算。分层法的基本假定为：

1）在竖向荷载作用下，框架侧移小，因而忽略。

2）每层梁上的荷载对其他各层梁的影响很小，可以忽略不计，因此每层梁上的荷载只在该层及与该层梁相连的柱上分配和传递。

其计算步骤为：

1）计算各层梁的固端弯矩。

2）将框架分层，各层梁的跨度、梁上作用的荷载及各层柱高均与原结构相同，柱端假定为固定端。

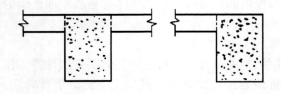

图 13-1　梁截面惯性矩 I_0

3）计算各层梁柱的线刚度。梁的线刚度 $i_b = E_c I_b / l$，其中 E_c 为混凝土的弹性模量，l 为梁的计算跨度，I_b 为梁的截面惯性矩。对装配式楼面，I_b 按梁的实际截面取用；对现浇楼面和装配整体式楼面，I_b 可近似按表 13-1 采用，其中 I_0 为按矩形截面计算的梁截面惯性矩（图 13-1）。柱的线刚度 $i_c = E_c I_c / h$，其中 I_c 为柱的截面惯性矩，h 为框架柱的计算高度，除底层外其他各层柱的线刚度均应乘以修正系数 0.9。

梁截面惯性矩　　　　　　　　　　　　　　　　　　　　　　表 13-1

楼面做法	两边有楼板	一边有楼板
现浇楼面	$I_b = 2I_0$	$I_b = 1.5I_0$
装配式整体楼面	$I_b = 1.5I_0$	$I_b = 1.2I_0$

4）计算各层梁和柱的弯矩分配系数和传递系数。计算每一个节点周围各杆的弯矩分配系数时应该用修正后的线刚度计算，并且底层柱和各层梁的传递系数均取 1/2，其他层柱的传递系数取 1/3。

5）用弯矩分配法计算各梁、柱杆端弯矩，由此所得的梁端弯矩即为其最后的弯矩。

6）将分层计算得到的每一柱上、下层的柱端弯矩相叠加，即得到柱端的最终弯矩，一般情况下分层计算法所得杆端弯矩在节点处不平衡，如果需要提高精度可对不平衡弯矩再做一次分配。柱的轴力可由上柱传来的竖向荷载（节点集中力、柱自重）和梁端剪力叠加而得。

13.2.2　水平荷载作用下的近似计算

1. D 值法

D 值是指框架柱的抗侧刚度，也就是使框架柱产生单位水平位移时所需施加的水平力。柱子的 D 值越大，使它产生同样的水平位移时所需施加的水平力越大。D 值法考虑了柱两端节点转动时对其抗侧刚度和反弯点位置的影响，因此它是一种合理且计算精度较高的近似计算方法，应用于一般多高层框架结构在水平荷载作用下的内力和侧移计算。D 值法的计算要点和步骤为：

1）根据作用在框架上的水平荷载 F_k 由平衡条件可求得第 i 层的层间剪力。

2）计算各柱的抗侧刚度 D。

3）计算各柱的剪力分配。

4）确定柱反弯点高度比 y。

5）计算各柱的柱端弯矩。

6）根据节点平衡计算梁端弯矩。

7）根据各梁端弯矩计算梁的剪力，再由梁的剪力计算柱轴力。

2. 反弯点法

当梁的线刚度比柱的线刚度大很多时（工程中一般 $i_b/i_c>3$），梁柱节点的转角很小。如果忽略此转角的影响，水平荷载作用下框架内力的计算方法还可进一步简化成为反弯点法。反弯点法在确定柱的抗侧移刚度时，假定各柱上、下两端都不发生转动，即认为梁柱线刚度比 k 为无限大，层总剪力在各柱子之间按抗侧刚度分配。

对于底层柱，取离柱下端 2/3 柱高处为反弯点位置，对其他各层柱，反弯点均在柱的层高中点，即 1/2 柱高处。用反弯点法计算框架内力的要求和步骤与 D 值法类同。

13.2.3 水平位移近似计算

框架属于杆件体系结构。根据结构力学原理，在各种荷载作用下框架的变形有三部分组成，$\Delta=\Sigma\int\frac{M\overline{M}}{EI}ds+\Sigma\int\frac{V\overline{V}}{\mu GA}ds+\Sigma\int\frac{N\overline{N}}{EA}ds$，这里的 M、V、N 和 $\overline{M}$、$\overline{V}$、$\overline{N}$ 分别是由荷载和单位力产生的弯矩、剪力和轴力。同时，框架结构在水平荷载作用下的侧移也由三部分组成，即由梁柱弯曲变形引起的侧移 $\Sigma\int\frac{M\overline{M}}{EI}ds$、由梁柱剪切变形引起的侧移 $\Sigma\int\frac{V\overline{V}}{\mu GA}ds$、由梁柱轴向变形引起的侧移 $\Sigma\int\frac{N\overline{N}}{EA}ds$。一般框架结构在侧向荷载作用下的变形主要是由梁柱弯曲变形引起的，如图 13-2（a）所示，侧移曲线沿高度方向的整体形状与悬臂梁剪切

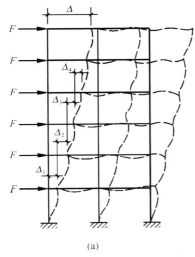

(a)

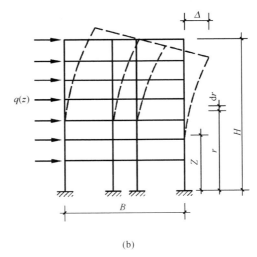

(b)

图 13-2　框架的侧移

（a）梁柱弯曲变形引起的侧移；（b）柱轴向变形引起的侧移

变形曲线相似，因而称之为剪切型。对于高层框架结构来说，由框架柱轴力引起的变形 $\sum\int\dfrac{N\overline{N}}{EA}\mathrm{d}s$ 不可忽略，其侧移曲线沿高度方向的整体形状与悬臂梁的弯曲变形曲线相似，如图 13-2（b）所示。对于壁式框架结构来说，因为杆件截面高度较大，杆件内剪力引起的变形 $\sum\int\dfrac{V\overline{V}}{\mu GA}\mathrm{d}s$ 对结构侧向位移的贡献不可忽略。

对于一般的框架结构，实际工程设计时只需要考虑由梁柱弯曲变形所引起的侧移。但当结构总体高宽比增大时，柱轴向变形引起结构总体弯曲而产生的侧向位移将会增大。一般当结构总高度 $H>50\mathrm{m}$ 或高宽比 $H/B>4$ 时，必须考虑由柱轴向变形引起的侧移。

13.2.4　框架结构的控制截面及弯矩调幅

1. 梁柱配筋设计的控制截面

框架梁两端支座截面常常是最大负弯矩及最大剪力发生的位置，在水平力作用下两端还有正弯矩，在竖向力作用下梁跨中有最大正弯矩。因此梁配筋设计的控制截面是梁端截面和跨中截面。另外需要注意的是，由于内力分析得到的梁端内力是柱轴线处的弯矩和剪力，而梁破坏时的破坏面不可能发生在柱轴线处，只可能发生在梁端柱边，因此梁配筋设计的控制截面应该是梁端柱边截面，内力组合用的弯矩和剪力应该是由计算得到的梁端内力换算到梁端柱截面的。

对于框架柱，弯矩最大值在柱子梁端，剪力和轴力值在同一楼层内的变化很小。因此，柱的设计控制截面为上下端截面。考虑到节点处横梁对柱子破坏的约束作用有限，因此柱子配筋设计的内力一般直接取柱端节点处的内力。

2. 梁端弯矩调幅

按照框架结构的合理破坏形式，在梁端出现塑性铰是允许的。为了便于施工及提高框架的延性也有必要减小支座处梁顶的配筋。因此在进行结构设计时，一般均对梁端弯矩进行调幅，即人为地减小梁端负弯矩，减少节点附近梁顶面的配筋量。现浇框架调幅系数可取 $0.8\sim0.9$，对装配式框架调幅系数可取 $0.7\sim0.8$。框架梁支座负弯矩降低后，跨中弯矩应相应增大，其数值按调幅后的支座弯矩及梁上荷载由静力平衡条件求得。在进行内力组合时，应在框架梁竖向荷载作用下的弯矩调幅以后再与水平荷载作用下的弯矩组合。

需要注意的是，弯矩调幅只对竖向荷载作用下的内力进行，即水平荷载作用下产生的弯矩不参加调幅，因此，弯矩调幅应在内力组合之前进行。梁端弯矩调幅后，应校核该梁的静力平衡条件。截面设计时，框架梁跨中截面正弯矩设计值不应小于竖向荷载作用下按简支梁计算的跨中弯矩设计值的 50%。对于装配整体式框架，由于接头焊接不牢或由于节点区混凝土灌注不密实等原因，节点容易产生变形而达不到绝对刚性，框架梁端的实际弯矩比弹性计算值要小，因此，弯矩调幅系数允许取得低一些。

13.2.5　框 架 梁 设 计

梁是钢筋混凝土框架的主要延性耗能构件。梁的破坏形态影响梁的延性和耗能性能，而截面配筋数量及构造又是与破坏形态密切相关的，其中梁截面的混凝土相对受压区高度、梁塑性铰区的截面剪压比和混凝土约束程度等为主要影响因素。下面就从这些影响因素着手，阐述设计延性框架的要点。

1. 强剪弱弯

框架结构设计中，应力求做到在地震作用下使框架呈现梁铰型延性机构，为了防止框架梁由于抗剪能力不足而产生脆性剪切破坏，要求按"强剪弱弯"设计框架梁构件，即要求截面抗剪承载力大于抗弯承载力。所以抗震设计时梁端箍筋加密区范围内的梁截面剪力设计值 V_b 按下式计算：

$$V_b = \eta_{vb}(M_b^l + M_b^r)/l_n + V_{Gb} \tag{13-1}$$

式中 l_n——梁的净跨；

V_{Gb}——梁在考虑地震组合时的重力荷载代表值作用下，按简支梁分析的梁端剪力设计值；

M_b^l、M_b^r——分别为梁左、右截面逆时针或顺时针方向组合的弯矩设计值，$M_b^l + M_b^r$ 取逆时针方向之和以及顺时针方向之和的较大者；若两端均为负弯矩时，绝对值较小的弯矩应取零；

η_{vb}——梁端剪力增大系数，一级取 1.3，二级取 1.2，三级取 1.1；对不同的抗震等级采用不同的剪力增大系数，使强剪弱弯的程度有所区别。

由于框架梁只在梁端出现塑性铰，在设计中只要求梁端截面抗剪承载力高于抗弯承载力。一、二、三级框架梁端箍筋加密区以外的区段，以及四级和非抗震框架，梁的剪力设计值取最不利组合得到的剪力。以上是一种简化计算，要真正实现"强剪弱弯"，剪力设计值应该按梁端实际受弯承载力（梁截面内实际配置的纵向钢筋面积和材料强度标准值的受弯承载力）计算，才能使梁的受剪承载力大于实际受弯承载力。因此，对于一级抗震的纯框架（不设置剪力墙的框架结构）和 9 度抗震设防结构的框架梁，除按上述简化计算外，尚应符合下式要求，并取两式的较大值：

$$V_b = 1.1(M_{bua}^l + M_{bua}^r)/l_n + V_{Gb} \tag{13-2}$$

式中 M_{bua}^l、M_{bua}^r——分别为梁左、右端截面逆时针或顺时针方向正截面受弯承载力，应根据实际配筋面积和材料强度标准值计算且考虑承载力抗震调整系数，并需取逆时针方向之和以及顺时针方向之和两者的较大值。

2. 受压区高度

影响梁延性大小的主要因素是混凝土截面受压区相对高度 ξ，减小受拉配筋，或配置受压钢筋，或采用 T 形截面及提高混凝土强度等级等，都能减小混凝土受压区相对高度、增大梁的延性。框架结构中，塑性铰应当首先出现在梁端部，抗震等级越高的框架，要求梁的延性越大，因此限制梁端部截面受压区高度越严，要求配置的受压钢筋数量也越多。

一级抗震等级： $\dfrac{x}{h_{b0}} \leq 0.25 \tag{13-3a}$

$A_s'/A_s \geq 0.5 \tag{13-3b}$

二、三级抗震等级 $\dfrac{x}{h_{b0}} \leq 0.35 \tag{13-4a}$

$A_s'/A_s \geq 0.3 \tag{13-4b}$

式中 x——混凝土受压区高度，计算 x 时，应计入受压钢筋；

h_{b0}——梁截面有效高度；

A'_s、A_s——分别为梁端截面（承受负弯矩时）梁底部纵向受力钢筋面积和梁顶部纵向受力钢筋面积。

3. 剪压比

剪压比与延性有关。剪压比是指截面平均剪应力与混凝土轴心抗压强度之比（$V/f_c bh_0$），限制剪压比就是限制截面平均剪应力，也就是限制梁截面尺寸，防止梁发生剪切破坏。

若梁截面尺寸小，平均剪应力就大，剪压比也大，这种情况下，增加箍筋并不能有效地防止裂缝过早出现，即使配置的箍筋数量满足了强剪弱弯要求，梁端部能够先出现弯曲屈服，但是可能在塑性铰没有充分发挥其潜能前，构件就沿斜裂缝出现剪切破坏。这种情况在跨高比比较小的梁中多见，因此对于跨高比较小的梁的剪压比限制更加严格。

无地震作用时：

$$V_b \leqslant 0.25\beta_c f_c b_b h_{b0} \qquad (13\text{-}5a)$$

有地震作用时：

跨高比大于 2.5 的梁：

$$V_b \leqslant \frac{1}{\gamma_{RE}}(0.2\beta_c f_c b_b h_{b0}) \qquad (13\text{-}5b)$$

跨高比不大于 2.5 的梁：

$$V_b \leqslant \frac{1}{\gamma_{RE}}(0.15\beta_c f_c b_b h_{b0}) \qquad (13\text{-}5c)$$

式中 V_b——梁的剪力设计值；

β_c——混凝土强度影响系数；

f_c——混凝土轴心抗压强度设计值。

限制梁的剪压比是确定梁最小截面尺寸的条件之一，不符合要求时可加大截面尺寸或提高混凝土强度等级。框架梁的正截面和斜截面承载力可以按照本书前面有关章节规定进行计算，考虑地震作用组合时，其承载力应除以相应的承载力抗震调整系数 γ_{RE}。

13.2.6 框 架 柱 设 计

柱是框架结构的竖向构件，地震时柱的破坏比梁破坏更容易引起框架倒塌，必须保证柱的安全。由于有轴向力的作用，柱的延性影响因素比梁更复杂，柱的剪跨比、轴压比、箍筋配置以及剪压比都是影响破坏形态的主要因素。

1. 强剪弱弯

虽然框架抗震设计采用了强柱弱梁的设计准则，但并不能保证柱不出现塑性铰。因此，抗震框架柱也要求按强剪弱弯设计，其主要方法和梁相似，采用加大柱剪力设计值的方法提高其受剪承载力。按照柱受力平衡条件，由柱弯矩设计值反算相应的剪力设计值。需要提醒的是，只需要在柱端箍筋加密区按强剪弱弯准则设计箍筋。

一、二、三抗震等级的框架柱两端用剪力增大系数确定剪力设计值 V_c，即：

$$V_c = \eta_{vc}(M_c^b + M_c^t)/H_n \qquad (13\text{-}6)$$

式中 H_n——柱的净高；

M_c^b、M_c^t——分别为柱上、下端截面的顺时针方向和逆时针方向弯矩设计值，取顺时针方向之和或逆时针方向之和两者中的较大值；

η_{vc}——柱剪力增大系数，抗震等级一、二、三级时分别取 1.4、1.2 和 1.1。

用柱的弯矩设计值计算剪力设计值，也是简化的方法，按照强剪弱弯的要求，应该根据柱的实际受弯承载力反算剪力，在一级纯框架结构或 9 度抗震设防的结构中，除了按式（13-6）计算外，还应该符合下式：

$$V_c = 1.2(M_{cua}^b + M_{cua}^t)/H_n \qquad (13-7)$$

式中　M_{cua}^b、M_{cua}^t——分别为柱的上、下端截面顺时针或逆时针方向按实配钢筋面积和材料强度标准值计算且考虑承载力抗震调整系数的正截面抗震受弯承载力所对应的弯矩值。

2. 强柱弱梁

框架柱是承受竖向荷载的构件，破坏后不易修复，并且由于框架柱的延性通常比梁的延性小，一旦框架柱形成了塑性铰，就会产生较大的层间侧移，以致影响结构承受垂直荷载的能力。因此，在框架柱的设计中，有目的地增大柱端弯矩设计值，体现"强柱弱梁"设计概念，梁的配筋不宜过强，而柱的配筋却要加强。除此以外，还有一些部位要求加强，它们都有益于保证框架柱的安全。

在同一个节点周围的梁端先出现塑性铰，还是柱端先出现塑性铰，关键在于梁和柱的相对配筋大小，可以用设计强度比（设计承载力或计算内力）来表达。图 13-3 为梁、柱节点四周的端弯矩示意图，在外荷载作用下，节点周围的梁和柱的弯矩应当是平衡的，即 $\sum(M_b^r + M_b^l) = \sum(M_c^b + M_c^t)$，那么设计强度比小的构件必然先出现屈服。因此设计时，往往需要加大柱截面的承载力，使梁端先于柱端出现塑性铰，这就是所谓"强柱弱梁"设计。

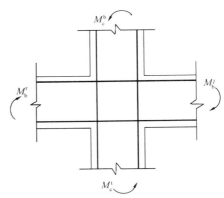

图 13-3　节点四周的梁、柱端弯矩示意图

对抗震等级为一、二、三级框架的柱有：

$$\sum M_c = \eta_c \sum M_b \qquad (13-8)$$

式中　$\sum M_c$——节点上、下柱端截面顺时针或逆时针方向的弯矩设计值之和；

　　　$\sum M_b$——节点左、右梁端截面逆时针或顺时针方向的组合弯矩设计值之和；

　　　η_c——柱端弯矩增大系数，一级抗震等级为 1.4、二级为 1.2、三级取 1.1。式（13-8）用梁的弯矩设计值计算，这是简化计算，真正的强柱弱梁应该按照梁的实际配置的钢筋和材料实际强度计算。一级纯框架结构及 9 度抗震设防结构，除了符合式（13-8）外，还要求符合下式：

$$\sum M_c = 1.2 \sum M_{bua} \qquad (13-9)$$

　　　$\sum M_{bua}$——节点左、右梁端截面逆时针或顺时针方向按实际钢筋和材料标准强度计算且考虑承载力抗震调整系数的正截面受弯承载力之和。

在强柱弱梁的屈服机制下，柱固定端截面出现塑性铰就形成"机构"，为了充分发挥梁铰机制的延性能力，采取了增大底层柱固定端截面的弯矩设计值，以便推迟框架结构底层柱固定端截面的屈服。框架底层柱下端不能按前述公式增大柱端弯矩，在设计中对此部位的弯矩设计值直接乘以增大系数（抗震等级为一、二、三级分别乘以 1.5、1.25 和 1.15），以加强底层柱下端的实际受弯承载力。

3. 轴压比

与梁相同,柱截面的相对受压区高度影响构件的延性。大偏压柱截面破坏是从受拉钢筋屈服开始的,延性和耗能性能都较好。控制轴压比,也就是控制相对受压区高度,保证发生受拉钢筋屈服破坏。当相对受压区高度超过界限值时就成为小偏压柱,小偏压柱的延性较差。若为短柱,增大相对受压区高度可能由剪切受压破坏变为更加脆性的剪切受拉破坏。

柱轴压比是柱的轴向压应力与混凝土轴心抗压强度设计值的比值,即:

$$n = \frac{N}{b_c h_c f_c} \tag{13-10}$$

式中　N——柱的组合轴压力设计值;

　b_c、h_c——分别为柱截面的宽度和高度。

试验研究表明,轴压比较大的试件屈服后的变形能力小,达到最大承载力后,荷载下降较快,滞回曲线的捏拢现象严重,耗能能力(滞回环面积)不如轴压比小的试件。为了实现大偏心破坏,使柱具有良好的延性和耗能能力,采取的措施之一就是限制柱的轴压比。柱轴压比限值见表 13-2。

柱轴压比限值表　　　　　　　　　　　　表 13-2

结构类型	抗震等级		
	一	二	三
框架	0.70	0.80	0.90
板柱剪力墙、框架剪力墙、框架核心筒、筒中筒	0.75	0.85	0.95
部分框支剪力墙	0.60	0.70	一

4. 配箍特征值

框架柱的箍筋有三个作用:抵抗剪力、对混凝土提供约束、防止纵筋压屈。其中箍筋对混凝土的约束可以提高混凝土极限压应变,从而改善混凝土的延性性能。箍筋对混凝土产生的约束程度的大小与箍筋的形式和构造以及箍筋数量有关。

箍筋的数量用一个综合指标——配箍特征值 λ_v 表示,λ_v 和体积配箍率有关,和箍筋抗拉强度与混凝土强度的比值有关。配箍特征值 λ_v 和体积配箍率 ρ_v 计算公式如下:

$$\lambda_v = \rho_v \frac{f_{yv}}{f_c} \tag{13-11}$$

$$\rho_v = \frac{\sum \alpha_s l_s}{l_1 l_2 s} \tag{13-12}$$

式中　f_{yv}——箍筋的抗拉强度设计值;

　$\sum \alpha_s l_s$——箍筋各段体积(面积×长度)的总和,重叠部分只算一次;

　l_1、l_2——箍筋包围的混凝土核心的两个边长;

　s——箍筋间距。

箍筋对混凝土的约束效果与轴压比有关,也就是与柱截面的受压区高度有关。柱的受压区相对高度 ξ 越小,提高配箍特征值 λ_v 的效果越好;随着 ξ 增大,提高配箍特征值 λ_v 对改善框架柱延性性能的作用相对减小了。随着配箍特征值 λ_v 的增大,构件的延性得到了提高,而各种箍筋的效果不同,复合箍筋的效果最好,普通箍筋的效果最差。进行框架柱设计时，要求框架柱端部设置箍筋加密区，箍筋加密区是提高抗剪承载力和改善柱子延性的综合构造措施，对于改善柱的性能十分重要。设计时，根据柱子的部位和重要性，选用恰当的箍筋形式、肢距和箍筋间距。除了满足最小配箍特征值外，为了避免配置的箍筋量过少，还对柱的最小体积配箍率作了规定。这些规定与抗震等级有关，等级越高，要求越严。

5. 剪跨比和剪压比

剪跨比反映了作用于柱截面的弯矩和剪力的相对大小，柱的剪跨比 λ 定义为：

$$\lambda = \frac{M_c}{V_c h_{c0}} \tag{13-13}$$

式中 M_c、V_c——分别为柱端截面的弯矩设计值和剪力设计值；

　　　　h_{c0}——计算方向柱截面的有效高度。

剪跨比大于 2 的柱称为长柱，其弯矩相对较大，长柱一般容易实现压弯破坏，延性及耗能性能较好；剪跨比不大于 2 但大于 1.5 的柱称为短柱，短柱一般发生剪切破坏，若配置足够的箍筋，也可能实现略有延性的剪切受压破坏；剪跨比小于 1.5 的柱称为极短柱，一般都会发生剪切斜拉破坏。工程中应尽可能设计长柱，如设计短柱，则应该采取措施改善其性能，而尽量避免采用极短柱。

与框架梁一样，也应通过剪压比控制框架柱最小截面尺寸。如果柱截面较小，截面的平均剪应力过大，则增加箍筋并不能防止柱早期出现斜裂缝，即使按照强剪弱弯设计，也有可能较早出现剪切破坏，导致柱的延性减小。对于剪跨比较小的柱，因为容易剪坏，限制更加严格。

无地震作用时：

$$V_c \leqslant 0.25\beta_c f_c b h_{c0} \tag{13-14a}$$

有地震作用时：

跨高比大于 2 的框架柱：

$$V_c \leqslant \frac{1}{\gamma_{RE}}(0.2\beta_c f_c b h_{c0}) \tag{13-14b}$$

跨高比不大于 2 的框架柱：$V_c \leqslant \dfrac{1}{\gamma_{RE}}(0.15\beta_c f_c b h_{c0})$ (13-14c)

框架柱的剪跨比可按下式计算：

$$\lambda = M_c / V_c h_{c0} \tag{13-15}$$

式中 V_c——柱的剪力设计值；

　　　　β_c——混凝土强度影响系数；

　　　　f_c——混凝土轴心抗压强度设计值。

　　　　M_c——柱端截面未经调整的组合后的弯矩设计值，可取柱上、下端的较大值；

　　　　V_c——与柱端截面组合后弯矩设计值对应的组合后剪力设计值；

　　　　h_{c0}——柱截面剪力方向的有效高度。

6. 柱的计算长度 l_0

柱的计算长度，相当于计算截面相邻的两个反弯点之间的距离，应根据框架不同的侧向约束条件和荷载情况，并考虑主动二阶效应来确定，之所以称为二阶是因为该现象是由二阶微分方程描述的。

一般框架可分为有侧移和无侧移两种情况。无侧移框架是指结构中除框架本身外还存在较强大的抗侧力体系，使得框架几乎不承受侧向力而主要承受竖向荷载。有侧移框架是指主要侧向力要由框架本身来承受，显然，其他条件相同时，有侧移框架和无侧移框架中柱的计算长度是不同的。无侧移框架柱，计算长度为柱高的一半；有侧移框架柱，计算长度为柱高。规范规定对一般多层房屋的框架梁柱，梁柱为刚接的框架各层柱计算长度可按表 13-3 取用。

一般多层房屋的梁柱为刚接的框架各层柱端的计算长度表   表 13-3

楼盖类型	柱端位置	计算长度	楼盖类型	柱端位置	计算长度
现浇楼盖	底层	$1.0H$	装配式楼盖	底层	$1.25H$
	其余各层	$1.25H$		其余各层	$1.5H$

处理涉及柱计算长度问题的一般方法是对结构进行考虑二阶效应的弹性分析，以此确定结构构件中各控制截面的内力设计值，按如此得到的内力进行截面设计时，因为所用内力已考虑了偏心距增大的影响，故可取偏心距增大系数为 1。规范规定，对有侧移的非规则框架结构、柱梁线刚度比过大的有侧移框架结构、框架-剪力墙结构和框架-核心筒结构，宜采用考虑二阶效应的弹性分析方法来确定内力设计值。

13.2.7　框架节点设计

在竖向荷载和地震作用下，框架梁柱节点区受力比较复杂，主要承受柱子传来的轴向力、弯矩、剪力和梁传来的弯矩、剪力作用。在轴压力和剪力的共同作用下，节点区发生由于剪切和主拉应力造成的脆性破坏，可能导致框架失效。在地震往复作用下，伸入核心区的纵筋与混凝土之间的粘结破坏，会导致梁端转角增大，从而增大层间位移，甚至破坏。因此，框架设计的重点内容之一是应当避免节点核心区在梁、柱构件破坏之前破坏。这就是所谓的"强节点弱构件"的抗震设计原则。

由强节点要求，在梁端钢筋屈服以前，核心区不发生剪切破坏。取梁端截面达到受弯承载力时相应的核心区剪力作为核心区的剪力设计值。图 13-4 为中柱节点受力简图，取节点上半部为隔离体，由平衡条件可得到核心区剪力 V_j 如下：

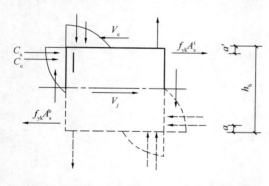

图 13-4　梁柱节点受力平衡，截离体简图

$$V_j = (f_{yk}A_s^b + f_{yk}A_s^t) - V_c \tag{13-16}$$

式中剪力 V_c 为柱剪力，由梁柱平衡求出 V_c 后代入：

$$V_c = \frac{M_c^b + M_c^t}{H_c - H_b} \tag{13-17}$$

由梁柱节点弯矩平衡条件有：　$M_c^b + M_c^t = M_b^r + M_b^l$ $\tag{13-18}$

$$V_j = \frac{M_b^r + M_b^l}{h_{b0} - a_s'} - \frac{M_c^b + M_c^t}{H_c - h_b} = \frac{M_b^r + M_b^l}{h_{b0} - a_s'}\left(1 - \frac{h_{b0} - a_s'}{H_c - h_b}\right) \tag{13-19}$$

对于一级抗震等级的框架结构和设防烈度为 9 度的结构有：

$$V_j = \frac{1.15 \sum M_{bua}}{h_{b0} - a_s'}\left(1 - \frac{h_{b0} - a_s'}{H_c - h_b}\right) \tag{13-20}$$

其他情况：
$$V_j = \frac{\eta_{jb} \sum M_b}{h_{b0} - a_s'} \left(1 - \frac{h_{b0} - a_s'}{H_c - h_b}\right)$$
(13-21)

式中　V_j——梁柱节点核心区组合的剪力设计值；

$\quad H_c$——柱的计算高度，可采用节点上、下柱反弯点之间的距离；

$\quad h_b$——梁的截面高度，节点两侧梁截面高度不等时可采用平均值；

$\quad \eta_{jb}$——节点剪力增大系数，一级取 1.35，二级取 1.2；

$\quad \sum M_b$——节点左、右梁端逆时针或顺时针方向组合的弯矩设计值之和；节点左、右梁端弯矩均为负值时，绝对值较小的弯矩取零；

$\quad \sum M_{bua}$——节点左、右梁端逆时针或顺时针方向按实际配筋面积和材料强度标准值计算，且考虑承载力抗震调整系数的受弯承载力所对应的弯矩设计值之和。

节点区的抗剪承载力按下面公式计算：

抗震设防烈度为 9 度时：
$$V_j \leqslant \frac{1}{\gamma_{RE}}\left(0.9\eta_j f_t b_j h_j + f_{yv} A_{svj} \frac{h_{b0} - a_s'}{s}\right)$$
(13-22)

其他情况：
$$V_j \leqslant \frac{1}{\gamma_{RE}}\left(1.1\eta_j f_t b_j h_j + 0.05\eta_j N \frac{b_j}{b_c} + f_{yv} A_{svj} \frac{h_{b0} - a_s'}{s}\right)$$
(13-23)

式中　b_j——节点区的截面有效宽度，取 $b_b + 0.5h_c$ 和 b_c 中较小值，b_b 为梁截面宽度；

$\quad h_c$、b_c——验算方向的柱截面高度和宽度；

$\quad h_j$——节点区的截面高度，可采用验算方向的柱截面高度 h_c；

$\quad \eta_j$——正交梁的约束影响系数，楼板为现浇、梁柱中线重合、四侧各梁截面宽度不小于该侧柱截面宽度的 1/2 且正交方向梁高度不小于框架梁高度的 3/4 时可采用 1.5，9 度时宜采用 1.25，其他情况宜采用 1.0；

$\quad N$——对应于组合剪力设计值的上柱组合轴向力设计值，当 N 为轴向压力时，不应大于柱的截面面积和混凝土轴心抗压强度设计值乘积的 50%；当 N 为拉力时，应取为零；

$\quad f_{yv}$——箍筋的抗拉强度设计值；

$\quad A_{svj}$——核心区计算宽度范围内验算方向统一截面各肢箍筋的全部截面面积；

$\quad s$——箍筋间距。

此外，为了使节点区的平均剪应力不至过高，不过早出现斜裂缝，也不过多配置箍筋，应按下式限制节点区平均剪应力：
$$V_j \leqslant \frac{1}{\gamma_{RE}}(0.3\eta_j \beta_c f_c b_j h_j)$$
(13-24)

13.2.8　框架柱的轴压比及轴压比限值的物理意义

框架柱的轴压比 μ_N 是指考虑地震作用组合的框架柱名义压应力 N/A 与混凝土轴心抗压强度设计值 f_c 的比值，即 $\mu_N = N/(f_c A)$，或者说轴压比是框架柱轴向压力设计值与柱全截面面积和混凝土轴心抗压强度设计值 f_c 乘积的比值。

偏心受压构件的破坏形态有大偏心受压破坏和小偏心受压破坏两种。大偏心受压破坏属于延性破坏，小偏心受压破坏属于脆性破坏。为了使框架柱有较好的抗震性能，设计中应保证框架柱发生属于延性破坏类型的大偏心受压破坏。于是就把界限破坏时的轴压比作为分界线，称为轴压比限值 $[\mu_N]$，当满足 $\mu_N \leqslant [\mu_N]$ 时，框架柱的破坏形态就是大偏心

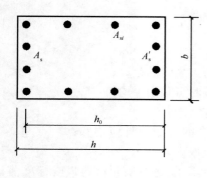

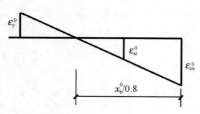

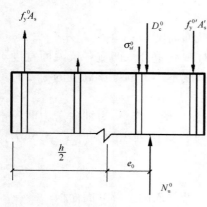

图 13-5 轴压比限值

受压的，即属于延性破坏类型的。

图 13-5 所示为对称配筋矩形截面柱界限破坏时的应力、应变图。这里上角标 0 表示试验值。

忽略受拉区混凝土的拉应力，并设 $A_s f_y^0 = A_s' f_y'^0$，则由力的平衡条件知：

$$N_u^0 = D_c^0 + \sum A_{si} \sigma_{si}^0 \qquad (13\text{-}25)$$

式中　A_{si}、σ_{si}^0——沿截面高度方向的任一纵向钢筋截面面积及其应力的试验值；

　　　　D_c^0——受压区混凝土压应力的合力，可近似取 $D_c^0 = 1.1\alpha_1 f_c^0 \xi_b^0 bh_0$，$f_c^0$ 为混凝土轴心受压强度的试验值。

由于 σ_{si}^0 有拉、有压，且数值不大，故可略去 $\sum A_{si}\sigma_{si}^0$，并设 $h_0 = 0.9h$，则由上式得：

$$\frac{N_u^0}{\alpha_1 f_c^0 bh} = \xi_b^0 \qquad (13\text{-}26)$$

令 A 为截面面积，$A = bh$，当混凝土强度等级不大于 C50 时，$\alpha_1 = 1.0$，因此如果称 $\sigma_c^0 = N_u^0/A$ 为名义压应力的试验值，并把 σ_c^0/f_c^0 称为轴压比限值的试验值 $[\mu_u^0]$，则：

$$\mu_u^0 = \frac{\sigma_c^0}{f_c^0} = \frac{N_u^0}{f_c^0 A} = \xi_b^0 \qquad (13\text{-}27)$$

可见，轴压比限值的试验值 $[\mu_N^0]$ 等于截面界限相对受压区高度的试验值 ξ_b^0，由截面应变的平截面假定知：

$$\xi_b^0 = \frac{\beta_1}{1 + \dfrac{\varepsilon_y^0}{\varepsilon_{cu}^0}} \qquad (13\text{-}28)$$

式中　ε_y^0、ε_{cu}^0——分别为钢筋屈服应变和混凝土极限压应变的试验值。

单独确定试验值 ε_y^0 和 ε_{cu}^0 是困难的，为方便，可近似地用两者设计值的比值来代替试验值的比值，即取 $\varepsilon_s/\varepsilon_{cu} \approx \varepsilon_s^0/\varepsilon_{cu}^0$，当混凝土强度等级不大于 C50 时，$\beta_1 = 0.8$，则得：

$$\xi_b^0 \approx \xi_b = \frac{0.8}{1 + \dfrac{\varepsilon_y}{\varepsilon_{cu}}} \qquad (13\text{-}29)$$

为便于设计应用，把 N_u^0 和 f_c^0 用其相应的标准值代替，即 $N_u^0 = N_k$，$f_c^0 = f_{ck}$，再近似取 $N/N_k = 1.2$，$f_{ck}/f_c = 1.36$，则轴压比限值的试验值：

$$[\mu_N^0] = \frac{N_k}{f_{ck} A} = \frac{N}{1.2 \times 1.36 f_c A} \qquad (13\text{-}30)$$

令 $[\mu_N] = \dfrac{N}{f_c A}$，并称 $[\mu_N]$ 为柱轴压比限值的设计值，则：

$$[\mu_N] = 1.63[\mu_N^0] = 1.63\xi_b^0 \approx 1.63\xi_b \qquad (13\text{-}31)$$

混凝土强度等级不大于 C50 时，对 HRB335 级钢筋，ξ_b 为 0.550，因此轴压比限值的设计值 $[\mu_N]=0.90$，可见，《建筑抗震设计规范》GB 50011—2010（2016 年版）对抗震等级为三级的框架柱轴压比限值定为 0.90 是合适的。

注意，规范中给出的是轴压比设计值的限值，是供设计时用的。如果是做试验，就要用轴压比的试验值的限值，前者大致是后者的 1.63 倍。

与轴压比限值相仿，在受弯构件的斜截面受剪承载力计算中，有一个剪压比限值，对于一般梁，要求 $\dfrac{V}{\beta_c f_c b h_0} \leqslant 0.25$。这里的 $\dfrac{V}{\beta_c f_c b h_0}$ 就是剪压比，0.25 是其限值，目的是防止梁截面尺寸过小而使斜截面产生脆性的剪压破坏形态。

13.3 思 考 题

13.3.1 问 答 题

13-1 按施工方法的不同分类，钢筋混凝土框架结构有哪些形式？各有何优点？

13-2 怎样确定框架结构的手算计算简图？简化时主要考虑哪些因素？

13-3 分层计算法采用了哪些简化假设？

13-4 反弯点法采用了哪些简化假设？

13-5 D 值法采用了哪些简化假设？

13-6 D 值法中 D 值的物理意义是什么？

13-7 反弯点法与 D 值法的区别是什么？

13-8 试分析框架结构在侧向荷载作用下，框架柱反弯点高度的影响因素有哪些？

13-9 某多层多跨框架结构，层高、跨度、各层的梁、柱截面尺寸都相同，试分析该框架底层柱、顶层柱的反弯点高度与中间层柱的反弯点高度分别有何区别？

13-10 试分析单层单跨框架结构承受水平荷载作用，当梁柱的线刚度比由无穷小变到无穷大时，柱反弯点高度是如何变化的？

13-11 简述用 D 值法计算框架内力的要点和步骤。

13-12 简述反弯点法和 D 值法的区别之处。

13-13 多层多跨框架在水平荷载作用下的变形有何特点？

13-14 水平荷载作用下框架的侧移是怎么产生的？有什么特点？

13-15 梁、柱杆件的轴向变形对框架在水平荷载作用下的侧移有何影响？什么情况下必须考虑轴向变形的影响？

13-16 框架结构设计时一般可以对梁端负弯矩进行调幅，调幅时应该注意哪些问题？

13-17 弯矩调幅是否应该在内力组合之前进行，为什么？

13-18 框架结构设计时一般可对梁端负弯矩进行调幅，现浇框架梁与装配整体式框架梁的负弯矩调幅系数取值是否一致？哪个大？为什么？

13-19 结构设计时怎样确定梁、柱构件的控制截面？

13-20 柱子控制截面的最不利内力组合需要考虑哪几种情况，为什么？

13-21 钢筋混凝土框架柱计算长度的取值与框架结构的整体侧向刚度有何关系？

13-22 框架结构柱的计算长度的取值应考虑哪几方面的因素？

13-23 什么是结构的延性？

13-24 有抗震设防的框架结构要求具有良好延性的目的是什么？如何保证框架的延性？

13-25 影响框架梁延性的因素有哪些？设计中应采取哪些措施？

13-26 影响框架柱延性的因素有哪些？设计中应采取哪些措施？

13-27 如何理解框架结构"强柱弱梁""强剪弱弯""强节点弱构件"的抗震设计要求？

13-28 怎样才能实现强柱弱梁的设计目标？是否柱子的截面大于梁的截面就是强柱弱梁？或者柱子线刚度大于梁的线刚度就是强柱弱梁？

13-29 抗震结构为什么要遵循强柱弱梁的设计原则？

13-30 在抗震设计的框架结构中，框架柱的轴力很大，不能满足轴压比限值时，可以采取哪些方法解决？

13-31 框架柱构件中设置箍筋的形式有哪些？

13-32 框架柱构件中设置箍筋有哪些作用？

13-33 多层框架的主要受力特点是怎样的？

13.3.2 选 择 题

13-34 框架结构的抗侧力结构布置，下列哪种提法不妥？_____

A. 应设计成双向梁柱抗侧力体系，主体结构不应采用铰接

B. 应设计成双向梁柱抗侧力体系，主体结构可部分采用铰接

C. 纵、横向均宜设计成刚接抗侧力体系

D. 纵、横向均应设计成可承受竖向重力荷载

13-35 关于框架结构的变形，哪个结论是正确的？_____

A. 框架结构的整体变形主要呈现为弯曲型

B. 框架结构的弯曲变形是由柱轴向变形引起的

C. 框架结构的层间位移一般为下小上大

D. 框架结构的层间位移仅与柱的线刚度有关，而与梁的线刚度无关

13-36 某高层框架结构，抗震等级为二级，考虑地震作用组合时，梁端弯矩设计值为：左端 $M_b^l = 273.1$ kN·m（顺时针），右端 $M_b^r = 448.5$ kN·m（顺时针），重力荷载代表值作用下梁端剪力设计值 $V_{Gb} = 128.6$ kN，梁的净跨 $l_n = 6$ m。关于梁端的剪力设计值，以下哪一个是正确的？_____

A. $V_b = 254.88$ kN

B. $V_b = 272.92$ kN

C. $V_b = 260.89$ kN

D. $V_b = 296.97$ kN

13-37 框架结构在竖向荷载作用下，可以考虑梁塑性内力重分布而对梁端负弯矩进行调幅，下列哪种调幅及组合方法是正确的？_____

A. 竖向荷载产生的弯矩与风荷载及水平地震作用的弯矩组合后再进行调幅

B. 竖向荷载产生的梁端弯矩应先行调幅，再与风荷载和水平地震作用产生的弯矩进行组合

C. 竖向荷载产生的梁端弯矩与风荷载产生的弯矩组合后进行调幅，水平地震作用产生的弯矩不调幅

D. 组合后的梁端弯矩进行调幅，跨中弯矩相应加大

13-38 某高层框架结构，抗震等级为二级，所在地区的抗震设防烈度为 8 度。已知顶层中节点左侧梁端的弯矩设计值 $M_b^l=100.8\text{kN}\cdot\text{m}$（逆时针），右侧梁端的弯矩设计值 $M_b^r=28.4\text{kN}\cdot\text{m}$（顺时针），左端梁高 700mm，右端梁高 500mm，纵向钢筋合力点至截面近边的距离 $a_s=a_s'=35\text{mm}$，柱的计算高度 $H_c=4.2\text{m}$。下列关于节点剪力设计值哪一个是正确的？_____

A. $V_j=194.63\text{kN}$ B. $V_j=157.26\text{kN}$

C. $V_j=163.92\text{kN}$ D. $V_j=143.43\text{kN}$

13-39 关于框架柱的反弯点，哪个结论是正确的？_____

A. 上层框架梁的线刚度增加将导致本层柱的反弯点下移

B. 下层层高增大将导致本层柱反弯点上移

C. 柱的反弯点高度与该柱的楼层位置有关，与结构的总层数无关

D. 框架结构的层间位移仅与柱的线刚度有关，而与梁的线刚度无关

13-40 以下关于框架的观点，哪个是正确的？_____

A. 按照 D 值法，线刚度大的柱上的剪力必大于线刚度小的柱上的剪力

B. 反弯点法在计算柱的抗侧移刚度时考虑了节点的转动

C. 按照 D 值法，框架柱的反弯点位置与框架的层数有关

D. D 值法比反弯点法求得的柱抗侧移刚度大

13-41 框架结构在水平力作用下采用 D 值法分析内力及位移。关于 D 值法与反弯点法之间的区别，下列哪种是正确的？_____

A. D 值法与反弯点法的物理意义没有区别，都是以柱抗剪力刚度比值分配楼层剪力

B. D 值法中，楼层梁的轴向刚度须由计算确定

C. D 值法中，柱的抗剪刚度考虑了楼层梁刚度的影响，反弯点法假定楼层梁刚度为无穷大，楼层柱反弯点在柱高度的中心

D. D 值法中，柱的抗剪刚度考虑了楼层梁约束的影响，反弯点法中，柱的抗剪刚度不考虑楼层梁的约束影响

13-42 按 D 值法对框架进行近似计算时，各柱的侧向刚度的变化规律是_____。

A. 当柱的线刚度不变时，随框架梁线刚度的增加而减少

B. 当框架梁、柱的线刚度不变时，随层高的增加而增加

C. 当柱的线刚度不变时，随框架梁线刚度的增加而增加

D. 与框架梁的线刚度无关

13-43 按 D 值法对框架进行近似计算时，各柱的反弯点高度的变化规律是_____。

A. 当其他参数不变时，随上层框架梁刚度的减小而降低

B. 当其他参数不变时，随上层框架梁刚度的减小而升高

C. 当其他参数不变时，随上层层高的增大而降低

D. 当其他参数不变时，随上层层高的增大而升高

13-44　为体现"强柱弱梁"的设计原则,二级框架柱端弯矩应大于等于同一节点左、右梁端弯矩设计值之和的(　　)。

　　A. 1.05 倍　　　　　　　　　　B. 1.1 倍

　　C. 1.15 倍　　　　　　　　　　D. 1.20 倍

13-45　有抗震设防的框架柱,在竖向荷载与地震作用组合作用下,抗震等级为一、二、三级时,其轴压比限值分别为 0.7、0.8、0.9,关于柱轴压比的计算下列哪种是正确的?＿＿＿＿＿

　　A. 有地震作用组合的柱轴压力设计值与柱的全截面面积和混凝土轴心抗压强度设计值乘积的比值

　　B. 柱在竖向荷载作用下的轴压力和地震作用下的轴压力相组合,除以柱的全截面面积和混凝土轴心抗压强度设计值的乘积

　　C. 柱竖向荷载作用下轴压力设计值与地震作用下轴压力设计值相组合,除以柱的全截面面积和混凝土轴心抗压强度设计值的乘积

　　D. 地震和竖向荷载作用下组合的轴压力设计值,除以柱的全截面面积和混凝土轴心抗压强度设计值的乘积

13-46　抗震设计时,三级框架梁梁端箍筋加密区范围内的纵向受压钢筋截面面积 A'_s 与纵向受拉钢筋截面面积 A_s 的比值应该符合的条件是(　　)。

　　A. $A'_s/A_s \leqslant 0.3$　　　　　　　　B. $A'_s/A_s \geqslant 0.3$

　　C. $A'_s/A_s \leqslant 0.5$　　　　　　　　D. $A'_s/A_s \geqslant 0.5$

13.4　计算题及解题指导

13.4.1　例　题　精　解

【例题 13-1】如图 13-6 所示,一个三层两跨框架承受竖向荷载作用,用分层法作框架的弯矩图,每根杆件的线刚度 $i = EI/l$ 的相对值如图 13-6 所示,并与有限单元法的计算结果进行比较。

【解】图 13-6 所示的三层框架可以分为三层进行计算,上层计算图见图 13-7,中间层计算图见图 13-8,底层计算图见图 13-9。

用力矩分配法计算,具体过程见图 13-10～图 13-15。值得注意的是,除底层以外,各层线刚度都要先乘以 0.9,然后再计算各节点的分配系数。各杆分配系数如图中方格所示。底层各柱远端弯矩为柱近梁端的 1/2,其他层各柱远端弯矩等于各柱近梁端弯矩 1/3。

将求出的各层计算结果进行叠加,得到各杆的最后弯矩图。可以看出节点杆端弯矩不平衡,如果不平衡弯矩较大,可以进行第 2 次或第 3 次再分配。本题对第 1 次分配得到的不平衡弯矩进行了再次分配,两次分配得到的弯矩图分别见图 13-16 和图 13-17。为了对分层计算所得结果的误差大小有所了解,本题用有限元软件 SAP2000 进行分析计算,得到的结果见图 13-18。

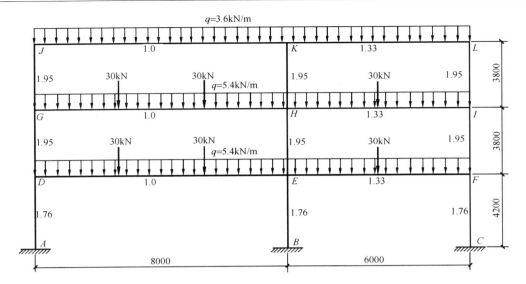

图 13-6 三层两跨框架

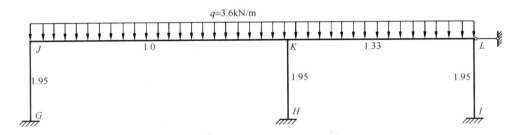

图 13-7 框架顶层计算图

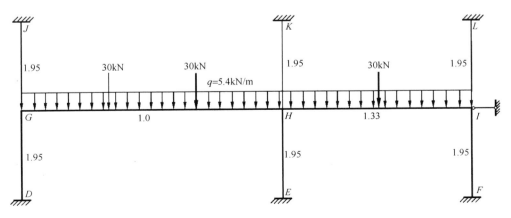

图 13-8 框架中间层计算图

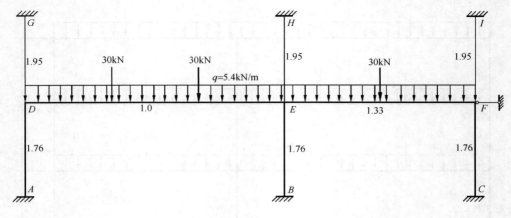

图 13-9　框架底层计算图

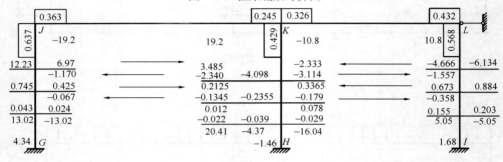

图 13-10　第一次顶层框架弯矩分配过程

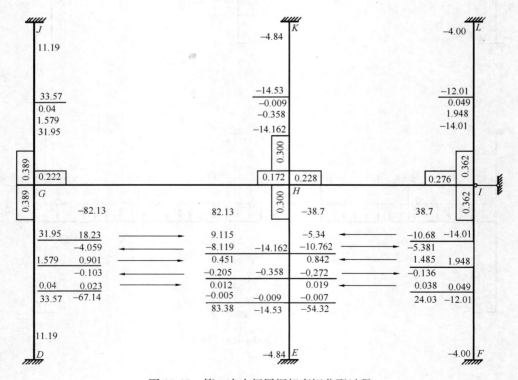

图 13-11　第一次中间层框架弯矩分配过程

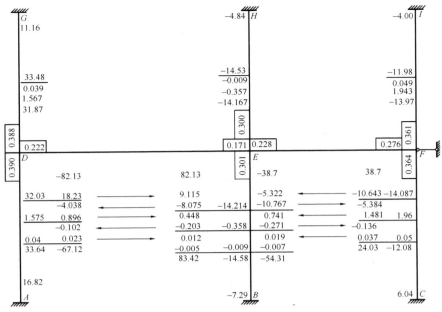

图 13-12 第一次底层框架弯矩分配过程

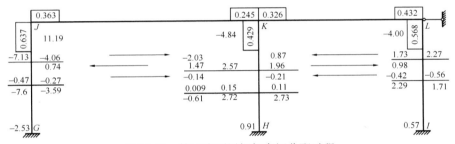

图 13-13 第二次顶层框架弯矩分配过程

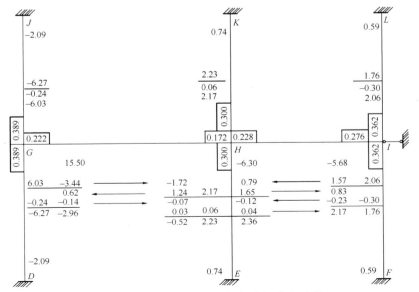

图 13-14 第二次中间层框架弯矩分配过程

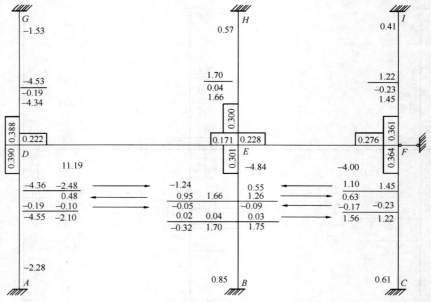

图 13-15   第二次底层框架弯矩分配过程

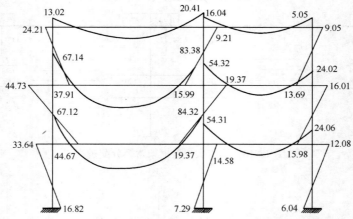

图 13-16   第一次弯矩分配后的框架弯矩（单位：kN·m）

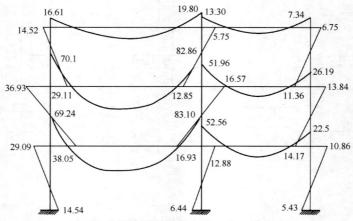

图 13-17   第二次弯矩分配后的框架弯矩（单位：kN·m）

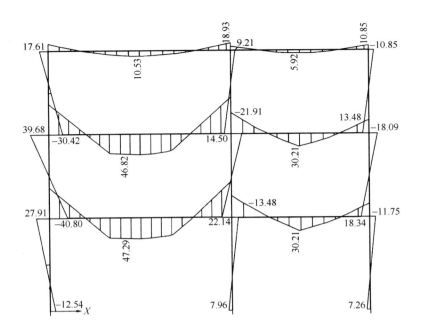

图 13-18 由 SAP2000 计算的框架弯矩（单位：kN·m）

【例题 13-2】 用 D 值法计算如图 13-19 所示的 3 层框架结构在水平荷载作用下的弯矩图。

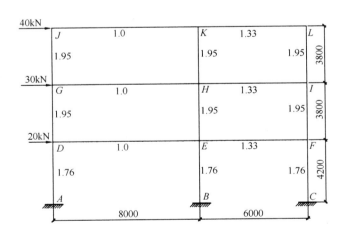

图 13-19 用 D 值法计算的三层两跨框架（单位：mm）

【解】（1）计算各层柱的 D 值及每根柱分配的剪力，计算过程及结果见表 13-4。

（2）计算反弯点高度比，计算过程及结果见表 13-5。

（3）绘制弯矩图。D 值法计算得到的弯矩图如图 13-20 所示，由 SAP2000 计算得到的弯矩图如图 13-21 所示。

各层柱 D 值及每根柱分配的剪力　　　　表 13-4

层数	层剪力	左边柱 D 值	中边柱 D 值	右边柱 D 值	$\sum D$	左边柱剪力 (kN)	中柱剪力	右边柱剪力
3	40	$K = \dfrac{2 \times 1.0}{2 \times 1.95}$ $= 0.513$ $D = \dfrac{0.513}{2+0.513} \times$ $1.95 \times \dfrac{1.2}{3.8^2}$ $= 0.331$	$K = \dfrac{2 \times 1.0 + 1.33 \times 2}{2 \times 1.95}$ $= 1.195$ $D = \dfrac{1.195}{2+1.195} \times$ $1.95 \times \dfrac{1.2}{3.8^2}$ $= 0.606$	$K = \dfrac{1.33 \times 2}{2 \times 1.95}$ $= 0.682$ $D = \dfrac{0.682}{2+0.682} \times$ $1.95 \times \dfrac{12}{3.8^2}$ $= 0.412$	1.349	9.815	17.969	12.216
2	30	$K = \dfrac{2 \times 1.0}{2 \times 1.95}$ $= 0.513$ $D = \dfrac{0.513}{2+0.513} \times$ $1.95 \times \dfrac{1.2}{3.8^2}$ $= 0.331$	$K = \dfrac{2 \times 1.0 + 1.33 \times 2}{2 \times 1.95}$ $= 1.195$ $D = \dfrac{1.195}{2+1.195} \times$ $1.95 \times \dfrac{1.2}{3.8^2}$ $= 0.606$	$K = \dfrac{1.33 \times 2}{2 \times 1.95}$ $= 0.682$ $D = \dfrac{0.682}{2+0.682} \times$ $1.95 \times \dfrac{12}{3.8^2}$ $= 0.412$	1.349	17.176	31.446	21.379
1	20	$K = \dfrac{2 \times 1.0}{1.76}$ $= 0.568$ $D = \dfrac{0.568}{2+0.568} \times$ $1.76 \times \dfrac{1.2}{4.2^2}$ $= 0.265$	$K = \dfrac{1.0 \times 1.33}{1.76}$ $= 1.324$ $D = \dfrac{1.324}{2+1.324} \times$ $1.76 \times \dfrac{1.2}{4.2^2}$ $= 0.477$	$K = \dfrac{1.33}{1.76}$ $= 0.756$ $D = \dfrac{0.756}{2+0.756} \times$ $1.76 \times \dfrac{12}{4.2^2}$ $= 0.328$	1.070	22.290	40.121	27.589

注: $V_{ij} = \dfrac{D_{ij}}{\sum D_{ij}} V_j$。

各层柱 D 值及每根柱分配的剪力表　　　　表 13-5

层数	左边柱		中柱		右边柱	
3	$n = 3$ $K = 0.513$ $\alpha_1 = 1.0$ $\alpha_2 = 1.0$	$j = 3$ $y_0 = 0.3065$ $y_1 = 0$ $y_2 = 0$	$n = 3$ $K = 1.195$ $\alpha_1 = 1.0$ $\alpha_2 = 1.0$	$j = 3$ $y_0 = 0.4098$ $y_1 = 0$ $y_2 = 0$	$n = 3$ $K = 0.682$ $\alpha_1 = 1.0$ $\alpha_2 = 1.0$	$j = 3$ $y_0 = 0.35$ $y_1 = 0$ $y_2 = 0$
2	$n = 3$ $K = 0.513$ $\alpha_1 = 1.0$ $\alpha_2 = 1.0$ $\alpha_3 = 4.2/3.8 = 1.105$	$j = 2$ $y_0 = 0.4935$ $y_1 = 0$ $y_2 = 0$ $y_3 = 0$	$n = 3$ $K = 1.195$ $\alpha_1 = 1.0$ $\alpha_2 = 1.0$ $\alpha_3 = 4.2/3.8 = 1.105$	$j = 2$ $y_0 = 0.4598$ $y_1 = 0$ $y_2 = 0$ $y_3 = 0$	$n = 3$ $K = 0.682$ $\alpha_1 = 1.0$ $\alpha_2 = 1.0$ $\alpha_3 = 4.2/3.8 = 1.105$	$j = 2$ $y_0 = 0.45$ $y_1 = 0$ $y_2 = 0$ $y_3 = 0$
1	$n = 3$ $K = 0.568$ $\alpha_2 = 3.8/4.2 = 0.905$	$j = 1$ $y_0 = 0.716$ $y_2 = 0$	$n = 3$ $K = 1.324$ $\alpha_2 = 3.8/4.2 = 0.905$	$j = 1$ $y_0 = 0.634$ $y_2 = 0$	$n = 3$ $K = 0.756$ $\alpha_2 = 3.8/4.2 = 0.905$	$j = 1$ $y_0 = 0.672$ $y_2 = 0$

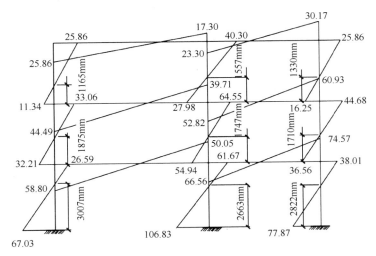

图 13-20 用 D 值法计算的三层两跨框架弯矩图（单位：kN·m）

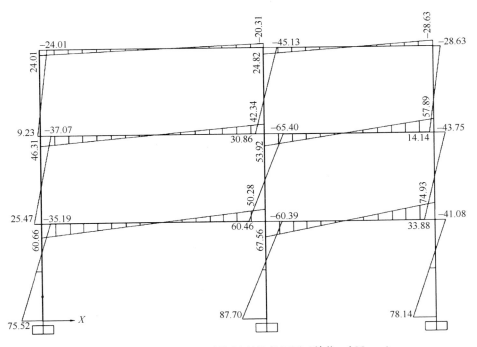

图 13-21 由 SAP2000 计算得到的弯矩图（单位：kN·m）

13.4.2 习 题

【习题 13-1】试分别用反弯点法和 D 值法计算图 13-22 所示框架结构的内力（弯矩、剪力、轴力）和水平位移。图中在各杆件旁标出了线刚度，其中 $i=2600\text{kN·m}$。

【习题 13-2】如图 13-23 所示，梁柱混凝土强度等级均为 C30，$E=3.0\times10^7\text{kN/m}^2$，$i=3.0\times10^4\text{kN·m}$，用反弯点法和 D 值法分别计算框架的弯矩和位移，作框架结构的弯矩图和侧向位移曲线图。

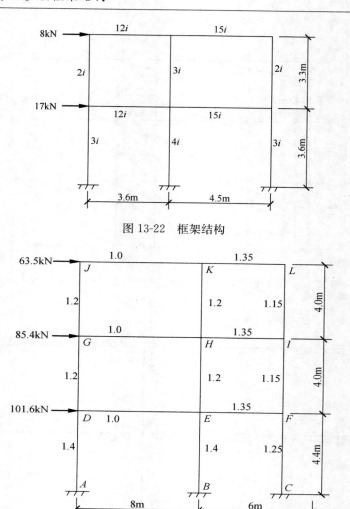

图 13-22   框架结构

图 13-23   框架结构计算简图

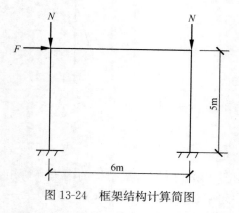

图 13-24   框架结构计算简图

【习题 13-3】某单层单跨钢筋混凝土结构，计算简图如图 13-24。采用 C25 混凝土，HRB400 级纵筋，HPB300 级箍筋。梁截面尺寸为 $b \times h = 200mm \times 600mm$，上下对称通长配置 2 ⏀ 25 纵筋，箍筋为 Φ 8@100 双肢箍沿梁轴向均匀布置；柱截面尺寸为 $b \times h = 300mm \times 400mm$，内外侧对称通长配置 4 ⏀ 25 纵筋，箍筋为 Φ 10@100 四肢箍均匀布置；$a'_s = a_s = 35mm$。节点处承受竖向集中力标准值 $N = 300kN$，不考虑结构自重，不考虑 $P - \Delta$ 效应。试分析该刚架在侧向力 F 不断增大时的破坏过程，求刚架处于承载能力极限状态时的水平作用力 F_u。（提示：不考虑钢筋屈服后强化阶段的强度提高）

第14章 高层建筑结构

14.1 内容的分析与总结

14.1.1 学习的目的和要求

1. 学习目的

通过本章的学习，了解高层建筑的结构体系，了解剪力墙结构和框架-剪力墙的结构布置原则，掌握剪力墙结构的受力特点，了解剪力墙结构、框架-剪力墙结构的内力位移计算方法。了解筒中筒结构的受力特性。

2. 学习要求

1）了解高层建筑结构的不同结构体系及其应用，并通过比较了解它们各自的特点。

2）了解剪力墙结构和框架剪力墙结构的布置要求。

3）理解剪力墙的分类方法，掌握联肢剪力墙的受力特点。

4）掌握框架剪力墙结构在荷载作用下的受力特性及其位移变形特点。

5）理解剪力墙结构和框架剪力墙结构在水平荷载作用下的内力计算方法，熟悉各自的前提假定和应用条件。

6）理解框架剪力墙结构中刚度特征值 λ 对结构受力、位移特性的影响。

7）了解筒体结构体系的结构形式布置方案及其各种不同计算方法的基本原理。

14.1.2 重点和难点

上述学习要求 3）、4）、5）、6）是重点，4）、5）、6）是难点。

14.1.3 内容组成及总结

1. 高层建筑的受力特点

高层建筑结构受力特点与多层建筑结构的主要区别是侧向力成为影响结构内力、结构变形的主要因素。随着建筑高度的增大，水平荷载效应逐渐增大。柱内轴力随着层数的增加而增大，可近似地认为轴力与层数呈线性关系；在水平向的均布荷载作用下，在结构底部所产生的弯矩与结构高度成平方关系；结构顶部的侧向位移与高度的四次方成正比（图 14-1）。上述弯矩和侧向位移常常成为决定结构方案、结构布置及构件截面尺寸的控制因素，即：

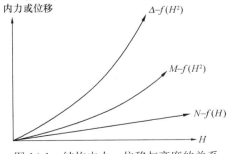

图 14-1 结构内力、位移与高度的关系

$$N = wH = f(H) \tag{14-1a}$$

$$M = \frac{1}{2}qH^2 = f(H^2) \tag{14-1b}$$

$$\Delta = \frac{qH^4}{8EI} = f(H^4) \tag{14-1c}$$

式中　w——分摊到每米高度上的竖向荷载；

　　　q——水平均布荷载；

　　　H——建筑高度；

　　　EI——结构总体抗弯刚度。

　　2. 常用的高层建筑结构体系及其特点

　　1）框架结构

　　框架结构由线形杆件——梁柱所构成，框架结构为建筑提供灵活布置的室内空间。由于它的构件截面小，抗震性能较差，刚度较低，在强震下容易产生较大震害，因此它主要用于非抗震设计、层数较少的建筑中。按照抗震设计的钢筋混凝土延性框架结构，除必须加强梁、柱节点的抗震措施外，还要注意填充墙的材料以及填充墙与框架的连接，避免框架过大变形时填充墙的损坏。

　　2）剪力墙结构

　　用钢筋混凝土剪力墙承受竖向荷载和抵抗水平力的结构称为剪力墙结构。现浇钢筋混凝土结构的整体性好、抗侧刚度大、承载力大，在水平力作用下侧移小。经过合理设计，能设计成抗震性能好的钢筋混凝土延性剪力墙。剪力墙结构中，剪力墙的间距小，平面布置不灵活，建筑空间受到限制是它的主要缺点。由于自重大、刚度大，使剪力墙结构的基本自振周期短、地震惯性力较大。因此，高度很大的剪力墙结构并不经济。

　　3）框架-剪力墙结构

　　框架-剪力墙结构兼有框架结构布置灵活、延性好的优点和剪力墙结构刚度大、承载力大的优点。由于框架、剪力墙的协同受力，在结构的底部框架侧移减小，在结构的上部剪力墙的侧移减小，侧移曲线兼有这两种结构的特点，称为弯剪型。弯剪型变形曲线的层间变形沿建筑高度比较均匀，均小于框架和剪力墙单独抵抗水平力时的层间变形，适合用于较高的建筑。

　　4）筒体结构

　　随着建筑层数、高度的增加和抗震设防要求的提高，以平面工作状态的框架、剪力墙来组成高层建筑结构往往不能满足抗侧要求。这时可以由剪力墙构成空间薄壁筒体，成为竖向悬臂箱形筒；加密框架柱子，并增强梁的刚度，以形成空间整体受力的框筒。由一个或多个筒体为主要抵抗水平力的结构称为筒体结构。通常筒体结构有：

　　框架核心筒结构，中央布置剪力墙薄壁筒，由它承受大部分水平力，周边布置大柱距的普通框架。这种结构的受力特点类似于框架－剪力墙结构。

　　筒中筒结构，由内、外两个筒体组合而成，内筒为剪力墙薄壁筒，外筒是由密柱深梁组成的框筒。由于外柱很密，梁刚度很大，门窗洞口面积小，因而框筒的工作不同于普通平面框架，而有很好的空间整体作用和抗风抗震性能。

　　多筒体结构，在平面内布置多个剪力墙薄壁筒体，每个筒体都比较小。这多用于平面形状复杂的建筑中，也常用于加强建筑平面的角部。

3. 结构布置的要求和规定

1) 结构平面布置

结构平面布置必须考虑有利于抵抗水平和竖向荷载，受力明确、传力直接，力争均匀对称，减少扭转的影响。抗震结构平面布置宜简单、规则，尽量减少突出、凹进等复杂平面，但更重要的是结构平面布置时要尽可能使平面刚度均匀，所谓平面刚度均匀就是"刚度中心"与"质量中心"靠近，减小地震作用下的扭转。

平面刚度是否均匀是地震是否造成扭转的重要原因，而影响刚度是否均匀的主要因素是剪力墙的布置，剪力墙集中布置在结构平面的一端是不好的，大刚度抗侧力单元集中布置在某一侧的结构在地震作用下扭转大，对称布置剪力墙、井筒有利于减少扭转。周边布置剪力墙，或周边布置刚度很大的框筒，或在角部布置角筒都是增加结构抗扭刚度的重要措施，有利于抵抗扭转。为了减少地震作用下的扭转，还要注意平面上质量分布，质量偏心会引起扭转，质量集中在周边也会加大扭转。

对于有些平面上有突出部分的建筑，例如 L 形、T 形、H 形的平面，即使总体平面对称，还会表现出局部扭转。因此，一般不宜设计突出部分过长的 L 形、T 形、H 形平面，突出部分长度较大时可在其端部设置刚度较大的剪力墙或井筒，以减少突出部分端部的侧向位移，可减少局部扭转。

2) 结构竖向布置

结构宜做成上下等宽或由下向上逐渐减小的体型，更重要的是结构的抗侧刚度应当沿高度均匀，或沿高度逐渐减小。抗侧力结构（框架、剪力墙和筒体等）的布置突然改变或结构的竖向体形突变都会引起沿竖向刚度突变。

抗侧力结构布置改变的情况包括：底层或底部若干层取消一部分剪力墙或柱子；在某个中间楼层抽去剪力墙，或在某个楼层设置刚度很大的实腹梁作为加强或转换构件（架构的加强层或转换层）。楼层的刚度突然减小或突然增大都会使该层及其附近楼层的地震反应（位移和内力）发生突变而产生危害。

由于竖向体形突变而使刚度削弱有下面几种：建筑物立面有较大收进或顶部有小面积的突出小房间造成建筑立面体形沿高度变化，或者为了加大建筑空间而顶部减少剪力墙等，都可能使结构顶部少数层刚度突然变小，这可能加剧地震作用下的鞭梢效应，顶部的侧向甩动变形也会使结构遭受破坏。

3) 结构高宽比

高层建筑中控制侧向位移常常成为结构设计的主要矛盾，而且随着高度增加，倾覆力矩也将迅速增大，而高宽比是结构刚度、整体稳定、承载力和经济合理性的宏观控制要素。一般将结构的高宽比 H/B 限制在 5~6 以下，H 是指建筑物檐口高度，B 是指建筑物平面的短方向宽度。当然，如果选择适当的结构体系，进行合理的结构布置，并采用可靠的构造措施，高宽比限值可以有所突破。规范中高层建筑高宽比的限值见表 14-1 和表 14-2。

A 级高度钢筋混凝土高层建筑结构适用的最大高宽比 表 14-1

结构类型	非抗震设计	抗震设防烈度		
		6 度、7 度	8 度	9 度
框架、板柱剪力墙	5	4	3	2

续表

结构类型	非抗震设计	抗震设防烈度		
		6度，7度	8度	9度
框架-剪力墙	5	5	4	3
剪力墙	6	6	5	4
筒中筒、框架核心筒	6	7	5	4

B级高度钢筋混凝土高层建筑结构适用的最大高宽比　　　　表 14-2

非抗震设计	抗震设防烈度		
	6度	7度	8度
8	7.5	7	6

14.2　重点讲解与难点分析

14.2.1　结构布置的不规则问题

　　平面简单、规则对称以及构件沿高度布置连续、均匀的结构，其地震反应相对比较简单，计算结果能较好地反映结构的受力状态。在实际工程中，由于使用功能、建筑艺术及城市规划等需要，平面和竖向不规则的高层建筑是难以避免的。对严重不规则的结构，除了进行弹性计算分析外，还对结构进行静力弹塑性分析、弹塑性时程分析。通过弹塑性分析，发现结构的薄弱部位，揭示结构构件屈服、出现塑性铰的过程，可以有针对性地采取加强措施。平面不规则的类型包括：扭转不规则、楼板凹凸不规则和楼板局部不连续，见表 14-3 并如图 14-2 所示；竖向不规则的类型包括：抗侧刚度不规则、竖向抗侧力构件不连续和楼层承载力突变，见表 14-4 并如图 14-3 所示。

平面不规则的类型　　　　表 14-3

不规则的类型	定　义
扭转不规则	楼层的最大弹性水平位移（或层间位移），大于该楼层两端弹性水平位移（或层间位移）平均值的 1.2 倍
凹凸不规则	结构平面凹进的一侧尺寸，大于相应投影方向总尺寸的 30%
楼板局部不连续	楼板的尺寸和平面刚度急剧变化，例如，有效楼板宽度小于该楼层楼板典型宽度的 50%，或开洞面积大于该楼层面积的 30%，或较大的楼层错层

竖向不规则　　　　表 14-4

不规则的类型	定　义
抗侧刚度不规则	该层的抗侧刚度小于相邻上一层的 70%，或小于其上相邻三个楼层抗侧刚度平均值的 80%；除顶层外，局部收进的水平向尺寸大于相邻下一层的 25%
竖向抗侧力构件不连续	竖向抗侧力构件（柱、剪力墙、抗震支撑）的内力由水平转换构件（梁、桁架等）向下传递
楼层承载力突变	抗侧力结构的层间受剪力小于相邻上一层的 80%

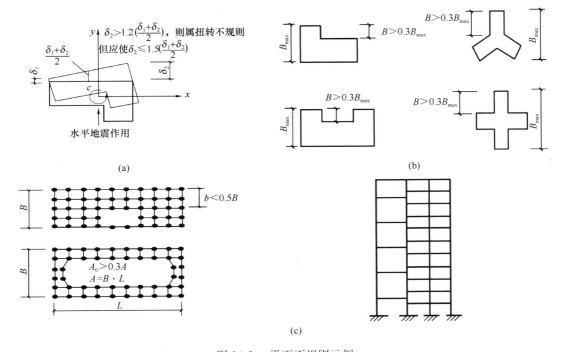

图 14-2　平面不规则示例
（a）平面的扭转不规则；（b）凹凸不规则；（c）楼板局部不连续

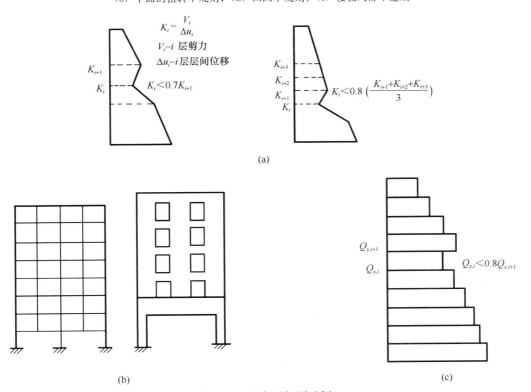

图 14-3　竖向不规则示例
（a）侧向刚度不规则；（b）竖向抗侧力构件不连续；（c）楼层承载力突变

14.2.2　剪 力 墙 结 构

1. 剪力墙结构布置的要求和规定

1) 剪力墙应在纵、横两个方向上都有布置以承受任意方向的侧向力，抗震设计中的剪力墙结构，应避免仅单向有墙的结构布置形式，以使其具有较好的空间工作性能，并宜使两个方向抗侧刚度接近。剪力墙要均匀布置，数量要适当。剪力墙布置过多时，墙体材料强度得不到充分利用，抗侧刚度过大，会使地震力加大，自重加大，并不经济。

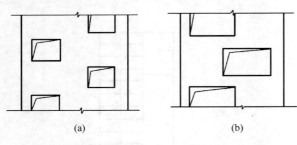

图 14-4　错洞墙与叠合错洞墙

(a) 错洞墙；(b) 叠合错洞墙

2) 剪力墙墙肢截面宜简单、规则，剪力墙的竖向刚度应均匀，剪力墙的门窗洞口宜上下对齐、成列布置，形成明确的墙肢和连梁。要避免使墙肢刚度相差悬殊的洞口布置。抗震设计时一、二、三级抗震等级剪力墙的底部不宜采用错洞墙（图 14-4a）；一、二、三级抗震等级剪力墙均不宜采用叠合错洞墙（图 14-4b）。

剪力墙洞口的布置，会极大地影响剪力墙的力学性能。规则开洞，洞口成列、布置成排，能形成明确的墙肢和连梁，应力分布比较规则，又与当前普遍应用程序的计算简图较为符合，设计计算结果安全可靠。错洞剪力墙应力分布复杂，计算、构造都比较复杂和困难。当无法避免错洞布置时，应该按有限单元方法进行计算分析。

3) 剪力墙布置时要注意单榀剪力墙的长度不宜过大。因为如果剪力墙的长度大，会导致刚度迅速增大，使结构自振周期过短，地震作用力加大；另一方面，低而宽的剪力墙墙肢容易发生脆性的剪切破坏。为了避免剪力墙过长，较长的剪力墙宜开设洞口，将其分成长度较均匀的若干墙段，墙段之间宜采用弱梁连接，每个独立墙段的总高度与其墙段长度之比不应小于 2。墙肢墙段长度不宜大于 8m。

4) 剪力墙宜自下到上连续布置，避免刚度突变。剪力墙的布置对结构的抗侧刚度有很大影响，剪力墙沿高度不连续，将造成结构沿高度刚度突变。

5) 应控制剪力墙平面外的弯矩，以防止剪力墙平面外破坏。剪力墙的特点是平面内刚度及承载力大，而平面外刚度及承载力都相对较小。当剪力墙与平面外方向的梁连接时，会造成墙肢平面外产生弯矩，而一般情况下并不验算墙的平面外的刚度及承载力。当剪力墙墙肢与其平面外方向的楼面梁连接时，应至少采用以下措施中的一个，以减少梁端部弯矩对墙的不利影响，如图 14-5 所示：

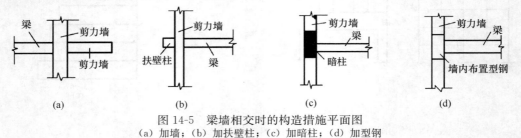

图 14-5　梁墙相交时的构造措施平面图

(a) 加墙；(b) 加扶壁柱；(c) 加暗柱；(d) 加型钢

（1）沿梁轴方向设置与梁相连的剪力墙，抵抗墙肢平面外弯矩（图 14-5a）；

（2）当不能设置与梁轴线方向相连的剪力墙时，宜在墙与梁相交处设置扶壁柱，扶壁柱宜按计算确定截面及配筋（图 14-5b）；

（3）当不能设置扶壁柱时，应在墙与梁相交处设置暗柱，并宜按计算确定配筋（图 14-5c）；

（4）必要时，剪力墙内可设置型钢（图 14-5d）。

6）不宜将楼面主梁支承在剪力墙之间的连梁上。楼板主梁支承在连梁上时，主梁端部约束达不到要求，同时对支承梁来说，既要承受平面外弯矩，又要承受集中力，因此要尽量避免。

2. 剪力墙的分类

剪力墙根据有无洞口、洞口大小和位置以及形状等可分为三类：整截面墙、整体小开口墙、联肢墙，如图 14-6 所示。

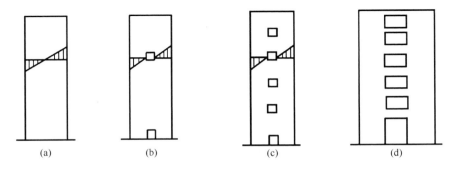

图 14-6　剪力墙分类示意图

（a）、（b）整截面墙；（c）整体小开口墙；（d）双肢墙

1）整截面墙，包括没有洞口的实体墙，其受力状态如同竖向悬臂构件。当剪力墙高宽比较大时，受弯变形后截面仍保持平面，法向应力呈线性分布。

2）整体小开口墙，即洞口稍大的墙，截面上的法向应力接近线性分布，可看成整体弯矩直线分布应力和局部弯曲应力的叠加。墙肢的局部弯矩一般不超过总弯矩的 15%，且墙肢在大部分楼层没有反弯点。

3）联肢墙，这种墙的洞口更大，使连梁刚度比墙肢刚度小得多，连梁中部有反弯点，各墙肢单独作用较显著，可看成是若干单肢剪力墙由连梁连接起来的剪力墙。

3. 剪力墙的受力特点

由于各类剪力墙洞口大小、位置及数量的不同，在水平荷载作用下其受力特点也不同。这主要表现为两点：一是各墙肢截面上的正应力分布；二是沿墙肢高度方向上弯矩的变化规律，如图 14-7 所示。

1）整截面墙的受力状态如同竖向悬臂梁，截面正应力呈直线分布，沿墙的高度方向弯矩图既不发生突变也不出现反弯点，变形曲线以弯曲型为主。

2）独立悬臂墙是指墙面洞口很高，连梁刚度很小，墙肢刚度比连梁刚度大得多，即 α 值很小。此时连梁的约束很弱，犹如铰接在墙肢上的连杆，每个墙肢相当于一个独立的竖向悬臂梁，墙肢轴力为零，各墙肢自身截面上的正应力呈直线分布，弯矩图既不发生突

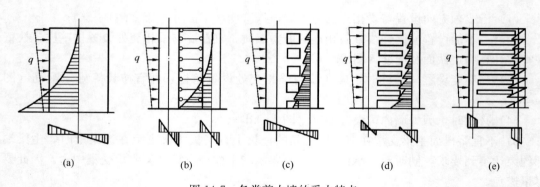

图 14-7 各类剪力墙的受力特点

（a）整截面墙；（b）独立悬臂墙；（c）整体小开口墙；（d）双肢墙；（e）框架

变也无反弯点，变形曲线以弯曲型为主。

3）整体小开口墙的洞口很小，连梁刚度很大，墙肢刚度又较小时，即 α 值很大。此时连梁的约束作用很强，墙的整体性很好。水平荷载作用产生的弯矩主要由墙肢的轴力负担，墙肢弯矩较小，弯矩图有突变，但基本上无反弯点，截面正应力接近直线分布，变形曲线仍以弯曲型为主。

4）双肢墙介于整体小开口墙和独立悬臂墙之间，连梁对墙肢有一定的约束作用，墙肢弯矩图有突变，并且在顶部某些楼层有反弯点存在，墙肢局部弯矩较大，整个截面正应力已不再呈直线分布，变形曲线为弯曲型。

由以上可知，由于连梁对墙肢的约束作用，使墙肢弯矩产生突变，突变值的大小主要取决于连梁与墙肢的相对刚度比。

4. 剪力墙结构的设计要点

钢筋混凝土剪力墙的设计要求是：在正常使用荷载及风载、小震作用下，结构应处于弹性工作状态，裂缝宽度不能过大；在中等强度地震作用下，允许进入弹塑性状态，必须保证在非弹性变形的反复作用下，有足够的承载力、延性及良好吸收地震能量的能力；在强烈地震作用下，剪力墙不允许倒塌。

1）剪力墙墙肢的设计要点

剪力墙结构中，墙肢对结构的安全与否是至关重要的，根据试验研究，我国规范提出了加强墙肢的一些措施，例如剪力墙要满足最小厚度要求、强剪弱弯要求、轴压比和剪压比限制要求，墙肢要设置约束边缘构件或构造边缘构件，墙肢内设置的分布钢筋不能小于最小配筋率，保证墙肢平面外的稳定与承载力等。

（1）剪力墙的最小厚度

墙肢的厚度除了应满足承载力的要求外，还要满足稳定和避免过早出现剪切裂缝的要求。通常把稳定要求的厚度称为最小厚度，通过构造要求设定。实际结构中，楼板是剪力墙的侧向支承，可防止剪力墙由于侧向变形而失稳，与剪力墙平面外相交的剪力墙也是剪力墙的侧向支承，也可以防止剪力墙平面外失稳。因此，剪力墙最小厚度由楼层高度和无支长度（与该剪力墙平面外相交的剪力墙之间的距离）两者中的较小值控制。层高较小时，由层高确定墙厚度，反之，由无支长度确定墙厚度；如果剪力墙只有上、下楼板支承，则必须按照楼层高度确定剪力墙最小厚度。规范规定剪力墙的最小厚度不应小于表

14-5 的要求，取两个要求中数值较大者。

剪力墙墙肢最小厚度 表 14-5

部 位	抗震等级			非抗震
	一、二级		三、四级	
	一般剪力墙	一字形剪力墙		
底部加强部位	200mm，$H/16$	180mm，$h/12$	160mm，$H/20$	160mm，$H/25$
其他部位	160mm，$H/20$	180mm，$h/15$	160mm，$H/25$	

注：H 可取层高或剪力墙无支支承长度两者中的较小值；无端柱或翼缘的一字形剪力墙，由层高 h 确定最小厚度。

（2）强剪弱弯

剪力墙都是在底部弯矩最大，底截面可能出现塑性铰，底截面钢筋屈服以后由于钢筋和混凝土的粘结力破坏，钢筋屈服范围扩大而形成塑性铰区。塑性铰区也是剪力最大的部位，斜裂缝常常在这个部位出现，且分布在一定范围，反复荷载作用就形成交叉裂缝，可能出现剪切破坏。在塑性铰区要采取加强措施，称为剪力墙的加强部位。一般剪力墙结构底部加强部位的高度可取墙肢总高度的 1/8 和底部两层的较大者，当剪力墙高度超过 150m 时，其底部加强部位的高度可取墙肢总高度的 1/10。由于剪力墙截面高度较大，腹板厚度小，对剪切变形比较敏感，为了避免脆性的剪切破坏，应该按照强剪弱弯的要求设计剪力墙墙肢，也就是在加强区要采用比受弯承载力更大的剪力设计值计算抗剪钢筋。规范采用的方法是将剪力墙加强部位的剪力设计值 V 增大，达到强剪弱弯的目的。

$$V = \eta_{vw} V_w \qquad (14\text{-}2)$$

式中　V_w——底部加强部位墙肢截面最不利组合的剪力设计值；

　　　η_{vw}——墙肢剪力放大系数，一级为 1.6，二级为 1.4，三级为 1.2。

式（14-2）是一种简化算法，在设防烈度为 9 度时尚应由墙肢受弯承载力反算剪力设计值，计算公式为：

$$V = 1.1 \frac{M_{wua}}{M_w} V_w \qquad (14\text{-}3)$$

式中　M_{wua}——墙肢底部截面的实际受弯承载力对应的弯矩值，根据实际配置的钢筋面积、材料强度标准值、轴力等计算且考虑承载力抗震调整系数，有翼墙时应计入墙两侧各一倍翼墙厚度范围内的纵向钢筋；

　　　M_w——墙肢底部截面最不利组合的弯矩设计值。

（3）剪压比限制

墙肢截面的剪压比是截面的平均剪应力与混凝土轴心抗压强度的比值，即 $\dfrac{V}{f_c b_w h_w}$，试验表明，剪压比超过一定值时，将较早出现斜裂缝，增加横向钢筋并不能有效提高其受剪承载力，很可能在横向钢筋未屈服的情况下，墙肢混凝土发生斜压破坏，或发生受弯钢筋屈服后的剪切破坏。为了避免这些破坏，应按照下列公式限制墙肢剪压比，剪跨比较小的墙（矮墙），限制应更加严格。当剪压比超过限制值时，应增加墙的厚度或提高混凝土强度等级，实际上限制剪压比就是要求剪力墙截面达到一定厚度。

无地震作用组合时：

$$V_b \leqslant 0.25 \beta_c f_c b_w h_{w0} \qquad (14\text{-}4a)$$

有地震作用组合且剪跨比 $\lambda > 2.5$ 时：

$$V_b \leqslant \frac{1}{\gamma_{RE}} 0.2\beta_c f_c b_w h_{w0} \tag{14-4b}$$

有地震作用组合且剪跨比 $\lambda \leqslant 2.5$ 时：

$$V_b \leqslant \frac{1}{\gamma_{RE}} 0.15\beta_c f_c b_w h_{w0} \tag{14-4c}$$

式中　V_b——按强剪弱弯要求调整增大的墙肢截面剪力设计值；

　　　　β_c——混凝土强度影响系数，按《混凝土结构设计规范》GB 50010—2010（2015年版）的规定选用；

　　　　λ——计算截面处的剪跨比，$\lambda = \dfrac{M}{Vh_w}$，$M$ 和 V 取未调整的弯矩和剪力设计值。

（4）轴压比限制和边缘构件

轴压比定义为截面轴向平均应力与混凝土轴心抗压强度的比值，即 $\dfrac{N}{A_c f_c}$，是影响剪力墙破坏形态的一个重要因素，轴压比大可能形成小偏压破坏，它的延性较小。设计时需要限制轴压比数值，以保证剪力墙的延性要求，见表 14-6。当剪力墙的轴压比虽未超过表 14-6 的限制值，但是轴压比又比较高时，在墙肢边缘应力较大的部位用端部竖向钢筋和箍筋组成暗柱或明柱，称为边缘构件，边缘构件内的混凝土是约束混凝土，它是提高墙肢端部混凝土极限压应变、改善剪力墙延性的重要措施。边缘构件又分为约束边缘构件和构造边缘构件两类，当边缘的压应力较高时，采用约束边缘构件，其约束范围大，箍筋较多，对混凝土的约束较强；当边缘的压应力较小时，采用构造边缘构件，其箍筋较少，对混凝土约束程度较差，表 14-7 是规范关于边缘构件设置的要求。

剪 力 墙 轴 压 比 限 值　　　　　　　　　　　　　　　　　表 14-6

轴压比	一级（9 度）	一级（7、8 度）	二级
$N/f_c A$	0.4	0.5	0.6

设置约束边缘构件和构造边缘构件的轴压比要求　　　　　　　表 14-7

抗震等级	一级（9 度）	一级（8 度）	二级	设置位置
设置约束边缘构件	>0.1	>0.2	>0.3	加强部位及其上一层
设置构造边缘构件	≤0.1	≤0.2	≤0.3	非加强部位，三、四级抗震等级的全高

剪力墙的约束边缘构件的几种形式见图 14-8，图中阴影所示为约束边缘构件范围。约束边缘构件的主要措施是加大边缘构件的长度 l_c 及其体积配箍率 ρ_v，体积配箍率 ρ_v 由配箍特征值 λ_v 计算，约束边缘构件沿墙肢方向的长度 l_c 和箍筋配箍特征值 λ_v 宜符合表 14-8 的要求。

约束边缘构件范围 l_c 及其配箍特征值　　　　　　　　表 14-8

项目	一级（9 度）	一级（8 度）	二级
λ_v	0.20	0.20	0.20
l_c（暗柱）	$0.25h_w$	$0.20h_w$	$0.20h_w$
l_c（翼墙或端柱）	$0.20h_w$	$0.15h_w$	$0.15h_w$

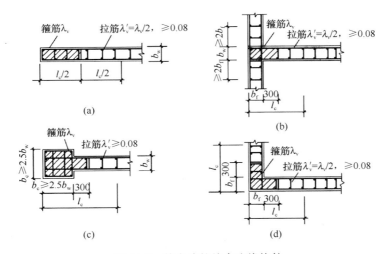

图 14-8　剪力墙的约束边缘构件

（a）矩形和无翼缘端部；（b）有翼墙的端部；（c）有端柱的端部；（d）转角墙端部

l_c 为约束边缘构件沿墙肢长度方向的长度，不应小于表 14-8 中数值、$1.5b_w$ 和 450mm 三者的较大值（表中 h_w 为剪力墙墙肢长度）；有翼墙或端柱时尚不应小于翼墙厚度或端柱沿墙肢方向截面高度加 300mm；翼墙长度小于其厚度 3 倍或端柱截面边长小于墙厚 2 倍时，视为无翼墙或无端柱。

λ_v 为约束边缘构件的配箍特征值，体积配箍率 ρ_v 应按下式计算：

$$\rho_v = \lambda_v \frac{f_c}{f_{yv}} \tag{14-5}$$

式中　λ_v——约束边缘构件配箍特征值；

f_c——混凝土轴心抗压强度设计值；

f_{yv}——箍筋或拉筋的抗拉强度设计值，超过 360MPa 应按 360MPa 计算。

实际上，约束边缘构件配箍特征值的大小应与剪力墙轴压比水平有关。当墙肢轴压比较大且接近表 14-6 限值时，约束边缘构件的配箍特征值 λ_v 按表 14-8 采用；当墙肢轴压比较小时，约束边缘构件的配箍特征值 λ_v 可根据实际情况适当降低，但不应小于 0.1。

剪力墙构造边缘构件按构造要求配置，构造边缘构件的范围见图 14-9。首先，无论哪种情况，构造边缘构件的纵向钢筋都应满足受弯承载力要求。同时构造边缘构件的最小

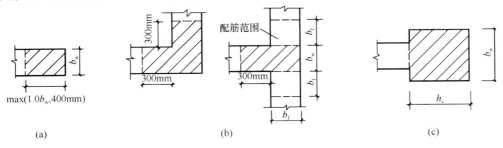

图 14-9　剪力墙的构造边缘构件的配筋范围

（a）暗柱；（b）翼柱；（c）端柱

配筋宜符合表 14-9 的规定（因为一、二级抗震等级剪力墙的底部加强部位要求约束边缘构件，表中无构造要求钢筋用量），其中钢筋用量的截面面积 A_c 取表中的阴影部分计算。

剪力墙构造边缘构件的配筋要求 表 14-9

等级	底部加强部位			其他部位		
	纵向钢筋最小用量（取较大值）	箍筋		纵向钢筋最小用量（取较大值）	箍筋或拉筋	
		最小直径（mm）	最大间距（mm）		最小直径（mm）	最大间距（mm）
一级抗震	—	—	—	$0.008A_c$, 6Φ14	8	150
二级抗震	—	—	—	$0.006A_c$, 6Φ12	8	200
三级抗震	$0.005A_c$, 4Φ12	6	150	$0.004A_c$, 4Φ12	6	200
四级抗震	$0.005A_c$, 4Φ12	6	200	$0.004A_c$, 4Φ12	6	250
非抗震				4Φ12	6	250

（5）墙肢截面承载力计算

钢筋混凝土剪力墙属于偏心受压或偏心受拉构件，应进行平面内的斜截面受剪、偏心受压或偏心受拉、平面外轴心受压承载力计算。在集中荷载作用下，墙内无暗柱时还应进行局部受压承载力计算。一般情况下主要验算剪力墙平面内的承载力，当平面外有较大弯矩时，也应验算平面外的抗弯承载力。偏心受力计算以及斜截面计算可以参考前面章节。

一级抗震等级的剪力墙，应按照设计意图控制塑性铰的出现部位，在其他部位则应保证不出现塑性铰，因此，规范规定，对一级抗震等级的剪力墙各截面的弯矩设计值，应按图 14-10 所示计算调整：对于底部加强部位及其上一层应按墙底截面组合弯矩计算值采用，其他部位可按墙肢组合弯矩计算值的 1.2 倍采用。

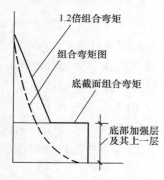

图 14-10 一级抗震等级设计的剪力墙各截面弯矩的调整

对于双肢剪力墙，如果有一个墙肢出现小偏心受拉，该墙肢可能会出现水平裂缝而失去抗剪能力，则外荷载产生的剪力将全部转移到另一个墙肢，导致其抗剪承载力不足，因此在双肢剪力墙中墙肢不宜出现小偏心受拉，当墙肢出现大偏心受拉时，墙肢会出现裂缝，使其刚度降低，剪力将在两墙肢中进行重分配，此时，可将另一墙肢按弹性的弯矩设计值和剪力设计值乘以增大系数 1.25，以提高其抗剪承载力。

规范规定按一级抗震等级设计的剪力墙，要防止水平施工缝处发生滑移。考虑了摩擦力的有利影响后，验算水平施工缝处的竖向钢筋是否足以抵抗水平剪力，其受剪承载力应符合下列要求：

$$V_w \leqslant \frac{1}{\gamma_{RE}}(0.6f_y A_s + 0.8N) \tag{14-6}$$

式中　V_w——剪力墙施工缝处考虑地震作用组合的剪力设计值；

　　　f_y——竖向钢筋抗拉强度设计值；

　　　N——施工缝处不利组合的轴向力设计值，压力取正值，拉力取负值；

　　　A_s——施工缝处剪力墙的竖向分布钢筋、竖向插筋和边缘构件（不包括边缘构件以外的两侧翼墙）纵向钢筋的总截面面积。

2）连梁设计要点

连梁对于联肢剪力墙的刚度、承载力、延性等都有十分重要的影响，它也是实现剪力墙二道设防设计的重要构件。连梁两端承受反向弯曲作用，截面厚度较小，是一种对剪切变形十分敏感且容易出现斜裂缝和容易剪切破坏的构件。设计连梁的特殊要求是：在小震和风荷载作用的正常使用状态下，起着联系墙肢且加大剪力墙刚度的作用，它承受弯矩和剪力，不能出现裂缝；在中震作用下它应该首先出现弯曲屈服，耗散地震能量；在大震作用下，可能、也允许它剪切破坏。

（1）剪压比

研究表明，在普通配筋连梁中，改善屈服后剪切破坏性能、提高连梁延性的主要措施是控制连梁的剪压比。若连梁截面的平均剪应力过大，箍筋就不能充分发挥作用，连梁就会发生剪切破坏，尤其是连梁跨高比较小的情况。为此应限制连梁截面的平均剪应力。连梁截面尺寸应符合下列要求：

无地震作用组合时：
$$V_b \leqslant 0.25\beta_c f_c b_b h_{b0} \tag{14-7a}$$

有地震作用组合且剪跨比大于 2.5 时：$V_b \leqslant \dfrac{0.2\beta_c f_c b_b h_{b0}}{\gamma_{RE}}$ $\qquad(14\text{-}7b)$

有地震作用组合且剪跨比不大于 2.5 时：$V_b \leqslant \dfrac{1}{\gamma_{RE}} 0.15\beta_c f_c b_b h_{b0}$ $\qquad(14\text{-}7c)$

式中 b_b、h_{b0}——分别为连梁的截面宽度和有效高度。

（2）强墙弱梁

为了得到较为理性的延性剪力墙结构，需要设计"强墙弱梁"的联肢剪力墙，首先要保证墙肢不过早出现脆性的剪切破坏，应设计延性的墙肢；其次应使连梁屈服早于墙肢屈服；同时尽可能避免连梁中过早出现脆性的剪切破坏，即要设计延性的连梁。这样当连梁屈服以后，可以吸收地震能量，同时又能继续起到约束墙肢的作用，使联肢墙的刚度和承载力均维持在一定水平。如果部分连梁剪坏或全部剪坏，则墙肢间约束将削弱或全部消失，使联肢墙退化为两个或多个独立墙肢，结构的刚度会大大降低，承载力也将随之降低。

为了使连梁首先屈服，可对连梁中的弯矩进行调幅，降低连梁弯矩，按降低后弯矩进行配筋，使连梁抗弯承载力降低，从而使连梁较早出现塑性铰，改善整个剪力墙结构的延性。降低连梁弯矩可以通过以下方法进行：

①在进行结构弹性内力分析时，将连梁刚度进行折减，就可以减小连梁的弯矩和剪力值。折减系数不能小于 0.5。这种方法与一般弹性计算方法并无区别，且可以自动调整墙肢内力，比较简便。

②用弹性分析所得的内力进行内力调幅，按调幅以后的弯矩设计连梁配筋。一般是将中部弯矩最大的连梁的弯矩调小，调幅大约在 20％以内。中部连梁的弯矩设计值降低以后，其余部位的连梁和墙肢弯矩设计值应相应的提高以维持静力平衡，如图 14-11 所示。

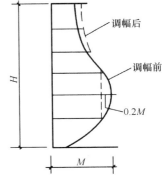

图 14-11 连梁弯矩调幅

无论哪一种方法，如果与弹性内力相比，连梁弯矩降低得愈多，就愈早出现塑性铰，塑性转动也愈大，对连梁的延性要求就愈高。所以应当限制连梁的调幅值，同时注意应使这些连梁能承受正常使用荷载和风荷载作用下的内力，钢筋不能在这些内力下屈服。

（3）强剪弱弯

无地震作用组合，以及四级抗震等级时，可直接按水平风荷载或水平地震作用组合的剪力设计值设计连梁配筋。其他抗震等级时，要使连梁具有延性，还要按照"强剪弱弯"的构件设计要求，使连梁的剪力设计值等于或大于连梁的抗弯极限状态相应的剪力，应将连梁的剪力设计值进行调整，即将连梁的剪力设计值乘以增大系数。有地震作用组合的一、二、三级抗震等级时，连梁的剪力设计值应按下式进行调整：

$$V_{\mathrm{b}} = \eta_{\mathrm{vb}} \frac{M_{\mathrm{b}}^{\mathrm{l}} + M_{\mathrm{b}}^{\mathrm{r}}}{l_{\mathrm{n}}} + V_{\mathrm{Gb}} \tag{14-8}$$

式中　l_{n}——连梁的净跨；

　　　V_{Gb}——在重力荷载代表值作用下，按简支梁计算的梁端截面设计值；

　　　η_{vb}——连梁剪力的增大系数，一级为 1.3，二级为 1.2，三级为 1.1；

$M_{\mathrm{b}}^{\mathrm{l}}$、$M_{\mathrm{b}}^{\mathrm{r}}$——分别为梁左、右端顺时针或反时针方向考虑地震作用组合的弯矩设计值；对一级抗震等级且两端均为负弯矩时，绝对值较小的弯矩应取为零。

9 度设防时要求用连梁实际抗弯配筋反算该增大系数，按下式进行计算：

$$V_{\mathrm{b}} = 1.1 \frac{M_{\mathrm{bua}}^{\mathrm{l}} + M_{\mathrm{bua}}^{\mathrm{r}}}{l_{\mathrm{n}}} + V_{\mathrm{Gb}} \tag{14-9}$$

式中　$M_{\mathrm{bua}}^{\mathrm{l}}$、$M_{\mathrm{bua}}^{\mathrm{r}}$——分别为梁左、右端顺时针或反时针方向实配的受弯承载力所对应的弯矩值，应按实配钢筋面积（计入受压钢筋）和材料强度标准值考虑承载力抗震调整系数计算。

（4）连梁配筋

为了使连梁具有足够的延性，交叉配筋是一种有效的配筋方式。试验表明，具有交叉配筋的连梁剪力墙的耗能性能好、延性好。在普通配筋的连梁中，要依靠混凝土传递剪力，反复荷载作用下混凝土会被挤压破碎，连梁便失去了承载力；而交叉配筋的连梁中，连梁的剪力由交叉斜撑承担，交叉斜撑起拉、压杆作用，形成桁架传力途径，混凝土虽然破碎，桁架仍然能够继续受力，对墙肢的约束仍起作用。

交叉配筋连梁的构造要求高，其配筋构造见图 14-12，为防止斜筋压屈，必须用矩形箍筋或螺旋箍筋与斜向钢筋绑在一起，成为既要受拉、又要受压的斜撑杆。因此，配置交叉斜撑的连梁厚度不能小于 300mm，交叉斜撑还必须伸入墙体并有足够的锚固长度，同时也还要配置横向和竖向钢筋，形成网状配筋，防止混凝土破碎后掉落。

14.2.3　框架-剪力墙结构

框架-剪力墙结构中有框架也有剪力墙，在结构布置合理的情况下，可以同时发挥两者的优点并克服其缺点，既具有较大的抗侧刚度，又可以形成较大的使用空间，而且两种结构形成两道抗震防线，对结构抗震有利，因此，框架-剪力墙结构在实际工程中得到广泛地采用。

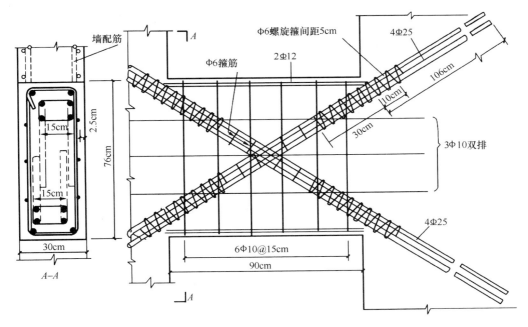

图 14-12 交叉斜撑配筋连梁的构造

1. 框剪结构的结构布置

框架-剪力墙结构应设计成双向抗侧力体系。抗震设计时，结构两主轴方向均应布置剪力墙。

框架-剪力墙结构中，主体结构构件之间除个别节点外不应采用铰接；梁与柱或柱与剪力墙的中线宜重合；框架梁、柱中心线之间有偏离时，应符合框架结构中梁、柱中心线的有关规定。

框架-剪力墙结构中剪力墙的布置宜符合下列要求：

（1）剪力墙宜布置在建筑物的周边附近、楼梯间、电梯间、平面形状变化及恒载较大的部位，剪力墙间距不宜过大；

（2）平面形状凹凸较大时，宜在凸出部分的端部附近布置剪力墙；

（3）纵横剪力墙宜组成 L 形、T 形和 ［形等截面形式；

（4）单片剪力墙底部承担的水平剪力不宜超过结构底部总水平剪力的 40%，以免受力过分集中；

（5）剪力墙宜贯通建筑物的全高，宜避免刚度突变；剪力墙开洞时，洞口宜上下对齐；

（6）楼电梯间等竖井的设置，宜尽量与其附近的框架或剪力墙的布置相结合，使之形成连续、完整的抗侧力结构；

（7）抗震设计时，剪力墙的布置宜使两个主轴方向的侧向刚度接近。

剪力墙布置在建筑物的周边附近，目的是发挥其抗扭作用，布置在楼电梯间、平面形状变化和凸出较大处，是为了加强平面的薄弱部位；把纵、横剪力墙组成 L 形、T 形等非一字形，是为了发挥剪力墙自身的刚度，同时增强平面外的稳定性；单片剪力墙承担的水平剪力不宜超过结构底部总水平剪力的 40%，是避免该片剪力墙对刚心位置影响过大且一旦破坏对整体结构不利和其基础承担过大水平力等。

当建筑平面为长矩形或平面有一部分为长条形（平面长宽比较大）时，在该部位布置的剪力墙除应有足够的总体刚度外，各片剪力墙之间的距离不宜过大宜满足表 14-10 的要求。因为间距过大时，两墙之间的楼盖可能无法满足平面内刚性的要求，造成处于该区间的框架不能与邻近的剪力墙协同工作而增加负担。当两墙之间的楼盖开大洞时，该段楼盖的平面刚度更差，墙的间距应再适当缩小。

剪 力 墙 间 距

表 14-10

楼盖形式	非抗震设计（取较小值）	抗震设防烈度		
		6 度、7 度（取较小值）	8 度（取较小值）	9 度（取较小值）
现浇	$5.0B$，60m	$4.0B$，50m	$3.0B$，40m	$2.0B$，30m
装配整体	$3.5B$，50m	$3.0B$，40m	$2.5B$，30m	

注：表中 B 为楼面宽度。

长矩形平面中布置的纵向剪力墙，不宜集中布置在平面的两端，原因是集中在两端时，房屋的两端被抗侧刚度较大的剪力墙锁住，中间部分的楼盖在混凝土收缩或温度变化时容易出现裂缝，这种现象工程中常常见到，应予以重视。

2. 剪力墙数量

剪力墙作为框架-剪力墙结构中主要的抗侧力结构单元，其数量多少将直接影响整个结构的抗侧刚度。框架-剪力墙结构中，剪力墙的作用在于加强结构的抗侧移刚度，因而，剪力墙的数量以能满足结构的抗侧移要求为宜，剪力墙的总抗侧刚度（指全部剪力墙的抗弯刚度总和）可用 EI_w 表示。通常建筑物愈高，要求的 EI_w 也愈大。另一方面在抗震设计时，剪力墙抵抗的总弯矩最好不小于总倾覆力矩的 50%，如果小于 50%，规范规定框架部分要按框架结构的抗震等级设计。这一要求表明，在框架-剪力墙结构中，剪力墙的数量不宜太少。计算表明，当刚度特征值 λ 不大于 2.4 时，可实现这一要求。剪力墙的数量也不宜过多，过多的剪力墙不仅会影响建筑物的使用空间、增加材料用量和结构自重，从受力上说也是不利的，因为剪力墙过多，会使结构总刚度过大，地震力将加大，而且绝大部分地震力又会被吸引到剪力墙上，既不合理也不经济。下面按层间位移等方法求剪力墙的合理数量。

结构刚度特征值 λ 的选取：

（1）抗震规范要求，剪力墙承受的底部地震弯矩不应小于底部地震总弯矩的 50%，小于 50% 时框架抗震等级应按纯框架结构划分，因此，$\lambda \leqslant 2.4$；

（2）为使框架最大楼层剪力 $V_{max} \geqslant 0.2V_0$，剪力墙数量不宜过多，因此，$\lambda \geqslant 1.15$，希望框架最大楼层剪力 $\dfrac{V_{f,max}}{V_0} = 0.2 \sim 0.4$，$V_0$ 为底部总剪力；

（3）$1.15 \leqslant \lambda \leqslant 2.4$ 一般情况下，宜取 $\lambda = 1.5 \sim 2.0$。

应注意，满足位移限值是一个必要条件，但不是一个充分条件。综合反映结构刚度特征的参数是结构自振周期，宜使框架结构的自振周期：

$$T_1 \approx (0.06 \sim 0.08)n \ (s)$$

（14-10）

式中　n——层数。

在框剪结构中，合理选择框架梁、柱断面，使它具有足够的抗推刚度，能与剪力墙数量匹配也是重要的。

3. 框剪结构中刚度特征值 λ 对结构受力、位移特性的影响

在框架-剪力墙结构中，由于框架和剪力墙间相互作用、协同工作，则外荷载及外荷载产生的内力在总框架和总剪力墙之间的分配及结构的变形等都受到刚度特征值 λ 的直接影响。刚度特征值 λ 反映了总框架抗推刚度 C_F 与总剪力墙抗弯刚度 EI_w 的比值。当 C_F 很小时，λ 值也很小，当 $\lambda=0$ 时，说明框架的抗推刚度为零，整个结构为纯剪力墙结构；当 EI_w 很小时，λ 值很大，当 $\lambda=\infty$ 时，说明剪力墙的抗弯刚度接近于零，此时结构成为纯框架结构。下面以均布荷载作用为例，说明 λ 对荷载分配、内力分配及位移的影响。

1）λ 对荷载分配的影响

图 14-13 给出了均布荷载作用下框架和剪力墙所承受的荷载 p_F 和 p_w。由图 14-13 可见，框架在下部若干层分配到的荷载为负值，上部变为正值，在顶部，$p_F=0$。因而造成剪力墙在下部若干层所分配到的荷载大于外荷载的值。在顶部，$p_w=p$。

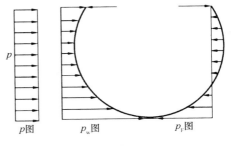

2）λ 对内力分配的影响

图 14-14 给出了均布荷载作用下外荷载所产

图 14-13　框架-剪力墙结构荷载分配

生的总剪力在总框架和总剪力墙之间的分配，由图可见，当 λ 很小时，剪力墙承担大部分剪力，$\lambda=0$ 时，剪力墙承担全部剪力；当 λ 很大时，框架承担大部分剪力，$\lambda=\infty$ 时，全部剪力由框架承担。值得注意的是，在结构的顶部尽管外荷载所产生的总剪力为零，但总剪力墙所受到的剪力和总框架所受到的剪力都不为零，说明由于框架和剪力墙的变形协调的要求在顶部有一对以相反的方向分别作用在框架和剪力墙顶端的集中力。这一点在设计中应予以注意，以保证剪力墙与框架的整体共同作用。

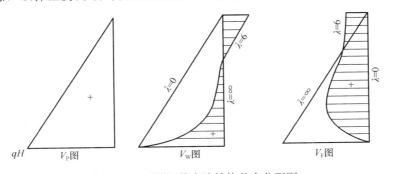

图 14-14　框架-剪力墙结构剪力分配图

在图 14-14 中阴影部分为 $\lambda=6$ 时的剪力分配图，从这两个阴影图中可见，总剪力墙在底部承受了大部分剪力，在顶部剪力出现了负值。对框架而言，顶部承担了较大的正剪力，在结构的下部承担的剪力却很小，在上部剪力沿高度变化比较均匀，随 λ 值的增大，最大剪力向下移动，最大剪力出现在 $\xi=0.3\sim0.6$ 之间。对框架起控制作用的是中部的剪

力值。

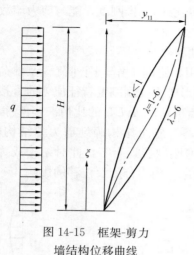

图 14-15　框架-剪力墙结构位移曲线

3）λ 对结构侧移的影响

图 14-15 中给出了均布荷载作用下，具有不同 λ 值时结构的位移曲线。当 λ 很小时，结构的变形曲线呈弯曲型，剪力墙起主要作用，承担大部分剪力。当 λ 很大时，结构的侧移曲线呈剪切型，框架起主要作用，承担大部分剪力。当 λ＝1～6 时，侧移曲线介于弯曲变形和剪切变形之间，下部呈弯曲型，上部呈剪切型，称之为弯剪型。

4. 框架-剪力墙结构的框架内力调整

在框架-剪力墙结构中，剪力墙的刚度较大，承担大部分水平力，在内力分析时总是假设框架-剪力墙结构在弹性阶段协同工作。实际上在地震作用下，结构常处于弹塑性状态，承受大部分地震作用的剪力墙将局部屈服首先开裂，剪力墙刚度降低，其承载力也将下降，外荷载将在框架和剪力墙之间重新分配，使一部分地震剪力向框架转移，此时需要适当调整框架的内力值。

另外，在结构计算中假定楼板在其自身平面内的刚度无限大，不发生变形。然而，在框架-剪力墙结构中，剪力墙作为主要承受侧向荷载的结构间距较大，楼板必然要产生变形，变形的结果将会使框架部分的水平位移大于剪力墙的水平位移，相应地，框架实际承受的水平力将大于采用刚性楼板假定的计算结果。

鉴于上述原因，地震作用下需要对框架-剪力墙结构中按协同工作计算所得到的框架的剪力作适当调整。如图 14-16 所示，对于 $V_f < 0.2V_0$ 的楼层，取 V_f 为 $1.5V_{max}$ 和 $0.2V_0$ 两者中的较小值；对于 $V_f \geqslant 0.2V_0$ 的楼层，V_f 可按计算值采用，不作调整。

其中，V_f 为框架-剪力墙协同工作分析所得的框架各层总剪力；V_0 为地震作用产生的结构底部总剪力；V_{fmax} 为各层框架所承担的总剪力最大值。

需要注意的是，按振型分解反应谱法计算时，应针对振型组合之后的剪力进行各层框

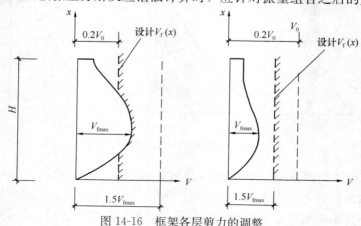

图 14-16　框架各层剪力的调整

H—建筑总高；V_0—总地震力；V_f—各层框架承担的地震力

架总剪力的调整，按调整前后的比例调整柱和梁的剪力和端部弯矩，但轴力不调整。而且在框架内力调整后，剪力墙部分仍然保持原协同工作计算值而不作调整。

14.2.4 框筒及筒中筒结构

筒体结构是框架-剪力墙结构和剪力墙结构的演变和发展，它将平面工作的抗侧力结构连接起来形成空间封闭的筒体，如同竖立在地面上的悬臂箱形截面梁，具有很大的抗侧刚度和抗水平推力的能力。筒体的空间工作性能随房屋高度增加而愈加明显，因此适于层数较多或高度较大的结构。筒体结构包括框筒、筒中筒、框架核心筒和束筒等。

1. 内力及变形分布规律

框筒是一种空间结构，通常必须用三维空间结构方法进行计算，因而也必须借助于计算机程序进行计算。常用的计算方法有：空间杆系－薄壁柱矩阵位移法、平面展开矩阵位移法、等效弹性连续体能量法和有限条分析法等。经过大量的分析计算和试验研究，目前人们对筒体结构的内力分布及变形规律有了比较准确的认识。

框筒结构是在每个楼层处用窗裙墙梁和密排的柱连接形成的空腹筒，框筒的受力特点比一个简单的实腹筒要复杂一些，这是由于窗裙梁的柔性产生了剪力滞后现象。在水平力作用下，与水平方向平行的腹板框架与一般框架相似，一端受拉，另一端受压，角柱受力最大。翼缘框架受力是通过与腹板框架相交的角柱传递过来的，图 14-17 是翼缘框架变形示意，角柱承受压力缩短，使与它相邻的裙梁承受剪力（受弯），因此，相邻

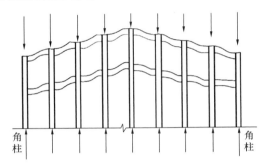

图 14-17 翼缘框架变形示意

柱承受轴压，如此传递，使翼缘框架的裙梁和柱都承受其平面内的弯矩、剪力与轴力（与水平力作用方向相垂直）。但由于梁的变形，使翼缘框架各柱压缩变形由角柱向中柱逐渐递减，轴力也逐渐减小，这就是剪力滞后现象，如图 14-18 所示。同理，受拉的翼缘框架也产生轴向拉力的剪力滞后现象。腹板框架的柱轴力也呈曲线分布，角柱轴力大，中部柱子轴力较小，腹板框架剪力滞后现象也是由于裙梁的变形造成的，使角柱的轴力加大。设计时要考虑怎样减小翼缘框架剪力滞后，因为若能使翼缘框架中间柱的轴力增大，就会提高抗倾覆力矩的能力，提高结构抗侧刚度，也就能最大限度地提高结构所用材料的效率。

影响剪力滞后大小的因素有很多，影响较大的有：柱距与裙梁高度、角柱面积、框筒结构高度和框筒平面形状。下面分别予以阐述。

1) 柱距与裙梁高度

实际上影响剪力滞后大小的主要因素是裙梁剪切刚度与柱轴向刚度的比值。框筒结构布置时要求形成密柱（小柱距），实际是减小裙梁的跨度，减小裙梁的跨度或加大其截面高度，都能增大裙梁的剪切刚度。梁的剪切刚度愈大，剪力滞后愈小。

梁剪切刚度： $$S_b = \frac{12EI_b}{l^3} \qquad (14-11)$$

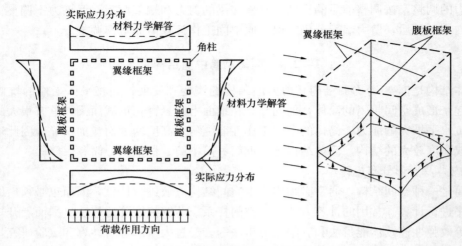

图 14-18   框筒结构的剪力滞后现象

柱轴向刚度：
$$S_c = \frac{EA_c}{h}$$
(14-12)

式中 l、I_b——分别是裙梁的净跨及梁截面惯性矩；

h、A_c——分别为柱净高及柱截面面积；

E——材料弹性模量。

2）角柱面积

角柱愈大，它承受的轴力也愈大，提高了角柱及其相邻柱的轴力，翼缘框架的抗倾覆力矩会增大。角柱加大带来的问题是在水平荷载下，角柱出现的拉力也大，需要更多的竖向荷载压力去平衡角柱的拉力，柱出现拉力是非常不利的，因此角柱面积不宜过大。

3）框筒结构高度

剪力滞后现象沿框筒高度是变化的，图 14-19 给出了某框筒结构静力分析得到的 1 层、10 层、20 层翼缘框架轴力分布图，底部剪力滞后现象相对严重一些，越向上柱轴力绝对值减小，剪力滞后现象缓和，轴力分布趋于平均。因此，框筒结构要达到相当高度，才能充分发挥框筒结构的作用。

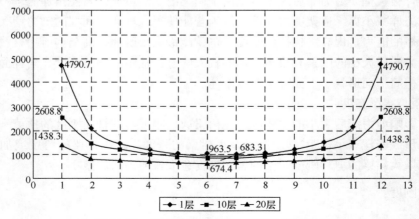

图 14-19   框筒翼缘框架轴力分布沿高度变化

4）框筒平面形状

另一个影响剪力滞后的重要因素是平面形状和边长，翼缘框架愈长，剪力滞后也愈大，翼缘框架中部的柱子轴力会很小，因此框筒平面边长尺寸过大或长方形平面都是不利的，正方形、圆形、正多边形是框筒结构理想的平面形状。

由于框筒各个柱承受的轴力不同，轴向变形也不同。角柱轴力及轴向变形最大（拉伸或压缩），中部柱子轴向应力小，轴向变形也小，这就使楼板产生翘曲，底部翘曲严重，向上逐渐减小。

腹板框架与一般框架类似，由梁柱弯曲及剪切变形产生的层间变形一般是下部大、上部小，呈剪切型；而翼缘框架中主要由柱轴向变形抵抗力矩和翼缘框架的拉、压轴向变形使结构侧移具有弯曲型性质。因此，作为一个整体，框筒结构总变形曲线呈弯剪型。

框筒与实腹筒组成的筒中筒结构，不仅更加增大了结构的抗侧刚度，还带来了协同工作的优点。因为实腹筒是以弯曲变形为主的，通过楼板与框筒结构协同工作抵抗水平荷载。它与框-剪结构协同工作类似，可使层间变形更加均匀，框筒上、下部分的内力也趋于均匀，底部的大部分层剪力由内筒承受，框筒以承受倾覆力矩为主。此外，内筒的存在减小了楼板跨度。筒中筒结构是一种适用于超高层建筑的较好的体系，但是它的密柱深梁常使建筑外形呆板。

2. 布置要点及其应用

由于框筒结构的受力特点，筒体结构一般都做成规则、对称的形状。方案设计及结构布置重点主要是设法减少其剪力滞后，以充分发挥所有柱子的作用。但是必须了解，下述各项对形成框筒空间受力的概念是重要的，但给出的值并不是形成框筒的必要条件。不符合这些条件，空间作用仍然存在，只是剪力滞后会大一些。

1）框筒必须做成密柱深梁，以减少剪力滞后，充分发挥结构空间作用。一般情况下，柱距为 1～3m，不超过 4～5m；窗裙梁跨高比约为 3～4，一般窗洞面积不超过建筑面积的 60%。如果密柱深梁的效果不足，可以沿结构高度，选择适当楼层，设置整层高的环向桁架，可以减小剪力滞后。

2）框筒平面外形宜选用圆形、正多边形、椭圆形或矩形等，内筒宜居中。如为矩形平面，则长短边的比值不宜超过 2；否则在较长的一边，剪力滞后现象会比较严重，长边中部的柱子不能充分利用。如果建筑平面与此要求不符时，可以增加腹板框架的数量（减少间距），形成组合筒结构。

3）结构总高度与宽度之比（H/B）大于 3 时，才能充分发挥框筒作用，在矮而胖的结构中不宜也不必要采用框筒或筒中筒结构体系。

4）内筒面积不宜过小，通常，内筒边长为外筒边长的 1/3～1/2 较为合理，内筒的高宽比大约为 10；一般情况下，内外筒之间不再设柱。

5）筒中筒结构柱的楼盖不仅承受竖向荷载，在水平荷载作用下还起刚性隔板作用。一方面，内、外筒通过楼盖联系并协同工作，另一方面，它维持筒体的平面形状，因此，楼盖是筒中筒结构中的重要构件。但是，楼盖构件（包括楼板和梁）的高度不宜太大，要尽量减少楼盖构件与柱子之间的弯矩传递，有的筒中筒结构将楼板梁与柱的连接处理为铰接；在多数钢筋混凝土筒中筒结构中，将楼盖做成平板式或密肋楼盖，减少与外筒柱相连的梁端弯矩，使框筒结构的空间传力体系更加明确。内外筒间距（即楼盖跨度）通常约为

10～12m。如果在内外筒之间布置较大的梁，且该梁两端刚接，则框筒柱在框架平面外受力，内筒剪力墙也在其平面外受较大弯矩，应予以充分注意。

6）楼板布置时宜使角柱承受较大竖向重力荷载，以平衡角柱中的水平荷载作用下的较大拉力。图 14-20 中给出几种筒中筒结构的楼盖布置形式。

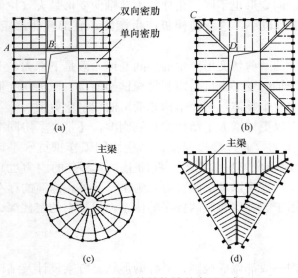

图 14-20　筒中筒结构楼盖布置示例

7）框筒结构的柱截面宜做成正方形或扁矩形，即矩形柱截面的长边沿外框架的平面方向布置，因为梁、柱的弯矩主要是在腹板框架的翼缘框架的平面内，当内、外筒之间只有平板或小梁联系时，框架平面外的柱弯矩较小。当内、外筒之间有较大的梁时，柱在两个方向受弯。

8）角柱截面要增大，它承受较大轴向力，截面较大可减少压缩变形，一般情况下，可取角柱面积为中柱面积的 1.2～1.5 倍为宜。

以上给出的一些设计要点和数值都是经验性的，如果结构设计时某些数值超过了，或者有些要求不符合，结构仍然成立，只是剪力滞后以及结构抗侧刚度大小不同。当剪力滞后很严重时，就退化为框架-筒体结构，它的刚度也相应减小。如果采用三维空间计算，那么名称是无关紧要的，计算结果都可用，只要结构的刚度足够，侧移不超过限值即可。

筒中筒结构将密柱深梁的框筒放在结构外围，既充分利用材料的轴向承载能力，使结构具有很大的抗侧移和抗扭刚度，又可增大内部空间的使用灵活性，是经济而高效的一种体系。但是由于要求密柱深梁，建筑立面比较呆板，体形变化较小。

3. 转换层结构

由于框筒结构柱距较小，在底层往往因设置出入通道而要求加大柱距，在结构上必须布置转换层。转换层的主要功能是将上部柱荷载传至下部大柱距的柱子上。框筒结构转换层的形式很多，如图 14-21 所示。

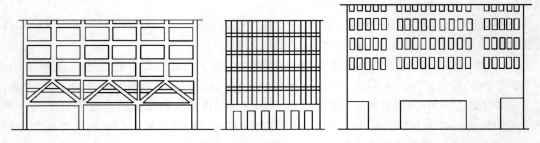

图 14-21　框筒结构的转换层

转换层在其他许多情况都可以应用，例如当高层建筑为体形复杂、多功能的综合大楼，上部楼层为旅馆、住宅，中部楼层为办公用房，下部楼层为商场、餐厅、文化娱乐设施时。也就是说，凡是上部为小开间、小柱距，而下部要求柱网大、墙体少的建筑，为了实现其结构布置，就必须设置转换层。多数情况下转换层设在底部数层；但也有高位转换的情况，转换层可以实现三种结构转换：

（1）上层和下层结构类型转换，这种转换层广泛用于剪力墙结构的框剪结构，如剪力墙转换为框架形成大空间；

（2）上、下层的柱网开间和跨度改变，转换层上、下的结构形式没有改变，通过转换层使下层形成大柱网；

（3）同时转换结构形式和结构轴线布置。

结构沿高度只在需要转换结构的楼层才设置转换层，一般情况都只有一次转换，少数情况可能有多次转换。转换层的主要结构形式有：梁式、板式、桁架式和空腹桁架式。梁式转换层传力直接、明确，传力途径清楚；转换大梁具有受力性能好、工作可靠、构造简单、施工方便的优点。为了避免一根梁承托很多层，导致梁截面尺寸过大。可以设置多道转换梁，分托几层或十几层，减少梁截面尺寸，使设计施工易于实现。板式转换层的受力复杂，传力途径不清楚。厚板的刚度大、质量大，地震反应强烈，对于抗震十分不利。厚板转换层的设计施工较复杂，材料用量和造价都较高，因此不宜采用厚板作转换层。

4. 加强层

注意转换层与加强层（伸臂加环梁）的异同。一般加强层用来减少结构在水平荷载下的侧移以及提高整体抗弯能力，主要用在外框架-核心筒结构中。外框架-核心筒结构的内筒是主要抗侧力构件，但内筒的高宽比大，刚度不足，解决的办法是设置加强层。在水平力作用下，刚臂带动外围框架柱共同参加抗侧力，有效地提高了结构抗侧刚度（增大20%以上），减小了侧移。通常沿结构高度设置一层或2~3层加强层，一般设在避难层或设备层。

刚臂设在外框架柱与核心筒之间，设置整层高的钢筋混凝土巨型梁、铰接桁架或空腹桁架。刚臂的刚度大，对于增大结构的抗侧刚度有效。但加强层的层刚度比相邻层大得多，形成刚度突变；同时框架柱的变形与核心筒的变形在加强层协调，核心筒出现较大的负剪力，刚臂的刚度不宜过大，以满足结构抗侧刚度为宜。用桁架作刚臂优于用梁作刚臂，这是因为：桁架上、下弦截面小，减小了刚臂对柱子转动的约束；腹杆能分担柱的剪力，减缓内力分布的不均匀程度。确定加强层的数量和位置时，应综合考虑加强层的位置，使结构获得最大抗侧刚度。转换层与加强层类似之处是：转换层的线刚度很大，为外柱、楼面梁的线刚度的数十倍，也会产生沿高度刚度变化过大的问题，对外柱不利。因此，在设计时不宜采用刚度过大的转换层结构。

14.3 思 考 题

14.3.1 问 答 题

14-1 与多层建筑结构相比，高层建筑结构设计应注意哪些特点？

14-2　为什么要限制高层建筑结构的层间侧向位移？

14-3　钢筋混凝土高层建筑结构有哪些抗侧力结构体系？试述这些结构体系的优缺点、受力和变形特点及适用范围。

14-4　高层建筑平面和立面布置要注意哪些问题？

14-5　高层建筑结构为什么要求平面布置简单、规则、对称，竖向布置刚度均匀？

14-6　防震缝、伸缩缝和沉降缝分别在什么情况下设置？在抗震结构中怎么处理好这几种缝？

14-7　剪力墙结构为什么要划分为整截面墙、整体小开口墙、联肢墙和带刚域框架等类别？

14-8　各类剪力墙分别有什么受力特点？

14-9　剪力墙的整体性系数 α 的物理意义是什么？它的大小对结构的内力和变形有什么影响？

14-10　在剪力墙结构分类时，为什么要同时采用 α 和 I_n/I 这两个参数？

14-11　剪力墙结构的等效抗弯刚度计算时根据什么条件等效？

14-12　双肢剪力墙或连肢剪力墙采用连续化计算方法的基本假定是什么？

14-13　双肢剪力墙中连梁的刚度对结构受力有何影响？

14-14　双肢剪力墙连续栅片法的计算步骤有哪些？

14-15　壁式框架与一般框架的内力计算有何区别？

14-16　影响剪力墙墙肢破坏形态的主要因素有哪些？在实际设计中如何考虑？

14-17　什么是剪力墙的加强部位？它的范围如何确定？

14-18　剪力墙设计时为什么要对弯矩和剪力进行调整？哪些部位的内力需要调整？如何调整？

14-19　什么是剪力墙的边缘构件？在什么情况下设置边缘构件？

14-20　连梁的配筋构造主要考虑哪些因素？什么样的配筋形式对于实现连梁的工作性能比较有利？

14-21　连梁刚度乘以刚度降低系数后，内力有什么变化？

14-22　框架-剪力墙结构中，横向剪力墙为何宜均匀对称地布置在建筑的端部附近、楼梯间、平面形状变化处及恒载较大的地方？

14-23　框剪结构近似计算方法做了哪些假定？

14-24　框架-剪力墙结构铰接体系和刚接体系的区别在哪儿？

14-25　D 值和 C_F 值物理意义有什么不同？它们之间有什么关系？

14-26　当框架或剪力墙沿高度方向刚度变化时，怎样计算 λ 值？

14-27　截面尺寸沿高度方向均匀一致的框架-剪力墙结构，其各层的抗侧刚度中心是否在同一竖轴线上？为什么？

14-28　简述刚度特征值 λ 的物理意义，它对框架和剪力墙之间的内力分配及结构侧移曲线形状有什么影响？

14-29　框架-剪力墙结构中，综合框架的总剪力需进行怎样的验算或调整？为什么？

14-30　什么是剪力滞后？试分析产生剪力滞后的机理。

14-31　剪力滞后受哪些因素影响？结构设计时可以采取哪些措施减小剪力滞后的

影响？

14-32 筒体结构的高宽比、平面长宽比、柱距、立面开洞情况有哪些要求？为什么要提这些要求？

14-33 什么是框筒结构的负剪力滞后效应？为什么会出现这些现象？

14-34 筒体结构平面展开分析法有哪些基本假定？

14-35 框筒结构中窗裙梁的设计与普通框架梁的设计相比有何特点？

14-36 筒中筒结构的楼盖结构可采用哪些形式？

14-37 各种高层建筑结构体系的侧向位移曲线有何特点？

14-38 剪力墙、壁式框架和框架三者有什么不同？

14.3.2 选 择 题

14-39 在常用的钢筋混凝土高层建筑结构体系中，最有效的抗侧力结构体系是_____。

A. 框架结构体系   B. 剪力墙结构体系

C. 框架-剪力墙结构体系   D. 筒体结构体系

14-40 框架结构与剪力墙结构相比，下列所述哪种是正确的？_____

A. 框架结构的延性好些，但抗侧承载力小

B. 框架结构的延性差些，但抗侧承载力好

C. 框架结构的延性和抗侧承载力都比剪力墙结构差

D. 框架结构的延性和抗侧力性能都比剪力墙结构好

14-41 框架结构与剪力墙结构相比，下述概念哪一个是正确的？_____

A. 框架结构变形大、延性好、抗侧承载力小，因此考虑经济合理，其建造高度比剪力墙结构低

B. 框架结构延性好，抗震性能好，只要加大柱承载能力，建造更高的框架结构是可能的，也是合理的

C. 剪力墙结构延性小，因此建筑高度应受到限制

D. 框架结构必定是延性结构，剪力墙结构必定是脆性破坏结构

14-42 "小震不坏、大震不倒"是抗震设防的要求，其中小震是指_____。

A. 6 度地震

B. 50 年设计基准期内，超越概率为 10%～12% 的地震烈度

C. 50 年设计基准期内，超越概率为 63.2% 的地震烈度

D. 比设防烈度小 1～1.5 度的地震

14-43 延性结构的设计原则为_____。

A. 小震不坏，大震不倒

B. 强柱弱梁，强剪弱弯，强节点、强锚固

C. 进行弹性地震反应时程分析，发现承载力不足时，修改截面配筋

D. 进行弹塑性地震反应时程分析，发现薄弱层、薄弱构件时，修改设计

14-44 高层建筑结构防震缝的设置，下列所述哪种是正确的？_____

A. 应沿房屋全高设置，包括基础也应断开

  B. 应沿房屋全高设置，基础可不设防震缝，但在防震缝处基础应加强构造和连接

  C. 应沿房屋全高设置，基础为独立柱基时地下部分可设防震缝，也可以根据不同情况不设防震缝

  D. 沿房屋全高设置，基础为独立柱基时地下部分可设防震缝，也可以根据不同情况不设防震缝

14-45　有抗震设防的高层建筑结构中，如不设防震缝、伸缩缝和沉降缝，下列哪种设计考虑符合《高层建筑混凝土结构技术规程》JGJ 3—2010 的要求？＿＿＿＿

  A. 宜调整平面形状和尺寸，采取构造和施工措施

  B. 宜使平面简单、规则、对称，竖向无较大高差

  C. 平面应刚度均匀，竖向无较大错层

  D. 平面宜简单、规则，立面无较大高差，长度不应超过伸缩缝间距的限值

14-46　高层建筑的沉降缝和防震缝的宽度，除按《高层建筑混凝土结构技术规程》JGJ 3—2010 要求计算确定最小宽度外，尚需考虑以下哪些因素？＿＿＿＿

  A. 应考虑由基础转动结构顶点位移的要求

  B. 应考虑地震时防震缝两侧房屋碰撞

  C. 应考虑由于计算不准而需适当放大

  D. 应考虑可能超过设计烈度的地震，宜适当放大

14-47　剪力墙结构内力与位移计算中，可以考虑纵横墙的共同工作。已知外纵墙厚度为 250mm，横墙厚 160mm，横墙间距为 3600mm，横墙间距中开窗宽度 1800mm，房屋高度为 50m。作为横墙每一侧有效翼缘的宽度（mm），以下哪一项为正确？＿＿＿＿

  A. 1500　　　　　　　　　　　　B. 3000

  C. 2500　　　　　　　　　　　　D. 1800

14-48　下列四种高层建筑结构设计的布置中，哪一项为正确？＿＿＿＿

  A. 只有当需要抗震设防时，高层建筑必须设地下室

  B. 需要抗震设防的高层建筑，竖向体形应力规则均匀，避免有过大的外挑和内收

  C. 框架-剪力墙结构中，横向剪力墙的布置，尽量避免设置在建筑的端部附近及恒载较大的地方

  D. 高层框架结构体系，当建筑平面为长方形且平面宽度比长度短得多时，主要承重框架采用纵向布置的方案对抗风有利

14-49　在剪力墙的结构布置中，《高层建筑混凝土结构技术规程》JGJ 3—2010 要求单片剪力墙的长度不宜过大，总高度与长度之比不宜小于 2，从结构概念考虑，下列哪种理由是正确的？＿＿＿＿

  A. 施工难度大　　　　　　　　　B. 减小造价

  C. 为了避免脆性的剪切破坏　　　D. 为了减小地震力

14-50　抗震设防的剪力墙，下列哪些情况应按规定设置暗柱或翼柱？＿＿＿＿

  A. 一、二级剪力墙和三级剪力墙的加强部位应设暗柱或翼柱，横向剪力墙截面端部宜设翼柱

  B. 一、二、三级剪力墙的加强部位及横向剪力墙端部应设翼柱

  C. 一、二、三级剪力墙的加强部位及一、二级横向剪力墙的端部应设暗柱

D. 一、二级剪力墙和三级剪力墙的加强部位宜设暗柱或翼柱，一、二级横向剪力墙端部宜设翼柱

14-51 高层剪力墙结构剪力墙的底部加强区范围，下列哪一项符合规程的规定？_____

A. 剪力墙高度的 1/10，并不小于底层层高

B. 剪力墙高度的 1/8，并不小于底层层高

C. 不小于两层层高

D. 需根据具体情况确定

14-52 有抗震设防时，剪力墙小墙肢的轴压力应有限制，下列哪项是正确的？_____

A. 一级剪力墙不宜小于 0.7，二、三级剪力墙不宜大于 0.8

B. 一、二级剪力墙面的小墙肢，其轴压比不宜大于 0.6

C. 一级剪力墙不宜大于 0.6，二、三级剪力墙不宜大于 0.7

D. 一、二级剪力墙不应大于 0.7，三级剪力墙不应大于 0.8

14-53 高层建筑的联肢剪力墙中某几层连梁的弯矩设计值超过其最大受弯承载力时，下列哪种处理方法符合《高层建筑混凝土结构技术规程》JGJ 3—2010 的规定？_____

A. 可降低这些部位的连梁弯矩设计值，并将其余部位的连梁弯矩设计值提高，以满足平衡条件

B. 超值部分连梁弯矩进行调幅，其值可取调整前弯矩值的 80%，相邻楼层连梁弯矩提高补足

C. 超值部分连梁弯矩进行调幅，其值可取调整前弯矩值的 70%，将其余部位连梁弯矩提高

D. 降低超值部分连梁弯矩，由相邻楼层连梁提高弯矩

14-54 高层建筑剪力墙结构，采用简化方法计算水平力作用下剪力墙内力时，水平力的分配与什么刚度有关？_____

A. 按各榀剪力墙的等效刚度分配

B. 按各榀剪力墙截面刚度进行分配

C. 按各剪力墙墙肢的等效刚度进行分配

D. 按各剪力墙墙肢的线刚度进行分配

14-55 高层剪力墙结构的剪力墙厚度，下列哪一项符合规定？_____

A. 不应小于楼层高度的 1/25，且不应小于 140mm

B. 不应小于楼层高度的 1/20，且不应小于 160mm

C. 按一级抗震等级设计时，不应小于楼层高度的 1/20，且不应小于 160mm；按二、三、四级抗震等级和非抗震设计时，不应小于楼层高度的 1/20，且不宜小于 140mm

D. 按一、二级抗震等级设计时，不应小于楼层高度的 1/20，且不宜小于 160mm；按三、四级抗震等级和非抗震设计时，不应小于楼层高度的 1/25，且不宜小于 140mm

14-56 框架-剪力墙结构的内力与变形随刚度特征值 λ 变化的规律是_____。

A. 随 λ 的增大，剪力墙所分担的水平力减小

B. 随 λ 的增大，剪力墙所分担的水平力增大

C. 随 λ 的增大，剪力墙所分担的水平力不变

D. 随 λ 的增大，侧向变形曲线趋向于弯曲型曲线

14-57　有抗震设防的框架-剪力墙结构计算所得框架各层剪力在以下情况时如何调整：(1) $V_f \geqslant 0.2V_0$ 的楼层不必调整，V_f 可按计算值采用；_____

(2) $V_f \leqslant 0.2V_0$ 的楼层，设计时 V_f 取 $1.5V_{max}$ 和 $0.2V_0$ 的较小值，作上述调整的是属于下列哪类框架-剪力墙结构？_____

A. 规则的框架-剪力墙结构

B. 平面、立面不论规则与否的框架-剪力墙结构

C. 平面规则、立面变化较大的框架-剪力墙结构

D. 平面很不规则、立面不规则的框架-剪力墙结构

14-58　某设防烈度 8 度、II 类场地上的框架-剪力墙丙类高层建筑，高度 58m。在重力荷载代表值、水平风荷载及水平地震作用下，第四层边柱的轴向力标准值分别是 $N_G = 4120kN$、$N_w = 1010kN$ 及 $N_{Eh} = 520kN$，柱截面为 $600mm \times 800mm$，混凝土强度等级 C30，$f_c = 15N/mm^2$。第四层层高 3.6m。框架柱底部截面承受的地震剪力小于结构底部总地震剪力的 20%，以下为该柱轴压力验算结果，何项正确？_____

A. $\mu_N = 0.64 < 0.85$，符合规程要求　　　B. $\mu_N = 0.82 < 0.90$，符合规程要求

C. $\mu_N = 0.69 < 0.90$，符合规程要求　　　D. $\mu_N = 0.84 < 0.85$，符合规程要求

14-59　某高层剪力墙结构中的一单肢实体墙，高度 $H = 30m$，全高截面相等，混凝土强度等级 C25，墙肢截面惯性矩 $I_w = 3.6m^4$，矩形截面面积 $A_w = 1.2m^2$，计算该墙肢的等效刚度，下列哪项是正确的？_____

A. $E_c I_{eq} = 972.97 \times 10^5 kN \cdot m^2$　　　B. $E_c I_{eq} = 1008 \times 10^5 kN \cdot m^2$

C. $E_c I_{eq} = 978.64 \times 10^5 kN \cdot m^2$　　　D. $E_c I_{eq} = 440 \times 10^5 kN \cdot m^2$

14-60　有一幢 15 层框架-剪力墙结构，抗震设防烈度为 7 度，II 类场地，近震，经计算得结构底部总水平地震作用标准值 $F_{Ek} = 6300kN$，按简化计算法协同工作分析得到某楼层框架分配的最大剪力 $V_{f,max} = 820kN$，指出设计该框架时，各楼层框架总剪力标准值取下列选项哪项是正确的？_____

A. $V_f = 1260kN$　　　　　　　　　B. $V_f = 1230kN$

C. $V_f = 1200kN$　　　　　　　　　D. $V_f = 1160kN$

14-61　有关框筒结构中剪力滞后现象，以下哪一种表述是不对的？_____

A. 柱距不变，加大梁截面可减小剪力滞后

B. 结构上部，剪力滞后减小

C. 角柱愈大，剪力滞后愈小

D. 结构为正方形时，边长愈大，剪力滞后愈大

14-62　高层筒中筒结构、框架-筒体结构设置加强层的作用是_____

A. 使结构侧向位移变小和内筒弯矩减少

B. 增加结构刚度及减少整体变形，其内力无大的变化

C. 刚度无大变化，主要是增加结构整体性，有利抗震、抗风性能

D. 使结构刚度增加,提高了抗震的性能

14-63 一般高层钢筋混凝土筒中筒结构的外筒多采用密柱,且柱的长边多顺外墙的方向而短边则垂直于外墙面,从结构受力分析看,下列哪种理由是正确的?_____

A. 增加使用面积

B. 为了减小地震力

C. 减小窗洞面积,满足筒体整体性的要求

D. 为了减小底部柱的剪力滞后现象

14.4 计算题及解题指导

14.4.1 例 题 精 解

【例题 14-1】 某剪力墙洞口截面如图 14-22 所示,层高为 3.20m,洞口高度 2.10m,共 15 层,承受均布侧向荷载 $P=36$kN/m,$E_c=3.0\times10^7$ kN/m², $G=0.42E$,$\mu=1.2$。要求:(1)判断该剪力墙的类型;(2)计算基底截面墙肢的内力;(3)求剪力墙顶点的侧向位移。

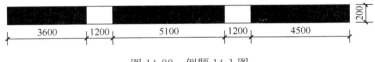

图 14-22 例题 14-1 图

【解】 1. 判断剪力墙类型

窗洞口面积:$A_{op}=15\times2.4\times2.1=75.6$m²

墙面总面积:$A_f=15\times15.6\times3.2=748.8$m²

$$\frac{A_{op}}{A_f}=\frac{75.6}{748.8}=10.1\%<15\%$$

但洞口之间距离 1.1m,小于洞长边尺寸 2.1m,说明该墙体不属于整截面剪力墙。

连梁截面尺寸:$0.2\text{m}\times1.1\text{m}$,连梁计算跨度:$l_b=l_0+h_b/2=1.2+0.55=1.75$m,

$$I_{b0}=\frac{b_b h_b^3}{12}=\frac{0.2\times1.1^3}{12}=0.0222\text{m}^4$$

连梁考虑截面剪切变形的折算惯性矩:

$$I_{b1}=I_{b2}=I_b=\frac{I_{b0}}{1+\dfrac{12E\mu I_{b0}}{GA_b l_b^2}}=\frac{0.0222}{1+\dfrac{12\times1.2\times0.0222}{0.42\times0.2\times1.1\times1.75^2}}=0.0104\text{m}^4$$

墙肢截面参数计算:

$$A_1=0.2\times3.6=0.72\text{m}^2,\quad I_1=\frac{b_w h_w^3}{12}=\frac{0.2\times3.6^3}{12}=0.7776\text{m}^4$$

$$A_2=0.2\times5.1=1.02\text{m}^2,\quad I_1=\frac{b_w h_w^3}{12}=\frac{0.2\times5.1^3}{12}=2.21085\text{m}^4$$

$$A_3=0.2\times4.5=0.9\text{m}^2,\quad I_1=\frac{b_w h_w^3}{12}=\frac{0.2\times4.5^3}{12}=1.51875\text{m}^4$$

截面形心位置计算：

$$x = \frac{0.20 \times 3.6 \times 1.8 + 0.20 \times 5.1 \times 7.35 + 0.20 \times 4.5 \times 13.35}{0.20 \times (3.6 + 5.1 + 4.5)} = 7.88 \text{m}$$

墙肢 1 距离形心 $a_1 = 6.08$m，墙肢 2 距离形心 $a_2 = 0.53$m，墙肢 3 距离形心 $a_3 = -5.47$m。

剪力墙对组合截面形心的惯性矩：

$$I = I_1 + A_1 a_1^2 + I_2 + A_2 a_2^2 + I_3 + A_3 a_3^2 = 58.34 \text{m}^4$$

$$\alpha = H\sqrt{\frac{12 I_b (a_1^2 + a_2^2)}{\tau h (I_1 + I_2 + I_3) l_b^3}} = 48\sqrt{\frac{12 \times 0.0104 \times (5.55^2 + 6^2)}{0.8 \times 3.2 \times 4.5072 \times 1.75^3}} = 17.62 > 10$$

$$\frac{I_n}{I} = \frac{58.34 - 4.507}{58.34} = 0.923 < [\xi] = 0.944$$

结论：该剪力墙属于整体小开口剪力墙。

2. 剪力墙底层基底截面墙肢内力计算

剪力墙底层基底截面总内力：$V_w = 172.8$kN，弯矩：$M_w = 4147.2$kN·m。

1）墙肢 1 内力

$$M_1 = 0.85 M_w \frac{I_1}{I} + 0.15 M_w \frac{I_1}{I_1 + I_2 + I_3}$$

$$= 0.85 \times 4147.2 \times \frac{0.7776}{58.34} + 0.15 \times 4147.2$$

$$\times \frac{0.7776}{0.7776 + 2.21085 + 1.51875}$$

$$= 46.99 + 107.32$$

$$= 154.31 \text{kN·m}$$

$$N_1 = 0.85 M_w \frac{A_1 a_1}{I} = 0.85 \times 4147.2 \times \frac{0.72 \times 6.08}{58.34} = 264.51 \text{kN}$$

$$V_1 = \frac{V_w}{2}\left(\frac{A_1}{A_1 + A_2 + A_3} + \frac{I_1}{I_1 + I_2 + I_3}\right)$$

$$= \frac{172.8}{2} \times \left(\frac{0.72}{0.72 + 1.02 + 0.90} + \frac{0.7776}{0.7776 + 2.21085 + 1.51875}\right)$$

$$= 86.5 \times (0.2727 + 0.1725) = 38.47 \text{kN}$$

2）墙肢 2 内力

$$M_2 = 0.85 M_w \frac{I_2}{I} + 0.15 M_w \frac{I_2}{I_1 + I_2 + I_3}$$

$$= 0.85 \times 4147.2 \times \frac{2.21085}{58.34} + 0.15 \times 4147.2 \times \frac{2.21085}{0.7776 + 2.21085 + 1.51875}$$

$$= 133.59 + 305.14$$

$$= 438.73 \text{kN·m}$$

$$N_2 = 0.85 M_w \frac{A_2 a_2}{I} = 0.85 \times 4147.2 \times \frac{1.02 \times 0.53}{58.34} = 32.67 \text{kN}$$

$$V_2 = \frac{V_w}{2}\left(\frac{A_2}{A_1+A_2+A_3}+\frac{I_2}{I_1+I_2+I_3}\right)=\frac{172.8}{2}$$

$$\times\left(\frac{1.02}{0.72+1.02+0.90}+\frac{2.21085}{0.7776+2.21085+1.51875}\right)$$

$$=86.4\times(0.3864+0.4905)=75.76\text{kN}$$

3) 墙肢 3 内力

$$M_3 = 0.85M_w\frac{I_3}{I}+0.15M_w\frac{I_3}{I_1+I_2+I_3}$$

$$=0.85\times4147.2\times\frac{1.51875}{58.34}+0.15\times4147.2$$

$$\times\frac{1.51875}{0.7776+2.21085+1.51875}$$

$$=91.77+209.62$$

$$=301.39\text{kN}\cdot\text{m}$$

$$N_3 = 0.85M_w\frac{A_3a_3}{I}=-0.85\times4147.2\times\frac{0.90\times5.47}{58.34}=-297.47\text{kN}(负号表示压力)$$

$$V_3 = \frac{V_w}{2}\left(\frac{A_3}{A_1+A_2+A_3}+\frac{I_3}{I_1+I_2+I_3}\right)$$

$$=\frac{172.8}{2}\times\left(\frac{0.90}{0.72+1.02+0.90}+\frac{1.51875}{0.7776+2.21085+1.51875}\right)$$

$$=86.4\times(0.3409+0.3370)=58.57\text{kN}$$

3. 顶点位移计算

$$I_w = I/1.2 = 58.34/1.2 = 48.62\text{m}^4$$

$$A_w = \sum A_{wj} = 0.72+1.02+0.90 = 2.64\text{m}^2$$

$$u = \frac{V_0H^3}{8E_cI_w}\left(1+\frac{4\mu EI_w}{GA_wH^2}\right)=\frac{172.8\times48^3}{8\times3.0\times10^7\times48.62}$$

$$\times\left(1+\frac{4\times1.2\times E\times48.62}{0.42E\times2.64\times48^2}\right)=0.001795\text{m}$$

$$=1.795\text{mm}$$

$$\frac{u}{H}=\frac{1.795}{48}\times10^{-3}=\frac{1}{26741}<\frac{1}{900}$$

【例题 14-2】高层剪力墙结构的某片剪力墙，共 10 层，总高度 30m，墙面开洞情况如图 14-23 所示，墙为 C30 级混凝土现浇墙，墙体厚度 180mm，在侧向均布荷载作用下，墙底截面总弯矩 $M_w=7500\text{kN}\cdot\text{m}$，剪力 $V_w=500\text{kN}$。要求：（1）判断该剪力墙的类型；（2）计算基底截面墙肢的内力；（3）求剪力墙顶点的侧向位移。

【解】1. 判断剪力墙类型

窗洞口面积：$A_{op}=10\times1.4\times2.1=29.4\text{m}^2$

墙面总面积：$A_f=30\times6.4=192\text{m}^2$

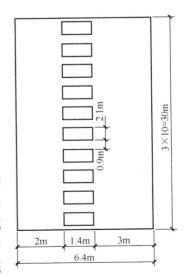

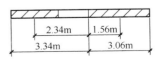

图 14-23 例题 14-2 图

$$\frac{A_{op}}{A_f} = \frac{29.4}{192} = 15.3\% > 15\%$$

连梁截面尺寸：$180\text{mm} \times 900\text{mm}$

$$I_{b0} = \frac{b_w h_w^3}{12} = \frac{0.18 \times 0.9^3}{12} = 0.010935\text{m}^4$$

连梁的折算惯性矩：

$$I_b = \frac{I_{b0}}{1 + \frac{30\mu I_{b0}}{A_b l_b^2}} = \frac{0.010935}{1 + \frac{30 \times 1.2 \times 0.010935}{0.18 \times 0.9 \times 1.85^2}} = 0.0064\text{m}^4$$

墙肢：

$$A_1 = 0.18 \times 2 = 0.36\text{m}^2,$$

$$I_1 = \frac{b_w h_w^3}{12} = \frac{0.18 \times 2^3}{12} = 0.12\text{m}^4$$

$$A_2 = 0.18 \times 3 = 0.54\text{m}^2, \quad I_2 = \frac{b_w h_w^3}{12} = \frac{0.18 \times 3^3}{12} = 0.405\text{m}^4$$

截面形心位置计算：$x = \dfrac{0.18 \times 2 \times 1 + 0.18 \times 3 \times 4.9}{0.18 \times (2 + 3)} = 3.34\text{m}$

墙肢 1 距离形心 $a_1 = 2.34\text{m}$，墙肢 2 距离形心 $a_2 = 1.56\text{m}$。

剪力墙对组合截面形心的惯性矩：

$$I = I_1 + A_1 a_1^2 + I_2 + A_2 a_2^2 = 3.81\text{m}^4$$

剪力墙整体性系数 α 计算：

墙肢 1 与墙肢 2 形心之间距离 $a = a_1 + a_2 = 3.9\text{m}$

$$\alpha = H\sqrt{\frac{12 I_b a^2}{h(I_1 + I_2) l_b^3} \frac{I}{I_n}} = 30\sqrt{\frac{12 \times 0.0064 \times 3.9^2}{3.0 \times (0.12 + 0.405) \times 1.85^3} \times \frac{3.81}{3.285}}$$

$$= 11.06 > 10$$

$\dfrac{I_n}{I} = \dfrac{3.285}{3.81} = 0.862 < [\xi] = 0.935$（属于整体小开口剪力墙）

2. 计算底层墙肢内力

墙肢 1 的弯矩、轴力、剪力：

$$M_1 = 0.85 M_w \frac{I_1}{I} + 0.15 M_w \frac{I_1}{I_1 + I_2}$$

$$= 0.85 \times 7500 \times \frac{0.12}{3.81} + 0.15 \times 7500 \times \frac{0.12}{0.12 + 0.405}$$

$$= 200.79 + 257.14$$

$$= 457.93\text{kN} \cdot \text{m}$$

$$N_1 = 0.85 M_w \frac{A_1 a_1}{I} = 0.85 \times 7500 \times \frac{0.36 \times 2.34}{3.81} = 1049.53\text{kN}$$

$$V_1 = \frac{V_w}{2}\left(\frac{A_1}{A_1 + A_2} + \frac{I_1}{I_1 + I_2}\right) = \frac{500}{2} \times \left(\frac{0.36}{0.36 + 0.54} + \frac{0.12}{0.12 + 0.405}\right)$$

$$= 250 \times (0.4 + 0.229) = 157.25\text{kN}$$

墙肢 2 的弯矩、轴力、剪力：

$$M_2 = 0.85M_w\frac{I_2}{I} + 0.15M_w\frac{I_2}{I_1 + I_2}$$

$$= 0.85 \times 7500 \times \frac{0.405}{3.81} + 0.15 \times 7500 \times \frac{0.405}{0.12 + 0.405}$$

$$= 361.42 + 462.86$$

$$= 824.28\text{kN} \cdot \text{m}$$

$$N_2 = 0.85M_w\frac{A_2 a_2}{I} = 0.85 \times 7500 \times \frac{0.54 \times 1.56}{3.81} = 751.75\text{kN}$$

$$V_1 = \frac{V_w}{2}\left(\frac{A_2}{A_1 + A_2} + \frac{I_2}{I_1 + I_2}\right) = \frac{500}{2} \times \left(\frac{0.54}{0.36 + 0.54} + \frac{0.405}{0.12 + 0.405}\right)$$

$$= 250 \times (0.6 + 0.771) = 342.75\text{kN}$$

3. 顶点位移计算

$$I_w = I/1.2 = 3.81/1.2 = 3.175\text{m}^4$$

$$A_w = \sum A_{wj} = 0.36 + 0.54 = 0.9\text{m}^2$$

$$u = \frac{V_0 H^3}{8E_c I_w}\left(1 + \frac{4\mu E I_w}{GA_w H^2}\right) = \frac{500 \times 30^3}{8 \times 3.0 \times 10^7 \times 3.175} \times \left(1 + \frac{4 \times 1.2 \times E \times 3.175}{0.42E \times 0.9 \times 30^2}\right)$$

$$= 0.01855\text{m} = 18.55\text{mm}$$

$$\frac{u}{H} = \frac{18.55}{30} \times 10^{-3} = \frac{1}{1617} < \frac{1}{900}$$

【例题 14-3】计算图 14-24 所示的 10 层剪力墙结构的内力及侧移。已知墙体厚度为 180mm，混凝土为 C30，$E = 3.0 \times 10^7 \text{kN/m}^2$，$G = 0.42E$，$\mu = 1.2$，顶部承受集中水平荷载 250kN。要求：（1）判断该剪力墙的类型；（2）计算剪力墙结构的内力；（3）求剪力墙顶点的侧向位移。

【解】1. 判断剪力墙类型

连梁截面尺寸：180mm×600mm，连梁计算跨度：$l_b + h_b/2 = 1400 + 300 = 1700$mm，

连梁的折算惯性矩：

$$I_{b0} = \frac{b_b h_b^3}{12} = \frac{0.18 \times 0.6^3}{12} = 0.00324\text{m}^4$$

$$I_b = \frac{I_{b0}}{1 + \frac{12E\mu I_{b0}}{GA_b l_b^2}} = \frac{0.00324}{1 + \frac{12 \times 1.2 \times 0.00324}{0.42 \times 0.18 \times 0.6 \times 1.7^2}}$$

$$= 0.00239\text{m}^4$$

墙肢截面参数：

$$A_1 = 0.18 \times 2 = 0.36\text{m}^2, \quad I_1 = \frac{b_w h_w^3}{12} = \frac{0.18 \times 2^3}{12}$$

$$= 0.12\text{m}^4$$

$$A_2 = 0.18 \times 3 = 0.54\text{m}^2, \quad I_2 = \frac{b_w h_w^3}{12} = \frac{0.18 \times 3^3}{12}$$

$$= 0.405\text{m}^4$$

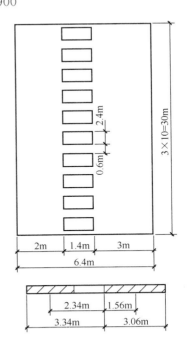

图 14-24   例题 14-3 图

$$I_1' = \frac{I_1}{1 + \dfrac{12E\mu I_1}{GA_1 h^2}} = \frac{0.12}{1 + \dfrac{12 \times 1.2 \times 0.12}{0.42 \times 0.36 \times 3.0^2}} = 0.0529 \text{m}^4$$

$$I_2' = \frac{I_2}{1 + \dfrac{12E\mu I_2}{GA_2 h^2}} = \frac{0.405}{1 + \dfrac{12 \times 1.2 \times 0.405}{0.42 \times 0.54 \times 3.0^2}} = 0.105 \text{m}^4$$

剪力墙组合截面形心位置：$x = \dfrac{0.18 \times 2 \times 1 + 0.18 \times 3 \times 4.9}{0.18 \times (2+3)} = 3.34 \text{m}$

墙肢 1 距离形心 $a_1 = 2.34 \text{m}$，墙肢 2 距离形心 $a_2 = 1.56 \text{m}$。

剪力墙对组合截面形心的惯性矩：

$$I = I_1 + A_1 a_1^2 + I_2 + A_2 a_2^2 = 3.81 \text{m}^4$$

剪力墙整体性系数 α 计算：

墙肢 1 与墙肢 2 形心之间距离 $a = a_1 + a_2 = 3.9 \text{m}$

$$\alpha = H\sqrt{\frac{12 I_b a^2}{h(I_1 + I_2) l_b^3} \frac{I}{I_n}}$$

$$= 30\sqrt{\frac{12 \times 0.00239 \times 3.9^2}{3.0 \times (0.12 + 0.405) \times 1.7^3} \times \frac{3.81}{3.81 - 0.12 - 0.405}}$$

$$= 7.67 < 10$$

$$\frac{I_n}{I} = \frac{3.285}{3.81} = 0.862 < [\xi] = 0.972 \text{（属于联肢剪力墙）}$$

2. 连梁内力计算

教材公式（14-18）给出了连梁跨中的分步剪力：$\tau(\xi) = \dfrac{1}{\alpha} \Phi(\xi) \dfrac{V_0 \alpha_1^2}{\alpha^2}$

其中，$D = \dfrac{2 I_b a^2}{l_b^3} = \dfrac{2 \times 0.00239 \times 3.9^2}{1.7^3} = 0.0148 \text{m}^3$

$$\alpha_1^2 = \frac{6 H^2 D}{h(I_1 + I_2)} = \frac{6 \times 0.0148 \times 30^2}{3.0 \times (0.12 + 0.405)} = 50.743$$

$$\alpha^2 = 7.67 I^2 = 58.845$$

$$\tau(\xi) = \frac{1}{a} \Phi(\xi) \frac{V_0 \alpha_1^2}{\alpha^2} = \frac{1}{3.9} \frac{250 \times 50.743}{58.845} \Phi(\xi) = 55.28 \Phi(\xi)$$

由教材公式（14-19b）得到第 i 层连梁的剪力：$V_{bi} = \tau(\xi) h = 55.28 \Phi(\xi) \times 3 = 165.84 \Phi(\xi)$

由教材公式（14-19c）得到第 i 层连梁梁端弯矩：$M_{bi} = V_{bi} \cdot \dfrac{l_0}{2} = 165.84 \Phi(\xi) \times 0.7 = 116.09 \Phi(\xi)$，其中，$\Phi(\xi) = \text{th}\alpha \text{sh}\alpha\xi - \text{ch}\alpha\xi + 1$。

各层连梁的剪力和梁端弯矩计算见表 14-11。

连梁内力计算

表 14-11

层次	ξ	$\Phi(\xi)$	V_{bi} (kN)	M_{bi} (kN·m)
10	1.00	0.9991	165.7	116.0
9	0.90	0.9988	165.6	115.9
8	0.80	0.9977	165.5	115.8
7	0.70	0.9953	165.1	115.5
6	0.60	0.9900	164.2	114.9
5	0.50	0.9784	162.3	113.6
4	0.40	0.9535	158.1	110.7
3	0.30	0.8999	149.2	104.5
2	0.20	0.7844	130.1	91.1
1	0.10	0.5356	88.8	62.2
0	0.00	0.0000	0.0	0.0

3. 剪力墙内力计算

外荷载 i 层墙肢下端截面产生的总弯矩及总剪力：

$$M_{pi} = V_0 \cdot \xi H = 250 \times 30 \times (1-\xi) = 7500(1-\xi)$$

$$V_{pi} = V_0 = 250 \text{kN}$$

墙肢剪力：
$$V_{i1} = \frac{I'_1}{I'_1 + I'_2} V_{pi} = 250 \times \frac{0.0529}{0.0529 + 0.105} = 83.9 \text{kN}$$

$$V_{i2} = \frac{I'_2}{I'_1 + I'_2} V_{pi} = 250 \times \frac{0.105}{0.0529 + 0.105} = 166.1 \text{kN}$$

墙肢轴力： $N_{i1} = N_{i2} = N_i = \sum_{k=1}^{n} V_{bi}$

墙肢弯矩：

$$M_{i1} = \frac{I_1}{I_1 + I_2}(M_{pi} - N_i \cdot a) = \frac{0.12}{0.12 + 0.405}(M_{pi} - N_i \cdot a)$$

$$M_{i2} = \frac{I_2}{I_1 + I_2}(M_{pi} - N_i \cdot a) = \frac{0.405}{0.12 + 0.405}(M_{pi} - N_i \cdot a)$$

墙肢内力计算结果见表 14-12。注意在顶层处（$\xi = 1$）求 V_{bi} 和 N_i 时，m_i 应乘以层高的一半，$m_i = m(\xi) \cdot \dfrac{h}{2}$。

墙 肢 内 力 计 算

表 14-12

层次	截面标高	ξ	V_{bi} (kN)	N_i	M_{pi}	$M_{pi} - N_i \cdot a$	M_1	M_2
10	30	1.00	82.8	82.8	0	−323.1	−73.8442	−249.224
9	27	0.90	165.6	248.5	750	−219.0	−50.0616	−168.958
8	24	0.80	165.5	414.0	1500	−114.3	−26.1249	−88.1714
7	21	0.70	165.1	579.0	2250	−8.0	−1.82749	−6.16777
6	18	0.60	164.2	743.2	3000	101.8	23.26003	78.50259
5	15	0.50	162.3	905.4	3750	219.0	50.05537	168.9369

层次	截面标高	ξ	V_{bi} (kN)	N_i	M_{pi}	$M_{pi}-N_i \cdot a$	M_1	M_2
4	12	0.40	158.1	1063.6	4500	352.3	80.53146	271.7937
3	9	0.30	149.2	1212.8	5250	520.3	118.9355	401.4073
2	6	0.20	130.1	1342.9	6000	763.1	174.4131	588.6442
1	3	0.10	88.8	1431.7	6750	1166.6	266.6594	899.9754
0	0	0.00	0.0	1514.6	7500	1916.6	438.088	1478.547

4. 侧向位移计算

由教材公式（14-20c），双肢剪力墙顶点集中荷载作用下的位移为：

$$y = \frac{V_0 H^3}{2E(I_1+I_2)}\left(\xi^2 - \frac{1}{3}\xi^3\right)$$
$$- \frac{V_0 H^3}{E(I_1+I_2)}\frac{\alpha_1^2}{\alpha^2}\left[\frac{1}{\alpha^3}\text{sh}\alpha\xi - \frac{1}{\alpha^3}\text{th}\alpha\text{sh}\alpha\xi\right.$$
$$\left. - \frac{1}{6}\xi^3 + \frac{1}{2}\xi^2 - \frac{1}{\alpha^2}\xi + \frac{1}{\alpha^3}\text{th}\alpha\right] + \frac{\mu V_0 H}{G(A_1+A_2)}\xi$$

按公式计算沿剪力墙高度方向的位移，计算结果及位移曲线如图 14-25 所示。

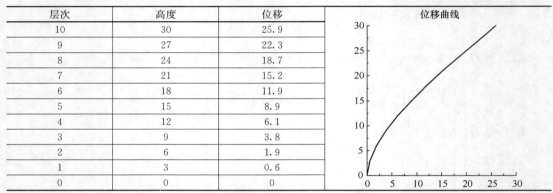

层次	高度	位移
10	30	25.9
9	27	22.3
8	24	18.7
7	21	15.2
6	18	11.9
5	15	8.9
4	12	6.1
3	9	3.8
2	6	1.9
1	3	0.6
0	0	0

位移曲线

图 14-25　侧向位移计算结果

由教材公式（14-21c），顶点集中荷载作用下双肢剪力墙的顶点位移为：

$$u = \frac{V_0 H^3}{3E(I_1+I_2)}\left[1 + \frac{3\alpha_1^2}{\alpha^3}\left(\frac{1}{\alpha^2} - \frac{1}{\alpha^3}\text{th}\alpha - \frac{1}{3}\right) + \frac{3\mu E(I_1+I_2)}{G(A_1+A_2)H^2}\right]$$
$$= \frac{250 \times 30^3}{3 \times 3 \times 10^7 (0.12+0.405)}\left[1 + \frac{3 \times 50.743}{7.671^3}\left(\frac{1}{7.671^2} - \frac{1}{7.671^3}\text{th}(7.671) - \frac{1}{3}\right)\right.$$
$$\left. + \frac{3 \times 1.2 \times (0.12+0.405)}{30^2 \times 0.42 \times (0.36+0.54)}\right]$$
$$= 0.0259\text{m}$$

14.4.2　习　　题

【习题 14-1】某剪力墙洞口截面如图 14-26 所示，层高为 3.20m，洞口高 2.10m，共 25 层，承受均布侧向荷载 $p=6.0$kN/m，试求剪力墙基底截面各墙肢的内力。

【习题 14-2】某剪力墙洞口截面如图 14-27 所示，层高为 2.80m，洞口高 2.40m，共

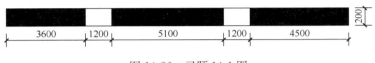

图 14-26 习题 14-1 图

18 层，试判别该剪力墙属于哪一类。

【习题 14-3】如图 14-28 所示，某框剪结构共 18 层，层高 3.4m，墙厚 0.2m，框架柱 400mm×600mm，梁 250mm×650mm，连系梁 200mm×250mm，不考虑连系梁的截面剪切变形，不考虑柱与剪力墙之间连系梁刚度，请计算结构刚度特征值。

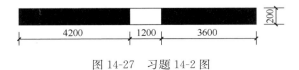

图 14-27 习题 14-2 图

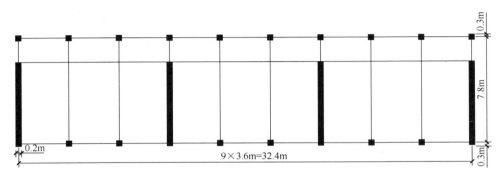

图 14-28 习题 14-3 图

第15章 砌体结构设计

15.1 内容的分析和总结

砌体材料具有就地取材、价格低廉、耐久性好等优点，是一种最原始又是应用最广泛的传统建筑材料。砌体结构不仅大量应用于一般工业与民用建筑，在高塔、烟囱、料仓、挡墙等构筑物以及桥梁、涵洞等结构物也有广泛应用。本章讲述砌体结构的材料分类、设计方法、材料性能、构件承载力和混合结构房屋设计，为砌体结构设计奠定基础。

15.1.1 学习的目的和要求

1）了解砌体结构中块体和砂浆的种类、强度等级和材料选择。
2）理解砌体结构的基本设计方法、荷载和砌体强度设计值的确定。
3）掌握无筋砌体构件全截面受压和局部受压的承载力计算方法。
4）理解混合结构房屋静力计算方案的确定方法和计算简图。
5）掌握墙、柱高厚比验算和刚性方案房屋墙体设计方法。
6）了解圈梁、过梁、挑梁和墙梁的设计方法与构造要求。
7）了解配筋砌体构件的构造要求和计算方法。

15.1.2 重点和难点

上述3）、5）是重点，也是本章的难点。

15.1.3 内容组成及总结

1. 内容组成
本章主要内容如图 15-1 所示。
2. 内容总结
1）砌体结构是由块体和砂浆砌筑而成的墙、柱作为建筑物主要受力构件的结构，主要分为砖砌体结构、砌块砌体结构和石砌体结构。常用的砖主要有烧结普通砖、烧结多孔砖、蒸压灰砂砖、蒸压粉煤灰砖、混凝土普通砖和混凝土多孔砖；常用砌块主要有普通混凝土小型空心砌块和轻集料混凝土小型空心砌块；常用石材主要有细料石、粗料石和毛料石。常用的砂浆主要有水泥砂浆、水泥混合砂浆、非水泥砂浆和专用砂浆。砌体结构材料的选择要同时满足承载力和耐久性的要求。
2）砌体结构设计与混凝土结构设计一样，也采用以概率理论为基础的极限状态设计方法。荷载效应组合的设计值应从由可变荷载效应控制的组合和由永久荷载效应控制的组合中选取最不利值。按《建筑结构可靠性设计统一标准》GB 50068—2018，则荷载效应

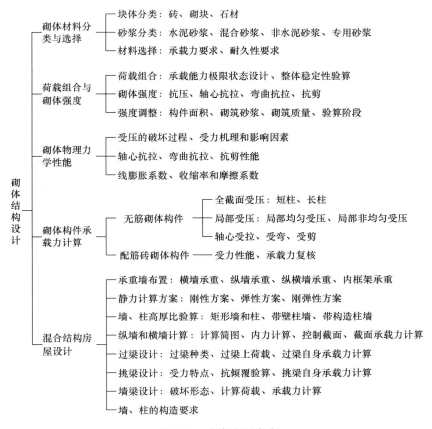

图 15-1 本章主要内容

组合的设计值取基本组合。整体稳定验算荷载效应组合时应注意区分永久荷载和可变荷载的有利作用和不利作用。砌体强度设计值等于砌体强度标准值除以材料性能分项系数。

3）无筋砌体轴心受压短柱从开始加载到破坏可分为未裂阶段、裂缝阶段和破坏阶段三个阶段。砌体短柱轴心受压时，块体在砌体中处于压、弯、剪的复杂受力状态，砂浆横向变形使块体横向受拉，竖向灰缝中存在应力集中，由于以上三个原因使得砌体抗压强度远小于单块块体抗压强度。影响砌体抗压强度主要因素有块体和砂浆强度、砂浆的和易性、灰缝厚度、块体形状和砌筑质量。

4）砌体结构受压构件通过高厚比来判断长柱和短柱。无论是长柱还是短柱，无筋砌体轴心受压和偏心受压的承载力计算公式可以统一表达为 $N_u = \varphi f A$。通过改变 φ 的取值来考虑轴心受压、偏心受压、长柱或短柱对受压构件承载力的影响。因此，φ 的取值由高厚比和轴向力偏心距确定，可以通过公式计算或查表得到。

5）砌体局部受压时，一方面，承压砌体的压应力向四周扩散到未直接承压的较大范围的砌体上，称为"应力扩散"作用；另一方面，没有直接承受压力的砌体像套箍一样约束承压砌体的横向变形，使承压砌体处于三向受压状态，称为"套箍强化"作用。正是由于存在"应力扩散"和"套箍强化"作用，砌体局部受压时抗压强度有明显提高。《砌体结构设计规范》GB 50003—2011（后面简称《砌体规范》）采用局部抗压强度提高系数 γ

来考虑砌体局部受压时的强度提高。

6）对于梁端支座处砌体局部受压，由于钢筋混凝土梁在荷载作用下会产生转角，梁端支座处砌体上的压应力分布是不均匀的，《砌体规范》引入压应力图形完整系数 η 来考虑。由于梁端底部砌体的压缩变形，梁端顶面砌体与梁顶逐渐脱开，使梁顶的上部荷载部分或全部卸至两边的砌体，形成"内拱卸荷作用"，使砌体内部应力重新分布，《砌体规范》通过对上部荷载设计值乘以折减系数 ψ 来考虑"内拱卸荷作用"。当梁下设有刚性垫块或钢筋混凝土垫梁时，刚性垫块或垫梁下砌体的承压面积增大，刚性垫块或垫梁的压缩变形减小，"内拱卸荷作用"作用消失，上部轴向力设计值不再折减。

7）混合结构房屋的砌体结构设计步骤包括：①确定房屋的结构布置方案；②确定房屋的静力计算方案；③进行墙、柱的内力分析；④验算墙、柱的稳定性和承载力；⑤进行圈梁、过梁、挑梁和墙梁设计。

8）根据竖向荷载传递路线的不同，混合结构房屋的结构布置方案主要有横墙承重、纵墙承重、纵横墙承重和内框架承重四种方案。

9）在水平荷载作用下，混合结构房屋纵墙和横墙的共同受力、协调变形的程度称为房屋的空间工作性能。房屋空间工作性能的主要影响因素是横墙间距和屋盖或楼盖的类别。根据空间工作性能，可以将混合结构房屋的静力计算方案分为刚性方案、弹性方案和刚弹性方案。

10）砌体结构中的墙、柱等受压构件，除了要满足承载力要求外，还必须保证其稳定性，砌体结构规范通过墙、柱高厚比验算来保证砌体结构在施工阶段和使用阶段稳定性。墙、柱高厚比验算包括矩形墙和柱、带壁柱墙、带构造柱墙高厚比验算三种情况。

11）多层刚性方案的混合结构房屋，在竖向荷载作用下，墙、柱在每层高度范围内，可简化为两端铰支的竖向构件；在水平荷载作用下，墙、柱可简化为竖向连续梁。每层的控制截面包括上层屋面（楼面）梁底截面（截面Ⅰ-Ⅰ）和本层楼面梁底截面（截面Ⅱ-Ⅱ），不考虑本层楼面梁传给墙体的荷载，截面Ⅰ-Ⅰ验算的内容包括墙体全截面受压承载力和梁端支座处砌体局部受压承载力，截面Ⅱ-Ⅱ验算的内容包括墙体轴心受压承载力。

12）过梁是墙体中承受门、窗洞口上部墙体和楼面荷载的构件。常用过梁有钢筋砖过梁、砖砌平拱过梁、砖砌弧拱过梁和钢筋混凝土过梁。过梁上的荷载包括梁板荷载和墙体荷载。过梁承载力验算包含受弯承载力和受剪承载力验算，对于钢筋混凝土过梁，还应进行梁端下部砌体的局部受压承载力验算。

13）挑梁是一种一端埋入墙内，另一端挑出墙外，依靠压在埋入部分上的上部砌体重力及上部楼（屋）盖传来的竖向荷载来防止挑出部分倾覆的构件。挑梁的破坏形态包括倾覆破坏、局部受压破坏和挑梁本身的破坏。挑梁计算或验算的内容包括抗倾覆验算、挑梁下砌体的局部受压承载力验算和挑梁自身受弯、受剪承载力计算。

14）墙梁是由钢筋混凝土托梁和梁上计算高度范围内的砌体墙组成的组合构件。当托梁及其上砌体达到一定强度后，墙和梁共同工作形成梁高较大的墙梁组合结构，也可视为组合深梁。其上部荷载主要通过墙体的拱作用向两端支座传递，托梁承受拉力，上部墙体和托梁组成一个带拉杆的拱结构。托梁在整个受力过程中相当于一个偏心受拉构件。墙梁的破坏形态包括弯曲破坏、剪切破坏和局压破坏。

15.2 重点讲解与难点分析

15.2.1 无筋砌体构件全截面受压承载力

试验表明，无筋砌体全截面受压构件的承载力除受截面尺寸、材料强度的影响外，还与偏心距的大小和受压构件的长细比有关。

1. 偏心距的影响

当偏心距等于 0 时，即构件承受轴心压力，截面上的压应力均匀分布。构件破坏时，截面所能承受的极限压应力为砌体的轴心抗压强度。

当偏心距大于 0 时，截面上的压应力分布不再均匀，随着偏心距大小的变化而变化：当偏心距不大时，全截面受压，压应力图形呈线性分布，这时破坏将发生在压应力较大一侧，即靠近轴向力作用一侧。此时，靠近轴向力一侧砌体的极限变形值较轴心受压时大，破坏时该侧砌体的极限压应力也较轴心受压破坏时略有增加，但是由于能够达到极限压应力的砌体截面面积减小，构件的受压承载力较轴心受压时小。

随着偏心距的增大，远离轴向力一侧的砌体由受压逐渐过渡到受拉，受压区面积逐渐减小，靠近轴向力一侧砌体的压应力逐渐增大。但只要在受压区边缘砌体压碎之前受拉区边缘砌体的拉应力尚未达到砌体的通缝抗拉强度，则截面的受拉区边缘就不会开裂。因此，直至构件破坏，构件仍然是全截面受力，但是构件的受压承载力降低。

随着偏心距的进一步增大，远离轴向力一侧砌体的拉应力达到通缝抗拉强度，产生沿截面的横向裂缝，已开裂的截面退出工作，实际受压区面积减小。偏心距越大，截面的实际受压区面积越小。为了与轴向力保持平衡，实际受压区的压应力会进一步加大，并出现竖向裂缝。虽然在破坏时远离轴向力一侧砌体的极限压应力较轴心受压破坏时有所增加，但是由于实际受压面积减小，构件破坏时所能承受的轴向压力明显下降，且随着偏心距的增加而减小。

由以上分析可知，当偏心距较大时，实际受压区面积急剧减小，构件的刚度和稳定性也随之减弱，导致构件的承载力进一步降低。因此，《砌体规范》规定，偏心距 e_0 不应超过 $0.6y$（y 为截面重心到轴向力所在偏心方向截面边缘的距离）。当超过 $0.6y$ 时，应采取减小轴向力偏心距的措施。

2. 长细比的影响

与钢筋混凝土受压构件不同，在砌体结构中，受压构件的长细比用高厚比 β 来表示。当构件高厚比较大时，由于构件轴线的弯曲、截面材料的不均匀以及荷载作用偏离重心轴等原因，即使轴心受压构件，通常也会产生一定的侧向弯曲，在受压构件中部截面产生附加弯矩，导致受压构件的承载力降低。当为偏心受压时，实际弯矩和附加弯矩共同作用，将进一步降低受压构件的承载力。随着偏心距的增大，受压面积逐渐减小，受压构件的刚度和稳定性逐渐降低，导致构件的受压承载力进一步减小。

通常将高厚比 $\beta \leqslant 3$ 的构件视为短柱，不考虑附加弯矩对受压承载力的影响；将高厚比 $\beta > 3$ 的构件视为长柱，此时附加弯矩对受压构件承载力的影响不能忽略。

15.2.2　无筋砌体构件局部受压承载力

局部受压是砌体结构中一种常见的受力状态，如钢筋混凝土柱支承在砌体墙或者砌体基础上、钢筋混凝土梁支承在砌体墙上。根据局部受压区压应力分布情况，局部受压分为两种：第一种，当局部受压区压应力均匀分布时，称为局部均匀受压，比如钢筋混凝土柱的下部砌体受压；第二种，当局部受压区压应力非均匀分布时，称为局部非均匀受压，比如钢筋混凝土梁端的下部砌体受压。

1. 破坏形态

试验表明，砌体局部受压时可能发生三种破坏形态，包括因纵向裂缝的发展而破坏、劈裂破坏和局部压碎。

1）因纵向裂缝的发展而破坏。当截面上影响砌体局部抗压强度的计算面积 A_0 与局部受压面积 A_l 的比值 A_0/A_l 不太大时，砌体因局部竖向荷载作用，在距加载垫板 1~2 皮砖以下产生细小竖向裂缝，裂缝随着荷载增加而增加并出现向两侧发展的斜裂缝。最后形成一条上下贯通且较宽的裂缝而导致砌体破坏。

2）劈裂破坏。当 A_0/A_l 较大时，在局部竖向荷载的作用下，一旦出现裂缝，裂缝急速开展，砌体被劈成两半。劈裂破坏时，砌体的变形不大，具有突然性。

3）局部压碎。当砌体强度很低时，局部受压范围内的砌体被压碎导致砌体破坏。

上述三种破坏现象可简单总结为"先裂后坏""一裂即坏"和"未裂先坏"。

2. 砌体局部受压强度提高

砌体局部受压时，一方面，承压砌体的压应力向四周扩散到未直接承压的较大范围的砌体上，称为"应力扩散"作用；另一方面，没有直接承受压力的砌体像套箍一样约束承压砌体的横向变形，使承压砌体处于三向受压状态，称为"套箍强化"作用。正是由于存在"应力扩散"和"套箍强化"作用，砌体局部受压时抗压强度有明显提高。砌体结构设计规范采用局部抗压强度提高系数 γ 来考虑砌体局部受压时的强度提高。试验表明，这种提高的局部抗压强度，有时可较砌体轴心抗压强度大数倍，甚至高于块体强度。一般来讲，A_0/A_l 值越大，周围砌体对局部受压砌体的约束作用就越强，砌体的局部抗压强度就越高。但是为了避免 A_0/A_l 过大导致局部受压时出现劈裂破坏，计算时应对局部抗压强度提高系数 γ 的最大值予以限制。

3. 内拱卸荷作用

对于钢筋混凝土梁端的下部砌体，在梁端竖向荷载的作用下会产生压缩变形，导致梁顶与梁顶砌体逐渐脱开，使梁顶砌体上的荷载部分或全部卸至两边的砌体，形成"内拱卸荷作用"，使砌体内部应力重新分布，《砌体规范》采用对上部轴向力设计值乘以折减系数 ψ 来考虑"内拱卸荷作用"。"内拱卸荷作用"与 A_0/A_l 的大小有关。当 A_0/A_l 较大时，"内拱卸荷作用"较明显，上部荷载大部分传给梁端两边的砌体；当 A_0/A_l 较小时，"内拱卸荷作用"逐渐减小，上部荷载传给两边砌体的部分也逐渐减小。

当钢筋混凝土梁端下设刚性垫块或钢筋混凝土梁端支承在钢筋混凝土垫梁上时，钢筋混凝土梁端的竖向荷载通过刚性垫块或垫梁传递给下部砌体。一方面，刚性垫块或垫梁使得下部砌体的承压面积增大，压应力减小，下部砌体的压缩变形减小；另一方面，刚性垫块或垫梁的弹性模量较大，本身的变形可以忽略不计。这两方面的原因使得梁端顶面砌体与梁顶不容易脱开，梁顶的上部荷载通过钢筋混凝土梁和刚性垫块或垫梁传递至刚性垫块或垫梁的下部砌体，"内拱卸荷作用"不明显。因此，对于设刚性垫块或垫梁的梁端下部砌体局部受压承载力计算，不考虑"内拱卸荷作用"引起的上部轴向力设计值的折减系数 ψ。

4. 压应力非均匀性表征

由于梁在竖向荷载作用下会产生挠曲变形，梁端发生转角，梁端有脱开砌体的趋势，导致仅有部分梁端与砌体接触而产生压应力，梁端砌体局部受压面积上产生了非均匀压应力，局部压应力为曲线分布。因此，在进行梁端下部砌体局部受压承载力验算时，引入有效支承长度来考虑实际与梁下砌体接触的梁端的长度，同时引入非均匀压应力修正系数（压应力图形完整系数和柔性垫梁下不均匀局部受压修正系数）来考虑局部受压面积上压应力的不均匀性。

15.2.3 混合结构房屋墙、柱高厚比验算

1. 计算方案

混合结构房屋的静力计算方案用于确定荷载作用下房屋的计算简图，以便确定墙、柱的计算长度及高厚比，进而按照结构力学的方法进行墙、柱内力计算。静力计算方案既要符合结构的实际受力情况，又要尽可能使计算简单。一般情况下，屋盖搁置在纵墙上，仅对横向水平位移有约束，对纵墙的转动无约束，因此可将屋盖与纵墙的连接简化为铰接。

分别考虑单层房屋不设山墙以及设置山墙两种情况。对于不设山墙的房屋，在水平荷载作用下，纵墙顶点的侧向变形 u_p 很大且沿纵向没有变化，这样的房屋可以简化为平面问题进行处理。对于设置山墙的房屋，纵墙顶点的侧向变形包含两部分。第一部分，把纵墙、横墙和屋盖围成的结构想象成为一根固定于基础的竖向悬臂闭口箱形梁，在水平荷载作用下，此竖向悬臂闭口箱形梁会发生侧向变形 u_1，且纵墙和横墙顶部各点的侧向变形均相同。第二部分，把纵墙顶部单位高度想象成一根梁端支承于横墙的水平梁，在水平荷载作用下，此水平梁也会发生侧向变形 u_2，此水平梁跨中位置的侧向变形最大，支座处侧向变形为零。因此，设置山墙房屋的纵墙顶点总的水平位移 u_s 等于 u_1+u_2，其大小不仅取决于横墙的间距还取决于屋盖的水平刚度（也就是屋盖的类型）。

横墙、纵墙和屋盖形成一个空间受力体系，显著增大此竖向悬臂箱形梁的刚度，纵墙的侧向变形急剧减小。定义房屋空间工作性能影响系数 $\eta=u_s/u_p$，用来衡量房屋空间作用的大小。当 $\eta=1$ 时，表明 $u_s=u_p$，纵墙顶的侧向位移没有受到约束，可按弹性方案计算。当 $\eta=0$ 时，表明 $u_s=0$，纵墙顶的侧向位移完全被约束，按刚性方案计算。当 $0<\eta<1$ 时，纵墙顶的侧向位移部分被约束，按刚弹性方案计算。计算简图见教材图15-32。

由于 η 值计算较为麻烦，直接根据 η 值确定结构的计算方案不便于设计。《砌体规范》直接根据楼盖或屋盖的类别和横墙间距按教材表15-8确定混合结构房屋的静力计算方案。

2. 墙、柱的计算高度

墙、柱的计算高度是指墙、柱进行承载力计算或高厚比验算时所采用的高度，根据墙、柱的实际高度以及房屋类别和构件支承条件确定。对于不同的静力计算方案，墙、柱计算简图的支承条件不同，因此，在确定墙、柱计算高度时，要根据静力计算方案的不同而区别对待。

3. 高厚比验算的影响因素及其表征

影响允许高厚比的因素很多，主要有砂浆强度等级、砌体类型、砌体截面刚度、构件重要性、构造柱设置、截面形式、横墙间距和支承条件等。《砌体规范》中，砂浆强度等级和砌体类型的影响通过构件的允许高厚比 $[\beta]$ 来表征，砌体截面刚度的影响通过有门窗洞口墙允许高厚比的修正系数 u_2 来表征，构件重要性的影响通过自承重墙允许高厚比修正系数 u_1 来表征，构造柱的影响通过提高系数 u_c 来表征，截面形式的影响通过墙、柱的厚度或折算厚度来表征，横墙间距的影响通过修正系数 u_2 计算公式中的 s 来表征，支承条件的影响通过墙、柱的计算高度 H_0 来表征。

4. 验算内容

不同截面形式墙、柱高厚比验算的内容有所不同。对于矩形截面墙、柱，只需进行墙、柱本身的高厚比验算。对于带壁柱墙高厚比的验算，需要验算带壁柱墙和壁柱间墙的高厚比。带壁柱墙高厚比验算时，将墙视为 T 形截面，其翼缘宽度按照规范取用。壁柱间墙高厚比验算时，横墙间距取为相邻壁柱间的距离，壁柱间墙计算高度一律按照刚性方案取用。对于带构造柱墙高厚比验算，包括带构造柱墙高厚比验算和构造柱间墙高厚比验算。在进行带构造柱墙高厚比验算时，允许高厚比 $[\beta]$ 需要乘以考虑构造柱有利影响的提高系数 u_c。类似地，在进行构造柱间墙高厚比验算时，横墙间距取为相邻构造柱间的距离，构造柱间墙计算高度一律按照刚性方案取用。

15.2.4　混合结构刚性方案房屋的墙体设计

1. 计算单元

混合结构房屋的纵墙一般较长，通常取一个开间的窗洞中线间距内的竖向墙带作为计算单元。

混合结构房屋的横墙间距不大，水平风荷载对横墙承载力计算的影响很小，因此仅考虑竖向荷载作用下的承载力。因为楼盖和屋盖的荷载沿横墙一般都是均匀分布的，且横墙很少开洞，可沿墙轴线取单位宽度的墙作为计算单元。

2. 计算简图

对于纵墙，由于楼盖的梁或板嵌砌于墙体内，在楼盖的梁或板位置，墙体截面大大削弱，被削弱的截面所能传递的弯矩非常有限，为了简化计算，可假定墙体在楼盖处为铰接。在墙体底部与基础连接处，墙体截面虽然未被削弱，但是该处由多层房屋上部传来的轴向力很大，弯矩相对较小，由弯矩引起的偏心距也很小，使得按偏心受压与按轴心受压计算的承载力相差不大，故墙体的基础顶面位置也视为铰接。因此，在进行竖向荷载作用下纵墙的承载力计算时，每层高度范围内的墙体可简化为两端铰接的竖向构件。而在进行水平荷载作用下墙梁的承载力计算时，将纵墙简化为一根竖向连续梁，以基础和楼盖或屋盖的梁板作为支座。在计算时，应注意两者的差异。

对于横墙，仅考虑竖向荷载作用下的承载力。由于楼盖和屋盖的梁或板均搁置在横墙上，和横墙直接联系，因而楼板和楼盖可视为横墙的侧向支承。另外，楼板伸入横墙，削弱了横墙在该处的整体性，为了简化计算，可把楼板视为横墙的不动铰支座。因此，每层高度范围内，墙体简化为两端铰接的竖向构件。

总之，对于多层刚性方案的混合结构房屋，在竖向荷载作用下，墙、柱每层高度范围内可简化为两端铰支的竖向构件；在水平荷载作用下，墙、柱房屋高度范围内可简化为竖向连续构件，以楼板作为不动铰支座。

3. 控制截面及内力

对于纵墙，每层范围内取Ⅰ-Ⅰ截面和Ⅱ-Ⅱ截面作为控制截面，如图 15-2（a）所示。Ⅰ-Ⅰ截面的内力包括：上层楼板和墙体传来的轴向力 N_u、本层楼板传来的荷载（即支承压力）N_l 和由于支承压力偏心距产生的弯矩。Ⅱ-Ⅱ截面的内力包括：上层楼板和墙体传来的轴向力 N_u、本层楼板传来的荷载（即支承压力）N_l 和本层墙体的自重 N_G。即：

Ⅰ-Ⅰ截面：
$$N_{\text{I-I}} = N_u + N_l \tag{15-1a}$$
$$M_{\text{I-I}} = N_l e_l \tag{15-1b}$$

Ⅱ-Ⅱ截面：
$$N_{\text{II-II}} = N_u + N_l + N_G \tag{15-1c}$$
$$M_{\text{II-II}} = 0 \tag{15-1d}$$

注意：当有楼面大梁支承于纵墙时，还应计算梁端下部砌体局部受压承载力；对于支承楼板的纵墙，则不需要进行局部受压承载力验算。

类似地，对于横墙，每层范围内取Ⅰ-Ⅰ截面和Ⅱ-Ⅱ截面作为控制截面，如图 15-2（b）所示。Ⅰ-Ⅰ截面的内力包括：上层楼板和墙体传来的轴向力 N_u、本层楼板传来的荷载（即支承压力）N_{l1} 和 N_{l2} 以及由于支承压力偏心距产生的弯矩。Ⅱ-Ⅱ截面的内力包括：上层楼板和墙体传来的轴向力 N_u、本层楼板传来的荷载（即支承压力）N_{l1} 和 N_{l2} 以及本层墙体的自重 N_G。即：

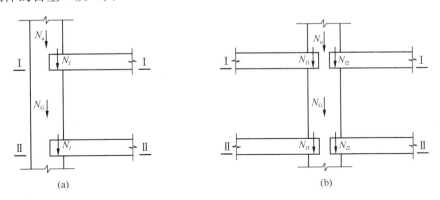

图 15-2　承重墙最不利计算截面位置及内力图
（a）纵墙；（b）横墙

Ⅰ-Ⅰ截面：
$$N_{\text{I-I}} = N_u + N_{l1} + N_{l2} \tag{15-2a}$$
$$M_{\text{I-I}} = N_{l1} e_l - N_{l2} e_l \tag{15-2b}$$

Ⅱ-Ⅱ截面：
$$N_{\text{II-II}} = N_u + N_{l1} + N_{l2} + N_G \tag{15-2c}$$
$$M_{\text{II-II}} = 0 \tag{15-2d}$$

当左右开间相等且楼面荷载相同时，$M_{\text{I-I}} = 0$，Ⅰ-Ⅰ截面也为轴心受压，故仅需验算Ⅱ-Ⅱ截面。但是，当左右开间不等或楼面荷载不同时，需对Ⅰ-Ⅰ截面按照偏心受压验算。当横墙的砌体材料和厚度相同时，可只验算最底层截面Ⅱ-Ⅱ的承载力。

注意：当有楼面大梁支承于横墙时，还应计算梁端下部砌体局部受压承载力；对于支承楼板的横墙，则不需要进行局部受压承载力验算。

15.3　思　考　题

15.3.1　问　答　题

15-1　什么是砌体结构？砌体按所采用材料的不同可以分为哪几类？

15-2　砌体结构有哪些主要优缺点？

15-3　怎样确定块体材料和砂浆的等级？

15-4　选用材料应注意哪些问题？

15-5　简述砌体受压过程及其破坏特征？

15-6　为什么砌体的抗压强度远小于单块块体的抗压强度？

15-7　简述影响砌体抗压强度的主要因素。砌体抗压强度计算公式考虑了哪些主要参数？

15-8　怎样确定砌体的弹性模量？简述其主要影响因素。

15-9　为什么砂浆强度等级高的砌体抗压强度比砂浆的强度等级低？而对砂浆强度等级低的砌体，当块体强度高时，抗压强度又比砂浆强度高？

15-10　混合结构房屋的结构布置方案有哪几种？其特点是什么？

15-11　根据什么来区分房屋的静力计算方案？有哪几类静力计算方案？设计时怎么样判别？

15-12　为什么要验算墙、柱高厚比？高厚比验算考虑哪些因素？不满足时怎样处理？

15-13　简述影响受压构件承载力的主要因素。

15-14　轴心受压和偏心受压构件承载力计算公式有何差别？偏心受压时，为什么要按轴心受压验算另一方向的承载力？

15-15　稳定系数 φ_0 的影响因素是什么？确定 φ_0 时的依据与钢筋混凝土轴心受力构件是否相同？试比较两者表达式的异同点？

15-16　无筋砌体受压构件对偏心距 e_0 有何限制？当超过限值时，如何处理？

15-17　梁端局部受压分哪几种情况？试比较其异同点。

15-18　什么是砌体局部抗压强度提高系数 γ？为什么砌体局部受压时抗压强度有明显提高？

15-19　当梁端支承处局部受压承载力不满足时，可采取哪些措施？

15-20　验算梁端支承处局部受压承载力时，为什么对上部轴向力设计值乘以上部荷载的折减系数 ψ？ψ 又与什么因素有关？

15-21　什么是配筋砌体？配筋砌体有哪几类？简述其各自的特点。

15-22　简述网状配筋砖砌体与无筋砌体计算公式的异同点。

15-23　什么是组合砖砌体？怎样计算组合砖砌体的承载力？偏心受压组合砖砌体的计算方法与钢筋混凝土偏压构件有何不同？

15-24　刚性方案的混合结构房屋墙柱承载力是怎样验算的？

15-25　常用过梁的种类有哪些？怎样计算过梁上的荷载？承载力验算包含哪些内容？

15-26　简述挑梁的受力特点和破坏形态。应计算或验算哪些内容？

15-27　挑梁弯矩最大点和计算倾覆点是否在墙的边缘？为什么？计算挑梁抗倾覆力矩时，为什么挑梁尾端上部 45°扩散角范围内砌体与楼面恒载标准值可以考虑进去？

15-28　何谓墙梁？简述墙梁的受力特点和破坏形态。

15-29　如何计算墙梁上的荷载？承载力验算包含哪些内容？

15-30　引起砌体结构墙体开裂的主要因素有哪些？如何采取相应的预防措施？

15.3.2 选　择　题

15-31　下列_____不是影响砌体抗压强度的主要因素。
A. 块体的种类　　　　　　　B. 灰缝的厚度
C. 砂浆的和易性　　　　　　D. 荷载作用位置

15-32　验算砌体受压构件承载力时，_____。
A. 高厚比和轴向力偏心矩影响系数将随轴向力偏心距的增大而增大
B. 高厚比和轴向力偏心矩影响系数将随轴向力偏心距的增大而减小
C. 高厚比和轴向力偏心矩影响系数将随高厚比的增大而增大
D. 高厚比和轴向力偏心矩影响系数将随砂浆强度等级的增大而减小

15-33　砌体沿齿缝截面破坏时的抗拉强度，主要由_____决定。
A. 块材的强度　　　　　　　B. 砂浆的强度
C. 块材和砂浆的强度　　　　D. 砌筑质量

15-34　下列方法中，不可以提高梁端下部砌体局部受压承载力的是_____。
A. 增设垫块　　　　　　　　B. 提高块体强度
C. 提高梁的混凝土强度　　　D. 提高砂浆强度

15-35　下列_____不可以提高砌体柱的轴心受压承载力。
A. 在水平灰缝内设置钢筋网
B. 在砌体柱表面增加钢筋混凝土面层
C. 将矩形截面柱改为相同截面面积的 T 形截面柱
D. 采用相同等级的水泥砂浆代替水泥混合砂浆

15-36　相比于横墙承重方案，纵墙承重方案具有_____的特点。
A. 房屋的整体性好　　　　　B. 房屋的侧向刚度较差
C. 门窗洞口开设比较灵活　　D. 楼盖结构比较经济

15-37　某采用轻钢屋盖的单层单跨混合结构房屋，纵墙间距为 35m，横墙间距为 50m，砖柱的高度为 10m，该砖柱沿排架方向的计算高度为_____m。
A. 20　　　　　　　　　　　B. 15
C. 12　　　　　　　　　　　D. 10

15-38　钢筋混凝土过梁下砌体局部受压承载力验算时，压应力图像完整系数的取值为_____。
A. 1.0　　　　　　　　　　B. 0.5
C. 0.7　　　　　　　　　　D. 0.8

15-39　钢筋混凝土挑梁下砌体局部受压承载力验算时，压应力图像完整系数的取值为_____。

A. 1. 0 　　　　　　　　　　　B. 0. 5
C. 0. 7 　　　　　　　　　　　D. 0. 8

15-40　下列说法中，_____是正确的。

A. 设置构造柱有利于保证砌体墙的稳定性

B. 构件越细长，其稳定性越好

C. 砂浆强度等级越高，墙柱允许高厚比越小

D. 自承重墙的允许高厚比可适当减小

15.3.3　判　断　题

15-41　砌体的抗压强度设计值大于砌体的抗压强度标准值。（　　）

15-42　在进行砌体结构房屋地下室抗漂浮验算时，应考虑车辆荷载的有利作用。（　　）

15-43　对于采用相同块体强度、相同砂浆强度和相同砌筑质量的砌体结构，块体的高度越高，砌体的抗压强度越高。（　　）

15-44　砌体的抗压强度远低于块体的抗压强度。（　　）

15-45　设置刚性垫块可以提高梁端支承处下部砌体的抗压强度设计值。（　　）

15-46　在水平灰缝内设置一定数量和规格的钢筋网，可以提高砌体柱抵抗压力的能力。（　　）

15-47　对于横墙承重方案，竖向荷载的传递路径为：屋（楼）盖荷载→纵墙→基础→地基。（　　）

15-48　多层混合结构刚性方案房屋横墙承载力计算时，可将每层高度范围内的墙体简化为两端固定的竖向构件。（　　）

15-49　过梁承载力计算时，应考虑过梁上部墙体自重和上层楼板传来的荷载。（　　）

15-50　刚性挑梁的倾覆点在墙的外边缘。（　　）

15.3.4　填　空　题

15-51　砌体受压时，块体处于_____、_____、_____和_____的复杂受力状态。

15-52　由于_____和_____，使得局部受压砌体的抗压强度高于砌体构件全截面的抗压强度。

15-53　常用的承重墙结构布置有_____、_____、_____和_____四种方案。

15-54　混合砌体结构房屋有_____、_____和_____三种静力计算方案。

15-55　对带壁柱墙，应分别对_____和_____进行高厚比验算。

15-56　混合结构房屋空间工作性能影响系数的大小与_____和_____有关。

15-57　在设计混合结构房屋的挑梁时，除需对其按钢筋混凝土悬臂梁进行相应的承载力计算外，还需对其进行_____验算和_____验算。

15-58　刚性方案混合结构房屋纵墙承载力计算时，在水平荷载作用下，纵墙简化为

_____；在竖向荷载作用下，纵墙简化为_____。

15-59 钢筋混凝土过梁承载力计算包括：_____、_____和_____。

15-60 墙梁的破坏形态包括_____、_____和_____。

15.4 计算题及解题指导

15.4.1 例题精解

【例题 15-1】如图 15-3 所示，截面为 240mm×240mm 的钢筋混凝土柱支承在厚 240mm 的砖墙上，砖墙采用 MU10 烧结普通砖、M2.5 水泥混合砂浆砌筑，上部结构传递给钢筋混凝土柱的轴向力设计值为 50kN，试验算柱下砌体的局部受压承载力是否满足要求。

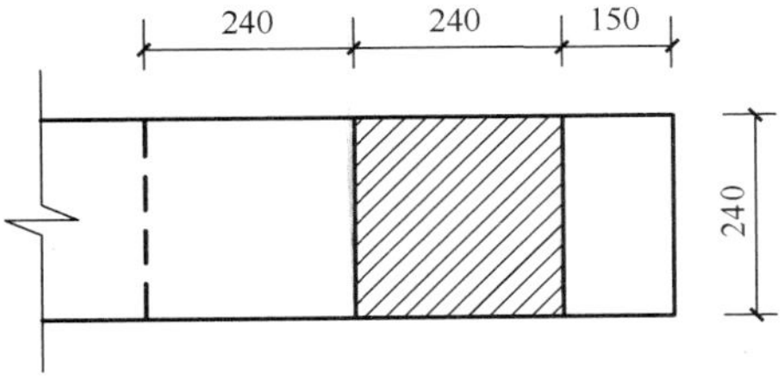

【解】

$$A_0 = 240 \times (240 + 240 + 150) = 151200 \text{ mm}^2$$

$$A_l = 240 \times 240 = 57600 \text{ mm}^2$$

$$\gamma = 1 + 0.35\sqrt{\frac{A_0}{A_l} - 1}$$

$$= 1 + \sqrt{\frac{151200}{57600} - 1}$$

$$= 1.45 < 2.5，取 \gamma = 1.45$$

$$\gamma f A_l = 1.45 \times 1.38 \times 57600 \times 10^{-3} = 115.26\text{kN} > 50\text{kN}$$

图 15-3 例题 15-1 图（单位：mm）

故柱下砌体的局部受压承载力满足要求。

【提示】①对于无筋砌体局部受压承载力计算，首先应根据局部承压面积上应力分布是否均匀区分局部均匀受压和局部非均匀受压。本题中钢筋混凝土柱支承在砖墙上，且钢筋混凝土柱承受轴心压力，因此，判断柱下砌体为局部均匀受压。而对于梁下砌体，由于梁的弯曲变形使得下部砌体承受的压应力不均匀，一般情况下按局部非均匀受压计算。②均布均匀受压砌体的承载力计算，关键在于计算影响砌体局部抗压强度的计算面积和砌体局部抗压强度提高系数，应严格按照教材表格 15-5 取用，并注意砌体局部抗压强度提高系数的限值。

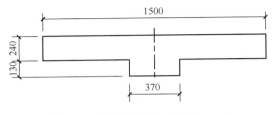

图 15-4 例题 15-2 图（单位：mm）

【例题 15-2】某带壁柱墙，截面尺寸如图 15-4 所示，采用 MU10 烧结普通砖、M5 水泥混合砂浆砌筑，施工质量控制等级为 B 级。墙上支承截面尺寸为 200mm×500mm 的钢筋混凝土梁，梁端搁置长度为 370mm，梁端支承压力设计值为 75kN，上部轴向力设计值为 170kN。验算梁端支承处砌体的局部受压承载力。

【解】

查教材附表 11-4，砌体抗压强度设计值 $f = 1.50$MPa。

1. 计算梁端有效支承长度

$$a_0 = 10\sqrt{\frac{h_c}{f}} = 10 \times \sqrt{\frac{500}{1.5}} = 182.6\text{mm} < 370\text{mm}$$

取 $a_0 = 182.6\text{mm}$。

2. 计算局部受压的计算面积

$$A_l = a_0 b = 182.6 \times 200 = 0.03652\text{mm}^2$$

$$A_0 = 0.37 \times 0.37 + 2 \times 0.155 \times 0.24 = 0.2113\text{mm}^2$$

3. 计算砌体局部抗压强度提高系数

$$\gamma = 1 + 0.35\sqrt{\frac{A_0}{A_l} - 1} = 1 + 0.35\sqrt{\frac{0.2113}{0.03652} - 1} = 1.77 < 2.0$$

取 $\gamma = 1.77$。

4. 计算梁端砌体的局部受压承载力

压应力图形完整系数 $\eta = 0.7$

$$N_u = \eta \gamma f A_l = 0.7 \times 1.77 \times 1.50 \times 0.03652 \times 10^3 = 67.9\text{kN}$$

5. 验算梁端砌体的局部受压承载力

$\dfrac{A_0}{A_l} = \dfrac{0.2113}{0.03652} = 5.79 > 3.0$，取 $\psi = 0$，即不考虑上部荷载的影响。

$$N_u = 67.9\text{kN} < \psi N_0 + N_l = 75\text{kN}$$

因此，梁端砌体的局部受压承载力不满足要求。

【提示】因梁端有效支承长度 $a_0 > 130\text{mm}$，已伸入到厚度为 240mm 的墙体部分，所以计算影响砌体局部抗压强度的计算面积时除取壁柱范围内的截面外，还需考虑翼缘部分的影响。如果有效支承长度小于 130mm，未伸入到厚度为 240mm 的墙体部分，计算影响砌体局部抗压强度的计算面积时仅取壁柱范围内的截面，而不计翼缘部分。

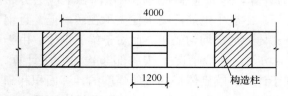

图 15-5　例题 15-3 图（单位：mm）

【例题 15-3】如图 15-5 所示，某单层单跨无吊车房屋，钢筋混凝土楼盖，墙高 5.4m，采用 M5 水泥混合砂浆砌筑。墙厚 240mm，每 4m 长设有宽 1.2m 的窗洞，横墙间距为 24m，沿墙长每隔 4m 设置 240mm×240mm 的钢筋混凝土构造柱。试验算该墙体的高厚比是否满足要求。

【解】

1. 整片墙高厚比验算

横墙间距 $s = 24\text{m}$，钢筋混凝土楼盖，查教材表 15-8 得静力计算方案为刚性方案。

$H = 5.4\text{m}$，$s > 2H = 2 \times 5.4 = 10.8\text{m}$，查教材表 15-10，得 $H_0 = 1.0H = 5.4\text{m}$；查教材表 15-9，得 $[\beta] = 24$。

由于是承重墙，$\mu_1 = 1.0$；考虑窗洞的影响，$\mu_2 = 1 - 0.4 \times 1.2/4.0 = 0.88 > 0.7$。

考虑构造柱影响的墙允许高厚比提高系数，$\mu_c = 1 + \gamma b_c/l = 1 + 1.5 \times 240/4000 = 1.09$。

$\beta = H_0/h = 5400/240 = 22.5 < \mu_1\mu_2\mu_c\left[\beta\right] = 1.0 \times 0.88 \times 1.09 \times 24 = 23$，满足要求。

2. 构造柱间墙高厚比验算

构造柱间墙高厚比验算时按照刚性方案计算，而整片墙高厚比验算也按刚性方案进行计算。β、μ_1、μ_2、μ_c 和 $\left[\beta\right]$ 均与整片墙高厚比验算相同，此处从略。

【提示】 ①带壁柱和构造柱墙体高厚比验算包括整片墙高厚比验算和壁柱或构造柱间墙高厚比验算两部分；②无论整体结构采用何种计算方案，在进行壁柱或构造柱间墙高厚比验算，计算高度的取值均按照刚性方案取用。

【例题 15-4】 钢筋混凝土过梁净跨 $l_n = 3.0$m，在墙上的支撑长度 $a = 0.24$m，砖墙厚 $h = 240$mm，采用 MU10 烧结普通砖、M5 水泥混合砂浆砌筑而成。在窗口上方 1.4m 处作用有楼板传来的均布竖向荷载，其中恒载标准值为 10kN/m、活载标准值为 5kN/m。砖墙自重取 5.24kN/m²，混凝土自重取 25kN/m³。纵筋采用 HRB335 级钢筋，箍筋采用 HPB300 级钢筋，混凝土采用 C20。试设计该过梁。

【解】 初步确定过梁截面为 $b \times h_b = 240$mm $\times 300$mm。

1. 荷载计算

过梁上的墙体高度 $h_w = 1.4 - 0.3 = 1.1$m $< l_n$，故要考虑梁板传来的均布荷载；因 h_w 大于 $l_n/3 = 1000$mm，所以应考虑 1000mm 高墙体自重，从而得到作用在过梁上的荷载为：

$$q = 1.3S_{GK} + 1.5\gamma_L S_{QK} = 1.3 \times (10 + 25 \times 0.24 \times 0.3 + 5.24 \times 1.0) + 1.5 \times 5 = 29.65\text{kN/m}$$

取均布荷载设计值为 29.65kN/m。

2. 钢筋混凝土过梁计算

过梁的计算跨度 $l_0 = 1.1l_n = 1.1 \times 3.0 = 3.3$m $> l_n + a = 3.0 + 0.24 = 3.24$m，取 $l_0 = 3.24$m。

弯矩和剪力分别为：

$$M = ql_0^2/8 = 29.65 \times 3.24^2/8 = 38.91\text{kN} \cdot \text{m}$$

$$V = ql_n/2 = 29.65 \times 3.0/2 = 44.48\text{kN}$$

受压区高度：

$$x = h_0 - \sqrt{h_0^2 - \frac{2M}{f_c b}} = 265 - \sqrt{265^2 - \frac{2 \times 38.91 \times 10^6}{9.6 \times 240}} = 74.08\text{mm} < \xi_b h_0$$

$$= 0.55 \times 265 = 145.75\text{mm}$$

$$A_s = \frac{\alpha_1 f_c bx}{f_y} = \frac{1.0 \times 9.6 \times 240 \times 74.08}{300} = 568.9 \text{ mm}^2$$

纵筋选用 3 Φ 16（$A_s = 603$mm²），箍筋按构造配置，全长采用 Φ 6@150。

3. 过梁梁端支承处砌体的局部受压承载力验算

查教材附表 11-4，砌体抗压强度设计值 $f = 1.50$MPa。压应力图形完整系数 $\eta = 1.0$。

过梁有效支承长度：$a_0 = a = 240$mm

承压面积：$A_l = a_0 \times h = 240 \times 240 = 57600$mm²

影响面积：$A_0 = (a_0 + h) \times h = (240 + 240) \times 240 = 115200\text{mm}^2$

$$\gamma = 1 + 0.35\sqrt{\frac{A_0}{A_l} - 1} = 1 + 0.35\sqrt{\frac{115200}{57600} - 1} = 1.35 > 1.25，取 \gamma = 1.25。$$

不考虑上部荷载，局部压力为 $N_l = q l_0 / 2 = 29.65 \times 3.24 / 2 = 48.03\text{kN}$

$$N_u = \eta \gamma f A_l = 1.0 \times 1.25 \times 1.50 \times 57600 \times 10^{-3} = 108\text{kN} > N_l$$

因此，局部受压承载力满足要求。

【提示】①钢筋混凝土过梁的承载力验算包括过梁受弯承载力验算、过梁受剪承载力验算和过梁下砌体局部受压承载力验算；②过梁下砌体局部受压承载力验算时，压应力图形完整系数 η 取 1.0，且不考虑局部受压面积内上部轴向力设计值的影响。

15.4.2　习　　题

【习题 15-1】柱截面为 490mm×620mm，采用 MU10 烧结普通砖及 M5 水泥混合砂浆砌筑，施工质量控制等级为 B 级，柱计算高度 $H_0 = 6.8$m，柱顶承受轴向压力设计值 $N = 250$kN，沿截面长边方向的弯矩设计值 $M = 8.1$kN·m。柱底截面按轴心受压计算。试验算该砖柱的承载力是否满足要求。

【习题 15-2】一厚 190mm 的承重内横墙，采用 MU5 的单排孔且孔对孔砌筑的混凝土小型空心砌块和 M5 水泥砂浆（根据最新规范，单排孔混凝土砌块的砂浆强度等级为 Mb，这里宜改为 Mb5 砂浆）。已知作用在底层墙顶的荷载设计值为 118kN/m，纵墙间距为 6.8m，横墙间距为 3.4m，$H = 3.5$m。试验算底层墙底截面承载力（墙自重为 3.36kN/m²）。

【习题 15-3】某房屋外纵墙的窗间墙截面尺寸为 1200mm×240mm，如图 15-6 所示，采用 MU10 烧结普通砖、M2.5 混合砂浆砌筑。墙上支承的钢混混凝土大梁截面尺寸为 250mm×600mm。梁端荷载产生的支承压力设计值为 180kN，上部荷载产生的轴向压力设计值为 50kN。验算梁端砌体的局部受压承载力。

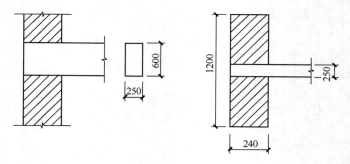

图 15-6　习题 15-3 题图（单位：mm）

【习题 15-4】某单层单跨无吊车工业厂房窗间墙，如图 15-7 所示。已知计算高度 $H_0 = 8.2$m，烧结多孔砖强度等级为 MU10，水泥混合砂浆强度等级为 M2.5，承受的荷载设计值 $N = 350$kN，$M = 40$kN·m。荷载偏向翼缘。试验算截面的承载力。

【习题 15-5】房屋纵向窗间墙上有一跨度达 6.0m 的大梁，梁截面尺寸为 $b \times h = 200\text{mm} \times 550\text{mm}$，支承长度 $a = 240$mm，支座反力 $N_l = 85$kN，梁底墙体截面处的上部荷

载设计值为 280kN。窗间墙截面为 1200mm ×370mm（图 15-8），采用烧结普通砖强度等级为 MU10，水泥混合砂浆强度等级为 M5。试验算局部受压承载力。

【习题 15-6】一外纵墙的窗间墙截面为 1200mm×190mm，上有跨度为 5.0m 的梁，截面尺寸 $b×h=200mm×500mm$。外纵墙采用单排孔且孔对孔砌筑的轻骨料混凝土小型空心砌块灌孔砌体，砌块强度等级为 MU10，水泥混合砂浆强度等级为 Mb5，用 Cb20 混凝土灌孔。已知梁的支承长度 $a=190mm$，N_l =110kN，梁底墙体截面上的荷载为 215kN，砌块空洞率 $δ=50\%$，灌孔率 $ρ=35\%$。

求：（1）试验算局部受压承载力；

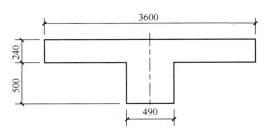

图 15-7 习题 15-4 题图（单位：mm）

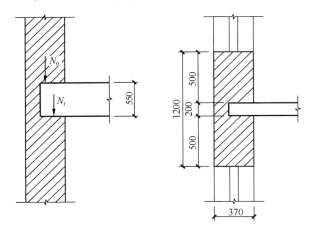

图 15-8 习题 15-5 题图（单位：mm）

（2）如不满足，则将梁搁置于圈梁上再进行验算。

【习题 15-7】一网状配筋砖柱，截面尺寸为 $b×h=490mm×490mm$，计算高度 $H_0=4.2m$，承受轴向力设计值 $N=180kN$，沿长边方向弯矩设计值 $M=15.0kN·m$。采用 MU15 烧结多孔砖和 M10 水泥混合砂浆砌筑，网状配筋采用消除应力钢丝Φp5，钢丝间距 $a=50mm$，钢丝网竖向间距 $s_n=250mm$，$f_y=430N/mm^2$。试验算该砖柱的承载力。

【习题 15-8】某钢筋混凝土组合砖墙厚 240mm，计算高度 $H_0=3m$，采用 MU10 烧结多孔砖、M7.5 水泥混合砂浆砌筑，承受轴向荷载。沿墙长方向每 1.5m 设 240mm×240mm 钢筋混凝土构造柱，采用 C20 混凝土，HPB300 级钢筋，纵筋 4Φ12。求每米横墙所能承受的轴向压力设计值。

【习题 15-9】某单层单跨无吊车房屋，采用装配式有檩体系钢筋混凝土屋盖，两端有山墙，间距 40m，柱距为 4m，每开间有 1.6m 宽的窗，窗间墙截面尺寸如图 15-9 所示（壁柱截面尺寸为 390mm×390mm，墙厚 190mm），采用 MU10 小型混凝土砌块砌体及 M5（根据最新规范，混凝土小型砌块砌体采用专用砂浆，符号应为 Mb）水泥混合砂浆砌筑，屋架下弦标高为 6.0m（室内地坪与基础顶面距离为 0.5m）。

求：（1）试确定属于何种计算方案；

（2）确定带壁柱墙的高厚比是否满足要求。

【习题 15-10】某教学楼，底层墙高取至室内地坪标高以下 300mm 处。荷载情况

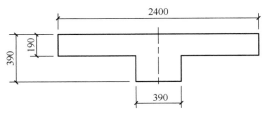

图 15-9 习题 15-9 题图（单位：mm）

如下：

（1）墙体厚度为 240mm，采用 MU10 烧结普通砖，一层用 M5 水泥混合砂浆；二、三、四层用 M2.5 水泥混合砂浆。

（2）砖墙及双面粉刷重量：5.24kN/m²。

（3）屋面恒荷载：3.6kN/m²；梁自重：3kN/m²；屋面活荷载：0.7kN/m²。

（4）各层楼面恒荷载：2.4kN/m²；梁自重：3kN/m²；屋面活荷载：2.0kN/m²。

（5）风荷载：0.3kN/m²。

（6）窗自重：0.3kN/m²。

（7）走廊栏板重：2.0kN/m²。

试计算 A 轴纵墙承载力是否满足；如不满足，修改到满足为止。

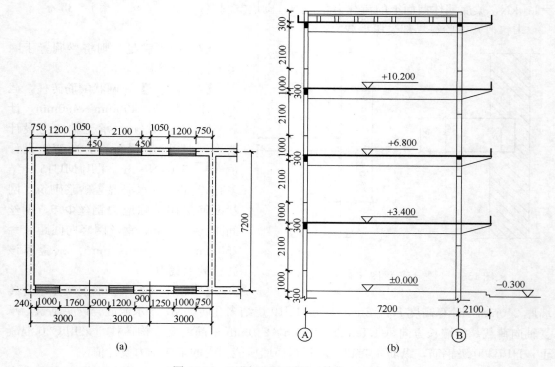

图 15-10   习题 15-10 题图（单位：mm）

【习题 15-11】过梁净跨 $l_n = 3.3$m，过梁上墙体高度 1.0m，墙厚 240mm，承受梁板荷载标准值（教材中此处缺"标准值"的说明）12kN/m（其中活荷载 5kN/m）。墙体采用 MU10 烧结多孔砖、M5 水泥混合砂浆，过梁混凝土强度等级 C20，纵筋为 HRB335 级钢筋，箍筋为 HPB300 级钢筋。试设计该过梁。

【习题 15-12】某承托阳台的钢筋混凝土挑梁，埋置于丁字形截面的墙体中。挑梁混凝土强度等级为 C20，主筋采用 HRB335 级钢筋，箍筋采用 HPB300 级钢筋。挑梁截面 $b \times h_b = 240$mm$\times 240$mm，挑出长度 $l = 1.3$m，埋入长度 $l_1 = 1.8$m。挑梁上墙体净高 2.86m，上、下墙厚均为 240mm，采用 MU10 烧结普通砖和 M5 水泥混合砂浆砌筑。墙体及楼屋盖传给挑梁的荷载为：活荷载 $p_1 = 9.50$kN/m²，$p_2 = 4.95$kN/m²，$p_3 =$

$1.75kN/m^2$；恒荷载 $g_1=10.80kN/m^2$，$g_2=9.90kN/m^2$，$g_3=11.20kN/m^2$，挑梁自重 $1.2kN/m$，埋入部分 $1.44kN/m$；集中力 $F=6.0kN$。试设计该挑梁。

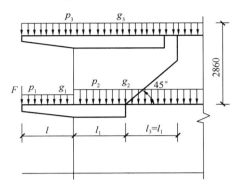

图 15-11 习题 15-12 题图（单位：mm）

【习题 15-13】某单跨 5 层商店-住宅。托梁 $b_b×h_b=240mm×240mm$，混凝土强度等级为 C30，纵筋为 HRB335 级钢筋，箍筋为 HPB300 级钢筋。墙体厚 240mm。采用 MU10 烧结普通砖、M10 水泥混合砂浆砌筑。

各层荷载标准值：

二层楼面	恒荷载 $4.0kN/m^2$	活荷载 $2.0kN/m^2$
三～五层楼面	恒荷载 $3.5kN/m^2$	活荷载 $2.0kN/m^2$
屋　　面	恒荷载 $4.5kN/m^2$	活荷载 $0.5kN/m^2$

试设计该墙梁。

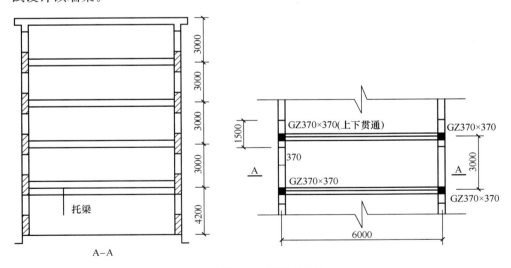

图 15-12 习题 15-13 题图（单位：mm）

第16章 公路混凝土桥总体设计

16.1 内容的分析与总结

16.1.1 学习的目的和要求

1）了解桥梁的结构组成与分类，理解桥梁设计的基本原则。

2）理解桥梁结构上的各种作用，掌握桥梁可变作用的计算方法。

16.1.2 重 点 和 难 点

上述学习要求1）是重点，2）是难点，特别是理解桥梁结构上的各种作用以及计算方法是后续针对不同结构体系桥梁学习的基础。

16.1.3 内容组成及总结

1. 内容组成

本章主要内容参见图16-1。

2. 内容总结

1）公路混凝土桥由上部结构、下部结构、基础和附属结构等部分组成。上部结构包括桥跨结构和桥面系，是桥梁承受行人、车辆等各种作用并跨越障碍空间的直接承重部分。下部结构包括桥台和桥墩，是支承上部结构，把结构重力、车辆等各种荷载作用传递给基础的构筑物。而基础位于桥台与桥墩与地基之间，主要有桩基础和扩大基础。

2）混凝土公路桥按受力体系可分为：梁式桥、拱式桥、刚架桥、悬索桥以及组合体系桥。

3）桥梁工程的设计应符合技术先进、安全可靠、适用耐久、经济合理的要求，同时应满足美观、环境保护和可持续发展的要求。总体设计主要包括桥梁的纵断面设计与横断面设计。

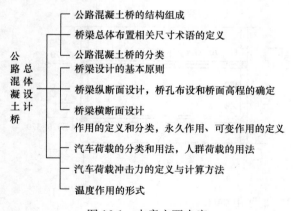

图 16-1 本章主要内容

4）作用是引起桥涵结构反应的各种原因的统称，施加在桥涵上的各种作用按照随时间的变化情况可以归纳为永久作用、可变作用、偶然作用和地震作用四类。汽车荷载是公路桥涵上最主要的一种可变作用，其作用等级可分为：公路—Ⅰ级与公路—Ⅱ级，同时根据结构设计目的不同，作用又分为：车道荷载与车辆荷载两种形式。车道荷载用于桥梁结构的整体计算，而车辆荷载用于桥梁结构的局部加载、涵洞、桥台和挡土墙压力的计算，两者效应不得叠加。其中，汽车荷载的冲击力采用汽车荷载标准值乘以冲击系数来计算。

16.2 重点讲解与难点分析

16.2.1 桥梁设计的基本原则

桥梁工程的设计应符合技术先进、安全可靠、适用耐久、经济合理的要求，同时应满足美观、环境保护和可持续发展的要求。上述原则中着重了解安全可靠和适用耐久的可量化指标，如安全可靠是最重要的基本原则，在后续的第 17 章中体现为结构承载能力计算；同时适用耐久对应于使用极限状态验算，如具体可量化为控制结构的变形、裂缝宽度以及预应力混凝土结构的抗裂性分析等内容。

16.2.2 汽车荷载的分类与用法

汽车荷载是公路桥涵上最主要的一种可变荷载。《公路工程技术标准》JTG B01—2014 规定各级公路桥涵设计中采用的汽车荷载等级分为公路—Ⅰ级和公路—Ⅱ级。注意对于不同等级的公路桥梁选用不同等级汽车荷载。

1. 汽车荷载标准值

汽车荷载有车道荷载和车辆荷载两种。

车道荷载由均布荷载和集中荷载组成。公路—Ⅰ级车道荷载的均布荷载标准值 q_k 为 10.5kN/m。需注意集中荷载标准值的取值方法为：当桥梁计算跨径小于或等于 5m 时，P_k 为 270kN；桥梁计算跨径等于或大于 50m 时，P_k 为 360kN；桥梁计算跨径在 $5\sim50\text{m}$ 之间时，P_k 为 2 (L_0＋130)，其中 L_0 为计算跨径。当计算剪力效应时，上述集中荷载标准值 P_k 应乘以 1.2 的系数。公路—Ⅱ级车道荷载的均布荷载标准值 q_k 和集中荷载标准值 P_k 按公路—Ⅰ级车道荷载的 0.75 倍采用。

车辆荷载为一辆总重 550kN 的标准车。公路—Ⅰ级和公路—Ⅱ级汽车荷载采用相同的车辆荷载标准值。

2. 计算规定

车道荷载用于桥梁结构的整体计算，车辆荷载用于桥梁结构的局部加载（例如桥面板计算）、涵洞、桥台和挡土墙压力的计算。在计算中车辆荷载和车道荷载的作用效应不得叠加。车道荷载的均布荷载标准值应满布于使结构产生最不利效应的同号影响线上，集中荷载标准值只作用于相应影响线中一个最大影响线峰值处。

16.2.3 汽车荷载冲击力的定义与计算方法

汽车以较高速度驶过桥梁时，由于桥面不平整、发动机振动等原因，会引起桥梁结构的振动，从而造成作用效应增大，这种动力效应称为汽车对桥梁的冲击作用。

在桥梁的计算中，一般采用结构静力计算，再引入一个竖向动力效应的增大系数——

冲击系数 μ，来计及汽车荷载作用的这种动力效应。汽车荷载的冲击力为汽车荷载标准值乘以冲击系数 μ。《公路桥涵设计通用规范》JTG D60—2015（后面简称《公路桥规》）对冲击系数的计算采用以桥梁结构基频为指标的方法。桥梁结构基频反映了结构尺寸、类型、建造材料等相关的动力特征，它直接反映了冲击效应和桥梁结构之间的关系。

16.2.4　温度作用的形式

温度变化将在桥梁结构中产生变形和作用力，温度作用包括均布温度和梯度温度引起的两种效应。均布温度变化为常年气温变化，这种温变将导致桥梁纵向长度的变化，当这种变化受到约束时就会引起温度次内力；梯度温度主要指太阳辐射作用，它使结构构件沿高度方向形成非线性的温度变化场，导致结构产生次内力。

在计算混凝土桥梁结构由于温度梯度引起的效应时，多采用竖向温度梯度分布模式，不同国家规范的分布模式可能不尽相同。另外，由于公路桥梁都带有较长的悬臂，两侧腹板较少受到阳光直接照射，因而公路桥涵设计时不计及横桥向温度梯度的影响。

16.3　思　考　题

16-1　混凝土公路桥由哪几部分组成？按桥梁承重结构的受力体系，桥梁可分为哪几类？

16-2　桥梁设计的基本原则是什么？

16-3　在公路桥梁的设计中采用的汽车荷载有哪几种？车辆荷载用于设计中的哪些场合？试画出车道荷载的图式。

16-4　公路桥梁上采用什么方法来考虑汽车荷载的冲击作用？

16-5　什么是计算跨径、净跨径？它们有何区别？

16-6　桥孔布设应遵循哪些原则？桥面高程是如何确定的？

16-7　为什么要考虑汽车荷载的冲击力、离心力和制动力？

16-8　均匀温度与梯度温度分别是如何引起温度次内力的？

第17章 公路桥梁混凝土结构的设计原理

17.1 内容的分析和总结

17.1.1 学习的目的和要求

1）理解公路桥梁结构的安全等级与重要性系数，桥梁设计使用年限和设计基准期的区别，了解桥梁结构设计状况的规定。

2）理解公路桥梁结构上的作用代表值和作用效应组合。

3）掌握桥梁结构的承载能力极限状态和正常使用极限状态的定义、基本表达式、验算内容以及相应的作用效应组合。

4）了解桥梁结构中钢筋混凝土板、梁的截面形式。

5）理解钢筋混凝土梁、板内布置的钢筋所起的作用及构造规定。

6）掌握钢筋混凝土单筋矩形截面梁、双筋矩形截面梁和 T 形截面梁的正截面受弯承载力计算的基本假定、计算简图、计算公式及适用条件，掌握截面设计和截面复核的基本方法。

7）理解钢筋混凝土受弯构件斜截面受剪破坏的三种形态，掌握公路桥钢筋混凝土受弯构件斜截面抗剪承载力的计算公式和适用条件，了解抗剪计算公式中系数的物理意义，掌握应用该公式进行抗剪配筋设计和斜截面抗剪承载力复核的方法步骤，明确箍筋的抗剪作用原理和基本构造要求。

8）理解保证钢筋混凝土受弯构件斜截面抗弯承载力的构造措施。

9）掌握公路桥梁钢筋混凝土受弯构件在正常使用阶段进行变形和最大裂缝宽度验算以及在施工阶段进行构件应力验算的方法。了解钢筋混凝土受弯构件第 II 工作阶段的三项基本假定，理解换算截面的概念及计算方法。

10）了解钢筋混凝土受弯剪扭构件的纵向钢筋和箍筋配置的构造规定；了解 T 形、I 形、箱形截面抗扭塑性抵抗矩的分配和受扭构件的配筋方法。

11）掌握钢筋混凝土普通箍筋和螺旋箍筋轴心受压构件承载力计算方法，了解构造要求。

12）掌握钢筋混凝土矩形截面偏心受压构件的截面非对称配筋和对称配筋设计方法，了解构造和钢筋配置要求。

13）了解公路桥梁预应力混凝土构件所用的混凝土材料的性能与特点，了解预应力混凝土构件先张法和后张法施工方法的区别。

14）了解公路桥梁预应力混凝土的分类，掌握预应力度的概念。

15）掌握公路桥梁预应力混凝土受弯构件三个主要受力阶段的特征和设计计算要求；

了解束界图定义及使用方法。

16）掌握公路桥梁预应力混凝土受弯构件的正截面抗弯承载力和斜截面抗剪承载力计算方法。

17）掌握公路桥梁预应力混凝土构件张拉控制应力的确定方法、各类预应力损失的基本概念及其估算方法。

18）掌握公路桥梁预应力混凝土受弯构件的应力验算和抗裂验算的目的和基本方法，掌握变形验算与预拱度设计方法。

19）掌握公路桥梁预应力混凝土简支梁的设计要点。

17.1.2　重点和难点

上述学习要求的第 2）、3）、6）、7）、8）、9）、12）、15）、16）、17）、18）、19）点是重点，第 2）、6）、7）、15）、18）点是难点。

17.1.3　内容组成及总结

1. 内容组成

本章主要内容可概括如图 17-1 所示。

2. 内容总结

1）本章讲述了与桥梁混凝土结构构件设计有关的基础知识。在钢筋混凝土梁的设计中，必须同时考虑正截面和斜截面的抗弯承载力、斜截面抗剪承载力，以保证梁段中任一截面都不会出现正截面和斜截面破坏。其中无论是受弯构件正截面抗弯承载力计算还是斜截面抗剪承载力计算，均应先从认识钢筋混凝土钢筋的破坏形态入手。

2）对于受弯构件正截面，可能发生三种破坏：适筋梁破坏、超筋梁破坏和少筋梁破坏，其中超筋梁破坏和少筋梁破坏均是脆性破坏，在设计中应避免；设计规范中正截面抗弯承载力计算公式是针对适筋梁的，在设计的关键是要控制截面混凝土受压区高度，才能避免超筋梁破坏，并且实际配筋要大于规定的最小配筋率，以规避少筋梁破坏。说明：教材中一般仅控制了受压区高度的最大值，而对受压区高度的最小值没有提出控制值，所以对如何规避超筋梁和少筋梁采取了不同的控制方式。

3）对于斜截面受剪，也可能发生三种破坏：斜拉破坏、斜压破坏和剪压破坏，三种破坏均为脆性破坏。在设计时，对于斜压和斜拉破坏，分别采用截面限制条件和构造措施予以避免；对于常见的剪压破坏形态，必须进行斜截面抗剪承载力的计算。

4）对于斜截面受弯破坏，一般采用梁的抵抗弯矩图应覆盖计算弯矩包络图的原则来解决。

5）由于钢筋混凝土受弯构件斜截面受剪破坏是脆性破坏，结构变形小，难以防范，所以结构设计时一般采用强剪弱弯的设计模式，如果钢筋混凝土受弯构件发生破坏的话，应先发生受弯构件弯曲破坏。

6）受压构件是工程上的常见受力构件，理想的轴心受压构件是不存在的，但是在偏心距很小的时候，可以近似的认为是轴心受压。钢筋混凝土轴心受压柱有普通箍筋柱和螺旋箍筋柱两种形式，螺旋箍筋柱的核心混凝土受到侧向约束，短柱的承载力大于同样条件的普通箍筋柱，且受压构件延性大大增加。

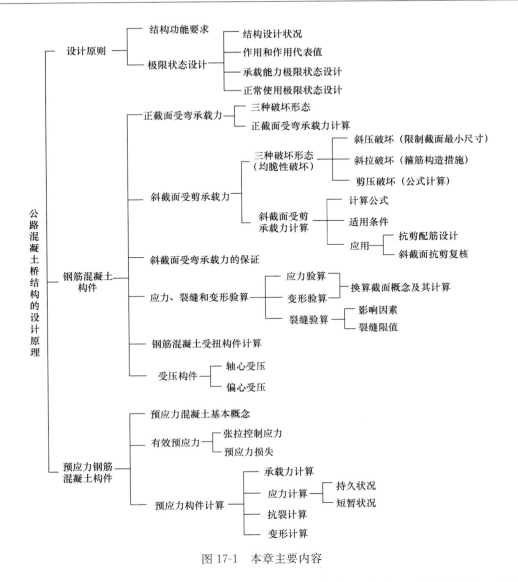

图 17-1 本章主要内容

7）钢筋混凝土偏心受压构件可分为大偏心受压和小偏心受压，两者的受力、破坏形态不同。在设计、复核阶段，要先判断大、小偏心受压的类别，再进行截面设计和截面复核。

8）预应力混凝土是土木工程历史上的一次伟大创新。通过施加预应力，充分发挥了混凝土，尤其是高强混凝土抗压强度高的特性，使混凝土构件的抗裂性大幅提高，增加了构件的刚度，也改善了构件在使用阶段的性能。在学习过程中，要掌握预应力混凝土的相关概念，诸如预应力度、消压弯矩、束界等。

9）施加预应力的方法包括先张法和后张法，预应力钢筋的有效预应力等于张拉控制应力减去预应力损失，预应力损失主要有六项，其产生的原因、适用的范围不尽相同，不同时期预应力混凝土构件的预应力损失和有效预应力也不相同。

10）预应力混凝土受弯构件的计算包括承载力计算、应力计算和抗裂验算。承载力计算的思路及要求与钢筋混凝土构件基本相同，应力计算是承载力计算的补充，不得超过应力限值，而抗裂验算则是验算截面的拉应力，防止混凝土裂缝的出现与发展。

17.2   重点讲解与难点分析

第 17 章包括了公路桥梁配筋混凝土结构设计的所有内容，在讲述相关内容的方法上与本教材的上册相关内容密切相关，因此相关重难点的选择考虑了房屋结构设计规范和桥梁设计规范的不同之处。由于《公路桥规》对相关内容的规定与《混凝土结构设计规范》GB 50010—2010（2015 年版）相比，既有相似部分，也有差异较大之处。此处对结构设计方法基本相同部分不再赘述，着重于差异较大之处进行重难点分析讨论。学习上要注意在充分掌握上册混凝土结构基本设计方法的基础上，再学习第 17 章内容。本学习指导也本着如此理念进行编写。

17.2.1   极限状态设计

对于公路桥涵钢筋混凝土和预应力混凝土结构构件的计算，《公路桥规》采用的是近似概率极限状态设计法，规定设计计算应满足承载能力和正常使用两类极限状态的各项要求。

1. 设计状况

《公路桥规》中仅有四种状况，包括持久状况、短暂状况、偶然状况和地震状况。

2. 桥梁结构上的作用代表值

作用的概念是学习理解的难点。它是根据对作用统计得到的概率分布模型，按照作用出现概率的方式确定的。重点理解结构上的永久作用、可变作用的基本定义。在此基础上，结构或结构构件设计时，针对不同设计目的采用了更加细化的各种作用规定值，它包括作用标准值、准永久值和频遇值等。在结构设计时，准永久值和频遇值的理解是两个难点，重点说明如下：

1）可变作用准永久值指在结构上经常出现的且量值较小的荷载作用取值，也是结构在正常使用极限状态按作用准永久组合设计时可变作用的代表值，实际上是考虑可变作用的长期作用而对标准值的一种折减，可计为 $\varphi_q Q_k$，其中折减系数 φ_q 称为准永久值系数。

2）可变作用频遇值指结构上较频繁出现的且量值较大的荷载作用取值，也是结构在正常使用极限状态按作用频遇组合设计时可变作用的代表值。可变作用频遇值为可变作用标准值乘以频遇值系数。

3. 承载能力极限状态设计设计表达式

定义：公路桥涵承载能力极限状态是对应于桥涵及其构件达到最大承载能力或出现不适于继续承载的变形或变位的状态。

验算内容：公路桥涵的持久状态设计按承载能力极限状态的要求，对构件进行承载力计算，这是主要计算内容。

对于承载能力极限状态的计算公式中，各组合系数的概念及其取值应注意学习。正是由于在标准值基础上乘以各分项系数，才使各标准值变成了设计值。在承载能力计算中，注意构件的内力值采用了设计值的概念，这不同于正常使用极限状态。

4. 正常使用极限状态设计表达式

定义：公路桥涵正常使用极限状态是指对应于桥涵及其构件达到正常使用或耐久性的某项限值的状态。

验算内容：公路桥涵的持久状态设计按正常使用极限状态的要求，对混凝土构件的抗裂、裂缝宽度和挠度进行验算。注意：此处抗裂验算时针对预应力混凝土构件而言，普通钢筋混凝土构件不存在抗裂性验算。裂缝宽度验算针对普通钢筋混凝土构件以及 B 类部分预应力混凝土构件进行。

表达式：公路桥涵结构按正常使用极限状态设计计算，是以结构弹性理论或弹塑性理论为基础，对构件的抗裂、裂缝宽度和挠度进行验算，并使各项计算值不超过《公路桥规》规定的各相应限值。

作用组合：《公路桥规》规定按正常使用极限状态设计时，应根据结构不同的设计要求，选用以下一种或两种作用组合：

1) 作用频遇组合是永久作用标准值与汽车荷载频遇值、其他可变作用准永久值的组合，其基本表达式为：

$$S_{fd} = S(\sum_{i=1}^{m} G_{ik} + \psi_{f1} Q_{1k} + \sum_{j=2}^{n} \psi_{qj} Q_{jk})$$ (17-1)

2) 作用准永久值组合是永久作用标准值与可变作用准永久值相结合，其基本表达式为：

$$S_{qd} = S(\sum_{i=1}^{m} G_{ik} + \sum_{j=1}^{n} \psi_{qj} Q_{jk})$$ (17-2)

17.2.2 受弯构件斜截面抗剪承载力计算

本章斜截面抗剪计算与上册内容差异较大的重点内容，需要认真理解三种破坏形态及其影响因素，然后针对三种破坏形态采用针对性的设计方法。注意：斜截面可能会发生两种破坏，即斜截面受剪破坏和斜截面受弯破坏。其中，斜截面受剪破坏主要有三种破坏形态：斜压破坏、剪压破坏和斜拉破坏，不能表述为"斜截面破坏有三种主要形态，即斜压破坏、剪压破坏和斜拉破坏"，概念上出了问题，必须清楚这一点。

1. 斜截面受剪破坏的三种形态

钢筋混凝土受弯构件斜截面受剪破坏的主要形态有以下三种。这三种破坏形态都属于脆性破坏类型，同时三种斜截面受剪破坏形态的抗剪承载力是不同的，斜压破坏时最大，其次为剪压破坏，斜拉破坏最小。总的来看，斜截面受剪破坏较突然，均属于脆性破坏，而其中斜拉破坏最为明显。

在设计时，对于斜压和斜拉破坏，一般是分别采用截面限制条件和规定的构造措施予以避免。对于常见的剪压破坏形态，必须进行斜截面抗剪承载力的计算。

2. 受弯构件斜截面抗剪承载力的计算公式和适用条件

配有箍筋和弯起钢筋的钢筋混凝土梁，当发生剪压破坏时，其抗剪承载力 V_u 是由剪压区混凝土抗剪力 V_c、箍筋所能承受的剪力 V_v 和弯起钢筋所能承受的剪力 V_{sb} 所组成（图 17-2），即 $V_u = V_c + V_v + V_{sb}$。

在有腹筋梁中，箍筋的存在抑制了斜裂缝的开展，使剪压区面积增大，导致了剪压区

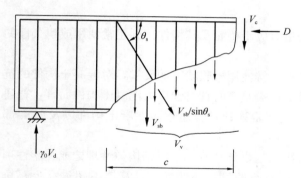

图 17-2　斜截面抗剪承载能力计算图式

混凝土抗剪能力的提高，其提高程度与箍筋的抗拉强度和配箍率有关。因而，V_c 与 V_v 是紧密相关的，但两者目前尚无法分别予以精确定量，而只能用 V_{cs} 来表达混凝土和箍筋的综合抗剪承载能力，即 $V_u = V_{cs} + V_{sb}$。

这里需要说明一个问题，在《公路桥规》中是把混凝土和箍筋的抗剪承载力用一个统一的公式进行表述，而不区分混凝土和箍筋各自的抗剪承载力。这是因为有腹筋梁的斜截面承载力是以无腹筋梁的试验结果为依据的，所以有腹筋梁的斜截面受剪承载力采用了叠加的表达方式，即在无腹筋梁斜截面受剪承载力的基础上再增加箍筋的贡献。

《公路桥规》根据国内外的有关试验资料，对配有腹筋的钢筋混凝土梁斜截面抗剪承载力的计算采用下述半经验半理论的公式：

$$\gamma_0 V_d \leqslant V_u = \alpha_1 \alpha_2 \alpha_3 (0.45 \times 10^{-3}) b h_0 \sqrt{(2 + 0.6p) \sqrt{f_{cu,k}} \rho_{sv} f_{sv}} \\ + (0.75 \times 10^{-3}) f_{sd} \sum A_{sb} \sin\theta_s \qquad (17\text{-}3)$$

式中各系数的物理意义学习时需要理解掌握。

这里要指出以下几点：

1) 式（17-3）所表达的斜截面抗剪承载能力中，混凝土和箍筋提供的综合抗剪承载能力为 $V_{cs} = \alpha_1 \alpha_2 \alpha_3 (0.45 \times 10^{-3}) \sqrt{(2 + 0.6p) \sqrt{f_{cu,k}} \rho_{sv} f_{sv}}$，弯起钢筋提供的抗剪承载能力为 $V_{sb} = (0.75 \times 10^{-3}) f_{sd} \sum A_{sb} \sin\theta_s$。当不设弯起钢筋时，仅有混凝土和箍筋共同承受剪力时，梁的斜截面抗剪能力 V_u 等于 V_{cs}。

2) 式（17-3）是一个半经验半理论公式，使用时必须按规定的单位代入数值，而计算得到的斜截面抗剪承载能力 V_u 的单位为 "kN"。

式（17-3）是根据剪压破坏形态发生时的受力特征和试验资料而制定的，仅在一定的条件下才适用，因而必须限定其适用范围，称为计算公式的上、下限值，要理解上下限验算的含义。

3. 斜截面受剪承载力计算的几点补充说明

1) 与正截面受弯承载力计算一样，斜截面受剪承载力计算也包括截面设计和截面复核两部分，都要求 $\gamma_0 V_d \leqslant V_u$。截面设计时，$\gamma_0 V_d$ 一般是已知的或通过内力计算求得，解题时可令 $V_u = \gamma_0 V_d$，然后通过 $\gamma_0 V_d$ 的计算公式来选配箍筋和弯起钢筋；截面复核时，可根据已知条件直接求 V_u。无论是截面设计还是截面复核，均应先检查截面尺寸限制条件，再进行计算，下面会详细说明相关步骤。这部分内容是本章的重点，也是难点。

2) 当不满足教材上的公式（17-38）时，说明此时截面剪力过大，而截面尺寸过小，无论如何配置箍筋或其他钢筋都无济于事，混凝土抗压能力是构件设计的关键，而与之紧密相关的是截面尺寸尤其是截面宽度，必须满足最小值要求。所以该公式是用于验算最小截面尺寸的。

3）当满足教材上的公式（17-39）时，说明满足该公式的所有截面剪力已经过小，不应再由计算来配置箍筋，否则的话箍筋配置量就太少了，容易出现斜拉破坏。此时须由构造要求完成配筋。因为影响斜截面受剪承载力的因素不止公式中能考虑的几项，另外，温度收缩、不均匀沉降、计算简图与实际结构之间的差异都会使计算存在一定的误差，同时，还考虑到无腹筋梁一旦发生受剪破坏，它的破坏性质更具有较大的危险性，因此对不需按计算配箍筋的梁也应配置适当的箍筋。

4. 抗剪配筋设计

梁的计算剪力包络图：计算得到的各截面最大剪力组合设计值 V_d 乘上结构重要性系数 γ_0 后所形成的计算剪力图，如图 17-3 所示。

重点掌握等高度简支梁腹筋的初步设计步骤：

1）根据已知条件及支座中心处的最大剪力计算值 $V_0 = \gamma_0 V_{d,0}$，$V_{d,0}$ 为支座中心处最大剪力组合设计值，γ_0 为结构重要性系数。按照式（17-38），对由梁正截面承载能力计算已决定的截面尺寸作进一步检查。若不满足，必须修改截面尺寸或提高混凝土强度等级，以满足式（17-38）的要求。

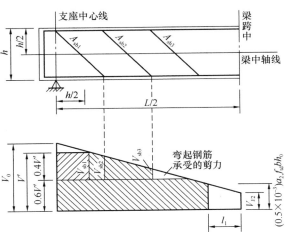

图 17-3 腹筋初步设计计算图

2）由式（17-39）求得按构造要求配置箍筋的剪力 $V = (0.5 \times 10^{-3}) \alpha_2 f_{td} b h_0$，其中 b 和 h_0 可取跨中截面计算值，由计算剪力包络图可得到按构造配置箍筋的区段长度 l_1。

3）在支点和按构造配置箍筋区段之间的计算剪力包络图中的计算剪力应该由混凝土、箍筋和弯起钢筋共同承担。《公路桥规》规定：最大剪力计算值取用距支座中心 $h/2$（梁高一半）处截面的数值（记做 V'），其中混凝土和箍筋共同承担不少于 60%，即 $0.6V'$；弯起钢筋（按 45°弯起）承担不超过 40%，即 $0.4V'$。

4）箍筋设计。现取混凝土和箍筋共同的抗剪能力 $V_{cs} = 0.6V'$，计算箍筋间距，取整并满足规范要求后，即可确定箍筋间距。（注意此处 p、h_0 近似取支座和跨中截面的平均值，而在斜截面抗剪承载力复核时取的是斜截面顶端截面）

5）弯起钢筋的数量及初步的弯起位置。根据梁斜截面抗剪要求，所需的第 i 排弯起钢筋的截面面积，要根据计算剪力包络图中的、应由第 i 排弯起钢筋承担的计算剪力值 V_{sbi} 来决定。由式（17-37），且仅考虑弯起钢筋，则得：

$$V_{sbi} = (0.75 \times 10^{-3}) f_{sd} A_{sdi} \sin\theta_s$$

$$A_{sbi} = \frac{1333.33 V_{sbi}}{f_{sd} \sin\theta_s}$$

对于计算剪力 V_{sbi} 的取值方法，《公路桥规》规定：

（1）计算第一排（从支座向跨中计算）弯起钢筋（即图 17-3 中所示 A_{sb1}）时，取用距支座中心 $h/2$ 处由弯起钢筋承担的那部分剪力值 $0.4V'$。

（2）计算以后每一排弯起钢筋时，取用前一排弯起钢筋弯起点处由弯起钢筋承担的那部分剪力值。

同时，《公路桥规》对弯起钢筋的弯角及弯筋之间的位置关系有以下要求：

（1）钢筋混凝土梁的弯起钢筋一般与梁纵轴成 45°角，在特殊情况下可取 30°或不大于 60°的角。弯起钢筋以圆弧弯折，圆弧半径（以钢筋轴线为准）不宜小于 10 倍钢筋直径。

（2）简支梁第一排（对支座而言）弯起钢筋的末端弯折点应位于支座中心截面处（图 17-17），以后各排弯起钢筋的末端弯折点应落在或超过前一排弯起钢筋弯起点截面。

5. 斜截面抗剪承载力复核

1）斜截面抗剪承载能力复核截面的选择

《公路桥规》规定，在进行钢筋混凝土简支梁斜截面抗剪承载能力复核时，其复核位置应按照下列规定选取：

（1）距支座中心 $h/2$（梁高一半）处的截面（图 17-4 中截面 1-1）；

（2）受拉区弯起钢筋起点弯处的截面（图 17-4 中截面 2-2，3-3），以及锚于受拉区的纵向钢筋开始不受力处的截面（图 17-4 中截面 4-4）；

（3）箍筋数量或间距有改变处的截面（图 17-4 中截面 5-5）；

（4）构件腹板宽度改变处的截面。

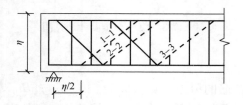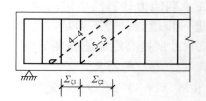

图 17-4 斜截面抗剪承载能力的复核截面位置示意图

2）斜截面顶端位置的确定

斜截面投影长度 c（图 17-5）是自纵向钢筋与斜裂缝底端相交点至斜裂缝顶端距离的水平投影长度，其大小与有效高度 h_0 和剪跨比 $\dfrac{M}{Vh_0}$ 有关。

$$c \doteq 0.6mh_0 = 0.6\frac{M_d}{V_d} \tag{17-4}$$

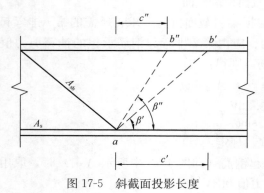

图 17-5 斜截面投影长度

斜截面顶端位置确定的简化计算方法：

（1）按照图 17-4 来选择斜截面底端位置。

（2）以底端位置向跨中方向取距离为 h_0 的截面，认为验算斜截面顶端就在此正截面上。

（3）由验算斜截面顶端的位置坐标，可以从内力包络图推得该截面上的最大剪力组合设计值 $V_{d,x}$ 及相应的弯矩组合设计值

$M_{\mathrm{d,x}}$，进而求得剪跨比 $m = \dfrac{M_{\mathrm{d,x}}}{V_{\mathrm{d,x}}h_0}$ 及斜截面投影长度 $c = 0.6mh_0$。

由斜截面投影长度 c，可确定与斜截面相交的纵向受拉钢筋配筋率 ρ、弯起钢筋数量 A_{sb} 和箍筋配筋率 ρ_{sv}。取验算斜截面顶端正截面的有效高度 h_0 及宽度 b。

（4）将上述各值及与斜裂缝相交的箍筋和弯起钢筋数量代入式（17-37），即可进行斜截面抗剪承载能力复核。

17.2.3　受弯构件斜截面抗弯承载力的保证

在钢筋混凝土梁的设计中，必须同时考虑斜截面抗剪承载力、正截面和斜截面的抗弯承载力，以保证梁段中任一截面都不会出现正截面和斜截面破坏。

在实际的设计中，是采用构造规定来避免斜截面受弯破坏。这个问题一般采用梁的抵抗弯矩图应覆盖计算弯矩包络图的原则来解决。这是本章内容的重点和难点。

强调两个重要概念：

弯矩包络图：沿梁长度各截面上弯矩组合设计值 M_{d} 的分布图。

抵抗弯矩图：沿梁长各个正截面按实际配置的总受拉钢筋面积能产生的抵抗弯矩图，即表示梁各正截面所具有的抗弯承载力。

设计要求：抵抗弯矩图能够把弯矩包络图全部包住，即表明结构抗弯承载能力满足要求。

设计步骤如下：

1）钢筋弯起要求。在进行弯起钢筋布置时，为满足斜截面抗弯承载力的要求，弯起钢筋的弯起点位置，应设在按正截面抗弯承载力计算该钢筋的强度全部被利用的截面（钢筋的充分利用点）以外，其距离不小于 $0.5h_0$ 处，并且满足《公路桥规》关于弯起钢筋规定的构造要求。

上述具体构造规定的要点：为了保证弯起钢筋的抗弯作用，弯起钢筋与梁轴线的交点必须在其不需要点以外。

2）纵向受拉钢筋在支座处的锚固。在钢筋混凝土梁的支点处，应至少有两根且不少于总数 1/5 的下层纵向受拉钢筋通过；底层两外侧之间不向上弯曲的受拉主筋，伸出支点截面以外的长度需符合规范要求。

3）纵向受拉钢筋在梁跨间的截断与锚固。不宜在受拉区截断，若需截断，为了保证钢筋强度的充分利用，必须将钢筋从理论切断点外伸一定的长度（$l_{\mathrm{a}}+h_0$）再截断。

17.2.4　钢筋混凝土受弯构件的应力、裂缝和变形验算

1. 正常使用阶段验算的意义

承载力计算与变形、裂缝验算都是在保证结构构件可靠性要求的前提下进行的。承载力计算和变形、裂缝验算各自属于不同的极限状态。对于承载能力极限状态之所以称之为计算，主要是由于这种计算要保证构件满足安全性要求，而且是结构设计的基本要求，因此规定的可靠度指标比较严格，否则构件一旦破坏造成的后果会危及人员及财产的安全，所以计算是必须的。然而，对于构件的变形和裂缝的验算则是保证正常使用极限状态要求的，目的是使构件具有良好的适用性和耐久性要求。这种要求显然是在满足安全性的前提

下才能实现的，而且这种要求对各种不同受力构件来说程度上也是有差别的。由于不满足验算要求所造成的后果远不如不满足计算所造成的后果，因此验算达到的可靠度指标比计算达到的可靠度指标宽松一些。

正由于以上原因，在计算和验算时由于其可靠度指标的不同，对应采用不同的计算指标。承载力计算采用荷载与材料强度的设计值，而变形和裂缝验算则采用荷载与材料强度的标准值。可见，"计算"与"验算"是不同的。

2. 受弯构件最大裂缝宽度的验算

《公路桥规》规定矩形、T 形和工字形截面的钢筋混凝土受弯构件最大弯曲裂缝宽度 W_{cr} 按下式计算：

$$W_{cr} = c_1 c_2 c_3 \frac{\sigma_{ss}}{E_s} \left(\frac{c+d}{0.30 + 1.4\rho_{te}} \right) \quad (17\text{-}5)$$

需要明确各系数的物理意义，3 个要点：

（1）从上式可以看出，影响钢筋混凝土构件混凝土弯曲裂缝宽度的主要因素有：钢筋应力 σ_{ss}、钢筋保护层厚度 c、钢筋直径 d、配筋率 ρ_{te}、钢筋外形、作用性质（准永久组合、频遇组合）、构件受力性质（受弯、受拉、偏心受拉等）。不要死记，应结合公式理解影响钢筋混凝土构件裂缝宽度的主要因素。从该公式中可以看出，为限制裂缝宽度，很有必要限制钢筋的应力大小，限制钢筋的直径，提高钢筋配筋率等均有益于降低裂缝宽度。

（2）在 I 类、II 类环境条件下的钢筋混凝土构件，算得的裂缝宽度不应超过 0.2mm；处于 III 类和 IV 类环境下的钢筋混凝土受弯构件，容许裂缝宽度不应超过 0.15mm。

（3）需要注意的是，《公路桥规》规定的裂缝宽度限值是特征裂缝宽度，是对在作用频遇组合并考虑长期效应组合影响下构件的垂直裂缝而言，并不是准永久组合，且不包括施工中混凝土收缩、养护不当等引起的其他非受力裂缝。

此外，需要特别注意的是，此处是针对钢筋混凝土受弯构件的裂缝验算规定，对于预应力混凝土构件，其抗裂验算要求是不同的，后面会详细解释，应注意区分。

17.2.5　预应力混凝土的分类及预应力度的概念

普通钢筋混凝土结构，其本身最大的缺点在于混凝土材料的抗拉强度远低于抗压强度，抗裂能力太低，造成结构刚度明显降低。随着高强钢筋和高强混凝土这两项新材料的发展，预应力混凝土技术也随之诞生。在结构构件受荷之前对混凝土施加预压应力，则可以抵消或部分抵消由荷载引起的拉应力，从而提高构件的抗裂性和截面刚度。

预应力之父，美籍华人林同炎曾提出以下著名论断："预加应力是为了改变混凝土材性，由脆性变为弹性""预加应力是为了使高强钢材与混凝土能共同工作"。

通过施加预应力，混凝土构件在使用阶段不会产生拉应力裂缝，可以按弹性材料的计算方法计算。此外，预应力使高强混凝土和高强钢筋得以共同工作，充分发挥了材料的高强性能。如果没有高强钢筋施加的预压应力作用在高强混凝土受弯构件上，则高强混凝土受弯构件的受拉区很快就会达到拉应力极限而造成结构开裂，降低结构刚度。

所以，深刻理解预应力对于钢筋混凝土的基本作用是理解预应力混凝土结构的基础。

根据预应力施加程度的不同可形成不同类别的结构状态。

1) 预应力度的定义

受弯构件的预应力度 λ 定义为由预加应力大小确定的消压弯矩 M_0 与外荷载产生的弯矩 M_s 的比值，即：

$$\lambda = M_0/M_s \qquad\qquad (17\text{-}6)$$

式中 λ ——预应力混凝土构件的预应力度；

    M_0 ——消压弯矩，也就是构件抗裂边缘预压应力抵消到零时的弯矩；

    M_s ——按作用频遇组合计算的弯矩值。

2) 配筋混凝土构件的分类

国内通常把全预应力混凝土、部分预应力混凝土和钢筋混凝土结构总称为配筋混凝土结构系列。

此部分重在理解随着预应力度的不同，配筋混凝土呈现出不同的力学性能。钢筋混凝土不施加预压力，消压弯矩为零，故预应力度 $\lambda = 0$，为普通钢筋混凝土，在外荷载作用下结构会开裂，要限制裂缝宽度；部分预应力混凝土构件有预加力，但荷载作用下正截面受拉边缘出现拉应力，即预加力产生的弯矩没有荷载产生的弯矩大，故预应力度 $0 < \lambda < 1$，此时结构受拉区可能出现拉应力，甚至出现裂缝，但裂缝宽度相比普通钢筋混凝土要小得多；全预应力混凝土构件在正截面受拉区不出现拉应力，消压弯矩比荷载弯矩大，故 $\lambda \geqslant 1$，此时认为结构都处于受压状态，更不可能出现正截面裂缝。因此随着预应力度的提高，配筋混凝土结构呈现了越来越好的抗裂性能。

为了设计的方便，《公路桥规》又将部分预应力混凝土结构按照作用频遇组合下构件正截面混凝土受拉边缘的应力状态，分为两类：

(1) A 类：构件正截面混凝土受拉边缘的法向拉应力不超过规定的限值。

(2) B 类：构件正截面混凝土受拉边缘的拉应力允许超过 A 类构件规定的限值。但当出现裂缝时，其裂缝宽度不得超过允许限值。该限值采用控制名义拉应力的大小来完成，对应于不同的裂缝控制等级，名义拉应力大小也不相同，具体数据请查看《公路桥规》。

17.2.6 预应力混凝土构件三个主要受力阶段的特征和设计计算要求

预应力混凝土受弯构件，从预加应力到承受外荷载，直至最后破坏，主要可分为三个阶段，即施工阶段、使用阶段和破坏阶段。

在这三个阶段中，预应力混凝土受弯构件所面临的荷载及作用不同，设计计算要求也不同，因此，需要理解这三个阶段不同的受力特征，并掌握设计计算要求。

1. 施工阶段

施工阶段是预应力构件形成的阶段，又可分为预加应力阶段和运输、安装阶段两个阶段。

1) 预加应力阶段

预加应力阶段系指从预加应力开始，至预加应力结束（即传力锚固）为止。构件所承受的荷载主要是偏心预压力（即预加应力的合力）N_p。

本阶段的设计计算要求是：

(1) 控制受弯构件截面上、下缘混凝土的最大拉应力和压应力，以及梁腹的主应力，都不应超出《公路桥规》的规定值；

（2）控制预应力筋的最大张拉应力；

（3）保证锚固区混凝土局部承压承载能力大于实际承受的压力并有足够的安全度，以保证梁体不出现水平纵向裂缝。

2）运输、安装阶段

此阶段混凝土梁所承受的荷载，仍是预加力 N_p 和梁的一期荷载。但由于预应力损失相继增加，N_p 要比预加应力阶段小。同时梁的一期荷载应根据《公路桥规》的规定计入 1.20 或 0.85 的动力系数。构件在运输中的支点或安装时的吊点位置常与正常支承点不同，故应按梁起吊时一期荷载作用下的计算图式进行验算，特别需注意验算构件支点或吊点截面上缘混凝土的拉应力。

2. 使用阶段和破坏阶段

这部分应重点理解和掌握消压弯矩、开裂弯矩、破坏弯矩的概念，理解预应力混凝土受弯构件与钢筋混凝土受弯构件受力后的异同点。

使用阶段构件除承受偏心预加力 N_p 和梁的一期荷载 G_1 外，还要承受桥面铺装、人行道、栏杆等后加的二期恒载 G_2 和车辆、人群等活荷载 Q。

随着荷载逐步加大，当受弯构件截面受拉边缘混凝土预压应力降为零时，控制截面上所施加的外荷载弯矩 M_0 称为消压弯矩。注意此时只有控制截面下边缘纤维的混凝土应力为零（消压），而截面上其他点的应力都不为零（都不消压）。

当受弯构件在截面消压后继续加载，并使截面受拉区混凝土应力达到抗拉极限强度 f_{tk} 时的应力状态，即称为裂缝即将出现状态。此时荷载产生的弯矩就称为开裂弯矩 M_{cr}。

对于配筋率适当的受弯构件（适筋梁），在荷载作用下，受拉区全部钢筋（包括预应力钢筋和非预应力钢筋）达到屈服强度后，裂缝迅速向上延伸，而后受压区混凝土被压碎，构件即告破坏，此时荷载产生的弯矩就称为破坏弯矩。

学习预应力混凝土结构时，需要特别理解的是，预应力混凝土梁的破坏弯矩，主要与构件的组成材料受力性能有关，而与受拉区钢筋是否施加预拉应力无关。其破坏弯矩值与同条件普通钢筋混凝土梁的破坏弯矩值几乎相同，这说明预应力混凝土结构并不能创造出超越其本身材料强度能力之外的奇迹，而只是大大改善了结构在正常使用阶段的工作性能。

17.2.7　索界图定义及使用方法

首先要理解束界的定义。索界（或束界）是预应力钢筋在混凝土梁中的布置范围，在此范围内布置预应力筋，混凝土梁截面的上、下缘在荷载作用下均不会出现混凝土拉应力（对于全预应力混凝土而言）。因此，在设计时，预应力钢筋的重心线不得超出束界范围。

其次要掌握束界的确定方法。对于全预应力混凝土，构件截面上、下缘混凝土不出现拉应力，可以按照在最小外荷载和最不利荷载作用下的两种情况，分别确定 N_p 在各个截面上偏心距的极限，由此可以绘出两条 e_p 的限值线 E_1 和 E_2。只要 N_p 作用点（即近似为预应力钢筋的截面重心）的位置，落在由 E_1 及 E_2 所围成的区域内，就能保证构件在最小外荷载和最不利荷载作用下，其上、下缘混凝土均不会出现拉应力，如图 17-6 所示。因此，把由 E_1 和 E_2 两条曲线所围成的布置预应力钢筋时的钢筋重心界限，称为束界

（或索界）。对于部分预应力混凝土结构而言，梁上下翼缘拉应力的控制值有所改变，据此能够得到新的束界范围。

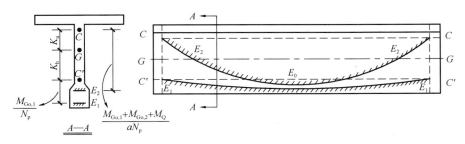

图 17-6 束界图

需要注意的是，对于特定的预应力混凝土梁，束界是确定的；但不同梁体尺寸、设计荷载的预应力混凝土梁，束界并不相同；同样梁体尺寸和设计荷载的全部预应力梁和部分预应力梁，其束界也不相同。

17.2.8 预应力钢筋的张拉控制应力

张拉控制应力 σ_{con} 是指预应力钢筋锚固前张拉钢筋千斤顶所显示的总拉力除以预应力钢筋截面积所求得的钢筋应力值。在公路桥梁预应力混凝土结构设计中，对于仅需在短时间内保持高应力的钢筋，例如，为了减少一些因素引起的应力损失，而需要进行超张拉的钢筋，可以适当提高张拉应力，但在任何情况下，钢筋的最大张拉控制应力，对于钢丝、钢绞线不应超过 $0.8f_{pk}$；对于精轧螺纹钢筋不应超过 $0.90f_{pk}$。

17.2.9 钢筋预应力损失与有效预应力计算

1. 预应力损失

由于施工因素、材料性能和环境条件等因素的影响，钢筋中的预拉应力会逐渐减少，这种预应力钢筋的预应力随着张拉锚固过程和时间推移而降低的现象，称为预应力损失。

一般情况下，公路桥梁预应力混凝土构件主要考虑以下 6 项应力损失值，但对于不同锚具、不同施工方法可能还存在其他预应力损失，如锚圈口摩阻损失等，应根据具体情况逐项考虑其影响。

以下常见的 6 项应力损失，需要在学习时理解其产生的原因、在哪几种情况下产生，尤其要分清楚是只在先张法或后张法中出现还是在两种方法中都会出现，是在施工过程中瞬间损失的还是在使用过程中逐步损失的。此外，还要掌握各项损失的计算方法。

1）锚具变形、钢筋回缩和接缝压缩引起的应力损失（σ_{l1}）

此部分预应力损失在先张法和后张法中均会产生。此项预应力损失是瞬间完成的，造成此项应力损失的根本原因在于已张拉的预应力钢筋变短。

当张拉结束并进行锚固时，锚具将受到巨大的压力，使锚具自身及锚下垫板压密而变形，同时由于预应力钢筋还要向内回缩，造成锚具变形、钢筋回缩引起应力损失。

另外拼装式构件的接缝，在锚固后也将继续被压密变形，造成接缝压缩引起应力损失。

2）预应力筋与管道壁间摩擦引起的应力损失（σ_{l2}）

此部分预应力损失仅存在于后张法预应力构件中，也是在预应力张拉和放张的施工过程中瞬间完成损失。

后张法的预应力筋张拉时，预应力筋将沿管道壁滑移而产生摩擦力，使钢筋中的预拉应力形成张拉端高，向跨中方向逐渐减小的情况。钢筋在任意两个截面间的应力差值，就是这两个截面间由摩擦所引起的预应力损失值，以 σ_{l2} 表示。

这部分损失可以这样理解：在预应力钢筋张拉时，预应力钢筋有从管道内向管道外的运动趋势，因此产生反方向的摩擦力，端部的张拉控制应力实际上是包括了钢筋实际的应力和摩擦力。

直线管道和曲线管道均会产生此项损失，曲线管线部分的该项损失要远大于直线管线部分。

先张法没有管道，预应力钢筋和混凝土是粘结在一起的，因此也没有相对运动趋势，就没有该项应力损失了。

3）钢筋与台座间的温差引起的应力损失（σ_{l3}）

此项应力损失，仅在先张法构件采用蒸汽或其他加热方法养护混凝土时才予以考虑，后张法不存在此项应力损失。此项应力损失较难理解。

假设张拉时钢筋与台座的温度均为 t_1，混凝土加热养护时的最高温度为 t_2，由于此时钢筋尚未与混凝土粘结，温度由 t_1 升为 t_2 后可在混凝土中自由变形，钢筋将产生温差变形 Δl_t。

如果在对构件加热养护时，台座长度也能因升温而相应地伸长一个 Δl_t，则锚固于台座上的预应力钢筋的拉应力将保持不变，仍与升温之前的拉应力相同。但是，张拉台座一般埋置于土中，其长度并不会因对构件加热而伸长，而是保持原长不变，并约束预应力钢筋的伸长，这就相当于将预应力钢筋压缩了一个 Δl_t 长度，使其应力下降。当停止升温养护时，混凝土已与钢筋粘结在一起，钢筋和混凝土将同时随温度变化而共同伸缩，因养护升温所降低的应力已不可恢复，于是形成温差应力损失 σ_{l3}。

后张法钢筋不存在此项损失，是热养护时孔道中还没有预应力钢筋。只有先张法钢筋存在此项损失。如果先张法构件不采用加热养护的方法，则也不产生该项应力损失。

4）钢筋松弛引起的应力损失（σ_{l4}）

与混凝土一样，钢筋在持久不变的应力作用下，也会产生随持续加荷时间延长而增加的徐变变形（又称蠕变）；如钢筋在一定拉应力值下，将其长度固定不变，则钢筋中的应力将随时间延长而降低，一般称这种现象为钢筋的松弛或应力松弛。

该项应力损失是在构件使用过程中逐步完成的，先张法和后张法构件都会存在。

使用低松弛钢筋和采用超张拉，能够减小钢筋的应力松弛。

5）混凝土收缩和徐变引起的应力损失（σ_{l5}）

由于混凝土收缩、徐变会使预应力混凝土构件缩短，因而引起应力损失。该项应力损失也是在构件使用过程中逐步完成的，先张法和后张法构件都会存在。

6）混凝土弹性压缩引起的应力损失（σ_{l6}）

此项应力损失是在预应力放张的瞬间造成应力损失的，在先张法和后张法中均会出现，但情况有所不同。

对于已张拉并锚固于该构件上的预应力钢筋来说，当混凝土弹性压缩变形时，将产生一个同样大小的压缩应变，因而也将产生预拉应力损失。

先张法构件的预应力钢筋张拉，与对混凝土施加预压应力，是先后完全分开的两个工序。当预应力钢筋放张后，会对混凝土施加预压力，混凝土产生的弹性压缩应变，引起预应力钢筋的应力损失。

后张法构件预应力钢筋张拉时混凝土所产生的弹性压缩，是在张拉过程中完成的，也就是说，在预应力筋锚固前，混凝土就已经发生了弹性压缩，故对于一次张拉完成的后张法构件，混凝土弹性压缩不会引起应力损失。

但由于后张法构件预应力钢筋的根数往往较多，一般是采用分批张拉锚固。这样，当张拉后一批钢筋时，所产生的混凝土弹性压缩变形，将使先批已张拉并锚固的预应力钢筋产生应力损失。

2. 钢筋的有效预应力计算

预应力钢筋的有效预应力 σ_{pe} 为预应力钢筋锚下控制应力 σ_{con} 减去相应阶段的应力损失 σ_l 后实际存余的预拉应力值。但应力损失在各个阶段出现的项目是不同的，故应按受力阶段进行组合，然后才能确定不同受力阶段的有效预应力。此处需注意的是，有效预应力值是锚下控制截面处的应力值。

1）预应力损失值组合

根据应力损失出现的先后次序以及完成终值所需的时间，分先张法、后张法按两个构件类型进行组合，具体如表 17-1 所示。

各阶段预应力损失值的组合　　　　　　　　　　　　　　表 17-1

预应力损失值的组合	先张法构件	后张法构件
传力锚固时的损失（第一批）σ_{lI}	$\sigma_{l1} + \sigma_{l3} + 0.5\sigma_{l4} + \sigma_{l6}$	$\sigma_{l1} + \sigma_{l2} + \sigma_{l4}$
传力锚固后的损失（第二批）σ_{lII}	$0.5\sigma_{l4} + \sigma_{l5}$	$\sigma_{l4} + \sigma_{l5}$

2）预应力钢筋的有效预应力 σ_{pe}

预应力钢筋的有效预应力等于张拉控制应力减去预应力损失。

在预加应力阶段，预应力筋中的有效预应力为：

$$\sigma_{pe} = \sigma_{pI} = \sigma_{con} - \sigma_{lI} \tag{17-7}$$

在使用阶段，预应力筋中的有效预应力，即永存预应力为：

$$\sigma_{pe} = \sigma_{pII} = \sigma_{con} - (\sigma_{lI} + \sigma_{lII}) \tag{17-8}$$

17.2.10　预应力混凝土受弯构件应力计算

构件的应力计算实质上是对构件的承载能力补充计算，是容许应力设计法的表现形式。其主要原因在于预应力混凝土构件在施加预应力之后将处于高应力状态，极易导致一系列结构安全问题，如非线性徐变问题等，所以有必要使计算出来的构件应力值与限制应力相比较，严格要求不得超过各阶段的限制应力。

应力计算可分为按持久状况应力计算和按短暂状况应力计算。

1. 短暂状况构件的应力计算

桥梁构件短暂状况应力计算，是验算构件施工阶段的应力，由自重、施工荷载等引起的正截面和斜截面的应力。

这一阶段的受力状态，主要承受偏心的预加力 N_p 和梁的一期荷载（自重荷载）G_1 的作用。本阶段的受力特点是，预加力 N_p 值最大（因预应力损失值最小），而外荷载最小（仅有梁的自重作用）。对于简支梁来说，其受力最不利截面，往往在支点附近，特别是直线配筋的预应力混凝土等截面简支梁，其支点上缘拉应力，常常成为计算的控制因素。

运输、吊装阶段的正应力计算应注意的是，由于预应力损失，预加力 N_p 已变小；计算一期荷载弯矩时应考虑计算图式的变化，并考虑动力系数。

计算得出的混凝土正应力，或由运输、吊装阶段算得的混凝土正应力，应符合《公路桥规》要求。

2. 持久状况的应力计算

持久状况设计的预应力混凝土受弯构件应力计算，是验算构件在使用阶段的应力，应计算使用阶段关键截面混凝土的法向压应力、受拉区钢筋的拉应力和斜截面混凝土的主压应力，并不得超过规定的限值。

本阶段的计算特点是：预应力损失已全部完成，有效预应力 σ_{pe} 最小，其相应的永存预加力为 $N_p = A_{pe}(\sigma_{con} - \sigma_{lI} - \sigma_{lII})$，计算时可变荷载取作用（或荷载）标准值，汽车荷载应计入冲击系数，应把预加应力效应考虑在内，所有荷载分项系数均取为 1.0。

计算时，应取最不利截面进行控制验算，对于直线配筋等截面简支梁，一般以跨中为最不利控制截面；但对于曲线配筋的等截面或变截面简支梁，则应根据预应力筋的弯起和混凝土截面变化的情况，确定其计算控制截面，一般可取受弯构件跨中、1/4、1/8、支点截面和截面变化处的截面进行计算。

验算的具体公式和过程详见教材。

17.2.11　预应力混凝土构件抗裂验算

此部分内容是重点也是难点，也是预应力混凝土与钢筋混凝土结构最大的不同之处。构件的抗裂验算属于正常使用极限状态计算的范畴。与钢筋混凝土带裂缝工作不同，全预应力混凝土和 A 类部分预应力混凝土构件在使用过程分别不得出现混凝土拉应力和混凝土开裂，否则将严重影响构件的耐久性和工作性能。

《公路桥规》规定，对于全预应力混凝土和 A 类部分预应力混凝土构件，必须进行正截面抗裂性验算和斜截面抗裂性验算，对于 B 类部分预应力混凝土构件必须进行斜截面抗裂性验算。

1. 正截面抗裂性验算

正截面抗裂性验算是对构件正截面混凝土进行拉应力计算：对于简支梁，应计算跨中截面下缘；对于连续梁，还要计算支点截面上缘。计算得到的拉应力不得超过规范限值，否则应重新设计计算。

正截面抗裂性验算按作用频遇组合和准永久组合两种情况进行。

2. 斜截面抗裂性运算

预应力混凝土梁在腹板中部会产生拉应力，有可能产生斜拉裂缝，需要进行斜截面抗裂性验算。预应力混凝土梁的腹部出现斜裂缝是不能自动闭合的，它不像梁的弯曲裂缝在使用阶段的大多数情况下可能是闭合的。因此，对梁的斜裂缝控制应更严格些，无论哪类受弯构件均不希望出现斜裂缝，因此都要进行斜裂缝抗裂验算。

斜截面抗裂性验算只需验算在作用（或荷载）频遇组合下的混凝土主拉应力。

3. 抗裂验算与应力验算的比较

抗裂验算与应力验算都是计算薄弱截面处的混凝土应力，不同的是，应力验算主要计算的是压应力，抗裂验算计算的是拉应力。对此学习要特别注意理解相互之间的差异。

全预应力混凝土与 A 类部分预应力混凝土构件的抗裂验算与持久状况应力验算的计算方法相同，只是所用的荷载效应组合系数不同，截面应力限值不同：应力验算是计算荷载效应标准值（汽车荷载考虑冲击系数）作用下的截面应力，对混凝土法向压应力、受压区钢筋拉应力及混凝土主压应力规定限值；抗裂验算是计算频遇组合（汽车荷载不计冲击系数）作用下的截面应力，对混凝土法向拉应力、主拉应力规定限值。

17.2.12　变形验算方法、预拱度设计方法

预应力混凝土构件跨度较大，应更加注意变形验算，以免影响使用功能。预应力混凝土受弯构件的挠度，是由偏心预加力 N_p 引起的上挠度（又称上拱度或反拱度），和外荷载（恒载与活载）所产生的下挠度两部分相加组成。

故《公路桥规》规定，预应力混凝土受弯构件由预加应力产生的长期反拱值大于按作用频遇组合计算的长期挠度时，可不设预拱度；当预加应力的长期反拱值小于按作用频遇组合计算的长期挠度时应设预拱度，预拱度值 Δ 按该项荷载的挠度值与预加应力长期反拱值之差采用。

17.3 思 考 题

17.3.1 问 答 题

17-1 《公路桥规》根据桥梁在施工和使用过程中面临的不同情况，规定结构设计有哪几种设计状况？公路桥梁结构设计基准期是多少年？

17-2 公路桥梁钢筋混凝土梁内的钢筋骨架分哪两种形式？它们之间有何不同之处？

17-3 钢筋混凝土受弯构件在荷载作用下会发生哪两种主要破坏形态？

17-4 T 形截面梁（内梁）的受压翼板计算宽度 b_f' 如何确定？

17-5 试根据式（17-37）说明钢筋混凝土梁的斜截面抗剪承载力与哪些因素有关？

17-6 在斜裂缝出现后，腹筋的作用表现在哪些方面？

17-7 《公路桥规》对纵向钢筋在支座处的锚固有何规定？为什么要作出这样的规定？

17-8 由式（17-64），说明钢筋混凝土受弯构件的最大弯曲裂缝宽度与哪些因素有关？

17-9 在钢筋混凝土轴心受压构件中，纵筋和箍筋各起什么作用？

17-10 试说明钢筋混凝土偏心受压构件计算中的符号 η 是什么系数？它与轴心受压构件计算中的 φ 系数有何不同？

17-11　如何进行钢筋混凝土矩形截面偏心受压构件的截面复核？

17-12　矩形截面偏心受压构件复核时为什么要进行两个方向上复核？在什么情况下要复核垂直于弯矩作用平面的方向？在什么情况下容易在垂直于弯矩作用平面的方向发生破坏？

17-13　有两根轴心受拉构件，其配筋数量、材料强度和截面尺寸等均相等，只是其中一根施加了预应力，另一根没有施加预应力。试问这两根构件的正截面承载力是否相等？抗裂能力是否相同？为什么？

17-14　对预应力混凝土 T 形梁进行斜截面抗剪承载力计算和主应力验算时，一般情况下需对梁体的哪些部位进行计算？

17-15　预应力混凝土梁为何要进行施工阶段和使用阶段的应力计算？这时为什么可以把混凝土假定为弹性材料？

17-16　预应力混凝土的锚下张拉控制应力 σ_{con} 为何不能规定得太高？

17-17　与钢筋混凝土梁相比，预应力混凝土梁的变形（挠度）计算有何特点？

17.3.2　选　择　题

17-18　作用效应按其随时间的变化分类时，存在一种作用称为_____。

A. 固定作用　　　　　　　　　B. 动态作用

C. 静态作用　　　　　　　　　D. 偶然作用

17-19　在钢筋混凝土梁的支点截面处，应至少有两根或不少于主钢筋面积的_____的主钢筋通过。

A. 20%　　　　　　　　　　　B. 15%

C. 25%　　　　　　　　　　　D. 30%

17-20　钢筋混凝土梁内弯起钢筋与梁的轴线一般成_____角。

A. 20°　　　　　　　　　　　B. 60°

C. 50°　　　　　　　　　　　D. 45°

17-21　受扭构件的配筋方式可为_____。

A. 仅配置抗扭箍筋　　　　　　B. 配置抗扭箍筋和抗扭纵筋

C. 仅配置抗扭纵筋　　　　　　D. 仅配置与裂缝方向垂直的 45°方向的螺旋状钢筋

17-22　在 T 形截面正截面强度计算中，当 $\gamma_0 M_d > f_c b_f' h_f'(h_0 - h_f'/2)$ 时，则该截面属于_____。

A. 第一类 T 形截面　　　　　　B. 第二类 T 形截面

C. 双筋截面　　　　　　　　　D. 单筋截面

17-23　同样截面和材料的素混凝土短柱、钢筋混凝土普通箍筋柱和螺旋箍筋柱的抗压承载力分别为 N_0、N_1 和 N_2，则_____。

A. $N_0 > N_1 > N_2$　　　　　B. $N_2 > N_1 > N_0$

C. $N_1 > N_0 > N_2$　　　　　D. $N_2 > N_0 > N_1$

17-24　在预应力混凝土梁设计中，应保证（　　）落在束界内。

A. 全部预应力钢束的重心　　B. 每一根钢束

C. 全部直线型钢束　　　　　　D. 全部曲线型钢束

17.3.3 判 断 题

17-25 结构转变为机动体系和裂缝过大都属于正常使用极限状态。（　　　）

17-26 钢筋混凝土少筋梁破坏是属于塑性破坏。（　　　）

17-27 试验表明，钢筋混凝土梁的抗剪能力随纵向钢筋配筋率的提高而减小。（　　　）

17-28 钢筋混凝土梁中的弯筋不宜单独使用，而总是与箍筋联合使用。（　　　）

17-29 对受扭起作用的钢筋主要是箍筋，纵筋对受扭基本没有作用，只对受弯有作用。（　　　）

17-30 预应力混凝土结构通常比普通混凝土结构跨度更大，所以施加预应力能够有效提高混凝土构件承载力。（　　　）

17-31 预应力钢筋能有效提高混凝土构件的抗裂性，因此非预应力钢筋的配置对结构的抗裂性无关紧要。（　　　）

17-32 预应力钢筋中预压力的大小会影响构件的消压弯矩和开裂弯矩，但不会影响破坏弯矩。（　　　）

17.3.4 填 空 题

17-33 结构或结构构件设计时，针对不同设计目的所采用的各种作用规定值即称为作用代表值。作用代表值包括作用_____、_____和_____。

17-34 结构上的作用按其随时间的变异性和出现的可能性分为三类：_____、_____和_____。

17-35 T形截面按截面受压区高度的不同可分为两类：_____和_____。

17-36 桥梁钢筋混凝土梁内的钢筋有_____、_____、_____、_____和_____等。

17-37 钢筋混凝土受弯构件沿斜截面的主要破坏形态有_____、_____和_____等。

17-38 钢筋混凝土偏心受压构件随着_____及纵筋配筋情况的不同，可能会发生_____和_____的两种不同破坏特征。

17-39 在后张法预应力混凝土结构中，向孔道内灌浆的作用主要为_____和_____。

17.4 计算题及解题指导

17.4.1 例 题 精 解

【例题 17-1】已知钢筋混凝土简支梁截面尺寸为 $b \times h = 200\text{mm} \times 600\text{mm}$，梁计算跨径为 5m。纵筋和箍筋均采用 HPB300 级钢筋，纵筋面积为 763mm² （3 Φ 18），$a_s = 40\text{mm}$。C30 混凝土。已知支点处计算剪力 $V_0 = 106\text{kN}$；跨中截面计算剪力 $V_{l/2} = 42\text{kN}$。Ⅰ 类环境条件，安全等级为二级。现全梁仅配置箍筋，试进行箍筋设计。

【解】1. 截面尺寸检查

支点截面有效高度：$h_0 = 600 - 40 = 560\text{mm}$

$(0.51 \times 10^{-3}) \sqrt{f_{cu,k}} b h_0 = (0.51 \times 10^{-3}) \sqrt{30} \times 200 \times 560 = 312.86\text{kN} > V_0 (106\text{kN})$

截面尺寸符合要求。

2. 检查是否需要根据计算配置箍筋

跨中截面：$(0.50\times 10^{-3})\alpha f_{td}bh_0 = (0.50\times 10^{-3})\times 1.39\times 200\times 560 = 77.84\text{kN}$

因 $\gamma_0 V_{l/2}(42\text{kN}) < (0.50\times 10^{-3})\alpha f_{td}bh_0 < \gamma_0 V_0(106\text{kN})$，故可在梁跨中的某长度范围内按构造配置箍筋，其余区段应按计算配置箍筋。

3. 箍筋设计

距支座中心线 $h/2$ 处的计算剪力值 V'，由剪力包络图按比例求得：

$$V' = \frac{LV_0 - h(V_0 - V_{l/2})}{L} = \frac{5000\times 106 - 600\times(106-42)}{5000} = 98.32\text{kN}$$

采用直径为 8mm 的双肢箍筋，箍筋截面面积 $A_{sv} = nA_{sv1} = 2\times 50.3 = 100.6\text{mm}^2$

纵筋配筋百分率 $\rho = \dfrac{763}{200\times 560}\times 100 = 0.681$，$f_{sv} = 250\text{MPa}$。

箍筋间距 S_v 计算为：

$$S_v = \frac{\alpha_1^2\alpha_3^2(0.2\times 10^{-6})(2+0.6p)\sqrt{f_{cu,k}}A_{sv}f_{sv}bh_0^2}{(V')^2}$$

$$= \frac{1\times 1\times(0.2\times 10^{-6})(2+0.6\times 0.681)\times\sqrt{30}\times 100.6\times 250\times 200\times 560^2}{98.32^2}$$

$$= 430.5\text{mm}$$

考虑到规范要求，取 $S_v = 250\text{mm} \leqslant \dfrac{1}{2}h = 300\text{mm}$ 及 400mm，同时箍筋配筋率 $\rho_{sv} = \dfrac{A_{sv}}{bS_v} = \dfrac{100.6}{200\times 250} = 0.2\% > 0.14\%$ 故满足要求。

综合上述计算，在支座中心向跨径长度方向的 600mm 范围内，设计箍筋间距 $S_v = 100\text{mm}$；而后至跨中截面统一的箍筋间距取 $S_v = 250\text{mm}$。

【提示】本题解答要特别注意到条件：现全梁仅配置箍筋，试进行箍筋设计。因此在支点处 $h/2$ 处计算剪力就不能再进行分配，该剪力全由箍筋和混凝土承受，这是本题的难点，也很容易搞错。

【例题 17-2】钢筋混凝土简支梁，截面尺寸 $b\times h = 200\text{mm}\times 450\text{mm}$，计算跨径为 $L = 7.5\text{m}$。主筋为 3 ⊄ 16，HRB400 级钢筋，布置如图 17-7 所示，C25 混凝土。荷载频遇组合弯矩计算值为 $M_s = 50.7\text{kN·m}$，荷载准永久组合弯矩计算值为 $M_l = 41.8\text{kN·m}$，永久作用（恒载）标准值产生的弯矩 $M_G = 25.3\text{kN·m}$。试进行梁弯曲裂缝最大宽度验算（允许裂缝宽度为 0.2mm）和相应的跨中挠度计算。

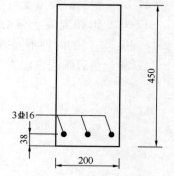

图 17-7 例题 17-2 图
（单位：mm）

【解】

1. 最大裂缝宽度的验算

查表并计算可得：$E_s = 2.0\times 10^5\text{MPa}$，$h_0 = 450 - 38 = 412\text{mm}$，$A_s = 603\text{mm}^2$，$f_{tk} = 1.78\text{MPa}$。

1）系数计算

带肋钢筋系数：$c_1 = 1.0$

系数：$c_2 = 1 + 0.5 \dfrac{M_l}{M_s} = 1 + 0.5 \times \dfrac{41.8}{50.7} = 1.41$

非板式受弯构件：$c_3 = 1.0$。

2）钢筋应力计算

$$\sigma_{ss} = \frac{M_s}{0.87 h_0 A_s} = \frac{50.7 \times 10^6}{0.87 \times 412 \times 603} = 235 \text{MPa}$$

3）纵向受拉钢筋配筋率计算 $A_{te} = 2 a_s b = 2 \times 38 \times 200 = 15200 \text{mm}^2$

$$\rho_{te} = \frac{A_s}{A_{te}} = \frac{603}{15200} = 0.04$$

4）最大裂缝宽度计算

主筋保护层厚度 $c = 38 - 18.4/2 = 28.8 \text{mm}$

$$
\begin{aligned}
W_{fk} &= c_1 c_2 c_3 \frac{\sigma_{ss}}{E_s} \left(\frac{c + d}{0.30 + 1.4 \rho_{te}} \right) \\
&= 1 \times 1.41 \times 1 \times \frac{235}{2 \times 10^5} \times \left(\frac{28.8 + 16}{0.30 + 1.4 \times 0.04} \right) \\
&= 0.20 \text{mm} \leqslant [W_{cr}] = 0.20 \text{mm}
\end{aligned}
$$

故满足要求。

2. 梁跨中挠度验算

查表并计算得：$E_c = 2.8 \times 10^4 \text{MPa}$，$\alpha_{Es} = \dfrac{E_s}{E_c} = \dfrac{2.0 \times 10^5}{2.8 \times 10^4} = 7.143$。

1）换算截面几何特性计算

对单筋矩形梁的开裂截面，换算截面的受压区高度为：

$$
\begin{aligned}
x &= \frac{\alpha_{Es} A_s}{b} \left(\sqrt{1 + \frac{2 b h_0}{\alpha_{Es} A_s}} - 1 \right) \\
&= \frac{7.143 \times 603}{200} \times \left(\sqrt{1 + \frac{2 \times 200 \times 412}{7.143 \times 603}} - 1 \right) \\
&= 113.41 \text{mm}
\end{aligned}
$$

$$
\begin{aligned}
I_{cr} &= \frac{1}{3} b x^3 + \alpha_{Es} A_s (h_0 - x)^2 = \frac{1}{3} \times 200 \times 113.41^3 + 7.143 \times 603 \times (412 - 113.41)^2 \\
&= 481.26 \times 10^6 \text{mm}^4
\end{aligned}
$$

对于单筋矩形梁的全截面，其换算截面的面积为：

$$A_0 = bh + (\alpha_{Es} - 1) A_s = 200 \times 450 + (7.143 - 1) \times 603 = 93704.229 \text{mm}^2$$

$$
\begin{aligned}
x &= \frac{\frac{1}{2} b h^2 + (\alpha_{Es} - 1) A_s h_0}{A_0} \\
&= \frac{\frac{1}{2} \times 200 \times 450^2 + (7.143 - 1) \times 603 \times 412}{93704.229} \\
&= 232.39 \text{mm}
\end{aligned}
$$

$$I_0 = \frac{1}{12} b h^3 + bh \left(\frac{h}{2} - x \right)^2 + (\alpha_{Es} - 1) A_s (h_0 - x)^2$$

$$= \frac{1}{12} \times 200 \times 450^3 + 200 \times 450 \times \left(\frac{450}{2} - 232.39\right)^2$$

$$+ (7.143 - 1) \times 603 \times (412 - 232.39)^2$$

$$= 1643.16 \times 10^6 \, \text{mm}^4$$

2）计算开裂构件的抗弯刚度

全截面抗弯刚度：

$$B_0 = 0.95 E_c I_0 = 0.95 \times 2.8 \times 10^4 \times 1643.16 \times 10^6 = 4.37 \times 10^{13} \, \text{N} \cdot \text{mm}^2$$

开裂截面抗弯刚度：

$$B_{cr} = E_c I_{cr} = 2.8 \times 10^4 \times 481.26 \times 10^6 = 1.35 \times 10^{13} \, \text{N} \cdot \text{mm}^2$$

全截面换算截面受拉区边缘的弹性抵抗矩：

$$W_0 = \frac{I_0}{h - x} = \frac{1643.16 \times 10^6}{450 - 232.39} = 7.55 \times 10^6 \, \text{mm}^3$$

全截面换算截面的面积矩：

$$S_0 = \frac{1}{2} b x^2 = \frac{1}{2} \times 200 \times 232.39^2 = 5.4 \times 10^6 \, \text{mm}^3$$

塑性影响系数：

$$\gamma = \frac{2 S_0}{W_0} = \frac{2 \times 5.4 \times 10^6}{7.55 \times 10^6} = 1.43$$

开裂弯矩：

$$M_{cr} = \gamma f_{tk} W_0 = 1.43 \times 1.78 \times 7.55 \times 10^6 = 19.22 \times 10^6 \, \text{N} \cdot \text{mm} = 19.22 \text{kN} \cdot \text{m}$$

开裂构件的抗弯刚度为：

$$B = \frac{B_0}{\left(\dfrac{M_{cr}}{M_s}\right)^2 + \left[1 - \left(\dfrac{M_{cr}}{M_s}\right)^2\right]\dfrac{B_0}{B_{cr}}}$$

$$= \frac{4.37 \times 10^{13}}{\left(\dfrac{19.22}{50.7}\right)^2 + \left[1 - \left(\dfrac{19.22}{50.7}\right)^2\right] \times \dfrac{4.37 \times 10^{13}}{1.35 \times 10^{13}}}$$

$$= 1.50 \times 10^{13}$$

3）跨中挠度计算

按照公式 $w_l = \dfrac{5 M_s L^2}{48 B} \times \eta_\theta$ 和 $w_G = \dfrac{5 M_G L^2}{48 B} \times \eta_\theta$ 可计算。

对 C25 混凝土，挠度长期增长系数 $\eta_\theta = 1.60$。

受弯构件跨中截面在使用阶段的长期挠度值为：

$$w_l = \frac{5 M_s L^2}{48 B} \times \eta_\theta$$

$$= \frac{5}{48} \times \frac{50.7 \times 10^6 \times (7.5 \times 10^3)^2}{1.50 \times 10^{13}} \times 1.60$$

$$= 31.69 \text{mm}$$

在结构自重作用下跨中截面的长期挠度值为：

$$w_G = \frac{5M_G L^2}{48B} \times \eta_\theta$$

$$= \frac{5}{48} \times \frac{25.3 \times 10^6 \times (7.5 \times 10^3)^2}{1.50 \times 10^{13}} \times 1.60$$

$$= 15.81\text{mm}$$

则按可变荷载频遇值计算的长期挠度值为：

$$w_Q = w_l - w_G = 31.69 - 15.81 = 15.88\text{mm} > \frac{L}{600} = \frac{7.5 \times 10^3}{600} = 12.5\text{mm}$$

不符合《公路桥规》的要求。

【提示】本题目计算难度不大，需要严格按照裂缝宽度计算公式中各项系数完成准备工作即可，但是各项系数计算时要注意相应单位。

【例题 17-3】后张法预应力混凝土简支 T 形梁的跨中截面尺寸如图 17-8 所示。预应力钢筋为 3 束 19 Φ^s5 的高强度钢丝，预应力钢束孔道直径 50mm，C40 混凝土。当混凝土强度达到设计强度时张拉预应力钢筋，这时的有效预加力 $N_p = 2653.7\text{kN}$，梁自重产生的弯矩 $M_{G1} = 1030\text{kN} \cdot \text{m}$，试进行截面混凝土正应力的验算。若二期恒荷载在截面上产生的作用弯矩 $M_{G2} = 188\text{kN} \cdot \text{m}$，汽车荷载在截面上产生的作用弯矩 $M_Q = 1160\text{kN} \cdot \text{m}$（考虑了冲击系数），永存预加力 $N_p = 2006.33\text{kN}$。试进行使用阶段的混凝土正应力的验算。

【解】

等效翼板厚度 $h'_f = \frac{80 + 160}{2} = 120\text{mm}$，将截面分块（图 17-9）。

1. 计算截面几何特性

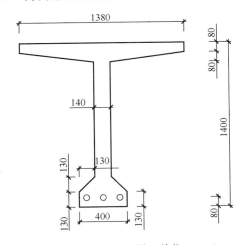

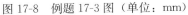

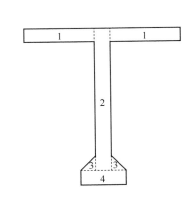

图 17-8 例题 17-3 图（单位：mm）　　图 17-9 例题 17-3 截面分块图（单位：mm）

截面几何特性计算表　　　　　　　　　　表 17-2

分块号	分块面积 A_i（mm^2）	y_i（mm）	I_i（mm^4）	$I_{xi} = A_i(y_u - y_i)^2$（$\text{mm}^4$）
1	148800	60	0.17856×10^9	25.75×10^9
2	177800	635	23.90×10^9	1.74×10^9

分块号	分块面积 A_i（mm²）	y_i（mm）	I_i（mm⁴）	$I_{xi} = A_i (y_u - y_i)^2$（mm⁴）
3	16900	1227	0.016×10^9	8.07×10^9
4	52000	1335	0.732×10^9	33.20×10^9
合计	$\sum A_i = 395500$	$y_u = \dfrac{\sum A_i y_i}{A} = 536$	\multicolumn{2}{c}{$I = \sum I_{xi} + \sum I_i = 93.59 \times 10^9$}

$$W_{0u} = \frac{I}{y_u} = \frac{93.59 \times 10^9}{536} = 1.746 \times 10^8 \ \text{mm}^3$$

混凝土全截面面积：$A_1 = 395.5 \times 10^3 \ \text{mm}^2$

预留管道面积：$A_2 = -3 \times \dfrac{50^2}{4} \times \pi = -5.890 \times 10^3 \ \text{mm}^2$

净截面面积：$A_n = A_1 + A_2 = 389.61 \times 10^3 \ \text{mm}^2$

$$y_1 = 536 \text{mm}$$
$$y_2 = 1400 - 80 = 1320 \text{mm}$$
$$y_{nu} = \frac{395.5 \times 10^3 \times 536 - 5.890 \times 10^3 \times 1320}{389.61 \times 10^3} = 542.1 \text{mm}$$
$$y_b = 1400 - 542.1 = 857.9 \text{mm}$$
$$e_{pn} = 857.9 - 80 = 777.9 \text{mm}$$
$$W_{nu} = \frac{I}{y_{nu}} = 1.726 \times 10^8 \ \text{mm}^3$$
$$W_{nb} = \frac{I}{y_b} = 1.091 \times 10^8 \ \text{mm}^3$$

2. 短暂状况的正应力验算

上缘：

$$\sigma_{ct}^t = \frac{N_p}{A_n} - \frac{N_p e_{pn}}{W_{nu}} + \frac{M_{G1}}{W_{nu}}$$
$$= \frac{2653.7 \times 10^3}{389.61 \times 10^3} - \frac{2653.7 \times 10^3 \times 777.9}{1.726 \times 10^8} + \frac{1030 \times 10^6}{1.726 \times 10^8}$$
$$= 0.82 \text{MPa（压）}$$

下缘：

$$\sigma_{cc}^t = \frac{N_p}{A_n} + \frac{N_p e_{pn}}{W_{nb}} - \frac{M_{G1}}{W_{nb}}$$
$$= \frac{2653.7 \times 10^3}{389.61 \times 10^3} + \frac{2653.7 \times 10^3 \times 777.9}{1.091 \times 10^8} - \frac{1030 \times 10^6}{1.091 \times 10^8}$$
$$= 16.29 \text{MPa（压）} < 0.7 f'_{ck} = 0.7 \times 26.8 = 18.76 \text{MPa}$$

故预加力阶段混凝土的压应力满足应力限制值要求。

3. 持久状况的正应力验算

$$\sigma_{cu} = \frac{N_p}{A_n} - \frac{N_p e_{pn}}{W_{nu}} + \frac{M_{G1}}{W_{nu}} + \frac{M_{G2} + M_Q}{W_{0u}}$$

$$= \frac{2006.33 \times 10^3}{389.61 \times 10^3} - \frac{2006.33 \times 10^3 \times 777.9}{1.726 \times 10^8} + \frac{1030 \times 10^6}{1.726 \times 10^8} + \frac{(1160 + 188) \times 10^3}{1.746 \times 10^8}$$

$$= 2.08 \text{MPa} < 0.5 f_{ck} = 0.5 \times 26.8 = 13.4 \text{MPa}$$

持久状况下跨中截面混凝土正应力验算满足要求。

【提示】本文计算了预应力施工阶段和使用阶段的应力并要求进行规范应力验算。其中 T 形截面几何特性计算分块进行，注意预应力孔道的影响。

17.4.2 习　　题

【习题 17-1】钢筋混凝土矩形截面梁，I 类环境条件，安全等级为二级。截面尺寸 $b \times h = 250\text{mm} \times 500\text{mm}$，计算弯矩 $M = \gamma_0 M_d = 136\text{kN} \cdot \text{m}$，拟采用 C25 混凝土和 HRB400 级钢筋。试求所需的钢筋截面面积。

【习题 17-2】有一钢筋混凝土行车道板，板厚 140mm。I 类环境条件，安全等级为二级。每米板宽承受计算弯矩 $M = 18\text{kN} \cdot \text{m/m}$。拟采用 C25 混凝土和 HPB300 级钢筋。求所需的钢筋截面面积并进行截面复核。

【习题 17-3】截面尺寸为 250mm×600mm 的钢筋混凝土矩形梁，I 类环境条件，安全等级为二级。截面作用的计算弯矩 $M = 300\text{kN} \cdot \text{m}$，拟采用 C25 混凝土和 HPB300 级钢筋。试按双筋截面来选择钢筋面积并进行截面复核。

【习题 17-4】计算跨径为 15.5m 的钢筋混凝土简支 T 形梁，截面高度 $h = 1.10\text{m}$，腹板宽度 $b = 180\text{mm}$，翼缘宽度为 1600mm，平均厚度 $h'_f = 110\text{mm}$。跨中截面计算弯矩 $M = 1470\text{kN} \cdot \text{m}$。拟采用 C25 混凝土和 HRB400 级钢筋。I 类环境条件，安全等级为一级。试进行截面配筋和截面复核。

【习题 17-5】矩形截面钢筋混凝土偏心受压构件，截面尺寸 $b \times h = 400\text{mm} \times 600\text{mm}$。I 类环境条件，安全等级为二级。截面配筋图见图 17-10，HRB400 级钢筋，C25 混凝土，构件计算长度 $l_0 = 4.5\text{m}$。偏心力计算值为 $N = 820\text{kN}$，偏心距为 $e_0 = 450\text{mm}$，试进行截面复核。

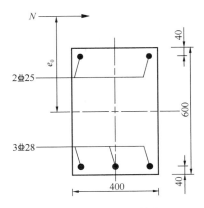

图 17-10　习题 17-5 图（单位：mm）

【习题 17-6】后张法构件中某根预应力钢筋在 A 点一端张拉（图 17-11）。已知 $\sigma_{con} = 1300\text{MPa}$，$\kappa = 0.003$，$\mu = 0.35$，$\theta = 0.4$（弧度）。试求图中 C 点、B' 点和 A' 点的摩擦阻力引起的预应力损失值。若预应力钢筋在 A 点和 A' 点两端张拉，C 点、B' 点和 A' 点由于摩擦阻力引起的预应力损失值是多少？

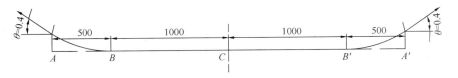

图 17-11　习题 17-6 图（单位：mm）

【习题 17-7】预应力混凝土简支梁跨中截面如图 17-12 所示。预应力钢筋采用 22 束，每束 24 根Φ^{s}5 高强度钢丝，钢筋重心位置距梁底面 a_y＝268mm；C50 混凝土。受压翼板的计算宽度 b'_f＝2030mm，承受计算弯矩 M＝18777.4kN·m。试进行正截面承载能力复核。

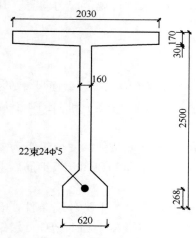

图 17-12 习题 17-7 图（单位：mm）

【习题 17-8】配有纵向钢筋和普通箍筋的轴心受压构件的截面尺寸为 $b \times h$＝250mm×250mm，构件计算长度 l_0＝5m；C30 混凝土，HRB400 级钢筋，纵向钢筋面积 A'_s＝804 mm² （4 Φ 16）；Ⅰ类环境条件，安全等级为二级，轴向压力组合设计值 N_d＝560kN。试进行构件承载力校核。

【习题 17-9】配有纵向钢筋和螺旋箍筋的轴心受压构件的截面为圆形，直径 d＝450mm，构件计算长度 l_0＝3m；C30 混凝土，纵向钢筋采用 HRB400 级钢筋，箍筋采用 HPB300 级钢筋；Ⅰ类环境条件，安全等级为二级；轴向压力组合设计值 N_d＝1560kN。试进行构件的截面设计和承载力复核。

【习题 17-10】矩形截面偏心受压构件的截面尺寸为 $b \times h$＝300mm×600mm，弯矩作用平面内的构件计算长度 l_0＝6m。C30 混凝土，HRB400 级钢筋。Ⅰ类环境条件，安全等级为二级；轴向力组合设计值 N_d＝542.8kN，相应弯矩组合设计值 M_d＝326.6kN·m。试按截面非对称布筋进行截面设计。

【习题 17-11】矩形截面偏心受压构件的截面尺寸为 $b \times h$＝300mm×400mm，弯矩作用平面内的构件计算长度 l_{0x}＝3.5m，垂直于弯矩作用平面方向的计算长度 l_{0y}＝6m。C30 混凝土，HRB400 级钢筋。Ⅰ类环境条件，安全等级为二级。截面钢筋布置如图 17-13，A_s＝339 mm² （3 Φ 12），A'_s＝308 mm² （2 Φ 14）。轴向力组合设计值 N_d＝174kN，相应弯矩组合设计值 M_d＝54.8kN·m。试进行截面复核。

【习题 17-12】已知安全等级为二级的装配预应力混凝土简支 T 梁，截面尺寸及配筋如图 17-14 所示，计算跨径为 29.14m，b'_f＝2200mm。跨中截面承受计算弯矩 M_d＝7600kN·m；C50 混凝土；预应力钢筋采用 8 束 24 Φ^{p}5 消除应力光面钢丝束，A_p＝3768 mm²；f_{pk}＝1670MPa。不计非预应力钢筋，验算跨中正截面抗弯承载力。

【习题 17-13】预应力混凝土简支空心预制板，采用 C50 混凝土，预应力钢筋采用 15 根直径为 12mm 的冷拉 4 级钢筋（f_{pk}＝700MPa），α_{EP}＝6.15；采用先张法施工，不计锚具变形损失，加热养护时，钢筋与台座之间温差为 30℃；一次张拉，σ_{pc}＝5.4MPa；ρ_{ps}＝2.56，ρ＝0.00355；加载龄期为 3d，湿度为 75%，理论厚度为 164.27mm。计算控制应力和各项预应力损失。

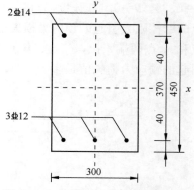

图 17-13 习题 17-11 图（单位：mm）

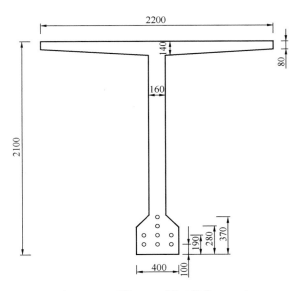

图 17-14 习题 17-12 图（单位：mm）

第18章 混凝土梁式桥

18.1 内容的分析与总结

18.1.1 学习的目的和要求

1）了解混凝土梁式桥的主要类型及适用范围，理解装配式梁（板）的各类横向连接形式，掌握简支梁（板）桥基本构造。

2）掌握混凝土简支梁（板）桥上部结构的计算内容，深刻理解桥梁上部结构在活载作用下荷载横向分布的基本概念及其作用，掌握荷载横向分布计算方法、活载内力计算方法。

3）掌握桥面板的结构设计计算方法。

4）了解桥梁常用支座类型与构造，掌握板式橡胶支座的设计方法。

学习本章时，正确理解各类梁（板）式桥的结构/构造合理性是关键，将结构/构造形式与力学概念紧密联系有助于对本章学习内容的深刻理解。

18.1.2 重点和难点

上述学习要求 1）、3）是重点，2）是难点，特别是理解桥梁上部结构在活载作用下荷载横向分布的现象以及相应的荷载横向分布系数的力学概念。

18.1.3 内容组成及总结

1. 内容组成（图 18-1）

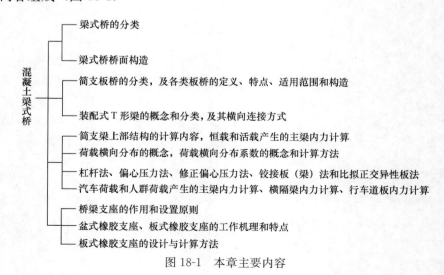

图 18-1 本章主要内容

2. 内容总结

1）梁式桥按承重结构的受力图式可分为：简支梁桥（静定结构）、连续梁桥（超静定结构）、悬臂梁桥（静定结构）、T 形刚构桥、连续-刚构桥；按承重结构的横截面形式可分为：板桥、肋梁桥、箱梁桥；按施工安装方法可分为：整体浇筑式梁桥、预制装配式梁桥、预制-现浇式梁桥。

2）梁式桥的桥面部分通常包括桥面铺装、防水和排水设施、伸缩缝、人行道（或安全带）、路缘石、栏杆和灯柱等。

3）整体式正交板桥一般用于跨径为 8m 以下的公路混凝土简支板桥中，采用等厚度钢筋混凝土板，具有整体性好、横向刚度大，而且易于浇筑所需要的形状等优点；装配式钢筋混凝土正交空心板桥的使用跨径范围 6～13m，预应力混凝土空心板桥常用跨径为 8～16m；装配式板之间的横向主要靠铰缝进行连接。

4）装配式 T 形梁桥是由几根 T 形截面的主梁和与主梁肋相垂直的横向肋板（横隔梁）组成。通过设在横隔梁下方和横隔梁顶部翼缘板处的焊接钢板连接成整体，或用现场浇筑混凝土连接而成的桥跨结构，可分为：装配式钢筋混凝土简支 T 形梁桥、装配式预应力混凝土简支 T 形梁桥。其中装配式 T 形梁桥的横向连接是保证桥梁整体性的关键，连接处应用足够的强度和刚度，可以针对翼板或者桥面板进行横向刚性连接，也可以针对中横隔梁采用钢板或现浇混凝土进行横向连接。

5）简支梁上部结构的计算主要包括主梁、横隔梁、桥面板和支座等，计算内容主要分为构件控制截面的内力（作用效应）以及构件截面设计计算两部分。主梁的恒荷载主要采用均布荷载进行等效；而计算活荷载（汽车荷载、人群荷载）在桥面上作用时的上部结构主梁内力（作用效应），主要采用荷载横向分布的方法。

6）荷载横向分析系数的概念与计算方法。在桥梁设计中，通常用一个表征荷载分布程度的系数 m 来表示某根主梁所承担的最大荷载是桥上作用车辆荷载各个轴重的倍数。计算荷载横向分布系数的方法主要有：杠杆法、偏心压力法、考虑主梁抗扭刚度的修正偏心压力法、铰接板（梁）法以及比拟正交异性板法。

7）计算汽车荷载和人群荷载产生的主梁内力主要分为两步：第一步计算主梁的活荷载横向分布系数 m；第二步是应用主梁内力影响线，即以荷载乘以横向分布系数后，在梁纵向按内力影响线上的最不利位置加载汽车车道荷载，计算主梁截面的最大内力。

8）横隔梁是支承在主梁上的一根多跨弹性支承连续梁。在荷载作用下，其内力计算方法与主梁一致，可采用偏心受压法进行横隔梁的内力计算。对于具有多根内横隔梁的桥梁，可仅选择受力最大的跨中横隔梁进行计算。

9）行车道板分为单向板、悬臂板、铰接板等三种受力图式。在计算时，首先车轮荷载在板上按 45°向下在桥面铺装内进行扩散分布；进而利用板的有效工作宽度的概念计算每米宽板条的弯矩与剪力。

10）桥跨结构与墩台之间均须设置支座，其作用为：传递上部结构的支承反力，包括恒荷载和活荷载引起的竖向力和水平力；保证结构在活荷载、温度变化、混凝土收缩和徐变等因素作用下的自由变形，以使上、下部结构的实际受力情况符合结构的计算图式。

11）支座主要分为板式橡胶支座与盆式橡胶支座。其中，板式橡胶支座的设计与计算包括确定支座尺寸、验算支座受压偏转及抗滑稳定性。

18.2   重点讲解与难点分析

18.2.1   梁 式 桥 的 分 类

梁式桥的分类是按承重结构受力图式而进行的分类结果。简支梁桥为静定结构，结构内力不受墩台基础不均匀沉降的影响，能够适用于地基土较差的桥位；连续梁桥为超静定结构，当一个支点有沉降时，会使各跨的梁体截面上产生附加内力，所以对桥梁墩台的地基要求严格；悬臂梁桥为静定结构，墩台的不均匀沉降不会在梁内引起附加内力。T 形刚构桥和连续-刚构桥的主梁与桥墩均为固结，分别为静定结构与超静定结构。

18.2.2   T 形梁的横向连接方式

装配式 T 形梁的横向连接是保证桥梁整体性的关键，因此连接处应有足够的强度和刚度，连接的方法有以下几种：①当 T 形梁无中横隔梁时，采用各预制主梁的翼板做成横向刚性连接，一种是用桥面混凝土铺装做成刚性连接，另一种是用桥面板直接连成刚性连接；②当 T 形梁设置中横隔梁时，一种是用钢板进行连接，翼缘板可无任何连接，也可做成企口铰接式的简易连接，另一种做法是用混凝土进行连接，现浇接头混凝土。

18.2.3   荷载横向分布概念的理解

荷载横向分布的概念用来将复杂的空间问题合理转化成单梁进行计算。这种方法的实质是将影响面 $\eta(x, y)$ 分离成两个单值函数的乘积，即 $\eta_1(x)\eta_2(y)$，因此，对于某根主梁某一截面的内力值就可以表示为：

$$S = F \cdot \eta(x, y) \approx F \cdot \eta_1(x)\eta_2(y) \tag{18-1}$$

式中的 $\eta_1(x)$ 即为单梁某一截面的内力影响线。将 $\eta_2(y)$ 看作单位荷载沿横向作用在不同位置时对某梁所分配的荷载比值变化曲线，也称作对于某梁的荷载横向分布影响线，则 $F \cdot \eta_2(y)$ 就是当 F 作用于 $a(x, y)$ 点时沿横向分布给某梁的荷载，暂以 F_i 表示，即 $F_i = F \cdot \eta_2(y)$。这样，就可以对单根主梁利用结构力学方法求解主梁截面内力。

在桥梁设计中，通常用一个表征荷载分布程度的系数 m，表示某根主梁所承担的最大荷载相对于桥上作用车辆荷载各个轴重的倍数。

桥上荷载横向分布的规律与结构的横向连接刚度有着密切关系，横向连接刚度越大，荷载横向分布作用越显著，各主梁的负担也越均匀。

18.2.4   基于偏心压力法的荷载横向影响线的计算

偏心压力法对横隔梁进行无限刚性的假定，偏心荷载 F 的作用可分解为中心荷载 F 的作用和力矩 M 的作用，然后进行叠加。首先计算得到中心荷载 F 下的各根主梁产生的相同挠度 $\omega_1' = \omega_2' = \ldots = \omega_n'$；进而计算得到力矩 M 作用下主梁截面绕中心轴的转角 β，并按各根主梁产生的挠度与其离开截面中心轴的距离成正比来确定各主梁挠度 ω_i''，最后按简支梁跨中集中力与挠度之间的关系，确定各个主梁所分配到的力。特别的，由于影响线均为直线分布，仅仅需要得到两个位置的影响线数值，连接起来即得到该梁整条的荷载横向影响线。在按刚度进行荷载分配时，若计入主梁的抗扭刚度，则为修正偏心压力法。

18.2.5 铰接板（梁）法的计算原理

用现浇混凝土纵向铰缝连接的装配式板以及仅在翼板间用焊接钢板或伸出交叉钢筋连接的无中间横隔梁的装配式梁的多梁式桥，虽然块件间横向具有一定的连接构造，但其连接刚性又很薄弱。这类结构的受力状态实际接近于数根并列而相互间横向铰接的狭长板（梁），在工程上，常采用横向铰接板（梁）方法来计算荷载横向分布系数。

为简化计算，假定竖向荷载作用下，结合缝内只传递竖向剪力 $g(x)$，为横向铰接板（梁）计算理论的基本假定。进而，把一个空间计算问题，借助按横向挠度分布规律来确定荷载横向分布的原理，简化为一个平面问题来处理，严格来说，应满足下述关系：

$$\frac{\omega_1(x)}{\omega_2(x)} = \frac{M_1(x)}{M_2(x)} = \frac{V_1(x)}{V_2(x)} = \frac{F_1(x)}{F_2(x)} = 常数 \tag{18-2}$$

上式表明，在桥上荷载作用下，任意两条板（梁）所分配的荷载的比值与挠度的比值以及截面内力（弯矩 M 和剪力 V）的比值都相同。对于每条板梁有关系式 $M(x) = -EI\omega''$ 和 $V(x) = EI\omega'''$，代入上式，并设 EI 为常量，则：

$$\frac{\omega_1(x)}{\omega_2(x)} = \frac{\omega_1''(x)}{\omega_2''(x)} = \frac{\omega_1'''(x)}{\omega_2'''(x)} = \frac{F_1(x)}{F_2(x)} = 常数 \tag{18-3}$$

但是，仅具有某一峰值 p_0 的半波正弦荷载才能满足上式条件，使得荷载、挠度和内力三者的变化规律趋于协调统一。也就是说，利用半波正弦荷载作用下的各条板梁之间的挠度比值，便可得到各自所分配到的荷载大小。事实上，采用正弦荷载代替跨中的集中荷载，在计算各梁跨中挠度时的误差很小，而且，计算内力时虽有稍大的误差，但考虑到实际计算时有许多车轮沿桥跨分布，这样进一步使得误差减小，故在铰接板（梁）法中，作为一个基本假设，采用半波正弦和在分析得到的跨中荷载横向分布规律对于实际的汽车荷载同样适用。

最后利用变位互等定理得到 $\omega_{i1} = \omega_{1i}$，且每块梁板的截面相同，进而得到 $p_{i1} = p_{1i}$。这表明单位荷载作用于 1 号板梁轴线上时，在任一板梁所分配到的荷载就等于单位荷载作用于任一板梁轴线时 1 号板梁所分配到的荷载，这就是 1 号板梁荷载横向影响线的竖标值，通常以 η_{1i} 来表示，即：

$$\left. \begin{array}{l} \eta_{11} = p_{11} \\ \eta_{12} = p_{21} \\ \eta_{13} = p_{31} \\ \eta_{14} = p_{41} \\ \eta_{15} = p_{51} \end{array} \right\} \tag{18-4}$$

把各个 η_{1i} 按比例描绘在相应板梁的轴线位置，用光滑的曲线（或近似折线）连接这些竖标点，就得 1 号板梁的横向影响线。同理，如将单位荷载作用在 2 号板梁轴线，就可求得 p_{i2}，从而得到 η_{2i}。

18.2.6 荷载横向分布系数沿桥跨的变化

针对用于全跨弯矩计算的荷载横向分布系数，可以全跨统一采用跨中的横向分布系数

m_c，这是因为变量分离的前提是精确内力影响面的图形在纵、横向各自有相似的特征。也可在中间几个横隔梁所夹的区域内荷载横向分配系数采用跨中的横向分布系数 m_c，与端横隔梁最近的一根中横隔梁至支点（端横隔梁）的荷载横向分布系数 m_x 按直线变化。其中，对于无中间横隔梁或仅有一根中横隔梁的情况，主梁跨中区域采用不变的荷载横向分布系数 m_c，从距离主梁支点 $l/4$ 处（l 为主梁的计算跨径）至支点的区段内，m_x 按直线从 m_c 过渡至支点处荷载横向分布系数 m_0。此处，m_0 为采用杠杆法计算得到的梁端横隔梁的荷载横向分布系数。

针对用于支点截面剪力计算的荷载横向分布系数，对于无内横隔梁的桥梁，从支点到跨中取 m_0-m_c 的一根斜线；对于有内横隔梁的桥梁，从支点到其靠近第一根横隔梁取 m_0-m_c 的一根斜线。此处，m_0 为采用杠杆法计算得到的梁端横隔梁的荷载横向分布系数。

18.2.7　行车道板的计算模式

对于非翼缘板，l_a/l_b 不小于 2 的周边支承板可看作是沿短跨承受荷载的单向板来设计。对于翼缘板有两种：一种是翼缘板端部为自由缝、三边支撑的板，可以按边梁外侧翼缘板一样作为沿短跨一端嵌固、另一端为自由的悬臂板来设计；另一种是相邻翼缘板端部全部相互铰接，形成铰缝形式，其行车道板应按一端嵌固另一端铰接的铰接板计算模式进行设计。

事实上，板在车轮局部分布荷载 F 的作用下，不仅直接承压的板带参加工作，与其相邻的部分板带也会分担一部分荷载共同参与工作。所以，无论按哪种计算模式，均需要确定板的有效工作宽度，对于该有效工作宽度的正确理解是进行行车道板计算的关键。按规范要求，对于单向板，有效工作宽度按"当车辆荷载位于板跨中间时""荷载位于板的支承处时""荷载靠近板的支承附近，距支点一定距离时"三种情况进行确定；对于悬臂板，需要考虑分布荷载靠近板边的最不利情况以及几个车轮发生重叠的情况。

工程设计中为简化计算，对于单向板，取一个与板计算跨度相同的单向板，计算在荷载作用下有效板宽内板的跨中弯矩 M，然后乘以相应的修正系数得到行车道板在板跨中处的正弯矩和支点处的负弯矩。修正系数是根据实验及理论分析的数据得到的。对于铰接悬臂板，车辆荷载对铰接悬臂板作用最不利的位置是把车轮荷载对中布置在铰接处，此时铰内剪力为零，两相邻悬臂板各承受半个车轮荷载，从而计算单位板宽的弯矩值。对于悬臂板，计算根部最大弯矩时，应将考虑扩散宽度的车轮荷载靠板的边缘位置。

18.2.8　桥梁支座的设置原则

梁式桥的支座一般分为固定支座和活动支座两种。固定支座既要固定主梁在墩台上的位置并传递竖向压力和水平力，又要保证主梁发生挠曲时在支承处能自由转动。活动支座只传递竖向压力，但它要保证主梁在支承处既能自由转动又能水平移动。

按照计算模式，简支梁桥应在每跨的主梁一端设置固定支座，另一端设置活动支座。悬臂梁桥的梁锚固端也应在一侧设置固定支座，另一侧设置活动支座。多孔悬臂梁桥挂梁的支座布置和简支梁相同。连续梁桥应在每联主梁中的一个桥墩（或桥台）上设置固定支座，其余墩台上均应设活动支座。此外，悬臂梁桥和连续梁桥在某些特殊情况下梁的支座需要传递竖向拉力时，尚应设置也能承受拉力的支座。

固定支座和活动支座的布置应以有利于墩台传递纵向水平力为原则。对于多跨的简支梁桥，相邻两跨简支梁的固定支座不宜集中布置在一个桥墩上，但若个别桥墩较高，为了减小水平力的作用，可在其上布置相邻两跨的活动支座。对于坡桥，宜将固定支座布置在标高低的墩台上。对于连续梁桥，为使全桥梁的纵向变形分散在梁的两端，宜将固定支座设置在梁靠近中间的支点处，但若中间支点的桥墩较高或因地基受力等原因，对承受水平力十分不利时，可根据具体情况将固定支座布置在靠边的其他台上。

此外，对于特别宽的梁桥，尚应设置沿纵向和横向均能移动的活动支座。对于弯桥则应考虑活动支座沿弧线方向移动的可能性。对于处在地震区域的梁桥，其支座构造尚应考虑桥梁防震和减震的设施。

18.3 思 考 题

18-1 混凝土梁式桥按承重结构的受力图式可分为哪几类？各自的受力特点是什么？

18-2 T形梁桥的横向连接方式有哪几种？横隔梁对于桥跨结构起什么作用？

18-3 什么叫做荷载横向分布系数？如何计算汽车荷载作用下和人群荷载作用下的横向分布系数？

18-4 简述常用的几种荷载横向分布计算方法：杠杆原理法、偏心受压法、横向铰接板（梁）法、横向刚接梁法和比拟正交异性板法。

18-5 荷载横向分布系数沿桥跨是如何变化的？

18-6 简述在可变荷载作用下，主梁内力的计算步骤。

18-7 如何确定桥面板的有效工作宽度？

18-8 桥梁支座的作用是什么？固定支座和活动支座的区别是什么？布置的原则是什么？

18-9 板式橡胶支座的设计和计算包括哪些内容？

18-10 盆式橡胶支座工作原理是什么？有哪些特点？

18-11 荷载在跨中和支点的横向分布情况有什么不同？

18-12 设置伸缩缝的作用是什么？伸缩缝设置的要求有哪些？

18-13 桥梁铺装层的作用是什么？桥面铺装的要求有哪些？

18-14 为什么通常用杠杆法来计算支点附近的荷载横向分布系数？

18.4 计算题及解题指导

【例题 18-1】 如图 18-2 所示，某钢筋混凝土铰接 T 梁桥，桥面铺装为厚度 $H=11$cm 的沥青混凝土（$\gamma_1=23$kN/m³），钢筋混凝土桥面板平均厚度为 15cm（$\gamma_2=25$kN/m³），主梁间距为 1.6m，试求 A-A 截面的承载能力极限状态设计弯矩和剪力。提示：（1）活载采用汽车车辆荷载计算；（2）车轮着地长度 $a_2=0.2$m，宽度 $b_2=0.6$m，冲击系数取 $1+\mu=1.3$；（3）内力组合公式为：$1.2S_G+1.4S'_{Q1}$。

【解】

1. 恒载作用下 A-A 截面弯矩与剪力

沥青混凝土桥面层的恒载集度为：

$g_1 = 23 \times 0.71 \times 0.11 = 1.7963\text{kN/m}$

钢筋混凝土桥面板的恒载集度为：

$g_2 = 23 \times 0.71 \times 0.15 = 2.4495\text{kN/m}$

则每延米恒载作用下 A-A 截面的弯矩

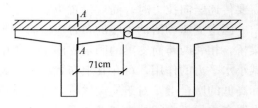

图 18-2　铰接 T 梁桥横断面形式

值为：

$$M_g = -\frac{1}{2}(g_1 + g_2)l_0^2 = -\frac{1}{2} \times (1.7963 + 2.4495) \times 0.71^2 = -1.0702\text{kN} \cdot \text{m}$$

每延米恒载作用下 A-A 截面的剪力值为：

$$Q_g = (g_1 + g_2)l_0 = (1.7963 + 2.4495) \times 0.71 = 3.0145\text{kN}$$

2. 活载作用下 A-A 截面弯矩与剪力

活载采用汽车车辆荷载进行计算，按照《公路桥规》规定，车轮行车方向的着地长度 $a_2 = 0.20\text{m}$，宽度 $b_2 = 0.60\text{m}$，则：

$$a_1 = a_2 + 2H = 0.20 + 2 \times 0.11 = 0.42\text{m}$$

$$b_1 = b_2 + 2H = 0.60 + 2 \times 0.11 = 0.82\text{m}$$

将车轮对称布置在铰缝处，考虑多车轮有效分布区域重叠的影响，铰接板的有效分布宽度为：

$$a = a_1 + d + 2l_0 = 0.42 + 0.14 + 2 \times 0.71 = 1.98\text{m}$$

冲击系数为 $1 + \mu = 1.3$，则每延米活载作用下 A-A 截面的弯矩值为：

$$M_p = -(1 + \mu)\frac{2P}{4a}\left(l_0 - \frac{b_1}{4}\right) = -1.3 \times \frac{2 \times 140}{4 \times 1.98} \times \left(0.71 - \frac{0.82}{4}\right) = -23.2096\text{kN} \cdot \text{m}$$

每延米活载作用下 A-A 截面的弯矩值为：

$$Q_p = (1 + \mu)\frac{2P}{4a} = 1.3 \times \frac{2 \times 140}{4 \times 1.98} = 45.9596\text{kN}$$

3. 承载能力极限状态下的内力组合

在承载能力极限状态下进行组合，A-A 截面的弯矩设计值大小为：

$$M = 1.2M_g + 1.4M_p = 1.2 \times -1.0702 + 1.4 \times -23.2096 = 33.7777\text{kN} \cdot \text{m}$$

剪力设计值大小为：

$$Q = 1.2Q_g + 1.4Q_p = 1.2 \times 3.0145 + 1.4 \times 45.9596 = 67.9608\text{kN}$$

【提示】计算承载能力极限状态下的内力时，首先分别考虑恒载、活载作用下的截面弯矩和剪力，再进行内力组合。

【例题 18-2】某计算跨径为 20m 的钢筋混凝土简支梁桥，在 $l/2$、$l/4$ 和支点处共设置五道横隔梁，其横截面如图 18-3 所示，各主梁刚度相同但不等间距。试用杠杆原理法和偏心压力法（不计主梁抗扭作用）求 2 号梁的：（1）支点荷载横向分布系数 m_0 与跨中区段荷载横向分布系数 m_c 沿跨长的变化图（求出 m_0、m_c 并绘出图形）；（2）汽车荷载跨中最大弯矩和支点最大剪力。提示：（1）冲击系数取 $1 + \mu = 1.188$，$\xi = 1$；（2）汽车荷载为公路-Ⅰ级（均布荷载 $q_k=10.5\text{kN/m}$，集中荷载 P_k：计算弯矩效应时取 238kN，计算剪力效应时取 285.6kN），其纵、横向布置如图 18-3 所示。

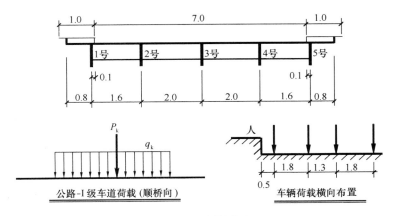

图 18-3 计算图示

【解】当荷载位于支点处时，应按杠杆法计算荷载横向分布系数。首先绘制 2 号梁的荷载横向分布影响线，如图 18-4 所示。

在横向影响线上布置荷载并求 2 号梁的荷载横向分布系数。

根据《公路桥规》对于车辆荷载在桥面上布置的规定，在横向影响线上确定荷载沿横向最不利的布置位置。

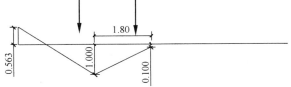

图 18-4 按杠杆法计算的 2 号梁横向影响线

车辆荷载：
$$m_{\text{oq}}=\frac{1}{2}\sum\eta_{\text{q}}=\frac{1}{2}\times(1.000+0.100)=0.550$$

人群荷载：
$$m_{\text{or}}=\eta_{\text{r}}=0$$

此桥在跨度内设有横隔梁，具有强大的横向连接刚性，且承重结构的长宽比为：

$$\frac{l}{B}=\frac{20}{2\times(0.8+1.6+2.0)}=2.27>2$$

故可按偏心压力法来绘制横向影响线并计算横向分布系数 m_c。

$$\sum_{i=1}^{5}a_i^2=a_1^2+a_2^2+a_3^2+a_4^2+a_5^2=2\times3.6^2+2\times2.0^2+0=33.92$$

2 号梁横向影响线竖标值为：

$$\eta_{21}=\frac{1}{n}+\frac{a_1a_2}{\sum\limits_{i=1}^{5}a_i^2}=\frac{1}{5}+\frac{3.6\times2.0}{33.92}=0.412$$

$$\eta_{25}=\frac{1}{n}-\frac{a_1a_2}{\sum\limits_{i=1}^{5}a_i^2}=\frac{1}{5}-\frac{3.6\times2.0}{33.92}=-0.012$$

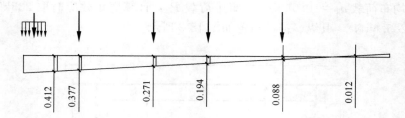

图 18-5   按偏心压力法计算的 2 号梁横向影响线

车辆荷载：

$$m_{cq} = \frac{1}{2} \sum \eta_q = \frac{1}{2} \times (0.377 + 0.271 + 0.194 + 0.088) = 0.465$$

人群荷载：

$$m_{cr} = \eta_r = 0.436$$

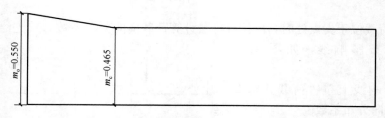

图 18-6   横向分布系数沿桥跨方向变化图

计算跨中截面汽车荷载最大弯矩：作荷载横向分布系数沿桥跨方向的变化图形和跨中弯矩影响线，如图 18-7 所示。

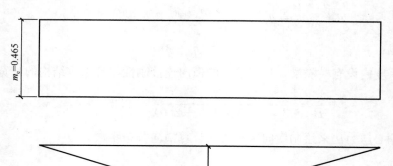

图 18-7   荷载横向分布系数沿桥跨方向变化图和跨中弯矩影响线

$$\Omega = \frac{1}{8} l^2 = \frac{1}{8} \times 20^2 = 50 m^2$$

$$y = \frac{l}{4} = \frac{20}{4} = 5$$

故得：

$$M_{\frac{l}{2},q} = (1+\mu)\xi \cdot m_{cq}(q_k\Omega + P_k y_i) = 1.188 \times 1 \times 0.465 \times (10.5 \times 50 + 238 \times 5)$$
$$= 947.40\text{kN} \cdot \text{m}$$

计算支点截面汽车荷载最大剪力：作荷载横向分布系数沿桥跨方向的变化图形和支点剪力影响线，如图 18-8 所示。

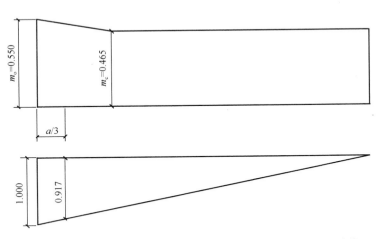

图 18-8　荷载横向分布系数沿桥跨方向变化图和支点剪力影响线

$$\Omega = \frac{1}{2}c = \frac{1}{2} \times 20 = 10\text{m}$$
$$y = 1$$

故得：

$$Q_{0,q} = (1+\mu) \cdot \xi \cdot m_{cq}(q_k\Omega + P_k y) + \Delta Q_{0,q}$$
$$= 1.188 \times 1 \times 0.465 \times (10.5 \times 10 + 285.6 \times 1) + \Delta Q_{0,q}$$
$$= 215.78 + \Delta Q_{0,q}$$

$$\Delta Q_{0,q} = (1+\mu) \cdot \xi \cdot \left[\frac{a}{2}(m_0 - m_c)q_k\bar{y} + (m_0 - m_c)P_k y\right]$$
$$= 1.188 \times 1 \times \left[\frac{5}{2} \times (0.550 - 0.465) \times 10.5 \times 0.917\right.$$
$$\left. + (0.550 - 0.465) \times 285.6 \times 1\right]$$
$$= 31.27\text{kN}$$

$$Q_{0,q} = 215.78 + 31.27 = 247.05\text{kN}$$

【提示】（1）需掌握荷载横向系数的计算方法：杠杆原理法和偏心受压法。（2）根据活载内力计算公式，分别计算汽车荷载作用下的跨中最大弯矩和支点最大剪力。

【例题 18-3】某装配式钢筋混凝土简支板桥由 9 块铰接板组成，各板的荷载横向影响线竖标值如表 18-1 所示。当 3 号板和 8 号板的跨中轴线处同时作用集中力 $P = 100$kN 时，求 4 号板和 8 号板跨中各受到多大的内力？

各板荷载横向影响线竖标值   表 18-1

	1	2	3	4	5	6	7	8	9
板 1	0.278	0.217	0.152	0.107	0.077	0.057	0.044	0.036	0.032
板 2	0.217	0.212	0.172	0.123	0.088	0.064	0.040	0.041	0.035
板 3	0.152	0.172	0.182	0.152	0.109	0.080	0.060	0.049	0.044
板 4	0.107	0.122	0.152	0.169	0.144	0.105	0.080	0.064	0.057
板 5	0.077	0.089	0.109	0.144	0.166	0.144	0.109	0.088	0.077

【解】

1. 4 号板跨中受力计算

$$F_4 = F_Q \cdot \Sigma \eta = 100 \times (0.152 + 0.064) = 21.6\text{kN}$$

2. 8 号板跨中受力计算

8 号板荷载横向影响线竖标值   表 18-2

	1	2	3	4	5	6	7	8	9
板 8	0.035	0.041	0.040	0.064	0.088	0.123	0.172	0.212	0.217

8 号板跨中受力：

$$F_8 = F_Q \cdot \Sigma \eta = 100 \times (0.04 + 0.212) = 25.2\text{kN}$$

【提示】 理解影响线的含义。

【例题 18-4】 某钢筋混凝土简支铰接 T 形梁桥的跨中横截面如图 18-9 所示，已知各主梁的抗弯刚度 EI、抗扭刚度 GI_t 均相同，并可求得 ω、ϕ、f 的值。试求当中梁轴线上作用单位正弦荷载 $p(x) = 1 \cdot \sin(\pi x/l)$（$l$ 为梁的计算跨径）时，各主梁分配到多少荷载（写出力法方程、各系数的表达式，解出未知赘余力）？

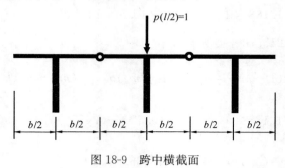

图 18-9   跨中横截面

【解】

1. 力法方程

$$\delta_{11} g_1 + \delta_{12} g_2 + \delta_{1p} = 0$$

$$\delta_{21} g_1 + \delta_{22} g_2 + \delta_{2p} = 0$$

2. 系数表达式

$$\delta_{11} = \delta_{22} = 2\left(\omega + \frac{b\varphi}{2} + f\right)$$

$$\delta_{21} = \delta_{12} = \left(\omega - \frac{b\varphi}{2}\right)$$

$$\delta_{1p} = -\omega$$

$$\delta_{2p} = -\omega$$

3. 赘余力

$$g_1 = g_2 = \frac{\omega(\omega + 1.5b\varphi + 2f)}{(2\omega + b\varphi + 2f)^2 - \left(\omega - \dfrac{b\varphi}{2}\right)^2}$$

4. 分配到各主梁的竖向荷载

1 号梁：$p_{11} = g_1 = \dfrac{\omega(\omega + 1.5b\varphi + 2f)}{(2\omega + b\varphi + 2f)^2 - \left(\omega - \dfrac{b\varphi}{2}\right)^2}$

2 号梁：$p_{21} = 1 - g_1 - g_2 = 1 - \dfrac{2\omega(\omega + 1.5b\varphi + 2f)}{(2\omega + b\varphi + 2f)^2 - \left(\omega - \dfrac{b\varphi}{2}\right)^2}$

3 号梁：$p_{31} = g_2 = \dfrac{\omega(\omega + 1.5b\varphi + 2f)}{(2\omega + b\varphi + 2f)^2 - \left(\omega - \dfrac{b\varphi}{2}\right)^2}$

【提示】根据铰接梁法，首先列出力法方程，然后计算方程中的系数，再解力法方程，得到赘余力，最终计算分配到各主梁的竖向荷载。

【例题 18-5】用偏心受压法计算【例题 18-2】中钢筋混凝土简支梁桥 $l/4$ 处横隔梁在公路-Ⅰ级荷载作用下，1 号主梁与 2 号主梁间的横隔梁中心弯矩值 $M_{(1-2)}$。

【解】

1. $l/4$ 处横隔梁的计算荷载

绘制 $l/4$ 处横隔梁的纵向受力影响线，使用公路-Ⅰ级车辆荷载进行最不利加载，得到其计算荷载为：

$$P_{oq} = \frac{1}{2}\sum P_i y_i = \frac{1}{2}(140 \times 1 + 140 \times 0.72) = 120.4\text{kN}$$

2. 绘制横隔梁的横向弯矩影响线

利用偏心压力法计算得到：

$$\eta_{11} = \frac{1}{n} + \frac{a_1^2}{\sum a_i^2} = \frac{1}{5} + \frac{3.6^2}{33.92} = 0.58$$

$$\eta_{13} = \frac{1}{n} + \frac{a_1 a_3}{\sum a_i^2} = \frac{1}{5} + \frac{3.6 \times 0}{33.92} = 0.2$$

$$\eta_{15} = \frac{1}{n} - \frac{a_1 a_5}{\sum a_i^2} = \frac{1}{5} - \frac{3.6^2}{33.92} = -0.18$$

$P=1$ 作用于 1 号主梁上时：

$$\eta_{(1-2)1}^{M} = \eta_{11} \times 0.5d_1 - 1 \times 0.5d_1 = -0.336$$

$P=1$ 作用于 5 号主梁上时：

$$\eta_{(1-2)5}^{M} = \eta_{15} \times 0.5d_1 = -0.144$$

$P=1$ 作用于 3 号主梁上时：

$$\eta^{\mathrm{M}}_{(1-2)3} = \eta_{13} \times 0.5d_1 = 0.16$$

绘制出横隔梁的横向弯矩影响线，如图 18-10 所示。

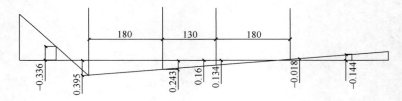

图 18-10　横隔梁的横向弯矩影响线

3. 截面弯矩值计算

将计算荷载 P_{oq} 按照最不利的加载方式在横隔梁的横向弯矩影响线上加载，并计入冲击系数 $(1+\mu)$ 与横向布载系数 ξ，得到：

$$M_{(1-2)} = (1+\mu) \cdot \xi \cdot P_{\mathrm{oq}} \cdot \Sigma \eta$$

$$= 1.188 \times 1 \times 120.4 \times (0.395 + 0.243 + 0.134 - 0.018) = 107.85\mathrm{kN}$$

【提示】作用在横隔梁上的荷载，不仅包括直接作用在横隔梁上的轮重，还应该考虑前后轮重的影响。在计算横隔梁上的计算荷载时，假设荷载在相邻横隔梁之间按杠杆原理法分布，得到横隔梁上的计算荷载后，再绘制该横隔梁的横向弯矩影响线，最终计算得到截面弯矩值。

【例题 18-6】钢筋混凝土简支梁桥，采用 C40 混凝土。设计荷载公路一级，安全等级二级，主梁梁肋宽 20cm，承受剪力最大的某梁支点反力为：恒载 $N_{\mathrm{G}} = 155.6\mathrm{kN}$，汽车荷载 $N_{\mathrm{q}} = 189.77\mathrm{kN}$，人群荷载 $N_{\mathrm{r}} = 13.29\mathrm{kN}$。板式橡胶支座平面尺寸 $a=0.2\mathrm{m}$，$b=0.2\mathrm{m}$。中间层橡胶片厚度 $t=0.6\mathrm{cm}$。求：（1）承载能力极限状态设计时，永久作用与可变作用设计值的基本组合反力；（2）验算支座承压能力。

【解】

$\gamma_{\mathrm{Gi}} = 1.2$，$\gamma_{\mathrm{Q1}} = 1.4$，$\psi_{\mathrm{c}} = 0.8$。

$$N_{\mathrm{cj}} = \gamma_0 (\gamma_{\mathrm{Gi}} S_{\mathrm{Gik}} + \gamma_{\mathrm{Q1}} S_{\mathrm{Qik}} + \psi_{\mathrm{c}} S_{\mathrm{Qjk}})$$

$$= 1 \times (1.2 \times 155.6 + 1.4 \times 189.77 + 0.8 \times 13.29)$$

$$= 463.03\mathrm{kN}$$

局部承压强度条件为：

$$\gamma_0 N_{\mathrm{cj}} \leqslant 1.3 \eta_{\mathrm{s}} \beta f_{\mathrm{cd}} A_l$$

$\gamma_0 = 1$，$\eta_{\mathrm{s}} = 1$，$f_{\mathrm{cd}} = 18.4\mathrm{MPa}$，$A_l = 400\ \mathrm{cm}^2$，$A_{\mathrm{b}} = 400 + (2 \times 20 \times 15) = 1000\ \mathrm{cm}^2$，则：

$$\beta = \sqrt{\frac{1000}{400}} = 1.581$$

所以：

$$N_{\mathrm{cj}} = 1 \times (1.2 \times 155.6 + 1.4 \times 189.77 + 0.8 \times 13.29) = 463.03\mathrm{kN}$$

$$< 1.3 \times 1.581 \times 18400 \times 0.2 \times 0.2 = 1512\mathrm{kN}$$

$$S = \frac{ab}{2t(a+b)} = \frac{20 \times 20}{2 \times 0.6 \times 40} = 8.33 > 8$$

$$[\sigma]=10000\text{kPa}$$

按弹性理论验算承压应力，则：

$$N_\text{e}=N_\text{G}+N_\text{q}+N_\text{r}=155.6+189.77+13.29=358.66\text{kN}$$

$$\sigma=\frac{N_\text{e}}{a\times b}=\frac{358.66}{0.04}=8967\text{kPa}<10000\text{kPa}$$

综上，橡胶支座承压满足要求。

【提示】验算支座承压能力从两方面考虑：验证局部承压的强度条件和按弹性理论验算橡胶支座承压应力。

第19章 混凝土拱式桥

19.1 内容的分析和总结

19.1.1 学习的目的和要求

了解混凝土拱桥的基本组成，理解上承式拱桥的构造特点及要求，掌握悬链线拱的设计计算步骤及方法。

1）了解混凝土拱桥的基本组成，理解主拱圈拱轴线、矢跨比的概念。

2）掌握上承式拱桥拱上建筑的主要类型。

3）理解上承式拱桥主拱圈的构造及适用范围，理解不同拱上建筑的构造，掌握伸缩缝及变形缝的设置方法，了解拱桥的拱顶填料、桥面铺装、人行道、排水设施及拱铰构造。

4）了解公路混凝土拱桥总体设计中拱桥全长确定及分孔布置的原则，理解拱桥设计标高与主拱圈矢跨比的确定原则，了解不等跨分孔的处理措施。

5）理解主拱圈合理拱轴线的概念，掌握拱轴线的选择原则。

6）了解主拱圈截面变化与截面尺寸的拟定方法。

7）理解拱上建筑联合作用、主拱圈活载横向分布的概念。

8）掌握主拱圈悬链线拱轴方程，掌握拱轴线 $l/4$ 处纵坐标 $y_{l/4}$ 与拱轴系数 m 值之间的关系。

9）掌握实腹式拱拱轴系数的确定方法。

10）掌握空腹式拱拱轴系数的确定方法。

11）了解主拱圈悬链线拱轴的拱轴系数初选方法。

12）理解拱轴线水平倾角的计算方法。

13）掌握主拱圈悬链线无铰拱的计算图式及弹性中心的计算方法。

14）掌握不考虑混凝土材料弹性压缩的主拱圈内力的计算方法。

15）理解混凝土弹性压缩的概念，掌握弹性压缩引起的主拱圈内力的计算方法。

16）理解采用内力影响线求拱桥活载内力的计算方法，了解主拱圈的几种内力调整方法。

17）掌握主拱圈的验算内容及基本方法、步骤。

19.1.2 重 点 和 难 点

上述学习要求 2）、3）、5）、8）、9）、10）、13）、14）、15）是重点，10）、13）、15）是难点。重点 5）、8）与难点 13）将在下面的重点讲解和难点分析中讲述，重点 9）、14）

与难点 10)、15）将在下面的计算题及解题指导中讲述。

19.1.3 内容组成及总结

1. 内容组成

本章主要内容如图 19-1 所示。

2. 内容总结

在拱桥这一章学习中，要着重抓住两条主线，第
一条主线就是拱桥结构组成方式及其相关力学特性；
第二条主线就是结构设计方法和主拱圈结构验算
方法。

1）重点抓住拱桥的构造方式，比如按照主拱圈
与行车道在竖向的相对位置可分为上承式拱桥、下承
式拱桥和中承式拱桥。按拱上建筑的形式可分为实腹
式拱桥和空腹式拱桥。按主拱圈的截面形式可将拱桥
分为板拱桥、肋拱桥、双曲拱桥、箱形拱桥四种。与
之相关的若干概念如拱轴线、计算跨径、计算矢高、
矢跨比、设计标高等要重点掌握。

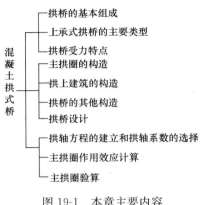

图 19-1 本章主要内容

2）与构造相关的力学特性为，拱桥是有水平推力的结构。由于拱水平推力的存在，
拱截面上除径向剪力和弯矩外，还有较大的轴向压力，所以拱是以受压为主的压弯
构件。

3）在设计方面，要重点抓住合理拱轴线的概念及其设计方法。选择拱轴线的原则，
就是要尽可能地降低由于荷载产生的弯矩值。最理想的拱轴线是使其与拱上各种荷载作
用下的压力线相吻合，这时主拱圈截面内只有轴向压力，而无弯矩和剪力，于是截面上
的应力是均匀分布的，就能充分利用材料的强度和圬工材料良好的抗压性能，这样的拱
轴线称为合理拱轴线。拱桥常用的拱轴线线型有以下几种：圆弧线、抛物线与悬链线。
其中，悬链线是目前大、中跨径拱桥采用的最普遍的拱轴线线形。为使得所采用的悬链
线拱轴线与其恒载压力线接近，一般采用"五点重合法"确定空腹式悬链线拱的拱轴系
数 m 值。与之相关的若干概念有：五点重合法、拱圈弹性压缩影响、弹性中心等，需要
牢固掌握。

4）主拱圈的验算内容包括主拱圈承载力验算、拱的整体承载力（"强度-稳定"）验
算、正截面直接受剪承载力计算及刚度验算。这一部分内容需要熟练掌握。

19.2 重点讲解与难点分析

19.2.1 合理拱轴线及拱轴线的选择

主拱圈各横截面的形心连线称为拱轴线。

当拱圈所选择的拱轴线与某荷载作用下的压力线相吻合时，这样的拱轴线称为该荷载
作用下的合理拱轴线；即在该荷载作用下，拱圈截面只受轴力，而无弯矩作用。

当拱圈所选择的拱轴线与恒载作用下的压力线相吻合时，这样的拱轴线称为恒载作用下的合理拱轴线；即在恒载作用下，拱圈截面只受轴力，而无弯矩作用。

在学习时宜抓住四点：①合理拱轴线是与特定的荷载作用相对应，不同荷载作用对应不同的合理拱轴线。②由于拱不仅承受恒载，还承受各种活载作用，因此，不可能得到与各种荷载作用下的压力线相吻合的合理拱轴线。故选取拱轴线时，要尽量减少主拱圈的弯矩，截面应力均匀，能充分利用圬工材料的强度与抗压性能。③由于公路拱桥恒载所占比例较大，一般以恒载压力线作为设计拱轴线。④超静定拱桥的主拱圈会因材料的弹性压缩而产生附加内力，故当选取恒载压力线作为设计拱轴线时，由于材料弹性压缩，依然会导致实际压力线与设计拱轴线发生偏离，即需要考虑材料弹性压缩引起的拱附加内力。

19.2.2　悬链线拱轴方程

悬链线拱轴方程为：

$$y_1 = \frac{f}{m-1}(\mathrm{ch}k\xi - 1)$$

$$k = \mathrm{ch}^{-1}m = \ln(m+\sqrt{m^2-1}) \tag{19-1}$$

式中　f——拱的计算矢高；

　　　m——拱轴系数。

由此可见，当拱的矢跨比确定后，拱轴线型（即拱轴线上各点的纵坐标）将取决于所采用的拱轴系数。其线型特征可用 $l/4$ 处纵坐标 $y_{l/4}$ 的大小来表示：

$$\frac{y_{l/4}}{f} = \frac{1}{m-1}\left(\mathrm{ch}\frac{k}{2} - 1\right)$$

$$\mathrm{ch}\frac{k}{2} = \sqrt{\frac{\mathrm{ch}k+1}{2}} = \sqrt{\frac{m+1}{2}}$$

$$\frac{y_{l/4}}{f} = \frac{\sqrt{\frac{m+1}{2}}-1}{m-1} = \frac{\left(\sqrt{\frac{m+1}{2}}-1\right)\left(\sqrt{\frac{m+1}{2}}+1\right)}{(m-1)\left(\sqrt{\frac{m+1}{2}}+1\right)} = \frac{\frac{m+1}{2}-1}{(m-1)\left(\sqrt{\frac{m+1}{2}}+1\right)} \tag{19-2}$$

由此得出拱轴线 $l/4$ 处纵坐标 $y_{l/4}$ 与拱轴系数 m 值的关系为：

$$\frac{y_{l/4}}{f} = \frac{1}{\sqrt{2(m+1)}+2} \tag{19-3}$$

由上式可知，$y_{l/4}$ 与 m 值成反比关系，即当 m 增大时，拱轴线抬高，反之拱轴线降低。

在学习时要搞清楚上承式拱桥选择悬链线作为拱轴线的基本原因：

1. 实腹式拱桥

实腹式拱桥的恒载集度，由拱顶向拱脚是连续分布且逐渐增加的，在这样的荷载分布图式下，主拱圈的压力线即为一条悬链线；恒载作用下，当不计主拱圈的恒载弹性压缩影响时，主拱圈截面只承受轴力而无弯矩作用。因此，实腹式拱桥采用悬链线作为拱轴线。

2. 空腹式拱桥

空腹式拱桥的恒载集度，由拱顶向拱脚不再是连续分布，也不再是逐渐增加的，相应的恒载压力线是一条有转折点的多段曲线。如果仍采用悬链线作为其拱轴线时，恒载压力线与拱轴线会产生偏离。但理论分析证明，这种偏离对主拱圈控制截面的受力是有利的。另一方面，对于悬链线拱，已有现成完整的计算图表可以利用，简化了设计计算。因此，空腹式拱桥广泛采用悬链线作为拱轴线。

19.2.3 悬链线无铰拱弹性中心

在用力法求解对称无铰拱在外荷载作用下的内力时，可以取悬臂曲梁和简支曲梁两种基本结构。当取悬臂曲梁为基本结构（图 19-2a）时，外荷载 P 将在主拱拱顶截面产生三个赘余力 X_1（弯矩）、X_2（轴力）、X_3（剪力），且前两个是正对称的，第三个是反对称的。此处须特别注意赘余力及内力的方向：弯矩以使拱下缘受拉为正，剪力以绕隔离体逆时针方向为正，轴力以压力为正。

图 19-2 主要内容图示

力法基本方程如下：

$$\delta_{11}X_1 + \delta_{12}X_2 + \delta_{13}X_3 + \Delta_{1p} = 0$$
$$\delta_{21}X_1 + \delta_{22}X_2 + \delta_{23}X_3 + \Delta_{2p} = 0$$
$$\delta_{31}X_1 + \delta_{32}X_2 + \delta_{33}X_3 + \Delta_{3p} = 0 \tag{19-4}$$

对于基本方程的常变位 δ_{ij}（$i, j = 1, 2, 3$），当 $i = j$ 时称为主系数，$i \neq j$ 时称为副系数，它们与结构本身相关，不同的基本结构对应不同的常变位。由结构的对称性可知除 $\delta_{12} = \delta_{21} \neq 0$ 外，其余的副系数均为零。如能使 δ_{12} 和 δ_{21} 也等于零，求解方程由多元一次方程组变为多个一元一次方程，难度大大降低，求解的程序和思路也变得简单。这时就需要引入"弹性中心"这个重要概念，对于采用悬臂曲梁或简支曲梁为基本结构的无铰拱，它是弹性体的几何中心，引入过程非常自然。

引入弹性中心，其主要目的是将力法求解的赘余力方程由三元一次方程组变为三个一元一次方程，降低求解的难度，简化求解的过程。

弹性中心即弹性体的受力中心，无铰拱作为超静定结构，其弹性中心是结构的受力中心点，它在计算无铰拱时可使求解方程大为简化，各种作用在结构上的外荷载均可以转换为弹性中心上的赘余力，进而得到结构的内力分布特点。

由结构的对称性可知，弹性中心在对称轴上（图 19-2b），离拱顶的距离为 y_s。

将与赘余力对应的单位力作用在弹性中心引起的内力绘出，代入到方程 $\delta_{12}=\delta_{21}=0$ 中，同时将拱轴线方程代入并积分可得 y_s，这样就确定了弹性中心的位置。

对任意拱轴线的无铰拱，该确定弹性中心位置的方法均适应，而对于教材中讲述的等截面悬链线无铰拱可简化为与矢高的关系式：$y_s=\alpha_1 f$，其中系数 α_1 只与拱轴系数 m 有关，可以通过拱桥设计手册的附录直接查到。

19.3　思　考　题

19.3.1　问　答　题

19-1　拱桥和梁桥的构造和受力上有何区别？拱桥的优缺点有哪些？拱桥由哪些主要组成部分？

19-2　按主拱圈截面形式拱桥分为哪几类？各有什么构造特点？

19-3　什么是拱上建筑？空腹式拱上建筑有哪两类？

19-4　实腹式、空腹式拱上建筑的特点分别是什么？

19-5　拱上侧墙、护拱的作用分别是什么？

19-6　拱桥矢跨比的大小对拱桥结构的影响有哪些？

19-7　在处理不等跨分孔时需要注意的实质问题是什么？有哪些措施可以解决此问题？

19-8　选择拱轴线的原则是什么？常用的拱轴线型有哪些？什么是合理拱轴线？

19-9　为什么可以用悬链线作为空腹式拱的拱轴线型？

19-10　什么是拱上建筑的联合作用、活载的横向分布？什么是拱轴系数？

19-11　联合作用的大小与拱上建筑结构的类型有何关系？

19-12　实腹式悬链线拱的竖坐标 $y_{1/4}$ 与拱轴系数 m 的关系如何？

19-13　何谓"五点重合法"？

19-14　对于空腹式无铰拱，为什么采用"五点重合法"确定的其主拱圈拱轴线是合理的？

19-15　拱桥的伸缩缝和变形缝是如何设置的？

19-16　何谓拱的弹性压缩？弹性压缩对无铰拱有何影响？

19-17　利用内力影响线如何计算拱桥的活载内力？

19-18　钢筋混凝土主拱圈的承载力计算包括哪些内容？

19.3.2　选　择　题

19-19　梁与拱在受力性能上最本质的区别为＿＿＿＿＿＿＿＿。

A. 在竖向荷载作用下，梁支承处有水平反力产生，拱支承处有水平反力产生

B. 在竖向荷载作用下，梁支承处无水平反力产生，拱支承处有水平反力产生

C. 在竖向荷载作用下，梁支承处有水平反力产生，拱支承处无水平反力产生

D. 在竖向荷载作用下，梁支承处无水平反力产生，拱支承处无水平反力产生

19-20　拱桥上部结构中主要承重构件是＿＿＿＿＿＿＿＿。

A. 拱上建筑　　　B. 桥面系　　　C. 主拱圈　　　D. 腹孔

19-21　拱桥的计算跨径为＿＿＿＿＿＿＿＿。

A. 拱桥的起点与终点之间的水平距离

B. 拱桥的标准跨径

C. 拱轴线两端点之间的水平距离

D. 两拱脚截面最低点之间的水平距离

19-22　行车道位于主拱圈上方的拱桥称为＿＿＿＿＿＿＿＿。

A. 上承式拱桥　　B. 中承式拱桥　　C. 下承式拱桥　　D. 其他拱桥

19-23　拱桥的矢跨比为＿＿＿＿＿＿＿＿＿之比值，当矢跨比减小时拱的水平推力＿＿＿＿＿＿＿＿。

A. 计算跨径与计算矢高、增大　　　B. 计算矢高与计算跨径、增大

C. 计算跨径与计算矢高、减小　　　D. 计算矢高与计算跨径、减小

19-24　主拱圈按照不同的拱轴线形式可分为＿＿＿＿＿＿＿＿。

A. 圆弧、抛物线、悬链线　　　　B. 圬工、钢筋混凝土、钢

C. 板、肋、箱形　　　　　　　　D. 三铰拱、无铰拱、两铰拱

19-25　拱桥按照拱上建筑的形式可分为＿＿＿＿＿＿＿＿。

A. 抛物线拱桥和悬链线拱桥　　　B. 石拱桥和钢筋混凝土拱桥

C. 空腹式拱桥和实腹式拱桥　　　D. 板拱桥和箱拱桥

19-26　竖向均布荷载作用下，上承式拱桥的合理拱轴线为＿＿＿＿＿＿＿＿。

A. 圆弧　　　B. 二次抛物线　　　C. 悬链线　　　D. 对数曲线

19-27　关于合理拱轴线，以下说法错误的是＿＿＿＿＿＿＿＿。

A. 与拱上荷载的压力线重合　　　B. 主拱圈截面只承受轴向压力

C. 主拱圈截面应力分布均匀　　　D. 主拱圈截面只承受弯矩和剪力

19-28　不计弹性压缩时，实腹式拱桥的恒载压力线为＿＿＿＿＿＿＿＿。

A. 圆弧　　　　　　　　　　　　B. 二次抛物线

C. 悬链线　　　　　　　　　　　D. 对数曲线

19-29　不等跨分孔拱桥，减小桥墩所受不平衡推力的措施不包括＿＿＿＿＿＿＿＿。

A. 增大各孔的跨度　　　　　　　B. 采用不同的矢跨比

C. 采用不同的拱脚高程　　　　　D. 调整拱上建筑的重力

19.3.3　判 断 题

19-30　梁桥主梁以受弯为主，拱桥在竖向荷载作用下，主拱圈主要承受压应力。（　　）

19-31　拱桥的矢跨比越大，则拱的水平推力也越大。（　　）

19-32　在任何时候，拱轴线与压力线都是重合的。（　　）

19-33　箱形肋拱中拱肋间的横系梁，不仅具有增强肋拱桥横向整体稳定性的作用，还起横向分布荷载的作用。（　　）

19-34　小跨径实腹式拱桥，伸缩缝通常仅设在两拱脚上方，并在横桥向贯通全桥宽。（　　）

19-35   拱式腹孔的空腹式拱桥，为适应主拱圈的变形，通常将靠近墩台的第一个腹拱做成三铰拱。（   ）

19-36   采用拱式拱上建筑，能减轻拱上建筑的自重和对地基的压力，故大跨径钢筋混凝土拱桥一般都采用拱式拱上建筑。（   ）

19-37   空腹式无铰拱，采用"五点重合法"确定的主拱圈拱轴线与恒载压力线有偏离，拱顶的偏离弯矩为正，拱脚的偏离弯矩为负。（   ）

19-38   普通的上承式拱桥以主拱圈承重，包括桁架拱桥与刚架拱桥。（   ）

19-39   双肋拱的主拱圈一般可偏安全的用杠杆法计算拱肋的荷载横向分布系数。（   ）

19.3.4 填 空 题

19-40   梁桥内力以受＿＿＿＿＿＿＿为主，拱桥内力以受＿＿＿＿＿＿＿为主。

19-41   拱桥上部结构由＿＿＿＿＿＿＿和＿＿＿＿＿＿＿组成。

19-42   普通的上承式拱桥由＿＿＿＿＿＿＿、＿＿＿＿＿＿＿与＿＿＿＿＿＿＿组成。

19-43   确定拱桥的设计高程有四个，分别是＿＿＿＿＿＿＿、＿＿＿＿＿＿＿、＿＿＿＿＿＿＿、＿＿＿＿＿＿＿。

19-44   常用的拱轴线线型有＿＿＿＿＿＿＿、＿＿＿＿＿＿＿、＿＿＿＿＿＿＿。

19-45   当矢跨比＿＿＿＿＿＿＿时，拱的水平推力增大，反之则水平推力减小。

19-46   拱上填料的作用为＿＿＿＿＿＿＿。

19-47   当拱圈所选择的拱轴线与某荷载作用下的压力线相吻合时，这样的拱轴线称为该荷载作用下的＿＿＿＿＿＿＿。

19-48   空腹式拱桥采用拱式腹孔时，通常将紧靠桥墩（台）的第一个腹拱做成三铰拱，并在紧靠桥墩（台）的拱铰上方设置＿＿＿＿＿＿＿缝，在其余两拱铰上方设置＿＿＿＿＿＿＿缝。

19-49   实腹式拱恒载作用下的合理拱轴线为＿＿＿＿＿＿＿。

19-50   空腹式悬链线拱一般采用"五点重合法"来确定拱轴系数 m 值，其中"五点"是＿＿＿＿＿＿＿、＿＿＿＿＿＿＿、＿＿＿＿＿＿＿。

19-51   当跨径、荷载和拱上建筑等情况相同时，$f/l=1/5$ 的拱桥与 $f/l=1/7$ 的拱桥相比，前者的水平推力比后者＿＿＿＿＿＿＿。

19-52   拱轴系数 m 是指＿＿＿＿＿＿＿与＿＿＿＿＿＿＿的比值，m 越大，拱轴线在拱脚处越＿＿＿＿＿＿＿。

19.4 计算题及解题指导

19.4.1 例 题 精 解

【例题 19-1】某空腹式无铰拱桥，计算跨径 $l=80$m，计算矢高 $f=16$m，主拱圈及其拱上建筑恒载简化为图 19-3 中所示的荷载作用，主拱圈截面积 $A=5.0$m²，重度为 $\gamma=24$kN/m³，采用"五点重合法"确定其拱轴系数 m 值。

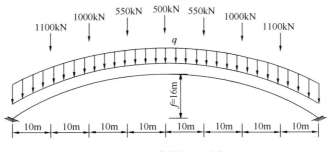

图 19-3 例题 19-1 图

等截面悬链线主拱圈 $M_{l/4}$ 与 M_j   表 19-1

f/l	m ＼ x	1.347	1.543	1.756	1.988	2.240	2.514	2.814	3.142	3.500
1/5	$M_{1/4}$	0.1265	0.1264	0.1264	0.1263	0.1263	0.1262	0.1261	0.1261	0.1260
	M_j	0.5246	0.5244	0.5241	0.5238	0.5235	0.5233	0.5230	0.5228	0.5225
1/6	$M_{1/4}$	0.1261	0.1260	0.1260	0.1259	0.1259	0.1258	0.1258	0.1258	0.1257
	M_j	0.5174	0.5172	0.5170	0.5168	0.5166	0.5165	0.5163	0.5161	0.5160
1/7	$M_{1/4}$	0.1256	0.1256	0.1255	0.1255	0.1255	0.1255	0.1255	0.1254	0.1254
	M_j	0.5060	0.5099	0.5097	0.5096	0.5095	0.5094	0.5093	0.5093	0.5092

【解】

$$\frac{y_{l/4}}{f} = \frac{\sum M_{\frac{l}{4}}}{\sum M_j} = \frac{1}{\sqrt{2(m+1)}+2}$$

半拱悬臂集中力荷载对拱跨 $l/4$ 截面和拱脚截面的弯矩为：

$$M_{l/4} = 550 \times 10 + 250 \times 20 = 10500 \text{kN} \cdot \text{m}$$

$$M_j = 1100 \times 10 + 1000 \times 20 + 550 \times 30 + 250 \times 40 = 57500 \text{kN} \cdot \text{m}$$

1）假定拱轴系数 $m=2.514$，因 $l/f=16/80=0.2$，查教材附录 17 得半拱悬臂拱圈自重对拱跨 $l/4$ 截面和拱脚截面的弯矩为：$M_k = \dfrac{A\gamma l^2}{4} \times$ ［表值］。

$$M_{l/4} = \frac{A\gamma l^2}{4} \times 0.12619 = \frac{5.0 \times 24 \times 80^2}{4} \times 0.12619 = 24228 \text{kN} \cdot \text{m}$$

$$M_j = \frac{A\gamma l^2}{4} \times 0.52328 = \frac{5.0 \times 24 \times 80^2}{4} \times 0.52328 = 100470 \text{kN} \cdot \text{m}$$

故，半拱所有荷载（集中力荷载与拱圈自重）对拱跨 $l/4$ 截面和拱脚截面的弯矩为：

$$\sum M_{l/4} = 10500 + 24228 = 34728 \text{kN} \cdot \text{m}$$

$$\sum M_j = 57500 + 100470 = 157970 \text{kN} \cdot \text{m}$$

$$\frac{y_{l/4}}{f} = \frac{\sum M_{l/4}}{\sum M_j} = \frac{1}{\sqrt{2(m+1)}+2} = \frac{34728}{157970}$$

$$m' = 2.248$$

$|m'-m| = |2.248 - 2.514| = 0.266$，大于半级 $(2.514-2.24)/2 = 0.137$。

2）假定拱轴系数 $m=2.240$ 重新计算，查教材附录 17 得半拱悬臂拱圈自重对拱跨 $l/4$

截面和拱脚截面的弯矩为：$M_k = \dfrac{A\gamma l^2}{4} \times [表值]$。

$$M_{l/4} = \frac{A\gamma l^2}{4} \times 0.12625 = \frac{5.0 \times 24 \times 80^2}{4} \times 0.12625 = 24240 \text{kN} \cdot \text{m}$$

$$M_j = \frac{A\gamma l^2}{4} \times 0.52354 = \frac{5.0 \times 24 \times 80^2}{4} \times 0.52354 = 100520 \text{kN} \cdot \text{m}$$

故，半拱所有荷载（集中力荷载与拱圈自重）对拱跨 $l/4$ 截面和拱脚截面的弯矩为：

$$\sum M_{l/4} = 10500 + 24240 = 34740 \text{kN} \cdot \text{m}$$

$$\sum M_j = 57500 + 100520 = 158020 \text{kN} \cdot \text{m}$$

$$\frac{y_{l/4}}{f} = \frac{\sum M_{l/4}}{\sum M_j} = \frac{1}{\sqrt{2(m+1)} + 2} = \frac{34740}{158020}$$

$$m' = 2.248$$

$|m' - m| = |2.248 - 2.240| = 0.008$，小于半级 $(2.514 - 2.24)/2 = 0.137$。

故，取拱轴系数 $m = 2.240$。

【提示】这道题主要是要求掌握计算步骤和计算方法，会通过查书中附录表格来得到相关计算参数。通过这道题，学生要能够掌握"五点重合法"的概念及采用"五点重合法"确定空腹式悬链线拱拱轴系数的计算方法。

【例题 19-2】某空腹式无铰拱桥，净跨径 $l_n = 40$m，净矢高 $f_n = 8$m，主拱圈厚度 $d = 0.8$m，拱轴系数 $m = 2.514$，半跨恒载对拱脚截面的弯矩为 $\sum M_j = 9000$kN·m 分别计算恒载作用下拱顶截面、$l/4$ 截面、拱脚截面的轴力 N、剪力 Q 以及弯矩 M。

查表已知相关数据如下：

$\alpha_1 = 0.336314$，$\mu_1 = 0.011$，$\mu = 0.009$，$\cos\varphi_{l/4} = 0.94042$，$\sin\varphi_{l/4} = 0.34001$，$\cos\varphi_j = 0.72191$，$\sin\varphi_j = 0.69198$。

【解】

$$f = f_n + \frac{d}{2} - \frac{d}{2}\cos\varphi_j = 8 + \frac{0.8}{2} - \frac{0.8}{2} \times 0.72191 = 8.111 \text{m}$$

$$H_g = \frac{\sum M_j}{f} = \frac{9000}{8.111} = 1109.604 \text{kN}$$

$$y_s = \alpha_1 f = 0.336314 \times 8.111 = 2.728 \text{m}$$

$$\Delta H_g = \frac{\mu_1}{1+\mu} H_g = \frac{0.011}{1+0.009} \times 1109.604 = 12.097 \text{kN}$$

$$\frac{y_{\frac{l}{4}}}{f} = \frac{1}{\sqrt{2(m+1)} + 2}$$

$$y_{\frac{l}{4}} = \frac{f}{\sqrt{2(m+1)} + 2} = \frac{8.111}{\sqrt{2 \times (2.514+1)} + 2} = 1.744 \text{m}$$

1. 不计弹性压缩内力计算

$$N'_d = H_g = 1109.604 \text{kN}$$

$$N'_{\frac{l}{4}} = \frac{H_g}{\cos\varphi_{\frac{l}{4}}} = \frac{1109.604}{0.94042} = 1179.903 \text{kN}$$

$$N'_j = \frac{H_g}{\cos\varphi_j} = \frac{1109.604}{0.72191} = 1537.039 \text{kN}$$

2. 弹性压缩内力计算

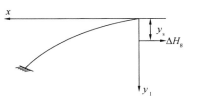

$$N''_d = -\Delta H_g = -12.097\text{kN}$$

$$Q''_d = 0\text{kN}$$

$$M''_d = \Delta H_g \times y_s = 12.097 \times 2.728$$
$$= 33.001\text{kN} \cdot \text{m}$$

$$N''_{\frac{l}{4}} = -\Delta H_g \cos\varphi_{\frac{l}{4}} = -12.097 \times 0.94042$$
$$= -11.376\text{kN}$$

$$Q''_{\frac{l}{4}} = -\Delta H_g \sin\varphi_{\frac{l}{4}} = -12.097 \times 0.34001 = -4.113\text{kN}$$

$$M''_{\frac{l}{4}} = \Delta H_g \times y_s - y_{\frac{l}{4}} = 12.097 \times 2.728 - 1.744 = 11.903\text{kN} \cdot \text{m}$$

$$N''_j = -\Delta H_g \cos\cos\varphi_j = -12.097 \times 0.72191 = -8.733\text{kN}$$

$$Q''_j = -\Delta H_g \sin\varphi_j = -12.097 \times 0.69198 = -8.371\text{kN}$$

$$M''_j = \Delta H_g \times y_s - f = 12.097 \times (2.728 - 8.111) = -65.118\text{kN} \cdot \text{m}$$

图 19-4 例题 19-2 图

3. 恒载作用下的总内力计算

$$N_d = N'_d + N''_d = 1109.604 - 12.097 = 1097.507\text{kN}$$

$$Q_d = Q'_d + Q''_d = 0 + 0 = 0\text{kN}$$

$$M_d = M'_d + M''_d = 0 + 33.001 = 33.001\text{kN} \cdot \text{m}$$

$$N_{\frac{l}{4}} = N'_{\frac{l}{4}} + N''_{\frac{l}{4}} = 1179.903 - 11.376 = 1168.527\text{kN}$$

$$Q_{\frac{l}{4}} = Q'_{\frac{l}{4}} + Q''_{\frac{l}{4}} = 0 - 4.113 = -4.113\text{kN}$$

$$M_{\frac{l}{4}} = M'_{\frac{l}{4}} + M''_{\frac{l}{4}} = 0 + 11.903 = 11.903\text{kN} \cdot \text{m}$$

$$N_j = N'_j + N''_j = 1537.039 - 8.733 = 1528.306\text{kN}$$

$$Q_j = Q'_j + Q''_j = 0 - 8.371 = -8.371\text{kN}$$

$$M_j = M'_j + M''_j = 0 - 65.118 = -65.118\text{kN} \cdot \text{m}$$

【提示】这道题主要是考察综合运用能力，需要掌握计算步骤和计算方法，清楚公式中各参数的概念与取值，会通过查书中附录表格来得到相关计算参数。通过这道题，学生要能够掌握主拱圈弹性压缩影响、"弹性中心"的概念及引入"弹性中心"求解考虑弹性压缩后的主拱圈恒载内力的计算方法。

19.4.2 习 题

【习题 19-1】某等截面悬链线空腹式拱桥，恒载在拱跨 $l/4$ 截面与拱脚截面产生的弯矩分别为 $\Sigma M_{l/4} = 2399\text{kN} \cdot \text{m}$，$\Sigma M_j = 10905\text{kN} \cdot \text{m}$，试确定其拱轴系数 m 值。

【习题 19-2】某实腹式悬链线拱桥，净跨径 $l_n = 15\text{m}$，净矢高 $f_n = 3\text{m}$，拱顶填料厚度 $h_d = 0.8\text{m}$，主拱圈厚度 $d = 0.8\text{m}$，主拱圈重力密度 $\gamma_1 = 20\text{kN/m}^3$，拱腹填料的重力密度

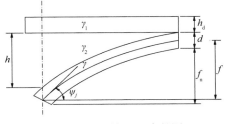

图 19-5 习题 19-2 中的图

$\gamma_2 = 19 \text{kN/m}^3$，试确定其拱轴系数 m 值。

拱轴系数 m 与拱轴线水平倾角余弦 $\cos\varphi_j$ 的关系　　　　　表 19-2

m	2.240	2.514	2.814	3.142	3.500	3.893	4.324
$\cos\varphi_j$	0.7306	0.7219	0.7132	0.7044	0.6955	0.6866	0.6777

【习题 19-3】某空腹式无铰拱桥，计算跨径 $l = 80\text{m}$，计算矢高 $f = 16\text{m}$，主拱圈和拱上建筑结构自重简化为图 19-6 中所示荷载作用，主拱圈截面面积 $A = 5.0\text{m}^2$，重力密度 $\gamma = 25\text{kN/m}^3$。求：（1）试用"五点重合法"确定拱桥的拱轴系数 m 值；（2）计算不考虑弹性压缩时的拱脚竖向力 V_g、水平推力 H_g 及恒载轴力 N_g；（3）计算弹性压缩引起的拱脚竖向力 V_g，水平推力 H_g，恒载轴力 N_g，拱脚、拱顶截面的弯矩 M_j 和 M_d；（4）计算考虑弹性压缩后的拱脚竖向力 V_g、水平推力 H_g 及恒载轴力 N_g。已知相关数据如下：$\alpha_1 = 0.339193$，$\mu_1 = 0.008632$，$\mu_2 = 0.007146$。

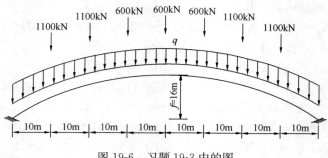

图 19-6　习题 19-3 中的图

第20章 桥墩与桥台

20.1 内容的分析和总结

20.1.1 学习的目的和要求

1. 学习目的

混凝土桥梁墩（台）是桥梁的重要结构，承担着桥梁上部结构的荷载并将它传给地基基础。通过学习，读者应了解掌握常见桥墩、桥台的构造特点和设计计算内容。

2. 学习要求

1）了解桥梁墩台的作用、结构组成与分类。

2）了解重力式墩台的构造特点。

3）了解桩式桥墩及其他轻型墩台的构造特点。

4）掌握梁桥、拱桥重力式墩、台设计的荷载及其荷载作用组合。

5）掌握墩台身承载能力计算方法，了解验算截面的选取。

6）掌握整体稳定性验算以及基础底面土的承载力和偏心距验算方法。

20.1.2 重点和难点

上述学习要求 2）、4）、5）、6）是重点，4）是难点。

20.1.3 内容组成与总结

1. 内容组成

本章主要内容如图 20-1 所示。

2. 内容总结

桥墩和桥台都属于桥梁的下部结构，他们的作用是连接桥梁上部结构和基础，将上部的荷载传递到基础和地基。对于初学者来说，要分清桥墩和桥台的区别。桥墩和桥台的作用决定了他们的构造，墩台构造要能提供足够的承载力，并保持稳定性。

桥梁墩台大致可分为重力式墩台和轻型墩台。重力式墩台是最常见的墩台形式，依靠自身重力抵抗外荷载；轻型桥台需要配置钢筋，又可分为很多结构种类。拱桥桥墩和梁桥桥墩有较大区别，在于拱桥桥墩需要抵抗水平推力，根据抵抗水平外荷载的能力，拱桥桥墩可分为普通墩和止推墩。

墩台的计算主要围绕承载力和稳定性展开，作用组合需要考虑多种最不利组合。墩台的稳定性验算包括抗滑动稳定性和抗倾覆稳定性。同时，还要验算基础底面的承载力和偏心距，均不能超过规定限值。

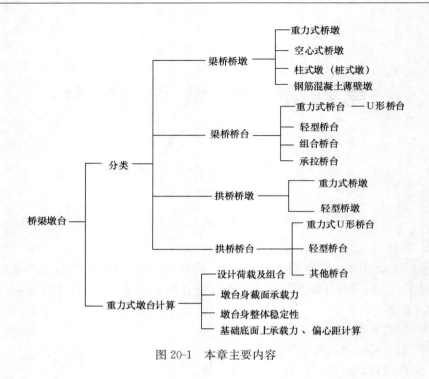

图 20-1 本章主要内容

20.2 重点讲解与难点分析

20.2.1 重力式墩台的构造特点

1. 桥梁墩台的功能与分类

桥墩和桥台都是桥梁的重要结构，起着支承桥梁上部结构荷载并将它传给地基基础的作用。它们都属于桥梁的下部结构，两者之间既有功能和构造上的共同点，也有着不同点，学习时应注意联系与区别。

桥台的作用是支承上部结构和连接两岸道路，同时，还要挡住桥台背后的填土。桥墩除承受上部结构的竖向压力和水平力之外，墩身还受到风力、流水压力及可能发生的冰压力、船只和漂流物的撞击力。

公路桥梁上的梁桥墩台和拱桥墩台在受力上有区别，后者在设计上还要考虑水平力和弯矩的作用，因此两者在构造有所不同。总体来说，梁桥墩台和拱桥墩台又都可分为重力式墩台和轻型墩台两大类。

重力式墩台的主要特点是靠自身重量来平衡外力而保持其稳定，因此，墩、台身比较厚实，主要用天然石料或片石混凝土砌筑，适用于地基良好的大、中型桥梁，或流冰、漂浮物较多的河流中。在砂石料供应充足的地区，小桥也往往采用重力式墩台，其主要缺点是混凝土或圬工体积大，因而其自重和阻水面积也较大。

轻型墩台又包含很多种结构形式。一般来说，这类墩、台的刚度小，受力后允许在一定的范围内发生弹性变形。所用材料大都以钢筋混凝土为主，但也有一些轻型墩、台通过验算后可以采用石料砌筑。

重力式墩台构造简单，使用范围广泛，在学习时应重点掌握。

2. 拱桥桥墩

拱桥是一种推力结构，拱圈传给桥墩上的力，除了垂直力以外，还有较大的水平推力，这是与梁桥的最大不同之处。从抵御恒载水平力的能力来看，拱桥桥墩又可分为普通墩和单向推力墩两种。

普通墩除了要承受相邻两跨结构传来的垂直反力外，一般不承受恒载水平推力，或者当相邻孔不相同时，只承受经过相互抵消后剩余的不平衡推力。

单向推力墩又称制动墩，顾名思义，它能够承受住单向的恒载水平推力。它的主要作用是：①防止一侧的桥孔因某种原因遭到毁坏时另一侧也随之发生连续坍塌；②在施工时，受条件限制（拱桥的多次周转或施工设备的工作跨径受限制）时需要分段施工，也要设置能承受单向单项水平推力的制动墩。

由此可见，普通墩和单向推力墩最大的区别在于抵御水平推力的能力。普通墩一般不承受水平推力，但也不是绝对的，如果两侧孔径不同，普通墩也会承担较小的水平推力；但若普通墩的一侧桥孔发生破坏，则无法承受另一侧桥孔对它的水平推力，而单向推力墩则可以承担来自一侧的水平推力。

20.2.2 重力式墩台计算的作用及作用组合

重力式桥墩计算中的作用包括永久作用、可变作用、偶然作用和地震作用；重力式桥台计算中的作用与桥墩基本相同，包括永久作用、可变作用、地震作用。

在桥墩计算中一般需计算墩身截面的承载力、合力偏心距及墩身稳定性，为此需根据不同的验算内容，选择各种可能的最不利组合。

1. 梁桥重力式桥墩

1) 第一种组合：按桥墩各截面上可能产生的最大竖向力的情况进行组合（图20-2a）。

此时汽车荷载纵向布置在相邻的两跨桥孔上，并且将重轴布置在计算墩处，这时得到桥墩上最大的汽车竖向荷载，但偏心较小。

2) 第二种组合：按桥墩各截面在顺桥方向上可能产生的最大偏心和最大弯矩的情况

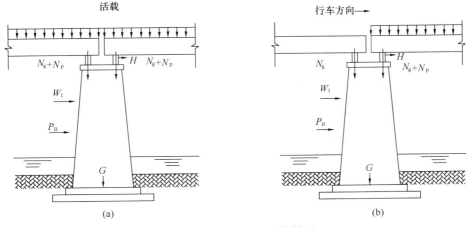

图 20-2 桥墩上纵向布载情况

进行组合（图 20-2b）。

当汽车荷载只在一孔桥跨上布置时，同时有其他水平荷载，如风力、船撞力、水流压力和冰压力等作用在墩身上，这时竖向荷载最小，而水平荷载引起的弯矩作用大，可能使墩身截面产生很大的合力偏心距，此时，桥墩最不稳定。

3）第三种组合：按桥墩各截面在横桥方向可能产生最大偏心和最大弯矩的情况进行组合（图 20-3）。

在横向计算时，桥跨上的汽车荷载可能是一列或几列靠边行驶，这时产生最大横向偏心距，也可能是多列满载，使竖向力较大，而横向偏心较小。

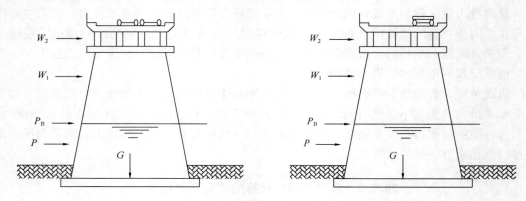

图 20-3　桥墩上横向布载情况

2. 拱桥重力式桥墩

1）顺桥方向的荷载及其组合

对于普通桥墩应为相邻两孔的永久荷载，在一孔或跨径较大的一孔满布基本可变荷载的一种或几种，其他可变荷载中的汽车制动力、纵向风力、温度影响力等，并由此对桥墩产生不平衡水平推力、竖向力和弯矩（图 20-4a）。

对于单向推力墩则只考虑相邻两孔中跨径较大一孔的永久荷载作用力。

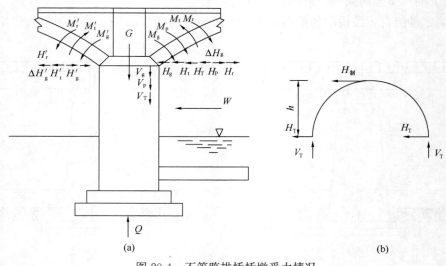

(a)　　　　　　　　　　　(b)

图 20-4　不等跨拱桥桥墩受力情况

2）横桥向的荷载及其组合

在横桥方向作用于桥墩上的外力有风力、流水压力、冰压力、船只或漂浮物撞击力、地震力等。但是对于公路桥梁，横桥方向的受力验算一般不控制设计。

3. 梁桥重力式桥台

为了求得重力式桥台在最不利荷载组合的受力情况，首先必须对车辆荷载作几种最不利的布置。

图 20-5 示出了车辆荷载沿顺桥向的三种布置方案：（a）仅在桥跨结构上布置荷载；（b）仅在台后破坏棱体上布置车辆荷载；（c）在桥跨结构上和台后破坏棱体上都布置车辆荷载。

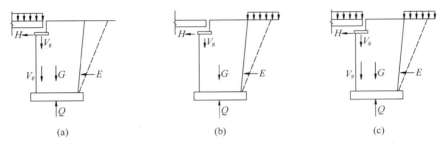

图 20-5　作用在梁桥桥台上的荷载

4. 拱桥重力式桥台

同梁桥重力式桥台一样，先进行最不利荷载位置的布置方案，再拟定各种荷载组合。对于单跨无铰拱的顺桥向活载布置一般取图 20-6 和图 20-7（图中符号的意义同图 20-4）两种方案：活载布置在台背后棱体上和活载布置在桥跨结构上。

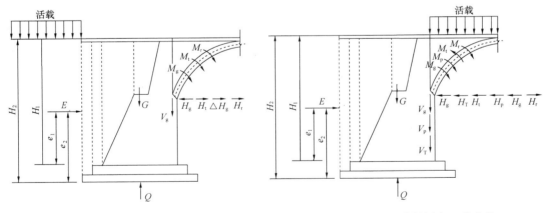

图 20-6　作用在拱桥桥台后的荷载　　　　图 20-7　作用在拱桥桥台上的荷载
　　　　（第一种情况）　　　　　　　　　　　　（第二种情况）

20.2.3　墩台身截面承载能力极限状态计算

墩台截面的承载能力验算包括下列内容：

1. 验算截面的选取

承载能力计算截面通常选取墩台身的基础顶截面与墩身截面突变处。对于悬臂式墩帽的墩身，应对与墩帽交界的墩身截面进行验算。当桥墩较高时，由于危险截面不一定在墩身底部，需沿墩身每 2～3m 选取一个验算截面，重点是墩身底截面的计算。

2. 截面偏心距计算

桥墩承受受压荷载时，各验算截面在各种组合内力下的偏心距 $e_0 = \dfrac{\Sigma M}{\Sigma N}$ 均不应超过表 20-1 的容许值。

受压构件偏心距现值　　　　　　　　　　　表 20-1

作用组合	偏心距限值
基本组合	$\leqslant 0.6s$
偶然组合	$\leqslant 0.7s$

表 20-1 中 s 值为截面或换算截面中心轴至偏心方向截面边缘的距离，当混凝土结构单向偏心的受拉边或双向偏心的两侧受拉边，设有不小于截面面积 0.05% 的纵向钢筋时，表 20-1 内规定数值可增加 $0.1s$。

3. 墩身截面承载能力计算

按轴心或偏压构件验算墩台身各截面的承载能力。如果不满足要求时，就应修改墩身截面尺寸、重新计算。

20.2.4　桥墩台的整体稳定性验算

桥墩台的整体稳定性验算包括抗倾覆稳定性验算和抗滑动稳定性验算。

1. 抗倾覆稳定性验算

抗倾覆稳定验算方法是要求抗倾覆稳定系数不小于规定限值，抗倾覆的稳定系数 K_0 是稳定力矩与倾覆力矩的比值，稳定力矩和倾覆力矩的计算分别为用竖向力和水平力对基底截面重心取矩计算而得，即：

$$K_0 = \frac{M_{st}}{M_{up}} = \frac{s}{e_0} \tag{20-1}$$

$$e_0 = \frac{\Sigma(P_i e_i) + \Sigma(H_i h_i)}{\Sigma P_i} \tag{20-2}$$

式中　　M_{st} ——稳定力矩；

　　　　M_{up} ——倾覆力矩；

　　　　ΣP_i ——作用于基底竖向力的总和；

　　　　$P_i e_i$ ——作用在桥墩上各竖向力与它们基底重心轴距离的乘积；

　　　　$H_i h_i$ ——作用在桥墩上各水平力与它们到基底距离的乘积；

　　　　s ——基底截面重心 O 至偏心方向截面边缘距离；

　　　　e_0 ——所有外力的合力 R（包括水浮力）的竖向分力对基底重心的偏心矩。

2. 抗滑动稳定性验算

抗滑动稳定性验算的方法是抗滑动稳定系数 K_c 不小于规范规定值。

抗滑动稳定系数 K_c 的计算方法是抗滑动水平力除以滑动水平力，抗滑动水平力包括墩台重力产生的静摩擦力和直接作用在墩台上的水平向抗滑动力，即：

$$K_c = \frac{\mu \sum P_i + \sum H_{ip}}{\sum H_{ia}} \qquad (20\text{-}3)$$

式中　$\sum P_i$ ——各竖向力的总和（包括水的浮力）；

　　　　$\sum H_{ip}$ ——抗滑动稳定水平力总和（kN）；

　　　　$\sum H_{ia}$ ——滑动水平力总和（kN）；

　　　　μ ——基础底面（圬工）与地基土之间的摩擦系数。

20.2.5　基础底面土的承载力和偏心距验算

1. 基底土的承载力验算

基底土承载力验算是验算桥墩基底的土应力，土应力不得超过规定的限值。基底土的承载力需要按顺桥向和横桥向两个方向分别进行验算。需要注意的是，当基底的合力偏心距超出核心半径时，其基底的一边将会出现拉应力，由于不考虑基底承受拉应力，故需按基底应力重分布重新计算。

2. 基底偏心距验算

除了验算基础的承载力，还需要验算基底偏心距，防止基底最大压应力 σ_{max} 与最小压应力 σ_{min} 相差过大，导致基底产生不均匀沉陷和影响桥墩的正常使用，故在设计时，应对基底合力偏心距加以限制，包括基础纵向和横向荷载偏心距 e_0 验算。

20.3　思　考　题

20.3.1　问　答　题

20-1　桥墩一般由哪几部分组成？各部分的作用是什么？

20-2　何谓重力式桥墩？常用形式有哪些？各适用于何种环境？

20-3　何谓轻型桥墩？它主要有哪些类型？

20-4　桥墩顶帽及托盘的主要结构尺寸如何确定？

20-5　为何要进行基底合力偏心检算？如何进行检算？

20-6　圬工结构的应力重分布的原因是什么？如何计算最大应力？应力重分布计算的基本假定是什么？

20-7　空心墩的优缺点是什么？

20-8　当桥墩所支撑的两相邻桥跨结构不等跨时，为适应其建筑高度的不同，应做如何处理？

20-9　桥墩计算时应考虑哪些荷载作用？实体桥墩应验算哪些项目？

20-10　怎样验算基底强度、倾覆和滑动稳定性？

20-11　桥台一般由哪几部分组成？

20-12　什么是重力式桥台？常用的形式有哪些？各适用于何种条件？

20-13　常见的轻型桥台有哪些形式？其基本构造和工作原理如何？

20-14　重力式桥台的长度如何确定？

20-15　桥台检算中，一般采用哪几种可变作用布置？在桥台上有哪些作用？

20.3.2　填　空　题

20-16　桥梁墩台分为＿＿＿＿＿＿和＿＿＿＿＿＿两大类。从抵御恒载水平力的能力来看，拱桥桥墩分为＿＿＿＿＿＿和＿＿＿＿＿＿两种。

20-17　桥墩台的整体稳定性验算包括＿＿＿＿＿＿稳定性验算和＿＿＿＿＿＿稳定性验算。基础底面土的验算包括＿＿＿＿＿＿和＿＿＿＿＿＿。

20.4　计算题及解题指导

【例题 20-1】某重力式桥墩，基底截面如图 20-8 所示，截面尺寸为纵向 $d = 230$cm，横向 $b = 350$cm，竖向力 $N = 12500$kN，水平力 $P = 3000$kN，纵向弯矩 $M = 4000$kN·m。基础与土壤间的摩擦系数 $f = 0.35$。验算：基底的滑动稳定性（滑动稳定性系数 $K_c \geqslant 1.3$）和倾覆稳定性（$K_0 \geqslant 1.5$）。

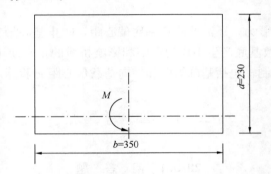

图 20-8　直立式桥墩基础平面图（尺寸单位：cm）

【解】（1）抗滑动稳定验算：$K_c = \dfrac{Nf}{P} = \dfrac{12500 \times 0.35}{3000} = 1.46 > 1.3$，满足要求。

（2）抗倾覆稳定性验算：$K_0 = \dfrac{Ny}{M} = \dfrac{12500 \times \dfrac{2.3}{2}}{4000} = 3.59 > 1.5$，满足要求。

【提示】这道题主要考查学生对基底稳定性的验算方法的理解、掌握和应用，包括抗滑动和抗倾覆稳定性。学生要灵活掌握应用相关公式，其实，稳定性验算的公式并不复杂，理解计算原理后很容易推理得到。

参 考 答 案

第 1 章 绪 论

1.3.1 问答题

1-1 答：（1）由配置受力的普通钢筋、钢筋网或钢筋骨架的混凝土制成的结构称为钢筋混凝土结构。（2）在混凝土中配置适量的受力钢筋，混凝土主要承受压力，钢筋主要承受拉力，起到充分利用材料、提高结构承载能力和变形能力的作用。在混凝土中配置受力钢筋构成钢筋混凝土结构，要求受力钢筋与混凝土之间必须可靠地粘结在一起，以保证两者共同变形、共同受力；同时，在钢筋混凝土结构和构件中，受力钢筋的布置和数量都应由计算和构造要求确定，施工也要正确。

1-2 答：（1）主要优点：取材容易、合理用材、耐久性较好、耐火性好、可模性好、整体性好。（2）主要缺点：自重大、材料运输量大、施工吊装较困难、结构抗裂性较差、隔热隔声性能也较差。

1-3 答：（1）安全性、适用性和耐久性。（2）结构或构件达到最大承载能力或者变形达到不适于继续承载的状态，称为承载能力极限状态。结构或构件达到正常使用某项规定限度的状态，称为正常使用极限状态。结构或结构构件在环境影响下出现的劣化达到耐久性能的某项规定限值或标志的状态，称为耐久性极限状态。

1-4 答：（1）混凝土结构课程包括"混凝土结构设计原理"和"混凝土结构设计"两部分。（2）学习本课程时，注意如下问题：加强实验、实践性教学环节并注意扩大知识面；突出重点，注意难点；深刻理解重要的概念，熟练掌握设计计算的基本功，切忌死记硬背。

1-5 答：（1）素混凝土梁的破坏变形小，没有明显预兆，属于脆性破坏；钢筋混凝土梁的破坏具有较大变形，有明显预兆，属于延性破坏。（2）钢筋和混凝土之间具有良好的粘结力，变形协调、共同受力；钢筋和混凝土的温度线膨胀系数接近，温度变化时不会产生过大的变形差。

1-6 答：合理的配筋能提高结构和构件的变形能力，主要指以下三个方面：

（1）可能把脆性破坏类型改变为延性破坏类型，也可能改善破坏时的脆性。前者如采用适筋梁而防止少筋梁和超筋梁；后者如采用斜截面剪压破坏，而防止斜压破坏与斜拉破坏，虽然剪压破坏也属于脆性破坏类型，但与斜压破坏、斜拉破坏相比，它的脆性要小些。

（2）提高正常使用阶段的刚度，减小变形。例如，由受弯构件的截面弯曲刚度的计算公式知，截面弯曲刚度大致是与纵向受拉钢筋截面面积成正比的。

（3）提高破坏阶段的变形能力，即提高延性。例如，为了提高框架柱的延性，就要求配置足够数量的箍筋；为了提高框架的延性，要求框架梁符合"强剪弱弯"，框架符合"强柱弱梁更强节点"等原则。

1.3.2　选择题

　　1-7 B，1-8 A，1-9 A。

1.3.3　填空题

　　1-10　承载力、变形能力。

　　1-11　延性破坏、脆性破坏。

第 2 章　混凝土结构材料的物理力学性能

2.3.1　问答题

2-1　答：(1) 以边长 150mm 的立方体为标准试件，在 (20 ± 3)℃的温度和相对湿度 90％以上的潮湿空气中养护 28d，按照标准试验方法测得的具有 95％保证率的抗压强度即为 $f_{cu,k}$。以 150mm×150mm×300mm 的棱柱体作为混凝土轴心抗压强度试验的标准试件，标准条件养护，按照标准试验方法测得的具有 95％保证率的抗压强度即为 f_{ck}。以 150mm×150mm×300mm 的棱柱体作为混凝土轴心抗拉强度试验的标准试件，标准条件养护，按照标准轴心受拉试验测得的具有 95％保证率的抗拉强度即为 f_{tk}。(2) 棱柱体的抗压试验中，由于棱柱体试件的高度越大，试验机压板与试件之间摩擦力对试件高度中部的横向变形的约束影响越小，所以以棱柱体试件的抗压强度都比立方体强度值小，并且棱柱体试件高宽比越大，强度越小。(3) $f_{tk} = 0.88\times0.395 f_{cu,k}^{0.55}(1-1.645\delta)^{0.45}\times\alpha_{c2}$。(4) $f_{ck} = 0.88\alpha_{c1}\alpha_{c2}f_{cu,k}$

2-2　答：(1) 立方体抗压强度标准值 $f_{cu,k}$。(2) C15、C20、C25、C30、C35、C40、C45、C50、C55、C60、C65、C70、C75、C80，共 14 个等级。(3) C50～C80。

2-3　答：通过沿该短柱全高密排箍筋，然后在外围浇筑混凝土作为保护层。在柱子受轴向力产生侧向膨胀时，通过箍筋的约束作用对柱子侧向产生约束，以改善核心区混凝土的受力性能。

2-4　答：(1) 单向受力的情况下，混凝土的强度与采用的水泥强度等级、水灰比、骨料性质、骨料级配、试件大小、形状、试验方法、加载速率、养护条件及是否涂润滑剂有关。(2) 分为上升段和下降段两个部分属于单峰非对称偏态曲线。(3) 美国 E. Hognestad 建议的模型和德国 Rüsch 建议的模型。

2-5　答：连接应力-应变曲线原点至曲线任一点应力处割线的斜率，称为任意点割线模量或称变形模量。从应力-应变曲线原点作一切线，其斜率为混凝土的原点模量，也称为弹性模量。

2-6　答：(1) 混凝土在重复荷载作用下的破坏称为疲劳破坏。(2) 开始混凝土应力-应变曲线凸向应力轴，在重复荷载过程中逐渐变成直线，再经过多次重复加卸载后，其应力-应变曲线逐渐凸向应变轴，加卸载不能形成封闭环。

2-7　答：(1) 结构或材料承受的应力不变，而应变随时间增长的现象称为混凝土的徐变。(2) 徐变会使构件的变形增加，在钢筋混凝土截面中引起应力重分布，在预应力混凝土结构中会造成预应力损失。(3) 影响徐变的因素主要有时间、加载应力、龄期、水泥用量、水灰比、骨料弹性性质、养护条件、使用环境、形状、尺寸以及有无钢筋的存在。(4) 减小水灰比；增加混凝土骨料用量；减少水泥用量；采用较高强度的混凝土；加强养护，尤其是环境湿度宜大；增大构件受荷载前混凝土的龄期；构件截面的初应力宜小。

2-8　答：(1) 混凝土收缩受约束时，可能会使混凝土构件表面出现收缩裂缝。(2) 影响混凝土收缩的因素：水泥的品种；水泥的用量；骨料的性质；养护条件；混凝土制作方法；使用环境；构件的体积与表面积比值。(3) 采用低强度等级的水泥；减少水泥用量，减小水灰比；采用弹性模量大的骨料；提高养护环境温度和湿度；加强振捣使混凝土更密实；保持使用环境温度、湿度较大；提高构件的体积与表面积比值。

2-9　答：(1) 软钢的应力-应变曲线有明显的屈服点和流幅，断裂时有颈缩现象，伸长率较大；硬钢没有明显的屈服点和流幅。(2) 软钢在计算承载力时以下屈服点作为钢筋的屈服强度，硬钢一般取残余应变 0.2% 所对应的应力作为屈服强度。(3)《混凝土结构设计规范》GB 50010—2010 (2015 年版) 将热轧钢筋分为 4 个强度等级：300MPa、335MPa、400MPa 和 500MPa。(4) 常见的钢筋应力-应变的数学模型有双直线 (完全弹塑性模型)、三折线 (完全弹塑性加硬化模型) 和双斜线模型 (弹塑性模型)。

2-10　答：(1) HPB300、HRB335、HRB400 和 HRB500。(2) HRB400 钢筋指强度等级为 400MPa 的普通热轧带肋钢筋，抗拉、抗压强度设计值均为 360MPa。

2-11　答：《混凝土结构设计规范》GB 50010—2010 (2015 年版) 提倡应用高强、高性能钢筋。其中，高性能包括延性好、可焊性好、机械连接性能好、施工适应性强以及混凝土的粘结力强等性能。

2-12　答：(1) 钢筋与混凝土接触面上的胶结力；混凝土收缩握裹钢筋而产生摩阻力；钢筋表面凹凸不平与混凝土之间产生的机械咬合力。(2) 光圆钢筋的粘结力主要来自胶结力和摩擦力；变形钢筋的粘结力主要来自机械咬合作用。(3) 光圆钢筋：光圆钢筋的粘结强度较低，达到峰值粘结应力后，接触面上混凝土的细颗粒已经磨平，摩阻力减小，滑移急剧增大，τs 曲线出现下降段。破坏时，钢筋被徐徐拔出，滑移值可达数毫米。变形钢筋：加载初期，τs 关系接近直线，之后曲线的斜率变小；加载后期产生较大的滑移，劈裂裂缝形成并沿试件长度扩展时，很快就达到峰值粘结应力，滑移也达到最大值。

2-13　答：(1) 受拉钢筋的基本锚固长度是保证受拉钢筋在达到屈服前不被拔出或者产生过大滑移而埋入混凝土中的长度。(2) $l_{ab} = \alpha \dfrac{f_y}{f_t} d$。(3) $l_a = \zeta_a l_{ab}$。

2-14　答：比例极限：钢筋应力应变曲线中，应力和应变按线性比例关系增长的极限点。

屈服点：钢筋在拉伸过程中，荷载不再增加，而变形继续增加的现象称为"屈服"，发生屈服现象的应力，即开始出现塑性变形时的应力，称为屈服点。

流幅：又称屈服台阶，拉伸钢筋时，当应力达到屈服点，钢筋应力几乎不增加的情况下，其应变不断增加，在应力-应变图上表现为一水平台阶的现象，称为流幅。

强化阶段：钢筋在屈服阶段经历了较大的塑性变形后，钢筋又恢复了抵抗变形的能力，要使钢筋继续变形必须增加拉力。这种现象称为材料的强化，在应力-应变曲线中这一段称为强化阶段。

时效硬化：钢材随着时间的推移，其屈服强度和抗拉强度提高，而塑性、冲击韧性降低的现象，称之为时效硬化。

极限强度：应力-应变曲线强化阶段最高点的应力值称之为极限强度。

残余变形：钢筋在拉伸荷载作用下产生变形，经卸荷后不能恢复的变形称为残余变形。

延伸率：亦称为伸长率，是指拉伸试样断裂后试样标距长度的相对伸长率。

2-15　答：(1) 钢筋的冷加工性能是指钢筋经过冷加工后材料抗拉强度得以提高的性

能。(2) 钢筋的冷加工一般包括冷拉和冷拔两种方法。(3) 冷加工后钢筋产生较大的塑性变形，提高了钢筋的屈服点和抗拉强度，但同时降低了钢筋的塑性和韧性。

2-16　答：(1) 混凝土强度、保护层厚度及钢筋净间距、横向配筋及侧向压应力以及浇筑混凝土时钢筋的位置等。(2) 要保证最小搭接长度和锚固长度；满足钢筋最小间距和混凝土保护层最小厚度的要求；在钢筋的搭接接头范围内应加密箍筋；在钢筋端部应设置弯钩；在浇筑大体积混凝土时，对高度较大的混凝土构件应分层浇筑。

2.3.2　选择题

2-17 A，2-18 C，2-19 C，2-20 A，2-21 C，2-22 B，2-23 D，2-24 C，2-25 C，2-26 C，2-27 C，2-28 B，2-29 D，2-30 B，2-31 B，2-32 C，2-33 A，2-34 A，2-35 B，2-36 D，2-37 B，2-38 C，2-39 B，2-40 D，2-41 C，2-42 A，2-43 A，2-44 D，2-45 D，2-46 B，2-47 C，2-48 C，2-49 D，2-50 D，2-51 D，2-52 C，2-53 A，2-54 B。

2.3.3　判断题

2-55 √，2-56 √，2-57 ×，2-58 ×，2-59 ×，2-60 √，2-61 ×，2-62 ×，2-63 √，2-64 √，2-65 √，2-66 ×××√，2-67 ××√√，2-68 ×，2-69 ×，2-70 ×，2-71 √，2-72 ××√×，2-73 ×，2-74 ×，2-75 ×，2-76 √，2-77 ×，2-78 ×，2-79 √，2-80 √，2-81 √，2-82 ×，2-83 √，2-84 √，2-85 √，2-86 √，2-87 √，2-88 ×，2-89 √，2-90 √，2-91 ×√×，2-92 ×√√×。

2.3.4　填空题

2-93　立方体抗压强度 $f_{cu,k}$、轴心抗压强度 f_c、轴心抗拉强度 f_t。

2-94　$f_{cu,k} > f_c > f_t$。

2-95　高、差。

2-96　C30。

2-97　降低。

2-98　低于。

2-99　线弹性。

2-100　0.002、0.0033。

2-101　原点。

2-102　弹性模量、割线模量、切线模量。

2-103　相同。

2-104　时间。

2-105　徐变、收缩。

2-106　抗拉极限强度、伸长率、冷弯。

2-107　屈服强度、抗拉极限强度、伸长率、冷弯。

2-108　压、拉。

2-109　屈服强度。

2-110　胶结力、摩擦力、机械咬合力。

2-111　机械咬合力。

第 3 章　受弯构件正截面受弯承载力

3.3.1　问答题

3-1　答：$\varepsilon_{cu} = 0.0033 - (f_{cu,k} - 50) \times 10^{-5} \leqslant 0.0033$。

3-2　答：(1) 钢筋应力达到屈服强度的同时混凝土受压区边缘纤维应变也恰好到达极限压应变值时的破坏形态，称为"界限破坏"。

(2) $\varepsilon_s = \varepsilon_y = \dfrac{f_y}{E_s}$　$\varepsilon_{cu} = 0.0033 - (f_{cu,k} - 50) \times 10^{-5} \leqslant 0.0033$

3-3　答：(1) 三个阶段：未裂阶段、裂缝阶段和破坏阶段。(2) 未裂阶段：混凝土没有开裂；受压区混凝土的应力图形是直线，受拉区混凝土的应力图形在未裂阶段前期是直线，后期是曲线；弯矩与截面曲率基本上是直线关系。裂缝阶段：在裂缝截面处，受拉区大部分混凝土退出工作，拉力主要由纵向受拉钢筋承担，但钢筋没有屈服；受压区混凝土已有塑性变形，但不充分，压应力图形为只有上升段的曲线；弯矩与截面曲率是曲线关系，截面曲率与挠度的增长加快。破坏阶段：纵向受拉钢筋屈服，拉力保持为常值；裂缝截面处，受拉区大部分混凝土已退出工作，受压区混凝土压应力曲线图形比较丰满，有上升段曲线，也有下降段曲线；由于受压区混凝土合压力作用点外移使内力臂增大，故弯矩还略有增加；受压区边缘混凝土压应变达到其极限压应变实验值 ε_{cu}^0 时，混凝土被压碎，截面破坏；弯矩-曲率关系为接近水平的曲线。(3) 开裂弯矩 M_{cr} 可作为受弯构件抗裂度的计算依据。裂缝阶段可作为正常使用阶段验算变形和裂缝开展宽度的依据。M_u 可作为正截面受弯承载力计算的依据。

3-4　答：(1) 平均应变平截面假定；不考虑混凝土的抗拉强度；混凝土的压应力与压应变之间的关系曲线按规定取用；纵向受拉钢筋的极限拉应变取为 0.01；纵向钢筋的应力取钢筋应变与其弹性模量的乘积。

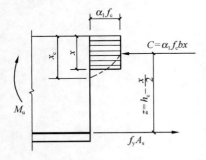

答案图 3-1　计算简图

(2) 计算简图如答案图 3-1。

(3) 取适筋梁正截面受弯 Ⅲ$_a$ 受力阶段受力简图根据基本假定简化后得出，其中受压区应力分布取等效矩形应力图形来代换受压区混凝土的理论应力图形得出，两个图形的等效代换条件为：混凝土压应力的合力 C 大小相等且合力 C 的作用点位置不变。

3-5　答：(1) 少筋梁是配筋率 $\rho < \rho_{min} \cdot \dfrac{h}{h_0}$ 的梁，适筋梁是 $\rho_{min} \cdot \dfrac{h}{h_0} \leqslant \rho \leqslant \rho_b$ 的梁，超筋梁是 $\rho > \rho_b$ 的梁。

(2) 少筋梁的特点是受拉区混凝土一裂就坏，没有明显的预兆，属于脆性破坏；超筋梁受压区边缘混凝土被压碎，但受拉钢筋不屈服，也没有明显的预兆，属于脆性破坏，浪费钢筋，经济性差；故工程中不允许采用少筋梁和超筋梁。

3-6　答：(1) 纵向受拉钢筋配筋率定义为纵向受拉钢筋总面积 A_s 与截面有效面积 bh_0 的比值，即 $\rho = \dfrac{A_s}{bh_0}$。(2) 对于适筋梁，配筋率越高，梁的受弯承载力越大。(3) ξ 称为相对受压区高度，综合反映截面抗弯的纵向受拉钢筋与混凝土用量（面积和强度）的匹配关系。（4）$\xi_b = \dfrac{\beta_1}{1 + \dfrac{f_y}{\varepsilon_{cu} E_s}}$

3-7　答：（1）截面设计与截面复核。（2）截面设计：确定计算参数取值；验算适用条件；计算钢筋面积 A_s 值并选配钢筋；验算最小配筋率。截面复核：先计算 ζ 并判断适用条件，再计算 M_u；当 $M_u \geqslant M$ 时，截面承载力满足要求，否则为不安全。（3）截面尺寸、材料强度等。

3-8　答：$x \geqslant 2a_s'$ 时，受压钢筋能屈服，这时受压钢筋的抗压强度设计值取其屈服强度设计值；$x < 2a_s'$ 时，表明受压钢筋的位置离中和轴太近，受压钢筋的应变 ε_s' 太小，以致其应力达不到抗压强度设计值 f_y'。

3-9　答：（1）弯矩很大，同时按单筋矩形截面计算 $\xi > \xi_b$，而梁截面尺寸受到限制，混凝土强度等级又不能提高时；在不同荷载组合情况下，梁截面承受异号弯矩。（2）保证受压钢筋在构件破坏时达到屈服强度。（3）当截面中受压钢筋配置较多时，容易出现 $x < 2a_s'$ 的情况，此时正截面受弯承载力按 $M_u = f_y A_s (h_0 - a_s')$ 计算。

3-10　答：T 型截面梁有两种类型，第一种类型为中和轴在翼缘内，即 $x \leqslant h_f'$，这种类型的 T 型梁的受弯承载力计算公式与截面尺寸为 $b_f' \times h$ 的单筋矩形梁的受弯承载力计算公式完全相同；第二种类型为中和轴在梁肋内，即 $x > h_f'$，这种类型的 T 型梁的受弯承载力计算公式与截面尺寸为 $b \times h$，$a_s' = h_f'/2$，$A_s' = A_{s1}$ 的双筋矩形截面梁的受弯承载力计算公式完全相同。

3-11　答：在正截面受弯承载力计算中，对于混凝土强度等级不大于 C50 的构件，α_1 值取为 1.0，β_1 值取为 0.8；对于混凝土强度等级不小于 C80 的构件，α_1 值取为 0.94，β_1 值取为 0.74；对于混凝土强度等级在 C50～C80 之间的构件，上述参数按直线内插法取用。

3-12　答：查表得 $c = 20\text{mm}$，根据弯矩大小估计受拉钢筋需配置双排，故取 $a_s = 65\text{mm}$，则 $h_0 = h - a_s = 535\text{mm}$，对于单筋截面梁可取其内力臂系数为 $\gamma_s = 0.87$，则：

$$A_s = \frac{M}{f_y \gamma_s h_0} = \frac{360 \times 10^6}{360 \times 0.87 \times 535} = 2148\text{mm}^2$$

故可估计纵向受拉钢筋截面面积 A_s 为 2148mm^2。

3-13　答：取 $\xi = \xi_b$，求解基本方程得到截面配筋设计公式：

$$A_s' = \frac{M - \alpha_1 f_c b h_0^2 \xi_b (1 - 0.5\xi_b)}{f_y'(h_0 - a_s')}, \quad A_s = A_s' \frac{f_y'}{f_y} + \xi_b \frac{\alpha_1 f_c b h_0}{f_y}$$

3-14　答：可用基本公式 $\begin{cases} \alpha_1 f_c b x + f_y' A_s' = f_y A_s \\ M \leqslant M_u = \alpha_1 f_c b x \left(h_0 - \dfrac{x}{2}\right) + f_y' A_s'(h_0 - a_s') \end{cases}$ 联立解得

x, A_s。

也可利用分解的方法将双筋矩形截面受弯梁受力进行分解，此时，由力学平衡可得

$\begin{cases} \alpha_1 f_c b x = f_y A_{s1} \\ M_1 = \alpha_1 f_c b x \left(h_0 - \dfrac{x}{2}\right) \end{cases}$（相当于单筋梁），$\begin{cases} f_y' A_s' = f_y A_{s2} \\ M_2 = f_y' A_s'(h_0 - a_s') \end{cases}$（仅含钢筋的对称配筋

受弯梁），式中，$M = M_u = M_1 + M_2$，先解出 A_{s2} 和 M_2，再通过 $M_1 = M_u - M_2$ 解得单筋梁所承受弯矩 M_1，此时便可利用单筋梁计算公式解出 A_{s1}，最后可以得到受拉钢筋面积 $A_s = A_{s1} + A_{s2}$。

3-15　答：（1）双向受弯构件是指沿截面在两个主轴方向都承受弯矩作用的结构构件。（2）双向受弯构件弯矩作用平面一般是倾斜的，与截面主轴有一定夹角；因而中和轴也是倾斜的，并随截面形式和尺寸、材料强度、钢筋数量和位置、荷载大小和方向而变化，其受压区可能是三角形、梯形或五边形，甚至受压区分为两部分。

3-16　答：（1）延性是指结构物到达其弹性极限后仍能在更大的变形下保持其承载力的变形能力。（2）受弯构件的 $M - \varphi$（弯矩-曲率）曲线上的曲率 $\varphi_y(\Delta_y)$ 与 $\varphi_u(\Delta_{\max})$，将 $\mu_u = \varphi_u/\varphi_y$ 称为截面曲率延性系数，用以评价受弯构件的延性性能。

3-17　答：结构、构件或构件截面具有一定的延性，对于实际工程具有非常重要的作用，延性结构具有以下的优点：（1）破坏过程缓慢，破坏前有较大的变形预兆来保证生命和财产的安全，同时避免了脆性破坏的发生，因而可采用偏小的可靠度指标；（2）出现地基不均匀沉陷、温度变化、偶然荷载等非预计荷载作用时，有较强的适应和承受的能力；（3）有利于超静定结构实现充分的内力重分配，避免各部位配筋差异过大，为施工提供方便，材料分配得当，使设计的结构与实际受力情况接近；（4）承受地震、爆炸和振动时，有利于结构吸收和耗散地震能量，减小惯性力，减轻破坏程度，满足抗震方面的要求，提高抗震可靠性，有利于修复。

3-18　答：除去在受压区设立架立钢筋满足构造要求外，其他的非架立受压钢筋的作用有：（1）截面设计弯矩较大，按单筋矩形截面计算 $\xi > \xi_b$，而梁截面尺寸受到限制，混凝土强度等级又不能提高，此时可加入适量的受压钢筋协同抵抗弯矩；（2）在不同荷载组合情况下，梁截面承受异号弯矩，于是受压钢筋可作为在负弯矩作用下的主受力筋；（3）受压钢筋可以提高截面的延性（ξ_u 下降，导致 φ_y 减小而 φ_u 增大），特别在抗震结构中由于水平地震作用使结构交替产生正负弯矩，所以此时要求框架梁必须配置一定比例的受压钢筋。

3-19　答：（1）计算简图如答案图 3-2。

（2）基本平衡方程：

$$\begin{cases} \alpha_1 f_c bx + f'_y A'_s = f_y A_s \\ M \leq M_u = \alpha_1 f_c bx \left(h_0 - \dfrac{x}{2} \right) + f'_y A'_s (h_0 - a') \end{cases}$$

（3）适用条件及意义：$\xi \leq \xi_b$ 为防止超筋脆性破坏；$x \geq 2a'_s$ 保证受压钢筋达到屈服，使其强度充分利用。

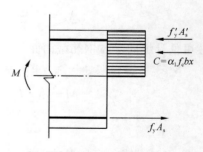

答案图 3-2　计算简图

3-20　答：（1）T 形截面梁受力后，翼缘上的纵向压应力是不均匀分布的，离梁肋越远压应力越小。现浇 T 形截面梁，翼缘有时较宽，考虑到在远离梁肋处的压应力很小，故在设计中把翼缘限制在一定范围内，称为翼缘的计算宽度 b'_f，假定在 b'_f 范围内压应力均匀分布。（2）计算 T 形梁时，按中和轴位置不同，可分为两种类型：第一种类型，中和轴在翼缘内，即 $x \leq h'_f$；第二种类型，中和轴在腹板内，即 $x > h'_f$。

3.3.2　选择题

3-21 A，3-22 B，3-23 D，3-24 A，3-25D，3-26 B，3-27 D，3-28 C，3-29 B，3-30 C。

3.3.3　判断题

3-31 √，3-32 ×，3-33 √，3-34 √，3-35 √，3-36 √，3-37 ×，3-38 ×，3-39 ×，3-40 √，3-41 √，3-42 √，3-43 √。

3.4.2　习题

【习题 3-1】$h_0 = 460\text{mm}$，$A_s = 2013\text{mm}^2$，配置 $2 \oplus 24 + 2 \oplus 28$，实际 $A_s = 2135\text{mm}^2$。

【习题 3-2】$h_0 = 405\text{mm}$，$A_s = 1147\text{mm}^2$，配置 $3 \oplus 24$，实际 $A_s = 1356\text{mm}^2$。

【习题 3-3】$h_0 = 70\text{mm}$，$A_s = 1655\text{mm}^2$，受拉钢筋选用 $\oplus 14@90$ 钢筋，实际 $A_s = 1692\text{mm}^2$，$A'_s = 215\text{mm}^2$，受压钢筋选用 $\oplus 8@180$，实际 $A'_s = 251\text{mm}^2$。

【习题 3-4】$h_0 = 414\text{mm}$，$M_u \approx 105\text{kN} \cdot \text{m} > M = 100\text{kN} \cdot \text{m}$，安全。

【习题 3-5】$h_0 = 435\text{mm}$，应设计成双筋矩形截面，$A'_s = 613\text{mm}^2$，受压钢筋选用 $3 \oplus 18$，实际 $A'_s = 763\text{mm}^2$。$A_s = 2103\text{mm}^2$，受拉钢筋选用 $6 \oplus 22$ 钢筋，实际 $A_s = 2281\text{mm}^2$，分两层配置。

【习题 3-6】(1) 混凝土强度等级为 C40 时：$h_0 = 685\text{mm}$，第一种类型的 T 形梁，$A_s \approx 2152\text{mm}^2$。选用 $6 \oplus 22$ 钢筋，实际 $A_s = 2281\text{mm}^2$。

(2) 混凝土强度等级为 C60 时：$h_0 = 685\text{mm}$，第一种类型的 T 形梁，$A_s \approx 2103\text{mm}^2$。选用 $6 \oplus 22$ 钢筋，实际 $A_s = 2281\text{mm}^2$。

通过采用两种不同混凝土强度等级的计算比较，可以看出，提高混凝土强度等级对构件截面承载力影响不大。

【习题 3-7】$h_0 = 440\text{mm}$，第二种类型的 T 形梁，$A_s = 2396\text{mm}^2$，选用 $5 \oplus 25$ 钢筋，实际 $A_s = 2454\text{mm}^2$。

【习题 3-8】$h_0 = 640\text{mm}$，第一种类型的 T 形梁。$M_u = 1120\text{kN} \cdot \text{m} > M = 600\text{kN} \cdot \text{m}$，安全。

【习题 3-9】$A_s = 297\text{mm}^2$，配置 $\oplus 8@160$，实际 $A_s = 314\text{mm}^2$。

【习题 3-10】$b = 250\text{mm}$，$h = 400\text{mm}$，$h_0 = 400 - 45 = 355\text{mm}$，$A_s = 906\text{mm}^2$，选配 $4 \oplus 18$ 钢筋，实际 $A_s = 1017\text{mm}^2$。

【习题 3-11】$b = 250\text{mm}$，$h = 600\text{mm}$，$h_0 = 600 - 45 = 555\text{mm}$。$A_s = 1144\text{mm}^2$，选配 $4 \oplus 20$ 钢筋，实际 $A_s = 1256\text{mm}^2$。

【习题 3-12】$M_u = 103\text{kN} \cdot \text{m}$。

【习题 3-13】$h_0 = 380\text{mm}$，双筋截面。$A'_s = 978\text{mm}^2$，受压钢筋选用 $3 \oplus 22\text{mm}$ 钢筋，实际 $A'_s = 1140\text{mm}^2$；$A_s = 2279\text{mm}^2$，受拉钢筋选用 $6 \oplus 22$ 钢筋，实际 $A_s = 2281\text{mm}^2$。

【习题 3-14】$h_0 = 455\text{mm}$，$A_s = 1563\text{mm}^2$，选用 $4 \oplus 25$，实际 $A_s = 1964\text{mm}^2$。

【习题 3-15】$h_0 = 430\text{mm}$。给定受压钢筋面积不够，应增大受压钢筋面积。$A'_s = 1723\text{mm}^2$，受压钢筋 $4 \oplus 25$，实际 $A'_s = 1964\text{mm}^2$。$A_s = 3564\text{mm}^2$，受拉钢筋 $6 \oplus 28$，实际 $A_s = 3695\text{mm}^2$。

【习题 3-16】$A'_s = 339\text{mm}^2$，选用 $3 \oplus 16$ 的钢筋，实际 $A'_s = 603\text{mm}^2$。$A_s = 1812\text{mm}^2$，选用 $6 \oplus 20$ 的钢筋，实际 $A_s = 1884\text{mm}^2$。

【习题 3-17】取 $a_s = 70$mm。

（1）当承受弯矩设计值 $M = 200$ kN·m 时，第一类 T 形截面。$A_s = 1443$mm^2，选配 6 Φ 18，实际 $A_s = 1527$mm^2。

（2）当承受弯矩设计值 $M = 260$kN·m 时，第二类 T 形截面。$A_s = 1957$mm^2，选配 4 Φ 25，实际 $A_s = 1964$mm^2。

第 4 章　受弯构件的斜截面承载力

4.3.1　问答题

4-1　答：剪跨比 λ 反映了截面上的正应力 σ 和剪应力 τ 的相对比值，在一定程度上也反映了截面上弯矩和剪力的相对比值。它对于无腹筋的斜截面受剪破坏形态有着决定性的影响：当剪跨比 $\lambda < 1$ 时，会发生斜压破坏；当 $\lambda > 3$ 时，常发生斜拉破坏；当 $1 \leqslant \lambda \leqslant 3$ 时，常发生剪压破坏。

4-2、4-3　答：钢筋混凝土梁在剪力和弯矩共同作用的弯剪区段内，将产生斜裂缝。斜裂缝主要有腹剪斜裂缝和弯剪斜裂缝两种：(1) 在梁的中和轴附近，正应力小，剪应力大，主拉方向大致为 45°，当荷载增大时，拉应变达到混凝土的极限拉应变时，混凝土开裂，沿主应力迹线产生腹部的斜裂缝，称为腹剪斜裂缝。这种裂缝中间宽两头细，呈枣核状，常见于混凝土工字型截面的薄腹梁中；(2) 在剪弯区段截面的下边缘，主拉应力还是水平方向，所以在这些区段内，有可能先出现一些较短的竖向裂缝，然后发展成向集中荷载作用点延伸的斜裂缝，这种由竖向裂缝发展而成的斜裂缝，则称弯剪斜裂缝，它下宽上细，最为常见。

4-4　答：梁斜截面受剪破坏的三种形态是斜压破坏、剪压破坏和斜拉破坏。

斜压破坏时，混凝土被腹剪斜裂缝分裂成若干个斜向短柱而破坏，因此受剪承载力取决于混凝土的抗压强度，是斜截面抗剪承载力中最大的。

剪压破坏的特征是，在剪弯曲段的受拉区边缘出现一些竖向裂缝，它们沿竖向延伸一小段长度后，就斜向延伸形成一些弯剪斜裂缝，而后又产生一条贯穿的较宽的主要斜裂缝，称为临界斜裂缝，之后迅速延伸，使斜截面剪压区的高度缩小，最后导致剪压区的混凝土破坏，使斜截面丧失承载力。

斜拉破坏的特点是当竖向裂缝一出现，就迅速向受压区斜向延伸，斜截面承载力随之丧失。破坏荷载与出现斜裂缝的荷载很接近，破坏过程急骤，破坏前梁变形很小，具有很明显的脆性，其斜截面受剪承载力最小。

4-5　答：简支梁斜截面受剪机理的力学模型有：带拉杆的梳形拱模型、拱形桁架模型、桁架模型等。

带拉杆的梳形拱模型适用于无腹筋梁。这种力学模型把梁的下部看成是被斜裂缝和竖向裂缝分割成一个个具有自由端的梳状齿，梁的上部与下面的纵向受拉钢筋则形成带有拉杆的变截面的两铰拱。

拱形桁架模型适用于有腹筋梁。这种力学模型把开裂后的有腹筋梁看作拱形桁架，其中拱体是上弦杆，裂缝间的混凝土块是受压的斜腹杆，箍筋则是受拉腹杆，受拉纵筋是下弦杆。

桁架模型也适用于有腹筋梁。这种力学模型把有斜裂缝的钢筋混凝土梁比拟为一个铰接桁架。压区混凝土为上弦杆，受拉纵筋为下弦杆，腹筋为竖向拉杆，斜裂缝间的混凝土则为斜压杆。

4-6　答：影响斜截面受剪性能的主要因素有：(1) 剪跨比；(2) 混凝土强度；(3) 箍筋的配筋率；(4) 纵筋配筋率；(5) 斜截面上的骨料咬合力；(6) 截面尺寸和形状。

4-7 答：在设计中通常用控制截面的最小尺寸来防止斜压破坏；对于斜拉破坏，则用满足箍筋的最小配筋率条件及构造要求来防止。

4-8 答：矩形、T形、工字形梁截面的受剪承载力计算公式为：

$$V_u = V_{cs} + V_{sb}$$

$$V_{cs} = \begin{cases} \text{均布荷载时}: 0.7 f_t b h_0 + f_{yv} \cdot \dfrac{n \cdot A_{sv1}}{s} \cdot h_0 \\ \text{集中荷载时}: \dfrac{1.75}{1+\lambda} f_t b h_0 + f_{yv} \cdot \dfrac{n \cdot A_{sv1}}{s} \cdot h_0 \end{cases}$$

$$V_{sb} = 0.8 f_y \cdot A_{sb} \cdot \sin\alpha$$

4-9 答：应取：（1）支座边缘处截面；（2）受拉区弯起钢筋弯起点处的斜截面；（3）箍筋截面面积或间距改变处的斜截面；（4）腹板宽度改变处的斜截面。

4-10 答：梁斜截面的受剪承载力的计算步骤是：先用斜截面的受剪承载力计算公式适用范围的上限值来检验构件的截面尺寸是否符合要求，以避免斜压破坏，如不满足，则应重新调整截面尺寸，然后就可按照公式进行斜截面受剪承载力计算，由计算结果，配置合适的箍筋和弯起钢筋。箍筋的配筋率应满足最小配筋率的要求，以防止斜拉破坏。当满足 $0.7 f_t b h_0 \geqslant V$ 或 $\dfrac{1.75}{1+\lambda} f_t b h_0 \geqslant V$ 时，则可根据构造要求，按照箍筋的最小配筋率来配置箍筋。

4-11 答：为了保证斜截面受弯承载力，规定：

（1）纵筋的弯起点至少应在其充分利用截面 $0.5 h_0$ 处。

（2）简支梁支座处纵筋的锚固长度可比基本锚固长度略小，当 $V \leqslant 0.7 f_t b h_0$ 时，锚固长度不小于 $5d$；当 $V > 0.7 f_t b h_0$，带肋钢筋锚固长度不小于 $12d$，光圆钢筋不小于 $15d$。

（3）纵筋的截断点应从不需要该钢筋的截面向外延伸一长度；从该钢筋充分利用截面到截断点的长度，则为伸出长度。对延伸长度和伸出长度的规定有三种情况：

情况 1：$V \leqslant 0.7 f_t b h_0$ 时，延伸长度不小于 $20d$，伸出长度不小于 1.2 倍的受拉钢筋锚固长度 l_a；

情况 2：当 $V > 0.7 f_t b h_0$ 时，要求延伸长度不小于 h_0，且不小于 $20d$，伸出长度不小于 $1.2 l_a + h_0$；

情况 3：当 $V > 0.7 f_t b h_0$ 且按情况 2 要求截断时，截断点仍位于弯矩受拉区内，这时要求延伸长度不小于 $1.3 h_0$ 且不小于 $20d$，伸出长度不小于 $1.2 l_a + 1.7 h_0$。

（4）箍筋的间距除按计算要求确定外，其最大间距还应满足教材表 4-1 的规定。

4-12 答：因为梁的正弯矩图形的范围比较大，受拉区几乎覆盖整个跨度，故梁底纵筋不宜截断只能弯起。在支座的负弯矩区段内，裂缝情况复杂，有垂直裂缝、斜裂缝，还有粘结裂缝等，故必须保证要截断的负钢筋有足够的锚固长度，也就是必须伸出足够的锚固长度才能充分利用它，从该钢筋充分利用截面到截断点的长度，即为伸出长度。部分负钢筋截断后，必须保证剩下的负钢筋在截断点处的斜截面受弯承载力不低于该处正截面的受弯承载力，也就是必须延伸一定的长度，才能使斜截面受弯承载力也不需要它。从不需要该钢筋的截面到截断点的长度即为延伸长度。

4-13　答：发生在构件承受弯矩 M 和剪力 V 共同作用的区段内。

4-14　答：剪跨比 λ 反映了截面上正应力 σ 和剪应力 τ 的相对比值，在一定程度上也反映了截面上弯矩和剪力的相对比值。它对梁的斜截面受剪破坏形态和斜截面受剪承载力都有着极为重要及决定性的影响。

4-15　答：影响梁的斜截面受剪承载力的主要因素有：剪跨比；混凝土强度；箍筋的配筋率；纵筋配筋率及截面尺寸等。

4-16　答：梁斜截面受剪破坏的形态有斜压破坏、剪压破坏和斜拉破坏三种。对于斜压破坏，通常用控制截面的最小尺寸来防止；对于斜拉破坏，则用满足箍筋的最小配筋率条件及构造要求来防止；对于剪压破坏，因其承载力变化幅度较大，必须通过计算，使构件满足一定的斜截面受剪承载力，从而防止发生剪压破坏。

4-17　答：由三部分组成，$V_u = V_c + V_s + V_{sb}$，其中 V_c 一项 $\left(0.7 f_t b h_0 \text{ 或 } \dfrac{1.75}{\lambda + 1} f_t b h_0 \right)$ 是无腹筋梁混凝土剪压区的受剪承载力。当梁内配置箍筋后，箍筋将抑制斜裂缝的开展，从而提高了混凝土剪压区的受剪承载力，这一提高值就反映在 $V_s = f_{yv} A_{sv}/s \cdot h_0$ 公式中，因而 V_c 一项并非是有腹筋梁中混凝土所提供的全部受剪承载力。

4-18　答：计算截面一般选择在：（1）支座边缘处的截面；（2）受拉区弯起钢筋弯起点处的斜截面；（3）箍筋截面面积或间距改变处的斜截面；（4）腹板宽度改变处的斜截面。

4-19　答：依靠梁内纵向钢筋的弯起、截断、锚固以及箍筋的间距等构造措施来保证。

4-20　答：对梁各个正截面产生的受弯承载力设计值 M_u 所绘制的图形称为正截面受弯承载力图，因 M_u 是由材料提供的，故又称为材料图。为满足 $M_u > M$ 的要求，材料图必须包住 M 图，才能保证梁的各个正截面受弯承载力，所以又叫材料抵抗弯矩图。

绘制材料抵抗弯矩图是因为当梁内钢筋有弯起或截断时，M_u 图将随之改变，此时，需绘制材料抵抗弯矩图来保证 M_u 图仍包住 M 图，以满足梁各个截面的受弯承载力。

绘制材料抵抗弯矩图时有三个要点：①i 号钢筋所提供的正截面受弯承载力可近似地按它的截面面积 A_{si} 与总的钢筋截面面积 A_s 的比值乘以正截面受弯承载力来求得，即 $M_{ui} = M_u \dfrac{A_{si}}{A_s}$；②把 i 号钢筋弯起时，在弯起点处它提供的正截面受弯承载力为 M_{ui}，在与梁中和轴相交处它提供的正截面受弯承载力将为零，两点间用斜直线相连，为方便，中和轴可取在梁的半高处；③把 i 号钢筋截断时，过了不再需要它的理论截断点以后，它就不再提供正截面受弯承载力了。

4-21　答：见本书图 4-6（【例题 4-4】中的图 2），梁中正弯矩钢筋③号，在 E_j 处弯起，其充分利用截面为 C，负弯矩钢筋④号，其不需要截面为 H。

4-22　答：梁内弯起点的位置离开充分利用该钢筋的截面之间距离，不应小于 $0.5h_0$，以保证斜截面的受弯承载力。

4-23　答：建立在保证钢筋和混凝土之间的粘结力上。

4-24　答：如果负弯矩钢筋在不需要处就截断，有可能会使该处的斜截面受弯承载力低于该处的正截面受弯承载力，故应延伸一定长度后再截断，以保证斜截面的受弯承载力。

4.3.2 选择题

4-25 A，4-26 D，4-27 B，4-28 A，4-29 B，4-30 C，4-31 C，4-32 A，4-33 C，4-34 B。

4.3.3 判断题

4-35 ×，4-36 √，4-37 ×，4-38 ×，4-39 ×，4-40 √，4-41 √，4-42 ×，4-43 √，4-44 ×，4-45 ×，4-46 √，4-47 √。

4.4.2 习题

【习题 4-1】Φ 8@200。

【提示】此题已知剪力设计值，但未标明由何种荷载引起，一般可按均布荷载下梁的斜截面受剪承载力计算公式进行计算。

【习题 4-2】$V=62kN$ 时，$V < 0.7f_tbh_0$，可按构造配筋，取Φ 6@200。$V=280kN$ 时，$V > 0.7f_tbh_0$，计算配箍，取Φ 10@100。

【提示】改变设计剪力值，目的要求掌握辨别公式，以决定构造配箍还是计算配箍。

【习题 4-3】若选用箍筋为 HPB300 钢筋：

$V_A = 75.6kN$，计算配箍，选Φ 6@200；$V_{B左} = 104.4kN$，计算配箍，选Φ 6@150；$V_{B右} = 72kN$，构造配箍，选Φ 6@200。

【提示】此题应先求出梁在支座处的剪力值，然后分别求各截面的受剪箍筋。其中截面 B 右，虽然剪力值较小于 $0.7f_tbh_0$，可构造配箍，但因要满足箍筋最小配筋率的要求，仍选Φ 6@200。

【习题 4-4】剪力设计值 $V=144kN$，箍筋选用 HPB300：（1）Φ 6@150。（2）弯起 2 ⊕ 25，Φ 6@150。（3）不用弯筋。

【提示】此题计算式，需考虑弯筋的计算公式。弯起 2 ⊕ 25 后，箍筋只需构造配置，但为了满足最小箍筋配筋率的要求，仍需选Φ 6@150。

【习题 4-5】（1）3 ⊕ 20 纵筋。

（2）Φ 8@200。

（3）弯起 1 ⊕ 20，只需构造配箍，Φ 6@200。

【提示】此梁受集中荷载作用，计算时应考虑剪跨比 λ 的作用，按受集中荷载作用时的受剪计算公式计算。若要求配纵向受拉钢筋，则还应计算正截面受弯。

【习题 4-6】若箍筋采用 HRB335 钢筋，选Φ 6@150。

【提示】此题中，梁既受均布荷载又受集中荷载作用，应考虑集中荷载所引起的剪力值在总的剪力值中之比例，以决定计算公式的选用。由于 $V_集 / V_总 < 75\%$，故 V_c 仍按 $0.7f_tbh_0$ 计算。

【习题 4-7】（1）该梁为超筋梁，其正截面受弯极限承载力 $F=355.06kN$。

（2）斜截面受剪的极限承载力 $F=247.16kN$。

（3）由于斜截面受剪承载力小于正截面受弯承载力，所以，该梁所能承受的最大荷载设计值为 247.16kN，为斜截面破坏。

【习题 4-8】（1）支座段计算：$F=111.6kN$。

（2）中间段计算：$F=214.2kN$。

【提示】此题与上题性质相同，但由于有三个集中力，斜截面受剪承载力计算时，应分段考虑。

按照题意，该梁的正截面受弯承载力已足够，故可不必再进行正截面受弯极限承载力计算，但实际上该梁 $M_u = 221.28\text{kN} \cdot \text{m}$，则 $F = 73.76\text{kN}$，远小于受剪破坏时的最大极限承载力 111.6kN，故此梁所能承受的最大集中荷载设计值应为 73.76kN，由受弯控制。

【习题 4-9】（1）$\Phi 8@200$。

（2）弯起 $1\Phi 25$，另配 $\Phi 8@350$。

【提示】此题为一承受均布荷载的简支梁，要求能够运用在均布荷载下的斜截面受剪承载力的计算公式。

（1）要求会运用公式：

$$V_u = V_c + V_s = 0.7f_t bh_0 + f_{gv} \cdot \frac{n \cdot A_{sv1}}{S} \cdot h_0$$

（2）考虑弯起钢筋，则要求运用公式：

$$V_u = V_c + V_s + V_{sb} = 0.7f_t bh_0 + f_{gv} \cdot \frac{n \cdot A_{sv1}}{S} \cdot h_0 + 0.8f_y \cdot A_{sb} \cdot \sin\alpha$$

其中，（2）题中，弯起 $1\Phi 25$ 后，箍筋只需构造配量，由于纵筋直径最大为 $d = 28\text{mm}$，箍筋直径应大于 $d/4$，故不能取 $\Phi 6$，必须取 $\Phi 8$。间距则取 600mm 梁高，当 $V > 0.7f_t bh_0$ 时的最大间距。选用的箍筋配筋率，必须满足最小箍筋配筋率的要求：$\rho_{svmin} = 0.24\dfrac{f_t}{f_{gv}}$。

【习题 4-10】$\Phi 8@100$。

【提示】斜截面受剪破坏有三种形态：斜压破坏、剪压破坏和斜拉破坏。

受剪承载力计算公式只适用剪压破坏，为防止斜压破坏和斜拉破坏，在计算过程中，还必须进行截面尺寸的复核和箍筋最小配筋率的验算，前者是限制最小截面尺寸，以防止斜压破坏，后者则防止斜拉破坏。

此题为一受集中荷载的简支梁，解题时必须运用以承受集中荷载为主的独立梁的计算公式：$V_c + V_s = 0.7f_t bh_0 + f_{gv} \cdot \dfrac{n \cdot A_{sv1}}{S} \cdot h_0$，此公式中引进了计算剪跨比 λ。

【习题 4-11】$\Phi 8@150$。

【提示】此题条件同上题，但截面尺寸增加，且考虑了梁的自重，就有了均布荷载。本题集中荷载所引起的剪力值很大，所以仍按以集中荷载为主的受剪计算公式进行计算。

在同时承受均布荷载和集中荷载的梁中，如果集中荷载所引起的剪力值的比例，超过 75%，则应按 $V_{cs} = \dfrac{1.75}{\lambda + 1}f_t bh_0 + f_{gv} \cdot \dfrac{n \cdot A_{sv1}}{S} \cdot h_0$ 公式计算；否则，则按 $V_{cs} = 0.7f_t bh_0 + f_{yv} \cdot \dfrac{n \cdot A_{sv1}}{S} \cdot h_0$ 公式计算。

【习题 4-12】此梁安全，不会发生正截面受弯和斜截面受剪的破坏。

【提示】考虑梁的安全，不能局限于梁的斜截面受剪是否安全，还应考虑该梁的正截面受弯是否安全。所以，此题的解题既有本章内容，也包含了上一章的计算。在进行斜截面受剪承载力计算时，可考虑弯起 $1\Phi 25$ 钢筋。

【习题 4-13】（1）Φ 10@100。

（2）已配Φ 8@150，再配弯筋可分三批弯起，先弯中间 1 Φ 25，再先后弯起上排 2 Φ 20。

【提示】此题必须验算三个弯起点处的剪力。当梁上同时承受均布和集中两种荷载时，首先应辨别集中荷载所引起的剪力值占总剪力值的比例，以决定选用哪一类计算公式。

【习题 4-14】（1）纵筋 3 Φ 28，弯筋用 1 Φ 28，箍筋用Φ 8@250。

（2）正截面受弯承载力图及钢筋布置图见答案图 4-1。

【提示】（1）本题要求放置纵筋、箍筋和弯起钢筋，则计算内容应包含正截面受弯和斜截面受剪。（2）要求掌握画正截面受弯承载力图的要点。（3）纵筋弯下所形成的截面受弯承载力图，必须要包住计算弯矩图，以保证梁的正截面受弯。

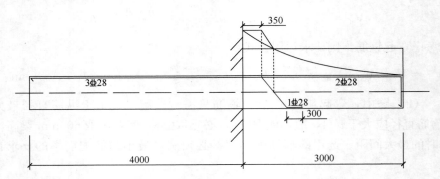

答案图 4-1 习题 4-14 的参考答案图

第 5 章　受压构件的截面承载力

5.3.1　问答题

5-1　答：(1) 轴心受压普通箍筋短柱临近破坏时，短柱四周出现明显的纵向裂缝。箍筋间的纵向钢筋发生压曲外鼓，呈灯笼状，混凝土压碎。长柱破坏时受压侧产生纵向裂缝，箍筋之间纵向钢筋向外凸出，构件高度中部混凝土被压碎。另一侧混凝土则被拉裂，在构件高度中部产生水平裂缝。(2) 稳定系数的表达式为：$\varphi = \dfrac{N_u^l}{N_u^s}$，$N_u^l$，$N_u^s$ 分别为长柱和短柱的承载力。根据试验结果和数理统计可以得到下列经验公式：当 $l_0/b = 8 \sim 34$ 时，$\varphi = 1.177 - 0.021 l_0/b$；当 $l_0/b = 35 \sim 50$ 时，$\varphi = 0.87 - 0.012 l_0/b$。

5-2　答：螺旋箍筋柱在计算中要考虑螺旋箍筋对混凝土的约束作用，而普通箍筋轴心受压柱在计算中不考虑箍筋对混凝土的约束作用。混凝土受压面积取值也略有不同，普通箍筋轴心受压柱中的混凝土是全截面受压，而计算螺旋箍筋轴心受压柱中的混凝土面积时，不考虑螺旋箍筋外的混凝土保护层。

5-3　答：纵向钢筋构造如下：直径不宜小于 12mm，一般在 16～32mm 范围内选用。矩形截面受压构件中，纵向受力钢筋根数不得少于 4 根。轴心受压构件中，纵向钢筋应沿构件截面周边均匀布置，偏心受压构件中的纵向受力钢筋应布置在垂直于弯矩作用方向的两个对边。纵向受力钢筋的配置需满足最小配筋率的要求，全部纵向钢筋的配筋率不宜超过 6%，其中的配筋率应按全截面面积计算。

箍筋构造要求如下：周边箍筋应做成封闭式；箍筋间距不应大于 400mm 及构件截面短边尺寸，且不应大于纵向钢筋的最小直径的 1.5 倍；箍筋直径不应小于纵向钢筋的最大直径的 1/4，且不应小于 6mm；当柱中全部纵向受力钢筋配筋率大于 3% 时，箍筋直径不应小于 8mm，间距不应大于纵向钢筋的最小直径的 10 倍，且不应大于 200mm；箍筋末端应做成 135° 弯钩且弯钩末端平直段长度不应小于箍筋直径的 10 倍；箍筋也可焊接成封闭环式；当柱截面短边尺寸大于 400mm 且各边纵向钢筋多于 3 根时，或当柱截面短边尺寸不大于 400mm 但各边纵向钢筋多于 4 根时，应设置复合箍筋。

5-4　答：(1) 在短柱中，由于短柱的纵向弯曲很小，可假定偏心距自始至终是不变的，即 M/N 为常数，所以其变化轨迹是直线，属"材料破坏"。在长柱中，当长细比在一定范围内时，偏心距是随着纵向力的加大而不断非线性增加的，也即 M/N 是变数，所以其变化轨迹呈曲线形状，但也属"材料破坏"。若柱的长细比很大时，则在没有达到 M、N 的材料破坏关系曲线前，由于轴向力的微小增量 ΔN 可引起不收敛的弯矩 M 的增加而破坏，即"失稳破坏"。(2) 轴向压力对偏心受压构件的侧移和挠曲产生的附加弯矩和附加曲率的荷载效应称为偏心受压构件的二阶效应，由侧移产生的二阶效应称为 $P\text{-}\delta$ 二阶效应。

5-5　答：只要满足下述三个条件中的一个条件时，就要考虑 $P\text{-}\delta$ 二阶效应：① $M_1/M_2 > 0.9$；②轴压比 $N/f_cA > 0.9$；③ $\dfrac{l_c}{i} > 34 - 12(M_1/M_2)$。

5-6　答：在受拉钢筋达到受拉屈服强度的同时，受压区边缘混凝土被压碎，称为界限破坏。

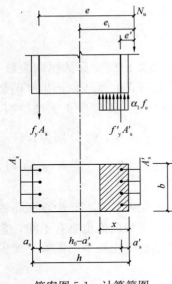

答案图 5-1　计算简图

5-7　答：计算简图如答案图 5-1。

计算公式：$N_u = \alpha_1 f_c bx + f'_y A'_s - f_y A_s$

$$N_u e = \alpha_1 f_c bx \left(h_0 - \frac{x}{2} \right) + f'_y A'_s (h_0 - a'_s)$$

5-8　答：基本公式 $N_u = \alpha_1 f_c bx + f'_y A'_s - \sigma_s A_s$，

$$N_u e' = \alpha_1 f_c bx \left(\frac{x}{2} - a'_s \right) - \sigma_s A_s (h_0 - a'_s), \quad \sigma_s = \frac{\xi - \beta_1}{\xi_b - \beta_1} f_y \text{。}$$

5-9　答：1. 大偏心受压构件

先算出弯矩增大系数 η_{ns}，$M = C_m \eta_{ns} M_2$ 判别大、小偏心，应用计算公式求得 A_s 及 A'_s。在所有情况下，A_s 及 A'_s 要满足最小配筋的规定。同时 $(A_s + A'_s)$ 不宜大于 $0.05 bh_0$；最后，要按轴心受压构件验算垂直于弯矩作用平面的受压承载力。

2. 小偏心受压构件

小偏心受压构件截面设计有 x、A_s 和 A'_s 三个未知数，但也只有两个独立方程。因此，同样需要补充 $(A_s + A'_s)$ 最小确定 ξ。对小偏心受压构件要找到与经济配筋相应的 ξ 值需用试算逼近法求得，计算复杂。计算配筋面积后视情况验算反向破坏。最后，要按轴心受压构件验算垂直于弯矩作用平面的受压承载力。

5-10　答：可以直接根据大偏心受压构件承载力基本公式计算 ξ，与界限状态的相对受压区高度 ξ_b 比较判断大小偏心。即：当 $\xi \leqslant \xi_b$ 时，为大偏心受压；当 $\xi > \xi_b$ 时，为小偏心受压。

5-11　答：(1) 大偏心受压构件的计算 $x = \dfrac{N}{\alpha_1 f_c b}$，代入公式可以求得：

$$A_s = A'_s = \frac{Ne - \alpha_1 f_c bx \left(h_0 - \dfrac{x}{2} \right)}{f'_y (h_0 - a'_s)}$$

(2) 小偏心受压构件的计算 $A_s = A'_s$，可直接计算 x 和 $A_s = A'_s$。取 $f_y = f'_y$，并取：

$$x = \xi \cdot h_0, \quad \xi = \frac{N - \xi_b \alpha_1 f_c b x h_0}{\dfrac{Ne - 0.43 \alpha_1 f_c b h_0^2}{(\beta_1 - \xi_b)(h_0 - a'_s)} + \alpha_1 f_c b h_0} + \xi_b$$

代入计算公式即可求得钢筋面积：

$$A_s = A'_s = \frac{Ne - \alpha_1 f_c bx (h_0 - x/2)}{f'_y (h_0 - a'_s)}$$

5-12　答：指对于给定的偏心受压构件正截面，达到偏心受压构件正截面承载能力极限状态下的受压承载力设计值 N_u 与正截面的受弯承载力设计值 M_u 之间的关系曲线。

5-13　答：偏心受压构件斜截面抗剪承载力计算应按受弯构件斜截面抗剪承载力计算公式（集中荷载作用），计入轴压力对偏心受压构件受剪承载力的影响。计算时，承载力除了混凝土承载力项，箍筋承载力项，还包括轴压力的影响，其大小取轴力的 0.07 倍。

5-14　答：提高柱的承载能力，以减小构件的截面尺寸；防止因偶然偏心产生的破坏；改善破坏时构件的延性；减少混凝土的徐变变形。

5-15　答：受压构件中混凝土的主要作用是承受压力，对其变形能力要求不高，因此高强混凝土更易发挥承载能力优势，有利于减小受压构件的截面。而在受弯构件中，提高混凝土强度对于提高受弯构件正截面受弯承载能力的作用并不显著。因此，在受压构件中采用高强混凝土更有效。

5-16　答：长细比超过一定数值时，螺旋箍筋（间接箍筋）不能发挥作用。而当长细比小于 5 时，一般柱承载力没有降低。螺旋箍筋柱长细比一般比较小，其失稳破坏可能性很低，故无需考虑 φ 值。

5-17　答：相同之处：均考虑混凝土受压，忽略混凝土拉应力，应力分布包括混凝土压应力，受压钢筋压力，截面内力均含有弯矩作用；不同之处：截面受力形式不同，偏心受压构件截面内力除了弯矩作用外还包括轴压力的作用。偏心受压构件随偏心距大小不同，远离受压区混凝土的纵向受力钢筋可能受压也可能受拉。

5-18　答：考虑荷载作用位置的不定性、混凝土质量的不均匀性和施工误差等因素的综合影响，很难保证几何中心和物理中心的重合，其取值为偏心方向截面尺寸的 1/30 和 20mm 中的较大者。

5-19　答：轴压力的存在，能推迟垂直裂缝的出现，并使裂缝宽度减小；产生压区高度增大，斜裂缝倾角变小而水平投影长度基本不变，纵筋拉力降低的现象，使得构件斜截面承载力要高一些，但当轴压比 $N/f_c bh = 0.3 \sim 0.5$ 时，再增加轴向压力将转变为带有斜裂缝的小偏心受压的破坏情况，斜截面承载力达到最大值。

5-20　答：试验表明，轴心受压的素混凝土棱柱体达到最大压应力值 f_{0c} 时的压应变值为 1.5‰～2.0‰，配置纵向钢筋后的轴心受压短柱，其压应变值有所提高，达到压应力峰值时的压应变值大致为 2.5‰～3.5‰。

计算钢筋混凝土受压构件时，考虑到保证钢筋与混凝土共同变形的粘结的可靠性，以构件的压应变值达到 2‰作为控制条件。认为此时混凝土达到了棱柱体抗压强度，而此时钢筋应力值为 $\sigma'_s = E_s \varepsilon'_s \approx 2 \times 10^5 \times 2‰ = 400 \text{N/mm}^2$。此值对于常用热轧钢筋（HPB300 级、HRB335 级、HRB400 级）都已达到屈服强度，而对于屈服强度或条件屈服强度大于 400N/mm^2 的高强度钢筋，在计算时只能取 400N/mm^2，没有充分发挥其强度，所以受压构件的纵向钢筋不宜采用强度很高的钢筋。

5.3.2　选择题

5-21 A，5-22 B，5-23 A，5-24 C，5-25 A，5-26 C，5-27 B，5-28 A，5-29 B。

5.3.3　判断题

5-30 ×，5-31 √，5-32 ×，5-33 ×，5-34 ×，5-35 ×，5-36 √，5-37 √，5-38 √，5-39 √，5-40 √，5-41 ×，5-42 ×，5-43 √，5-44 √。

5.4.2 习题

【习题 5-1】按构造配筋，$4 \oplus 16$，$A'_s = 804 \text{mm}^2$。

【习题 5-2】柱截面尺寸为 $d = 350 \text{mm}$。$A'_s = 4520 \text{mm}^2$。纵筋选用 4 根直径 38mm 的 HRB400 钢筋，$A'_s = 4536 \text{mm}^2$。

【习题 5-3】经计算，不用考虑二阶弯矩的影响。取 $C_m \eta_{ns} = 1.0$，先按大偏心受压计算，$A'_s < 0$，取 $A'_s = 300 \text{mm}^2$，$A_s = 917 \text{mm}^2$。受拉钢筋 A_s 选用 $3 \oplus 20$，$A_s = 943 \text{mm}^2$；受压钢筋选用 3 根直径 12mm 的 HRB400 钢筋，$A'_s = 339 \text{mm}^2$。

【习题 5-4】$A'_s = 4 \text{mm}^2$，取 $A'_s = 360 \text{mm}^2$，$A_s = 2869 \text{mm}^2$。受拉钢筋 A_s 选用 $2 \oplus 34 + 2 \oplus 26$，$A_s = 2878 \text{mm}^2$。受压钢筋选用 $3 \oplus 14$，$A'_s = 462 \text{mm}^2$。

【习题 5-5】A_s 选用 $4 \oplus 14$ 钢筋，$A_s = 616 \text{mm}^2$。A'_s 选用 $4 \oplus 14$ 钢筋，$A'_s = 616 \text{mm}^2$。

【习题 5-6】A_s 选用 $4 \oplus 24$ 钢筋，$A_s = 1810 \text{mm}^2$。A'_s 选用 $4 \oplus 24$ 钢筋，$A'_s = 1810 \text{mm}^2$。

【习题 5-7】$M = 502.2 \text{kN} \cdot \text{m} > 85 \text{kN} \cdot \text{m}$，截面安全。

【习题 5-8】每边选用 $3 \oplus 16$，$A_s = A'_s = 603 \text{mm}^2$。

【习题 5-9】$N = 870 \text{kN}$。

【习题 5-10】假定纵筋配筋率按 $\rho' = 3.00\%$ 计算，得出 $A'_s = 5888 \text{mm}^2$，选用 $18 \oplus 22$，实际 $A'_s = 6842 \text{mm}^2$。

螺旋箍筋直径为 10mm，取 $s = 40 \text{mm}$。

【习题 5-11】(1) 大偏心受压，取 $\xi = \xi_b$。$A'_s = 526 \text{mm}^2$，$A_s = 1990 \text{mm}^2$。受拉钢筋选用 $6 \oplus 22$，$A_s = 2281 \text{mm}^2$。受压钢筋选用 $2 \oplus 20$，$A'_s = 628 \text{mm}^2$。

(2) 大偏心受压，已知 $A'_s = 1017 \text{mm}^2$，代入基本公式求解得出 $x = 156 \text{mm}$。受压钢筋配置 $4 \oplus 18$，计算得 $A_s = 1717 \text{mm}^2$。选用钢筋 $3 \oplus 22 + 2 \oplus 20$，$A_s = 1769 \text{mm}^2$。

【习题 5-12】大偏心受压，取 $\xi = \xi_b$。$A'_s = 400 \text{mm}^2$，选用 $2 \oplus 16$，$A'_s = 402 \text{mm}^2$。$A_s = 748 \text{mm}^2$，选用 $4 \oplus 16$，$A_s = 804 \text{mm}^2$。

【习题 5-13】大偏心受压，取 $\xi = \xi_b$。$A'_s = 1230 \text{mm}^2$，选用 $5 \oplus 18$，$A'_s = 1272 \text{mm}^2$。$A_s = 2523 \text{mm}^2$，选用 $3 \oplus 28 + 3 \oplus 18$，$A_s = 2788 \text{mm}^2$。

【习题 5-14】小偏心受压，取 $A_s = 275 \text{mm}^2$，解得 $\xi = 0.793$，有 $\xi_b < \xi < \xi_{cy}$，$x = \xi h_0 = 397 \text{mm}$。$A'_s = 464 \text{mm}^2$，$A'_s$ 选用 $4 \oplus 14$ 钢筋，$A'_s = 615 \text{mm}^2$。A_s 选用 $4 \oplus 12$ 钢筋，$A_s = 452 \text{mm}^2$。

【习题 5-15】$A_s = A'_s = 742 \text{mm}^2$，选用 $4 \oplus 16$，实际 $A_s = A'_s = 804 \text{mm}^2$。

【习题 5-16】$A_s = A'_s = 1568 \text{mm}^2$。

【习题 5-17】$N_u = 2278 \text{kN}$，承载力满足要求。

【习题 5-18】小偏心受压构件，$A_s = A'_s = 3986 \text{mm}^2$。

选用 $8 \oplus 25$（$A_s = A'_s = 3927 \text{mm}^2$，相差 5% 以内）。

第 6 章　受拉构件的截面承载力

6.3.1　问答题

6-1　答：受拉钢筋全部面积乘以最低强度钢筋的抗拉强度设计值。

6-2　答：偏心受拉构件正截面的承载力计算，按纵向拉力 N 的位置不同，可分为大偏心受拉和小偏心受拉两种情况：当纵向拉力 N 作用在钢筋 A_s 合力点及 A'_s 合力点范围以外时，属于大偏心受拉的情况；当纵向拉力 N 作用在钢筋 A_s 合力点及 A'_s 合力点范围以内时，属于小偏心受拉的情况。

6-3　答：小偏心受拉构件在截面达到破坏时，裂缝贯通截面，忽略混凝土的抗拉作用，拉力全部由钢筋承担，其应力均达到屈服强度 f_y。小偏心受拉构件的计算公式如下：

$$\begin{cases} Ne = f_y A'_s (h_0 - a'_s) & e = \dfrac{h}{2} - e_0 - a_s \\ Ne' = f_y A_s (h'_0 - a_s) & e' = \dfrac{h}{2} + e_0 - a'_s \end{cases}$$

6-4　答：大偏心受拉构件的正截面破坏特征和受弯构件相同，钢筋先达到屈服强度，然后混凝土受压破坏；又都符合平均应变的平截面假定，所以 x_b 取与受弯构件相同。

6-5　答：偏心受压：$V_u = \dfrac{1.75}{\lambda + 1.0} f_t b h_0 + f_{yv} \dfrac{A_{sv}}{s} h_0 + 0.07N$

偏心受拉：$V_u = \dfrac{1.75}{\lambda + 1.0} f_t b h_0 + f_{yv} \dfrac{A_{sv}}{s} h_0 - 0.2N$

（1）轴压力能推迟斜裂缝的出现，减小其宽度，增大混凝土剪压区高度，有利于提高斜截面承载力，因此，受压构件的斜截面承载力公式是在受弯构件相应公式的基础上加上轴压力所提高的抗剪强度部分，即 $0.07N$。（2）轴拉力使裂缝贯通全截面，从而不存在剪压区，降低了斜截面承载力。因此，受拉构件的斜截面承载力公式是在受弯构件相应公式的基础上减去轴拉力所降低的抗剪强度部分，即 $0.2N$。

6-6　答：轴心受拉构件破坏时，混凝土不承受拉力，全部拉力由钢筋来承受。故轴心受拉构件正截面受拉承载力的计算公式如下：

$$N \leqslant f_y A_s$$

式中　N ——轴向拉力设计值；

　　　f_y ——钢筋抗拉强度设计值；

　　　A_s ——受拉钢筋全部截面面积。

6-7　答：（1）大偏心受拉构件的破坏特征是：在荷载作用下，构件受拉侧混凝土产生裂缝，拉力全部由钢筋承担，在截面另一侧形成压区，随着荷载的逐步增大，裂缝扩延，混凝土压区面积减小，首先受拉钢筋达到屈服，最终压区混凝土达到极限压应变，而使构件被压坏进入承载能力极限状态。小偏心受拉构件的破坏特征是：构件在拉力作用下，全截面受拉，当贯通裂缝出现后，拉力全部由钢筋承担，最终钢筋受拉达到屈服构件进入承载能力极限状态。

（2）大小偏心受拉的区分与轴向力作用位置、截面高度以及钢筋直径和保护层厚度等因素有关。

6.3.2 选择题

6-8 A，6-9 B，6-10 C。

6.3.3 判断题

6-11√，6-12 √，6-13 √，6-14 √，6-15 √，6-16 ×，6-17 √，6-18 ×，6-19 ×，6-20 √。

6.4.2 习题

【习题 6-1】$A'_s = 1248mm^2$，选用 3 Φ 25，$A'_s = 1471mm^2$。$A_s = 5640mm^2$，选用 7 Φ 32，$A_s = 5630mm^2$。

【习题 6-2】$A_s = 722mm^2$，选用 4 Φ 16，$A_s = 804mm^2$。

【习题 6-3】$A_s = 1483mm^2$，$A'_s = 183mm^2$。受拉钢筋选用 3 Φ 25，$A_s = 1473mm^2$。受压钢筋选用 2 Φ 12，$A'_s = 226mm^2$。

【习题 6-4】$A'_s = 1800mm^2$，选用 Φ 14@80，$A'_s = 1924mm^2$。$A_s = 2973mm^2$，选用 Φ 18 @80，$A_s = 3181mm^2$。

第 7 章　受扭构件扭曲截面承载力

7.3.1　问答题

7-1　答：(1) 基本思路是，在裂缝充分发展且钢筋应力接近屈服强度时，截面核心混凝土退出工作，实心截面的受扭构件可以用一个空心的箱形截面构件来代替，它由螺旋形裂缝的混凝土外壳、纵筋和箍筋三者共同组成变角度空间桁架以抵抗扭矩。(2) 基本假定有：混凝土只承受压力，具有螺旋形裂缝的混凝土外壳组成桁架的斜压杆，其倾角为 α；纵筋和箍筋只承受拉力，分别为桁架的弦杆和腹杆；忽略核心混凝土的受扭作用及钢筋的销栓作用。(3) 主要计算公式：$T_u = 2\sqrt{\zeta}\dfrac{f_{yv}A_{st1}A_{cor}}{s}$，其中 $\zeta = \dfrac{f_y \cdot A_{stl} \cdot s}{f_{yv} \cdot A_{st1} \cdot u_{cor}}$。

7-2　答：(1) 确定计算的参数；(2) 截面、最小配筋率验算；(3) 承载力计算，计算过程中纯扭构件按受扭承载力计算公式直接计算，剪扭构件需分别计算出其受剪承载力和受扭承载力，计算中应考虑剪扭相关对承载力的影响。

7-3　答：(1) 纵向钢筋与箍筋的配筋强度比 ζ，是受扭构件对称布置的纵向钢筋抵抗扭矩的能力与沿截面周边所配箍筋抵抗扭矩能力的比值。(2) 通过限制配筋强度比的范围，可以使受扭构件破坏时其受扭纵筋和箍筋应力均可到达屈服强度。国内试验表明，若 ζ 在 $0.5 \sim 2.0$ 范围内变化，构件破坏时，其受扭纵筋和箍筋应力均可到达屈服强度。(3) 为了稳妥，《混凝土结构设计规范》GB 50010—2010 (2015 年版) 取 ζ 的限制条件为 $0.6 \leqslant \zeta \leqslant 1.7$，即合理取值范围就是使得构件破坏时，受扭纵筋和箍筋均到达屈服强度的取值范围。

7-4　答：(1) 少筋破坏：纵筋和箍筋配置过少，一旦裂缝出现，构件会立即破坏，属受拉脆性破坏类型，通过规定抗扭纵筋和箍筋的最小配筋率来避免少筋破坏；适筋破坏：正常配筋的钢筋混凝土构件，在扭矩作用下，纵筋和箍筋首先到达屈服强度，然后混凝土压碎而破坏，属延性破坏；超筋破坏：纵筋和箍筋配筋率都过高，致使纵筋和箍筋都没有达到屈服强度，而混凝土先行压坏，属于受压脆性破坏类型，通过限制截面最小尺寸来避免超筋破坏；部分超筋破坏：纵筋和箍筋不匹配，两者配筋率相差较大时，不同时屈服，部分超筋受扭构件破坏时亦具有一定的延性，但比适筋受扭构件的截面延性小。(2) 通过验算满足最小配筋率的构造要求避免少筋破坏，通过验算满足截面限制条件的构造要求避免超筋破坏。

7-5　答：$\dfrac{V}{bh_0} + \dfrac{T}{0.8W_t} \geqslant 0.25\beta_c f_c$，说明截面尺寸不满足构造要求，剪扭构件可能发生在钢筋屈服前混凝土先压碎的超筋破坏。$\dfrac{V}{bh_0} + \dfrac{T}{W_t} > 0.7f_t$，说明混凝土不足以抵抗扭矩和剪力的作用，需要进行构件受剪扭承载力计算，按计算配筋。

7-6　答：受剪扭构件中受扭纵筋和箍筋的配筋率应不小于其最小配筋率；受扭纵筋的间距不应大于 200mm 和梁的截面宽度；受扭箍筋应配置成封闭式，且应沿截面周边布置；在截面四角必须设置受扭纵筋，并沿截面周边均匀对称布置；受扭箍筋的末端应做成 $135°$ 弯钩，弯钩平直段长度不应小于 $10d$，d 为箍筋直径；当支座边作用有较大扭矩时，受扭纵筋应按充分受拉锚固在支座内。

7-7 答：(1) 受扭构件计算公式中的 β_t，是剪扭构件混凝土受扭承载力降低系数。(2) β_t 的表达式表示了剪力对混凝土受扭承载力的影响和扭矩对混凝土受剪承载力的影响，即剪扭相关关系。(3) β_t 主要考虑了剪扭比（V/T）、截面受扭塑性抵抗矩（W_t）、截面尺寸（b、h_0），β_t 取值范围为 $0.5\sim1.0$，若小于 0.5，则可不考虑扭矩对混凝土受剪承载力的影响；若大于 1.0，则不考虑剪力对混凝土受扭承载力的影响。

7-8 答：(1) 在实际工程中吊车梁，现浇框架的边梁、雨篷梁、曲梁、槽形墙板等都受到扭矩作用。(2) 在扭矩作用下的钢筋混凝土构件中，荷载对受扭构件产生的扭矩是由构件的静力平衡条件确定并与受扭构件的扭转刚度无关的，称为平衡扭转。(3) 作用在构件上的扭矩除了静力平衡条件以外，还必须由相邻构件的变形协调条件才能确定的，称为协调扭转。

7-9 答：相同点是：都是斜裂缝的形式。不同点是：矩形截面纯扭构件的初始裂缝一般发生在截面长边的中点附近且与构件轴线约呈 $45°$ 角，此后这条初始裂缝逐渐向两边延伸并相继出现许多新的螺旋形裂缝；剪切裂缝通常首先出现在梁的剪拉区底部，为垂直裂缝，而后在垂直裂缝的顶部沿着与主拉应力垂直的方向向集中荷载作用点发展，当荷载增加到一定程度时，形成一条临界斜裂缝。

7-10 答：(1) 目的在于控制截面尺寸不能太小，避免发生超筋破坏。(2) T 形截面纯扭构件可以将其截面划分为几个矩形截面进行配筋计算，矩形截面划分的原则是首先满足腹板截面的完整性。划分的各矩形截面所承担的扭矩值，按各矩形截面的受扭塑性抵抗矩与截面总的受扭塑性抵抗矩的比值进行分配的原则，分别按式矩形截面纯扭构件承载力计算方法计算。

7-11 答：构件同时受剪扭作用，受剪承载力会降低。受剪承载力主要由混凝土项和箍筋项来贡献，构件同时受剪扭作用，截面中混凝土要用于承受扭矩，同时还要承受剪力，会重复计算混凝土的抗力，故受剪承载力要降低。

7-12 答：钢筋混凝土构件是通过混凝土、抗扭纵筋、抗扭箍筋共同作用来抵抗外扭矩。抗扭纵筋的配置有以下要求：

① 受剪扭构件中抗扭纵筋的最小配筋率：

$$\rho_{tl,\min} = \frac{A_{stl,\min}}{bh} = 0.6\sqrt{\frac{T}{Vb}\cdot\frac{f_t}{f_y}}\ \text{其中当}\ \frac{T}{Vb} > 2\ \text{时，取}\ \frac{T}{Vb} = 2\,;$$

② 抗扭纵筋的间距不应大于 200mm 和梁的截面宽度；

③ 在截面四角必须设置抗扭纵筋，并沿截面周边均匀对称布置；

④ 当支座边作用有较大扭矩时，抗扭纵筋应按充分受拉锚固在支座内。

其与抗弯纵筋布置不同之处在于：抗弯纵筋可以只布置在梁的受拉区段而不必配置在受压区段，抗扭纵筋沿梁的截面四周均匀布置。抗弯纵筋没有最大间距要求，并且最小配筋率也与抗扭纵筋不同。

7-13 答：抗扭箍筋的箍筋（一般为四肢）的各肢用于抵抗沿箍筋周长大小相等的环向剪力流，而抗剪箍筋（一般为二肢）用于抵抗斜裂缝处的剪应力。

7.3.2 选择题

7-14 B，7-15 B，7-16 C，7-17 C，7-18 B，7-19 B。

7.3.3　判断题

7-20 ✓, 7-21 ✓, 7-22 ×, 7-23 ✓, 7-24 ✓, 7-25 ×, 7-26 ✓, 7-27 ×, 7-28 ×,
7-29 ✓, 7-30 ✓, 7-31 ×, 7-32 ✓, 7-33✓。

7.4.2　习题

【习题 7-1】$T = 29.94 \text{kN} \cdot \text{m}$。

【习题 7-2】$T = 7 \text{kN} \cdot \text{m}$；受弯纵筋 $A_s = 211 \text{mm}^2$；受剪箍筋根据构造配置，受扭箍筋 $\dfrac{A_{st1}}{s} = 0.41 \text{mm}^2/\text{mm}$；受扭纵筋：$A_{stl} = 268 \text{mm}^2$；根据上述计算结果进行配筋并验算最小配筋率。

【习题 7-3】受弯纵筋 $A_s = 615 \text{mm}^2$；受扭箍筋 $\dfrac{A_{st1}}{s} = 0.57 \text{mm}^2/\text{mm}$；受扭纵筋：$A_{stl} = 464 \text{mm}^2$。

【习题 7-4】受弯纵筋 $A_s = 712 \text{mm}^2$；受扭箍筋 $\dfrac{A_{st1}}{s} = 0.122 \text{mm}^2/\text{mm}$；受剪箍筋 $\dfrac{A_{sv}}{s} = 0.412 \text{mm}^2/\text{mm}$；单肢箍筋总面积 $\dfrac{A_{st1}}{s} + \dfrac{A_{sv}}{2s} = 0.328 \text{mm}^2/\text{mm}$，选用双肢箍筋Φ8@150；受扭纵筋 $A_{stl} = 136 \text{mm}^2$。

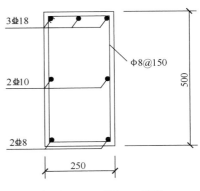

答案图 7-1　习题 7-4 答案

【习题 7-5】受弯纵筋 $A_s = 409 \text{mm}^2$；受扭箍筋：$\dfrac{A_{st1}}{s} = 0.124 \text{mm}^2/\text{mm}$；受剪箍筋：$\dfrac{A_{sv}}{s} = 0.280 \text{mm}^2/\text{mm}$；$\dfrac{A_{st1}}{s} + \dfrac{A_{sv}}{2s} = 0.124 + \dfrac{0.280}{2} = 0.264 \text{mm}^2/\text{mm}$，选用双肢箍筋Φ8@190；受扭纵筋：$A_{stl} = 141 \text{mm}^2$；底部：选取 2 Φ18，$A_s = 509 \text{mm}^2$；侧面：选取 2 Φ12，$A_s = 226 \text{mm}^2$；顶面：选取 2 Φ8，$A_s = 101 \text{mm}^2$。

【习题 7-6】受剪箍筋 $\dfrac{A_{sv1}}{s} = 0.158 \text{mm}^2/\text{mm}$；受扭箍筋 $\dfrac{A_{st1}}{s} = 0.201 \text{mm}^2/\text{mm}$；$\dfrac{A_{sv1}}{s} + \dfrac{A_{st1}}{s} = 0.359 \text{mm}^2/\text{mm}$，选用双肢箍筋Φ8@140；受扭纵筋 $A_{stl} = 187 \text{mm}^2$；受弯纵筋 $A_s = 402 \text{mm}^2$；梁底选用 3 Φ14，钢筋面积为 461 mm²；梁侧选用 2 Φ12，钢筋面积为 226 mm²；梁顶选用 2 Φ8，钢筋面积为 101 mm²。

第8章 钢筋混凝土构件的变形、裂缝及混凝土结构的耐久性

8.3.1 问答题

8-1 答：变形与裂缝宽度验算是为了满足正常使用极限状态的要求。

8-2 答：(1) 受弯的弹性杆件，截面弯曲刚度是 EI，线刚度是 EI/l。(2) 我国规范的定义是：弯矩从零增加到 $(0.5 \sim 0.7)M_u$ 的过程中，刚度的总平均值。

8-3 答：(1) 钢筋混凝土是非弹性材料，正截面受弯从开始到破坏的全过程中 M-ϕ 不是直线，而是曲线。曲线上每一点处的切线刚度 $dM/d\phi$ 是不断变化的，因而截面弯曲刚度是变数。(2) 根据教材中图 8-1 可知，弯矩值大（即越靠近第Ⅲ阶段），α 小，截面弯曲刚度小。

8-4 答：(1) 混凝土的徐变和收缩。(2) 用荷载效应的准永久组合对挠度增大的影响系数 θ 来考虑荷载效应的准永久组合作用的影响，即荷载长期作用部分的影响。

8-5 答：最小刚度原则就是在简支梁全跨长范围内，可都按弯矩最大处的截面弯曲刚度，亦即按最小的截面弯曲刚度用材料力学中不考虑剪切变形影响的公式来计算挠度。当构件上存在正、负弯矩时，可分别取同号弯矩区段内 $|M_{max}|$ 处截面的最小刚度计算挠度。

8-6 答：(1) ψ 的物理意义是反映裂缝间受拉混凝土对纵向受拉钢筋应变的影响程度。(2) 因为 ψ 的大小还与以有效受拉混凝土截面面积计算且考虑钢筋粘结性能差异后的有效纵向受拉钢筋配筋率 ρ_{te} 有关。

8-7 答：取钢筋弹性模量为 $2.10 \times 10^5 \text{N/mm}^2$，则受拉钢筋的拉应力大致是 $1.5 \times 10^4 \times 2.10 \times 10^5 = 31.5 \text{N/mm}^2$。

8-8 答：在受弯构件或偏心受力构件的表面上，受拉区所有纵向受拉钢筋重心线水平处的裂缝宽度。

8-9 答：(1) 在裂缝出现瞬间，裂缝处的受拉混凝土退出工作，应力降至零，于是钢筋承担的拉力突然增大。配筋率越低，钢筋应力增量就越大。混凝土一开裂，张紧的混凝土就向裂缝两侧回缩，但这种回缩是不自由的，它受到钢筋的约束，直到被阻止。(2) 在回缩的那一段长度 l 中，混凝土与钢筋之间有相对滑移，产生粘结应力 τ。通过粘结应力的作用，随着离裂缝截面距离的增大，钢筋拉应力逐渐传递给混凝土而减小；混凝土拉应力由裂缝处的零逐渐增大，达到 l 后，粘结应力消失，混凝土和钢筋又具有相同的拉伸应变，各自的应力又趋于均匀分布。(3) 通常把裂缝间距（裂缝条数）的稳定称为裂缝出齐。

8-10 答：(1) 平均裂缝宽度等于构件裂缝区段内钢筋的平均伸长与相应水平处构件侧表面混凝土平均伸长的差值。(2) 最大裂缝宽度由平均裂缝宽度乘以扩大系数得到。对扩大系数，主要考虑两方面影响因素：一是在一定荷载标准组合下裂缝宽度的不均匀性；二是在荷载长期作用的影响下，混凝土进一步收缩以及受拉混凝土的应力松弛和滑移徐变等导致裂缝间受拉混凝土不断退出工作，虽然在此过程中原有裂缝有所变化，但平均裂缝

宽度增大较多，又存在一个扩大系数。

8-11 答：(1) 提高受弯构件截面弯曲刚度的有效措施是：①加大截面高度；②提高混凝土强度等级；③施加预应力；④采用钢管混凝土或钢骨混凝土。(2) 减小钢筋直径或适当增加配筋率。

8-12 答：若裂缝宽度不超过规范限值可正常使用；若宽度超过了限值，应采取相应的修补或加固措施。

8-13 答：(1) 钢筋混凝土构件的截面延性是指：截面从开始屈服至达到最大承载力或达到以后而承载力还没有显著下降期间的变形能力。(2) 延性系数根据混凝土极限压应变 ε_{cu} 以及受压区高度 kh_0 和 x_a 来确定。(3) 研究延性的意义是：①有利于吸收和耗散地震能量，满足抗震方面的要求；②防止发生脆性破坏，确保生命和财产的安全；③在超静定结构中，能更好地适应地基不均匀沉降以及温度变化情况；④使超静定结构能够充分的进行内力重分布，并避免配筋疏密悬殊，便于施工，节约钢材。

8-14 答：(1) 混凝土的耐久性是指在设计工作年限内，在正常维护条件下，结构和结构构件应能保持使用功能，而不需进行大修加固。(2) 碳化是混凝土中性化的常见形式，是指大气中 CO_2 不断向混凝土内部扩散，并与其中的碱性水化物，主要是 $Ca(OH)_2$ 发生反应，使 pH 值下降。(3) 混凝土碳化至钢筋表面使氧化膜破坏是钢筋锈蚀的必要条件，如果含氧水分侵入，钢筋就生锈。

8-15 答：结构设计技术措施包括：①未经技术鉴定及设计许可，不能改变结构的使用环境，不得改变结构的用途；②对于结构中使用环境较差的构件，宜设计成可更换或易更换的构件；③宜根据环境类别，规定维护措施及检查年限，对重要的结构，宜在与使用环境类别相同的适当部位设置供耐久性检查的专用构件；④对于暴露在侵蚀性环境中的结构构件，其受力钢筋可采用环氧涂层带肋钢筋，预应力筋应有防护措施。在此情况下宜采用高强混凝土。

8-16 答：按公式计算得到的裂缝最大宽度 w_{max} 是指构件表面处的，而影响钢筋锈蚀的是钢筋表面处的裂缝宽度 w_s。试验表明，$w_s \approx (1/5 \sim 1/3) w_{max}$，这个比值是随混凝土保护层厚度 c 的增大而减小的。总的效果是，增大混凝土保护层厚度 c，w_s 将减小，从而加大了防止钢筋锈蚀的能力，提高了耐久性。

8.3.2 选择题

8-17 C，8-18 D，8-19 C，8-20 D，8-21 A，8-22 A，8-23 A。

8.3.3 判断题

8-24 √，8-25 √，8-26 √，8-27 √，8-28 ×，8-29 ×，8-30 √，8-31 √，8-32 √，8-33 √，8-34 √，8-35 √。

8.3.4 填空题

8-36 正常使用；标准值。

8-37 增加截面高度。

8-38 增大；小。

8-39 同号；最大弯矩。

8-40 裂缝宽度；变形值。

8-41 不均匀系数；受拉区混凝土。

8.4.2 习题

【习题 8-1】不满足要求。可采取措施：①减小钢筋直径；②适当增加配筋率；③施加预应力。

【提示】本题主要考察裂缝宽度的计算公式 $\omega_{max} = \alpha_{cr}\psi\dfrac{\sigma_s}{E_s}\left(1.9c_s + 0.08\dfrac{d_{eq}}{\rho_{te}}\right)$ 的运用，以及当裂缝宽度不满足规范限值时可采取的措施。

【习题 8-2】（1）受拉钢筋选配 2 Φ 18（$A_s = 509\text{mm}^2$）；（2）挠度 13.4mm，满足要求；（3）裂缝宽度 0.21mm，满足要求。

【提示】本题中主要有以下两大难点：①不同情况下的荷载组合方式；②两类 T 形截面的判断依据及受压区混凝土高度的计算方法。

【习题 8-3】解答步骤参考习题 8-2。注意倒 T 形截面的混凝土受压区高度的计算方法与正 T 形截面不同。倒 T 形构件计算受压区时方法与矩形构件一致，计算受拉区时方法与 T 形构件一致。

【习题 8-4】最大裂缝宽度符合要求。

【提示】本题主要考察偏心受拉构件的公式选用。偏心受拉构件与轴心拉压构件或纯弯构件在裂缝宽度的计算公式上有所不同，需要学会辨别其中的区别。

【习题 8-5】挠跨比 1/356，满足要求。

【提示】本题是验算挠度的基础习题，求解步骤依次为（1）求 M_k、M_q；（2）求短期刚度 B_s；（3）求截面弯曲刚度 B；（4）验算梁跨重点挠度。

【习题 8-6】（1）受弯构件 $\alpha_{cr} = 1.9$，HRB335 级钢筋为带肋钢筋，其相对粘结特性系数 $v_i = 1.0$。

$$\rho_{te} = \frac{A_s}{0.5bh} = \frac{1030}{0.5 \times 200 \times 500} = 0.0206$$

$$\sigma_s = \frac{M_k}{0.87A_sh_0} = \frac{110 \times 10^6}{0.87 \times 465 \times 1030} = 263.987\text{N/mm}^2$$

$$\psi = 1.1 - \frac{0.65f_{tk}}{\rho_{te}\sigma_s} = 1.1 - \frac{0.65 \times 1.78}{0.0206 \times 263.987} = 0.887$$

（2）最大裂缝宽度：

$$d_{eq} = \frac{2 \times 20^2 + 2 \times 16^2}{2 \times 1.0 \times 20 + 2 \times 1.0 \times 16} = 18.22\text{mm}$$

$$\begin{aligned}\omega_{max} &= \alpha_{cr}\psi\frac{\sigma_s}{E_s}\left(1.9c_s + 0.08\frac{d_{eq}}{\rho_{te}}\right)\\ &= 1.9 \times 0.887 \times \frac{263.987}{2 \times 10^5} \times \left[1.9 \times (20 + 6) + 0.08 \times \frac{18.22}{0.0206}\right] = 0.27\text{mm}\end{aligned}$$

最大裂缝宽度 0.27mm，满足要求。

【提示】本题是验算裂缝宽度的基础习题。其计算步骤主要是首先确定纵向受拉钢筋

应变不均匀系数 ψ，再根据式（8-13）计算最大裂缝宽度。

【习题 8-7】该梁挠度为 8.25mm，满足要求。

【提示】本题过程主要参考【例题 8-1】，主要是记住各个参数的计算公式以及判断选用什么荷载组合，另外需特别注意单位的换算。

第 9 章　预应力混凝土构件

9.3.1　问答题

9-1　答：在构件承受使用荷载之前预先对混凝土截面受拉区施加压应力的构件，称为预应力混凝土构件。优点：预应力混凝土构件可延缓混凝土的开裂，提高构件的抗裂度和刚度，可充分利用高强度钢材和高强度混凝土，取得节约钢材、减轻构件自重的效果；缺点：预应力混凝土构件的施工、构造和设计计算均较钢筋混凝土构件复杂。

9-2　答：钢筋混凝土构件由于混凝土的抗拉强度及极限拉应变很小，如采用高强度钢筋或高强度混凝土，在使用阶段，构件的裂缝宽度和变形很大，无法满足构件在使用上和耐久性的要求，使高强度钢筋和高强度混凝土的强度均得不到充分利用。对钢筋要求：①强度高；②具有一定的塑性；③良好的加工性能；④与混凝土之间有较好地粘结强度。对混凝土要求：①强度高；②收缩、徐变小；③快硬、早强。

9-3　答：预应力混凝土构件施工方法主要有两种——先张法和后张法。在浇灌混凝土之前张拉预应力筋的方法称为先张法；在结硬后的混凝土构件上张拉预应力筋的方法称为后张法。先张法生产工艺比较简单，质量较易保证，不需要永久性的工作锚具，成本较低，台座越长，一次生产构件的数量就越多，适合工厂化成批生产中、小型预应力混凝土构件。后张法后序较复杂，不需要台座，构件可在现场施工，也可在工厂预制，由于需安装永久性的工作锚具，耗钢量大，成本较高，适用于运输不便需现场成型的大型预应力混凝土构件。

9-4　答：(1) 要求裂缝控制等级较高的构件；(2) 大跨度或承受重型荷载的构件；(3) 对构件的刚度和变形要求较高的构件。

9-5　答：锚具或夹具是在制作预应力构件时锚固预应力筋的工具。一般在构件制成后能够取下重复使用的称夹具；存留在构件上不再取下的称锚具。

锚具或夹具应具备：①安全可靠，其本身应具有足够的强度和刚度；②锚具应使预应力筋尽可能不产生滑移以保证预应力的可靠传递；③构造简单，便于机械加工制作；④使用方便、材料省、价格低。

9-6　答：预应力混凝土的张拉控制应力是指预应力筋在进行张拉时所控制达到的最大应力值。其为张拉设备指示的总拉力除以预应力筋截面面积而得的应力值，以符号 σ_{con} 表示。

为了充分发挥预加应力的优点，将张拉控制应力尽可能定得高一些，可使混凝土得到较高的预压应力，但如果张拉控制应力过高，可能引起以下问题：①在施工阶段会引起构件某些部位受到拉力导致开裂，例如对后张法构件的端部混凝土造成局部受压破坏；②构件出现裂缝时的承载力和破坏时的承载力接近，使构件在破坏前无明显预兆，呈脆性破坏；③如果采用超张拉，当钢材的材质不均匀时，有可能在超张拉过程中，使个别钢筋的应力超过其实际屈服强度，使预应力筋产生较大的塑性变形或脆断。张拉控制应力值定得太低，则预应力筋经历各种损失后，对混凝土实际产生的预压应力过小，无法保证获得必要的预应力效果，以致不能有效地提高预应力混凝土构件的抗裂度和刚度。

9-7　答：先张法构件是在混凝土结硬后放松已完成张拉的预应力筋的，由于预应力筋回缩，混凝土随之产生弹性压缩，致使预应力筋中的拉应力降低，由（$\sigma_{\rm con}-\sigma_{l\rm I}$）降低为（$\sigma_{\rm con}-\sigma_{l\rm I}-\alpha_{\rm E}\sigma_{\rm pcI}$），而后张法预应力筋张拉是在结硬的混凝土构件上进行的，混凝土的弹性压缩是伴随着张拉过程同步完成的，不致进一步对预应力筋中的拉应力产生影响，因此在 $\sigma_{\rm con}$ 和 $\sigma_{l\rm I}$ 相同的条件下，先张法预应力筋的应力总比后张法低，为此对先张法的 $\sigma_{\rm con}$ 值予以适当提高。

9-8　答：预应力损失有：σ_{l1}、σ_{l2}、σ_{l3}、σ_{l4}、σ_{l5}、σ_{l6}。

（1）σ_{l1} 是由张拉端锚具变形和预应力筋内缩引起的预应力筋应力损失，减少此项损失的措施有：①选择锚具变形小或使预应力筋内缩小的锚具、夹具，尽量少用垫板；②增加台座长度。（2）σ_{l2} 是由预应力筋的摩擦（与孔道壁之间的摩擦、张拉端锚口摩擦、在转向装置处摩擦）引起的预应力筋应力损失，减少此项损失的措施有：①两端张拉；②超张拉。（3）σ_{l3} 是由混凝土加热养护时，预应力筋与承受拉力的设备之间的温差引起的预应力筋应力损失，减少此项损失的措施有：①采用两次升温养护；②在钢模上张拉预应力筋。（4）σ_{l4} 是由预应力筋松弛引起的预应力筋应力损失，减少此项损失的措施有：进行超张拉，采用低松弛预应力筋。（5）σ_{l5} 是由混凝土收缩、徐变引起的预应力筋应力损失，减少此项损失的措施有：①采用高强度等级的水泥，减少水泥用量，降低水灰比；②采用弹性模量大及级配较好的骨料，加强振捣，提高混凝土的密实性；③在混凝土结硬过程中加强养护。（6）σ_{l6} 是由混凝土的局部挤压引起的预应力筋应力损失，减少此项损失的措施有：环形构件直径大于 3m 时，σ_{l6} 可忽略不计。

9-9　答：混凝土在预压前的预应力筋的损失值为第一批预应力损失；混凝土在预压后的预应力筋的损失值为第二批预应力损失。

先张法第一批预应力的损失值为：$\sigma_{l1}+\sigma_{l2}+\sigma_{l3}+\sigma_{l4}$；第二批预应力的损失值为：$\sigma_{l5}$。

后张法第一批预应力的损失值为：$\sigma_{l1}+\sigma_{l2}$；第二批预应力的损失值为：$\sigma_{l4}+\sigma_{l5}+\sigma_{l6}$。

9-10　答：

1. 施工阶段

1）先张法构件

（1）完成第一批损失

混凝土应力：　　　$\sigma_{\rm pcI}=0$，预应力筋应力：$\sigma_{\rm peI}=\sigma_{\rm con}-\sigma_{l\rm I}$

（2）完成第二批损失

混凝土应力：$\sigma_{\rm pcII}=\dfrac{(\sigma_{\rm con}-\sigma_l)A_{\rm p}-\sigma_{l5}A_{\rm s}}{A_0}$，预应力筋应力：$\sigma_{\rm peI}=\sigma_{\rm con}-\sigma_l-\alpha_{\rm E}\sigma_{\rm pcII}$

2）后张法构件

（1）完成第一批损失

混凝土应力：$\sigma_{\rm pcI}=\dfrac{(\sigma_{\rm con}-\sigma_{l\rm I})A_{\rm p}}{A_{\rm n}}$，预应力筋应力：$\sigma_{\rm peI}=\sigma_{\rm con}-\sigma_{l\rm I}$

（2）完成第二批损失

混凝土应力：$\sigma_{\rm pcII}=\dfrac{(\sigma_{\rm con}-\sigma_l)A_{\rm p}-\sigma_{l5}A_{\rm s}}{A_{\rm n}}$，预应力筋应力：$\sigma_{\rm peI}=\sigma_{\rm con}-\sigma_l$

2. 使用阶段

1）先张法构件

（1）加载至混凝土应力为零

混凝土应力：$\sigma_{pc} = 0$，预应力筋应力：$\sigma_{p0} = \sigma_{con} - \sigma_l$

（2）加载至裂缝即将出现

混凝土应力：$\sigma_{pc} = f_{tk}$，预应力筋应力：$\sigma_{pcr} = \sigma_{con} - \sigma_l + \alpha_E f_{tk}$

（3）加载至破坏

混凝土应力：$\sigma_{pc} = 0$，预应力筋应力：$\sigma_p = f_{py}$

2）后张法构件

（1）加热至混凝土应力为零

混凝土应力：$\sigma_{pc} = 0$，预应力筋应力：$\sigma_{p0} = \sigma_{con} - \sigma_l + \alpha_E \sigma_{pcII}$

（2）加载至裂缝即将出现

混凝土应力：$\sigma_{pc} = f_{tk}$，预应力筋应力：$\sigma_{pcr} = \sigma_{con} - \sigma_l + \alpha_E \sigma_{pcII} + \alpha_E f_{tk}$

（3）加载至破坏

混凝土应力：$\sigma_{pc} = 0$，预应力筋应力：$\sigma_p = f_{py}$

9-11　答：换算截面面积：$A_0 = A_c + \alpha_E A_s + \alpha_E A_p$

净截面面积：$A_n = A_0 - \alpha_E A_p$

式中　A_c——扣除预应力筋和普通钢筋截面面积后的混凝土截面面积；

$\quad A_0$——构件换算截面面积（混凝土截面面积 A_c 以及全部纵向预应力筋和普通钢筋截面面积换算成混凝土的截面面积）；相当于将两种材料（钢筋和混凝土）换算成同一种材料（混凝土）的截面面积；

$\quad A_n$——构件净截面面积（换算截面面积减去全部纵向预应力筋截面面积换算成混凝土的截面面积）。

施工阶段时：先张法构件在预压前，混凝土与预应力筋已有粘结作用，在预压过程中，预应力筋和混凝土两者产生相同的变形，因而采用换算截面面积 A_0 计算混凝土的预压力；后张法是在混凝土结硬后留有孔道的构件上张拉预应力筋的，构件在预压前，混凝土与预应力筋无粘结作用，在张拉或预压过程中，仅由混凝土和非预应力筋承受预压力，因而采用净截面面积 A_n 计算混凝土的预压力。

使用阶段时：预应力筋和混凝土已粘结，共同承受外荷载，因而不论先张法或后张法，计算混凝土的预压力时均采用 A_0。

9-12　答：先张法：$\sigma_{p0} = \sigma_{con} - \sigma_l$；后张法：$\sigma_{p0} = \sigma_{con} - \sigma_l + \alpha_E \sigma_{pcII}$。

如果预应力控制应力 σ_{con} 及预应力损失值 σ_l 等条件均相同，由上式可得出：后张法 σ_{p0} 大于先张法 σ_{p0}。

9-13　答：σ_s 的计算公式其中 $N_k - N_{p0}$ 是指预应力筋合力点处混凝土预压应力抵消后预应力筋中力的增量，其中 N_k 是按荷载标准组合计算的轴向力，N_{p0} 是计算截面上法向预应力等于零时的预加力，把预应力混凝土轴心受拉构件的 σ_s 可视为等效于钢筋混凝土轴心受拉构件中的应力 σ_s，利用受拉平衡条件进行公式推导。

9-14　答：先张法预应力混凝土构件在放张或切断预应力筋时，需要经过一段必要的长度，才能通过钢筋与混凝土之间的粘结力将预压应力全部传递给混凝土，这段长度称为预应力筋的传递长度 l_{tr}。

用公式 $l_{tr} = \alpha \dfrac{\sigma_{pe}}{f_{tk}} d$ 进行计算。

式中　σ_{pe}——放张时预应力筋的有效预应力值；

　　　d——预应力筋的公称直径；

　　　f'_{tk}——与放张时混凝土立方体抗压强度 f'_{cu} 相应的轴心抗拉强度标准值；

　　　α——预应力筋的外形系数。

9-15　答：后张法构件的预压力是通过锚具，经垫板传递给混凝土的，由于预压力很大，而锚具下垫板与混凝土的接触面积相对较小，在局部压力作用下，当混凝土强度或变形能力不足时，构件端部会产生裂缝，甚至发生局部受压破坏，因此必须对端部锚固区进行局部受压的验算。设计时既要保证在张拉预应力筋时锚具下锚固区的混凝土不开裂及不产生过大的变形，并要求计算配置在锚固区内所需的间接钢筋（方格网片或螺旋式钢筋）以满足局部受压承载力的要求。

局部受压时的强度提高系数 β_l 值与局部受压时的计算底面积 A_b 和局部受压面积 A_l 有关，与孔道的大小无关，所以不必扣除孔道面积。

9-16　答：无屈服点普通钢筋混凝土构件及预应力混凝土构件正截面界限受压区高度 ξ_b 的计算公式分别为：

$$\xi_b = \frac{\beta_1}{1 + \dfrac{0.002}{\varepsilon_{cu}} + \dfrac{f_y}{E_s\varepsilon_{cu}}} \quad 及 \quad \xi_b = \frac{\beta_1}{1 + \dfrac{0.002}{\varepsilon_{cu}} + \dfrac{f_{py} - \sigma_{p0}}{E_s\varepsilon_{cu}}}$$

预应力混凝土构件 ξ_b 计算公式分母中的 $\dfrac{f_{py} - \sigma_{p0}}{E_s}$ 项，是预应力筋中的应变增量。其中 σ_{p0} 为截面受拉区纵向预应力筋合力点处混凝土预压应力为零时预应力筋中的应力。界限破坏时预应力筋的应力到达其抗拉强度设计值 f_{py}，因此截面上受拉区预应力筋的应力增量为 $f_{py} - \sigma_{p0}$，则相应的应变增量为 $\dfrac{f_{py} - \sigma_{p0}}{E_s}$。

9-17　答：预应力混凝土受弯构件在制作、运输及吊装等施工阶段，截面上的受力状态与使用阶段是不相同的，例如预加力时截面上受到偏心压力，吊装时构件的悬臂部分因自重引起负弯矩，若截面上边缘（预拉区）的拉应变超过混凝土的极限拉应变，会出现裂缝甚至缝宽过大或预压区的压应变超过混凝土的极限压应变混凝土被压碎等，均会影响构件在使用阶段的正常工作。在预应力受弯构件截面的预拉区设置适量的预应力筋 A'_p 有助于控制截面混凝土的拉、压应变，以满足《混凝土结构设计规范》GB 50010—2010（2015 年版）的设计要求，并能提高构件截面的正截面受弯承载力。

9-18　答：钢筋混凝土和预应力混凝土受弯构件的挠度均可按最小刚度原则运用结构力学方法，并采用考虑荷载长期作用影响的刚度 B 进行计算。

考虑荷载长期作用对挠度增大的影响系数 θ，对钢筋混凝土构件为 $1.6\sim2.0$；对预应力混凝土构件为 2.0。

对预应力混凝土受弯构件，其短期刚度 B_s 需按裂缝控制等级要求的不同进行计算。

预应力混凝土受弯构件的挠度是由荷载产生的挠度 f_{1l} 及预加力产生的反拱 f_{2l} 两部分组成的，荷载作用下的挠度 f_{1l} 可按钢筋混凝土挠度计算原则计算（B_S 计算及 θ 取值有别）；预加力产生的反拱 f_{2l} 按结构力学公式计算，可按构件两端有弯矩（等于 $N_p e_p$）作用的简支梁计算，设截面的弯曲刚度为 B，则：

$$f_{2l} = \frac{N_\text{p} e_\text{p} l^2}{8B}$$

式中 N_p ——截面上预应力筋和普通钢筋的总拉力；

e_p —— N_p 至净截面重心的距离；

l ——构件跨度。

使用阶段的预加力反拱值计算中，取刚度 $B = E_\text{c} I_0$ 计算，并应考虑预压应力长期作用的影响，在 N_p 及 e_p 的计算中应按扣除全部预应力损失的情况考虑。

预应力受弯构件的挠度即为 $f = f_{1l} - f_{2l} \leqslant [f]$，$[f]$ 为挠度限值。

9-19 答：在后张法构件的预拉区和预压区设置一定数量的纵向普通钢筋主要考虑：①防止构件在制作、堆放、运输及吊装时出现裂缝（或减小裂缝宽度）；②防止施工阶段因混凝土收缩、温差及预加力偏心过大引起的预拉区裂缝；③可有效提高无粘结预应力混凝土梁正截面受弯的延性，分散梁的裂缝及限制裂缝宽度，从而改善梁的使用性能，并提高梁的受弯能力。

9-20 答：预应力混凝土构件在使用荷载作用下的工作特点是：在截面受拉区混凝土产生拉应力前，先可抵消由预加力在截面上所产生的预压应力（对受压区可为预拉应力）至零，之后则同普通钢筋混凝土构件，截面上受拉区的应力由零逐渐增大至受拉、开裂最后破坏。用以抵消由预加应力在截面上所产生预压应力的这部分使用荷载即为预应力构件相对于普通钢筋混凝土构件提高抗裂度的荷载，而破坏时构件的承载力由钢筋（轴拉构件）或由钢筋及其相对应的混凝土（受弯构件）组成的抵抗矩承担，与预加应力无关。

9-21 答：预应力混凝土构件的构造要求应满足《混凝土结构设计规范》GB 50010—2010（2015 年版）的有关规定。

为防止构件在施工阶段出现裂缝或减小裂缝宽度，可在构件截面内设置一定数量的纵向普通钢筋，在预应力筋的弯折处应加密箍筋或设置钢筋网片以加强在弯折区段的混凝土承载力。

为对后张法预应力混凝土构件端部混凝土进行局部加强，应在局部受压间接钢筋配置区、附加防劈裂配筋区及附加防端面裂缝配筋区分别计算配置构造钢筋。

先张法预应力筋之间的净间距不宜小于 $2.5d$（d 为预应力筋的公称直径）和混凝土粗骨料最大粒径的 1.25 倍，并要求：对预应力钢丝不应小于 15mm；对三股及七股钢绞线分别不应小于 20mm 及 25mm。

在后张法现浇预应力混凝土梁中，预留孔道在竖直方向的净间距不应小于孔道外径，水平方向的净间距不宜小于 1.5 倍孔道外径，且不应小于粗骨料最大粒径的 1.25 倍。

从孔道外壁至构件边缘的净间距，通常梁底不宜小于 50mm，梁侧不宜小于 40mm。

9.3.2 选择题

9-22 B，9-23 A，9-24 B，9-25 C，9-26 A，9-27 B，9-28 A，9-29 C，9-30 B，9-31 D，9-32 C，9-33 B，9-34 D，9-35 B，9-36 C，9-37 D，9-38 B，9-39 A，9-40 A，9-41 D，9-42 C，9-43 C，9-44 B，9-45 B，9-46 D，9-47 D，9-48 D，9-49 B，9-50 A，9-51 D，9-52 C，9-53 B，9-54 B，9-55 D，9-56 C，9-57 B。

9.3.3 判断题

9-58×，9-59 √，9-60 ×，9-61 √，9-62 √，9-63 √，9-64 ×，9-65 √，9-66 ×，

9-67 √，9-68 √，9-69 ×，9-70 ×，9-71 √，9-72 √，9-73 ×，9-74 √，9-75 ×，
9-76 ×，9-77 √，9-78 √，9-79 ×，9-80 √，9-81 √，9-82 √。

9.4.2　习题

【习题 9-1】

1. 第一批预应力损失 $\sigma_{l\mathrm{I}}$

（1）锚具变形和预应力筋内缩的损失 σ_{l1}：$\sigma_{l1} = 0.21\mathrm{N/mm^2}$ 台座超过 100m，σ_{l1} 也可忽略不计。

（2）温差损失 σ_{l3}：$\sigma_{l3} = 40\mathrm{N/mm^2}$。

（3）预应力筋的应力松弛损失 σ_{l4}：$\sigma_{l4} = 54.32\mathrm{N/mm^2}$。

第一批预应力损失：$\sigma_{l\mathrm{I}} = 94.53\mathrm{N/mm^2}$。

2. 第二批预应力损失

$$\sigma_{l\mathrm{II}} = \sigma_{l5} = 91.75\mathrm{N/mm^2}$$

3. 预应力总损失

$$\sigma_l = 186.28\mathrm{N/mm^2} > 100\mathrm{N/mm^2}$$

【提示】预应力损失有的只发生在先张法构件中，有的只发生在后张法构件中，有的两种构件均有，因而两者的组合项是不同的。在解题过程中，首先应了解预应力混凝土构件的施工方法，先张法或后张法，根据所选用的具体锚具及材料品种，逐项进行损失值的计算和组合。

混凝土在预压前的预应力筋的损失值为第一批预应力损失 $\sigma_{l\mathrm{I}}$；混凝土在预压后预应力筋的损失值为第二批预应力损失 $\sigma_{l\mathrm{II}}$。

先张法：第一批预应力的损失值 $\sigma_{l\mathrm{I}} = \sigma_{l1} + \sigma_{l2} + \sigma_{l3} + \sigma_{l4}$；第二批预应力的损失值 $\sigma_{l\mathrm{II}} = \sigma_{l5}$；预应力总损失值 $\sigma_l = \sigma_{l\mathrm{I}} + \sigma_{l\mathrm{II}}$。

由于先张法预应力混凝土构件是在混凝土浇灌之前张拉预应力筋的，预应力筋与混凝土之间无任何关联，所以不考虑摩擦损失 σ_{l2}。

当 $\sigma_{\mathrm{con}}/f_{\mathrm{ptk}} \leqslant 0.5$ 时，预应力筋的应力松弛损失值很小，为简化计算取松弛损失为零。

【习题 9-2】本题未给出预应力筋的数量和规格，及构件所处的环境类别，因而可有多种答案，现根据使用阶段承载力及满足抗裂度的要求，选用 2 束钢绞线。每束钢绞线 5 $\Phi^{\mathrm{s}}1 \times 7$（$d = 9.5\mathrm{mm}$），$A_{\mathrm{p}} = 2 \times 5 \times 54.8 = 548\mathrm{mm^2}$，$f_{\mathrm{ptk}} = 1960\mathrm{N/mm^2}$。处于一类环境。

（1）按使用阶段承载力计算：$A_{\mathrm{p}} = 369.63\mathrm{mm^2} < 548\mathrm{mm^2}$；

（2）预应力总损失：$\sigma_l = 309.5\mathrm{N/mm^2} > 80\mathrm{N/mm^2}$；

（3）抗裂度验算：$\sigma_{\mathrm{ck}} - \sigma_{\mathrm{PcII}} = -2.17\mathrm{N/mm^2} < f_{\mathrm{tk}} = 2.64\mathrm{N/mm^2}$，满足环境类别为一类的要求；

（4）施工阶段放松预应力筋时截面上混凝土压应力：$\sigma_{\mathrm{cc}} = 15.58\mathrm{N/mm^2} < 0.8f'_{\mathrm{ck}} = 25.92\mathrm{N/mm^2}$，满足要求。

【提示】荷载标准组合下的轴向拉力设计值 $N = 1.3N_{\mathrm{GK}} + 1.5N_{\mathrm{QK}}$。

（1）使用阶段承载力计算 A_{p} 时，应按荷载标准组合进行构件轴向拉力设计值的计算；

（2）按后张法构件施工方法进行预应力损失值的组合；

（3）抗裂度验算：在一类环境下，对预应力混凝土屋架，应满足二级裂缝控制等级构件要求，即在荷载标准组合下，受拉边缘的应力 $\sigma_{\mathrm{ck}} - \sigma_{\mathrm{PcII}} < f_{\mathrm{tk}}$；

（4）当张拉预应力筋完毕（后张法）时，混凝土将受到最大的预压应力 $\sigma_{cc} = \dfrac{\sigma_{con} A_p}{A_n}$，通常此时混凝土强度仅为设计强度的 75%，混凝土强度是否足够应予验算；《混凝土结构设计规范》GB 50010—2010（2015 年版）要求在施工阶段放松预应力筋时截面上混凝土压应力 $\sigma_{cc} < 0.8 f'_{ck}$。

【习题 9-3】（1）混凝土局部受压面积：$A_l = 30800 \text{mm}^2$；

（2）锚具下局部受压计算底面积：$A_b = 61600 \text{mm}^2$；

（3）局部受压净面积：$A_{ln} = 26873 \text{mm}^2$；

（4）方格网式间接钢筋内表面范围内的混凝土核心截面面积：$A_{cor} = 47500 \text{mm}^2$；

（5）局部受压面上作用的局部压力设计值 $F_l \approx 388 \text{kN}$，满足局部受压承载力 1444kN 的要求。

【提示】（1）混凝土在局部受压时的抗压强度远高于全截面受压时的轴心抗压强度，其提高的程度与构件的截面面积 A_c 和混凝土局部受压面积 A_l 的比值有关，随 A_c/A_l 的增大而加大，这是由于局部受压区的外围混凝土，犹如形成一个"套箍"，起到了约束作用，使局部受压区混凝土处于三向受压状态，从而提高了混凝土的纵向抗压强度。《混凝土结构设计规范》GB 50010—2010（2015 年版）采用混凝土的局部受压强度与轴心抗压强度的比值 β_l 作为考虑局部受压承载力的提高，其值随 $\dfrac{A_b}{A_l}$ 的增大而增大，根据试验结果，采用 $\beta_l = \sqrt{\dfrac{A_b}{A_l}}$ 的计算公式。

（2）混凝土局部受压强度除与 $\dfrac{A_b}{A_l}$ 有关外，还与局部受压作用在构件中的相对位置有关，当承压区处于截面的中央部位，四周均有"套箍"约束时，混凝土局部受压提高为最大；当承压区处于截面的边角部位，一边或二边为临空时，易发生半个楔形体的剪切破坏，局部受压承载力接近单轴受压承载力，这反应在计算底面积 A_b 的取值上（见教材图 9-15）。

（3）在局部受压区配置间接钢筋，可以提高局部受压的承载力，间接钢筋配置越多，承载力提高越大，但若间接钢筋配置过多，这将引起垫板下的混凝土压碎，或发生过大的凹陷，因而必须限制间接钢筋配置的数量，亦即局部受压区的截面尺寸不能过小，《混凝土结构设计规范》GB 50010—2010（2015 年版）规定局部受压区的截面尺寸应符合教材公式（9-18）要求。

锚具直径为 100mm，锚具下垫板厚 20mm，局部受压面积可按 F_l 从锚具边缘在垫板中按 45°扩散的面积计算，在计算局部受压底面积时，近似用矩形面积替代两个圆面积（参见教材图 9-16 和图 9-20），间接钢筋采用 4 片 HPB300（$f_y = 270 \text{N/mm}^2$）Φ8 焊接网片，长度 $l_1 = 190 \text{mm}$，$l_2 = 250 \text{mm}$。

【习题 9-4】（1）由张拉端锚具变形和预应力筋内缩引起的预应力筋应力损失 $\sigma_{l1} = 8.54 \text{N/mm}^2$；

（2）由混凝土加热养护时，预应力筋与承受拉力的设备之间的温差引起的预应力筋应力损失 $\sigma_{l3} = 40 \text{N/mm}^2$；

（3）由预应力筋松弛引起的预应力筋应力损失 $\sigma_{l4} = 117.95\text{N/mm}^2$；

（4）由混凝土收缩、徐变引起的预应力筋应力损失 $\sigma_{l5} = 85.82\text{N/mm}^2$。

第一批预应力筋的损失值 $\sigma_{l\text{I}} = 166.49\text{N/mm}^2$；第二批预应力筋的损失值 $\sigma_{l\text{II}} = 85.82\text{N/mm}^2$；预应力筋的总损失值 $\sigma_l = 252.31\text{N/mm}^2$。

【提示】 在解题过程中，应根据预应力混凝土构件的施工方法，先张法或后张法，进行各阶段预应力损失值的计算和组合。由于先张法预应力混凝土构件是在混凝土浇灌之前张拉预应力筋的，预应力筋与混凝土之间无任何关联，所以不考虑摩擦损失 σ_{l2}；当 $\sigma_{\text{con}}/f_{\text{ptk}} \leqslant 0.5$ 时，预应力筋的应力松弛损失值很小，为简化计算取松弛损失为零。

【习题 9-5】（1）开裂荷载 $N_{\text{cr}} = (\sigma_{\text{PCII}} + f_{\text{tk}})A_0 = (5.35 + 2.85) \times 63766 = 522881\text{N} \approx 523\text{kN}$；

（2）验算使用阶段承载力：$A_{\text{p}} = \dfrac{N}{f_{\text{py}}} = 469.14\text{mm}^2 > 461.76\text{mm}^2$，不满足要求。

【提示】（1）开裂荷载计算公式：$N_{\text{cr}} = (\sigma_{\text{PCII}} + f_{\text{tk}})A_0$，$\sigma_{\text{PCII}}$ 为扣除全部预应力损失（即完成第二批预应力损失）后，混凝土的有效预压应力为 $\sigma_{\text{PCII}} = \dfrac{(\sigma_{\text{con}} - \sigma_l)A_{\text{p}}}{A_0}$；

（2）使用阶段承载力：预应力混凝土构件使用阶段承载力的验算与普通钢筋混凝土构件相似，当轴向拉力超过 N_{cr} 后，混凝土开裂，在裂缝截面上，混凝土不再承受拉力，拉力全部由预应力筋和非预应力筋承担，破坏时预应力筋和非预应力筋的应力分别达到抗拉强度设计值 f_{py} 和 f_{y}。

【习题 9-6】（1）预应力筋的估算用量为 $A_{\text{p}} = 1484\text{mm}^2$，选用 2 束 6 $\Phi^{\text{s}}15.2$（$A_{\text{p}} = 1680\text{mm}^2$）；

（2）正截面承载力计算：属第一类 T 形梁，非预应力钢筋按构造要求配置，受拉区 4 $\Phi 20$（$A_{\text{s}} = 1256\text{mm}^2$），受压区 8 $\Phi 14$（$A_{\text{s}} = 1231\text{mm}^2$）；

（3）预应力损失值：正截面 $\sigma_{l\text{I}} = 140.60\text{N/mm}^2$，$\sigma_{l\text{II}} = 172.30\text{N/mm}^2$，$\sigma_l = 312.90\text{N/mm}^2$；斜截面 $\sigma_{l\text{I}} = 251.25\text{N/mm}^2$，$\sigma_{l\text{II}} = 164.41\text{N/mm}^2$，$\sigma_l = 415.66\text{N/mm}^2$；

（4）正截面抗裂 $\sigma_{\text{ck}} = 11.18\text{N/mm}^2 < \sigma_{\text{pc}} = 12.27\text{N/mm}^2$，满足一级裂缝控制要求；

（5）斜截面抗裂 $\sigma_{\text{tp}} = 0.05\text{N/mm}^2 < 0.85f_{\text{tk}} = 2.03\text{N/mm}^2$，$\sigma_{\text{cp}} = 2.79\text{N/mm}^2 < 0.6f_{\text{ck}} = 16.08\text{N/mm}^2$；

（6）斜截面受剪 $A_{\text{sv}}/s < 0$，按构造要求配置箍筋选用 $\Phi 10@150\text{mm}$。

【提示】 预应力混凝土受弯构件的配筋设计可有多种方案，其与张拉施工方法、所采用锚具类别、所选用的材料品种等因素密切相关。通常的设计步骤是在已确定张拉施工方法的前提下，选定锚具类别及材料品种，先估算预应力筋的用量（A_{p}），然后逐项进行预应力损失、截面承载力、截面抗裂度等的计算和复核。

（1）在 A_{p} 估算中，由于此时尚无法对所有的预应力损失值进行具体计算，可暂假设预应力筋的总应力损失值为预应力筋控制应力的 20%（即 $\sigma_l = 0.2\sigma_{\text{con}}$）；

（2）在计算预应力筋的损失值、截面混凝土所受到的预压应力 σ_{pc} 及预应力筋的应力 σ_{pe} 时，要求对计算公式灵活应用，应注意其所处的受力阶段（施工或使用），根据计算截面在构件中所处的部位及其在截面上所验算具体位置的不同，选用与之相对应的损失值及各种参数。

第 10 章　混凝土结构设计的一般原则和方法

10.3.1　问答题

10-1　答：初步设计、技术设计、施工图设计。

初步设计：对地基、上下部结构等提出设计方案，并进行技术经济比较，从而确定一个可行的结构方案；同时对结构设计的关键问题提出技术措施。

技术设计：进行结构平面布置和结构竖向布置；对结构的整体进行荷载效应分析，必要时尚应对结构中受力状况特殊的部分进行更详细地结构分析；确定主要的构造措施以及重要部位和薄弱部位的技术措施。

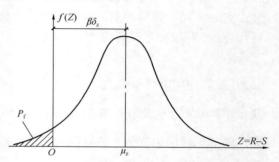

答案图 10-1　可靠指标与失效概率关系示意图

施工图设计：给出准确完整的各楼层的结构平面布置图；对结构构件及构件的连接进行设计计算，并给出配筋和构造图；给出结构施工说明并以施工图的形式提交最终设计图纸；将整个设计过程中的各项技术工作整理成设计计算书存档。

10-2　答：水平结构体系一方面承受楼、屋面的竖向荷载并把竖向荷载传递给竖向结构体系，另一方面把作用在各层的水平力传递和分配给竖向结构体系。竖向结构体系的作用是承受由楼和屋盖传来的竖向力和水平力并将其传递给下部结构。

10-3　答：按作用时间的长短和性质：永久荷载、可变荷载、偶然荷载；按空间位置的变异：固定荷载、移动荷载；按结构对荷载的反应性质：静力荷载、动力荷载。

10-4　答：(1) 荷载的代表值是在设计表达式中对荷载所赋予的规定值。永久荷载只有标准值；可变荷载可根据设计要求采用标准值、频域值、准永久值和组合值。

(2) 荷载标准值是结构按极限状态设计时采用的荷载基本代表值，是指结构在设计基准期内，正常情况下可能出现的最大荷载值。荷载的频域值、准永久值和组合值可以用标准值分别乘以相应的频域值系数、准永久值系数和组合值系数确定。

10-5　答：温度作用、不均匀沉降、徐变作用、地震作用等。

10-6　答：(1) 风振系数是考虑脉动风对结构产生动力效应的放大系数；(2) 与房屋的自振周期、结构的阻尼特性、风的脉动性能有关；(3) 对较柔的高层建筑和大跨桥梁结构，当基本自振周期较长时，在风载作用下发生的动力效应不能忽略。

10-7　答：(1) 考虑雪荷载是为了防止遇到雪灾的时候，积雪造成结构失效。(2) 结构荷载统计的时候基本雪压须按 50 年一遇的最大雪压采用，雪荷载的组合值系数分区采用。

10-8　答：(1) 保证率是指某事件在规定条件下发生的概率。例如：混凝土立方体抗压强度的保证率是指某混凝土立方体试块强度不低于立方体抗压强度标准值的概率。

(2) 结构的可靠度是结构可靠性的概率度量，即结构在设计使用年限内，在正常条件下，完成预定功能的概率。可靠指标和失效概率一样，可作为度量结构可靠性的一个指标，可靠指标和失效概率之间存在着对应关系。

（3）我国《建筑结构可靠度设计统一标准》GB 50068 对结构可靠度的定义：结构不失效的保证率，为结构的可靠度。

10-9　答：（1）安全性、适用性、耐久性；（2）按结构破坏后果的影响程度；（3）设计使用年限是指设计规定的结构或结构构件不需进行大修即可按其规定目的使用的时期；（4）结构超过其设计使用年限并不意味着不能再使用，只是说明其完成预定功能的能力越来越低。

10-10　答：（1）整个结构或结构的一部分超过某一特定状态就不能满足设计指定的某一功能要求，这个特定状态称为该功能的极限状态。

（2）结构的极限状态分为三种，承载力极限状态、正常使用极限状态和耐久性极限状态。承载力极限状态：对应于结构或构件达到最大承载能力或不适于继续承载的变形；正常使用极限状态：结构或构件达到正常使用的某一限值；耐久性极限状态：结构或结构构件在环境影响下出现的劣化达到耐久性能的某项规定限值或标志的状态。

10-11　答：使结构产生内力或变形的原因称为作用，分为直接作用、间接作用；荷载是直接作用。

10-12　答：（1）表示结构功能状态的函数，即 $Z = R - S$。（2）$Z > 0$ 时，结构可靠；$Z < 0$ 时，结构失效；$Z = 0$ 时，结构处于极限状态。

10-13　答：（1）规定时间规定条件下，结构完成预定功能的概率是可靠度，也称为可靠概率，不能完成预定功能的概率是失效概率，$p_s = 1 - p_f$。

（2）目标可靠指标，是指预先给定作为结构设计依据的可靠指标，表示结构设计应满足的最低可靠度要求。

（3）可靠指标越大，失效概率越小。

（4）R 和 S 服从正态分布，功能函数 $Z = R - S$，则 $\beta = \dfrac{\mu_z}{\sigma_z} = \dfrac{\mu_R - \mu_s}{\sqrt{\sigma_R^2 + \sigma_S^2}}$。

（5）概率极限状态分析中只用到 R 和 S 随机变量的平均值和均方差，并非实际概率分布，分离导出分项系数时还做了一些假定，运算中采用了一些近似处理方法，因而结果是近似的。其主要特点为概念清晰，考虑了变量的随机性，计算简便。

10-14　答：（1）对由可变荷载效应控制的组合，其承载能力极限状态设计表达式一般形式为：

$$S = \sum_{i \geqslant 1} \gamma_{Gi} S_{Gik} + \gamma_P S_P + \gamma_{Q1} \gamma_{L1} S_{Q1k} + \sum_{j > 1} \gamma_{Qj} \psi_{cj} \gamma_{Lj} S_{Qjk} \leqslant R\left(\frac{f_{sk}}{\gamma_s}, \frac{f_{ck}}{\gamma_c}, a_k \cdots\right)$$

$$= R(f_s, f_c, a_k \cdots)$$

对由永久荷载效应控制的组合，其承载能力极限状态设计表达式的一般形式为：

$$S = \sum_{i \geqslant 1} \gamma_{Gi} S_{Gik} + \gamma_P S_P + \gamma_L \sum_{j \geqslant 1} \gamma_{Qj} \psi_{cj} S_{Qjk} \leqslant R\left(\frac{f_{sk}}{\gamma_s}, \frac{f_{ck}}{\gamma_c}, a_k \cdots\right)$$

$$= R(f_s, f_c, a_k \cdots)$$

（2）S_{Gik}——第 i 个永久作用标准值的效应；

　　S_P——预应力作用有关代表值的效应；

S_{Q1k}——第一个可变作用（主导可变作用）标准值的效应；

S_{Qjk}——第 j 个可变作用标准值的效应；

γ_{Gi}——第 i 个永久作用的分项系数；

γ_P——预应力作用的分项系数；

γ_{Q1}——第 1 个可变作用（主导可变作用）的分项系数；

γ_{Qj}——第 j 个可变作用的分项系数；

γ_{L1}、γ_{Lj}——第 1 个和第 j 个关于结构设计使用年限的荷载调整系数；

ψ_{cj}——第 j 个可变作用的组合值系数。

（3）体现在分项系数上。

10-15 答：（1）荷载标准值：在结构的使用期间可能出现的最大荷载值。

（2）可变荷载的频遇值是指在设计基准期内，其超越的总时间为规定的较小比率，或超越频率为规定频率的荷载值；可变荷载的准永久值是指在设计基准期内，其超越的总时间约为设计基准期一半的荷载值。

（3）荷载的组合值是指对于有两种和两种以上可变荷载同时作用时，使组合后的荷载效应在设计基准期内的超越概率能与荷载单独作用时相应超越概率趋于一致的荷载值。

（4）考虑荷载作用时间长短的不同。荷载标准组合主要考虑荷载的短期作用；荷载准永久值组合考虑荷载的长期作用。

（5）标准组合主要用于当一个极限状态被超越时将产生严重的永久性损害的情况，而准永久组合主要用于当长期效应是决定性因素的情况。

10-16 答：（1）混凝土强度标准值是按概率统计和试验相结合的原则确定的。

（2）混凝土材料分项系数取 1.4，根据规范确定；混凝土强度设计值是在承载能力极限状态设计中采用的强度代表值，为强度标准值除以相应的材料分项系数。

10-17 答：（1）标准值是取自现行国家标准的钢筋屈服点，具有不小于 95% 保证率的强度值，设计值是在标准值的基础上除以分项系数确定的。

（2）材料（钢筋和混凝土）的强度标准值除以分项系数可得设计值。材料（钢筋和混凝土）的强度标准值等于材料强度平均值减 1.645 倍均方差。

10-18 答：（1）结构本身的特性，结构所受的作用，结构的功能要求等。

（2）结构构件的几何尺寸、所用材料的性能（如强度、弹性模量、变形模量等）。此外，所采用的计算模式对结构抗力也有一定的影响。

10-19 答：（1）正态分布概率密度曲线有三个数字特征是平均值、标准差和变异系数。

（2）平均值，是随机变量取值的水平，表示随机变量取值的集中位置。平均值越大，则分布曲线的高峰点离开纵坐标轴的水平距离愈远。标准差是随机变量方差的正二次方根，表示随机变量的离散程度。标准差越大时，分布曲线越扁平，说明变量分布的离散性越大。变异系数表示随机变量取值的相对离散程度。

$$平均值：\mu = \frac{\sum_{i=1}^{n} x_i}{n}；标准差：\sigma = \sqrt{\frac{\sum_{i=1}^{n} (\mu - x_i)^2}{n-1}}$$

（3）正态分布概率密度曲线有如下特点：曲线上有且只有一个峰值；有对称轴；当 x 趋于 $+\infty$ 或 $-\infty$ 时，曲线的纵坐标均趋于零；对称轴左、右两边各有一个拐点，拐点也对称于对称轴。

10-20　答：（1）结构的功能要求有安全性，适用性，耐久性。① 安全性指结构能承受正常施工和正常使用时可能出现的各种荷载和变形。② 适用性指结构在正常使用过程中应具有良好的工作性。③ 耐久性指结构在正常维护条件下应有足够的耐久性，能够完好使用到设计使用年限。

（2）结构的极限状态实质上是结构工作状态的一个阈值，若超过这一阈值，则结构处于不安全、不耐久或不适用的状态。

10.3.2　选择题

10-21 A，10-22 C，10-23 D，10-24 C，10-25 C，10-26 B，10-27 D，10-28 C，10-29 B，10-30 B，10-31 D，10-32 C，10-33 B，10-34 B，10-35 A，10-36 B，10-37 C，10-38 B。

10.3.3　判断题

10-39 ×，10-40 √，10-41 ×，10-42 ×，10-43 √，10-44 ×，10-45 ×，10-46 ×，10-47 √，10-48 √，10-49 ×，10-50 ×，10-51 ×，10-52 √，10-53 ×，10-54 ×，10-55 ×，10-56 ×。

10.3.4　填空题

10-57　安全性、适用性、耐久性。

10-58　承载能力极限状态、正常使用极限状态、耐久性极限状态。

10-59　长期、短期。

10-60　直接、间接。

10-61　永久、可变、偶然。

10-62　结构重要性。

10-63　荷载分项。

10-64　材料分项。

第11章 楼 盖

11.3.1 问答题

11-1 答：现浇混凝土单向板肋梁楼盖中的主梁按连续梁进行内力分析的前提有两个：一是柱对主梁的弯曲转动约束较小，可以忽略，这要求梁的线刚度比柱的线刚度大得多，或者梁、柱铰接；二是主梁不承受水平荷载，水平荷载由墙体结构承担。

11-2 答：按负荷范围确定单向板传给次梁的荷载，隐含的假定是板的最大弯矩在跨中，此处剪力为零。

11-3 答：连续梁的计算跨度应该取两端支座处转动点之间的距离。按弹性分析时认为支座转动点在支座中心线，因而内跨计算长度取支座中心线到中心线之间的距离；按塑性分析时，对于与支座整体连接的连续梁，塑性铰（此即转动点）出现在支座边，因而内跨计算长度取支座边到支座边的距离，也即净跨长度。

11-4 答：钢筋混凝土塑性铰与理想铰相比，有三点区别：①理想铰不能承受弯矩，而塑性铰形成后能承受基本不变的弯矩；②理想铰集中于一点，塑性铰有一定长度；③理想铰在正、反两个方向都可产生无限的转动，塑性铰只能在弯矩作用方向产生有限转动。

11-5 答：连续梁按考虑塑性内力重分布设计，如果支座弯矩调幅后相应的跨中弯矩未超过弹性分析的跨中最大弯矩，则支座负钢筋可以减少，而跨中正钢筋不需要增加，比弹性设计节省钢筋。如果支座弯矩调幅后相应的跨中弯矩超过了弹性分析的跨中最大弯矩，尽管支座负钢筋可以减少，但跨中正钢筋需要增加，未必比弹性设计节省钢筋。

11-6 答：不同截面内力的比值为内力分布，塑性内力重分布是指超静定结构因截面的塑性性能导致内力出现与弹性状态不同的分布；截面上不同高度应力的比值为应力分布，应力重分布是指因截面的非弹性性能导致应力出现与弹性状态不同的分布。塑性内力重分布只发生在超静定结构中，静定结构的内力分布与材料性能无关；应力重分布超静定结构和静定结构均可能发生。

11-7 答：(a)、(c) 属于单向板；(b)、(d) 属于双向板。

11-8 答：板的塑性铰线分布如答案图 11-1 所示。

11-9 答：沿双向板的正塑性铰线切开，认为塑性铰线无剪力，仅有分布力矩（此分布力矩对支承梁沿轴线方向的内力是没有影响的）。因而支承梁的负荷宽度为两侧塑性铰

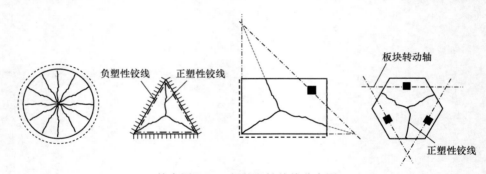

答案图 11-1 板的塑性铰线分布图

线之间的距离，长跨向支承梁的负荷宽度沿轴线梯形分布；短跨向支承梁的负荷宽度沿轴线三角形分布；负荷宽度乘以板的面分布荷载即为支承梁的线分布荷载。根据固端弯矩相等的原则（注意跨中弯矩并不相等）将三角形分布荷载、梯形分布荷载等效为均匀分布荷载。

11-10　答：计算由板面均布荷载经梁传给柱的集中荷载，也可以按从属面积计算；与梁的布置无关。

11-11　答：影响塑性铰线转动能力的因素有三个：纵向钢筋的配筋率、混凝土极限压应变和钢材品种。配筋率越低、受压区高度越小，极限状态时的截面曲率越大、塑性铰线的转动能力越大；混凝土极限压应变越大，极限状态时的截面曲率越大、塑性铰线的转动能力也越大；低配筋截面极限状态时纵筋的拉应变很大，如果钢筋的伸长率不足（无明显屈服台阶的钢筋），会因钢筋拉断而提前破坏，使塑性铰线的转动能力下降。塑性铰线具有足够的转动能力是结构发生充分塑性内力重分布、形成破坏机构的前提。

11-12　答：有两个条件：一是塑性铰具有足够的转动能力；二是在破坏机构形成前不能发生因斜截面承载力不足而引起的破坏。

11-13　答：主要有以下优点：①使内力分布更符合实际情况，更好地反映结构承载力；②在一定条件和范围内可以调整截面设计弯矩，给设计人员更多的自由；③克服支座钢筋拥挤现象，便于混凝土振捣，容易保证浇筑质量；④当支座截面最大弯矩和跨中截面最大弯矩不同时出现时，可以节约钢筋。

下列情况不应采用考虑塑性内力重分布的分析方法：①直接承受动力荷载的构件；②要求不出现裂缝或处于三 a、三 b 类环境下的结构；③二次受力叠合构件；④要求有较高安全储备的结构。

11-14　答：求跨中最大正弯矩时，可变荷载棋盘式布置；将棋盘式荷载分解为对称荷载布置和反对称荷载布置；对称荷载布置下近似认为各区格板固支在内支承梁上；反对称荷载布置下近似认为各区格板简支在内支承梁上。计算支座最大负弯矩时，可变荷载满布，近似认为各区格板固支在内支承梁上。

11-15　答：参考等跨连续梁，支座弯矩与跨中弯矩的比值为 2∶1，取支座截面总弯矩占简支梁跨中弯矩 M_0 的 2/3，跨中截面总弯矩占 M_0 的 1/3；然后将支座截面总弯矩和跨中截面总弯矩分配给柱上板带和跨中板带；对于内区格板的负弯矩，柱上板带与跨中板带按 0.75∶0.25 分配，内区格板的正弯矩，柱上板带与跨中板带按 0.55∶0.45 分配。截面总弯矩占比系数与板带分配比例的乘积即为经验系数法中的系数。

11-16　答：有两个基本假定：一是沿塑性铰线单位长度上的弯矩为常数，等于截面的抗弯承载力；二是整块板仅考虑塑性铰线上的弯曲转动变形，忽略板块的其他弹性变形。

11-17　答：斜梁截面高度取齿形最薄处垂直于斜面的高度；踏步板取梯形截面的平均高度。

11-18　答：板面竖向荷载由板传给次梁、次梁传给主梁、主梁传给竖向构件。

11-19　答：单向板常用跨度 1.7～2.5m，次梁常用跨度 4～6m，主梁常用跨度 5～8m；单向板厚度与跨度比值 1/35～1/30，次梁高跨比 1/18～1/12，主梁高跨比 1/15～1/10。

11-20　答：内力包络图以各截面的内力设计值作为纵坐标连成的图形，它由各种作用组合下内力图的外包线组成；抗力图是以各截面的极限承载力值为纵坐标连成的图形。

11-21　答：有五类构造筋：板底垂直受力筋方向的分布筋、与主梁垂直的附加负筋、与承重墙垂直的附加负筋、板角附加短负筋、温度收缩应力较大区域的板面防裂构造筋。

分布筋的作用有 4 个：①浇筑混凝土时固定受力钢筋的位置；②承受混凝土收缩和温度变化所产生的内力；③承受并分布板上局部荷载产生的内力；④对四边支承板，可承受在计算中未计及但实际存在的长跨方向的弯矩。配置要求：截面积不应少于受力钢筋的 15%，且不宜小于该方向板截面面积的 0.15%；分布钢筋的间距不宜大于 250mm，直径不宜小于 6mm。

与主梁垂直的附加负筋作用是承担计算中未计及、主梁梁肋附近的负弯矩。配置要求：数量不少于每米 5ϕ8，且单位长度内的总截面面积不宜小于板中单位宽度内受力钢筋截面积的 1/3；伸入板中的长度从主梁梁肋边算起不小于板计算跨度 l_0 的 1/4。

与承重墙垂直的附加负筋的作用：承担计算中未考虑的嵌固弯矩。配置要求：沿承重墙每米配置不少于 5ϕ8，伸出墙边长度不小于 $l_0/7$。

板角附加负筋的作用：承担板角处板面主弯矩。配置要求：双向配置 5ϕ8 的附加短负筋，每一方向伸出墙边长度不小于 $l_0/4$。

板面防裂构造筋作用：承担温度收缩应力。配置要求：布置在温度、收缩应力较大的区域、未配筋表面，板的上、下表面沿纵横两个方向的配筋率均不宜小于 0.1%，钢筋间距宜取 150~200mm。

11-22　答：当弯终点离支座边的距离不小于二分之一截面有效高度时，可以计入支座截面的受弯承载力中，否则不应计入；因为后者无法保证纵筋弯起后的斜截面受弯承载力。

11-23　答：主梁支座截面从板面往下分别有板负筋、次梁负筋和主梁负筋交叉重叠，计算截面有效高度应扣除板和次梁负筋的直径。

11-24　答：需设置纵向构造钢筋，俗称腰筋，起抵抗温度、收缩应力的作用。

11-25　答：不能。教材中已经给出了双向板的定义："在两个方向弯曲，且不能忽略任一方向弯曲的板称为双向板。"工程中常用的双向板是双向板肋梁楼盖中的四边支承双向板和无梁楼盖中四点支承的无梁楼板。这两种双向板的支承条件不同，传力路线和受力性能也就不同。

无梁楼板是四点支承的双向板，在竖向均布荷载 q 作用下，荷载往四角支承点传递，使板弯曲成碗形或称拉网形（犹如把手帕四角拎起而成的形状）。而四边支承的双向板上的竖向均布荷载 q 是往四个周边传递的，使板弯曲成碟形，因而存在荷载 q 沿 x、y 方向分配为 q_x、q_y 的问题。所以把四边支承板中荷载往双向传递的概念带到四点支承的无梁楼板中来是错误的。

11.3.2　选择题

11-26 C，11-27 A，11-28 C，11-29 C，11-30 C，11-31 C，11-32 C，11-33 C，11-34 B，11-35 B，11-36 D，11-37 B，11-38 D，11-39 D，11-40 D，11-41 B，11-42 D，11-43 A，11-44 C，11-45 C，11-46 D，11-47 D，11-48 B，11-49 C。

11.4.2 习题

【习题 11-1】支座截面出现塑性铰时，该梁能承受的均布荷载设计值 $p_1=31\text{kN/m}$；按考虑塑性内力重分布计算，该梁能承受的极限荷载设计值 $p_u=35\text{kN/m}$；支座弯矩的调幅值 $\beta=0.11$。

【提示】①塑性铰的数量应使连续梁成为一机构；②机构法属于上限解，极限平衡法属于下限解，当上限解等于下限解时为精确解；③极限平衡法需假定塑性铰处无剪力，机构法不需要；④一类环境、C30 混凝土，梁最外层钢筋的混凝土保护层最小厚度 $c=20\text{mm}$，当纵筋放一层时，截面有效高度 $h_0=$ 截面高度 $h-c-$ 箍筋直径—纵筋直径/2。

第 1 小题：首先计算该梁支座截面抗弯承载力 M'_u 和跨中截面的抗弯承载力 M_u；然后令支座截面在均布荷载 p_1 作用下的弹性弯矩等于该截面的抗弯承载力，计算出 p_1。

第 2 小题：既可用机构法计算，也可用极限平衡法计算。采用机构法时，首先假定破坏机构跨中产生一虚位移 δ，利用几何关系建立支座截面转角 $\theta_支$、跨中截面转角 $\theta_中$ 与虚位移 δ 的关系，各点竖向位移与虚位移 δ 的关系；然后分别计算内力虚功和外力虚功；最后根据虚功原理——外力虚功等于内力虚功，得到极限荷载 p_u。采用极限平衡法时，首先假定极限状态弯矩分布——支座截面弯矩达到 M'_u、跨中截面弯矩达到 M_u；然后根据静力平衡条件——支座弯矩与跨中弯矩之和等于简支梁跨中弯矩，得到极限荷载 p_u。

第 3 小题：由教材式（11-10）计算调幅系数，其中 M_e 为 p_u 作用下支座截面的弹性弯矩，调幅后的弯矩值 M_a 为支座截面抗弯承载力 M'_u。

【习题 11-2】按塑性理论计算该板所能承受的极限均布荷载值 $p_u=9.5\text{kN/m}^2$。

【提示】单向板为梁式板，可取 1m 板宽，按连续梁计算，计算过程同【习题 11-1】：首先计算支座截面 1m 板宽的抗弯承载力 M'_u 和跨中截面 1m 板宽的抗弯承载力 M_u；然后假定极限状态弯矩分布——支座截面弯矩达到 M'_u、跨中截面弯矩达到 M_u；最后根据静力平衡条件——支座弯矩与跨中弯矩之和等于简支梁跨中弯矩，得到极限荷载 p_u。

【习题 11-3】该板所能承受的极限均布荷载值 $p_u=\dfrac{24m}{l^2+al-2a^2}$。

【提示】①塑性铰的数量应使板块成为机构；②对称结构具有对称的塑性铰线分布。首先假定可能的破坏机构，也即确定塑性铰线分布；然后假定破坏机构在板中部有一虚位移 Δ，利用几何关系建立塑性铰线转角向量 $\vec{\theta}$ 与虚位移 $\vec{\Delta}$ 的关系，各点竖向位移与虚位移 Δ 的关系；其次分别计算内力虚功和外力虚功；最后根据虚功原理——外力虚功等于内力虚功，得到极限荷载 p_u。

其中内力虚功对塑性铰线逐条计算，为塑性铰线上的弯矩向量 $\vec{M}$ 与转角向量 $\vec{\theta}$ 的点乘；向量可以用坐标分量的形式表示，对于矩形截面板，直角坐标较为便利。

虚外功是微元上外力合力与该点竖向乘积的二重积分，对板块逐个计算；对于均布荷载，虚外功为荷载与板块发生虚位移后的锥体体积的乘积。

【习题 11-4】（1）支座截面先出现塑性铰，此时荷载 $q_1=3M_u/16$，其中 M_u 单位为"kN·m"、q_1 单位为"kN/m"；（2）$q_u=1.9M_u/8$。

（1）$M_{2a}=258\text{kN·m}$，$M_{1a}=268.32\text{kN·m}$；（2）$A_{s1}=1685.9\text{mm}^2$；$A_{s2}=1475.5\text{mm}^2$，配置 4Φ22+1Φ16 钢筋；（3）受剪承载力 $V_u=242.15\text{kN}$ 小于剪力设计值 $V=258\text{kN}$，不满足要求；（4）$w_{max}=0.167\text{mm}<w_{lim}=0.3\text{mm}$。

【习题 11-5】改造前楼面可变荷载标准值 $q_k=6.31kN/m^2$；改造后楼板的极限荷载 p_u $=8.14kN/m^2$，大于荷载基本组合值 $p=7.057kN/m^2$，承载力满足要求。

【习题 11-6】(1) $q_u=\dfrac{2m}{l^2+B^2/3}$；(2) $q_u=\dfrac{2m}{(l+B)^2}$；当 $B\rightarrow0$ 时两种分析方法的结果相同。

第 12 章　单层厂房

12.3.1　问答题

12-1　答：单层厂房主要有排架结构和钢架结构两种结构类型。铰接排架结构由屋面板、屋架（屋面梁）、柱、基础组成，主要承重构件为屋架或屋面梁、柱、基础。

12-2　答：支撑包括屋盖支撑和柱间支撑。单层厂房中支撑的主要作用有：①加强厂房结构的空间刚度；②保证结构构件在安装和使用阶段的稳定和安全；③把风荷载、吊车水平荷载或水平地震荷载作用等传递到相应承重构件上。

12-3　答：(1) 排架计算的目的是为柱和基础设计提供内力数据。(2) 简化排架计算的假定有：①通常屋架与柱顶用预埋钢板焊接，可视为铰接，它只能传递竖向力和水平力，不能传递弯矩；②排架柱（预制）插入基础杯口有一定深度，柱和基础间用高等级细石混凝土浇筑密实，柱与基础连接处可视为固定端，固定端位于基础顶面；③排架横梁（屋架或屋面梁）刚度很大，受力后的轴向变形可忽略不计，简化为一刚性连杆，即排架受力后，横梁两端的柱顶水平位移相等。(3) 根据简化排架计算的假定，排架柱下端是固定在基础顶面。因为柱插入基础杯口有一定深度，并用细石混凝土与基础紧紧地浇捣成一体（对二次浇捣的细石混凝土应注意养护，不使其开裂），且地基变形是有限制的，基础转动一般较小，因此假定排架柱下端固定在基础顶面通常是符合实际的。

12-4　答：可以将竖向偏心荷载换算成与其大小相等的竖向轴向荷载和弯矩的组合，其中弯矩可以用该偏心荷载与偏心距的乘积来表示。做这样的换算是为了可以分别利用附录中给出的柱顶位移系数以及反力系数进行计算。

12-5　答：(1) 吊车竖向荷载：$D_{max} = \beta P_{max,k} \sum y_i = D_{max} \dfrac{P_{min,k}}{P_{max,k}}$；$D_{min} = \beta P_{min,k} \sum y_i$。

(2) 吊车横向水平荷载：$T_{max} = \beta T_k \sum y_i = \dfrac{1}{4} \alpha \beta (G_{2,k} + G_{3,k}) \sum y_i$。

12-6　答：(1) 基本雪压是以当地一般空旷平坦地面上统计所得 50 年一遇最大积雪的重力确定的。(2) 基本风压是以当地比较空旷平坦地面上离地 10m 高度处，统计所得 50 年一遇 10 分钟平均最大风速 v_0 （m/s）为标准，按 $w_0 = v_0^2/1600$ 确定的风压值。基本风压应按《建筑结构荷载规范》GB 50009—2012 中全国基本风压图和相应附表给出的数据采用，但不小于 0.30kN/m^2。

12-7　答：剪力分配法的计算等高排架的基本原理规定了横梁的长度是不变的，在柱顶标高相同以及柱顶标高虽不同但柱顶由倾斜横梁贯通相连的两种情况下，柱顶水平位移都相等，都可按等高排架来计算。当单位水平力作用在单阶悬臂柱顶时，柱顶水平位移为 Δu；要使柱顶产生单位位移，则应在柱顶施加 $1/\Delta u$ 的力，则柱的抗剪刚度为：$1/\Delta u$。

12-8　答：(1) 排架柱是偏心受压构件，其纵向受力钢筋的计算主要取决于轴向力 N 和弯矩 M，根据可能出现的最大配筋梁，一般可以考虑以下四种内力组合：①$+M_{max}$ 及相应的 N 和 V；②$-M_{max}$ 及相应的 N 和 V；③$+N_{max}$ 及相应的 M 和 V；④$-N_{max}$ 及相应的 M 和 V（仅对于混凝土柱）。(2) 荷载组合要解决的问题是各种荷载如何搭配才能得到最大的内力。对于承载能力和稳定计算采用荷载效应（内力）的基本组合，对于结构水平位移验算应采用荷载效应的标准组合。荷载效应的基本组合考虑两种情况：由可变荷载效应控制的组合和由永久荷载效应控制的组合。①由可变荷载效应控制的组合，对于一般排架、框架结构，《建筑结构荷载规范》GB 50009—2012 规定，可以采取简化方法：a. 仅考虑一种可变荷载效应，可变荷载以标准值为代表值：$S = \gamma_G S_{GK} + \gamma_{Q1} S_{Q1k}$；b. 同时考虑两种或两种以上可变荷载，可变荷载均以组合值为代表值，简化组合系数取 0.9：$S = \gamma_G S_{GK} + 0.9 \sum_{i=1}^{n} \gamma_{Qi} S_{Qik}$。②由永久荷载效应控制的组合按下式组合：$S = \gamma_G S_{GK} + \sum_{i=1}^{n} \gamma_{Qi} \psi_{ci} S_{Qik}$。

12-9　答：根据 $N_u - M_u$ 相关曲线，可以按如下规则来评判内力的组合值：①N 相差不多时，M 越大的越不利；②M 相差不多时，对大偏心受压，即 $M/N \geqslant 0.3$ 的，N 小的不利；对小偏心受压，即 $M/N < 0.3$ 的，N 大的不利。

12-10　答：(1) 各个排架或山墙都不能单独变形，而是互相制约成一个整体，这种排架与排架、排架与山墙之间相互关联的整体作用称为厂房的整体空间作用。(2) 产生单层厂房整体空间作用的条件有两个：①各横向排架（山墙可理解为广义的横向排架）之间必须有纵向构件将它们联系起来；②各横向排架彼此的情况不同，或者是结构不同或者是承受的荷载不同。

12-11　答：(1) 牛腿：在单层厂房中，柱侧伸出的来支承屋架、托架和吊车梁等构件的部件称为牛腿。(2) 牛腿截面尺寸的确定：由于牛腿的截面宽度通常与柱同宽，因此主要确定截面高度，它的确定一般以控制其在使用阶段不出现或仅出现细微裂缝为准。(3) 牛腿配筋的构造要求如下：①水平箍筋的直径应取 6～12mm，间距为 100～150mm，且在上部 $2h_0/3$ 范围内的水平箍筋总截面面积不应小于承受竖向力的水平纵向受拉钢筋截面面积的 1/2。当剪跨比 $a/h_0 \geqslant 0.3$ 时，宜设置弯起钢筋。②弯起钢筋宜采用 HRB335 或 HRB400 级钢筋，并宜使其与集中荷载作用点到牛腿斜边下端点连线的交点位于牛腿上部 $l/6$ 至 $l/2$ 之间的范围内，其截面面积不应少于承受竖向力的受拉钢筋截面面积的 1/2，根数不少于 2 根，直径不小于 12mm。③牛腿纵向受拉钢筋宜采用 HRB335 或 HRB400 级钢筋，其直径不应小于 12mm。承受竖向力所需的纵向受拉钢筋配筋率（按全截面计算）不应小于 0.2%，也不宜大于 0.6%，且根数不宜少于 4 根。承受水平拉力的锚筋应焊在预埋件上，且不应少于 2 根。④全部纵向钢筋和弯起钢筋沿牛腿外边缘向下伸入下端柱内 150mm；伸入上段柱的锚固长度不应小于受拉钢筋的基本锚固长度 l_a，当上段柱尺寸小于 l_a 时，可向下弯折，但水平投影长度不应小于 $0.4 l_a$，竖直投影长度取 $15d$。

12-12　答：(1) 柱下扩展基础的设计步骤为：①根据地基承载力要求，确定基底尺寸；②根据受冲切承载力要求，确定基础高度；③根据受弯承载力，确定底板受力钢筋；④注意满足有关尺寸、配筋构造要求。(2) 因为在计算基础底面地基土的反力时，应计入基础自身重力及基础上方土的重力，但是在计算基础底板受力钢筋时，由于这部分地基土反力的合力与基础及其上方土的自重力相抵消，因此这时地基土的反力中不应计及基础及其上方土的重力，即以地基净反力来计算钢筋。

12.3.2　选择题

12-13 A，12-14 A，12-15 A，12-16 A，12-17 B，12-18 C，12-19 A，12-20 C。

12.3.3　判断题

12-21 √，12-22 √，12-23 √，12-24 √，12-25 ×，12-26 ×，12-27 √，12-28 √，
12-29 √，12-30 √，12-31 √，12-32 √，12-33 √，12-34 √，12-35 ×。

12.3.4　填空题

12-36　屋盖支撑和柱间支撑；稳定与正常工作；整体稳定和空间刚度；主要承重构件；稳定。

12-37　一般空旷平台地面上；50。

12-38　10；50；10。

12-39　承受竖向力的抗弯钢筋；承受水平力的抗拉钢筋。

12-40　2.5。

12-41　可靠地嵌固在基础中；柱纵向受力钢筋锚固长度；柱吊装时稳定性。

12-42　100m；70m。

12-43　上弦水平支撑；下弦水平支撑；垂直支撑；纵向水平系杆。

12-44　屋架（横梁）；横向柱列；基础。

12-45　3m；6m。

12.4.2　习题

【习题 12-1】 A、C 柱的剪力分配系数 $\eta_A = \eta_C = 0.285$；B 柱的剪力分配系数 $\eta_B = 0.430$；左风时 A、B、C 柱的柱底截面弯矩分别为 160.00kN·m、133.89kN·m、124.29kN·m。

【提示】本题主要考察剪力分配法中剪力分配系数的计算，并应用剪力分配法得到柱底弯矩。

【习题 12-2】

(1) $P_{\text{min,k}}$：$P_{\text{min,k}} = \dfrac{(m_{总} + Q)g}{2} - P_{\text{max,k}} = 54.87\text{kN}$。

(2) 影响线：

$$y_2 = 1, y_1 = \frac{1.6}{6} = 0.267, y_4 = \frac{0.56}{6} = 0.093, y_3 = \frac{4.96}{6} = 0.827$$

$$\sum y_i = 1 + 0.267 + 0.093 + 0.827 = 2.187$$

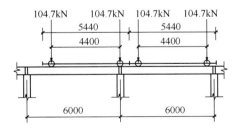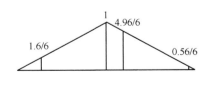

答案图 12-1　习题 12-2 图

(3) $D_{\text{max}} = 326.29\text{kN}$，$D_{\text{min}} = 171.0\text{kN}$；$T_{\text{max}} = 12.15\text{kN}$。

【提示】本题主要考察吊车竖向荷载设计值 D_{max}、D_{min} 和横向水平荷载设计值 T_{max}，须牢记公式并熟练应用。

【习题 12-3】

内力图：

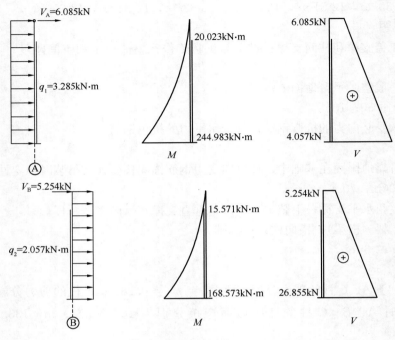

答案图 12-2　习题 12-3 图

【提示】本题目主要考察剪力分配法并结合了风荷载的计算，详细步骤可参考【例题 12-2】。

【习题 12-4】

内力图：

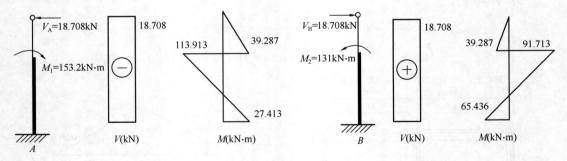

答案图 12-3　习题 12-4 图

【提示】本题主要考察排架的内力计算，重点在于对于排架需要建立起先附加不动铰支座求出内力再撤掉不动铰支座计算原本结构内力的思路。

【习题 12-5】选用 4 Φ 16，$A_s = 804mm^2$，其中 2 Φ 16 焊在预埋件上。

【提示】本题主要考察牛腿纵向受力钢筋的设计方法以及相关构造要求，除牛腿纵向钢筋的设计以外，还应注意牛腿其他钢筋的设计方法以及构造要求，可对本题条件下的牛腿设计作进一步完善。

【习题 12-6】（1）基础底面尺寸

$b \times l \times h = 3.3\text{m} \times 2.2\text{m} \times 0.8\text{m}$

（2）基础底板配筋计算

偏心受压方向：每延米 685mm²，选配⊈10@110，$A_s = 714$mm²；2200/110＝20 根，故沿短边方向配置 20 ⊈10。

轴心受压方向：每延米 364mm²，选配⊈10@200，$A_s = 393$mm²，3300/200＝16.5 根，取 17 根，故延长边方向配置 17 ⊈10。

参考基础平面、剖面和配筋图如答案图 12-4。

【提示】本题主要考察单层厂房现浇柱下独立锥形扩展基础的设计，结合基础工程与土力学等科目所学习到的相关内容，掌握单层厂房柱下独立基础的设计要点以及相关构造要求。

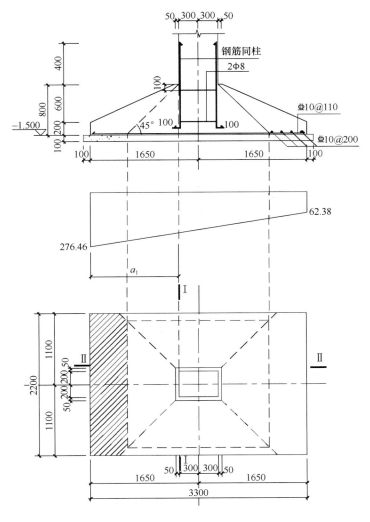

答案图 12-4　习题 12-6 图（一）

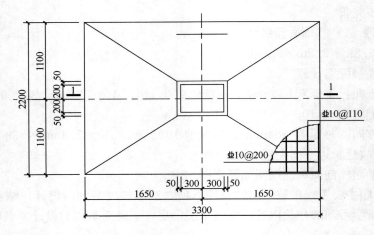

答案图 12-4 习题 12-6 图（二）

第13章 多层框架结构

13.3.1 问答题

13-1 答：钢筋混凝土框架结构按施工方法不同分为现浇式、装配式和装配整体式。现浇式框架结构的整体性强、抗震性能好，缺点是现场施工的工作量大、工期长、需要大量的模板脚手架。装配式框架结构的整体性较差、抗震能力弱，但它的施工速度快、效率高、可实现标准化工厂和机械化生产。装配整体式框架兼有现浇式框架和装配式框架的优点，但是节点区现场浇筑混凝土施工比较复杂。

13-2 答：框架结构手算时只能简化成平面结构。这时要忽略结构纵向和横向之间的空间联系，忽略各构件的抗扭作用，将空间框架结构分别简化为横向和纵向的平面框架，承受竖向荷载和水平荷载，进行内力和位移计算。简化时主要考虑：计算单元、节点、跨度与层高、框架梁的截面惯性矩、荷载。

13-3 答：分层法的基本假定为：①在竖向荷载作用下，框架侧移小，因而忽略；②每层梁上的荷载对其他各层梁的影响很小，可以忽略不计，因此每层梁上的荷载只在该层及与该层梁相连的柱上分配和传递。

13-4 答：反弯点法的基本假定为：①梁的线刚度与柱的线刚度之比无限大；②反弯点位置：底层是距支座 $2/3$ 层高处，其余层是在 $1/2$ 层高处；③层间剪力按各柱的抗侧移刚度在楼层的各柱中分配。

13-5 答：D 值法的基本假定为：①按梁、柱线刚度均匀一致的框架结构推导出 D 值计算公式；②层间剪力按 D 值在楼层的各柱中分配；③按标准结构计算柱的标准反弯点位置及反弯点高度修正系数；④按分配后的 D 值及修正后的反弯点高度计算柱端弯矩；⑤求得柱端弯矩以后，按节点平衡条件，计算梁端弯矩。

13-6 答：D 值是指框架柱的抗侧刚度，即当柱上下端产生单位相对横向位移时，柱所承受的剪力。

13-7 答：反弯点高度的影响因素：结构总层数、该柱所在的层次、框架梁柱线刚度比及侧向荷载形式等。

13-8 答：反弯点高度的影响因素：梁柱线刚度比、上下层横梁线刚度比、上层层高变化、下层层高变化等。

13-9 答：框架底层柱的反弯点高度比中间层柱的反弯点高度高；框架顶层柱的反弯点高度比中间层柱的反弯点高度高。

13-10 答：当梁柱线刚度比为零时，梁相当于两端与柱铰接的连杆，反弯点高度为层高 h。当梁柱线刚度比无穷大时，柱子反弯点高度在层高中间。因此，当梁柱线刚度比由零变到无穷大时，柱反弯点高度由 h 变为 $h/2$。

13-11 答：要点和步骤：①计算各层柱的 D 值及每根柱分配的剪力；②计算反弯点高度比；③计算柱端弯矩；④计算梁端弯矩；⑤绘制弯矩图。

13-12 答：两种方法都是为了计算框架在水平力作用下的内力和位移。其区别在于：①适用条件不同，反弯点法适用于梁的线刚度与柱的线刚度之比超过 3 时，反之应该用 D 值法；②层剪力在同层各柱子之间的分配方式不同；③反弯点高度的计算方法不同。

13-13　答：框架结构在水平力作用下的整体变形呈剪切型；每层柱和梁都有反弯点；框架受力变形后梁柱节点处仍保持 90°正交；因为基底是固定端，底层柱底端截面没有曲率，因此底层柱的变形曲线与其他楼层柱不同。

13-14　答：水平荷载作用下框架的侧移由两部分组成，即总体剪切变形和总体弯曲变形。总体剪切变形是由梁柱弯曲变形引起，其侧移曲线与悬臂梁的剪切变形曲线相似，总体弯曲变形是由框架的轴向变形引起，其侧移曲线与悬臂梁的弯曲变形相似。

13-15　答：对于通常的框架结构其侧移曲线是以总体剪切变形为主，故只需考虑由梁柱弯曲变形所引起的侧移，结构的总体高度比增大时，总体弯曲变形的成分也将增大，当总高度大于 50m 或高度比大于 4 时，一般就必须考虑由柱的轴向变形引起的侧移。

13-16　答：调幅需注意：弯矩调幅应在内力组合之前进行；梁端弯矩调幅后，应校核该梁的静力平衡条件；截面设计时，框架梁跨中截面正弯矩设计值不应小于竖向荷载作用下按简支梁计算的跨中弯矩设计值的 50%。

13-17　答：因为弯矩调幅只对竖向荷载作用下的内力进行，即水平荷载作用下产生的弯矩不参加调幅，因此，弯矩调幅在内力组合之前进行。如对水平荷载作用下产生的弯矩进行调幅，会导致框架在水平荷载作用下提前进入塑性阶段。

13-18　答：弯矩调幅系数取值不一致。装配式框架调幅系数小于现浇框架。对于装配整体式框架，由于接头焊接不牢或由于节点区混凝土灌注不密实等原因，节点容易产生变形而达不到绝对刚性，框架梁端的实际弯矩比弹性计算值要小，因此，弯矩调幅系数允许取得低一些。

13-19　答：柱的控制截面可取各层柱的上下端截面；梁的控制截面可取梁的两端和跨间正弯矩最大处。

13-20　答：柱可能出现最大偏压破坏，此时 N 越小越不利；也可能出现小偏压破坏，此时 N 越大越不利；而无论是大偏压还是小偏压 M 大总是不利于安全的。在实际工程中由于柱子多采用对称配筋，因此，应选择正弯矩和负弯矩中绝对值最大的弯矩进行截面配筋计算，由以上分析可知，柱子控制截面的最不利内力组合有以下几种：$|M|_{max}$ 及相应得 N、V；N_{max} 及相应的 M、V；N_{min} 及相应的 M、V；V_{max} 及相应的 M、N。

13-21　答：房屋的整体侧向刚度越大，柱子的计算长度越小。无侧移框架柱，计算长度为柱高的一半；有侧移框架柱，计算长度为柱高。

13-22　答：柱的计算长度的取值的影响因素：结构整体刚度；楼盖形式；柱子位置。

13-23　答：延性是指从屈服开始至达到最大承载力或达到以后而承载力还没有显著下降期间的变形能力。

13-24　答：目的：有利于吸收和耗散地震能量。手段：遵循"强柱弱梁""强剪弱弯""强节点弱构件"的设计原则。

13-25　答：影响因素：梁截面的混凝土相对受压区高度，梁塑性铰区的截面剪压比和混凝土约束程度等。设计措施：按"强剪弱弯"设计框架梁构件，限制梁端部截面受压区高度；限制框架梁的最小截面尺寸。

13-26　答：影响因素：柱的剪跨比、轴压比、箍筋配置以及剪压比都是影响柱延性的主要因素。设计措施：采用强剪弱弯的设计准则；采用强柱弱梁的设计准则；控制轴压比；满足配筋特征值的要求；符合剪跨比和剪压比要求。

13-27　答：抗震设计原则中的"强柱弱梁"要求控制节点处梁端的承载力设计值，使柱的受弯承载力高于梁的受弯承载力，这样就可以控制柱的破坏不致发生在梁破坏之前，破坏时形成延性较好的梁铰型机构；"强剪弱弯"要求设计时通过控制截面尺寸和配筋使剪切破坏不在弯曲破坏之前发生；由于连接框架梁柱的节点受力比较复杂且容易发生非延性的破坏从而引起更严重的后果，因此"强节点弱构件"要求设计时应使节点不在与其相连的梁端、柱端破坏之前失效。

13-28　答：强柱弱梁的含义：加大柱截面的承载力，在节点处使梁端先于柱端出现塑性铰。柱子的截面大于梁的截面不一定就是强柱弱梁；柱子线刚度大于梁的线刚度也不一定就是强柱弱梁；而是柱截面承载力大于梁截面承载力。

13-29　答：框架柱是承受竖向荷载的构件，破坏后不易修复，并且由于框架柱的延性通常比梁的延性小，一旦框架柱形成了塑性铰，就会产生较大的层间侧移，以致影响结构承受垂直荷载的能力。

13-30　答：主要措施：增大柱的截面尺寸或混凝土强度；沿柱全高采用井字复合箍，或沿柱全高采用复合螺旋箍，或沿柱全高采用连续复合矩形螺旋箍且满足一定的配箍要求，轴压比限制可提高 0.10。

13-31　答：有普通箍、复合箍、螺旋箍、复合螺旋箍、连续复合螺旋箍。复合螺旋箍筋是指螺旋箍与矩形箍同时使用；连续复合螺旋箍是指用一根钢筋连续缠绕而成的螺旋式箍筋。

13-32　答：框架柱箍筋的主要作用：①抵抗剪力；②对混凝土提供横向约束；③防止纵筋压屈。

13-33　答：（1）以局部弯曲为主；（2）梁和柱都有反弯点；（3）每个楼层的竖向荷载主要对本楼层的梁、柱产生弯曲内力；（4）节点处杆件交角不变，侧移时，节点既旋转又侧移。

13.3.2　选择题

13-34 B，13-35 B，13-36 B，13-37 A，13-38 C，13-39 A，13-40 C，13-41 B，13-42 C，13-43 B，13-44 D，13-45 A，13-46 B。

13.4.2　习题

【习题 13-1】（1）反弯点法

反弯点法计算框架结构的内力与层间位移的过程及结果见答案表 13-1，相关计算公式见教材 13.2.3。弯矩图见答案图 13-1。

各层柱 D 值及每根柱分配的剪力　　　　　　　　　　　　**答案表 13-1**

层次	层剪力（kN）	刚度 D'	左边柱剪力（kN）	中柱剪力（kN）	右边柱剪力（kN）	层位移（mm）
2	8	20054	2.29	3.42	2.29	0.399
1	25	24086	7.5	10	7.5	1.038

（2）D 值法

计算各层柱的 D 值及每根柱分配的剪力，计算过程及结果见答案表 13-2。答案表13-2同

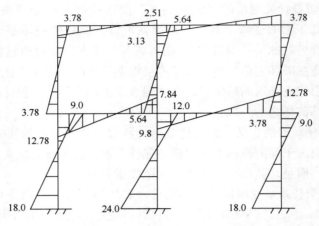

答案图 13-1　反弯点法计算的弯矩图

时给出了层间位移结果。反弯点高度比的计算过程及结果见答案表 13-3，按"均布荷载布置"查教材附表 10-1。弯矩图见答案图 13-2。

各层柱 D 值及每根柱分配的剪力及层间位移　　　　　　　　　答案表 13-2

层数	层剪力 (kN)	左边柱 D 值	中边柱 D 值	右边柱 D 值	$\sum D$	左边柱剪力 (kN)	中柱剪力 (kN)	右边柱剪力 (kN)	层间位移 (mm)
2	8	$K=\dfrac{2\times12}{2\times2}=6$ $D=\dfrac{6}{2+6}$ $\times2i\times\dfrac{12}{3.3^2}$ $=1.653i$	$K=\dfrac{2\times12+15\times2}{2\times3}=9$ $D=\dfrac{9}{2+9}$ $\times3i\times\dfrac{12}{3.3^2}$ $=2.705i$	$K=\dfrac{15\times2}{2\times2}=7.5$ $D=\dfrac{7.5}{2+7.5}$ $\times2i\times\dfrac{1.2}{3.3^2}$ $=1.740i$	$6.098i$	2.17	3.55	2.28	0.505
1	25	$K=\dfrac{12}{3}=4$ $D=\dfrac{4+0.5}{4+2}$ $\times3i\times\dfrac{12}{3.6^2}$ $=2.083i$	$K=\dfrac{12+15}{4}=6.75$ $D=\dfrac{6.75+0.5}{6.75+2}$ $\times\dfrac{4i\times12}{3.6^2}=3.069i$	$K=\dfrac{15}{3}=5$ $D=\dfrac{5+0.5}{5+2}$ $\times\dfrac{3i\times12}{3.6^2}=2.183i$	$7.335i$	7.10	10.46	7.44	1.311

各层柱反弯点高度比计算　　　　　　　　　答案表 13-3

层数	左边柱		中柱		右边柱	
2	$n=2$ $K=6$ $\alpha_1=1.0$ $\alpha_3=1.09$	$j=2$ $y_0=0.45$ $y_1=0$ $y_3=0$	$n=2$ $K=9$ $\alpha_1=1.0$ $\alpha_3=1.09$	$j=2$ $y_0=0.45$ $y_1=0$ $y_3=0$	$n=2$ $K=7.5$ $\alpha_1=1.0$ $\alpha_3=1.09$	$j=2$ $y_0=0.45$ $y_1=0$ $y_3=0$
	$y=0.45$		$y=0.45$		$y=0.45$	
1	$n=2$ $K=4$ $\alpha_2=0.92$	$j=1$ $y_0=0.55$ $y_2=0$	$n=2$ $K=6.75$ $\alpha_2=0.92$	$j=1$ $y_0=0.50$ $y_2=0$	$n=2$ $K=5$ $\alpha_2=0.92$	$j=1$ $y_0=0.50$ $y_2=0$
	$y=0.55$		$y=0.50$		$y=0.50$	

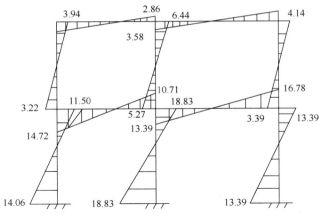

答案图 13-2　*D* 值法计算的弯矩图

【习题 13-2】 (1) 反弯点法

反弯点法计算框架结构的内力与层间位移的过程及结果见答案表 13-4，相关计算公式见教材 13.2.3。弯矩图见答案图 13-3。

各层柱 *D* 值及每根柱分配的剪力　　答案表 13-4

层次	层剪力（kN）	刚度 D'	左边柱剪力（kN）	中柱剪力（kN）	右边柱剪力（kN）	层位移（mm）
3	63.5	79884	21.465	21.465	20.57	0.795
2	148.9	79884	50.33	50.33	48.24	1.864
1	250.5	75312	86.59	86.59	77.32	3.326

(2) *D* 值法

计算各层柱的 *D* 值及每根柱分配的剪力，计算过程及结果见答案表 13-5。答案表 13-5 同时给出了层间位移计算结果。反弯点高度比的计算过程及结果见答案表 13-6，按"均布荷载布置"查教材附表 10-1。弯矩图见答案图 13-4。

各层柱 *D* 值及每根柱分配的剪力　　答案表 13-5

层数	层剪力	左边柱 D 值	中边柱 D 值	右边柱 D 值	$\sum D$	左边柱剪力（kN）	中柱剪力（kN）	右边柱剪力（kN）	层位移（mm）
3	63.5	$K = \dfrac{2 \times 1.0}{2 \times 1.2}$ $= 0.833$ $D = \dfrac{0.833}{2 + 0.833} \times 1.2$ $\times \dfrac{12}{4^2} = 0.265$	$K = \dfrac{2 \times 1.0 + 1.35 \times 2}{2 \times 1.2}$ $= 1.958$ $D = \dfrac{1.958}{2 + 1.958} \times 1.2$ $\times \dfrac{12}{4^2} = 0.445$	$K = \dfrac{1.35 \times 2}{2 \times 1.15}$ $= 1.174$ $D = \dfrac{1.174}{2 + 1.174}$ $\times 1.15$ $\times \dfrac{12}{4^2} = 0.319$	1.029	16.4	27.5	19.7	20.6

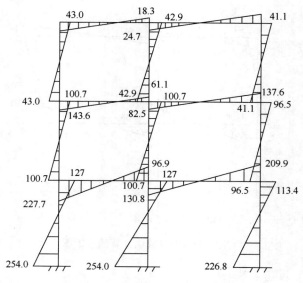

答案图 13-3　反弯点法计算的弯矩图

续表

层数	层剪力	左边柱 D 值	中边柱 D 值	右边柱 D 值	$\sum D$	左边柱剪力 (kN)	中柱剪力 (kN)	右边柱剪力 (kN)	层位移 (mm)
2	148.9	$K = \dfrac{2 \times 1.0}{2 \times 1.2}$ $= 0.833$ $D = \dfrac{0.833}{2 + 0.833} \times 1.2$ $\times \dfrac{12}{4^2} = 0.265$	$K = \dfrac{2 \times 1.0 + 1.35 \times 2}{2 \times 1.2}$ $= 1.958$ $D = \dfrac{1.958}{2 + 1.958} \times 1.2$ $\times \dfrac{12}{4^2} = 0.445$	$K = \dfrac{1.35 \times 2}{2 \times 1.15}$ $= 1.174$ $D = \dfrac{1.174}{2 + 1.174}$ $\times 1.15$ $\times \dfrac{12}{4^2} = 0.319$	1.029	38.4	64.4	46.2	48.2
1	250.5	$K = \dfrac{1.0}{1.4} = 0.714$ $D = \dfrac{0.714 + 0.5}{2 + 0.714}$ $\times 1.4 \times \dfrac{12}{4.4^2}$ $= 0.388$	$K = \dfrac{1.0 + 1.35}{1.4}$ $= 1.679$ $D = \dfrac{1.679 + 0.5}{2 + 1.679} \times 1.4$ $\times \dfrac{12}{4.4^2} = 0.514$	$K = \dfrac{1.35}{1.25} = 1.08$ $D = \dfrac{1.08 + 0.5}{2 + 1.08}$ $\times 1.25$ $\times \dfrac{12}{4.4^2} = 0.397$	1.174	74.8	99.1	76.6	64.3

各层柱反弯点高度比计算　　　　　　　　　　　　答案表 13-6

层数	左边柱		中柱		右边柱	
3	$n = 3$ $K = 0.833$ $\alpha_1 = 1.0$ $\alpha_3 = 1.0$	$j = 3$ $y_0 = 0.35$ $y_1 = 0$ $y_3 = 0$	$n = 3$ $K = 1.958$ $\alpha_1 = 1.0$ $\alpha_3 = 1.0$	$j = 3$ $y_0 = 0.398$ $y_1 = 0$ $y_3 = 0$	$n = 3$ $K = 1.174$ $\alpha_1 = 1.0$ $\alpha_3 = 1.0$	$j = 3$ $y_0 = 0.359$ $y_1 = 0$ $y_3 = 0$
	$y = 0.35$		$y = 0.398$		$y = 0.359$	

续表

层数	左边柱		中柱		右边柱	
2	$n=3$ $K=0.833$ $\alpha_1=1.0$ $\alpha_2=1.0$ $\alpha_3=1.0$	$j=2$ $y_0=0.45$ $y_1=0$ $y_2=0$ $y_3=0$	$n=3$ $K=1.958$ $\alpha_1=1.0$ $\alpha_2=1.0$ $\alpha_3=1.1$	$j=2$ $y_0=0.45$ $y_1=0$ $y_2=0$ $y_3=0$	$n=3$ $K=1.174$ $\alpha_1=1.0$ $\alpha_2=1.0$ $\alpha_3=1.1$	$j=2$ $y_0=0.45$ $y_1=0$ $y_2=0$ $y_3=0$
	$y=0.45$		$y=0.45$		$y=0.45$	
1	$n=3$ $K=0.714$ $\alpha_2=10/11$	$j=1$ $y_0=0.65$ $y_2=0$	$n=3$ $K=1.679$ $\alpha_2=10/11$	$j=1$ $y_0=0.566$ $y_2=0$	$n=3$ $K=1.08$ $\alpha_2=10/11$	$j=1$ $y_0=0.596$ $y_2=0$
	$y=0.65$		$y=0.566$		$y=0.596$	

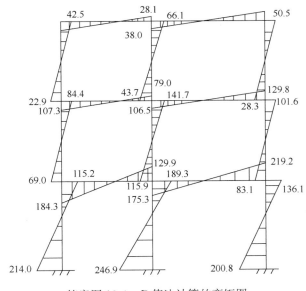

答案图 13-4 D 值法计算的弯矩图

【习题 13-3】

按塑性极限状态计算，该刚架所能承受的极限水平力 $F_u=253.1\text{kN}$。

【提示】（1）采用不同的弹性阶段内力计算方法，可得到不同的弹性阶段内力计算结果，会影响塑性铰出现过程中的水平力，但不会影响极限水平力 F_u 的计算结果。

（2）极限水平力也可以直接将塑性极限状态时左右两个柱子作为脱离体计算得到。以左柱作为脱离体，柱上端受到梁端极限弯矩 $M_{bua}=133.14\text{kN}\cdot\text{m}$（逆时针方向），梁端剪力 $V_b=44.38\text{kN}$（方向向上），柱下端受到柱端极限弯矩 $M_{cua}=488.22\text{kN}\cdot\text{m}$（逆时针方向），根据平衡条件可求得顶端水平推力为 124.3kN；以右柱作为脱离体，柱上端受到梁

端极限弯矩 $M_{bua} = 133.14kN \cdot m$（顺时针方向），梁端剪力 $V_b = 44.38kN$（方向向下），柱下端受到柱端极限弯矩 $M_{cua} = 510.80kN \cdot m$（顺时针方向），根据平衡条件可求得柱顶端水平推力为 128.8kN；两者相加，$F = 124.3 + 128.8 = 253.1kN$。

第 14 章　高 层 建 筑 结 构

14.3.1　问答题

14-1　答：（1）水平荷载成为设计的决定性因素；（2）侧移成为控制指标；（3）轴向变心的影响在设计中不容忽视；（4）延性成为结构的重要指标；（5）结构材料用量明显增加。

14-2　答：为了保证高层建筑主体结构在多遇地震作用下基本处于弹性受力状态，并使填充墙、隔墙和幕墙等非结构构件基本完好，避免产生明显损伤，应限制结构在侧向力作用下的层间位移。

14-3　答：（1）框架结构。框架结构为建筑提供灵活布置的室内空间。由于它的构件截面小，抗震性能较差，刚度较低，在强震下容易产生震害，因此它主要用于非抗震设计、层数较少的建筑中。侧移曲线为剪切型。（2）剪力墙结构。整体性好，抗侧刚度大，承载力大，在水平力作用下侧移小。经过合理设计，能设计成抗震性能好的钢筋混凝土延性剪力墙。剪力墙结构中，剪力墙的间距小，平面布置不灵活，建筑空间受到限制是它的主要缺点。侧移曲线为弯曲型。（3）框架-剪力墙结构。兼有框架结构布置灵活、延性好的优点和剪力墙结构刚度大、承载力大的优点。（4）筒体结构。随着建筑层数、高度的增加和抗震设防要求的提高，以平面工作状态的框架、剪力墙来组成高层建筑结构往往不能满足抗侧要求。框筒的工作不同于普通平面框架，而有很好的空间整体作用和抗风抗震性能。（5）巨型结构。由若干个巨大的柱子以及巨大的桁架梁组成的框架结构。巨型梁一般每隔若干个自然层设一道。梁截面一般占 1～2 层高，组成巨型框架为一级结构，承受主要的水平和竖向荷载；其余的楼面梁柱组成二级结构，它只将楼面荷载传递到一级结构上去。这样二级结构的梁柱截面可以做得很小，增加建筑布置的灵活性和有效使用面积。

14-4　答：高层建筑平面布置的基本原则是尽量避免结构扭转和局部应力集中，平面宜简单、规则、对称，刚心与质心或形心重合；高层建筑竖向布置的基本原则是要求结构的侧向刚度和承载力自下而上逐渐减小，变化均匀、连续，不突变，避免出现柔软层或薄弱层。

14-5　答：结构平面布置必须考虑有利于抵抗水平和竖向荷载，受力明确，传力直接，力争均匀对称，减少扭转的影响。抗震结构平面布置宜简单、规则，尽量减少突出、凹进等复杂平面。但更重要的是结构平面布置时要尽可能使平面刚度均匀，所谓平面刚度均匀就是"刚度中心"与"质量中心"靠近，减小地震作用下的扭转。

14-6　答：温度缝是为防止温度变化和混凝土收缩导致房屋开裂而设，温度缝收缩只在结构上部每隔一定距离设置，基础可不设伸缩缝。沉降缝是为防止地基不均匀沉降引起房屋开裂而设。沉降缝不但上部结构要断开，基础也要断开。防震缝是地震区为防止房屋或结构单元在发生地震时相互碰撞而设置的缝。防震缝两侧结构高度不同时，缝的宽度应按较低的房屋高度确定。防震缝宜沿房屋全高设置，地下室、基础可不设防震缝。防震缝应尽可能与温度缝、沉降缝重合。高层建筑应当调整平面尺寸和结构布置，采取构造措施和施工措施，能不设缝就不设缝，能少设缝就少设缝；如果没有采取措施或必须设缝时，必须保证有必要的缝宽以防止震害。

14-7 答：分类是为了便于对结构受力进行分析，针对其内力分布特征进行分类可采用相应的手算方法进行计算。

14-8 答：高层建筑中应用的剪力墙结构，实际上是一悬臂型结构，在侧向力作用下的内力分布随洞口的大小、形状和位置的不同而变化。（1）整体面墙。包括没有洞口的实体墙，其受力状态如同竖向悬臂构件。当剪力墙高宽比较大时，受弯变形后截面仍保持平面，截面正应力呈直线分布，沿墙的高度方向弯矩图既不发生突变也不出现反弯点。变形曲线以弯曲型为主。（2）整体小开口墙。即洞口稍大的墙，连梁的约束作用很强，墙的整体性很好。水平荷载产生的弯矩主要由墙肢的轴力负担，墙肢弯矩较小，弯矩图有突变，但基本上无反弯点。墙肢水平截面上的法向应力接近线性分布，可看成整体弯矩直线分布应力和局部弯曲应力的叠加。墙肢的局部弯矩一般不超过总弯矩的 15%，且墙肢在大部分楼层没有反弯点。变形曲线仍以弯曲型为主。（3）联肢墙。这种墙的洞口更大，连梁刚度比墙肢刚度小得多，连梁中部有反弯点。连梁对墙肢尚有一定的约束作用，墙肢弯矩图有突变，并且有反弯点存在。墙肢局部弯矩较大，整个截面正应力已不再呈直线分布。变形曲线为弯曲型。（4）壁式框架。当洞口大而宽、墙肢宽度相对较小，连梁与墙肢的截面弯曲刚度接近，墙肢中弯矩与框架柱相似，其弯矩图在楼层处有突变，而且在大多数楼层出现反弯点。墙肢中弯矩与框架柱相似，其弯矩图在楼层处有突变，而且在大多数楼层出现反弯点。墙肢水平截面上的法向应力由轴力和局部弯矩共同产生。变形曲线呈整体剪切型。

14-9 答：剪力墙因洞口尺寸而形成不同截面的连梁和墙肢，其整体性能取决于连梁与墙肢之间的相对刚度，即连梁总的抗弯线刚度与墙肢总的抗弯线刚度之比，用剪力墙整体性系数 α 来表示。α 小，说明剪力墙中梁连梁的刚度小，或者墙肢刚度相对较大，连梁对墙肢的约束作用弱，连梁内的剪力小，墙肢轴力所形成的整体弯矩亦小，这样外荷载所产生的弯矩主要由墙肢内的局部弯矩所平衡，即结构的整体性较差。反之，α 大，说明剪力墙中连梁的刚度大，墙肢的刚度相对较小，此时连梁对墙肢的约束作用强，连梁内剪力大，墙肢内轴力较大，墙肢轴力所形成的整体弯矩抵消了水平外荷载产生的总弯矩的大部分，墙肢中局部弯矩很小，即结构的整体性较好。

14-10 答：系数 α 大，说明连系梁对墙肢的约束作用强，这样的剪力墙可能是整体小开口墙，也可能是壁式框架。因此，除应根据 α 值进行剪力墙分类判别外，还应判别沿高度方向墙肢弯矩图是否会出现反弯点。I_n/I 值反映了剪力墙截面削弱的程度。I_n/I 值大说明截面削弱较多，洞口较宽，墙肢相对较弱。当 I_n/I 增大到某一值时，墙肢表现出框架的受力特点，即高度方向出现反弯点。因此，当 I_n/I 的大小作为剪力墙分类的第二个判别准则。

14-11 答：按照位移相等的原则，将剪力墙的抗侧刚度折算成承受同样荷载的悬臂杆件只考虑弯曲变形时的刚度。就是以考虑弯曲、剪切和轴向刚度的剪力墙顶点位移与只考虑弯曲刚度的竖向悬臂杆的顶点位移相等为条件，此竖向悬臂杆的刚度即为剪力墙的等效刚度（实际上是等效惯性矩）。

14-12 答：（1）墙肢刚度比连梁刚度大得多，连梁的反弯点在跨中；（2）两个墙肢的位移曲线相同，同一标高上水平位移和转角都相同；（3）沿竖向结构刚度与层高均匀不变；（4）梁考虑弯曲变形和剪切变形，墙肢考虑弯曲变形和轴向变形；（5）连梁对墙肢的约束作用在高度方向均匀分布。

14-13　答：水平外荷载产生的总弯矩由剪力墙墙肢内的局部弯矩和墙肢轴力所形成的整体弯矩所平衡。如果剪力墙中连梁的刚度小，或者墙肢刚度相对较大，连梁对墙肢的约束作用弱，连梁内的剪力就小，墙肢轴力所形成的整体弯矩亦小，这样外荷载所产生的弯矩主要由墙肢内的局部弯矩所平衡。当处于极限状态时，即连梁的抗弯刚度为零，连梁仅起到铰接连杆的作用，双肢剪力墙成了两个独立的墙肢。反之，若剪力墙中连梁的刚度大，或墙肢的刚度相对较小，此时连梁对墙肢的约束作用强，连梁内的剪力大，墙肢轴力变大，墙肢轴力所形成的整体弯矩变大，墙肢中局部弯矩变小。

14-14　答：①计算墙肢的惯性矩及截面面积，计算连梁的惯性矩及截面面积；②计算连梁跨中的剪力函数；③分层计算连梁内的剪力和梁端弯矩；④计算墙肢内的着轴力和墙肢弯矩；⑤计算墙肢内的剪力。

14-15　答：两者区别：①在壁式框架中，梁柱节点区域范围大，把梁柱简化为杆件后需要考虑杆端节点区刚域的影响；②杆件截面高度大，截面剪力变形的影响不能忽略。

14-16　答：主要因素有跨剪比、结构受弯承载力、轴向力、截面配筋、材料强度等。在设计中，①选择合适的材料、合适的混凝土强度等级；②选择合适的剪力墙截面尺寸及厚度；③合理开洞且洞口上下对齐排布；④满足结构设计的构造要求、配筋要求及受力要求。

14-17　答：在剪力墙可能出现塑性铰的区域要采取加强措施，称为剪力墙的加强部位。一般位于剪力墙结构底部固定端。加强部位的高度可取墙肢总高度的 1/8 和底部两层高度的较大者，当剪力墙高度超过 150m 时，其底部加强部位的高度可取墙肢总高度的1/10。

14-18　答：由于剪力墙截面高度较大，腹板厚度小，对剪切变形比较敏感，为了避免脆性的剪切破坏，应该按照强剪弱弯的要求设计剪力墙墙肢，也就是在加强区要采用比受弯承载力更大的剪力设计值计算抗剪钢筋。规范采用的方法是将剪力墙加强部位的剪力设计值 V 增大，达到强剪弱弯的目的。

14-19　答：在剪力墙墙肢边缘应力较大的部位用端部竖向钢筋和箍筋组成暗柱或明柱（端柱），称为边缘构件，边缘构件内的混凝土是约束混凝土，它是提高墙肢端部混凝土极限压应变、改善剪力墙延性的重要措施。边缘构件又分为两类：构造边缘构件和约束边缘构件。对于抗震等级一、二级的剪力墙底部加强部位及其上一层的剪力墙肢，应设置约束边缘构件；其他的部位和三级抗震的剪力墙应设置构造边缘构件。约束边缘构件对体积配箍率等要求比构造边缘构件更高，用在比较重要的受力较大结构部位。

14-20　答：在普通配筋的连梁中，要依靠混凝土传递剪力，反复荷载作用下混凝土会被挤压破碎，连梁便失去了承载力；而交叉配筋的连梁中，连梁的剪力由交叉斜撑承担，交叉斜撑起拉、压杆作用，形成桁架传力途径，混凝土虽然破碎，桁架仍然能够继续受力，对墙肢的约束仍起作用。

14-21　答：在进行结构弹性内力分析时，将连梁刚度进行折减，就可以减小连梁的弯矩和剪力值。

14-22　答：剪力墙布置在建筑物的周边附近，目的是发挥其抗扭作用，布置在楼电梯间、平面形状变化和凸出较大处是为了加强平面的薄弱部位。

14-23 答：基本假定：楼板在自身平面内刚度无限大；房屋的刚度中心与作用在结构上的水平荷载（风荷载与地震荷载）的合力作用点重合，在水平荷载作用下房屋不产生绕竖轴的弯曲。

14-24 答：框架和剪力墙依靠楼盖连结成整体，通过楼盖平面内的刚度约束它们具有相互协调的水平位移，使框架和剪力墙协同工作。当各榀框架或剪力墙在其竖向平面内没有相互间直接相连，而只是通过平面外的楼盖结构相连，由于楼盖在平面外的刚度极小，楼板只能传递水平力，不能传递弯矩，即楼板的作用在框架和剪力墙之间相当于铰接连杆，即为铰接体系。当剪力墙平面内同时布置由框架，且连梁刚度较大、对剪力墙有较大转动约束作用，楼（屋）盖在剪力墙和框架之间不仅约束其水平位移，也在相互之间传递平面内弯矩，约束框架节点和剪力墙的转动，楼盖梁与框架和剪力墙均应简化为刚接连杆，即成为刚接体系。

14-25 答：D 值的物理意义是框架层间上下柱端发生单位相对水平位移时所需要施加的推力；C_F 值的物理意义是框架层间上下柱端沿竖向发生单位剪切角时所需要施加的推力。两者在数值上相差结构层高 h。

14-26 答：当框架或剪力墙在各层的刚度不一致时，为了仍能使用手算公式，可取加权平均值，即将各层的刚度沿高度方向按层高加权。

14-27 答：即使框架－剪力墙结构的各构件尺寸沿高度方向各层一致，其各层的抗侧刚度中心并不是在同一竖轴线上。这是因为框架和剪力墙对整个结构的抗侧刚度的贡献沿房屋高度是变化的。

14-28 答：结构刚度特征值是框架抗推值与剪力墙抗弯刚度的比值，它集中反映了综合框架与综合剪力墙的刚度之比。在框架－剪力墙结构中，由于框架和剪力墙间相互作用、协同工作，则外荷载及外荷载产生的内力在总框架和总剪力墙之间的分配及结构的变形等都受到刚度特征值 λ 的直接影响。刚度特征值 λ 反映了总框架抗推刚度 C_F 与总剪力墙抗弯刚度 EI_w 的比值。当 C_F 很小时，λ 值也很小，当 $\lambda=0$ 时，说明框架的抗推刚度为零，整个结构为纯剪力墙结构；当 EI_w 很小时，λ 值很大，当 $\lambda=\infty$ 时，说明剪力墙的抗弯刚度接近于零，此时结构称为纯框架结构。

14-29 答：在框架-剪力墙结构中，剪力墙的刚度较大，承担大部分水平力，在内力分析时总是假设框架-剪力墙结构在弹性阶段协同工作。实际上在地震作用下，结构常处于弹塑性状态，承受大部分地震作用的剪力墙将局部屈服首先开裂，剪力墙刚度降低，其承载力也将下降，外荷载将在框架和剪力墙之间重新分配，使一部分地震剪力向框架转移，此时需要适当调整框架的内力值。

14-30 答：剪力滞后：由于翼缘框架的弯曲和剪切变形，使翼缘框架各柱轴力向中心逐渐递减，这种现象叫剪力滞后现象。剪力滞后就是墙体上开洞形成的空腹筒体又称框筒，开洞以后，由于横梁变形使剪力传递存在滞后现象，使柱中正应力分布呈抛物线状。造成原因：框筒中柱子之间存在剪力，剪力使联系柱子的窗群产生剪切变形，从而柱子之间的轴力传递减弱，框筒中剪力滞后现象越严重，参与受力的翼缘框架柱越少，空间受力性能越弱。

14-31 答：影响因素有：柱距与裙梁高度、角柱面积、框筒结构高度和框筒平面形状。减小剪力滞后的措施：①框筒必须做成密柱深梁，以减少剪力滞后；②框筒平面外形宜选用圆形、正多边形、椭圆形或矩形等，内筒宜居中。

14-32　答：筒体结构的高宽比（H/B）应大于 3。框筒平面长短边的比值不宜超过 2。柱距为 1～3m，不超过 4～5m；窗裙梁跨高比为 3～4，一般窗洞面积不超过建筑立面面积的 60%。以上结构布置的要求是为了发挥筒的空间工作性能。

14-33　答：在框筒结构的顶部，角柱内正应力反而小于翼缘框架中柱内的正应力，这种现象称为负剪力滞后效应。这是由于腹板和翼缘框架中框架梁的剪切变形引起柱轴向变形不一致、但同时又受到基础约束所造成的。

14-34　答：假定：①对筒体结构的各榀平面单元，可略去其出平面外的刚度，仅考虑在其自身平面内的作用；②楼盖结构在其自身平面内的刚度可视为无穷大。

14-35　答：窗裙梁因跨度小、梁高大，承受的剪力较大，当梁的跨高比小于 1 时，宜在梁内配置交叉暗撑。

14-36　答：可采用双向密肋楼盖，单向密肋楼盖，预应力楼盖。

14-37　答：剪力墙结构具有悬臂弯曲梁的特征，越往上位移增大越快，呈弯曲形曲线；框剪结构接近于反 S 形曲线；框架结构越向上侧向位移增长越慢，呈剪切变形曲线。

14-38　答：1. 剪力墙与壁式框架的区别

研究最简单的情况：设在一道墙上开有一列尺寸相同、间距相等的矩形洞口，于是就剩下了洞口两侧的墙肢以及上、下洞口间联系墙肢的连梁，如答案图 14-1 所示。

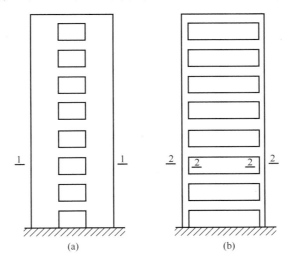

（a）　　　　　　（b）

答案图 14-1　剪力墙与框架的外形区别
（a）剪力墙；（b）壁式框架
1-1　剪力墙的组合截面；2-2　壁式框架的框架柱截面

墙肢与连梁组成的这个构件可以是剪力墙也可以是壁式框架，就看墙肢强不强。墙肢强的就是剪力墙，否则就是壁式框架。

对称时，墙肢的强弱可以用肢强系数 ζ 来衡量，$\zeta = I_n/I$。这里，I 是指由墙肢构成的组合截面的惯性矩，$I = I_n + I_j$。I_j 是墙肢截面惯性矩之和，$I_j = \sum I_{ji}$；I_n 是所有墙肢截面对组合截面形心的面积矩之和，$I_n = \sum A_{ji} r_{ji}^2$，见答案图 14-2。由于 I_n 与 r_{ji} 的平方成正比，所以 $I_n \gg I_j$，并且矩形洞口愈宽，也就是墙肢的截面高度越小，墙肢越弱；r_{ji} 越大，

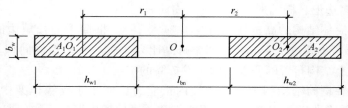

答案图 14-2 剪力墙的组合截面

I_n也越大，肢强系数ζ也越大。相反，洞口越窄，墙肢越强，r_{ji}越小，I_n也小，肢强系数ζ越小。当洞口接近于零时，ζ接近最小值 0.75。可见，ζ越小，墙肢越强；反之，墙肢越弱。研究表明，当$\zeta \leqslant [\zeta]$时，墙肢是强的，称为剪力墙，否则就属于壁式框架。这里，$[\zeta]$称为肢强系数的限值。

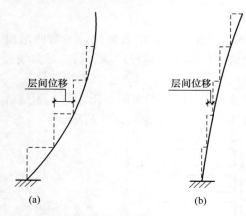

答案图 14-3 水平力作用下框架与
剪力墙的总体变形曲线
(a) 框架—剪力型，层间位移下大上小；
(b) 剪力墙—弯曲型，层间位移下小上大

上面讲的是墙肢本身的问题，这是首要的，现在再来研究墙肢之间联系的强弱。对此，可以用整体性系数α来标志，α等于所有连梁的总转角刚度与所有墙肢抗弯线刚度总和的比值。α大，说明墙肢间共同工作强，即整体性强；反之，整体性差。

研究表明，$\alpha \geqslant 10$ 时，属于强联系。因此，$\zeta \leqslant [\zeta]$、$\alpha \geqslant 10$ 时，为强肢强联系，属于小开口剪力墙；$\zeta \leqslant [\zeta]$、$\alpha < 10$ 时，为强肢弱联系，属于联肢剪力墙。而$\zeta > [\zeta]$，$\alpha \geqslant 10$ 时，属于壁式框架。

2. 壁式框架与框架的区别

壁式框架是一种扁框架，其受力特性与一般框架相同，在水平力作用下，也可用 D 值法计算其内力和水平位移。所以，有的书上把壁式框架说成是剪力墙的一种，显然是不妥当的。

壁式框架有两点是不同于一般框架的。一是在壁式框架的节点处要考虑刚域的存在；二是计算时要考虑剪切变形的影响。

3. 剪力墙与框架（包括壁式框架）受力性能的区别

（1）水平力作用下，剪力墙的整体位移曲线是弯曲型，即其层间相对水平位移是下小上大的；框架则是剪切型，层间相对水平位移下大上小，见答案图 14-3。（2）水平力作用下，楼层出现反弯点的情况不同。小开口剪力墙的墙肢在所有楼层中基本上不出现反弯点，也就是说，它的抗侧能力是很强的。联肢剪力墙的墙肢在大多数楼层中不出现反弯点，故它的抗侧能力是比较强的。框架则不同，每一楼层的框架柱都是有反弯点的，抗侧能力比较小。这是因为框架柱本身就比较弱，属于$\zeta > [\zeta]$的弱墙肢；而其$\alpha \geqslant 10$，说明框架梁抗弯线刚度比柱的大得多，使得每一楼层框架柱的两端接近固端的情况，因此，侧移时，就出现反弯点。（3）剪力墙的侧向刚度比框架的大，抗震能力强，但延性比框架小。

14.3.2　选择题

14-39 D，14-40 A，14-41 A，14-42 C，14-43 B，14-44 B，14-45 A，14-46 A，14-47 A，14-48 B，14-49 C，14-50 A，14-51 B，14-52 B，14-53 A，14-54 A，14-55 C，14-56 A，14-57 A，14-58 D，14-59 A，14-60 B，14-61 C，14-62 A，14-63 C。

14.4.2　习题

【习题 14-1】（1）判断该剪力墙的类型：该剪力墙属于整体小开口剪力墙。

（2）计算墙肢基底截面的内力：$M_1 = 717.4\text{kN} \cdot \text{m}$，$N_1 = 1224.6\text{kN}$，$V_1 = 106.9\text{kN}$；$M_2 = 2031.1 \cdot \text{m}$，$N_2 = 151.2\text{kN}$，$V_2 = 210.5\text{kN}$；$M_3 = 1395.3\text{kN} \cdot \text{m}$，$N_3 = 1377.2\text{kN}$，$V_3 = 162.7\text{kN}$。

【提示】计算过程参照【例题 14-1】。

【习题 14-2】该剪力墙属于双肢剪力墙。计算过程参照【例题 14-1】。

【习题 14-3】不考虑连梁刚度 $\lambda = \sqrt{\dfrac{C_f H^2}{EI}}$；

I_e 为 4 片实体剪力墙的惯性矩，$I_e = \dfrac{4}{12} \times 0.2 \times (7.8 - 1.8 + 0.3)^3 = 16.67\text{m}^4$；

C_f 为 6 榀框架的抗侧刚度；

$$K = \frac{250 \times 650^3/7.8}{400 \times 600^3/3.4} = 0.346; \alpha = \frac{0.5 + K}{2 + K} = 0.36$$

$$C_f = \sum \alpha \frac{12 i_c}{h} = 12 \times 0.36 \times \frac{0.6^3/3.4}{3.4} \times E = 3.23 \times 10^{-2} E$$

$$\lambda = \sqrt{\frac{C_f H^2}{EI}} = \sqrt{\frac{3.23 \times 10^{-2} \times (3.4 \times 18)^2}{16.67}} = 2.694$$

第15章 砌体结构设计

15.3.1 问答题

15-1 参考教材 15.1 节。

15-2 参考教材 15.1 节。

15-3 参考教材 15.2.2 节。

15-4 参考教材 15.2.4 节。

15-5 参考教材 15.3.3 节。

15-6 参考教材 15.3.3 节。

15-7 参考教材 15.3.3 节。

15-8 参考教材 15.3.5 节。

15-9 当砌体受压时，灰缝内砂浆的横向变形受到块体的约束，使得砂浆处于三向受压状态，其抗压强度将提高，所以用低强度等级砂浆砌筑的砌体强度有时较砂浆本身强度高。但是这种由于三向受压而引起的强度提高比较有限，所以对于砂浆强度等级高的砌体，砌体抗压强度比砂浆的强度等级低。

15-10 参考教材 15.5.1 节。

15-11 参考教材 15.5.2 节。

15-12 墙、柱高厚比验算是为了保证砌体结构在施工阶段和使用阶段稳定性和房屋空间刚度。高厚比验算考虑主要考虑砂浆强度等级、横墙间距、砌体类型、截面形式、支撑条件和承重情况等因素。当高厚比不满足时，可采用提高砂浆强度、减小横墙间距、增加墙或柱的厚度、增设壁柱等办法来解决。

15-13 参考教材 15.4.1 节。

15-14 轴心受压和偏心受压构件承载力计算公式在形式上没有差别，但是受压构件承载力影响系数 φ 的计算方法不同。

在进行受压构件承载力计算时，虽然轴向力偏心距会造成受压构件承载力影响系数 φ 的取值减小，但轴心受压会引起高厚比增加，进而也会减小受压构件承载力影响系数 φ 的取值，因此，偏心受压时需要按轴心受压验算另一方向的承载力。

15-15 稳定系数 φ_0 的影响因素主要有砂浆强度等级和高厚比。确定 φ_0 时的依据与钢筋混凝土轴心受力构件不同，砌体结构需要通过砂浆强度等级和高厚比确定 φ_0，而钢筋混凝土结构只需通过长细比确定 φ_0。

15-16 参考教材 15.4.1 节。

15-17 梁端局部受压分为梁端支座处砌体局部受压、垫块下砌体局部受压和垫梁下砌体局部受压三种情况。其相同点在于局部受压面积上砌体的压应力大小分布不均匀；不同点在于局部受压面积的大小不同。

15-18 砌体局部抗压强度提高系数 γ 是指在进行砌体局部受压承载力计算时，用于考虑砌体抗压强度提高的系数。砌体局部受压时，一方面，承压砌体的压应力向四周扩散到未直接承压的较大范围的砌体上，称为"应力扩散"作用；另一方面，没有直接承受压力的砌体像套箍一样约束承压砌体的横向变形，使承压砌体处于三向受压状态，称为"套箍强化"作用。正是由于存在"应力扩散"和"套箍强化"作用，砌体局部受压时抗压强度有明显提高。

15-19　当梁端支承处局部受压承载力不满足时，可采取提高砌体强度、在梁端设置钢筋混凝土或混凝土刚性垫块等措施。

15-20　由于梁端底部砌体的压缩变形，梁端顶面砌体与梁顶逐渐脱开，使梁顶的上部荷载部分或全部卸至两边的砌体，形成"内拱卸荷作用"，使砌体内部应力重新分布，《砌体规范》采用对上部轴向力设计值乘以折减系数 ψ 来考虑"内拱卸荷作用"。"内拱卸荷作用"与 A_0/A_l 的大小有关。当 A_0/A_l 较大时，"内拱卸荷作用"较明显，上部荷载大部分传给梁端周围的砌体；当 A_0/A_l 较小时，"内拱卸荷作用"逐渐减小，上部荷载传给周围砌体的部分也逐渐减小。

15-21　由配置钢筋的砌体作为建筑物主要受力构件的结构称为配筋砌体结构。主要分为配筋砖砌体和配筋砌块砌体两种。

配筋砖砌体包括网状配筋砖砌体和组合砖砌体。网状配筋砖砌体是在砖砌体的水平灰缝内设置一定数量和规格的钢筋网，在轴向压力作用下，砖砌体产生纵向压缩同时发生横向膨胀，钢筋网阻止砌体纵向受压时的横向变形，间接地提高砌体的抗压承载力。组合砖砌体是由砖砌体和钢筋混凝土面层或钢筋砂浆面层组合而成的构件或者砖砌体和钢筋混凝土构造柱组合而成的墙体，通过砖砌体和钢筋混凝土的共同工作来提高承载力和变形性能。

配筋砌块砌体是在砌体中配置一定数量的竖向和水平钢筋。竖向钢筋一般是插入砌体上下贯通的孔中，用灌孔混凝土灌实使钢筋充分锚固；水平钢筋设置在砌体的水平灰缝中或设置箍筋。竖向和水平钢筋使砌块砌体形成一个共同工作的整体。

15-22　网状配筋砖砌体和无筋砌体的受压承载力计算公式在形式上相同，但是系数的计算方法有所不同。网状配筋砖砌体的受压承载力影响系数需要考虑高厚比、配筋率和轴向力偏心距的影响，而无筋砌体仅考虑高厚比和轴向力偏心距的影响。网状配筋砖砌体的抗压强度设计值还要考虑钢筋引起的抗压强度提高。

15-23　组合砖砌体是由砖砌体和钢筋混凝土面层或钢筋砂浆面层组合而成的构件或者砖砌体和钢筋混凝土构造柱组合而成的墙体，通过砖砌体和钢筋混凝土的共同工作来提高承载力和变形性能。

组合砖砌体构件的承载力可采用砖砌体的承载力与钢筋混凝土承载力的叠加来计算。

偏心受压组合砖砌体承载力计算时假定砖砌体和混凝土的全截面都能受压破坏，而钢筋混凝土偏压构件承载力计算时考虑了压应力在截面上的不均匀分布。

15-24　刚性方案的混合结构房屋，在竖向荷载作用下，墙、柱在每层高度范围内，可简化为两端铰支的竖向构件；在水平荷载作用下，墙、柱可简化为竖向连续梁。进一步根据计算简图计算内力，按最不利荷载组合验算控制截面的受压承载力。

15-25　常用过梁有钢筋砖过梁、砖砌平拱过梁、砖砌弧拱过梁和钢筋混凝土过梁。过梁上的荷载包括梁板荷载和墙体荷载。

（1）梁板荷载：对砖和小型砌块砌体，梁板下的墙体高度 $h_w < l_n$ 时（l_n 为过梁的净跨），可按梁板传来的荷载采用；当 $h_w \geqslant l_n$ 时，可不考虑梁板荷载。

（2）墙体荷载：①砖砌体，当过梁上的墙体高度 $h_w < l_n/3$ 时，应按全部墙体的均布

自重考虑；当 $h_w \geqslant l_n/3$ 时，应按高度为 $l_n/3$ 墙体的均布自重采用；②砌块砌体，当过梁上的墙体高度 $h_w < l_n/2$ 时，应按全部墙体的均布自重考虑；当 $h_w \geqslant l_n/2$ 时，应按高度为 $l_n/2$ 墙体的均布自重采用。

承载力验算包含受弯承载力和受剪承载力验算，对于钢筋混凝土过梁，还应进行梁端下部砌体的局部受压承载力验算。

15-26　挑梁受力后，在悬臂段竖向荷载产生的弯矩和剪力的共同作用下，埋入段将产生挠曲变形，但这种变形受到上下砌体的约束。挑梁的破坏形态包括倾覆破坏和局部受压破坏。

计算或验算的内容包括抗倾覆验算、挑梁下砌体的局部受压承载力验算和挑梁自身受弯、受剪承载力计算。

15-27　不在。在悬臂段竖向荷载产生的弯矩和剪力的共同作用下，挑梁下砌体会产生塑性变形，导致挑梁弯矩最大点和计算倾覆点不在墙的边缘。

试验表明，当挑梁发生倾覆破坏时，挑梁尾端斜裂缝与铅直线之间的夹角平均值为 $57.6°$，表明挑梁尾端上部的砌体与楼面恒载会阻止挑梁的倾覆，因此应考虑挑梁尾端上部的砌体与楼面恒载对挑梁抗倾覆的有利作用，《砌体规范》取 $45°$ 是偏于安全的。

15-28　墙梁是由钢筋混凝土托梁和梁上计算高度范围内的砌体墙组成的组合构件。

当托梁及其上砌体达到一定强度后，墙和梁共同工作形成梁高较大的墙梁组合结构，也可视为组合深梁。其上部荷载主要通过墙体的拱作用向两端支座传递，托梁承受拉力，两者组成一个带拉杆的拱结构。当墙体上有洞口时，形成大拱套小拱的受力结构。托梁在整个受力过程中相当于一个偏心受拉构件。

墙梁的破坏形态包括弯曲破坏、剪切破坏和局压破坏。

15-29　墙梁是在托梁上砌筑墙体而逐渐形成的，因此，在进行墙梁设计时，应分别按照使用阶段和施工阶段进行。

（1）使用阶段墙梁上的荷载

① 承重墙梁的托梁顶面的荷载设计值，取托梁自重及本层楼盖的恒荷载和活荷载。

② 承重墙梁的墙梁顶面的荷载设计值，取托梁以上各层墙体自重，以及墙梁顶面以上各层楼（屋）盖的恒荷载和活荷载；集中荷载可沿作用的跨度近似化为均布荷载。

③ 自承重墙梁的墙梁顶面的荷载设计值，取托梁自重及托梁以上墙体自重。

（2）施工阶段托梁上的荷载

① 托梁自重及本层楼盖的恒荷载。

② 本层楼盖的施工荷载。

③ 墙体自重，可取高度为 $l_{0max}/3$ 的墙体自重，开洞时尚应按洞顶以下实际分布的墙体自重复核；l_{0max} 为各计算跨度的最大值。

墙梁承载力验算包括托梁正截面承载力计算、墙体和托梁受剪承载力计算、托梁支座上部砌体局部受压承载力计算和施工阶段承载力验算。

15-30　引起砌体结构墙体开裂的主要因素有不均匀沉降、温度变形和收缩变形。

对于不均匀沉降引起的砌体结构墙体开裂，可通过减小房屋的不均匀沉降以及设置沉降缝来减轻或预防。

针对温度变形和收缩变形引起的砌体结构墙体开裂，可采取设置伸缩缝、屋顶设置保温隔热层、顶层屋面板下设置现浇钢筋混凝土圈梁、增大基础圈梁的刚度、在易开裂位置设置钢筋或钢筋网、设置竖向控制缝或水平界面缝等措施。

15.3.2　选择题

15-31 D，15-32 B，15-33 B，15-34 C，15-35 D，15-36 B，15-37 B，15-38 A，15-39 C，15-40 A。

15.3.3　填空题

15-41　拉、压、弯和剪。

15-42　"应力扩散"作用和"套箍强化"作用。

15-43　横墙承重、纵墙承重、纵横墙承重和内框架承重。

15-44　刚性方案、弹性方案和刚弹性方案。

15-45　整片墙和壁柱间墙。

15-46　屋盖（楼盖）类别和横墙间距。

15-47　抗倾覆验算和挑梁下砌体局部受压承载力验算。

15-48　多跨连续梁；两端铰支的竖向构件。

15-49　过梁受弯承载力；过梁受剪承载力；过梁下砌体局部受压承载力。

15-50　弯曲破、剪切破坏和局压破坏。

15.3.4　判断题

15-51 ×，15-52 ×，15-53 √，15-54 √，15-55 ×，15-56 √，15-57 ×，15-58 ×，15-59 ×，15-60 ×。

15.4.2　习题

【习题 15-1】柱顶截面承载力为 333.6kN，柱底截面承载力为 352.3kN，均满足要求。

【提示】①本题在验算柱底截面时，按照短边方向轴心受压承载力计算，且柱底截面的轴向力设计值大于柱顶截面的轴向力设计值，故不需要对柱顶截面短边方向的轴心受压承载力进行计算；②在计算高厚比时，偏心受压构件取偏心方法的截面边长作为 h，轴心受压构件取短边边长作为 h。

① 柱顶截面按偏心受压构件计算，根据 e/h 和 β 的值，查教材附表 11-12-1 得 $\phi=0.732$，利用公式 $N_u=\phi f A$ 计算得到截面承载力；②柱底截面按轴心受压构件计算，取 $e/h=0$，根据 β 的值，查教材附表 11-12-1 得 $\phi=0.773$，利用公式 $N_u=\phi f A$ 计算得到截面承载力。

【习题 15-2】底层墙底截面承载力为 141.3kN/m。

【提示】①取单位宽度墙体进行计算；横墙间距柱为 6.8m，按照刚性方案计算，查表 15-10 得计算高度的计算公式为 $H_0=0.4s+0.2H$；②取 $e/h=0$，根据 β 的值，查教材附表 11-12-1 得 $\phi=0.625$，利用公式 $N_u=\varphi f A$ 计算得到底层墙底截面承载力。

根据最新规范，混凝土小型空心砌块用砂浆强度用 M_b 表示；本题中计算时取 1m 进行计算，但横墙的实际长度很长，因此，不需要考验砌体截面面积小于 $0.3m^2$ 时的调整系数。

【习题 15-3】梁端砌体的局部受压承载力 75.3kN，不满足要求。

【提示】①根据教材公式 15-22 计算梁端有效支承长度 $a_0=214.83$mm；②计算局部受

压面积 $A_l = 53709\text{mm}^2$ 和影响砌体局部抗压强度的计算面积 $A_0 = 182500\text{mm}^2$；③计算砌体局部抗压强度提高系数 $\gamma = 1.54$；④计算梁端砌体的局部受压承载力，压应力图形完整系数 η 取 0.7；⑤计算上部荷载的折减系数和局部受压面积内上部轴向力设计值。其中因 $A_0/A_l = 3.4 > 3.0$，故不考虑上部荷载的影响。

【习题 15-4】截面的承载力等于 562.26kN，满足要求。

【提示】①计算折算厚度 $h_T = 0.623\text{m}$；②根据 e/h 和 β 的值，查教材附表 11-12-2 得 $\phi = 0.39$；③利用公式 $N_u = \phi f A$ 计算截面承载力。由于是 T 型截面，计算高厚比时，采用折算厚度计算，同时应注意荷载的偏心方向。

【习题 15-5】梁端砌体的局部受压承载力等于 76.65kN，不满足要求。

【提示】此习题与【例题 15-4】和【习题 15-3】非常相似，可采用相同的方法进行计算。

【习题 15-6】①梁直接搁置于砌体上时，梁端砌体的局部受压承载力等于 93.4kN，局部受压承载力不满足要求；②梁搁置于圈梁上时，砌体局部受压承载力等于 358.1kN，局部受压承载力满足要求。

【提示】梁直接搁置于砌体上时：①计算灌孔混凝土砌块砌体的抗压强度设计值 $f_g = 4.44\text{MPa}$；②计算有效支承长度 $a_0 = 125.70\text{mm}$；③计算局部受压面积 $A_l = 25140\text{mm}^2$ 和影响砌体局部抗压强度的计算面积 $A_0 = 110200\text{mm}^2$；④计算砌体局部抗压强度提高系数 $\gamma = 1.64$；⑤计算梁端砌体的局部受压承载力；⑥判断梁端砌体的局部受压承载力是否满足要求。

梁搁置于圈梁上时：①计算垫梁的折算高度 $h_0 = 303.9\text{mm}$；②计算垫梁上部轴向力设计值 $N_0 = 85.49\text{kN}$；③验算局部受压承载力 $2.4\delta_2 f b_b h_0 = 358.1\text{kN}$；④判断梁端砌体的局部受压承载力是否满足要求。

【习题 15-7】砖柱的承载力等于 338.7kN，承载力满足要求。

【提示】①计算网状配筋砖砌体的抗压强度设计值 $f_n = 2.94\text{MPa}$；②计算高厚比、配筋率和偏心距的影响系数 $\varphi_n = 0.48$；③验算砖柱的承载力。网状配筋砖砌体的抗压强度设计值不能直接查表求得，需要根据教材公式（15-40）计算。

【习题 15-8】每 1.5m 横墙所能承受的轴向压力设计值为 498.6kN。

【提示】砖砌体和钢筋混凝土构造柱的组合墙的受压承载力包括砌体的承载力、构造柱混凝土承载力和构造柱钢筋承载力三部分。因此结构沿墙长方向每 1.5m 设钢筋混凝土构造柱，推荐选取 1.5m 墙长作为计算单元。

①计算配筋率 $\rho = 0.13\%$；②计算组合砖墙的稳定系数 $\varphi_{com} = 0.74$；③计算每米横墙的承载力 $N_u = \varphi_{com} [f A_n + \eta (f_c A_c + f'_y A'_s)] \times 2/3$。

【习题 15-9】该结构的计算方案为刚弹性方案；整片墙和壁柱间墙的高厚比均满足要求。

【提示】①带壁柱墙体高厚比验算包括整片墙高厚比验算和壁柱间墙高厚比验算；②整体墙高厚比验算时将墙体简化为一 T 形截面墙，翼缘宽度根据教材 15.5.3 节的规定选取；③无论原结构采用何种计算方案，壁柱间墙体计算时，计算高度的取值均按照刚性方案取用。

【习题 15-10】本题计算过程与教材【例题 15-13】的计算过程完全一致，这里不再重复。计算步骤包括：计算单元选取、静力计算方案确定、高厚比验算、荷载计算、内力分析、墙体承载力计算、砌体局部受压承载力计算和水平风荷载作用下的承载力计算。

高厚比验算不满足时，可采用提高块体或砂浆强度、增加墙厚等措施。

【习题 15-11】过梁截面为 $b \times h_b = 240\text{mm} \times 300\text{mm}$，纵筋选用 3 Φ 14 （$A_s = 461\text{mm}^2$），箍筋采用 Φ 6@150 沿梁全长布置。

【提示】钢筋混凝土过梁的承载力验算包括过梁受弯承载力验算、过梁受剪承载力验算和过梁下砌体局部受压承载力验算；其中过梁下砌体局部受压承载力验算时，压应力图形完整系数 η 取 1.0，且不考虑局部受压面积内上部轴向力设计值的影响。

①初步确定过梁截面为 $b \times h_b = 240\text{mm} \times 300\text{mm}$；②荷载计算，均布荷载设计值为 22.61kN/m；③钢筋混凝土过梁计算，$M = 30.78\text{kN} \cdot \text{m}$，$V = 37.31\text{kN}$、$A_s = 433.31\text{mm}^2$；④过梁梁端支承处砌体的局部受压承载力验算 $N_u = \eta \gamma f A_l = 63.64\text{kN}$。

【习题 15-12】①挑梁设计的计算内容包括抗倾覆验算、挑梁下砌体局部受压承载力验算和挑梁承载力验算；②抗倾覆验算的倾覆力矩设计值和抗倾覆力矩设计值按照教材式（15-60）计算；③挑梁下砌体局部受压承载力验算按照教材式（15-64）计算；④挑梁承载力验算包括受弯承载力和受剪承载力验算，按照教材式（15-65）和式（15-66）计算；⑤本题的计算过程与教材【例题 15-15】完全一致。

【习题 15-13】①墙梁设计的计算内容包括荷载计算、使用阶段墙梁正截面承载力计算、使用阶段墙梁斜截面承载力计算、使用阶段托梁支座上部砌体局部受压承载力计算和施工阶段托梁承载力计算；②荷载计算包括直接作用在托梁顶面上的荷载和作用在墙梁顶面上的荷载两部分；③使用阶段墙梁正截面承载力计算包括跨中截面和支座截面承载力计算；④使用阶段墙梁斜截面承载力计算包括墙体斜截面受剪承载力和托梁斜截面受剪承载力计算；⑤施工阶段托梁承载力计算包括受弯和受剪承载力计算；⑥本题可参考教材【例题 15-16】进行解答。

第 16 章　公路混凝土桥总体设计

16-1　答：混凝土公路桥由上部结构、下部结构组成。上部结构指桥跨结构；下部结构包括支座、桥墩、桥台和基础；此外桥梁中还有一些附属设施包括伸缩缝、桥面铺装、栏杆、路灯和排水系统。

按桥梁承重结构的受力体系分类，桥梁可以分为梁桥、拱桥、刚架桥、悬索桥、斜拉桥以及组合体系桥梁。

16-2　答：公路桥梁的设计，根据其使用任务、性质和所在线路的远景发展需要，应符合技术先进、安全可靠、适用耐久、经济合理的要求，还应考虑造型美观和有利环保的原则，同时应考虑因地制宜、就地取材、便于施工和养护等因素。在靠近村镇、城市、铁路及水利设施的桥梁，应结合各有关方面的要求，考虑综合应用。在桥梁设计过程中，设计人员应当广泛积累与总结建桥实践中创造的先进经验、推广各种效益好的技术成果，积极采用新技术、新设备、新工艺、新材料。

16-3　答：汽车荷载有车道荷载和车辆荷载两种；车辆荷载用于桥梁的局部加载（例如桥面板计算）、涵、桥台和挡土墙压力的计算。车道荷载的图式如答案图 16-1 所示。

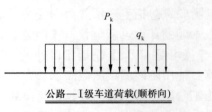

公路—I 级车道荷载(顺桥向)

答案图 16-1　车道荷载图

16-4　答：在桥梁的计算中，一般采用结构静力计算，再引入一个竖向动力效应的增大系数——冲击系数 μ，来计及汽车荷载作用的这种动力效应。

《公路桥涵设计通用规范》JTG D60—2015（后简称《公路桥规》）对冲击系数的计算采用以桥梁结构基频为指标的方法。按结构不同的基频，汽车荷载引起的冲击系数在 $0.05 \sim 0.45$ 之间变化，其计算方法为：

当 $f < 1.5\mathrm{Hz}$ 时，$\mu = 0.05$；

当 $1.5\mathrm{Hz} \leqslant f \leqslant 14\mathrm{Hz}$ 时，$\mu = 0.1767\ln f - 0.0157$；

当 $f > 14\mathrm{Hz}$ 时，$\mu = 0.45$；

式中　f——结构基频；

　　　μ——冲击系数。

16-5　答：计算跨径对于梁桥为桥跨结构两支承点之间距离；对于拱桥为两拱脚截面重心点之间的水平距离。净跨径对于设有支座的桥梁，为相邻墩、台身顶内缘之间的水平净距；对于不设支座的桥梁，为上、下部结构相交处内缘间的水平净距。计算跨径与净跨径之间的距离在于，计算跨径为支座中心之间的距离，净跨径为两个桥墩相向内侧之间的距离，因而净跨径小于计算跨径。

16-6　答：桥孔布置应遵循以下原则：①应考虑河床变形和流量不均匀分布的影响，即桥孔布设应与天然河流断面流量分配相适应；②在通航和筏运的河段上，应充分考虑河床演变所引起的航道变化，将通航孔布设在稳定的航道上，必要时可预留通航孔；③在主流深泓线上不宜布高桥墩，在断层、陷穴、溶洞等地质不良段也不宜布设墩台；④在有流冰、流木的河段上，桥孔应适当放大，必要时墩台应设置破冰体；⑤考虑每孔结构受力合理，以及上下部综合造价较低。

桥梁高程应根据桥下的设计水位、是否通航等，结合桥型以及桥梁所在道路的断面设计来确定。

16-7　答：汽车荷载施加于桥上不是缓慢增加，而是以较快的速度突然加载于桥上，使桥梁发生振动。同时由于路面不平、车轮不圆、发动机抖动使桥梁振动，荷载的冲击作用使得内力加大。因此，要考虑汽车荷载的冲击力。

弯桥中由于车辆转弯会对桥梁产生水平向的作用力，因而需要考虑离心力。

车辆制动时，为了克服车辆的惯性力而在路面与车辆之间会产生滑动摩擦力，对支座、桥台产生水平力，对桥墩产生纵桥向的弯矩，因而需要考虑制动力。

16-8　答：均匀温度会使得结构均匀伸长，无水平约束的结构如简支梁、连续梁只引起均匀伸缩而无次内力。超静定结构中当均匀伸缩受到约束，将引起温度次内力，如框架、拱结构。

梯度温度指结构表面或内部温度产生变化，使得构件在长度伸长方向截面各纤维伸缩不一致，引起结构变形，从而会在超静定结构中受到多余约束而产生连续梁次内力。

第 17 章　公路桥梁混凝土结构的设计原理

17.3.1　问答题

17-1　答：结构设计的三种状况：持久状况、短暂状况和偶然状况。公路桥梁结构设计基准期是 100 年。

17-2　答：钢筋混凝土梁内的钢筋骨架分焊接钢筋骨架和绑扎钢筋骨架两种形式。绑扎骨架是将纵向钢筋与横向钢筋通过绑扎而成的空间钢筋骨架。焊接骨架是先将纵向受拉钢筋（主钢筋）、弯起钢筋或斜筋和架立钢筋焊接成平面骨架，然后用箍筋将数片焊接的平面骨架组合成空间骨架。

17-3　答：①由于弯矩的作用，构件可能沿某个正截面（与梁的纵轴线或板的中面正交时的面）发生破坏，故需进行正截面承载力计算；②由于弯矩和剪力的共同作用，构件可能沿剪压区段内的某个斜截面发生破坏，故还需进行斜截面承载力计算。

17-4　答：《公路桥规》规定，T 形截面梁（内梁）的受压翼板计算宽度 b_f' 取下列三者中的最小值：

(1) 简支梁计算跨径的 1/3。对连续梁各中间跨正弯矩段，取该跨计算跨径的 0.2 倍；边跨正弯矩区段，取该跨计算跨径的 0.27 倍；各中间支点负弯矩区段，则取该支点相邻两跨计算跨径之和的 0.07 倍。

(2) 相邻两梁的平均间距。

(3) $b + 2b_h + 12h_f'$。当 $h_h/b_h < 1/3$ 时，取 $(b + 6h_h + 12h')$。此处，b、b_h、h_h 和 h_f' 分别见教材的图 17-14。h_h 为承托根部厚度。

17-5　答：(1) 剪跨比的影响，随着剪跨比的增加，抗剪承载力逐渐降低；

(2) 混凝土的抗压强度的影响，当剪跨比一定时，随着混凝土强度的提高，抗剪承载力增加；

(3) 纵筋配筋率的影响，随着纵筋配筋率的增加，抗剪承载力略有增加；

(4) 箍筋的配箍率及箍筋强度的影响，随着箍筋的配箍率及箍筋强度的增加，抗剪承载力增加；

(5) 截面尺寸和形状的影响。

17-6　答：腹筋的作用：①把开裂拱体向上拉住，使沿纵向钢筋的撕裂裂缝不发生，从而使纵筋的销栓作用得以发挥，这样，开裂拱体就能更多地传递主压应力；②腹筋将开裂拱体传递过来的主压应力传到基本拱体上断面尺寸较大还有潜力的部位上去，这就减轻了基本拱体上拱顶所承压的应力，从而提高了梁的抗剪承载力；③腹筋能有效地减小斜裂缝开展宽度，从而提高了斜截面上的骨料咬合力。

17-7　答：《公路桥规》规定：(1) 在钢筋混凝土梁的支点处，应至少有两根并不少于总数 1/5 的下层受拉主钢筋通过。(2) 底层两外侧之间不向上弯起的受拉主筋，深处支点截面以外的长度应不小于 $10d$；对环氧树脂涂层钢筋应不小于 $12.5d$，d 为受拉主筋直径。

原因是：在梁近支座处出现斜裂缝时，斜裂缝处纵向钢筋应力将增大。这时，梁的承载能力取决于纵向钢筋在支座处的锚固情况，若锚固程度不足，钢筋与混凝土的相对滑移将导致斜裂缝宽度显著增大，甚至会发生粘结锚固破坏。

17-8　答：有关因素：纵向钢筋的应力、直径、表面形状和配筋率、弹性模量、构件截面尺寸、有效高度以及构件受力性质。

17-9　答：纵筋的作用：①协助混凝土承受压力，可减小构件截面尺寸；②承受可能存在的弯矩；③防止构件的突然脆性破坏。箍筋的作用：①防止纵向钢筋的局部压屈；②与纵筋形成钢筋骨架，便于施工。

17-10　答：η 称为偏心受压构件考虑纵向挠曲影响（二阶效应）的轴向力偏心距增大系数。φ 是钢筋混凝土轴心受压构件计算中，考虑构件长细比增大的附加效应使构件承载力降低的计算系数。

17-11　答：偏心受压构件需要进行截面在两个方向上的承载力复核，即弯矩作用平面内的截面复核和垂直于弯矩作用平面的截面复核。进行弯矩作用平面内截面承载能力复核时，先进行大、小偏心受压的判别。垂直于弯矩作用平面的截面承载能力复核，按轴心受压构件复核。这时，不考虑弯矩作用，而按轴心受压构件考虑稳定系数 ϕ，并取 b 来计算相应的长细比。

17-12　答：因为偏心受压构件除了在弯矩作用平面内（强轴）可能发生破坏外，还可能在垂直于弯矩作用平面内（弱轴）发生破坏。

《公路桥规》规定，对于偏心受压构件除应计算弯矩作用平面内的承载能力外，还应按轴心受压构件复核垂直于弯矩作用平面的承载能力。

在轴向压力 N_d 较大而在弯矩作用平面内偏心矩较小时，容易在垂直于弯矩作用平面的方向发生破坏。

17-13　答：承载力相等，但预应力混凝土构件抗裂度提高。正常配筋的范围内，预应力混凝土梁的破坏弯矩主要与构件的组成材料受力性能有关，而与是否在受拉区钢筋中施加预应力的影响很小。抗裂能力前者高于后者。具体来说，预应力混凝土梁的抗裂弯矩要比同截面同材料的普通钢筋混凝土梁的抗裂弯矩大一个消压弯矩。

17-14　答：对预应力混凝土 T 形梁进行斜截面抗剪承载力计算时，应计算：①距支座中心 $h/2$ 处的截面；②受拉区弯起钢筋弯起点处的截面；③锚于受拉区的纵向钢筋开始不受力处的截面；④箍筋数量或间距改变处的截面；⑤构件腹板宽度变化处的截面等。短暂状况的正应力验算应验算支点、跨中或运输安装阶段的吊点截面；持久状况的正应力验算应验算支点、跨中、$l/4$、$l/8$ 及钢束变化处等位置；持久状况下的混凝土主应力验算应取剪力弯矩较大的变化点截面进行计算，实际设计应根据需要增加验算截面。

17-15　答：预应力混凝土构件各个受力阶段均有其不同的受力特点，构件的应力计算实质上是构件的强度计算，是对构件承载力计算的补充，故要进行施工阶段和使用阶段的应力计算。预应力混凝土受弯构件在斜截面开裂前，基本上处于弹性工作状态，故可假定为弹性材料。

17-16　答：如果 σ_{con} 过高，个别钢筋在张拉或施工过程中有可能被拉断，而且 σ_{con} 值增高，钢筋的应力松弛损失也将增大。另外，高应力状态可能使构件出现纵向裂缝，并且过高的应力也降低了构件的延性，因此 σ_{con} 不宜定得过高。

17-17　答：预应力混凝土受弯构件的挠度，是由偏心预加力 N_p 引起的上挠度（又称上拱度或反拱度），和外荷载（恒载与活载）所产生的下挠度两部分所组成。对于跨径不大的预应力混凝土简支梁，其总挠度一般是比较小的。

17.3.2 选择题

17-18 D，17-19 A，17-20 D，17-21 B，17-22 B，17-23 B，17-24 A。

17.3.3 判断题

17-25 ×，17-26 ×，17-27 ×，17-28 √，17-29 ×，17-30 ×，17-31 ×，17-32 √。

17.3.4 填空题

17-33　标准值、准永久值、频遇值。

17-34　永久作用（恒载）、可变作用、偶然作用。

17-35　第一类 T 形截面、第二类 T 形截面。

17-36　纵向受拉钢筋（主钢筋）、弯起钢筋或斜钢筋、箍筋、架立钢筋、水平纵向钢筋。

17-37　斜压破坏、斜拉破坏和剪压破坏。

17-38　偏心距、大偏压、小偏压。

17-39　保证钢筋与混凝土的粘结、保护钢筋。

17.4.2 习题

【习题 17-1】受拉区所需的钢筋截面面积 $A_s = 1029\text{mm}^2$。

【提示】首先假设采用绑扎钢筋骨架，按一层钢筋布置，假设 $a_s = 40\text{mm}$，然后按照单筋矩形截面梁正截面受弯承载力的计算方法计算 $A_0 \to \xi_0 \to A_s$，并验算受压区高度不得超过限定值。需要注意的是，a_s 取值可以先假定按一层钢筋布置，如果实际计算表明需要布置两层钢筋，则修改 a_s 取值，然后重新计算配筋即可。

【习题 17-2】单位板宽受拉区所需的钢筋截面面积 $A_s = 703\text{mm}^2$，取板的受力钢筋为 $\Phi 10@100$。单位板宽的钢筋面积 $A_s = 785\text{mm}^2$，验算钢筋布置满足构造要求，然后复核受压区高度 $x = 17.1\text{mm} < \xi_b h_0$，抗弯承载能力 $M_u = 19.9\text{kN} \cdot \text{m}$，满足要求。

【提示】取 1m 宽板带进行计算，即计算板宽 $b = 1000\text{mm}$，假设 $a_s = 30\text{mm}$，然后按照单筋矩形截面梁正截面受弯承载力的计算方法计算 $A_0 \to \xi_0 \to A_s$；验算钢筋布置和受压区高度，求实际抗弯承载力。

【习题 17-3】设 $h_0 = 490\text{mm}$，$A_s' = 138.4\text{mm}^2$，用 $2\Phi 12$，$A_s = 3406.7\text{mm}^2$，用 $6\Phi 25 + 3\Phi 20$，能提供的抗弯承载力 $M_u = 345.5\text{kN} \cdot \text{m} > 300\text{kN} \cdot \text{m}$，满足要求。

【提示】首先验算是否需要采用双筋截面，假设采用绑扎钢筋骨架，受压钢筋按一层布置，假设 $a_s' = 35\text{mm}$；受拉钢筋按三层布置，假设 $a_s = 110\text{mm}$，然后按照双筋矩形截面梁正截面受弯承载力的计算方法（A_s' 未知）取 $\xi = \xi_b$，分别求 A_s' 和 A_s 并布置钢筋，验算受压区高度不得超过限定值，求实际抗弯承载力。

【习题 17-4】$h_0 = 993\text{mm}$，$b_f' = 1600\text{mm}$，第一类 T 形截面，$A_s = 4706\text{mm}^2$ 用 $6\Phi 28 + 4\Phi 25$，五层布置，能提供的抗弯承载力 $M_u = 1758\text{kN} \cdot \text{m} > M = 1470\text{kN} \cdot \text{m}$，满足要求。

【提示】首先计算上翼缘的有效宽度，假设采用焊接钢筋骨架，取 $a_s = 107\text{mm}$；然后判断 T 形截面类型为第一类，按照类似单筋矩形截面梁正截面受弯承载力的计算方法计算 $A_0 \to A_s$，选择钢筋并布置钢筋，验算受压区高度不得超过限定值，求实际抗弯承载力。

【习题 17-5】（1）弯矩作用平面的截面复核：$\eta = 1.05$，$2a'_s < x(267.0\text{mm}) < \xi_b h_0$，计算表明为大偏心受压，$N_u = 942.7\text{kN} > 820\text{kN}$，满足正截面承载能力要求。

（2）垂直于弯矩作用平面的截面复核：$\varphi = 0.961$，$N_u = 3194.6\text{kN} > 820\text{kN}$，满足设计要求。

【提示】本题属于偏心受压构件的截面复核计算，在判断偏心受压类型时要注意方法。另外本题偏心受压验算要注意包括两个方向的验算，包括弯矩作用平面内的偏心受压以及垂直于弯矩作用平面的轴心受压验算。

弯矩作用平面的截面复核先计算长细比，考虑偏心增大系数，假定为大偏心受压，令 $\sigma_s = f_{sd}$，计算出受压区高度 x，发现确为大偏心受压，代入公式 $N_u = f_{cd}bx + f'_{sd}A'_s - \sigma_s A_s$ 求得 N_u。垂直于弯矩作用平面的截面复核先计算长细比，查表得出稳定系数 φ，代入公式 $N_u = 0.9\varphi[f_{cd}bh + f'_{sd}(A_s + A'_s)]$ 求得 N_u。

【习题 17-6】（1）当 A 端张拉时

C 点：$\sigma_{l1} = 174.9\text{MPa}$，$B'$ 点：$\sigma_{l1} = 178.3\text{MPa}$，$A'$ 点：$\sigma_{l1} = 326.3\text{MPa}$。

（2）当两端张拉时

C 点：$\sigma_{l1} = 174.9\text{MPa}$，$B'$ 点：$\sigma_{l1} = 171.5\text{MPa}$，$A'$ 点：$\sigma_{l1} = 0\text{MPa}$。

【提示】本题目计算摩擦预应力损失要注意 x 取值时水平投影长度，另外计算表明双向张拉可以减小预应力损失。利用公式 $\sigma_{l1} = \sigma_{con}[1 - e^{-(\mu\theta + \kappa x)}]$ 代入相应的参数和数据即可。

【习题 17-7】第二类 T 形截面，$x = 650.9\text{mm} < \xi_b h_0$，$M_{du} = 21027.2\text{kN} \cdot \text{m} > 18777.4\text{kN} \cdot \text{m}$，故正截面抗弯承载力满足要求。

【提示】先进行 T 形截面类型判断，然后求出截面受压区高度 x，最后根据公式 $M_{du} = f_{cd}bx\left(h_0 - \dfrac{x}{2}\right) + f_{cd}(b'_f - b)h'_f\left(h_0 - \dfrac{h'_f}{2}\right)$ 进行正截面承载能力复核。

值得注意的是，本题目是针对预应力混凝土构件进行抗弯承载力验算，但是没有出现任何与预应力相关的数据，由此表明无论钢筋是否施加预应力，均不影响其承载力计算或验算，或者说承载力与是否加预应力无关。

【习题 17-8】计算长细比 $\lambda = 20$，查表 $\varphi = 0.75$ 并代入相应的数据，$N_u = 761.3\text{kN} > 560\text{kN}$。

【习题 17-9】截面设计：①所需纵向钢筋截面积 $A'_s = 1294\text{ mm}^2$，选用 6 Φ 16；②确定箍筋直径和间距：换算截面面积 $A_{s0} = 886.5\text{ mm}^2$；选择Φ 10 单肢箍筋，这时箍筋所需的间距，取 $s = 70\text{mm}$。箍筋间距验算 $s \leqslant \dfrac{1}{5}d_{cor} = 78\text{mm}$ 和 $s \leqslant 80\text{mm}$，取 $s = 70\text{mm}$。

截面复核：$N_u = 2459\text{kN} > \gamma_0 N_d = 2240\text{kN}$；$N'_u = 2333.5\text{kN}$，$1.5N'_u = 1.5 \times 2333.5 = 3500.3\text{kN} > N_u = 2459\text{kN}$，故混凝土保护层不会剥落。

【习题 17-10】偏心增大系数 $\eta = 1.064$；所需的纵向受压钢筋面积 $A'_s = -302.48\text{ mm}^2$，取 $A'_s = \rho'_{min}bh = 0.002 \times 300 \times 600 = 360\text{ mm}^2$，选择受压钢筋为 4 Φ 12，$A'_s = 452\text{ mm}^2$，$a'_s = 45\text{mm}$；纵向收拉钢筋面积 $A_s = 1629.3\text{ mm}^2$。

【习题 17-11】经计算截面受压区高度 $x = 55.5\text{mm}$，为大偏心受压。①弯矩作用平面内截面承载能力复核：$N_u = 203.4\text{kN} > N = 174\text{kN}$；②垂直于弯矩作用平面的承载力复核：$N_u = 1261.9\text{kN} > N = 174\text{kN}$。

【习题 17-12】先判断 T 形类型，发现为第一类 T 形，求出截面受压区高度 $x = 81.8\text{mm}$，计算得出 $M_u = 7534.5\text{kN} \cdot \text{m} < 7600 \times 1 = 7600\text{kN} \cdot \text{m}$，不满足承载力要求。

【习题 17-13】（1）控制应力 $\sigma_{con} = 595\text{MPa}$；（2）预应力钢筋与管道壁之间的摩擦 $\sigma_{l1} = 0$；（3）锚具变形、钢筋回缩和接缝压缩 $\sigma_{l2} = 0$；（4）温差损失 $\sigma_{l3} = 60\text{MPa}$；（5）混凝土的弹性压缩损失 $\sigma_{l4} = 33.21\text{MPa}$；（6）预应力钢筋的应力松弛 $\sigma_{l5} = 29.8\text{MPa}$；（7）混凝土的收缩和徐变 $\sigma_{l6} = 111.66\text{MPa}$。

第 18 章　混 凝 土 梁 式 桥

18-1　答：简支梁：受力简单，无附加内力，只有正弯矩。悬臂梁：支点产生负弯矩，锚跨跨中产生正弯矩，支点负弯矩对正弯矩起卸载作用。连续梁：刚度大，变形小，动力特性好，支点为负弯矩，跨中为正弯矩。T 形刚构：①带剪力铰：恒载作用下静定，活载下超静定，剪力铰传递剪力；②带挂孔：静定，挂孔类似于简支梁受力。连续刚构：连续梁体与桥墩固接，支点为负弯矩，跨中为正弯矩，支点负弯矩对跨中正弯矩起卸载作用。

18-2　答：T 形梁桥的横向连接方式有以下几种：（1）当 T 形梁无中横隔梁时，采用各预制主梁的翼板做成横向刚性连接，一种是用桥面混凝土铺装做成刚性连接；另一种是用桥面板直接连成刚性连接。（2）当 T 形梁设置中横隔梁时，一种是用钢板进行连接，翼缘板可无任何连接，也可做成企口铰接式的简易连接；另一种做法是用混凝土进行连接，现浇接头混凝土。

横隔梁的作用：（1）横隔梁在装配式梁桥中起着连接主梁的作用，使得各跟主梁相互连接成整体，刚度越大，桥梁整体性越好，各主梁能更好地协同工作；（2）在支点处与主梁同高有利于稳定性；（3）端横隔梁比主梁略矮，方便安装维修支座；（4）横隔梁可以增大横向刚度，限制畸变应力。

18-3　答：荷载横向分布系数是通常用来表征荷载横向分布程度的系数 m，它表示某根主梁所承担的最大荷载相对于桥上作用车辆荷载各个轴重的倍数。

首先画出荷载横向分布内力影响线，按最不利方式进行步载，求出影响线竖标 η。然后根据公式 $m_{q1} = \dfrac{\sum \eta_q}{2}$ 计算出汽车荷载的横向分布系数，根据公式 $m_{q2} = \eta_r$ 计算出人群荷载的横向分布系数，其中 η_q、η_r 分别为汽车和人群荷载集度的荷载横向分布影响线竖标。

18-4　答：（1）杠杆法是把横隔梁和桥面板视为在主梁位置上断开且简支于主梁上的计算模式来求解主梁荷载横向分布系数的方法。基本假定是忽略主梁之间的横向联系作用，即假设桥面板在主梁上断开，而当作沿横向支承在主梁上的简支板或悬臂板来考虑。适用于计算荷载靠近主梁支点时的横向分布系数 m，也可近似应用于横向联系很弱的无中横梁的桥梁。（2）偏心受压法为把横隔梁视作刚性接近无穷大的梁，计算主梁荷载横向分布系数的方法。假定横隔梁无限刚性。适用于具有可靠横向连接，且宽跨比 $B/L \leqslant 0.5$ 的窄桥。当偏心受压法中考虑主梁抗扭刚度的影响时，称为修正偏心受压法。（3）横向铰接板（梁）法是把相邻板（梁）之间的横向连接视为只传递剪力的铰来计算荷载横向分布系数的方法。假定竖向荷载作用下结合缝只传递竖向剪力。（4）横向刚接梁法是把相邻主梁之间视为刚性连接，即能传递横向剪力和弯矩的方法。适用于翼缘板刚性连接的肋梁桥。（5）比拟正交异性板法（G-M 法）是将主梁和横隔梁的刚度换算成两个方向刚度不同的比拟正交异性板，用弹性薄板计算荷载横向分布系数的方法。适用于由主梁、连续的桥面板和多道横隔梁所组成的混凝土梁桥，且其宽度与跨度之比值较大时。

18-5　答：某一主梁在桥跨方向不同位置横向传力作用不同，其横向分布系数也各异。在设计实践中，对于简支梁：①当主梁无中间横隔梁或有一根中间横隔梁时，跨中区段使用不变的跨中截面横向分布系数 m_c，从支座到离支座 1/4 跨径的梁段的横向分布系数呈线性变化，支座处的横向分布系数 m_0 用"杠杆法"来计算；②当主梁有多根内横隔梁时，跨中部分采用不变的横向分布系数 m_c，支座到第一根内横隔梁之间的横向分布系数呈直线变化，支座处的横向分布系数为 m_0；③在进行主梁弯矩计算时，可以采用全跨统一的跨中横向分布系数 m_c。

18-6　答：①绘制荷载横向分布影响线，进行最不利荷载加载，计算不同桥跨位置的荷载横向分布系数 m_i；②计算汽车荷载冲击系数 $(1+\mu)$；③考虑多车道的影响，查表得到横向车道布载系数 ξ；④绘制主梁纵向内力影响线，将集中荷载 P_k 作用于最大影响线峰值处，均布荷载 q_k 满布于使结构产生最不利效应的同号影响线上；⑤一般使用公式 $S = (1+\mu) \cdot \xi \cdot m_i(\sum q_k \omega_j + P_k \cdot y)$ 来计算主梁活载内力。当计算简支梁各截面的弯矩和跨中截面的最大剪力时，可以采用全跨不变的跨中横向分布系数 m_c 来进行计算；当计算支点截面剪力或者靠近支点截面的剪力时，计算公式为 $Q_A = (1+\mu) \cdot \xi \cdot m_c(\sum q_k \omega_j + 1.2 P_k \cdot y) + \Delta Q_A$，其中，$\Delta Q_A = (1+\mu) \cdot \xi \left[\dfrac{a}{2}(m_0 - m_c)q_k \cdot \bar{y} + (m_0 - m_c) \cdot 1.2 \cdot P_k \cdot y \right]$。

18-7　答：对于单向板，车轮荷载在跨径中间时，$a = a_1 + l/3 = a_2 + H/2 + l/3$，但是不小于 $2/3l$；车轮荷载在支承处时，$a' = a_1 + t$（a' 不小于 $l/3$），t 为板厚；车轮荷载在靠近板支承处时，$a_x = a' + 2x$，x 为荷载离支承边缘的距离。对于悬臂板，$a = a_1 + 2b' = a_2 + H/2 + 2b'$，$b'$ 为承重板上荷载压力面外侧边缘至悬臂根部的距离。当有几个相互靠近的车轮荷载时，如果各相邻车轮荷载的有效分布宽度发生重叠，应将重叠的车轮荷载共同计算有效分布宽度，如单向板车轮荷载在跨径中间时 $a = a_1 + d + l/3$，d 为最外两个车轮荷载的中心距离。

18-8　答：桥梁支座的作用：传递上部结构的支承反力，包括恒荷载和活荷载引起的竖向力和水平力；保证结构在活荷载、温度变化、混凝土收缩和徐变等因素作用下的自由变形，以使上、下部结构的实际受力情况符合结构的计算图式。

固定支座既要固定主梁在墩台上的位置并传递竖向压力和水平力，又要保证主梁发生挠曲时在支承处能自由转动；活动支座只传递竖向压力，并且要保证主梁在支承处既能自由转动又能水平移动。

支座布置应以有利于墩台传递纵向水平力，有利于梁体的自由变形为原则。按照计算图式，简支梁桥应在每跨的主梁一端设置固定支座，另一端设置活动支座。悬臂梁桥的梁锚固段也应在一侧设置固定支座，另一侧设置活动支座。多孔悬臂梁桥挂梁的支座布置与简支梁相同。连续梁桥应在每联主梁中的一个桥墩（或桥台）上设置固定支座，其余墩台上均应设置活动支座。悬臂梁桥和连续梁桥在某些特殊情况下，梁的支座需要传递竖向拉力时，还应该设置也能承受拉力的支座。斜桥使支座位移方向平行于行车道中心线。弯桥中，可根据结构朝一固定点径向位移或结构沿曲线半径的切线方向定向位移确定。

18-9　答：板式橡胶支座的设计和计算包括确定支座尺寸（包括支座的平面尺寸和支座厚度）、验算支座的偏转情况、验算加劲钢板的厚度和验算支座的抗滑稳定性。

18-10　答：(1) 盆式橡胶支座将橡胶块放在凹形金属槽内，通过盆内橡胶的不均匀压缩实现梁体转动。(2) 盆式橡胶支座的特点有：凹形金属槽内的橡胶处于有侧限受压状态，提高了支座的承载能力；另外利用嵌放在金属盆顶面的填充聚四氟乙烯板与不锈钢板的相对摩擦系数小的特性，保证了活动支座能满足梁的水平移动要求。

18-11　答：荷载的横向分布与荷载沿桥跨方向的位置有关，当荷载作用于桥跨之间时，它比较均匀地传递给各主梁；当荷载作用在支点上的某片主梁上时，出于不考虑支座的弹性变形，一般认为荷载不分给其他主梁，因此，荷载在跨中和支点的横向分布系数不同。

18-12　答：（1）桥跨结构在气温变化、活载作用、混凝土收缩徐变等影响下将会发生伸缩变形。为满足桥面按照设计的计算图式自由变形，同时又保证车辆能平顺通过，就要在相邻两梁端之间以及在梁端与桥台或桥梁的铰接位置上预留断缝，设置伸缩装置。（2）伸缩缝设置的要求：保证梁能自由变形，使车辆在伸缩缝处能平顺地、无噪声地通过，同时保证不漏水，安装和养护简单方便。

18-13　答：（1）桥梁铺装层的作用是防止车轮轮胎直接磨耗行车道板、保护主梁免受雨水浸蚀、分散车轮集中荷载。（2）桥面铺装要求：具有足够的强度、良好的整体性以及抗冲击与耐疲劳性能，不开裂且耐磨损，同时还应具有防水性及其对温度变化的适应性。

18-14　答：当桥上荷载靠近支点时，荷载的绝大部分通过相邻的主梁直接传至墩台，且因不考虑支座的弹性压缩和主梁本身微小的压缩变形，荷载将只传至两个相邻的主梁支座，虽然端横隔梁连续，但此时的支点反力与多跨简支梁的反力相差不多。因此，习惯上偏于安全地采用杠杆法计算荷载位于靠近主梁支点处的横向分布系数。

第 19 章　混 凝 土 拱 式 桥

19.3.1　问答题

19-1　答：区别：（1）在竖向荷载作用下，梁支承处仅产生竖向支承反力，而拱脚除了有竖向反力外，还产生水平推力，也就是说拱是有水平推力的结构。（2）在竖向荷载作用下，在梁截面上产生的内力为竖直剪力和弯矩，梁是以受弯为主的构件。（3）由于拱水平推力的存在，拱截面上除径向剪力和弯矩外，还有较大的轴向压力，所以拱是以受压为主的压弯构件。

拱桥的主要优点是：（1）跨越能力较大。（2）能充分就地取材，由于拱是主要承受压应力的结构，可以充分利用圬工材料来建造拱桥。（3）耐久性能好、承载潜力大、养护维修费用少。（4）外形美观。（5）构造较简单。拱桥的主要缺点是：（1）由于它是一种有推力的结构，支承拱的墩台和地基要承受拱端很大的水平推力，因而增加了下部结构的工程量，且修建拱桥要求有良好的地基条件。（2）在连续多孔的拱桥中，由于拱桥水平推力较大，为防止一孔破坏而影响全桥的安全，需要采用较复杂的措施，例如设置单向推力墩，但这会增加造价。（3）与梁式桥相比，上承式拱桥的建筑高度较高，当用于城市立交及平原地区的桥梁时，因桥面标高提高，而使两岸接线长度增长，或者使桥面纵坡增大，既增大了造价又对行车不利。（4）混凝土圬工拱桥施工需要的劳动力较多，建桥时间较长。

拱桥组成部分：由桥跨结构（上部结构）、桥墩桥台（下部结构）和基础等组成。

19-2　答：按主拱圈的截面型式可将拱桥分为板拱桥、肋拱桥、双曲拱桥、箱形拱桥四种。

（1）板拱桥：主拱圈是整体的实心矩形截面，构造简单、施工方便，但在相同截面积的条件下，实心矩形截面比其他形式截面的抵抗矩小。一般可用于中、小跨径拱桥。（2）肋拱桥：在板拱桥基础上，将板拱划分成两条或多条分离的拱肋，肋与肋间用横系梁相联。可以用较小的截面面积获得较大的截面抵抗矩，以节省材料，减轻拱桥的自重，多用于大、中跨径拱桥。（3）双曲拱桥：主拱圈横截面是由数个横向小拱组成，使主拱圈的纵向（桥轴线方向）及横向（桥宽方向）均呈曲线形，故称双曲拱桥。在相同截面面积的情况下，双曲拱截面的抵抗矩比实心板拱大得多，因此可节省材料，减小结构自重，特别是双曲拱桥施工时预制构件分得细，吊装重量轻。但存在着施工工序多、组合截面整体性较差和易开裂等缺点，一般可用于中、小跨径拱桥。（4）箱形拱桥：由于箱形截面比相同截面积的实体板拱截面的截面抵抗矩大很多，因而大大减小了弯曲应力，能节省材料。又由于主拱圈截面是闭口截面，截面抗扭刚度大，横向整体性和结构稳定性均较好，是大跨径钢筋混凝土拱桥主拱圈截面的基本形式。

19-3　答：由于主拱圈是曲线型，一般情况下车辆无法直接在弧面上行驶，所以在桥面与主拱圈之间需要有传递荷载的构件和填充物，以使得车辆能在平顺的桥道上行驶。桥面系与主拱圈之间这些传力构件或填充物统称为拱上建筑。空腹式拱上建筑有拱式和梁式两种型式。

19-4　答：（1）实腹式拱上建筑的特点是：构造简单，施工方便，填料数量较多，恒载较大，一般适用于小跨径拱桥。（2）空腹式拱上建筑的特点是：拱上建筑两侧设置几个腹孔，减轻桥跨自重、节省材料、增大桥孔的排洪面积和增加桥跨结构在建筑上的轻盈感。

19-5　答：拱上侧墙作用是：挡住拱腹上的散粒填料，并承受拱腹填料及车辆荷载所产生的侧压力。护拱的作用是：加强拱脚段的主拱圈，方便防水层和泄水管的设置。

19-6　答：恒载作用下，拱的水平推力与垂直反力的比值，随矢跨比的减小而增大。即当矢跨比减小时，拱的水平推力增大，反之则水平推力减小。拱的水平推力大，相应地在主拱圈内产生的轴向压力也大，这对主拱圈本身的受力状况是有利的，但对墩台和基础的受力不利。同时当主拱圈受力后，因自身的弹性压缩、温度变化、混凝土收缩及墩台位移等因素都会在无铰拱的主拱圈内产生附加内力，对主拱圈不利，而矢跨比愈小，附加内力愈大，对主拱圈就愈不利。在多孔拱桥中，矢跨比小的连拱作用比矢跨比大的显著，对主拱圈也不利。但是矢跨比小能增加桥下净空，降低桥面纵坡，施工也有利。当主拱圈矢跨比过大时，因拱脚区段过陡会给拱圈的砌筑或混凝土的浇筑带来困难。

19-7　答：（1）处理不等跨分孔时需要注意的实质问题是：尽量减小因荷载引起的不平衡推力对桥墩和基础的不平衡作用。（2）处理不等跨分孔的方法：采用不同的矢跨比；采用不同的拱脚标高；调整拱上建筑的重力；采用不同类型的拱跨结构等。

19-8　答：选择拱轴线的原则，就是要尽可能地降低由于荷载产生的弯矩值，除了考虑对主拱圈受力有利以外，还应考虑计算简便、线型美观与施工方便等因素。

常用的拱轴线型有圆弧线、抛物线和悬链线。

合理拱轴线是使其与拱上恒载作用下的压力线相吻合，这时主拱圈截面内只有轴向压力，而无弯矩和剪力，于是截面上的应力是均匀分布的，就能充分利用材料的强度和圬工材料良好的抗压性能。

19-9　答：空腹式拱桥的恒载从拱顶到拱脚不再是连续分布，其空腹部分的荷载由两部分组成，即拱圈自重的分布荷载和拱上立柱（或横墙）传来的集中荷载。其相应的恒载压力线不再是一条光滑的曲线，而是一条在腹孔墩处有转折的多段曲线。它可以用数值解法或作图法来确定，但难于用连续函数来表达。也可采用与此恒载压力线相逼近的连续曲线作为拱轴线。但这些曲线的计算麻烦，目前，空腹式拱桥最普遍采用的拱轴线还是悬链线，仅需使拱轴线在拱顶、$l/4$ 点和拱脚五个点与恒载压力线相重合（称为"五点重合法"）即可。这样就可利用现成的完整的悬链线拱计算用表来计算主拱圈的各项内力，简化了设计计算。同时空腹式拱桥采用悬链线作为拱轴线，虽然与恒载压力线存在一定的偏离，但计算表明，这种偏离对主拱圈控制截面的受力是有利的。因此，空腹式拱桥也广泛采用悬链线作为拱轴线。

19-10　答：拱桥通常为超静定的空间结构，当活载作用于桥跨结构时，拱上建筑会不同程度地参与主拱圈受力，共同承受活载作用，称这种现象为拱上建筑与主拱的联合作用或简称联合作用。活载的横向分布为活载作用在桥面上使主拱截面应力不均匀的现象。拱轴系数是拱脚截面的恒载集度与拱顶截面的恒载集度之比。

19-11　答：通常，拱式拱上建筑的联合作用较大，梁式拱上建筑的联合作用较小。在拱式拱上建筑中，联合作用的程度又与许多因素有关，例如，腹拱圈、腹孔墩对主拱圈的相对刚度越大，联合作用就越显著。腹拱圈愈坦，其抗推刚度愈大，则联合作用也愈大。拱上腹拱全部采用无铰结构时，其联合作用也比有铰结构的大。梁式拱上建筑的联合作用程度与其构造型式和刚度有关。简支腹孔由于它对主拱圈的约束作用较小，联合作用也很小；连续或框架式腹孔的联合作用，随着连续纵梁和立柱的刚度的增大而增大。

19-12   答：$y_{l/4}$值随着 m 的增大而减小（即拱轴线抬高），随 m 的减小而增大（即拱轴线降低）。

19-13   答：空腹式拱桥主拱圈的恒载压力线不是悬链线，甚至也不是一条光滑的曲线。但实际设计中，由于悬链线拱受力情况较好，又有完整的计算表格可用，故多用悬链线作为设计拱轴线。为使主拱圈悬链线拱轴线与其恒载作用下的压力线接近，工程上一般采用"五点重合法"确定悬链线拱轴的 m 值，即要求拱轴线在全拱有五点（拱顶、两 $l/4$ 点和两拱脚）与相应的三铰拱恒载作用下的压力线相重合。

19-14   答：空腹式无铰拱，采用"五点重合法"确定的主拱圈拱轴线，仅与相应的三铰拱的恒载作用下的压力线在拱顶、两 $l/4$ 点和两拱脚五点重合，与无铰拱的恒载作用下的主拱圈压力线实际上并不存在五点重合的关系。通过计算表明，由于拱轴线与恒载的压力线有偏离，在无铰拱拱顶、拱脚截面处产生偏离弯矩。研究表明，拱顶的偏离弯矩为负，拱脚的偏离弯矩为正，它恰好与这两个截面的控制弯矩符号相反。这一事实说明，用"五点重合法"确定的悬链线拱轴，其偏离弯矩对拱顶、拱脚截面是有利的。因此，在空腹式拱桥设计中，不计偏离弯矩的影响是偏于安全的。

19-15   答：伸缩缝缝宽 20～30mm，缝内填以锯木屑与沥青按 1∶1 重量比制成的预制板，在施工时嵌入，并在伸缩缝上缘设置能活动但不透水的覆盖层，也可用沥青砂等其他材料填塞伸缩缝，变形缝不留缝宽，可用干砌或用油毛毡隔开，也可用低强度等级砂浆砌筑。伸缩缝和变形缝通常做成直线形以使构造简单，施工方便。

对于小跨径实腹式拱桥，伸缩缝通常仅设在两拱脚上方，并在横桥向贯通全桥宽。对于采用拱式腹孔的空腹式拱桥，通常将紧靠桥墩、台的第一个腹拱做成三铰拱，并在紧靠桥墩、台的拱铰上方设置伸缩缝，在其余两拱铰上方设置变形缝。对于特大跨径拱桥，还应将靠近拱顶的腹拱做成两铰拱或三铰拱，并在其上方设置变形缝。对于采用梁式腹孔的空腹式拱桥，通常在桥台和墩顶立柱处设置标准的伸缩缝，而在其余立柱处采用桥面连续构造。

19-16   答：拱的弹性压缩是指圬工和钢筋混凝土主拱圈在轴向压力作用下，产生材料弹性压缩变形，使拱轴线长度缩短的现象。弹性压缩会在无铰拱中产生弯矩和剪力，这就是所谓弹性压缩的影响。

19-17   答：先要计算赘余力影响线，再用叠加的方法得到主拱圈各控制截面的内力影响线，然后根据内力影响线按最不利情况布载，求得活载内力。在影响线上按最不利情况加载计算由活载产生的主拱圈内力的方法是用公路等级相应的均布荷载值乘以相应位置内力影响线面积和集中力乘以相应位置的内力影响线坐标求得（还需考虑荷载横向分布系数、车道折减系数等因素的影响）。

19-18   答：恒载内力计算、活载内力计算、其他内力的计算（温度变化、混凝土收缩和拱脚变位等在超静定拱中产生附加内力）。

19.3.2 选择题

19-19 B，19-20 C，19-21 C，19-22 A，19-23 B，19-24 A，19-25 C，19-26 B，19-27 D，19-28 C，19-29 A。

19.3.3　判断题

19-30 √，19-31 ×，19-32 ×，19-33 √，19-34 √，19-35 √，19-36 ×，19-37 ×，19-38 ×，19-39 √。

19.3.4　填空题

19-40　弯、压。

19-41　主拱圈、拱上建筑。

19-42　主拱圈、拱上结构、桥面系。

19-43　桥面高程、拱顶底面高程、起拱线高程、基础底面高程。

19-44　圆弧线、抛物线、悬链线。

19-45　减小。

19-46　使车辆能够在行车道上平顺行驶。

19-47　合理拱轴线。

19-48　伸缩、变形。

19-49　悬链线。

19-50　拱顶、两个 $l/4$ 点、两拱脚。

19-51　小。

19-52　拱脚恒载集度、拱顶恒载集度、陡峭。

19.4.2　习题

【习题 19-1】$m = 2.240$。

【提示】首先计算出 $y_{l/4}/f$，然后依据 $y_{l/4}/f$ 与拱轴系数的关系计算得拱轴系数 m 值。

【习题 19-2】$m = 2.814$。

【提示】采用逐次逼近法。首先假定拱轴系数 $m = 2.514$，求得 $m' = 2.775$，$|m - m'|$ 大于半级。然后假定拱轴系数 $m = 2.814$ 重新计算，求得 $m' = 2.783$，$|m - m'|$ 小于半级。

【习题 19-3】①$m = 2.240$；②$V_g = 8618.4\text{kN}$、$H_g = 10481.75\text{kN}$、$N_g = 13569.96\text{kN}$；③$V_g = 0$、$H_g = -89.84\text{kN}$、$N_g = -89.84\text{kN}$、$M_j = -949.88\text{kN·m}$、$M_d = 487.56\text{kN·m}$；④$V_g = 8618.4\text{kN}$、$H_g = 10391.91\text{kN}$、$N_g = 13500.69\text{kN}$。

【提示】①采用逐次逼近法。首先假定拱轴系数 $m = 2.514$，求得 $m' = 2.131$，$|m - m'|$ 大于半级。然后假定拱轴系数 $m = 2.240$ 重新计算，求得 $m' = 2.131$，$|m - m'|$ 小于半级。②利用上一步查表所求得的拱脚截面弯矩值求得不考虑弹性压缩时的水平推力 H_g，查表求得不考虑弹性压缩时拱脚截面的竖向总剪力 V_g，从而求得不考虑弹性压缩时拱脚截面的恒载轴力 N_g。③求得弹性压缩引起的弹性中心水平拉力 ΔH_g 与弹性中心距拱顶的距离 y_s，从而求得由弹性压缩引起的拱脚竖向力 V_g、水平推力 H_g 与恒载轴力 N_g 以及拱脚、拱顶截面的弯矩 M_j 和 M_d。④利用叠加法求得考虑弹性压缩后的拱脚竖向力 V_g、水平推力 H_g 及恒载轴力 N_g。

第20章　桥墩与桥台

20.3.1　问答题

20-1　答：桥墩主要由墩帽、墩身和基础三部分组成。墩帽是桥墩顶部的传力部分，它的主要作用是把桥梁支座传来的较大且集中的力，均匀地传给墩身。墩身是桥墩的主体部分，将墩帽传递的荷载均匀的传递给基础，同时要有一定的强度来承受水平力，墩身风力水压力等。基础则将桥梁的全部重力和作用传递到地基。

20-2　答：重力式桥墩是实体的圬工墩，主要靠自身的重量来平衡外力，从而保证桥墩的承载力和稳定。从截面形式分类，有圆形、圆端形、矩形、尖端形、菱形等。从水力特性和桥墩阻水来看，菱形、尖端形、圆形及圆端形较好。圆形截面对各方向的水流阻水、导流情况相同，适应于潮汐河流或流向不定的桥位。矩形截面导流性能较差，但施工方便，可在干谷或水流很小的桥墩上使用，并在墩身上设置侧坡，以满足截面承载力与稳定性的要求。

20-3　答：轻型桥墩是指刚度小，受力后允许在一定的范围内发生弹性变形的桥墩。梁桥轻型桥墩分为空心式桥墩、柱式墩、柔性墩、薄壁墩等。拱桥轻型桥墩一般为配合钻孔灌注桩基础的桩柱式桥墩。在采用轻型桥墩的多跨拱桥中，每隔 $3\sim5$ 孔应设单向推力墩，轻型的单向推力墩形式有带三角杆件的单向推力墩，悬臂式单向推力墩。

20-4　答：通常首先根据桥梁上部构造的宽度选定墩顶长度，再按相邻两桥孔的支座尺寸和距离，并加上支座边缘至墩顶边缘的距离选定墩顶的宽度，然后向下确定托盘的尺寸。

20-5　答：为了使恒载基底应力分布比较均匀，防止基底最大压应力 σ_{max} 与最小压应力 σ_{min} 相差过大，导致基底产生不均匀沉陷和影响桥墩的正常使用，故在设计时，应对基底合力偏心距加以限制，在基础纵向和横向，其计算的荷载偏心距 e_0 应满足教材表 20-5 的要求。教材表 20-5 中 ρ 与 e_0 的计算式分别为：

$$\rho = \frac{W}{A}$$

$$e_0 = \frac{\sum M}{N}$$

式中　ρ——墩台基础底面的核心半径；

　　　W——墩台基础底面的截面模量；

　　　A——墩台基础底面的面积；

　　　N——作用于基础底面合力的竖向分力；

　　$\sum M$——作用于墩台的水平力和竖向力对基底形心轴的弯矩。

20-6　答：应力重分布的原因：当设置在基岩上的桥墩基底的合力偏心距超出核心半径时，其基底的一边将会出现拉应力，参见答案图 20-1，由于不考虑基底承受拉应力（基本假定），故需按基底应力重分布重新验算基底最大压应力，其验算公式如下：

顺桥方向：　　　　　　　　$\sigma_{max} = \dfrac{2N}{ac_x} \leqslant [\sigma]$

横桥方向：$\sigma_{max} = \dfrac{2N}{bc_y} \leqslant [\sigma]$

式中　σ_{max}——应力重分布后基底最大压应力；

　　　N——作用于基础底面合力的竖向分力；

　　　a、b——横桥方向和顺桥方向基础底面积的边长；

　　　$[\sigma]$——地基土壤的容许承载力，并按荷载及使用情况计入容许承载力的提高系数；

　　　c_x——顺桥方向验算时，基底受压面积在顺桥方向的长度，$c_x = 3(b/2 - e_x)$；

　　　c_y——横桥方向验算时，基底受压面积在横桥方向的长度，$c_y = 3(b/2 - e_y)$；

　　　e_x、e_y——合力在 x 轴和 y 轴方向的偏心矩。

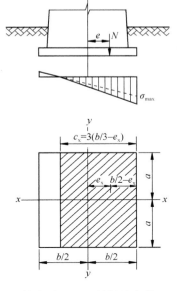

答案图 20-1　桥墩基底的合力偏心距

20-7　答：空心式桥墩可以充分利用材料的强度，节省材料，减轻桥墩自重，一般高度的空心墩比实体墩节省圬工 20%～30% 左右，钢筋混凝土空心墩可节省材料重 50% 左右。空心墩可以采用钢滑动模板施工，使施工速度快、质量好，节省模板支架，特别对于高桥墩，更显示出其优越性。但是薄壁空心式桥墩在流速大并夹有大量泥砂石的河流，以及在可能有船只、冰和漂流物冲击的河流中不宜采用。

20-8　答：主要的处理办法是调整支座垫石的高度使得桥面处于连续状态的方法来解决。另外，也可通过设计桥墩的结构构造来解决。

20-9　答：需要考虑永久荷载：

（1）上部构造的恒重对墩帽或拱座产生的支反力，包括上部构造混凝土收缩、徐变的影响。

（2）桥墩自重，包括在基础襟边上的土重。

（3）预应力，例如对装配式预应力空心桥墩所施加的预应力。

（4）基础变位影响力，对于奠基于非岩石地基上的超静定结构，应当考虑由于地基压密等引起的支座长期变位的影响，并根据最终位移量按弹性理论计算构件截面的附加内力。

（5）水的浮力，位于透水性地基上的桥梁墩台，当验算稳定时，应计算设计水位时水的不利浮力；当验算地基应力时，仅考虑低水位时的有利浮力；基础嵌入不透水性地基的墩台，可以不计水的浮力；当不能肯定是否透水时，则分别按透水或不透水两种情况进行最不利的荷载组合。

需要考虑的可变荷载有：

（1）基本可变荷载，作用在上部结构上的汽车荷载，对于钢筋混凝土柱式墩应计入冲击力，对于重力式墩台则不计冲击力；人群荷载。

（2）其他可变荷载有作用在上部结构和墩身上的纵、横风向力；汽车荷载引起的制动力；作用在墩身上的流水压力；作用在墩身上的冰压力；上部结构因温度变化对桥墩产生的水平力；支座摩阻力。

需要考虑的偶然作用与偶然荷载有：（1）地震力；（2）作用在墩身上的船只或漂浮物的撞击力。同时还需要考虑施工荷载。

实体墩应检算墩身截面承载能力（包括验算截面选取，截面偏心距计算，墩身截面承载力计算），桥墩的整体稳定性验算（包括抗倾覆稳定性验算，抗滑动稳定性验算），基础底面土的承载力和偏心距验算。

20-10　答：（1）基底强度验算：基底土的承载力一般按顺桥向和横桥向分别进行验算。当偏心荷载的合力作用在基底截面核心半径 ρ 以内时，应验算偏心向的基底应力。当设置在基岩上的桥墩基底的合力偏心距超出核心半径时，其基底的一边将会出现拉应力，由于不考虑基底承受拉应力，故需按基底应力重分布重新验算基底最大压应力，其验算公式如下：

顺桥方向：
$$\sigma_{max} = \frac{2N}{ac_x} \leqslant [\sigma]$$

横桥方向：
$$\sigma_{max} = \frac{2N}{bc_y} \leqslant [\sigma]$$

式中　σ_{max}——应力重分布后基底最大压应力；

$\quad\quad$ N——作用于基础底面合力的竖向分力；

$\quad$ a、b——横桥方向和顺桥方向基础底面积的边长；

$\quad$ $[\sigma]$——地基土壤的容许承载力，并按荷载及使用情况计入容许承载力的提高系数；

$\quad\quad$ c_x——顺桥方向验算时，基底受压面积在顺桥方向的长度，$c_x = 3 (b/2 - e_x)$；

$\quad\quad$ c_y——横桥方向验算时，基底受压面积在横桥方向的长度，$c_y = 3 (b/2 - e_y)$；

$\quad$ e_x、e_y——合力在 x 轴和 y 轴方向的偏心距。

（2）倾覆稳定性验算：如答案图 20-2 所示，当桥墩处于临界稳定平衡状态时，绕倾覆转动轴 A-A 取矩，令稳定力矩为正，倾覆力矩为负，则：
$$\sum P_i \cdot (x - e_i) - \sum (T_i \cdot h_i) = 0$$

即：
$$x \cdot \sum P_i - [\sum (P_i \cdot e_i) + \sum (T_i \cdot h_i)] = 0$$

式左边第一项为稳定力矩，第二项为倾覆力矩。抗倾覆的稳定系数 K_0 可按下式验算：
$$K_0 = \frac{M_{st}}{M_{up}} = \frac{x \sum P_i}{\sum (P_i e_i) + \sum (T_i h_i)} = \frac{x}{e_0}$$

式中　M_{st}——稳定力矩；

$\quad$ M_{up}——倾覆力矩；

$\quad$ $\sum P_i$——作用于基底竖向力的总和；

$\quad$ $P_i e_i$——作用在桥墩上各竖向力与它们基底重心轴距离的乘积；

$\quad$ $T_i h_i$——作用在桥墩上各水平力与它们到基底距离的乘积；

$\quad\quad$ x——基底截面重心 O 至偏心方向截面边缘距离；

$\quad$ e_0——所有外力的合力 R（包括水浮力）的竖向分力对基底重心的偏心矩。

（3）滑动稳定性验算：抵抗滑动的稳定系数 K_c，按下式验算：
$$K_c = \frac{f \sum P_i}{\sum T_i}$$

式中　$\sum P_i$——各竖向力的总和（包括水的浮力）；

　　　$\sum T_i$——各水平力的总和；

　　　f——基础底面（圬工）与地基土之间的摩擦系数，其值为 0.25～0.70，可根据土质情况参照《公路桥涵地基与基础设计规范》JTGD 63—2007 取值。

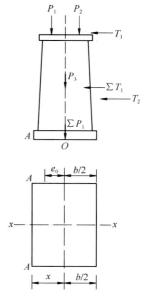

答案图 20-2　抗倾覆验算

20-11　答：主要由台帽、台身和基础三部分组成。

20-12　答：重力式桥台也称实体式桥台，它主要靠自重来平衡台后的土压力。常用形式有 U 形桥台。U 形桥台适合于填土高度 8～10m 的情况，但桥台中间填料宜用渗水性较好的土夯填，并做好台背排水设施。

20-13　答：常见的梁式桥轻型桥台有埋置式桥台、钢筋混凝土薄壁轻型桥台、支撑梁轻型桥台和框架式桥台等几种类型。常见的拱桥轻型桥台有一字台、U 字形台、前倾一字台、八字形桥台、背撑式（Ⅱ形台、E 形台）桥台等。

埋置式桥台的台身埋置在台前溜坡内，不需另设翼墙，仅由台帽两端的耳墙与路堤衔接。钢筋混凝土薄壁轻型桥台常用的形式有悬臂式、扶壁式、撑墙式及箱式等。单跨或少跨的小跨径桥，在条件许可的情况下，可在轻型桥台之间或台与墩间，设置 3～5 根支撑梁，形成支撑梁轻型桥台。钢筋混凝土框架式桥台是一种在横桥向呈框架式结构的桩基础轻型桥台。八字形桥台的构造简单，台身由前墙和两侧的八字翼墙构成。U 字形轻型桥台是由前墙和平行于车行方向的侧墙组成，构成 U 字形的水平截面。八字形或 U 形桥台的前墙背后加一道或几道背撑，构成水平截面形状为Ⅱ字形、E 字形等的背撑式桥台。

梁桥轻型桥台的体积轻巧、自重较小，一般由钢筋混凝土材料建造，它借助结构物的整体刚度和材料强度承受外力。拱桥轻型桥台是以桥台受拱的推力后，桥台发生绕基底形心轴向路堤方向转动，由台后土的弹性抗力来平衡拱的推力。

20-14　答：梁式桥实体式桥台台身前后设置斜坡呈梯形断面，外侧斜坡可取用 10:1，内侧斜坡取 6:1～8:1。台身顶的长度与宽度应配合台帽，当台身为圬工结构时，要求台身任一水平截面的纵向宽度不小于该截面至台顶高度的 0.4 倍。拱桥重力式 U 形桥台前墙的任一水平截面的宽度，不宜小于该截面至墩顶高度的 0.4 倍；对于块石、料石砌体或混凝土则不小于 0.35 倍。如果桥台内填料为透水性良好的砂质土或砂砾，则上述两项分别减为 0.35 倍和 0.3 倍。前墙及侧墙的顶宽，对于片石砌体不宜小于 0.5m，对于块石、料石砌体和混凝土不宜小于 0.4m。侧墙顶宽一般为 0.6～1.0m。前墙宽可用经验公式 $B=0.15 l_0$ 估算（其中 B 为起拱线至前墙背坡顶间的水平距离，l_0 为计算跨径）。前墙背坡一般采用 3:1～5:1，前坡为 20:1～30:1 或直立。侧墙尾端伸入路堤内的长度应不小于 0.75m，以保证与路堤有良好的衔接。台身的宽度通常与路基的宽度相同。

20-15　答：（1）梁桥桥台的荷载布置及组合：①仅在桥跨结构上布置荷载；②仅在台后破坏棱体上布置车辆荷载；③在桥跨结构上和台后破坏棱体上都布置车辆荷载。（2）拱桥桥台的荷载布置及组合：①活载布置在台背后棱体上；②活载布置在桥跨结构上。桥台上的作用分为永久作用，可变作用，偶然作用和施工荷载。

20.3.2 填空题

20-16 重力式桥墩、轻型桥墩、普通墩、单向推力墩。

20-17 抗滑动、抗倾覆、基地土承载力验算、基底偏心距验算。

参 考 文 献

[1] 东南大学，天津大学，同济大学合编.《混凝土结构》(上册)：混凝土结构设计原理(第七版)[M].
北京：中国建筑工业出版社，2020.

[2] 东南大学，同济大学，天津大学合编.《混凝土结构》(中册)：混凝土结构与砌体结构设计(第七版)
[M]. 北京：中国建筑工业出版社，2020.

[3] 东南大学，同济大学，天津大学合编.《混凝土结构》(下册)：混凝土公路桥设计(第七版)[M]. 北
京：中国建筑工业出版社，2020.

[4] 中华人民共和国住房和城乡建设部. 砌体结构设计规范 GB 50003—2011[S]. 北京：中国建筑工业
出版社，2012.

[5] 中华人民共和国住房和城乡建设部. 建筑结构荷载规范 GB 50009—2012[S]. 北京：中国建筑工业
出版社，2012.

[6] 中华人民共和国住房和城乡建设部. 混凝土结构设计规范 GB 50010—2010(2015 年版)[S]. 北京：
中国建筑工业出版社，2016.

[7] 中华人民共和国住房和城乡建设部. 建筑抗震设计规范 GB 50011—2010[S]. 北京：中国建筑工业
出版社，2010.

[8] 中华人民共和国住房和城乡建设部. 建筑结构可靠性设计统一标准 GB 50068—2018[S]. 北京：中
国建筑工业出版社，2019.

[9] 中华人民共和国住房和城乡建设部. 高层建筑混凝土结构技术规程 JGJ 3—2010[S]. 北京：中国建
筑工业出版社，2011.

[10] 中华人民共和国交通运输部. 公路工程技术标准 JTG B01—2014[S]. 北京：人民交通出版
社，2015.

[11] 中华人民共和国交通运输部. 公路桥涵设计通用规范 JTG D60—2015[S]. 北京：人民交通出版
社，2015.

[12] 中华人民共和国交通运输部. 公路钢筋混凝土及预应力混凝土桥涵设计规范 JTG 3362—2018[S].
北京：人民交通出版社，2018.

[13] 中华人民共和国交通部. 公路桥涵地基与基础设计规范 JTG D63—2007[S]. 北京：人民交通出版
社，2007.